D1677587

T-Energie
'/18

26T

Energietechnologien der Zukunft

Martin Wietschel · Sandra Ullrich ·
Peter Markewitz · Friedrich Schulte ·
Fabio Genoese
Herausgeber

Energietechnologien der Zukunft

Erzeugung, Speicherung, Effizienz und Netze

Springer Vieweg

Herausgeber

Martin Wietschel
Fraunhofer-Institut für System- und
Innovationsforschung ISI
Karlsruhe, Deutschland

Sandra Ullrich
Fraunhofer-Institut für System- und
Innovationsforschung ISI
Karlsruhe, Deutschland

Peter Markewitz
Forschungszentrum Jülich GmbH
Jülich, Deutschland

Friedrich Schulte
RWE AG
Essen, Deutschland

Fabio Genoese
Centre for European Policy Studies (CEPS)
Brüssel, Belgien

ISBN 978-3-658-07128-8   ISBN 978-3-658-07129-5 (eBook)
DOI 10.1007/978-3-658-07129-5

Die Deutsche Nationalbibliothek verzeichnet diese Publikation in der Deutschen Nationalbibliografie;
detaillierte bibliografische Daten sind im Internet über http://dnb.d-nb.de abrufbar.

Springer Vieweg
© Springer Fachmedien Wiesbaden 2015

Lektorat: Dr. Daniel Fröhlich

Gedruckt auf säurefreiem und chlorfrei gebleichtem Papier.

Springer Fachmedien Wiesbaden GmbH ist Teil der Fachverlagsgruppe Springer Science+Business Media
(www.springer.com)

Vorwort

Energie ist ein wesentlicher strategischer Faktor für Wirtschaft und Gesellschaft. Die Herausforderungen des Klimaschutzes, die Verknappung der fossilen Energieträger und die Abkehr von der Kernenergie haben zu einem Transformationsprozess in der Energiewirtschaft geführt. Innovative Energietechnologien in Kombination mit dezentralen Strukturen von Erzeugung und Verteilung gewinnen im zukünftigen Energiesystem immer stärker an Relevanz. Der Marktanteil der dargebotsabhängigen erneuerbaren Energieträger nimmt stetig zu.

In diesem Buch wird zuerst das zukünftige Elektrizitätssystem in einem systemischen Ansatz auf Basis der erwarteten politischen, gesellschaftlichen und technologischen Entwicklungen skizziert. Darüber hinaus werden wichtige innovative Energietechnologien in einem künftigen deutschen und europäischen Elektrizitätssystem identifiziert. Daran anschließend werden für diese Technologien der heutige technische und ökonomische Entwicklungsstand sowie das Entwicklungspotenzial in den nächsten 10 bis 15 Jahren von verschiedenen Experten aus renommierten Forschungseinrichtungen dargelegt. Der künftige F&E-Bedarf mit den wesentlichen Trends wird skizziert. Die Technologiefelder werden abschließend in Roadmaps übersichtlich anhand ihrer technischen und wirtschaftlichen Entwicklungsziele, ihres zeitlich verorteten F&E-Bedarfes, ihrer Marktrelevanz sowie ihrer wichtigsten Treiber und Hemmnisse dargestellt. Aufgrund der aktuell sehr vielfältigen und schnellen Entwicklungen bei den Energietechnologien kann kein Anspruch auf absolute Vollständigkeit in den Darstellungen und Erläuterungen erhoben werden.

Dieses Buch soll zur Grundlageninformation für Wirtschaft, Politik und Wissenschaft dienen und helfen, die entscheidenden Diskussionen und Maßnahmen über langfristige Handlungs- und Entscheidungsspielräume voran zu treiben.

Wesentliche Inhalte des Buches entstanden im Rahmen eines Forschungsprojektes im Jahr 2013 für die Forschungs- und Entwicklungsabteilung der RWE AG, die einer Veröffentlichung dankenswerter Weise zugestimmt hat. Die Verantwortung für die Inhalte liegt aber alleine bei den Autoren der Kapitel. Ein Vorläuferprojekt mit dem Titel *Energietechnologien 2050 – Schwerpunkte für Forschung und Entwicklung* wurde vom Bundesministerium für Wirtschaft und Technologie gefördert und hat Eingang in das 6. Energieforschungsprogramm der Bundesregierung gefunden.

Die Herausgeber

Über die Autoren

M . Sc. Wi.-Ing. Ali Aydemir

Studium des Wirtschaftsingenieurwesens mit Schwerpunkt „Energie- und Verfahrenstechnik" an der Universität Duisburg-Essen (Abschluss M. Sc. Wi.-Ing 2010). Von 2011 bis 2013 tätig für die Siemens AG als Vertriebsingenieur für den Verdichter-Service in Duisburg. Seit Februar 2013 wissenschaftlicher Mitarbeiter am Fraunhofer Institut für System- und Innovationsforschung im Competence Center Energietechnologien und Energiesysteme.

Internet: www.isi.fraunhofer.de

Kapitel 17: Raumlufttechnik und Klimakältesysteme

Kapitel 18: Wärmepumpen

Dipl.-Wirtsch.ing. (FH) Tobias Bischkowski

Tobias Bischkowski, Hauptreferent im Bereich Steuerung der Konzern Forschung & Entwicklung (F&E) der RWE AG, ist seit 2005 im RWE Konzern tätig. Er war bis zuletzt mitverantwortlich für die prozessuale Steuerung und Weiterentwicklung des F&E-Projektportfolios. Zuvor war er bei RWE mit der Analyse und Bewertung von Energietechnologien und -szenarien betraut. 2012 erarbeitete er das Konzept der Technologie-Roadmaps als Planungsinstrument der F&E bei RWE.

Bevor Herr Bischkowski im Jahr 2005 in der Internen Revision bei RWE anfing, war er zu Beginn seiner beruflichen Laufbahn vier Jahre als Unternehmensberater in den Bereichen Risk Advisory Services und Business Process Risk Consulting bei den Ernst & Young und Arthur Andersen tätig.

Aktuell ist er bei RWE projektbezogen im Umfeld von Lean Management und Veränderungsprozessen tätig. Tobias Bischkowski ist Diplom-Wirtschaftsingenieur (FH) mit den Studienschwerpunkten im Controlling und Marketing.

Internet: www.rwe.com

Kapitel 1: Motivation, Zielsetzung und Technologieauswahl

Dipl.-Ing. Karl Ulf Birnbaum

Studium Maschinenbau und Brennstoffingenieurwesen an der RWTH Aachen. Von 1979 bis 2013 wissenschaftlicher Mitarbeiter am Forschungszentrums Jülich, Institut für Energie- und Klimaforschung – Systemforschung und technologische Entwicklung (IEK-STE).

Schwerpunkte: Konventionelle Kraftwerkstechnik, Mikro-KWK (Haushalte, Kleinverbraucher), Wasserstofferzeugung und -nutzung, Energieversorgungsszenarien.

Internet: www.fz-juelich.de

Kapitel 2: Zukünftige Energiewelt – Szenarien und robuste Trends
Kapitel 16: Mikro-Kraftwärmekopplungsanlagen (Mikro-KWK)

Dr. rer. nat. Klaus Hendrik Biß

Abschluss des Physikstudiums an der Justus-Liebig Universität Gießen. Von 2010 bis 2012 Doktorand am Lehrstuhl Nukleare Entsorgung und Techniktransfer (NET). Promotion im Jahr 2014 an der RWTH Aachen. Seit 2012 wissenschaftlicher Mitarbeiter am Forschungszentrums Jülich, Institut für Energie- und Klimaforschung – Systemforschung und technologische Entwicklung (IEK-STE).

Schwerpunkte: Energiesystemmodellierung, Endenergiebedarfsanalyse, Energieszenarien.

Internet: www.fz-juelich.de

Kapitel 2: Zukünftige Energiewelt – Szenarien und robuste Trends
Kapitel 3: Kohlekraftwerke
Kapitel 4: Gaskraftwerke
Kapitel 5: CO_2-Abscheidung
Kapitel 6: CO_2-Nutzung

Dipl.-Ing. Richard Bongartz

Studium der Kernverfahrenstechnik an der Fachhochschule Aachen. Von 1975 bis 2014 wissenschaftlicher Mitarbeiter am Forschungszentrums Jülich, seit 2008 am Institut für Energie- und Klimaforschung – Systemforschung und technologische Entwicklung (IEK-STE).

Schwerpunkte: Anlagen der Verfahrenstechnik; technische Bewertung von Energietechnologien, Risikobewertung.

Internet: www.fz-juelich.de

Kapitel 3: Kohlekraftwerke
Kapitel 4: Gaskraftwerke
Kapitel 5: CO_2-Abscheidung
Kapitel 6: CO_2-Nutzung
Kapitel 16: Mikro-Kraftwärmekopplungsanlagen (Mikro-KWK)

Dr.-Ing. Reiner Buck

Studium des Maschinenbaus mit Schwerpunkt Energietechnik an der Universität Stuttgart. Promotion im Jahr 2000 zum Thema „Massenstrom-Instabilitäten bei volumetrischen Receiver-Reaktoren". Seit 1986 als wissenschaftlicher Mitarbeiter am Deutschen Zentrum für Luft- und Raumfahrt e. V. (DLR) tätig, zunächst am Institut für Technische Thermodynamik, seit 2011 am Institut für Solarforschung.

Seit 2011 Leiter der Abteilung „Punktfokussierende Systeme" am DLR-Institut für Solarforschung. Schwerpunkte: Entwicklung von konzentrierenden Solarsystemen zur Stromerzeugung, Thermodynamik, System-Auslegung und -Modellierung, optische Konzentratoren. Mitarbeit und Leitung diverser nationaler und internationaler Projekte im Bereich konzentrierender Solarsysteme zur Stromerzeugung.

Internet: www.dlr.de

Kapitel 9: Solarthermische Kraftwerke

Prof. Dr.-Ing. Martin Braun

Studium der „Elektro- und Informationstechnik" und „technisch orientierte Betriebswirtschaftslehre" an der Universität Stuttgart. In den Jahren 2005–2008 wissenschaftlicher Mitarbeiter am Institut für Solare Energieversorgungstechnik (ISET) in Kassel in der Gruppe „Elektrische Netze". 2008 Promotion an der Universität Kassel über das Thema „Bereitstellung von Netzdienstleistungen durch dezentrale Erzeuger". Ab 2009 Aufbau der Forschungsgruppe „Dezentrale Netzdienstleistungen" am Fraunhofer-Institut für Windenergie und Energiesystemtechnik (IWES) in Kassel. 2010–2012 Juniorprofessor für „Smart Power Grids" an der Universität Stuttgart. Seit 2012 Professor an der Universität Kassel, Fachgebietsleiter „Energiemanagement und Betrieb elektrischer Netze" verbunden mit dem Kompetenzzentrum für Dezentrale Elektrische Energieversorgungstechnik (KDEE). Seit 2012 Abteilungsleiter „Betrieb Verteilungsnetze" am Fraunhofer IWES. Forschungsschwerpunkte sind technisch-wirtschaftlich optimierte Verfahren für die Analyse, Auslegung, Regelung und Betriebsführung von Verteilungsnetzen sowie die Bereitstellung von Energie- und Netzdienstleistungen durch dezentrale Anlagen und Verfahren für Energie- und Netzmanagement in dezentralen Versorgungsstrukturen.

Internet: www.uni-kassel.de, www.iwes.fraunhofer.de

Kapitel 15: Elektrische Verteilungsnetze im Wandel

Dipl.-Ing. Johannes Fleer

Studium Umwelttechnik und Ressourcenmanagement an der Ruhr-Universität Bochum. Anschließend Tätigkeit als Planungsingenieur für Photovoltaiksysteme bei der Firma eco-Kinetics Pty Ltd in Stapylton, Australien. Seit 2012 wissenschaftlicher Mitarbeiter am Forschungszentrums Jülich, Institut für Energie- und Klimaforschung – Systemforschung und technologische Entwicklung (IEK-STE).

Schwerpunkte: Techno-ökonomische Analyse und Bewertung von Energiespeichern, Analyse des Einsatzes netzgekoppelter Batteriespeichersysteme zur Bereitstellung von Regelleistung.

Internet: www.fz-juelich.de

Kapitel 10: Elektrochemische Speicher

Dr. Tobias Fleiter

Tobias Fleiter studierte Wirtschaftsingenieurwesen „Energie- und Umweltmanagement" an der Universität Flensburg mit Studienaufenthalt in Schweden. Seit 2007 ist Tobias Fleiter am Fraunhofer Institut für System- und Innovationsforschung im Competence Center Energietechnologien und Energiesysteme tätig. Währenddessen hat er einen Aufenthalt bei der Europäischen Kommission in der Generaldirektion für Energie- und Transport absolviert und war als Gastwissenschaftler an der Universität Bordeaux IV sowie am IPM der Chinese Academy of Science in Peking. Seine Doktorarbeit hat er an der Universität Utrecht zum Thema „Die Adoption von Energieeffizienztechnologien durch Unternehmen" im Jahr 2012 abgeschlossen. Seit 2013 ist Tobias Fleiter Leiter des Geschäftsfeldes Energienachfrageanalysen und -projektionen. Seine Forschungsschwerpunkte sind die Modellierung der Energienachfrage sowie Energieeffizienz in der Industrie. Dies beinhaltet sowohl techno-ökonomische Bewertungen von Energieeinsparpotenzialen als auch Wirkungsanalysen von Instrumenten zur Steigerung der Energieeffizienz.

Internet: www.isi.fraunhofer.de

Kapitel 19: Stromeffizienz in den Sektoren Industrie, GHD und Haushalte

Dr. Nele Friedrichsen

Studium Wirtschaftsingenieurswesen mit Schwerpunkt Energie- und Umweltmanagement an der Universität Flensburg. Promotion in VWL an der Jacobs University Bremen. Von 2010 bis 2012 wissenschaftliche Mitarbeiterin am Bremer Energie Institut. Seit 2013 wissenschaftliche Mitarbeiterin am Fraunhofer Institut für System- und Innovationsforschung. Bis Juni 2014 im Competence Center Energietechnologien und Energiesysteme, danach im Competence Center Energiepolitik und Energiemärkte. Ihre Interessenschwerpunkte sind institutionelle Rahmenbedingungen und Governance insbesondere hinsichtlich der Transition zu einem nachhaltigen Energiesystem. Am Fraunhofer ISI beschäftigt sie sich derzeit mit der Ausgestaltung und Bewertung des EU-Emissionsrechtehandels, dem Netzentgeltsystem im Kontext der Energiewende und den damit verbundenen Herausforderungen sowie der Wettbewerbsfähigkeit der deutschen energieintensiven Industrie.

Internet: www.isi.fraunhofer.de

Kapitel 20: Verbrauchssteuerung

Dr. Fabio Genoese

Dr. Fabio Genoese ist CEPS Fellow am Centre for European Policy Studies in Brüssel und Dozent am Institut d'études politiques (Sciences Po) in Paris. Seine Forschungsschwerpunkte sind der EU-Binnenmarkt für Strom und Gas, eine EU-weite Betrachtung der Energiewende sowie die Bedeutung neuer Energietechnologien zum Voranbringen der Energiewende. Von 2008 bis 2013 arbeitete er am Fraunhofer ISI in Karlsruhe, wo er für Forschungs- und Beratungsprojekte für öffentliche Einrichtungen und Unternehmen in der Energiebranche leitete. Im Jahr 2012 war er als Gastwissenschaftler bei Fondazione Eni Enrico Mattei (FEEM) in Mailand. Er ist promovierter Wirtschaftswissenschaftler.

Internet: www.ceps.eu

Kapitel 11: Druckluftspeicher

Kapitel 12: Power-to-Gas

Kapitel 13: Wasserstoffspeicherkraftwerke

Dr.-Ing. Niklas Hartmann

Dr.-Ing. Niklas Hartmann studierte Wirtschaftsingenieurwesen mit der Fachrichtung Maschinenbau an der TU Kaiserslautern. Von 2008 bis Ende 2012 promovierte Herr Hartmann zum Thema „Rolle und Bedeutung der Stromspeicher bei hohen Anteilen erneuerbarer Energien in Deutschland –Speichersimulation und Betriebsoptimierung" am Institut für Energiewirtschaft und Rationelle Energieanwendung (IER) der Universität Stuttgart. Seit Januar 2013 ist Herr Hartmann wissenschaftlicher Mitarbeiter am Fraunhofer-Institut für Solare Energiesysteme ISE und seit Januar 2015 Teamleiter des Teams „Energiesysteme und -märkte". Der Schwerpunkt seiner wissenschaftlichen Arbeit liegt in der Systemanalyse von Energiesystemen mit dem Fokus der Integration hoher Anteile erneuerbarer Energien in das Energiesystem Deutschlands.

Internet: www.ise.fraunhofer.de

Kapitel 7: Stromerzeugung aus Windenergie

Kapitel 8: Photovoltaik

Dipl.-Ing. Wilfried Hennings

Studium der Elektrotechnik an der RWTH Aachen. Seit 1979 wissenschaftlicher Mitarbeiter am Forschungszentrums Jülich, seit 2008 am Institut für Energie- und Klimaforschung – Systemforschung und Technologische Entwicklung (IEK-STE).

Schwerpunkte: Integration von erneuerbaren Energien, Speichern und Elektrofahrzeugen im Stromversorgungssystem.

Internet: www.fz-juelich.de

Kapitel 21: Elektromobilität

M . Sc. Noha Saad Hussein

Noha Saad Hussein hat einen Bachelor in Architekturingenieurwesen und Umwelttechnik und einen Masterabschluss in erneuerbaren Energien und Energieeffizienz an der Universität Kassel. Sie hat ihre Masterarbeit am Fraunhofer ISE zu dem Thema lokales Wertschöpfungspotenzial von CSP und Windkraftanlagen in Ägypten geschrieben. Seitdem arbeitet sie am Fraunhofer ISE als wissenschaftliche Mitarbeiterin im Team „Energiesysteme und -märkte". Ihr Hauptfokus liegt in der Energiesystemanalyse von Verteilnetzen mit Schwerpunkt auf dem Wärmesektor und den Strom-Wärme Kopplungstechnologien. Zusätzlich arbeitet sie daran, erneuerbare Energietechnologien techno-ökonomisch zu bewerten und das lokale Wertschöpfungspotenzial zu identifizieren. Weiterhin untersucht sie alternative Lösungen erneuerbarer Versorgung der unterschiedlichen Verbrauchssektoren.

Internet: www.ise.fraunhofer.de

Kapitel 7: Stromerzeugung aus Windenergie

Kapitel 8: Photovoltaik

M. Eng. Verena Jülch

Studium Energie- und Umweltmanagement an der Universität Flensburg. Seit 2011 ist sie als wissenschaftliche Mitarbeiterin am Fraunhofer-Institut für Solare Energiesysteme ISE in Freiburg, zunächst im Bereich solar betriebene Meerwasserentsalzungsanlagen, dann im Team „Energiesysteme und -märkte" tätig.

Schwerpunkte: Techno-ökonomische Analyse von Photovoltaik, anderen erneuerbaren Energien und Stromspeichertechnologien in Deutschland und weltweit.

Internet: www.ise.fraunhofer.de

Kapitel 7: Stromerzeugung aus Windenergie

Kapitel 8: Photovoltaik

Dipl.-Ing. Dipl.-Wirtsch.-Ing. Erika Kämpf

Studium der elektrischen Energietechnik an der Technischen Hochschule Karlsruhe (heute: KIT), wirtschaftswissenschaftliches Zusatzstudium an der RWTH Aachen. Von 2005 bis 2010 Projektingenieurin bei Siemens Energy Automation: Mitwirkung an Entwicklungsprojekten für Verteilnetz-Analyse-Anwendungen (Distribution Management Systems) und dem Smart Grid Projekt E-DeMa, Fabriktests und weltweite Vor-Ort-Inbetriebnahme von Energie-Management-Systemen für Übertragungsnetzbetreiber. Seit 2011 wissenschaftliche Mitarbeit und Projektleitung am Fraunhofer IWES sowie Promotion im Bereich „Blindleistungsbereitstellung von Verteilnetzen an Übertragungsnetze".

Internet: www.uni-kassel.de, www.iwes.fraunhofer.de

Kapitel 15: Elektrische Verteilungsnetze im Wandel

Dipl.-Ing. Philipp Klever

Studium der Umwelttechnik und Ressourcenmanagement an der Ruhr-Universität Bochum. Von 2012 bis 2014 wissenschaftlicher Mitarbeiter am Forschungszentrums Jülich, Institut für Energie- und Klimaforschung – Systemforschung und technologische Entwicklung (IEK-STE). Seit April 2015 geschäftsführender Gesellschafter der Firma enerion GmbH & Co. KG im Bereich Energie- und Ressourceneffizienz für Unternehmen.

Schwerpunkte: wirtschaftliche und technische Bewertung effizienter Energieerzeugungsanlagen im Gebäudesektor.

Internet: www.fz-juelich.de

Kapitel 16: Mikro-Kraftwärmekopplungsanlagen (Mikro-KWK)

M. Sc. Markus Kraiczy

Markus Kraiczy studierte Elektro- und Informationstechnik an der Hochschule Anhalt, elektrische Energietechnik an der Universität von Süddänemark und regenerative Energien und Energieeffizienz an der Universität Kassel. Er ist seit September 2012 als wissenschaftlicher Mitarbeiter am Fraunhofer Institut für Windenergie und Energiesystemtechnik (IWES) in Kassel in der Abteilung „Betrieb Verteilungsnetze" tätig.

Forschungsschwerpunkte: Parallelbetrieb lokal geregelter Netzbetriebsmittel und dezentraler Erzeugungsanlagen, Maßnahmen der statischen Spannungshaltung und des Blindleistungsmanagements in Netzplanung und Netzbetrieb.

Internet: www.iwes.fraunhofer.de

Kapitel 15: Elektrische Verteilungsnetze im Wandel

Dipl.-Ing. Jochen Linssen

Studium des Maschinenbaus an der RWTH Aachen, Fachrichtung Kraftfahrwesen. Seit 2000 wissenschaftlicher Mitarbeiter am Forschungszentrums Jülich, Institut für Energie- und Klimaforschung – Systemforschung und technologische Entwicklung (IEK-STE)

Schwerpunkte: Kraftstoffstrategien und Energiespeicher.

Internet: www.fz-juelich.de

Kapitel 10: Elektrochemische Speicher

Kapitel 21: Elektromobilität

Dr. Peter Markewitz

Der Energie- und Verfahrenstechniker Dr. Peter Markewitz ist Wissenschaftler am Forschungszentrum Jülich. Er leitet die Arbeitsgruppe Energietechnik im Bereich Systemforschung und Technologische Entwicklung des Instituts für Energie- und Klimaforschung. Seine Forschungsfelder sind Energiesystemanalysen, Klimagasreduktionsstrategien, Technologiebewertungen sowie Kraftwerkstechnik.

Internet: www.fz-juelich.de

Kapitel 1: Motivation, Zielsetzung und Technologieauswahl

Kapitel 2: Zukünftige Energiewelt – Szenarien und robuste Trends

Kapitel 3: Kohlekraftwerke

Kapitel 4: Gaskraftwerke

Kapitel 5: CO_2-Abscheidung

Kapitel 6: CO_2-Nutzung

Dipl.-Kffr. Julia Michaelis

Studium „Europäische Wirtschaft" an der Otto-Friedrich-Universität Bamberg und der École de Management Strasbourg, Frankreich mit Schwerpunkt in Statistik. 2011 Studienabschluss mit Diplomarbeit bei der PricewaterhouseCoopers AG. Von Juni bis Dezember 2011 als wissenschaftliche Mitarbeiterin im Competence Center Energiepolitik und Energiesysteme am Fraunhofer Institut für System- und Innovationsforschung ISI, seit

Januar 2012 im Competence Center Energietechnologien und Energiesysteme. Seit September 2012 Doktorandin am Lehrstuhl für Energiewirtschaft der Technischen Universität Dresden. Forschungstätigkeit im Bereich Energiesystemanalyse und Wirtschaftlichkeitsbewertung von Energiespeichern sowie Produktionsverfahren von Wasserstoff.

Internet: www.isi.fraunhofer.de

Kapitel 12: Power-to-Gas

Dr. Thomas Schlegl

Studium der Physik an der Universität Regensburg und der Université Montpellier II. Promotion zum Dr. rer. nat. an der Universität Regensburg in Zusammenarbeit mit dem Fraunhofer-Institut für Solare Energiesysteme ISE. Seit 2005 Leitung der Strategieplanung des Fraunhofer ISE und Geschäftsführer der Fraunhofer-Allianz Energie. In 2009 Gründung der Fraunhofer Forschungsgruppe „Energiesystemanalyse". Schwerpunkt sind Techno-ökonomische Bewertung von Energietechnologien, Marktanalysen und Geschäftsmodelle, Kraftwerkseinsatzplanung und Betriebsstrategien sowie nationale und regionale Energieversorgungskonzepte.

Internet: www.ise.fraunhofer.de

Kapitel 7: Stromerzeugung aus Windenergie

Kapitel 8: Photovoltaik

Dr.-Ing. Peter Stenzel

Studium Umwelttechnik und Ressourcenmanagement an der Ruhr-Universität Bochum. Anschließend wissenschaftlicher Mitarbeiter am Zentrum für Innovative Energiesysteme (ZIES) an der Fachhochschule Düsseldorf. Promotion zum Dr.-Ing. an der Ruhr-Universität Bochum am Lehrstuhl für Energiesysteme und Energiewirtschaft (LEE) im Jahr 2011. Seit Ende 2011 wissenschaftlicher Mitarbeiter am Forschungszentrum Jülich, Institut für Energie- und Klimaforschung – Systemforschung und technologische Entwicklung (IEK-STE).

Schwerpunkte: Techno-ökonomischen Analyse und Bewertung von Energiespeichern, Stromerzeugung mit Osmoseverfahren.

Internet: www.fz-juelich.de

Kapitel 10: Elektrochemische Speicher

Dipl.-Ing. Friedrich Schulte (RWE AG, Konzern F&E, Leiter Technologien/Strategie)

Friedrich Schulte ist im RWE Konzern verantwortlich für die Strategie in Forschung & Entwicklung sowie „Technology Foresight". Im Mittelpunkt seiner Arbeit steht die kontinuierliche Bewertung aller technologischen Entwicklungen mit Relevanz für die Energiewirtschaft sowie die Ableitung und Umsetzung der daraus folgenden F&E-Bedarfe.

Friedrich Schulte arbeitet seit 1992 in der Energiewirtschaft und hat dabei in unterschiedlichen Management - und Projektrollen Expertise zu zahlreichen Technologien u. a. aus IT, Kommunikationstechnik, Stromnetzen, Stromerzeugung und Energieanwendung gewonnen. Seit 2003 liegt sein Arbeitsschwerpunkt auf Innovationen und F&E wobei er auch als Geschäftsführer einer Venture Capital Gesellschaft für Energietechnologien tätig war. Seine aktuelle Funktion umfasst auch Kooperationen von Partnern aus Industrie und Wissenschaft auf internationaler Ebene der Energieforschung.

Herr Schulte hat seinen Abschluss als Dipl.-Ing. Elektrotechnik 1986 an der TU Dortmund erworben und war dort zunächst als wissenschaftlicher Mitarbeiter an der Fakultät für Nachrichtentechnik tätig. Ab 1988 entwickelte er im Industrieauftrag elektronische Systeme am Fraunhofer Institut in Duisburg.

Internet: www.rwe.com

Kapitel 1: Motivation, Zielsetzung und Technologieauswahl

Dipl. Wi.-Ing. Jan Steinbach

Jan Steinbach arbeitet seit 2009 als wissenschaftlicher Mitarbeiter am Fraunhofer ISI in der Abteilung Energiepolitik und Energiemärkte. Er hat Wirtschaftsingenieurwesen am Karlsruher Institut für Technologie (KIT) und an der Universiteit Maastricht mit den Schwerpunkten Energie- und Umwelttechnik, Internationale Wirtschaftspolitik und Finanz- und Rechnungswesen studiert.

Forschungsschwerpunkte sind die modelgestützte Bewertung von Politikinstrumenten zur Förderung von erneuerbaren Energien und Energieeffizienz in Gebäuden. Dazu promoviert er am Institut für Industriebetriebslehre und industrielle Produktion (KIT). Von September bis Dezember 2012 war er Gastwissenschaftler am Lawrence Berkeley National Laboratory in Kalifornien (USA).

Internet: www.isi.fraunhofer.de

Kapitel 17: Raumlufttechnik und Klimakältesysteme

Dipl.-Wirtsch.-Ing. (FH) Michael Taumann

Michael Taumann studierte den Studiengang Sustainable Energy Competence (SENCE) an der Hochschule Rottenburg. Von April 2012 bis Dezember 2012 verfasste Herr Taumann seine Masterarbeit zum Thema „Modellierung des Zubaus erneuerbarer Stromerzeugungstechnologien in Deutschland" am Fraunhofer-Institut für Solare Energiesysteme ISE. Bis April 2013 war Herr Taumann weiterhin als geprüfte wissenschaftliche Hilfskraft am Fraunhofer ISE tätig. Seit Mai 2013 ist Herr Taumann wissenschaftlicher Mitarbeiter am Zentrum für Sonnenenergie- und Wasserstoff-Forschung Baden-Württemberg. Der Schwerpunkt seiner derzeitigen Arbeit liegt in der Analyse von Biomasse-KWK in Baden-Württemberg und der Erfahrungsberichte gemäß § 65 EEG.

Internet: www.zsw-bw.de

Kapitel 7: Stromerzeugung aus Windenergie

Dr. phil. nat. Sandra Ullrich

Studium der Biochemie in Leipzig und Frankfurt mit Vertiefung im Bereich Biophysikalische Chemie zur Diplomarbeit im Jahr 2008. Abschluss der Promotion in Biochemie über Funktion und Struktur von Membranproteinen mittels Festkörper-Nuklearmagnetischer

Resonanz-Spektroskopie (NMR) im Jahr 2012. Anschließend wissenschaftliche Mitarbeiterin an der Goethe Universität und des Biomolekularen Magnetresonanz Zentrums (BMRZ) in Frankfurt. Seit April 2014 wissenschaftliche Mitarbeiterin und Projektleiterin am Competence Center Energietechnologien und Energiesysteme des Fraunhofer-Instituts für System- und Innovationforschung ISI in Karlsruhe. Ihre Forschungsschwerpunkte sind Elektromobilität, Analyse und Modellierung von Energiesystemen sowie soziale Implikationen und Verteilungseffekte der Energiewende im nationalen und europäischen Kontext.

Internet: www.isi.fraunhofer.de

Kapitel 1: Motivation, Zielsetzung und Technologieauswahl

Kapitel 14: Übertragungsnetze

Prof. Dr. Martin Wietschel

Studium des Wirtschaftsingenieurwesens an der Universität Karlsruhe. Promotion und Habilitation mit dem Abschluss der venia legendi für Betriebswirtschaftslehre an derselben Universität am Institut für Industriebetriebslehre und Industrielle Produktion. Von 2002 bis 2011 wissenschaftlicher Mitarbeiter und Projektleiter am Fraunhofer-Institut für System- und Innovationsforschung ISI im Competence Center Energiepolitik und Energiesysteme und seit 2007 Leiter des Geschäftsfelds Energiewirtschaft. Seit Januar 2012 stellvertretender Leiter des Competence Centers Energietechnologien und Energiesysteme sowie Leiter des Geschäftsfelds Energiewirtschaft. Von 2005 bis 2011 hatte er einen Lehrauftrag an der ETH Zürich und im Jahre 2008 wurde ihm eine außerplanmäßige Professur an der Universität Karlsruhe (heutiges Karlsruher Institut für Technologie (KIT)) verliehen.

Seine Forschungsschwerpunkte sind die Nachhaltige Energiewirtschaft, die Bewertung neuer Energietechnologien, Energiesystemanalysen sowie innovative Kraftstoffe und Antriebe im Verkehr. Weiterhin ist er in verschiedenen Gremien zur Elektromobilität, wie der Nationalen Plattform Elektromobilität, vertreten.

Internet: www.isi.fraunhofer.de

Kapitel 1: Motivation, Zielsetzung und Technologieauswahl

Inhaltsverzeichnis

Teil I   Einleitende Betrachtungen

1   Motivation, Zielsetzung und Technologieauswahl   3
Sandra Ullrich, Martin Wietschel, Tobias Bischkowski, Friedrich Schulte und
Peter Markewitz
1.1   Abkürzungen   11
Literatur   12

2   Zukünftige Energiewelt – Szenarien und robuste Trends   13
Klaus Biß, Peter Markewitz und Ulf Birnbaum
2.1   Globale Energiebedarfsentwicklung   13
2.2   EU-27-Energieszenarien   21
2.3   Nationale Energieszenarien   25
2.4   Abkürzungen   28
Literatur   29

Teil II   Kraftwerkstechnik für fossile Brennstoffe plus CCS-Abscheidetechnik

3   Kohlekraftwerke   33
Peter Markewitz, Richard Bongartz und Klaus Biß
3.1   Technologiebeschreibung   33
    3.1.1   Funktionale Beschreibung   35
    3.1.2   Status quo und Entwicklungsziele   38
    3.1.3   Technische Kenndaten   38
3.2   Zukünftige Anforderungen und Randbedingungen   41
    3.2.1   Gesellschaft   41
    3.2.2   Kostenentwicklung   42
    3.2.3   Politik und Regulierung   43
    3.2.4   Marktrelevanz   44
    3.2.5   Mögliche Wechselwirkungen mit anderen Technologien   45
    3.2.6   Game Changer   45

3.3   Technologieentwicklung   46
    3.3.1   Entwicklungsziele   46
    3.3.2   F&E-Bedarf und kritische Entwicklungshemmnisse   46
3.4   Abkürzungen   54
Literatur   54

4   Gaskraftwerke   57
Peter Markewitz, Richard Bongartz und Klaus Biß
4.1   Technologiebeschreibung   58
    4.1.1   Funktionale Beschreibung   58
    4.1.2   Status quo und Entwicklungsziele   61
    4.1.3   Technische Kenndaten   62
4.2   Zukünftige Anforderungen und Randbedingungen   64
    4.2.1   Gesellschaft   64
    4.2.2   Kostenentwicklung   64
    4.2.3   Politik und Regulierung   65
    4.2.4   Marktrelevanz   65
    4.2.5   Mögliche Wechselwirkungen mit anderen Technologien   66
    4.2.6   Game Changer   67
4.3   Technologieentwicklung   67
    4.3.1   Entwicklungsziele   67
    4.3.2   F&E-Bedarf und kritische Entwicklungshemmnisse   68
4.4   Abkürzungen   74
Literatur   74

5 CO_2-Abscheidung   77
Richard Bongartz, Peter Markewitz und Klaus Biß
5.1   Technologiebeschreibung   77
    5.1.1   Funktionale Beschreibung   77
    5.1.2   Status quo und Entwicklungsziele   79
    5.1.3   Technische Kenndaten   81
5.2   Zukünftige Anforderungen und Randbedingungen   82
    5.2.1   Gesellschaft   82
    5.2.2   Kostenentwicklung   82
    5.2.3   Politik und Regulierung   83
    5.2.4   Marktrelevanz   84
    5.2.5   Mögliche Wechselwirkungen mit anderen Technologien   84
    5.2.6   Game Changer   84
5.3   Technologieentwicklung   85
    5.3.1   Entwicklungsziele   85
    5.3.2   F&E-Bedarf und kritische Entwicklungshemmnisse   85

5.4   Abkürzungen   90
Literatur   90

6   CO$_2$-Nutzung   93
Richard Bongartz, Peter Markewitz und Klaus Biß
6.1   Technologiebeschreibung   93
6.1.1   Funktionale Beschreibung   93
6.1.2   Status quo und Entwicklungsziele   95
6.1.3   Technische Kenndaten   96
6.2   Zukünftige Anforderungen und Randbedingungen   97
6.2.1   Gesellschaft   97
6.2.2   Kostenentwicklung   97
6.2.3   Politik und Regulierung   98
6.2.4   Marktrelevanz   98
6.2.5   Mögliche Wechselwirkungen mit anderen Technologien   98
6.2.6   Game Changer   98
6.3   Technologieentwicklung   99
6.3.1   Entwicklungsziele   99
6.3.2   F&E-Bedarf und kritische Entwicklungshemmnisse   99
6.4   Abkürzungen   99
Literatur   100

Teil III   Erneuerbare Energietechnologien

7   Stromerzeugung aus Windenergie   103
Niklas Hartmann, Noha Saad Hussein, Michael Taumann, Verena Jülch und
Thomas Schlegl
7.1   Technologiebeschreibung   103
7.1.1   Funktionale Beschreibung   105
7.1.2   Status quo und Entwicklungsziele   108
7.1.3   Technische Kenndaten   110
7.2   Zukünftige Anforderungen und Randbedingungen   111
7.2.1   Gesellschaft   111
7.2.2   Kostenentwicklung   112
7.2.3   Politik und Regulierung   113
7.2.4   Marktrelevanz   113
7.2.5   Mögliche Wechselwirkungen mit anderen Technologien   114
7.2.6   Game Changer   115
7.3   Technologieentwicklung   115
7.3.1   Entwicklungsziele   115
7.3.2   F&E-Bedarf und kritische Entwicklungshemmnisse   116

7.4   Abkürzungen   120
Literatur   120

8   Photovoltaik   123
Verena Jülch, Niklas Hartmann, Noha Saad Hussein und Thomas Schlegl
8.1   Technologiebeschreibung   123
        8.1.1   Funktionale Beschreibung   123
        8.1.2   Status quo und Entwicklungsziele   125
        8.1.3   Technische Kenndaten   127
8.2   Zukünftige Anforderungen und Randbedingungen   128
        8.2.1   Gesellschaft   128
        8.2.2   Kostenentwicklung   128
        8.2.3   Politik und Regulierung   130
        8.2.4   Marktrelevanz   130
        8.2.5   Mögliche Wechselwirkungen mit anderen Technologien   131
        8.2.6   Game Changer   131
8.3   Technologieentwicklung   132
        8.3.1   Entwicklungsziele   132
        8.3.2   Γ&E-Bedarf und kritische Entwicklungshemmnisse   133
8.4   Abkürzungen   137
Literatur   137

9   Solarthermische Kraftwerke   139
Reiner Buck
9.1   Technologiebeschreibung   139
        9.1.1   Funktionale Beschreibung   139
        9.1.2   Status quo und Entwicklungsziele   142
        9.1.3   Technische Kenndaten   145
9.2   Zukünftige Anforderungen und Randbedingungen   147
        9.2.1   Gesellschaft   147
        9.2.2   Kostenentwicklung   147
        9.2.3   Politik und Regulierung   148
        9.2.4   Marktrelevanz   149
        9.2.5   Mögliche Wechselwirkungen mit anderen Technologien   149
        9.2.6   Game Changer   150
9.3   Technologieentwicklung   150
        9.3.1   Entwicklungsziele   150
        9.3.2   F&E-Bedarf und kritische Entwicklungshemmnisse   151
9.4   Abkürzungen   154
Literatur   154

Teil IV   Energiespeicher

10   Elektrochemische Speicher 157
  Peter Stenzel, Johannes Fleer und Jochen Linssen
  10.1 Technologiebeschreibung 157
        10.1.1 Funktionale Beschreibung 157
        10.1.2 Status quo und Entwicklungsziele 168
        10.1.3 Technische Kenndaten 174
  10.2 Zukünftige Anforderungen und Randbedingungen 181
        10.2.1 Gesellschaft 181
        10.2.2 Kostenentwicklung 182
        10.2.3 Politik und Regulierung 187
        10.2.4 Marktrelevanz 191
        10.2.5 Mögliche Wechselwirkungen mit anderen Technologien 197
        10.2.6 Game Changer 198
  10.3 Technologieentwicklung 199
        10.3.1 Entwicklungsziele 199
        10.3.2 F&E-Bedarf und kritische Entwicklungshemmnisse 200
  10.4 Abkürzungen 209
  Literatur 209

11   Druckluftspeicher 215
  Fabio Genoese
  11.1 Technologiebeschreibung 215
        11.1.1 Funktionale Beschreibung 215
        11.1.2 Status quo und Entwicklungsziele 218
        11.1.3 Technische Kenndaten 219
  11.2 Zukünftige Anforderungen und Randbedingungen 220
        11.2.1 Gesellschaft 220
        11.2.2 Kostenentwicklung 220
        11.2.3 Politik und Regulierung 221
        11.2.4 Marktrelevanz 222
        11.2.5 Mögliche Wechselwirkungen mit anderen Technologien 223
  11.3 Game Changer 223
  11.4 Technologieentwicklung 223
        11.4.1 Entwicklungsziele 223

11.5   F&E-Bedarf und kritische Entwicklungshemmnisse 224
11.6 Abkürzungen 227
Literatur 227

12   Power-to-Gas 229
Julia Michaelis und Fabio Genoese
12.1 Technologiebeschreibung 229
        12.1.1 Funktionale Beschreibung. 229
        12.1.2 Status quo und Entwicklungsziele 232
        12.1.3 Technische Kenndaten 233
12.2 Zukünftige Anforderungen und Randbedingungen 234
        12.2.1 Gesellschaft 234
        12.2.2 Kostenentwicklung 235
        12.2.3 Politik und Regulierung 235
        12.2.4 Marktrelevanz 236
        12.2.5 Mögliche Wechselwirkungen mit anderen Technologien 239
        12.2.6 Game Changer. 239
12.3 Technologieentwicklung 240
        12.3.1 Entwicklungsziele 240
        12.3.2 F&E Bedarf und kritische Entwicklungshemmnisse 240
12.4 Abkürzungen 243
Literatur 243

13   Wasserstoffspeicherkraftwerke 245
Fabio Genoese
13.1 Technologiebeschreibung 245
        13.1.1 Funktionale Beschreibung. 245
        13.1.2 Status quo und Entwicklungsziele 249
        13.1.3 Technische Kenndaten 251
13.2 Zukünftige Anforderungen und Randbedingungen 254
        13.2.1 Gesellschaft 254
        13.2.2 Kostenentwicklung 254
        13.2.3 Politik und Regulierung 255
        13.2.4 Marktrelevanz 256
        13.2.5 Mögliche Wechselwirkungen mit anderen Technologien 257
        13.2.6 Game Changer. 258
13.3 Technologieentwicklung 258
        13.3.1 Entwicklungsziele 258
        13.3.2 F&E-Bedarf und kritische Entwicklungshemmnisse 258
13.4 Abkürzungen 262
Literatur 262

Teil V   Elektrizitätsnetze

14   Übertragungsnetze 267
Sandra Ullrich
    14.1 Dynamisierung der Übertragungskapazität 267
        14.1.1 Technologiebeschreibung 267
        14.1.2 Zukünftige Anforderungen und Randbedingungen 274
        14.1.3 Technologieentwicklung 278
    14.2 Flexible Drehstromübertragungstechnik 283
        14.2.1 Technologiebeschreibung 283
        14.2.2 Zukünftige Anforderungen und Randbedingungen 290
        14.2.3 Technologieentwicklung 294
    14.3 Hybride AC/DC-Netzstrukturen 298
        14.3.1 Technologiebeschreibung 298
        14.3.2 Zukünftige Anforderungen und Randbedingungen 303
        14.3.3 Technologieentwicklung 308
    14.4 Exkurs: Supraleiter 311
        14.4.1 HTSL-Strombegrenzer 312
        14.4.2 HTSL-Kabel 312
        14.4.3 Politik und Regulierung 313
        14.4.4 Marktrelevanz 313
        14.4.5 F&E-Bedarf und kritische Entwicklungshemmnisse 314
    14.5 Abkürzungen 315
    Literatur 316

15   Elektrische Verteilungsnetze im Wandel 323
Martin Braun, Erika Kämpf und Markus Kraiczy
    15.1 Einführung 323
    15.2 Bereitstellung von Systemdienstleistungen und IKT-Infrastruktur 328
    15.3 Netzbetriebsmittel und beeinflussbare Kundenanlagen 331
    15.4 Strategische Netzplanung 334
    15.5 Zusammenfassung 337
    15.6 Abkürzungen 338
    Literatur 339

Teil VI   Effizienztechnologien und Mikro-KWK

16   Mikro-Kraftwärmekopplungsanlagen (Mikro-KWK) 347
Ulf Birnbaum, Richard Bongartz und Philipp Klever
    16.1 Technologiebeschreibung 347
        16.1.1 Funktionale Beschreibung 348
        16.1.2 Status quo und Entwicklungsziele 352

16.1.3 Technische Kenndaten 354
16.2 Zukünftige Anforderungen und Randbedingungen 356
16.2.1 Gesellschaft 356
16.2.2 Kostenentwicklung 356
16.2.3 Politik und Regulierung 357
16.2.4 Marktrelevanz 358
16.2.5 Mögliche Wechselwirkungen mit anderen Technologien 359
16.2.6 Game Changer 360
16.3 Technologieentwicklung 361
16.3.1 Entwicklungsziele 361
16.3.2 F&E-Bedarf und kritische Entwicklungshemmnisse 362
16.4 Abkürzungen 366
Literatur 366

17 **Raumlufttechnik und Klimakältesysteme** 369
Ali Aydemir und Jan Steinbach
17.1 Technologiebeschreibung 369
17.1.1 Funktionale Beschreibung 370
17.1.2 Status quo und Entwicklungsziele 372
17.1.3 Technische Kenndaten 373
17.2 Zukünftige Anforderungen und Randbedingungen 373
17.2.1 Gesellschaft 373
17.2.2 Kostenentwicklung 373
17.2.3 Politik und Regulierung 374
17.2.4 Marktrelevanz 375
17.2.5 Mögliche Wechselwirkungen mit anderen Technologien und
Technologiefeldern 377
17.2.6 Game Changer 377
17.3 Technologieentwicklung 378
17.3.1 Entwicklungsziele 378
17.3.2 F&E-Bedarf und kritische Entwicklungshemmnisse 378
17.4 Abkürzungen 381
Literatur 381

18 **Wärmepumpen** 383
Ali Aydemir
18.1 Technologiebeschreibung 383
18.1.1 Funktionale Beschreibung 384
18.1.2 Status quo und Entwicklungsziele 385
18.1.3 Technische Kenndaten 387
18.2 Zukünftige Anforderungen und Randbedingungen 389
18.2.1 Gesellschaft 389

        18.2.2 Kostenentwicklung 389
        18.2.3 Politik und Regulierung 390
        18.2.4 Marktrelevanz 390
        18.2.5 Mögliche Wechselwirkungen mit anderen Technologien 391
        18.2.6 Game Changer 391
    18.3 Technologieentwicklung 392
        18.3.1 Entwicklungsziele 392
        18.3.2 F&E-Bedarf und kritische Entwicklungshemmnisse 392
    18.4 Abkürzungen 396
    Literatur 396

19 **Stromeffizienz in den Sektoren Industrie, GHD und Haushalte** 399
    Tobias Fleiter
    19.1 Technologiebeschreibung 399
        19.1.1 Funktionale Beschreibung 399
        19.1.2 Status quo und Entwicklungsziele 400
    19.2 Zukünftige Anforderungen und Randbedingungen 405
        19.2.1 Gesellschaft 405
        19.2.2 Kostenentwicklung 405
        19.2.3 Politik und Regulierung 406
        19.2.4 Marktrelevanz 407
        19.2.5 Mögliche Wechselwirkungen mit anderen Technologien 407
        19.2.6 Game Changer 408
    19.3 Technologieentwicklung 408
        19.3.1 Entwicklungsziele 408
        19.3.2 F&E-Bedarf und kritische Entwicklungshemmnisse 409
    19.4 Abkürzungen 415
    Literatur 415

20 **Verbrauchssteuerung** 417
    Nele Friedrichsen
    20.1 Technologiebeschreibung 417
        20.1.1 Funktionale Beschreibung 420
        20.1.2 Status quo und Entwicklungsziele 430
        20.1.3 Technische Kenndaten 431
    20.2 Zukünftige Anforderungen und Randbedingungen 431
        20.2.1 Gesellschaft 431
        20.2.2 Kostenentwicklung 434
        20.2.3 Politik und Regulierung 435
        20.2.4 Marktrelevanz 436
        20.2.5 Mögliche Wechselwirkungen mit anderen Technologien 437
        20.2.6 Game Changer 437

20.3 Technologieentwicklung 438
    20.3.1 Entwicklungsziele 438
    20.3.2 F&E-Bedarf und kritische Entwicklungshemmnisse 438
20.4 Abkürzungen 442
Literatur 442

Teil VII   Elektromobilität

21   Elektromobilität 447
Wilfried Hennings und Jochen Linssen
21.1 Technologiebeschreibung 447
    21.1.1 Funktionale Beschreibung 447
    21.1.2 Status quo und Entwicklungsziele 454
    21.1.3 Trendentwicklung der Elektrofahrzeuge 455
21.2 Zukünftige Anforderungen und Randbedingungen 457
    21.2.1 Gesellschaft 457
    21.2.2 Kostenentwicklung von Elektrofahrzeugen 458
    21.2.3 Politik und Regulierung 459
    21.2.4 Marktrelevanz 461
    21.2.5 Mögliche Wechselwirkungen mit anderen Technologien 464
    21.2.6 Game Changer 465
21.3 Technologieentwicklung 465
    21.3.1 Entwicklungsziele 465
    21.3.2 F&E-Bedarf und kritische Entwicklungshemmnisse 466
21.4 Abkürzungen 470
Literatur 471

Sachverzeichnis 475

Sandra Ullrich, Martin Wietschel, Tobias Bischkowski, Friedrich Schulte und Peter Markewitz

Übersicht

Das vorliegende Buch beschäftigt sich mit der Bewertung und Einordnung von Technologien des Stromversorgungssystems. Hierbei wird die gesamte Bandbreite von der Stromerzeugung, dem Transport bzw. der Verteilung bis hin zum Stromverbrauch dargestellt. Dabei wird der Energiewende, eines der großen Themen unserer Zeit, mit ihren implizierten Veränderungen und Herausforderungen Rechnung getragen.

Zunächst zeigt ein Rückblick auf die letzten 40 Jahre der Energieforschung die Entwicklung und Veränderung der Forschungsthemen, welche getrieben ist durch sich stetig wandelnde Herausforderungen an die Energiewirtschaft. Daran anknüpfend wird der anstehende Transformationsprozess skizziert. Es schließt sich die Auswahl der in dem Buch behandelten Technologiefelder sowie das Vorgehen bei der Technologiebeschreibung und dem Erstellen einer Roadmap für die jeweilige Technologie an.

Rückblick auf 40 Jahre Energieforschungsprogramme (1974–2014)

Wesentliche Kriterien für den Aufbau der Stromversorgung Deutschlands in den Nachkriegsjahren waren die technische Versorgungssicherheit und Bezahlbarkeit. Die Errichtung zentraler Kraftwerke und der weitere Aufbau des Stromnetzes standen im Zentrum des Interesses und fanden weitgehend ohne staatliche Forschungs- und Entwicklungs- (F&E) Förderung statt.

Sandra Ullrich ✉ · Martin Wietschel
Fraunhofer-Institut für System- und Innovationsforschung ISI, Karlsruhe, Deutschland
url: http://www.isi.fraunhofer.de

Tobias Bischkowski · Friedrich Schulte
RWE AG, Essen, Deutschland
url: http://www.rwe.com

Peter Markewitz
Forschungszentrum Jülich GmbH, Jülich, Deutschland
url: http://www.fz-juelich.de

© Springer Fachmedien Wiesbaden 2015   3
M. Wietschel et al. (Hrsg.), *Energietechnologien der Zukunft*,
DOI 10.1007/978-3-658-07129-5_1

Die politisch motivierte Verknappung von Erdöl durch die OPEC-Länder führte 1973 zu der ersten Ölkrise und in der Folge u. a. durch Fahrverbote zu signifikanten Auswirkungen auf das öffentliche Leben, Wirtschaft und Bevölkerung. Unter diesen Auswirkungen und dem zeitgleichen Erscheinen der Studie von Meadows „Grenzen des Wachstums" [1] und den daraus abgeleiteten Empfehlungen des *Club of Rome,* wurde in den westlichen Industrieländern erstmals ein Bewusstsein für die Verletzlichkeit der bestehenden Energieversorgungssysteme geweckt. Infolgedessen wurde in Deutschland das „Rahmenprogramm Energieforschung 1974–1977" [2] aufgelegt, das eine Verringerung der Erdölimporte als oberstes Ziel hatte. Zeitgleich folgten auch in anderen OECD-Staaten, die sich als Reaktion auf die Ölpreiskrise 1974/75 in der Internationalen Energieagentur (IEA) zusammenschlossen, weitere nationale Energieforschungsprogramme. Das übergeordnete Ziel war dabei die Sicherstellung der Energieversorgung zu bezahlbaren Kosten und die Verringerung der Abhängigkeit von Erdölimporten aus den OPEC-Staaten. Enorme Staatsausgaben wurden getätigt, um die Stromerzeugung aus Kernenergie zu entwickeln und zu kommerzialisieren (siehe Abb. 1.1) [3]. Ein weiteres Ziel bestand darin, vorrangig heimische Kohle zu nutzen, indem der Bau von kohlegefeuerten Kraftwerken und Kraft-Wärme-Kopplungs-Anlagen (KWK) sowie von Fernwärmenetzen massiv subventioniert wurde. Das Thema rationelle und sparsame Energieverwendung gewann ebenfalls langsam an Bedeutung.

Im Zuge weiterer Industrialisierung und durch die Nutzung fossiler Energieträger nahmen Umweltprobleme durch Eutrophierung, Versauerung und Bildung von Photooxidanzien verstärkt zu, was besonders deutlich am Wald- und Fischsterben zu beobachten war. Deshalb stellten in den frühen 1980er-Jahren Politik und Bevölkerung den Anspruch an eine umweltverträglichere Wirtschaft und Energieversorgung. Effiziente Kohle- und Gaskraftwerke sowie Abscheidetechnologien für Luftschadstoffe (SO_2, NO_x, Staub) bildeten fortan einen Forschungsschwerpunkt. Parallel dazu wurde dem Thema sichere Kernenergie verstärkt durch die schwerwiegenden Unfälle von Kernkraftwerken, 1979 in Harrisburg (Three Mile Island, USA) und 1986 in Tschernobyl (UdSSR), eine hohe Aufmerksamkeit zuteil. Auch die Technologien zur Nutzung erneuerbarer Energiequellen gewannen vor diesem Hintergrund zunehmend an Relevanz.

In den 1990er-Jahren lag der Fokus des Interesses dann vermehrt auf dem Themenkomplex Wettbewerbsfähigkeit, Wachstum und Beschäftigung [4]. Weiterhin begann sich das Bewusstsein für den Klimawandel und dessen Folgen zu verstärken, was dazu führte, dass der Deutsche Bundestag im Jahr 1991 die Enquête-Kommission „Vorsorge zum Schutz der Erdatmosphäre" einsetzte, die sich u. a. mit dem anthropogenen Treibhauseffekt beschäftigte und daraus erstmals Handlungsempfehlungen formulierte. Ein ausgewogener Energiemix, Verbesserungen der Energieeffizienz und die Erhöhung des Anteils erneuerbarer Energien waren zentrale Forderungen bei gleichberechtigter Gewichtung der drei energiepolitischen Hauptziele Umweltschutz, Wirtschaftlichkeit und Versorgungssicherheit [5]. Konsequenterweise wurden in den folgenden Jahrzehnten die politischen und wirtschaftlichen Maßnahmen zum Ausbau erneuerbarer Energietechnologien und die Ver-

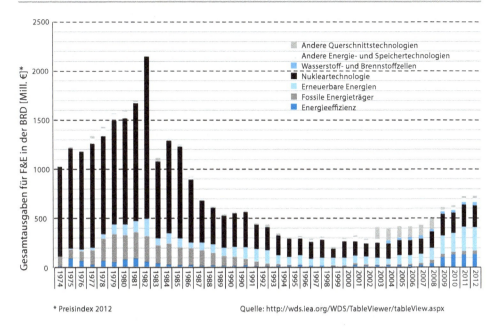

* Preisindex 2012   Quelle: http://wds.iea.org/WDS/TableViewer/tableView.aspx

Abb. 1.1 Ausgaben für Energieforschung aus Bundesmitteln von 1974 bis 2012. (Quelle: eigene Darstellung auf Basis des Data Services der OECD/IEA 2014, IEA Publishing; Lizenz: http://www. iea.org/t&c/termsandconditions/, Stand 01.04.2014; mit freundlicher Genehmigung von © Fraunhofer ISI 2015, All Rights Reserved)

besserungen der Energieeffizienz für einen ausgewogenen Energiemix unter den gesetzten Prämissen vorangetrieben [6].

Der Reaktorunfall von Fukushima im Jahr 2011 bewirkte, dass in Deutschland der vorzeitige Ausstieg aus der Kernenergie beschlossen wurde. Dies wiederum führte dazu, dass neue Forschungsthemen in den Blick genommen und die Markteinführung neuer Technologien mit erheblichen Subventionen begleitet wurden. Themen wie erneuerbare Energien, Energieeffizienzmaßnahmen der Nachfrageseite und intelligente Stromnetze, die bislang in der staatlichen Energieforschungsförderung eher nachrangig behandelt wurden, stehen nunmehr stärker im Interesse. Gleiches gilt auch für die Fokussierung auf die Bereiche Energiespeicherung, Anpassung fossiler Kraftwerke an neue Flexibilitätsanforderungen und dezentralere Strukturen. Dies belegt letztendlich auch den hohen Stellenwert des begonnenen Transformationsprozesses und der damit verbundenen veränderten F&E-Prioritätensetzung.

Ausblick auf die anstehende Transformation des Energiesystems
In der Energiewirtschaft ist gerade ein Veränderungsprozess im Gange, der durch eine auffallend hohe Geschwindigkeit gekennzeichnet ist. Auslöser dieses Transformationsprozesses sind die gesellschaftliche Bedeutung des Klimawandels, der als eine Schlüssel-Herausforderung des 21. Jahrhunderts gilt, die Endlichkeit fossiler Energieträger, welche

sich in gestiegenen Energiepreisen sowie hohen Preisvolatilitäten niederschlägt, sowie die nach den Ereignissen von Fukushima in einigen Staaten zunehmend als nicht kalkulierbares und damit untragbares Risiko bewertete Kernenergienutzung.

Die logische Konsequenz ist ein langfristig anzustrebendes, emissionsarmes, sicheres sowie effizientes Energiesystem. Dies bedeutet letztendlich eine zunehmende Dekarbonisierung und zeitgleich eine grundlegende Umstrukturierung des heutigen Energieversorgungssystems auf allen Akteursebenen. Die sich derzeit vollziehende Transformation ist durch die Entwicklung weg von historisch gewachsenen zentralen Strukturen und Großtechnologien hin zu einer dezentralen Stromversorgung gekennzeichnet. In diesem Kontext wird auch die zukünftige Rolle und Bedeutung des Stromkonsumenten diskutiert, der sich von einem „*Consumer*" zu einem „*Prosumer*" entwickeln könnte (siehe Abb. 1.2).

Der Anteil aus erneuerbaren, dargebotsabhängigen Energien am deutschen Energiemix, insbesondere Windkraft und Photovoltaik (PV), nimmt seither kontinuierlich zu (in 2013 mit einem Anteil von 23,4 %, entsprechend 147,1 TWh, an der Bruttostromerzeugung in Deutschland [7]). Es kommt vermehrt zu Situationen, in denen Erzeugung und Nachfrage nicht aufeinander abgestimmt sind. Dies wiederum erfordert Flexibilitätsoptionen, wie die intelligente Steuerung der Stromnetze durch deren Aus- bzw. Umbau, die Regelung der Nachfrage, die Erhöhung der Steuerungsmöglichkeiten von konventionellen Kraftwerken und auch den Einsatz von Energiespeichern. Daneben ist auf die wachsende Vernetzung verschiedener Energiesysteme (Strom, Wärme und Gas) hinzuweisen, wie beispielsweise durch die zunehmende Elektrifizierung des Wärmesektors oder langfristig durch die Markteinführung von Elektrofahrzeugen. Unter dem Stichwort *Power-to-Heat* (PtH) bzw. Power-to-Products (PtP) wird die Umwandlung von überschüssigem Strom aus erneuerbaren Energien in andere Endenergieanwendungen heute diskutiert. Allen Entwicklungen liegt die Erwartung zu Grunde, eine sichere und bezahlbare Energieversorgung zu erhalten, die als industrieller Standortfaktor große Bedeutung hat. Das Thema „Energiearmut" von (einkommensschwachen) Haushalten in den Industrieländern gewinnt an Brisanz, und wird bei den weiteren Entwicklungspfaden der künftigen Energieversorgung aus umwelt- und sozialpolitischen Gründen zu berücksichtigen sein.

Für das Energiesystem der Zukunft zeichnet sich eine Entwicklung zu einem komplexeren System ab, das gleichzeitig intelligenter und flexibler sein muss als das heute bestehende System. Heute stellen lange Kapitalbindung, sinkende Stromerlöse an den Börsen und rückläufige Betriebsstunden die konventionelle Erzeugung erheblich unter Druck. Es besteht somit vermehrt die Notwendigkeit, bestehende Technologien effizienter zu gestalten sowie neue Technologien und die zugehörigen Geschäftsmodelle zu entwickeln. F&E, Innovationsmanagement und eine deutlichere Kundenorientierung gelten mehr denn je als Schlüsselkompetenzen für einen zukünftigen Erfolg in der Energiewirtschaft. Hieraus leiten sich folgende Fragen ab:

- Welche Anforderungen werden an zukünftige Energietechnologien gestellt und wie können diese erfüllt werden?
- Welches sind die zukünftigen Technologien und wie müssen diese noch (weiter)entwickelt werden?

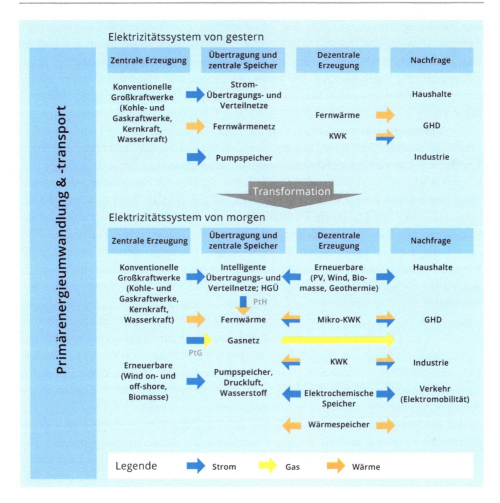

Abb. 1.2 Die Transformation des Stromsystems – schematische Darstellung der wichtigsten Zusammenhänge. (Mit freundlicher Genehmigung von © Fraunhofer ISI 2015, All Rights Reserved)

Diesen Fragen wird in dem hier vorliegenden Buch nachgegangen. Die Darstellungen und Diskussionen hier zeigen den allgemeinen Trend mit einem starken Fokus auf Deutschland und den Nachbarländern auf. Der zeitliche Horizont liegt auf dem Jahr 2020. Die Entwicklung bis 2030 wird perspektivisch betrachtet.

Überblick über die bearbeiteten Technologiefelder

In einem ersten Schritt wurden aktuelle nationale Energieszenarien (Kap. 2) für den Zeithorizont 2020 und 2050 analysiert und hierauf aufbauend die Systemanforderungen identifiziert, auf deren Basis dann die Technologieauswahl für das vorliegende Buch erfolgte. Das wichtigste Ziel, auf dem viele dieser Szenarien beruhen, ist die Reduktion der Treibhausgasemissionen. Bei der Transformation des Energiesystems spiegelt sich dies vor allem in der Dekarbonisierung des Energiesektors wider. In allen Szenarien liegt demzufolge eine starke Betonung auf dem Wechsel von fossilen Energieträgern hin zu erneuerbaren Energiequellen. Die nationalen Präferenzen und Auswirkungen auf die bestehenden Energiesysteme, sind jedoch nicht in allen Ländern in gleicher Weise zu erwarten.

Die Nutzung fossiler Energieträger zur Stromversorgung stellt einen wesentlichen Eckpfeiler des heutigen Energiesystems dar. Auch zukünftig ist mittel- und langfristig davon auszugehen, dass sie für die Gewährleistung der Versorgungssicherheit eine wichtige Rolle spielen werden. Dies gilt sowohl für die nationale als auch europäische Stromversorgung. Die fossilen Energieträger werden daher im Teil II (Kap. 3 bis 6) dieses Buches behandelt, wobei die Option der Flexibilisierung ein wichtiger Punkt ist. Zwar spielt die Einführung von CO_2-Abscheide- und -Speicherungstechnik derzeit auf nationaler Ebene u. a. aufgrund fehlender Akzeptanz keine Rolle. Allerdings kann ein globales 2 °C-Klimaziel ohne den weltweiten Einsatz von CCS-Techniken wahrscheinlich nicht erreicht werden und ein zukünftiger langfristiger Einsatz von CCS kann deshalb nicht ausgeschlossen werden.

Die CCS-Technik (Kap. 5) als möglicherweise wesentlicher technologischer Hebel zur Erreichung der CO_2-Reduktionsziele wird daher im Teil II zur Kraftwerkstechnik für fossile Brennstoffe behandelt. Neben der geologischen Lagerung kann das abgeschiedene CO_2 auch für die Synthese von Kraftstoffen oder Chemikalien eingesetzt werden, was in Kap. 6 dargestellt wird. Allerdings ist darauf hinzuweisen, dass eine CO_2-Nutzung die Speicherung von CO_2 quantitativ nicht ansatzweise ersetzen kann.

Auf die Behandlung des Themas Kernenergie als Zukunftstechnologie wird verzichtet, obwohl sie derzeit noch ein wichtiges Element in der Stromversorgung darstellt. Der Ausstieg aus der Kernenergie bis 2022 ist ein politisch beschlossenes Ziel in Deutschland und durch die zunehmend kritische Bewertung verliert das Thema auch in einigen Anrainerstaaten an Relevanz. Als Gründe sind neben mangelnder Akzeptanz, der ungelösten Endlagerfrage auch die zunehmend fehlende Wirtschaftlichkeit von Neuinvestitionen in moderne Kernkraftwerke zu nennen, da erhebliche Zusatzinvestitionen für die Einhaltung heutiger, westlicher Sicherheitsstandards notwendig sind. Unter den Randbedingungen eines liberalisierten Strommarktes sind solche Investitionen mit hohen ökonomischen Risiken verbunden.

Allen Szenarien zur Energiewelt von morgen gemeinsam ist ein starker Anstieg der erneuerbaren Energien im Energiemix. Während heute der Anteil an Erneuerbaren europaweit bei 20 % der Stromerzeugung liegt, soll er bis 2020 auf 35 % ansteigen [8]. Dieses Buch fokussiert sich auf die Technologien Photovoltaik (Kap. 8), solarthermische Kraftwerke (Kap. 9) und Windenergie (Kap. 7), da bei diesen ein weiterhin stark zunehmender Anteil am Erzeugungsmix antizipiert wird. Auch die Nutzung von Biomasse weist ein relevantes Potenzial auf. Aufgrund der Diversität der vielfältigen Teil-Technologien und Einsatzfelder ließen sich diese im Rahmen des vorliegenden Buches jedoch nicht behandeln. Wasserkraft wird ebenfalls nicht berücksichtigt, weil dies eine seit langem etablierte, ausgereifte Technologie mit geringem Ausbaupotenzial in Deutschland und Westeuropa ist und das Innovationspotenzial weitgehend ausgeschöpft wurde.

Der steigende Anteil an nicht bedarfsgerecht steuerbaren erneuerbaren Energien, wie Windkraft und PV, erfordert verschiedene Maßnahmen, um diese in das Energiesystem zu integrieren. Eine wichtige Option stellen dabei die Speichertechnologien dar. Folglich werden die Energiespeicher mit relativ neuen Technologieentwicklungen (Stand: 2013) in einem eigenen Buchteil behandelt (Teil IV, Kap. 10 bis 13). Dort werden u. a. elektrochemische Speicher (Kap. 10) und Druckluftspeicher (Kap. 11) behandelt, während Pumpspeicherkraftwerke wegen der sehr hohen technologischen Marktreife und ihres begrenzten Ausbaupotenzials in Deutschland nicht betrachtet werden. Auf chemische Speicher in Form des derzeit viel diskutierten *Power-to-Gas*-Konzeptes (PtG; Kap. 12), das die vorhandenen Speicherkapazitäten des Gasnetzes nutzen soll, sowie Wasserstoffspeicher (Kap. 13) wird ebenfalls eingegangen.

Mit der notwendigen Umgestaltung der Stromnetze zur Integration von erneuerbaren Energien, dem weiteren Ausbau eines europäischen Stromnetzes sowie den neuen Anforderungen an die Entwicklung von intelligenten Netzen, die den Flexibilitätsanforderungen Rechnung tragen, gewinnen die Elektrizitätsnetze stark an Bedeutung und Komplexität. Die sich aus den oben skizzierten Charakteristika der Stromerzeugung (zentral/dezentral, lastfern/-nah, Volatilität) und des Strombedarfs (verbraucherinduziert/steuerbar, agglomeriert/stark verteilt) ergebenden Anforderungen an die elektrischen Netze implizieren die Anpassung der Elektrizitätsnetze unter Beachtung von Versorgungssicherheit und Versorgungsqualität, Wettbewerb und der Verfügbarkeit neuer Technologien. Aufgrund ihrer zentralen Bedeutung werden sie in einem eigenen Buchteil (Teil V Elektrizitätsnetze) behandelt, wobei jeweils gesondert auf Übertragungsnetze (Kap. 14) und Verteilnetze (Kap. 15) eingegangen wird. Im Kapitel Übertragungsnetze werden einzeln die technischen Entwicklungen von kurzfristigen Lösungen der Kapazitätsdynamisierung und des Leitungsneubaus, asynchrone Übertragungskorridore und Einbettung in hybride AC/DC-Netzstrukturen als auch lastflusssteuernder Elemente betrachtet. In dem Kapitel Verteilungsnetze wird in einem kompakten konzeptionellen Abriss zu den drei Themenfeldern Netzbetriebsführung, Netzbetriebsmittel und beeinflussbare Kundenanlagen und strategische Netzplanung Bezug genommen. Eine Analyse der technischen Kenndaten von Netzkomponenten erfolgt im Kapitel Verteilungsnetze nicht.

Die Investitionen in dezentrale Erzeugungstechnologien nehmen derzeit stetig zu. Auf der Nachfrageseite wird der Schlüssel zur Erreichung der Klimaschutzziele neben dem Ausbau der erneuerbaren Energien in Maßnahmen der Energieeffizienz gesehen. Deshalb werden sie im Teil VI Effizienztechnologien und Mikro-KWK behandelt. Neben dezentralen Erzeugungstechnologien (Mikro-KWK-Anlagen, Wärmepumpen und Energieeffizienztechnologien) widmet sich dabei ein Kapitel auch dem Thema der Verbrauchssteuerung (Kap. 20), welches aktuell im Zusammenhang mit dem Ausbau der dargebotsabhängigen erneuerbaren Energien ein wichtiges Entwicklungsfeld ist. Zum Thema der Stromeffizienz in den Sektoren Industrie, Gewerbe-Handel-Dienstleistungen und Haushalte (Kap. 19) ist anzumerken, dass es aufgrund der hohen technologischen Vielfalt nur einen orientierenden Überblick liefern kann.

Zu einem steigenden Strombedarf kann auch die Elektrifizierung des Verkehrs durch die derzeit stark in der Diskussion stehende Elektromobilität entscheidend beitragen. Sie hat Potenzial zu einer signifikanten Senkung der Treibhausgasemissionen im Verkehrssektor und könnte auch einen steuerbaren Nachfrager darstellen, der helfen kann, die erneuerbaren Energieformen besser in das Energiesystem zu integrieren. Als Technologie mit vielen Schnittstellen zu anderen zuvor diskutierten energietechnischen Entwicklungen bildet Teil VII zur Elektromobilität (Kap. 21) den Abschluss dieses Buches.

Dieses Buch erhebt nicht den Anspruch, alle Technologien des zukünftigen Stromsystems komplett abzudecken, sondern es werden gezielt wichtige Schlüsselthemen herausgefiltert, die die Stromversorgung in den nächsten Jahren maßgeblich mitbestimmen werden. Für diese werden der technologische Entwicklungsstand sowie das Zukunftspotenzial aufgezeigt.

Einblick in die Methodik des Roadmappings und Zielsetzung der Technologiebeschreibung

In diesem Buch wird erstmals der Stand und das Entwicklungspotenzial innovativer Energietechnologien identifiziert, charakterisiert und hinsichtlich ihres F&E-Bedarfs eingeordnet. Auf Basis dieser Ergebnisse werden die kritischen Erfolgsfaktoren für die ausgewählten Technologien abgeleitet. In diesem Rahmen werden die Technologien und Anwendungsfelder einerseits hinsichtlich ihres „*technology push*" bewertet, d. h. bezüglich ihres technologischen Entwicklungspotenzials, und andererseits hinsichtlich des „*socio-economic pull*", d. h. bezüglich ihres Potenzials, einen Lösungsbeitrag zu den drängenden energiewirtschaftlichen Fragestellungen zu liefern. Den Abschluss jedes Kapitels bildet eine Technologie-Roadmap. Diese Roadmap soll die wichtigsten Informationen zu aktuellen technischen Eigenschaften und Einflussgrößen (Treibern) auf die zu erwartenden Entwicklungen der Energietechnologien aufzeigen. Die Darstellungen der Technologien werden durch eine Marktperspektive ergänzt. Sie bilden wahrscheinliche Entwicklungspfade und kritische Meilensteine für die technologischen Weiterentwicklungen und die Kommerzialisierung der Technologien zur Energieerzeugung, -transport und -speicherung ab. Dabei findet keine losgelöste, eigenständige Betrachtung einzelner Technologien statt, sondern es werden sowohl die Wechselwirkung verschiedener Technologien untereinander als auch das Wirken von politischen, regulatorischen, gesellschaftlichen und ökonomischen Randbedingungen berücksichtigt. Die Roadmaps beschränken sich also nicht auf singuläre Technologiebeschreibungen, sondern stellen immer den Kontext zum Markt- und Wettbewerbsumfeld her. Es werden unmittelbar konkurrierende Technologien und deren wechselseitiger Einfluss genauso einbezogen wie Markthürden oder die Entwicklung begünstigender Faktoren. Diese technologie- und marktübergreifende Perspektive ist ein wesentliches Merkmal der hier erstellten Technologie-Roadmaps und gleichzeitig der bedeutendste Vorteil der Methode.

Mit den Technologie-Roadmaps werden zwei wesentliche Ziele verfolgt: Erstens wird der an den Anforderungen des zukünftigen Energiesystems ausgerichtete F&E-Bedarf wissenschaftlich fundiert abgeleitet. Zweitens werden die Technologie-Roadmaps zur breiteren Kommunikation technischer Sachverhalte genutzt. Nach der ausführlichen Beschreibung und inhaltlichen Diskussion in den Kapiteln, bietet die Technologie-Roadmap in einer einheitlichen Tabellenform eine kurze übersichtliche Darstellung. Diese enthält Angaben, die für die jeweilige Technologie spezifisch kennzeichnend sind und vermittelt kurz und prägnant einen ausreichend informativen Überblick.

Dabei wird zunächst eine kurze, kennzeichnende Beschreibung gegeben, um welche Art Technologie es sich handelt, ggf. welches physikalische Prinzip jeweils zur Anwendung kommt und welche Kenngrößen (z. B. Wirkungsgrad) relevant sind. Dann folgen die Technologieentwicklungsziele. Abgeleitet aus den zukünftigen Anforderungen an die Technologie, werden hier möglichst kurz die für die weitere Entwicklung wesentlichen Entwicklungsziele der Technologie beschrieben. In dem Bereich Technologieentwicklungen, das den größten Teil der Roadmap einnimmt, werden die Entwicklungsziele möglichst quantitativ konkretisiert und auf der Zeitachse verortet. Außerdem werden hier mögliche Einflüsse genannt, die die dargestellte Entwicklung treiben oder hemmen. Diese Treiber können beispielsweise politische, marktseitige oder kostenseitige Entwicklungen oder auch preisliche Grenzen sein und sind idealerweise einem Zeitpunkt zugeordnet. So kann zum Beispiel eine mögliche Gesetzes-Novelle erheblichen Einfluss auf eine Technologie haben oder die Wirtschaftlichkeit einer Energieumwandlungstechnik kann in hohem Maße von Rohstoffpreisen als auch Börsenstrompreisen abhängen. Schließlich wird der allgemeine F&E-Bedarf abgeleitet, welcher unabhängig von den jeweiligen Akteuren, genau die Maßnahmen umreißt, die zur Erreichung der technischen Entwicklungsziele nötig sind. Die inhaltliche Ausgestaltung der hier im Buch verwendeten Technologie-Roadmaps wird abgerundet, indem auf das regulatorische Umfeld, die Kostenentwicklung, die Marktrelevanz und auf potenzielle „Game Changer" eingegangen wird.

1.1 Abkürzungen

F&E   Forschung und Entwicklung
IEA   International Energy Agency, dt.: Internationale Energieagentur
KWK   Kraft-Wärme-Kopplung
OPEC   Organization of Petroleum Exporting Countries, dt.:Organisation erdölexportie-
       render Länder
PtG   Power-to-Gas
PtH   Power-to-Heat
PtP   Power-to-Products
PV   Photovoltaik

Literatur

1. Meadows DH et al. (1972) Die Grenzen des Wachstums. Bericht des Club of Rome zur Lage der Menschheit. Aus dem Amerikanischen von Hans-Dieter Heck. Deutsche Verlags-Anstalt, Stuttgart.
2. Deutsches Bundesministerium für Forschung und Technologie (1975) Rahmenprogramm Energieforschung 1974–1977.
3. Deutsches Bundesministerium für Forschung und Technologie (1977 bzw. 1981) 1. Programm Energieforschung und Energietechnologien 1977–1980. 2. Programm Energieforschung und Energietechnologien 1981–1990.
4. Deutsches Bundesministerium für Forschung und Technologie (1990) 3. Programm Energieforschung und Energietechnologien 1990–1996.
5. Deutsches Bundesministerium für Forschung und Technologie (1996) 4. Programm Energieforschung und Energietechnologien 1996–2005.
6. Deutsches Bundesministerium für Forschung und Technologie (2005 bzw. 2011) 5. Energieforschungsprogramm der Bundesregierung: Innovation und neue Energietechnologien 2005–2011. 6. Programm Energieforschung und Energietechnologien 2011–2014.
7. Statista (2015): Anteil Erneuerbarer Energien an der Bruttostromerzeugung in Deutschland in den Jahren 1990 bis 2014. http://de.statista.com/statistik/daten/studie/1807/umfrage/erneuerbare-energien-anteil-der-energiebereitstellung-seit-1991/, zugegriffen am 28.01.2015.
8. Europäische Kommission (2011) Energiefahrplan 2050.

Zukünftige Energiewelt – Szenarien und robuste Trends

2

Klaus Biß, Peter Markewitz und Ulf Birnbaum

Energieszenarien beschreiben mögliche Formen einer zukünftigen Energieversorgung unter Berücksichtigung komplexer und vielfältiger Interdependenzen des Energiesystems. Szenarienaussagen werden maßgeblich durch Rahmenbedingungen (Gesellschaft, Ökonomie, Technik) beeinflusst. Ziel dieses Kapitels ist es, die Treiber für die energiewirtschaftliche Entwicklung zu identifizieren, die in einer zukünftigen Welt am wahrscheinlichsten anzutreffen sind. Hierunter fallen beispielsweise die Entwicklung des Primärenergiebedarfs, Energieträgerpreisentwicklungen oder auch politische Zielsetzungen inklusive der dahinter stehenden Maßnahmen und Instrumente. Im Folgenden werden Studien betrachtet, welche die globale, europäische oder nationale Energiebedarfsentwicklung untersuchen, um maßgebliche, robuste Treiber zu identifizieren. Die Auswahlkriterien für die Studien sind dabei ihre Aktualität (nicht älter als 2011), die energiepolitische Relevanz sowie der betrachtete Zeithorizont (mind. bis 2035).

2.1 Globale Energiebedarfsentwicklung

Globale Energiebedarfsprojektionen werden von einer Reihe von Institutionen regelmäßig veröffentlicht. Dies sind beispielsweise die Mineralölkonzerne Royal Dutch Shell, British Petrol und ExxonMobil, die US Energy Information Administration (EIA) sowie die Internationale Energieagentur (IEA). Die dort generierten Szenarien basieren auf unterschiedlichen Annahmen zum Wirtschaftswachstum oder zu Zielsetzungen für den Klimaschutz. Während Mineralölkonzerne den zukünftigen Energiebedarf, die Verfügbarkeit und die Preise der Energieträger als Schwerpunkte thematisieren, untersuchen die IEA-Szenarien auch die Auswirkungen konkreter Klimaminderungsziele.

Klaus Biß ⊠ · Peter Markewitz · Ulf Birnbaum
Forschungszentrum Jülich GmbH, Jülich, Deutschland
url: http://www.fz-juelich.de

© Springer Fachmedien Wiesbaden 2015
M. Wietschel et al. (Hrsg.), *Energietechnologien der Zukunft*,
DOI 10.1007/978-3-658-07129-5_2

Zur Vereinfachung werden die Szenarien daher in drei Gruppen eingeteilt, um eine grobe Vergleichbarkeit zu erreichen. Vor dem Hintergrund der Treibhausgasproblematik erscheint die Einteilung nach Klimaschutzzielen geeignet, um die facettenreichen Szenarien einzuordnen. Die Szenarien werden nach ihren Emissionsprojektionen so eingeordnet, dass diese voraussichtlich eine Klimaerwärmung von 6, 4 und 2 °C zur Folge haben[1] [1].

Das 6 °C-Szenario (6D-Szenario) stellt dabei das Business-as-usual-Szenario dar. In dieser Szenarioklasse wird in aller Regel eine Fortschreibung der derzeitigen energie- und klimapolitischen Ausrichtung angenommen, welche keine zusätzlichen Investitionen in den Klimaschutz von Seiten der Unternehmen erfordert. Die Treibhausgasemissionen steigen aufgrund einer steigenden weltweiten Energienachfrage, die hauptsächlich durch fossile Energieträger gedeckt wird, weiter an. Zusätzliche finanzielle Belastungen bei der Stromgestehung durch CO_2-Zertifikatspreise werden nur auf niedrigem Niveau ein- oder weitergeführt. Die Risikobereitschaft, in innovative Technologien zur Reduzierung des Energiebedarfs zu investieren, ist gering.

Das 4 °C-Szenario (4D-Szenario) berücksichtigt bereits getroffene bzw. in der Umsetzung befindliche Instrumente, Verpflichtungen und Maßnahmen, die fortgeschrieben werden. Dies können z. B. konkrete Ausbaupfade für erneuerbare Energien oder Projekte wie Desertec sein. Der Ausstoß von CO_2 wird durch Förderung innovativerer Produktionstechniken, einem steigendem CO_2-Zertifikatspreis und politischen Reglementierungen, beispielsweise bei der Gebäudesanierung, reduziert.

Das 2 °C-Szenario (2D-Szenario) ist ein normatives Szenario, in dem drastische CO_2-Minderungsziele angenommen und Wege für das Erreichen dieser Ziele aufgezeigt werden. Der CO_2-Gehalt in der Atmosphäre von 450 ppm wird nicht überschritten, um den Temperaturanstieg der Erdatmosphäre auf voraussichtlich 2 °C zu begrenzen. Effizienzsteigernde Maßnahmen, der forcierte Einsatz erneuerbarer Energien sowie der Einsatz von Carbon Capture and Storage (CCS) sind Hauptelemente des erforderlichen Technikportfolios. Auch der Ausbau der Kernenergie stellt in dieser Szenariokategorie eine Option dar.

Übergeordnete Treiber

Im Allgemeinen prägen die globale Wirtschaftsentwicklung und das globale Bevölkerungswachstum den Energiebedarf und die zu erwartenden Energiepreise, die ihrerseits eine wichtige Randbedingung für die europäische oder nationale Energieversorgung darstellen.

In den meisten Szenarien wird davon ausgegangen, dass das jährliche Wirtschaftswachstum in den asiatischen Ländern bis zum Jahr 2035 bei knapp unter 6 % liegen wird, während für Europa und die USA deutlich niedrigere Wachstumsraten von 1,7 und 2,4 % zugrunde gelegt werden [1]. Dieser Trend wird in abgeschwächter Form auch für das Bevölkerungswachstum gesehen.

---

[1] Einteilung nach WEO 2012, Seite 52, wobei der Temperaturanstieg von 5,3 und 3,6 °C aufgerundet wurde.

Mit Blick auf die Entwicklung des zukünftigen Energiebedarfs sind die zunehmende Verstädterung und der leichtere Energiezugang, das zunehmende Mobilitätsbedürfnis sowie eine stark zunehmende Elektrifizierung weitere wichtige Treiber. Alle Aspekte tragen zu einem steigenden Energiebedarf bei.

Primärenergiebedarf

Mit Ausnahme der 2D-Szenarien wird in allen anderen Szenarien von einem Anstieg des Energiebedarfs ausgegangen. Der steigende Energiebedarf wird hauptsächlich mit fossilen Energieträgern gedeckt, was zu einem Anstieg der CO_2-Emissionen führt. Die Entwicklung des Primärenergiebedarfs wird im Folgenden anhand des New Policy Szenario (NPS) der IEA [2], welches einem 4D-Szenario entspricht, diskutiert.

Während der Primärenergiebedarf in den westlichen Industrieländern im Wesentlichen stagniert, wächst er insbesondere in den asiatischen Ländern stark an. Nach Einschätzung der IEA [2] werden bis zum Jahr 2035 die jährlichen Wachstumsraten des Energiebedarfs Indiens und Chinas bei 3,0 und 1,6 % liegen. Auf beide Länder entfallen dann 33 % des weltweiten Primärenergiebedarfs.

Kohle ist in beiden Ländern der wichtigste Energieträger. Beinahe der vollständige weltweite Zuwachs des Kohlebedarfs ist auf diese Länder zurückzuführen. Weltweit wird die Bedeutung der Kohle insbesondere in heutigen Industrieländern hingegen sinken. Der

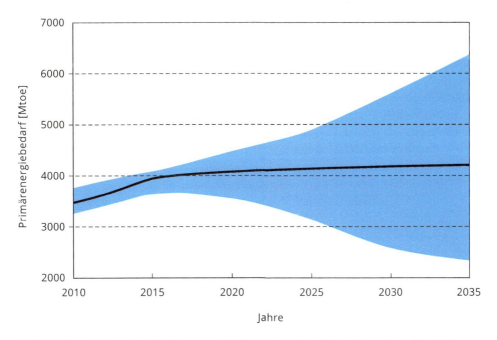

Abb. 2.1 Entwicklung der Nachfrage nach Kohle für das New-Policy-Szenario im World Energy Outlook 2013 und mögliche Entwicklungen, die sich aus anderen Szenarien ergeben. ([2–6]; mit freundlicher Genehmigung von © Forschungszentrum Jülich, IEK-STE, All Rights Reserved)

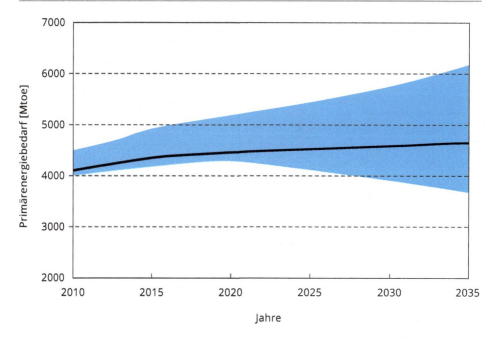

Abb. 2.2 Entwicklung der Nachfrage nach Rohöl für das New-Policy-Szenario im World Energy Outlook 2013 und mögliche Entwicklungen, die sich aus anderen Szenarien ergeben. ([2–6]; mit freundlicher Genehmigung von © Forschungszentrum Jülich, IEK-STE, All Rights Reserved)

Anteil zur Deckung des weltweiten Primärenergiebedarfs fällt von derzeit 29 auf 25 % im Jahr 2035. Nach 2020 stagniert der Kohlebedarf bereits weltweit und ebenfalls in China (Abb. 2.1). In Szenarien, die eine starke Senkung von Treibhausgasen verfolgen, sinkt der Bedarf nach 2017 kontinuierlich. In Szenarien mit starkem Wirtschaftswachstum und schwächeren Auflagen zur CO_2-Vermeidung steigt der Bedarf um bis zu 50 % gegenüber dem Referenzszenario NPS an. Kohle ist in diesen Szenarien eine preiswerte und sicher verfügbare Ressource zur Deckung des Energiebedarfs.

Öl ist und bleibt weltweit der wichtigste Energieträger, auch wenn der Anteil von derzeit 31 auf 27 % im Jahr 2035 fällt. Ein wesentlicher Grund für den absoluten Anstieg liegt im Mobilitätsbereich. Allgemein wird davon ausgegangen, dass Öl auch zukünftig der zentrale Energieträger sein wird, um die Mobilitätsbedürfnisse zu decken, was vor allem mit einer steigenden Güterverkehrsleistung und den in diesem Bereich begrenzten Substitutionsmöglichkeiten begründet wird. Daher sinkt der Bedarf selbst für ambitionierte 2D-Szenarien erst ab 2020 (Abb. 2.2).

Die Gasnachfrage wächst neben den erneuerbaren Energien am stärksten. Im Jahr 2035 weist sie mit 24 % fast denselben Anteil am weltweiten Primärenergiebedarf wie Kohle auf. Für Erdgas sprechen die niedrigen Investitionen für den Kraftwerksbau und die großen Reserven sowie Ressourcen, die auch durch unkonventionelle Fördermethoden angewachsen sind (Stichwort *Unkonventionelles Gas*). Zudem ist dies eine Option zur

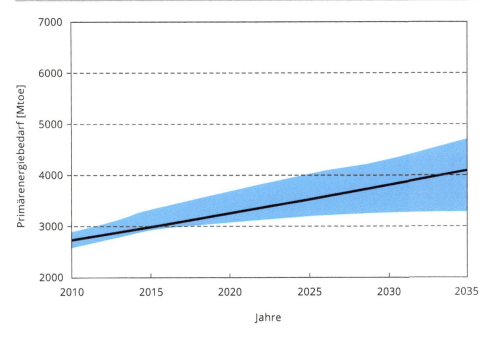

Abb. 2.3 Entwicklung der Nachfrage nach Gas für das New-Policy-Szenario im World Energy Outlook 2013 und mögliche Entwicklungen, die sich aus anderen Szenarien ergeben. ([2–6]; mit freundlicher Genehmigung von © Forschungszentrum Jülich, IEK-STE, All Rights Reserved)

Kohlesubstitution, wenn strengere Klimaziele verfolgt werden. Daher steigt der Gasbedarf für alle Szenarien bis 2035 an (Abb. 2.3).

Energiepreisentwicklungen
Die Prognose von Energieträgerpreisen ist mit großen Unsicherheiten behaftet, da z. B. Unsicherheiten bei der Bedarfsentwicklung oder wirtschaftliche Interessen und politische Abhängigkeiten schwer zu prognostizieren sind. Als Beispiel seien an dieser Stelle die Preisbildung für Rohöl und die OPEC-Staaten genannt [7].

Die im Nachfolgenden diskutierten Preisentwicklungen basieren ausschließlich auf globalen Studien, da es beispielsweise bei europäischen Energieträgerpreisen durch Lieferbegrenzungen, Währungsunsicherheiten oder politische Einflüsse, die in Szenarien angenommen werden, zu deutlichen Abweichungen kommt. Aufgrund der transparenten Darstellung und der politischen Bedeutung werden im Nachfolgenden die Szenarien der IEA herangezogen [1, 2, 6]. Die Bandbreite der Preisentwicklungen erfolgt entsprechend der Szenarioeinteilung in die drei bereits beschriebenen Gruppen.

Die Preisentwicklung für Rohöl ist in Abb. 2.4 dargestellt. Als wichtigster Energieträger in 6D-Szenarien wird eine reale Preiszunahme von bis zu 34 % bis zum Jahr 2035 angenommen. Aufgrund der schlechten Substitutionsmöglichkeit im Mobilitätsbereich

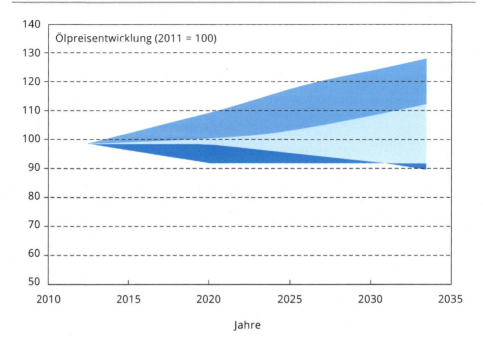

Abb. 2.4 Reale Preisentwicklung für Rohöl in den Szenarien 6D (*mittelblau*), 4D (*hellblau*) und 2D (*dunkelblau*). (Mit freundlicher Genehmigung von © Forschungszentrum Jülich, IEK-STE, All Rights Reserved)

und staatlichen Preisinteressen sinkt der Ölpreis selbst in der preisgünstigsten Projektion nur um 10 %.

Gegenüber der Ölpreisentwicklung weicht die Kohlepreisprojektion deutlich ab (Abb. 2.5). Das Preisniveau von 2011 wird in den folgenden 20 Jahren nicht mehr überschritten. Weiterhin sorgt das derzeitige Überangebot für einen Preisverfall bis 2020. Erst ab diesem Zeitpunkt steigt der Steinkohlepreis wieder an. In 4D- und 2D-Szenarien ist ein ausgeprägter Preisverfall von bis zu 45 % festzustellen, da in diesen „Kohlestrom" durch CO_2-ärmere Energieträger substituiert wird. Hierdurch sinkt die Kohlenachfrage bei einer gleichbleibenden Ressourcensituation.

Erdgas wird im Wesentlichen zur Substitution von Kohle eingesetzt, wodurch auch in den 2D-Szenarien die Erdgasnachfrage ansteigt. Dies spiegelt sich in der Preisentwicklung wider (Abb. 2.6). Durch die noch unklaren Nutzungsmöglichkeiten der Ressourcen in China und Australien sowie dem japanischen Vorhaben der Methanhydratförderung ergeben sich weitere Preisunsicherheiten.

Exkurs: Unkonventionelles Gas
Unter unkonventionellem Gas werden nach Definition der IEA „Tight gas" (eingeschlossenes in undurchlässigen und nicht porösen Sand- und Kalksteinformationen Gas), „Shale

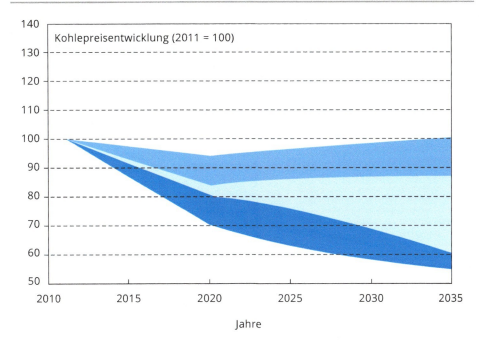

Abb. 2.5 Reale Preisentwicklung für Steinkohle in den Szenarien 6D (*mittelblau*), 4D (*hellblau*) und 2D (*dunkelblau*). (Mit freundlicher Genehmigung von © Forschungszentrum Jülich, IEK-STE, All Rights Reserved)

gas" (sogenanntes Schiefergas) sowie „Coal bed methane"-Gas (CBM) verstanden. Unkonventionelles Gas macht nach aktuellen Schätzungen mit 340 Billionen Kubikmeter (bm^3) ca. 42 % der gesamten Gasressourcen aus [1]. Den größten Teil dieser Vorkommen bildet Schiefergas, welches mit dem hydraulischen Fracking-Verfahren gewonnen werden kann. Die gesamten technisch erschließbaren Ressourcen aus konventionellem und unkonventionellem Gas belaufen sich auf 810 bm^3 und reichen bei einem jährlichen Wachstum des globalen Bedarfes von 1,9 % für 90 Jahre. Die größten Lagerstätten für unkonventionelle Gasressourcen befinden sich in China, Australien, Kanada und den USA.

Methanhydrate finden in den Szenarien bislang noch keine konkrete Berücksichtigung, da die industrielle Förderung sowie die damit verbundenen Umweltrisiken ungewiss sind. Japan hat sich jedoch zum Ziel gesetzt, Methanhydrate ab Ende der 2020er-Jahre kommerziell zu nutzen, um die bestehende hohe Energieimportabhängigkeit zu reduzieren.

Allgemein wird davon ausgegangen, dass der Gasbedarf in allen Ländern szenarienunabhängig steigen wird. Ein Großteil dieses Anstiegs wird durch die Förderung von unkonventionellem Gas gedeckt. Nach Ansicht der IEA wird die USA die Förderung von unkonventionellem Gas stark vorantreiben und in den nächsten Dekaden zu einem Netto-Exporteur für die asiatische und pazifische Region werden. Dies wird ein Sonderfall bleiben, der nicht als allgemeiner Trend interpretiert und auf andere Länder übertragen

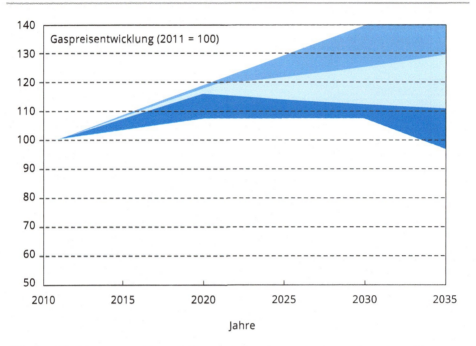

Abb. 2.6 Reale Preisentwicklung für Gas in den Szenarien 6D (*mittelblau*), 4D (*hellblau*) und 2D (*dunkelblau*). (Mit freundlicher Genehmigung von © Forschungszentrum Jülich, IEK-STE, All Rights Reserved)

werden kann. Für Europa wird angenommen, dass der Bedarf zum Großteil durch importiertes konventionelles Erdgas gedeckt wird. Allgemein wird davon ausgegangen, dass die sinkende Eigenförderung in Europa nicht durch die Förderung von unkonventionellem Gas kompensiert wird.

Aufgrund der stark steigenden weltweiten Nachfrage wird der Erdgaspreis trotz zunehmender Förderung von unkonventionellem Gas weiter steigen. Allerdings wird ein zunehmender LNG-Handel (LNG = Liquefied Natural Gas) erwartet, der in Europa neben der festen Ölpreisbindung und den langfristigen Lieferverträgen mit einer Mindestabnahmemenge (Take-or-Buy-Verträge) einen zunehmenden Handel am Spotmarkt ermöglicht.

Bei den Abschätzungen der unkonventionellen Gasressourcen, insbesondere bei Schiefergas, ist auf die noch große Unsicherheit der Vorkommen hinzuweisen. Jüngste Studien zu den technisch förderbaren Schiefergasvorkommen in den USA haben zu einer Reduzierung von 24 auf 13 bm^3 geführt [2]. Vorläufige Abschätzungen für Deutschland weisen 6,8 bis 22,6 bm^3 Gas-in-Place auf [8]. Bei einer konservativen Ausförderbarkeit von 10 % und der Verwendung des Median ergeben sich technisch gewinnbare Ressourcen von 1,3 bm^3. Der jährliche Bedarf in Deutschland beträgt zum Vergleich gerundet 0,1 bm^3.

Aufgrund der notwendigen Infrastruktur und des hohen Wasserbedarfs, der für die Förderung von Schiefergas mit Fracking erforderlich ist, ist derzeit unklar, inwieweit die in

China und Australien befindlichen Ressourcen mit ähnlichen geografischen Voraussetzungen wie in der Marcellus-Region in den USA erschlossen werden.

Technikentwicklung

In 6D- und 4D-Szenarien werden keinerlei Techniken ausgeschlossen. Das heute vorhandene Technikportfolio wird insbesondere in den asiatischen Ländern, welche zukünftig den globalen Energieverbrauch dominieren, in der ganzen Breite genutzt. Das Spektrum reicht von der Verstromung fossiler Energieträger und erneuerbarer Energien bis hin zur Kernenergienutzung. Die Nutzung von CCS ist in den 2D-Szenarien eine notwendige Technologie, um die Klimagasemissionsreduzierungen erreichen zu können. Darüber hinaus spielen effizienzverbessernde Maßnahmen eine entscheidende Rolle.

Fazit der globalen Energieszenarien

Ein globales Vorgehen zur Begrenzung des CO_2-Gehaltes auf 450 ppm in der Atmosphäre zeichnet sich derzeit nicht ab. Vor dem Hintergrund der Entwicklung des Energiebedarfs der letzten Dekaden ist anzunehmen, dass der Eintritt eines 6D- oder 4D-Szenarios am wahrscheinlichsten ist. Insbesondere in den asiatischen Ländern und anderen Schwellenländern werden der Zugang zu Energie und die Steigerung des Wohlstands die dominierenden Treiber sein. Sie werden die weltweite Energienachfrage mit ihren vielfältigen Auswirkungen prägen.

Der Anstieg des Primärenergiebedarfs wird in den 4D-Szenarien zu knapp 60 % durch fossile Energieträger gedeckt werden. Gas ist dabei der fossile Energieträger, der das stärkste Wachstum aufweist und im Jahr 2035 eine ähnliche Bedeutung wie Kohle erlangen wird. Die Bedeutung wird durch die steigenden Gasressourcen durch unkonventionelle Quellen geprägt. Es gilt jedoch zwischen den USA und dem Rest der Welt zu unterscheiden. Die geringe Bevölkerungsdichte und gute Infrastrukturgegebenheiten in den Gebieten mit unkonventionellen Gasquellen sind in den USA einer industriellen Nutzung förderlich. Die massive Förderung von unkonventionellem Gas und Öl in den USA ist daher bislang eine lokale und temporäre Ausnahme. Global gesehen und damit auch für den europäischen Raum, ist davon auszugehen, dass die Energieträgerpreise weiter steigen werden.

2.2   EU-27-Energieszenarien

Von großer energiepolitischer Relevanz sind die Szenarien der Energy Roadmap 2050 [9], da sie von den EU-Entscheidungsträgern oftmals als Argumentationshilfe genutzt werden. Prominentes Beispiel ist das im Frühjahr 2013 veröffentlichte EU-Grünbuch [10], mit dem ein klimapolitischer Rahmen für das Jahr 2030 skizziert wird. Der World Energy Outlook 2012 [2] der Internationalen Energieagentur wird im Nachfolgenden herangezogen, um die Szenarien der EU-Roadmap besser einordnen zu können. Mit Fokus auf den Stromsektor bilden die Szenarien der European Network of Transmission Operators for

Electricity (ENTSO-E) [11, 12] eine Ausgangsbasis, um zum einen die länderspezifischen CO_2-Minderungspläne zu berücksichtigen, und zum anderen die wesentliche Grundlage für die europäische Netzentwicklung (Ten Years Plan Network, TYPN) [12] darzustellen. Für Deutschland spielt sie eine wichtige Rolle, da sie bei der Erstellung der Netzentwicklungspläne Strom für die Abbildung des EU-Umfeldes zugrunde gelegt wurde.

In der EU-Roadmap wird aufgrund des Anstieges der Klimagasemissionen der Klimagasreduktion höchste Priorität eingeräumt, um dem Anstieg entgegenzuwirken. Gleichwohl werden die Versorgungssicherheit (technisch/geostrategisch) sowie die Wettbewerbsfähigkeit der Industrie im Kontext des globalen Wettbewerbs als weitere wichtige Prioritäten genannt.

Einordnung der EU-Roadmap 2050

Die Szenarien der EU-Roadmap und des World Energy Outlook gehen von ähnlichen Annahmen aus (Bevölkerungsentwicklung bis 2025 leicht steigend, BIP-Wachstum 1,5 bis 2 %/Jahr). Sie unterscheiden sich jedoch hinsichtlich der CO_2-Emissionsentwicklung in den Referenzentwicklungen bzw. der CO_2-Reduktionszielvorgaben der Minderungsszenarien deutlich. Das Referenzszenario der Roadmap, das von der Einhaltung der Ziele bis 2020 (20-20-20) ausgeht, ist deutlich ambitionierter als das Referenzszenario „Current policies" des World Energy Outlook. Die Abkürzung 20-20-20 steht für eine Reduzierung der Treibhausgasemissionen um mindestens 20 % gegenüber 1990, für eine Energieeffizienzsteigerung von 20 % sowie für einen Anteil der erneuerbaren Energien am Gesamtenergieverbrauch von 20 %. In diesem Sinne ist es als 4D-Szenario einzustufen. Alle Minderungsszenarien gehen von einer CO_2-Reduktion von über 80 % bis zum Jahr 2050 aus und sind als 2D-Szenario zu sehen. Dementsprechend fallen die Entwicklungen der beiden Referenzszenarien in Teilen unterschiedlich aus. Während die EU von einem sinkenden Primärenergieverbrauch (PEV) (Abb. 2.7) ausgeht, nimmt er in dem Current-Policies-Szenario des WEO 2012 zu. Ein Vergleich der einzelnen Energieträger zeigt, dass größere Differenzen bei der Einschätzung der Erdgasnachfrage bestehen (EU: leicht abnehmend, WEO: stark zunehmend). Ein ähnliches Bild zeigt sich bei einem Vergleich des Endenergiebedarfs. Während die EU von einer Einhaltung des 20-20-20 Ziels ausgeht und aufgrund der Energieeffizienzsteigerung ein sinkender Endenergiebedarf ausgewiesen wird, wächst der endenergieseitige Energiebedarf in dem WEO Szenario leicht an. Übereinstimmung herrscht hingegen bei der Einordnung der Industrie. In beiden Szenarien wird von einem wachsenden Endenergiebedarf ausgegangen.

Obwohl die CO_2-Minderungen unterschiedlich ausfallen, lässt sich in beiden Szenarien ein einheitlicher Trend feststellen. Der prozentuale Rückgang der CO_2-Emissionen des Stromsektors ist deutlich höher als der in den Endverbrauchssektoren. Dies zeigt, dass dem Stromsektor bei der CO_2-Minderung in jedem Fall eine entscheidende Rolle eingeräumt wird.

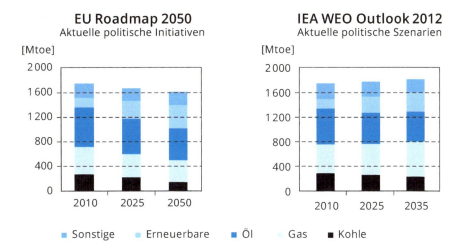

EU Roadmap 2050
Aktuelle politische Initiativen

IEA WEO Outlook 2012
Aktuelle politische Szenarien

- Sonstige
- Erneuerbare
- Öl
- Gas
- Kohle

- PEV nimmt leicht ab
- Kohle stark abnehmend
- Gas leicht abnehmend
- Erneuerbare stark zunehmend

- PEV nimmt leicht zu
- Kohle moderat abnehmend
- Gas stark zunehmend
- Erneuerbare weniger stark zunehmend

Abb. 2.7 Primärenergieverbrauch in den jeweiligen Szenarien für EU27. (Mit freundlicher Genehmigung von © Forschungszentrum Jülich, IEK-STE. All Rights Reserved)

Strombedarf

In allen Szenarien wird sowohl bis 2025 als auch bis 2050 von einem ansteigenden Stromverbrauch ausgegangen. Die jährlichen Zuwachsraten werden in einer Bandbreite von 0,5 bis 0,9 % angegeben. Allerdings lassen sich starke länderspezifische Unterschiede feststellen. Während für Deutschland und Großbritannien von einem nahezu stagnierenden Strombedarf ausgegangen wird, liegen die Wachstumsraten in anderen Ländern (z. B. baltische Länder, Slowenien, Polen, Spanien, Griechenland) teilweise deutlich über 2 %. Über 50 % des absoluten Strommehrbedarfs bis zum Jahr 2025 entfallen auf Frankreich, Spanien, Polen und Italien.

Stromerzeugung

Die installierte Kraftwerksleistung aus unterschiedlichen Studien ist in Tab. 2.1 zusammengefasst. Ein Vergleich der Szenarien für die EU 27 zeigt, dass in den Projektionen der ENTSO-E von einer Abnahme der Kernenergieverstromung bis zum Jahr 2025 ausgegangen wird. Hierbei sind die Reaktionen auf Fukushima enthalten. Langfristig nimmt die Nutzung der Kernenergie im WEO stark ab. Dies liegt an den angenommenen Stilllegungszahlen bis 2035 und der gesunkenen Wettbewerbsfähigkeit neuer Kernkraftwerke. Eine mögliche Laufzeitverlängerung französischer Kernkraftwerke, wie sie derzeit diskutiert wird [13], würde die Projektion signifikant ändern. Ein einheitliches Bild zeigt sich

Tab. 2.1 Entwicklung der installierten Kraftwerksleistung für die EU 27 nach Energieträger

| | 2010 | 2025 | | | 2035 | 2050 |
		EU	WEO	ENTSOE	WEO	EU
Kernenergie	132 GW	−9 %	−17 %	+6 %	−32 %	+5 %
Kohle	202 GW	−23 %	−21 %	−23 %	−41 %	−43 %
Gas	216 GW	+13 %	+44 %	+37 %	+88 %	+67 %
Erneuerbare	216 GW	+116 %	+79 %	+93 %	+107 %	+279 %
PV	30 GW	+130 %	+280 %	−	+330 %	+643 %
Wind	85 GW	+204 %	+142 %	+211 %	+207 %	+407 %

bei der Entwicklung der installierten Leistung der Kohlekraftwerke bis 2025. Darüber hinaus gehen WEO und EU von einer weiteren Reduzierung der installierten Leistung aus, wobei sich die Zeithorizonte hierfür mit 2035 und 2050 unterscheiden. Die installierte Leistung von Gaskraftwerken nimmt in allen Szenarien zu. Die Zubauraten übertreffen den durchschnittlichen globalen Trend. Höhere Wachstumsraten weisen nur erneuerbare Energien auf. Dieses Wachstum ist zum überwiegenden Teil auf den Ausbau von Photovoltaik- und Windanlagen zurück zu führen.

Konkrete Einzeltechnologieaussagen

In allen Szenarien spielen Meeresenergie und Tiefengeothermie nur eine untergeordnete Rolle. In den 2D-Szenarien wird die besondere Rolle von CCS und der Kernenergienutzung hervorgehoben, die zur Erreichung des Ziels als notwendig angesehen werden.

Fazit der EU-27-Energieszenarien

In ihrem Grünbuch vom 27.03.2013 bekräftigt die Europäische Union den Willen, die derzeit für 2020 geltenden Ziele (20-20-20) bis zum Jahr 2030 fortzuschreiben bzw. anzupassen. Sie orientiert sich an den Szenarien der EU-Roadmap 2050. Verglichen mit den Szenarien der IEA ist bereits das Referenzszenario der EU-Roadmap als ambitioniert zu bezeichnen. Letzteres spiegelt eher die politischen Ziele der EU wider. Daher ist davon auszugehen, dass die Minderung der Treibhausgase politisch weiter verfolgt wird und bestehende Instrumente weiter fortgeschrieben werden. Es zeigt sich dabei, dass über die derzeitig gültige Gesetzgebung hinaus weitere Anstrengungen bei der Effizienzsteigerung nötig sind. Die Verschärfung des Emissionshandels durch „Backloading" von 900 Millionen CO_2-Zertifikaten ist ein weiterer Schritt zur Umsetzung der politischen Zielsetzung.

Die Einhaltung des Treibhausgasreduktionsziels wird zusätzlich erschwert, wenn im Fall eines höheren Wirtschaftswachstums ein höherer Stromverbrauch ausgelöst wird. Der CO_2-Reduzierungsbeitrag muss jedoch gerade im Umwandlungssektor erfolgen, was durch den massiven Zubau von Erneuerbaren und Gaskraftwerken erreicht werden soll. Im Allgemeinen ist mit einer Zunahme des Stromhandels innerhalb der EU zu rechnen, was jedoch nicht verhindern wird, dass aufgrund der steigenden Investitionen im Energieversorgungssektor die Endverbraucherpreise anziehen.

2.3 Nationale Energieszenarien

Die Auswahl der im Nachfolgenden analysierten Energieszenarien orientiert sich im Wesentlichen an ihrer energiepolitischen Relevanz sowie Aktualität. Die von der Bundesregierung im Jahr 2011 in Auftrag gegebenen Energieszenarien stellen einen Eckpfeiler für das von ihr erstellte Energiekonzept dar. Die nachfolgenden Analysen beziehen sich auf das Szenario, welches den beschlossenen Kernenergieausstieg berücksichtigt. Stellvertretend für die BMU-Langfristszenarien wird das Szenario A gewählt, da es langfristig einen Einstieg in die Wasserstoffwirtschaft beschreibt [14]. Von wesentlicher Bedeutung für die zukünftige Netzausbauplanung ist der Netzentwicklungsplan (NEP) Strom [15], der erstmals im Jahr 2012 erstellt wurde und eine wesentliche Grundlage für das bereits vom Bundeskabinett beschlossene Bundesbedarfsplangesetz ist. Von den drei Szenariosträngen des NEP wird für die nachfolgenden Analysen das Szenario B gewählt, da es auch einen langfristigen Ausblick bietet, der über 20 Jahre hinaus bis zum Jahr 2032 reicht.

Bei allen ausgewählten Szenarien handelt es sich um ehrgeizige CO_2-Reduktionsszenarien, die entsprechend der zuvor definierten Klassifizierung als 2D-Szenario einzustufen sind. Alle Szenarien gehen weitestgehend von der Einhaltung der meisten von der Bundesregierung festgelegten Zielsetzungen (z. B. bei Effizienz und Anteil Erneuerbarer) aus. Mit den unterstellten Maßnahmen werden in den jeweiligen Szenarien CO_2-Reduktionen gegenüber 1990 um 40 bis 50 % bis zum Jahr 2025 bzw. 50 bis 60 % bis 2030 erreicht. Hinsichtlich der grundsätzlichen Annahmen wie demografische Entwicklung, soweit sie ausgewiesen werden, ist in weiten Teilen Übereinstimmung festzustellen. Die nachfolgenden Ausführungen konzentrieren sich im Wesentlichen auf die Bereiche Strombedarf und Stromerzeugung.

Strombedarf
Zielsetzung der Bundesregierung ist die Reduzierung des Strombedarfs gegenüber dem Jahr 2008 um 10 % bis zum Jahr 2020 bzw. um 25 % bis zum Jahr 2050. Der NEP 2012 sowie die Annahmen der European Network of Transmission Operators for Electricity ENTSO-E bleiben hinter diesen Zielsetzungen zurück, indem sie von einem konstanten Netto-Strombedarf bis zum Jahr 2022 bzw. 2032 ausgehen. Andere Szenarien (BMU Leitszenario, Energieszenarien) unterstellen eine Stromreduktion, wie von der Bundesregierung geplant. Die größten Stromeinsparpotenziale werden in den Sektoren Industrie und Haushalte gesehen. Vergleicht man die Entwicklung mit anderen Ländern, wird erkennbar, dass der deutsche Strommarkt nach diesen Studien zukünftig kein Wachstumsmarkt sein wird.

Stromerzeugung, Import/Export von Strom
Zukünftig ist von einer weiteren deutlichen Zunahme volatiler Stromerzeugung auszugehen. Der Anteil von Windkraft und Photovoltaik von 13 % im Jahr 2013 wird sich den Szenarien zufolge deutlich erhöhen und in etwa 10 bis 15 Jahren in einer Bandbreite von 24 bis 34 % liegen. Demgegenüber wird sich der Anteil thermischer Stromerzeugung verringern. Während der NEP 2012 bis zum Jahr 2022 bedingt durch den Kernenergieausstieg

nur von einer moderaten Verringerung der Kohleverstromung ausgeht, wird in anderen Szenarien von einer starken Reduktion ausgegangen. Langfristig wird in allen Szenarien eine deutliche Abnahme der fossilen Stromerzeugung unterstellt. Nach dem NEP 2012 wird sich Deutschland in den kommenden Jahren vom Netto-Stromexporteur zu einem Netto-Stromimporteur entwickeln.

Installierte Kraftwerkskapazität

Entsprechend dem NEP 2012 wird für das Jahr 2022 von einer installierten Braunkohleleistung ausgegangen, die zwischen 19 und 21 GW$_{netto}$ liegt. Die Bandbreite für Steinkohlekraftwerke reicht von 25 bis 31 GW. Auch ein Vergleich mit anderen Szenarien zeigt, dass zumindest in den nächsten 10 Jahren die fossile Kraftwerksleistung konstant oder allenfalls moderat rückläufig sein wird. Die gasbefeuerte Kraftwerkskapazität nimmt dagegen in den meisten Szenarien zu (Abb. 2.8). Die Bandbreite der installierten Leistung im Jahr 2022 bzw. 2025 wird nach den analysierten Szenarien 32 bzw. 37 GW$_{brutto}$ erreichen und danach weiter zunehmen. Die größten Zuwachsraten werden bei den Anlagen auf Basis erneuerbarer Energien gesehen. Diese werden maßgeblich durch den Zubau von volatil einspeisenden PV- und Windkraftkraftwerken (On- und Offshore) bestimmt. Insgesamt gilt, dass sich bei gleichbleibender Last die installierte Leistung stark erhöht. Darüber hinaus sinkt der prozentuale Anteil regelbarer thermischer Leistung von heute 60 % in den nächsten 10 bis 15 Jahren auf 40 %.

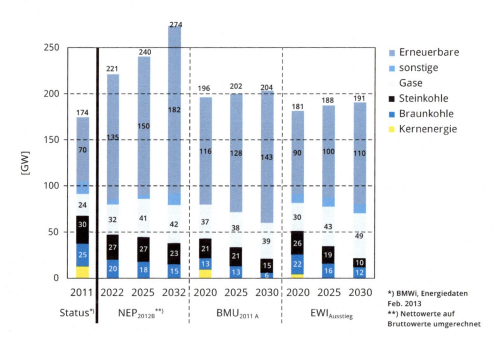

Abb. 2.8 Installierte Kraftwerksleistung in den einzelnen Szenarien nach Energieträgern. (Mit freundlicher Genehmigung von © Forschungszentrum Jülich, IEK-STE, All Rights Reserved)

Kraftwerkseinsatz

In den NEP-2012-Szenarien nimmt die Kohleverstromung fast proportional zum Anstieg der Windenergieerzeugung ab. Allerdings steigt die Auslastung von Kohlekraftwerken kurzfristig an, was im Wesentlichen dem Ausstieg aus der Kernenergieverstromung geschuldet ist. Langfristig ergeben sich jedoch in allen Szenarien für fossil befeuerte Kraftwerke deutlich geringere Volllaststunden (Tab. 2.2). Für das Jahr 2030 liegen die Werte in einer Bandbreite von 5200 bis 5600 Stunden für Braunkohlekraftwerke und 1700 bis 3400 Stunden für Steinkohlekraftwerke. Bei der Verwendung von Carbon Capture and Storage (CCS) weist das EWI [16] einen Grundlastbetrieb der Steinkohlekraftwerke aus. Für Gaskraftwerke bleibt festzuhalten, dass deren Auslastung in allen Szenarien gegenüber der Ist-Situation sinkt. Dennoch unterstellen alle drei Szenarien einen massiven Ausbau von 24 GW im Jahr 2011 auf 39 bis 49 GW im Jahr 2030, um die Einspeiseschwankungen bei den Erneuerbaren zu kompensieren. Im NEP 2012 beträgt die Jahresauslastung im Jahr 2030 etwa 1100 Stunden und liegt damit um 68 % unter dem heutigen Wert.

Tab. 2.2 Jahresvolllaststunden in den jeweiligen Szenarien bis 2030

		2010*	2015	2020	2025	2030
BK	BMU	6600	5931	5639	5592	5556
	NEP B 2012		7556	7556	7085	5523
	EWI Ausstieg		7151	6692	6264	5265
SK/SK_{CCS}	BMU	3870	3583	3505	3538	3413
	NEP B 2012		4377	4073	3112	1711
	EWI Ausstieg		3422	2477	2966/*7133*	3656/*7134*
Erdgas	BMU	3180	3161	3193	3271	2982
	NEP B 2012		2738	1859	1359	1112
	EWI Ausstieg		3353	3289	2663	2154
Biomasse	BMU	6400	5625	5673	5667	5386
	NEP B 2012		5792	5700	5607	5607
	EWI Ausstieg		5397	5416	5514	5514
Wind onshore/*offshore*	BMU	1380	1916	2343	2621	2826
	NEP B 2012		1896/*2730*	2013/*3484*	2129/*4233*	2127/*4225*
	EWI Ausstieg		1900/*3033*	2040/*3400*	2120/*3700*	2164/*3800*
PV	BMU	900	790	843	874	905
	NEP B 2012		791	847	901	900
	EWI Ausstieg		900	960	960	960

* BDEW (2013) Kraftwerksplanungen und aktuelle ökonomische Rahmenbedingungen für Kraftwerke in Deutschland, Link:
https://www.bdew.de/internet.nsf/id/A4D4CB545BE8063DC1257BF30028C62B/$file/Anlage_1_Energie_Info_BDEW_Kraftwerksliste_2013_kommentiert_Presse.pdf

Netzausbau

Der vorliegende Bundesbedarfsplan, der auf dem NEP 2012 basiert, enthält eine Vielzahl von Maßnahmen (z. B. Um- bzw. Zubeseilung, neue Leitungen auf bestehenden Trassen, drei Hochspannungs-Gleichstrom-Übertragungskorridore, Trassenneubau). Die Leitungs-länge des Übertragungsnetzes beläuft sich auf etwa 5700 km und erfordert in den nächsten zehn Jahren zusätzliche Investitionen in Höhe von 19 bis 23 Mrd. Euro. Danach werden bis 2032 weitere 4 Mrd. Euro benötigt. Heute werden fast 80 % der PV Stromerzeugung in das Niederspannungsnetz und etwa 20 % in das Mittelspannungsnetz und Windstrom vor-nehmlich in das Mittelspannungsnetz eingespeist. Mit zunehmendem Anteil dieser beiden Erzeugungsarten wird die Einspeisung in die vorgenannten Netzebenen ansteigen. Hieraus kann abgeleitet werden, dass sich die Versorgungsaufgabe der Mittel- und Niederspan-nungsnetze deutlich verändert, was wiederum Netzmodifikationen erforderlich machen wird.

Fazit der Auswertung nationaler Energieszenarien

Es ist davon auszugehen, dass der Umsetzung des nationalen Energiekonzepts auch zu-künftig eine hohe Priorität eingeräumt wird und bestehende politische Instrumente und Maßnahmen weiter vorgeschrieben werden. Es wird erwartet, dass die Stromwirtschaft einen überproportionalen CO_2-Reduktionsbeitrag leistet. Dementsprechend wird der Aus-bau erneuerbarer Energie zur Stromerzeugung weiter vorangetrieben. Konsequenzen sind eine veränderte Lastgangcharakteristik der Residuallast sowie eine abnehmende Strom-erzeugung und Auslastung konventioneller Kraftwerke. Längerfristig ist von einer deutli-chen Abnahme fossiler Kraftwerkskapazität auszugehen. Durch die eingeleitete Dezentra-lisierung der Stromerzeugung wird von dem bislang geltenden Prinzip „Erzeugung folgt dem Verbrauch" abgewichen. Darüber hinaus ist zu beobachten, dass ein starker Trend zur Stromeigenbedarfsdeckung der Endverbraucher besteht, der nicht zuletzt durch die bestehenden politischen Instrumente motiviert ist. Die Bedeutung von Übertragungs- und Verteilnetzen wird deutlich zunehmen. Dies gilt insbesondere für das Verteilnetz, dessen ursprüngliche Versorgungsaufgabe sich zukünftig deutlich ändern wird.

2.4 Abkürzungen

BIP   Bruttoinlandsprodukt
CCS   Carbon capture and storage
EIA   US Energy Information Administration
ENTSO-E European Network of Transmission Operators for Electricity
EU   Europäische Union
EWI   Energiewirtschaftliches Institut an der Universität zu Köln
IEA   Internationale Energieagentur
LNG   Liquefied natural gas
NEP   Netzentwicklungsplan

NPS   New Policy Scenario
PEV   Primärenergieverbrauch
PV   Photovoltaik
TYPN   Ten years plan Network
WEO   World Energy Outlook

Literatur

1. IEA (2013) World Energy Outlook 2013.
2. IEA (2012) World Energy Outlook 2012.
3. British Petrol (2012) BP Energy Outlook 2030.
4. Exxonmobil (2013) The Outlook for Energy: A View to 2040.
5. Shell, RD (2011) Shell energy Scenarios to 2050: An era of volatile transitions.
6. IEA (2012) Energy Technology Perspectives 2012.
7. Hoern M, Engerer H (2013) Gewinnung unkonventioneller Energieressourcen setzt OPEC künftig unter Druck. DIW-Wochenbericht Nr. 45.2013.
8. Bundesanstalt für Geowissenschaften und Rohstoffe (BGR) (2012) Abschätzung des Erdgaspotentials aus dichten Tongesteinen (Schiefergas) in Deutschland.
9. Europäische Kommission (2011) Energiefahrplan 2050.
10. Europaische Kommission (2013) Green Paper – A 2030 framework for climate and energy policies. Brüssel: COM, 169 final.
11. entsoe (2013) Scenario Outlook and Adequacy Forecast 2012–2030.
12. entsoe (2012) Ten-Year Network Development Plan 2012.
13. Maïzi N, Assoumou E (2014) Future prospects for nuclear power in France. Elsevier, Applied-Energie May 2014, DOI: 10.1016/j.apenergy.2014.03.056.
14. DLR, IWES, IFNE (2012) Langfristszenarien und Strategien für den Ausbau der erneuerbaren Energien in Deutschland bei Berücksichtigung der Entwicklung in Europa und global.
15. 50 Hz, Amprion, TenneT, TransnetBW (2012) Netzentwicklungsplan Strom 2012.
16. EWI, GWS, Prognos (2011) Energieszenarien 2011.

Teil II
Kraftwerkstechnik für fossile Brennstoffe plus CCS-Abscheidetechnik

Kohlekraftwerke

3

Peter Markewitz, Richard Bongartz und Klaus Biß

3.1 Technologiebeschreibung

Der Anteil kohlegefeuerter Kraftwerke an der deutschen Bruttostromerzeugung betrug im Jahr 2013 ca. 45 %. Etwa 26 % der installierten gesamten Kraftwerksleistung sind kohlegefeuerte Kraftwerke (2014: Steinkohle: 26,9 GW, Braunkohle: 20,9 GW). Nach Angaben der Bundesnetzagentur werden in Deutschland bis zum Jahr 2016 neue kohlegefeuerte Kraftwerke mit einer Leistung von 4,3 GW in Betrieb genommen. Dem steht eine endgültige Stilllegung veralteter kohlegefeuerter Anlagen von etwa 3,4 GW gegenüber (vgl. [1–4]).

Kohlekraftwerke tragen in der Europäischen Union mit etwa 26 % zur Bruttostromerzeugung bei. Der Anteil der Kohleverstromung ist in den EU-Mitgliedsstaaten unterschiedlich ausgeprägt. In Ländern wie Polen und Estland ist die Kohleverstromung mit einem Anteil von fast 90 % besonders signifikant. Weitere Länder mit einem relativ hohen Kohleverstromungsanteil (> 40 %) sind Tschechien, Griechenland, Bulgarien sowie Dänemark.

Kohlekraftwerke stellen gesicherte Leistung zur Verfügung und bilden heute sowohl in Deutschland als auch in der EU ein wichtiges Rückgrat der Stromversorgung. Insbesondere vor dem Hintergrund des in Deutschland beschlossenen Kernenergieausstiegs werden Kohlekraftwerke auch kurz- und mittelfristig einen wichtigen Beitrag zur Stromversorgung leisten (vgl. [5, 6]). Aufgrund des zunehmenden Anteils volatiler Stromerzeugung werden sich die Flexibilitätsanforderungen an den Kraftwerksbetrieb jedoch signifikant ändern. Weiterhin ist davon auszugehen, dass sich die Auslastung gegenüber heute deutlich verringern und sich signifikant auf die Erlössituation auswirken wird.

Peter Markewitz ✉ · Richard Bongartz · Klaus Biß
Forschungszentrum Jülich GmbH, Jülich, Deutschland
url: http://www.fz-juelich.de

© Springer Fachmedien Wiesbaden 2015
M. Wietschel et al. (Hrsg.), *Energietechnologien der Zukunft*,
DOI 10.1007/978-3-658-07129-5_3

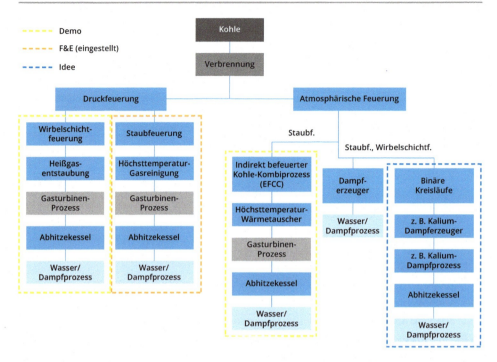

Abb. 3.1 Klassifizierung von Kohlekraftwerken (Verbrennung). (Quelle: [7]; mit freundlicher Genehmigung von © Forschungszentrum Jülich, IEK-STE, All Rights Reserved)

Im Nachfolgenden werden Kohlekraftwerke zum einen hinsichtlich der Einsatzkohle (Braunkohle, Steinkohle) klassifiziert. Zum anderen ist die Art der Umsetzung in thermische Energie ein weiteres Unterscheidungsmerkmal. Hier ist zwischen der Kohleverbrennung und der Kohlevergasung zu unterscheiden.

Verbrennungsprozesse lassen sich wiederum in druckaufgeladene und atmosphärische Feuerungen unterteilen (Abb. 3.1). Es ist festzustellen, dass sich die druckaufgeladenen Prozesse, wie die Druckwirbelschichtfeuerung sowie die Druckkohlenstaubfeuerung in den letzten Jahrzehnten trotz intensiver öffentlich geförderter F&E-Aktivitäten nicht etablieren konnten. Sowohl weltweit als auch national wurden die F&E-Arbeiten zur Druckkohlenstaubfeuerung eingestellt. Die Druckwirbelschichtfeuerung wurde weltweit in einigen Anlagen (Deutschland: Kraftwerk Cottbus) realisiert, konnte sich aber aufgrund erheblicher technischer Probleme nicht durchsetzen. Es ist davon auszugehen, dass druckaufgeladene Prozesse auch in absehbarer Zukunft nicht realisiert werden. Auf sie wird im Nachfolgenden nicht detailliert eingegangen.

Bei den atmosphärischen Verbrennungsprozessen wird zwischen der klassischen Staubfeuerung und der Wirbelschichtfeuerung unterschieden. Gegenüber der klassischen Staubfeuerung zeichnet sich die Wirbelschichtfeuerung (WSF) dadurch aus, dass sie die Nutzung eines breiteren Brennstoffbands (Kohle, Biomasse, Raffinerierückstände etc.)

ermöglicht. Verglichen mit Anlagen konventioneller Staubfeuerung sind die Blockgrößen heutiger kommerziell eingesetzter Wirbelschichtfeuerungen deutlich kleiner. Moderne Anlagen (im Wesentlichen zirkulierende WSF) erreichen Leistungsgrößen von bis zu 300 MW_{el} bei Anwendung überkritischer Dampfzustände. Vor diesem Hintergrund bedienen heutige Wirbelschichtfeuerungen eher Nischenmärkte und spielen in Deutschland und der EU bei der Stromerzeugung nur eine untergeordnete Rolle.

Ein weiteres Merkmal bei den Kraftwerken mit Kohleverbrennung stellt die Art des nachgeschalteten Dampferzeugungsprozesses dar. Zu unterscheiden ist hier zwischen den indirekt befeuerten Kombiprozessen, den Prozessen mit binären Arbeitsmitteln sowie dem klassischen Wasser/Dampfkreislauf. Der Kombi-Prozess mit indirekter Befeuerung wird auch häufig als External Fired Combined Cycle (EFCC) bezeichnet. Prozesse mit binären Arbeitsmitteln im Demonstrationsmaßstab mit dem Arbeitsfluid Quecksilber wurden in den 1950er-Jahren lediglich in den USA gebaut und versuchsweise betrieben. Die Forschungen in Deutschland (Babcock/STEAG: kaliumbasierte Prozesse) wurden in den 1990er-Jahren eingestellt. Weltweit sind für diese Techniklinie derzeit keine signifikanten F&E-Aktivitäten festzustellen. Die Realisierung von Kraftwerksprozessen mit binären Arbeitsmitteln erfordert noch F&E-Arbeiten, die starken Grundlagenforschungscharakter besitzen. Mit einer Umsetzung ist in den nächsten Dekaden nicht zu rechnen. Dagegen ist der Prozess mit indirekter Befeuerung Gegenstand einiger F&E-Arbeiten, die sich im Wesentlichen auf die Entwicklung eines Hochtemperatur-Wärmetauschers konzentrieren, welcher die eigentliche Schlüsselkomponente des Prozesses darstellt. Ein signifikantes Interesse der Herstellerindustrie an dem EFCC Prozess ist derzeit weder national noch international zu erkennen, und eine großtechnische Realisierung ist in den nächsten Dekaden nicht zu erwarten.

Die folgenden Ausführungen konzentrieren sich daher auf kohlebasierte Verbrennungsprozesse mit nachgeschaltetem Wasser/Dampfkreislauf sowie auf Kohlekombikraftwerke mit integrierter Kohlevergasung.

3.1.1 Funktionale Beschreibung

3.1.1.1 Steinkohlekraftwerk mit Staubfeuerung

Heutige moderne Steinkohlekraftwerke werden in einer blockspezifischen Leistungsklasse von mehr als 700 MW_{el} gebaut. Die Steigerung der Frischdampfparameter stellte in den letzten Dekaden ein wesentliches Entwicklungsziel dar. Heutige Neuanlagen weisen Frischdampfzustände von 285 bar und 600 °C auf, mit denen sich Netto-Wirkungsgrade von etwa 46 % erreichen lassen. Sowohl die Dampferzeugertechnik als auch die Dampferzeugergröße wurden kontinuierlich weiterentwickelt. Moderne große Zwangsdurchlaufkessel wie im Kraftwerk Datteln (Block 4) besitzen heute Dampfleistungen von etwa 2900 t/h. Die Feuerung erfolgt in der Regel mit Tangentialbrennern, die in drei Ebenen angeordnet sind. Der Ascheabzug bei Neuanlagen erfolgt ausschließlich trocken. Für die Einhaltung der Emissionsgrenzwerte (Staub, SO_2 und NO_x) werden hocheffiziente Abgasreinigungssysteme eingesetzt, die seit der Einführung in den 1980er-Jahren sukzessive weiterentwickelt und optimiert wurden. In fast allen Kraftwerken wird die Reduzierung der Schwefeldioxide mit Hilfe von kalkbasierten Wäschen durchgeführt. Die Reduktion von Stickoxiden wird mit sogenannten Sekundärmaßnahmen erreicht, wie beispielsweise katalysatorbasierten Entstickungsanlagen, die entweder vor (High Dust) oder nach (Low Dust) dem Elektrofilter angeordnet sein können. Verfahren dieser Art werden auch häufig als Selective-Catalytic-Reduction-Prozesse (SCR) bezeichnet. In vielen Kraftwerken werden die gereinigten Abgase über den Kühlturm (in der Regel Naturzug) abgeleitet.

3.1.1.2 Braunkohlekraftwerk mit Staubfeuerung

Auch bei Braunkohlekraftwerken sind sowohl die Blockgrößen als auch die Wirkungsgrade im Laufe der letzten Dekaden sukzessive erhöht worden. Die weltweit effizientesten und größten Braunkohlekraftwerksblöcke wurden im Jahr 2012 am deutschen Standort Neurath (Block F, G) in Betrieb genommen. Der Doppelblock besitzt eine Nettoleistung von $2 \times 1050\,MW_{el}$ bei einer maximalen Frischdampfleistung von knapp 3000 t/h. Die Dampfparameter betragen 272 bar/600 °C und ermöglichen zusammen mit anderen Maßnahmen Wirkungsgrade von über 43 %. Ähnliche Dampfzustände (286 bar/600 °C) werden im Kraftwerk Boxberg (Block R, 675 MW_{el}) realisiert; der erreichbare Wirkungsgrad wird mit ca. 43 % angegeben. Alle in Deutschland befindlichen Braunkohlekraftwerke sind mit Kalkwäschen ausgestattet, mit denen die gemäß 13. BImSchV geforderten SO_2-Emissionsgrenzwerte von 200 mg/m^3 eingehalten werden können. Gegenüber der Verbrennung von Steinkohle liegen die Verbrennungstemperaturen von Braunkohle niedriger, wodurch die Bildung von thermischen NOx bereits vermieden wird. Hierdurch können die NO_x-Grenzwerte bereits mit feuerungstechnischen Primärmaßnahmen (z. B. unterstöchiometrische Verbrennung etc.) eingehalten werden, sodass der Einsatz von Sekundärmaßnahmen nicht notwendig ist.

3.1.1.3 Kohlekombikraftwerk mit integrierter Kohlevergasung

Eine alternative Erzeugungstechnologie zur Kohleverbrennung ist die Vergasung von Kohle mit anschließender Verstromung des Synthesegases in einer Gasturbine. Konzepte dieser Art werden auch häufig als Integrated Gasification-Combined-Cycle-Prozesse (IGCC) bezeichnet. Die Kohlevergasung erfolgt bei hohen Temperaturen (ca. 1300 °C) und unter einem Druck von ca. 30 bar. Das produzierte Synthesegas wird anschließend von Schadstoffen gereinigt und mit Hilfe einer Gasturbine verstromt. Derzeit werden weltweit sechs Kohlekombikraftwerke betrieben. In fast allen Anlagen wird die Kohle in den bestehenden Anlagen mit sauerstoffgeblasenen Flugstrom- oder Wirbelschichtvergasern zu Synthesegas umgesetzt. Ausnahme ist das tschechische Braunkohle-Kombikraftwerk Vresova, das mit Festbettvergasern betrieben wird. Die Vergasereinheiten, die ursprünglich zur Erzeugung von Stadtgas dienten, wurden im Jahr 1996 durch einen Gasturbinenprozess erweitert und werden nunmehr ausschließlich zur Stromerzeugung genutzt. Zusätzlich wurde die Anlage um einen Flugstromvergaser erweitert.

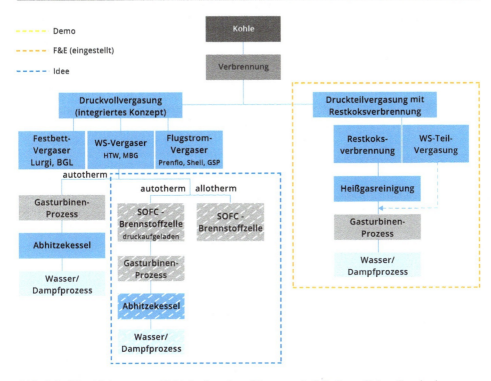

Abb. 3.2 Klassifizierung von Kohlekraftwerken (Vergasung). (Mit freundlicher Genehmigung von © Forschungszentrum Jülich, IEK-STE, All Rights Reserved)

Ein wesentlicher Vorteil gegenüber der Kohleverbrennung ist die höhere Brennstoff-flexibilität, welche den Einsatz eines breiten Brennstoffspektrums ermöglicht. Kombi-kraftwerke werden auch zur Nutzung von Raffinerierückständen eingesetzt. Ein weiterer Vorteil besteht darin, Kohlekombikraftwerke auch für die Erzeugung anderer Produkte wie z. B. Methanol nutzen zu können (Polygeneration). Die Wirkungsgrade der heutigen Kohlekombikraftwerke liegen in einer Bandbreite von 40 bis 43 % (Abb. 3.2).

Ein Problem von Kohlekombikraftwerken war lange Zeit die mangelhafte Verfügbar-keit. Darüber hinaus liegen die spezifischen Investitionen von Neuanlagen deutlich über denen von konventionellen Dampfkraftwerken. Im Zuge der Diskussion um die Abschei-dung von Kohlendioxid bietet sich der Einsatz von IGCC-Kraftwerken an, da aufgrund des druckaufgeladenen Synthesegases der Einsatz einer physikalischen Absorptionswä-sche möglich ist. Die unter dem Begriff „Pre Combustion" bezeichnete CO_2-Abscheidung ist eine der drei heute weltweit diskutierten Techniklinien zur CO_2-Abscheidung (Tech-nologiedatenblatt zur CO_2-Abscheidung im Kap. 5).

Der Wirkungsgradvorsprung des IGCC gegenüber einem herkömmlichen Verbren-nungskraftwerk hat sich in den letzten Dekaden sukzessive verringert, da das Effizienz-potenzial herkömmlicher Kraftwerke unterschätzt wurde (siehe auch Tab. 3.2). Neben den hohen Kosten stellt die verfahrenstechnische Komplexität eines IGCC-Kraftwerks ein weiteres Hemmnis dar. Der Vorteil einer großen Brennstoffflexibilität kann zumindest für Deutschland nicht geltend gemacht werden, da die Kohlequalität heimischer Braunkohle sowie der importierten Steinkohle hoch ist. Vor diesem Hintergrund ist davon auszugehen, dass zumindest in Europa der klassische Dampfkraftprozess mit Verbrennung auch in absehbarer Zukunft die dominierende Kohleverstromungstechnik sein wird.

3.1.2 Status quo und Entwicklungsziele

Neben steigenden Umweltanforderungen standen über viele Dekaden die Effizienzsteigerung von Kraftwerken sowie die Ausschöpfung von Kosteneinsparpotenzialen im Mittelpunkt der meisten F&E-Bemühungen. Dies war auch die Hauptmotivation für die Entwicklung neuer Kraftwerkstechniklinien sowie für die Weiterentwicklung etablierter konventioneller Techniken. Aus heutiger Sicht ist festzustellen, dass die Effizienzpotenziale konventioneller kohlegefeuerter Dampfkraftwerke deutlich unterschätzt wurden. Prognostizierte vermeintliche Wirkungsgradvorteile neuer Kraftwerkstechniken (z. B. IGCC, Druckkohlenstaubfeuerung) wurden durch die sukzessive Effizienzsteigerung von Dampfkraftwerken hinfällig und teilweise sogar überkompensiert. Das Erschließen von Kostenreduktionspotenzialen sowie die kontinuierliche Weiterentwicklung konventioneller Dampfkraftwerke führten dazu, dass andere Techniklinien nicht weiter verfolgt wurden. Der Entwicklungsstatus der einzelnen Techniklinien ist Tab. 3.1 zu entnehmen. Dabei besitzen konventionelle Dampfkraftwerke weiterhin ein erhebliches Effizienzpotenzial. Sie sind daher als die Benchmark-Technik zu verstehen, an der sich alle zukünftigen Konkurrenztechniken messen lassen müssen. Allerdings haben sich die Randbedingungen für den Einsatz von Dampfkraftwerken deutlich geändert. Die klassische Einteilung der Versorgungsaufgaben in Grundlast-, Mittellast und Spitzenlastanlagen ist durch die Auswirkungen zunehmender volatiler Stromerzeugung nicht mehr zeitgemäß und zielführend. Durch die vorrangige Einspeisung von erneuerbarer Energien sinken die Stromerzeugungsmengen konventioneller Dampfkraftwerke. Daneben ist auf ein verändertes Marktumfeld hinzuweisen, von dem für die vielfältigen Versorgungsaufgaben oftmals nur ungenügende Preissignale ausgehen.

3.1.3 Technische Kenndaten

Im Nachfolgenden wird in einem ersten Schritt kurz auf die Effizienzpotenziale konventioneller Dampfkraftwerke sowie Kohlekombikraftwerke eingegangen. Danach schließt sich in einem zweiten Schritt eine Auflistung von Technikattributen an, welche den vielfältigen Versorgungsaufgaben sowie der veränderten Rolle von kohlegefeuerten Kraftwerken Rechnung tragen und daher immer größere Bedeutung erlangen.

Tab. 3.1 Entwicklungsstadium verschiedener Kohlekraftwerkskonzepte

	Kommerziell	Demonstration	F&E	Ideenfindung
Braunkohle-Staubfeuerung mit Wasser-/Dampfkreislauf	X			
Steinkohle-Staubfeuerung mit Wasser-/Dampfkreislauf	X			
Druckkohlenstaubfeuerung			X	
Druckwirbelschichtfeuerung		X		
EFCC			X	
Prozesse mit binären Arbeitsfluiden				X
IGCC	X			

Effizienzsteigerung im Nennpunkt

Grundsätzlich gibt es für weitere Effizienzsteigerungen von Dampfkraftwerken verschiedene Möglichkeiten, deren Wahl nicht nur von der technischen Machbarkeit abhängt, sondern auch dem Kriterium der Wirtschaftlichkeit genügen muss. Dies sind die weitere Steigerung der Frischdampfparameter, das Absenken des Kondensatordrucks (Optimierung des kalten Endes), eine weitere Optimierung der regenerativen Speisewasservorwärmung und des Kesselwirkungsgrads sowie die Möglichkeit einer zusätzlichen Zwischenüberhitzung.

Ohne Steigerung der Frischdampfparameter wird das zusätzliche Effizienzpotenzial eines Steinkohlekraftwerks auf 1,4 %-Punkte geschätzt, dass sich bei einer heute zu bauenden Neuanlage realisieren ließe. Der Wirkungsgrad eines Steinkohlekraftwerks würde dann etwa 47,3 % betragen. Eine zusätzliche Zwischenüberhitzung (doppelte ZÜ) würde ein weiteres Effizienzpotenzial von 0,5 % erschließen. Mit einer Steigerung der Frischdampfparameter auf 300 bar/630 °C ließe sich ein Gesamtwirkungsgrad realisieren, der etwa bei 48 % liegt (vgl. [8]). Mit Ausnahme der Frischdampfparametererhöhung, die noch erheblichen Forschungsaufwand erfordert, könnten alle anderen Maßnahmen aus technischer Sicht bereits heute umgesetzt werden. Allerdings sind die Maßnahmen mit beträchtlichen Mehrinvestitionen verbunden, die eine Umsetzung bislang verhindert haben [8]. Werden die zuvor genannten Potenziale ausgeschöpft, ist eine weitere Wirkungsgraderhöhung nur noch durch die Steigerung der Frischdampfparameter (350 bar/700 °C) möglich, die einen Wirkungsgrad von mehr als 51 % ermöglichen würden (Tab. 3.2).

Alle zuvor genannten effizienzverbessernden Maßnahmen lassen sich auf Braunkohlekraftwerke übertragen, da der Dampfkreislauf analog zu dem eines Steinkohlekraftwerks

Tab. 3.2 Nennwirkungsgrade von Kohlekraftwerkstechniken im Vergleich

	Braunkohle		Steinkohle		Kohlevergasung	
	Heute	2050	Heute	2050	Heute	2050
Typische Größenklassen (MW)	600–1100	k. A.	300–1000	k. A.	200–300	k. A.
Nennwirkungsgrad (%)	43–44	> 50	45–46	> 51	45	> 50

ist. Zusätzlich besteht ein weiteres Effizienzpotenzial bei der Trocknung der Braunkohle. So könnten moderne effizientere Trocknungsverfahren, wie die Wirbelschicht-
vortrocknung, die Dampf-Wirbelschichttrocknung oder die mechanische/thermische
Entwässerung die klassische Mahltrocknung ablösen. Nach [9] lässt sich mit dem Einsatz
einer Dampf-Wirbelschichttrocknung ein Wirkungsgradpotenzial von 4 bis 5 Prozentpunkten erschließen. Ein ähnliches Effizienzpotenzial wird der Wirbelschichttrocknung
zugeschrieben, wie sie derzeit am Braunkohlekraftwerksstandort Niederaussem im Demonstrationsmaßstab erprobt wird (vgl. [10]).

Dem Kohlekombikraftwerk wird traditionell ein großes Effizienzpotenzial zugeschrieben, da der Gesamtprozess von den Effizienzsteigerungen der Gasturbinentechnologie
profitiert. Zudem weist der eigentliche Vergasungsprozess noch ein signifikantes Effizienzpotenzial auf. Dies sind die Weiterentwicklung von Flugstromvergasern für Teil-
quenchlösungen zur Nutzung der Rohgasrestwärme sowie eine optimale Integration von
Vergasungs- und Erzeugungsblock. Alle Maßnahmen zusammen würden langfristig in
Abhängigkeit der Gasturbinentechnologieentwicklung Wirkungsgrade von oberhalb 50 %
ermöglichen.

Zukünftiger Einsatz und Versorgungsaufgaben von kohlegefeuerten Dampfkraftwerken

Aufgrund der zunehmenden volatilen Stromeinspeisung von erneuerbaren Energien haben
sich die Randbedingungen für den Einsatz thermischer Kraftwerke verändert. Die in der
Vergangenheit den Kraftwerken zugewiesene Versorgungsaufgabe in Grund-, Mittel- und
Spitzenlast ist bereits heute nicht mehr angemessen und wird insbesondere zukünftig den
Systemanforderungen (Abschn. 3.2.4) nicht mehr gerecht. Die zukünftigen Versorgungsaufgaben bestehen in der Deckung der verbleibenden Residuallast und im verstärkten
Maße der Bereitstellung von Regel- und Blindleistung sowie der Frequenzstützung. Längerfristig ist auch die Aufnahme von negativer Regelenergie in den Blick zu nehmen. Die
geänderten Versorgungsaufgaben bedeuten für Bestandskraftwerke sowie Neuanlagen zusätzliche Anforderungen: Dies sind eine steigende Anzahl von Lastwechseln und Starts,
kurze Anfahr- und Abfahrzeiten, geringe technisch notwendige Stillstandzeiten, eine geringe Mindestlast sowie die Realisierung von höheren Teillastwirkungsgraden. Tabelle 3.3
enthält zusammenfassend die wichtigsten Attribute für Stein- und Braunkohlekraftwerke,
unterschieden nach Bestands- und Neuanlagen. Die für das Jahr 2025 angegebenen Werte verstehen sich als Zielvorgaben bzw. Optimierungspotenzial, um den Anforderungen
in den nächsten 10 bis 15 Jahren gerecht zu werden. Welche technischen Maßnahmen zur
Umsetzung der Anforderungen bestehen und welcher F&E-Bedarf hierfür erforderlich ist,
wird in Abschn. 3.3.2 diskutiert.

Tabelle 3.3 enthält u. a. heutige und zukünftig technisch machbare Laständerungsgeschwindigkeiten als prozentuale Änderung der Nennleistung pro Zeiteinheit. Ein Vergleich mit Gasturbinen oder Gas- und Dampf(GuD)-Kraftwerken (siehe Technologiefeld
Gaskraftwerke) deutet auf einen vermeintlichen Vorteil gasbefeuerter Kraftwerke hin.
Einschränkend ist jedoch anzumerken, dass auch die in absoluten Werten aktivierbare

Tab. 3.3 Technische Kenndaten von Kohlekraftwerken im Vergleich [11–17]

	Braunkohle-Staubfeuerung			Steinkohle-Staubfeuerung		
	Heute		2025	Heute		2025
	Bestand	Neu	Neu[1]	Bestand	Neu	Neu[1]
Typische Größenklassen [MW]	150–900	1100	k. A.	100–860[9]	1000	k. A.
Nennwirkungsgrad [%]	30–43	43,5	45	33–45	46	48
Abnahme bei Teillast [%-Punkte][2]	bis 6[8]	k. A.	k. A.	bis 6	bis 6	k. A.
Minimallast[4),10)] [% P_n]	60	50	25[3]–40	30–40	25	20[5),7)]
Lastgradient [% P_n/min]	1	3	4	1,5	3–4	6
	Im Lastbereich 50–90 % P_n			Im Lastbereich 40–90 % P_n		
Anfahrzeit [h] Heißstart (< 8 h)[6]	6	4	2	3	2,5	1–2
Anfahrzeit [h] Kaltstart (> 48 h)	10	5	4	10	8	6

k. A.: Es liegen keine Angaben vor, [1]Zielvorstellungen bzw. Optimierungspotenzial, [2]Höchstwert: Teillastwirkungsgrade bei Mindestlast (vgl. [12]), [3]mit BoAPlus-Design theoretisch möglich, [4] Einblockanlagen, Duo-Blockanlagen ermöglichen kleinere Minimallasten einer Gesamtanlage, [5]Direkte Feuerung, gilt auch für Bestandsanlagen, [6]In einigen Publikationen wird der Heißstart differenziert. Für einen Heißstart nach zwei Stunden werden für Steinkohlekraftwerke Anfahrheiten von 1,5 Stunden genannt (vgl. [16]), [7]Indirekte Feuerung < 10 % (vgl. [12]), [8]Bereich 70–90 % Pn : 1 bis 2 % vgl. [13], [9]Es existiert auch eine Vielzahl von Blöcken, deren Kapazität deutlich unter 100 MW liegt, [10]Wird häufig auch als Parklast bezeichnet.

Leistung ein wichtiges Kriterium ist. Aufgrund der sehr viel größeren Blockleistungen von Kohlekraftwerken ist daher absolut gesehen eine sehr viel höhere Leistung aktivierbar.

Nicht in der Tabelle enthalten sind die Anzahl der An- und Abfahrvorgänge sowie der Lastwechsel über die gesamte Lebensdauer eines Kraftwerks. Bei der Auslegung des NRW Steinkohlekraftwerkes [8] im Jahr 2004 wurde ein Betriebskonzept unterstellt, dass von insgesamt knapp 2900 Starts über die gesamte Lebensdauer ausging. Nach [16] ist zukünftig davon auszugehen, dass aufgrund des geänderten Betriebskonzepts die Anzahl der Starts knapp 4100 betragen wird, was bei der Auslegung zukünftiger Kraftwerke zu berücksichtigen ist (vgl. auch [18]).

3.2 Zukünftige Anforderungen und Randbedingungen

3.2.1 Gesellschaft

Motiviert durch den Klimaschutzgedanken bestehen in der deutschen Gesellschaft signifikante Vorbehalte gegenüber dem Betrieb sowie Neubau von kohlegefeuerten Kraftwerken.

Von einigen gesellschaftlichen und politischen Akteuren wird ein möglichst schneller Ausstieg aus der Kohleverstromung gefordert und der Bau neuer Kohlekraftwerke ist kaum noch möglich. Die Option mit Hilfe von CCS-Technologien das Kohlendioxid abzuscheiden und in geologischen Formationen zu speichern, hat die vorherrschende ablehnende Haltung gegenüber Kohlekraftwerken nicht verändert (vgl. [19]). Die Akzeptanz in anderen Ländern ist im Vergleich zu Deutschland größer. Als Beispiele hierfür sind die Länder Polen, Niederlande sowie Tschechien zu nennen.

Ein spezielles Problem, das mit erheblichen Akzeptanzproblemen verbunden ist, stellt die Braunkohleförderung in Deutschland dar. Feinstaub- und Lärmbelastung, die Eingriffe in den Wasserhaushalt, die Landschaftsbeeinträchtigung sowie die notwendigen Umsiedlungen sind hierfür die Hauptursachen.

3.2.2 Kostenentwicklung

Bereits in der Vergangenheit waren Maßnahmen zur Effizienzverbesserung stets mit Mehrinvestitionen verbunden. Diese konnten in der Regel durch das Ausschöpfen anderer Kostenreduktionspotenziale kompensiert werden. Da diese nahezu ausgeschöpft sind, wird in Zukunft für zusätzliche effizienzsteigernde Maßnahmen eine Erhöhung der Investitionen prognostiziert (Tab. 3.4). Für das Jahr 2025 werden für Steinkohlekraftwerke effizienzsteigernde Maßnahmen (inkl. einer moderaten Steigerung der Frischdampfparameter) unterstellt, wie sie in [8] vorgeschlagen werden. Wie die vergangene Entwicklung zeigt, benötigt die Entwicklung zur Steigerung der Frischdampfparameter und zur Umsetzung der damit verbundenen Maßnahmen viel Zeit bis ein kommerzieller Betrieb erfolgen kann. Vor diesem Erfahrungshintergrund wird angenommen, dass der kommerzielle Betrieb eines 700 °C-Kraftwerks erst langfristig erfolgt. Allerdings ist auch auf die unterschiedlichen Standortbedingungen in den verschiedenen Weltregionen (Europa, Amerika, Asien) hinzuweisen. Insbesondere die starke Stromnachfrage in Asien und der auch zukünftig vorherrschende Grundlaststrombedarf könnten eine geringere Risikoaversität und damit eine forciertere Entwicklung der 700 °C-Technologie sowie einen früheren kommerziellen Einsatz bewirken. Derzeit wird davon ausgegangen, dass die spezifischen Investitionen für ein 700 °C-Kraftwerk um ca. 25 % höher liegen (vgl. [20, 21]). Ähnliche Maßnahmen

Tab. 3.4 Kostendaten von Kohlekraftwerken im Vergleich. (Quellen: [22, 23]; eigene Schätzung)

	Steinkohle		Braunkohle		IGCC	
	Heute	2025/2050	Heute	2025/2050	Heute	2025
Anlagengröße [MW]	800	800	1100	1100	300	600
Leistungsspezifische Investitionen [Euro/kW]	1600	1750/2000	1800	1900/2100	k. A.	k. A.
Ziel-Investitionen [Euro/kW]	–				1)	

1) Benchmarks sind die konventionellen Verstromungstechniken

werden für Braunkohlekraftwerke unterstellt. Hinzu kommt die kommerzielle Umsetzung der Braunkohlevortrocknung, für deren Kostenschätzungen heute übliche Blockgrößen zugrunde gelegt wurden. Eine Verringerung der Blockgrößen (z. B. als Maßnahme zur Absenkung der Mindestlast) würde eine Erhöhung der spezifischen Investitionen bedeuten.

3.2.3 Politik und Regulierung

Durch den forcierten Ausbau der erneuerbaren Energien hat sich die Erlössituation für Betreiber konventioneller thermischer Kraftwerke grundlegend geändert. Während der erneuerbar produzierte Strom mit Vorrang in das Netz eingespeist wird, verbleibt für die thermischen Kraftwerke die Aufgabe, die Residuallast zu bedienen. Verschiedene Versorgungsaufgaben (Stromerzeugung, Blindleistung, Frequenzhaltung etc.) werden von thermischen Kraftwerken erwartet und geleistet, jedoch derzeit nicht adäquat vergütet. Das bedeutet, dass mit dem derzeitigen Strommarktdesign für die einzelnen Versorgungsaufgaben nur unzureichend Anreize bzw. Preissignale gesetzt werden. Adäquate Preissignale sind derzeit nur im Intraday-Handel festzustellen. Zur Aufrechterhaltung der Versorgungssicherheit besteht daher immer öfter die Notwendigkeit von Seiten der Bundesnetzagentur (BNA) in den Markt korrigierend einzugreifen indem Sonderregelungen eingeführt werden, die auch eine entsprechende Vergütung für spezielle Versorgungsaufgaben (z. B. systemrelevante Kraftwerke) umfassen. Zukünftige Strommarktmodelle sollten dergestalt konzipiert sein, indem Anreize zur Erfüllung verschiedener Versorgungsaufgaben und für entsprechende Investitionen zur Verbesserung der Flexibilitätseigenschaften von Kraftwerken gesetzt werden.

Geplant wird derzeit eine europaweite Harmonisierung der Netzanschlussbedingungen für alle Stromerzeugungsanlagen. Aktuell wird u. a. der Network Code on Requirements for Grid Connection Applicable to all Generators (NC-RfG) erarbeitet, der demnächst rechtswirksam werden soll. Die Umsetzung des NC-RfG in die nationale Regulierungspraxis der EU-Mitgliedsstaaten erfolgt durch die einzelnen Übertragungsnetzbetreiber nach der Genehmigung durch die jeweilige nationale Regulierungsbehörde (in Deutschland: BNA). Im Rahmen einer Compliance Prüfung müssen alle Erzeugungseinheiten den Nachweis erbringen, dass sie die jeweils für sie geltenden Anforderungen des NC-RfG einhalten. Als Grundlage dieses Nachweises erhalten sie eine Notifizierung zum Betrieb (siehe auch Abschn. 3.3.2).

Derzeit stellen die CO_2-Zertifikatspreise kein erhebliches Hemmnis für den Einsatz von Kohlekraftwerken dar. Aufgrund eines Überangebots an CO_2-Zertifikaten ist der CO_2-Zertifikatepreis sehr niedrig. Daher wurden für die Jahre 2014 bis 2016 von der Europäischen Union CO_2-Zertifikate vorübergehend aus dem Markt genommen („Backloading"), was eine Erhöhung der Zertifikatspreise bewirken soll. Eine Erhöhung würde den Kostendruck auf Kohlekraftwerke und den Wettbewerb mit anderen Erzeugungstechniken (z. B. Gaskraftwerke) deutlich verstärken.

Tab. 3.5 Zukünftig zu erwartende Lastrampen (LR) [11]

Art	Installierte Leistung (2020)	Tägliche Lastrampe	Regelmäßige* Lastrampe	Extreme* Lastrampe
PV	60 GW	8 GW/h	13 GW/h	15 GW/h
Wind (on/offshore)	42/16 GW	2 GW/h	4 GW/h	Shut down

*Regelmäßig: alle 2 Wochen im Sommer für Photovoltaik; extrem: 1 bis 5 pro Jahr

3.2.4 Marktrelevanz

Fast die Hälfte des in Deutschland erzeugten Stroms stammt aus kohlegefeuerten Kraftwerken. Insbesondere vor dem Hintergrund des von der Bundesregierung beschlossenen Kernenergieausstiegs werden Kohlekraftwerke auch zukünftig eine wichtige Rolle spielen. Dies gilt insbesondere für die Bereitstellung steuerbarer bzw. gesicherter Leistung, die für das Funktionieren einer sicheren Stromversorgung unerlässlich ist. Allerdings werden sich das Marktumfeld und damit auch die Anforderungen an Kraftwerke signifikant ändern. Die Erlöse heutiger Kraftwerke werden im Rahmen unterschiedlicher Märkte (Terminmarkt, Spot-Markt, Reservemarkt etc.) erzielt, wobei auf die besondere Bedeutung des Day-Ahead-Marktes hinzuweisen ist. Inwieweit dies zukünftig der Fall sein wird bzw. in welchen Bereichen Erlöse erzielt werden, hängt nicht zuletzt davon ab, ob für die einzelnen Versorgungsaufgaben auch die entsprechenden Anreize des Marktumfeldes gesetzt werden.

Aus der zu erwartenden Residuallast lassen sich die Flexibilisierungsanforderungen ableiten, die zukünftig an thermische Kraftwerke gestellt werden. Ihre Aufgabe wird zukünftig vornehmlich darin bestehen, die Ausregelung der fluktuierenden Einspeisung zu bewerkstelligen. Nach Abschätzungen von [11] ist im Jahr 2020 bei einer installierten Leistung von 60 GW Photovoltaik (PV) und 42/16 GW Wind on-/offshore mit extremen Lastgradienten von bis zu 15 GW/h zu rechnen (vgl. Tab. 3.5). Insbesondere durch den zunehmenden Einsatz von Photovoltaik sind die regelmäßig im Sommer zu erwartenden Lastrampen beträchtlich. Nach Ansicht von [11] wird der Bedarf an Sekundärregelenergieleistung zunehmen und dies auch über längere Zeiträume. Insbesondere hier wird ein wesentliches Einsatzfeld für thermische Kraftwerke gesehen. Es ist davon auszugehen, dass die Qualität der Tagesprognosen sich deutlich verbessern, aber der zum Ausgleich von Prognosefehlern erforderliche Regelenergiebedarf (negativ und positiv) absolut ansteigen wird. Dies wiederum erfordert konventionelle Kraftwerke mit möglichst geringen Mindestlasten und hohen Laständerungsgeschwindigkeiten. Generell gilt: Je weniger konventionelle Kraftwerke im Einsatz sind, desto höher sind die Anforderungen hinsichtlich Flexibilität. Aus Sicht eines Netzbetreibers ist es vorteilhaft, zur Spannungshaltung viele Kraftwerke mit heute möglichen Gradienten zu betreiben, da alle im Teillastbetrieb aktiven Kraftwerke zur Spannungsregulierung eingesetzt werden können [11].

3.2.5   Mögliche Wechselwirkungen mit anderen Technologien

Durch den forcierten Zuwachs erneuerbarer Stromerzeugung, der eine Vorrangstellung garantiert wird, verringert sich die verbleibende noch zu erzeugende Strommenge. Die veränderte Gangliniencharakteristik der Residuallast übt einen unmittelbaren Einfluss auf die Betriebsweise eines Kraftwerks aus und erfordert bei einer Neuauslegung eines Kraftwerks, dass ein deutlich anderes Betriebskonzept zugrunde gelegt wird.

Im Rahmen ihres Energiekonzepts strebt die Bundesregierung eine Reduktion des Stromverbrauchs an. So soll durch effizienzsteigernde Maßnahmen der Bruttostromverbrauch bis zum Jahr 2020 um 10 % und bis zum Jahr 2050 um 25 % gesenkt werden. Dies wiederum bedeutet, dass das Stromerzeugungspotenzial für Kohlekraftwerke noch weiter reduziert wird, was einen erheblichen Einfluss auf die Wirtschaftlichkeit hat.

Der Wettbewerb zwischen GuD-Kraftwerken und Kohlekraftwerken hängt maßgeblich von der Entwicklung der Energie- und CO_2-Zertifikatspreise ab. Darüber hinaus könnte zukünftig eine Konkurrenz mit dezentralen Stromerzeugungstechniken (z. B. kleine KWK-Anlagen) bestehen, die Beiträge zu verschiedenen Versorgungsaufgaben (z. B. Regelenergiebereitstellung) leisten könnten.

3.2.6   Game Changer

Folgende Gründe könnten den Einsatz von Kohlekraftwerken grundsätzlich in Frage stellen:

- Starker Anstieg der CO_2-Zertifikatspreise.
- Ordnungsrechtliche Einführung von CO_2-Grenzwerten (Emission Performance Standards) als Alternative zu einem Emissionshandel.
- Gesellschaftlicher Konsens über einen Ausstieg aus der Kohleverstromung (Show stopper).
- Fehlende Marktanreize.
- Aufwändige und langwierige Genehmigungsverfahren, z. B. als Folge fehlender Akzeptanz (Abschn. 3.2).

Folgende Gründe könnten auch den Einsatz von Kohlekraftwerken forcieren:

- Verteuerung der Gasimporte aufgrund geopolitischer Krisen und damit energiepolitische Neubewertung der Energieimportabhängigkeit.
- Sinkende Akzeptanz der „Energiewende" aufgrund von steigenden Endverbraucherstrompreisen.
- Zunehmend negative Auswirkungen eines forcierten Ausbaus erneuerbarer Energien auf die Stromversorgungssysteme benachbarter EU-Länder führen zu einer Ausbaubegrenzung.

3.3 Technologieentwicklung

3.3.1 Entwicklungsziele

Ausgehend von den Betriebskonzepten der Vergangenheit wurden die Kraftwerke hinsichtlich einer maximalen Leistung, Lebensdauer und eines Nennwirkungsgrades unter den Randbedingungen der Minimierung der Betriebskosten sowie Emissionen optimiert. Die Notwendigkeit der Flexibilisierung, wie sie heute gefordert wird, bestand nicht. Zukünftig muss davon ausgegangen werden, dass sich aufgrund veränderter Betriebskonzepte die Prioritäten deutlich verschieben werden: Bei der Entwicklung neuer Kraftwerke wird nicht mehr ausschließlich die Steigerung des Nennwirkungsgrads (z. B. Steigerung der Dampfparameter) im Fokus stehen, sondern Maßnahmen zur Flexibilisierung des Kraftwerksbetriebs, was auch die Verbesserung von Wirkungsgraden im Teillastbetrieb umfasst. In diesem Kontext ist kritisch anzumerken, dass mit einer Erhöhung der Dampfparameter die Flexibilität eines Kraftwerks sinkt. Es gilt somit ein technisch/wirtschaftliches Optimum zu finden, dass unter den neuen Marktbedingungen einen kommerziellen Kraftwerkseinsatz ermöglicht und gleichzeitig den sonstigen Randbedingungen (z. B. Umweltanforderungen) genügt. Den neuen Randbedingungen haben sich auch Bestandskraftwerke zu stellen, die ursprünglich für andere Betriebskonzepte ausgelegt wurden. Während ein Retrofit sich früher auf lebensdauerverlängernde und leistungssteigernde Maßnahmen beschränkte, gilt es nun kostengünstige Flexibilisierungsmaßnahmen zu implementieren. Ein Retrofit muss daher zur Senkung der Produktionskosten oder/und zu Mehreinnahmen im Kontext des Marktumfeldes führen. Aufgrund des schlechteren Wirkungsgrades gegenüber Neuanlagen besteht auch ein besonderes Ziel darin, die fixen Kosten zu reduzieren.

Als weitere Randbedingung ist der Emissionshandel zu sehen, bei dem mittelfristig von einer Erhöhung der Zertifikatspreise ausgegangen werden muss. Daher gilt es neben den schon oben genannten effizienzsteigernden Maßnahmen, auch andere CO_2-Reduktionsoptionen (z. B. Biomasse-Zufeuerung) in den Blick zu nehmen.

Insbesondere unter Berücksichtigung der sich schnell ändernden Rahmenbedingungen sollte der Fokus zukünftiger F&E Maßnahmen vorrangig auf die Flexibilisierung von Kraftwerken (z. B. Absenkung der Mindestlast, kürzere An- und Abfahrvorgänge, höhere Lastgradienten) gelegt werden. Dies gilt insbesondere auch vor dem Hintergrund der Anforderungen des neuen Grid Code NC-RfG. Gleichrangig zu behandeln sind möglicherweise umweltseitige Anforderungen, wie z. B. die Reduzierung von Quecksilberemissionen.

3.3.2 F&E-Bedarf und kritische Entwicklungshemmnisse

Im Nachfolgenden werden Maßnahmen und F&E-Felder zu den Themenbereichen Flexibilisierung, CO_2-Minderung und Effizienzsteigerung aufgelistet. Darüber hinaus wird ein

F&E-Bedarf aufgezeigt, der sich diesen Themenbereichen nicht zuordnen lässt, jedoch
von Relevanz ist („sonstige F&E-Felder").

Absenkung der Mindestlast (Flexibilisierung)

Heutige Kohlekraftwerke werden bei Mindestlast im sogenannten 2-Mühlenbetrieb gefahren. Derzeit wird in den Kraftwerken Bexbach und Heilbronn (Block 7) getestet, ob
der Betrieb mit nur einer Mühle möglich ist, wodurch die Mindestlast deutlich abgesenkt
werden kann. Auch wird der Einmühlenbetrieb als Retrofit-Maßnahme bestehender Kraftwerke diskutiert (vgl. [24–26]). Allerdings birgt der Betrieb mit nur einer Kohlenmühle
ein hohes Ausfallrisiko, dem z. B. durch eine Silovorhaltung getrockneter und gemahlener
Kohle begegnet werden könnte. Darüber hinaus erfordert der Einmühlenbetrieb besondere
Maßnahmen zur Feuerungsüberwachung (z. B. Erhöhung der Flammenwächter) und setzt
ein genauere Kenntnis der eingesetzten Kohle voraus (aufwändigere Kohlenanalyse). Ungeklärt sind die feuerungstechnischen Auswirkungen auf andere Kraftwerkskomponenten,
wie z. B. die Entstickungsanlage (vgl. [26]).

Eine weitere Möglichkeit der Mindestlastabsenkung bei Braunkohlekraftwerken besteht in einer Nachreaktionsfeuerung, die zudem die Teillastfähigkeit verbessern und ggf.
eine größere Toleranz des Brennstoffbandes zulässt (vgl. [24, 25]).

Blockgrößen heutiger neuer Kohlekraftwerke liegen bei ca. $1000\,MW_{el}$. Unter veränderten Randbedingungen wird derzeit der Bau kleinerer Blockgrößen (z. B. $2 \times 550\,MW$
Braunkohle) nach dem Duo-Kessel-Prinzip diskutiert (vgl. [17, 27]). Mögliche Erlösstei-
gerungen sind jedoch den höheren spezifischen Investitionen gegenüber zu stellen.

**Kürzere Zeiten für An- und Abfahrvorgänge sowie Verkürzung technisch bedingter
Stillstandzeiten (Flexibilisierung)**

Wie bereits aus Tab. 3.3 hervorgeht, umfasst Flexibilisierung ebenfalls die Absenkung von
Zeiten für An- und Abfahrvorgänge sowie eine Verkürzung technisch bedingter Stillstandzeiten. Um dies zu ermöglichen, ist eine Reihe von technischen Maßnahmen denkbar. Mit
der zeitlichen Entkopplung von Stromerzeugung und Energieverbrauch könnten zeitinten-
sive Anfahrvorgänge ausgewählter Komponenten (z. B. Kohlemühlen/Kohletrocknung)
umgangen werden. Ein Beispiel ist der Einsatz von Staubsilos, in denen gemahlene Kohle
oder aufbereitete Biomasse für den Anfahrvorgang zwischengespeichert werden kann. Ein
weiteres Beispiel ist der Einsatz von Wärmespeichern.

Die Integration von Wärmespeichern ermöglicht eine Vorwärmung bei Startvorgängen
und damit eine Erhöhung der Leistungsgradienten während des Anfahrvorgangs. Durch
die Integration von kleineren Wärmespeichern (Betrieb < 0,5 Stunden) könnte die Möglichkeit der Erzeugung von positiver und negativer Regelenergie verbessert werden, während größere Wärmespeicher zur Bereitstellung temporärer Überlast ohne Erhöhung der
Feuerungswärmeleistung oder zur Absenkung der Mindestlast eingesetzt werden könnten.

Ein weiteres Problem bei An- und Abfahrvorgängen stellen mögliche thermische Spannungen bei Hochtemperaturkomponenten (z. B. Sammler) dar. Durch eine verbesserte Zu-
standsverfassung und eine auf Prozessmodellen basierende Online-Optimierung in Echt-

zeit könnten die materialseitigen Auslegungsgrenzen optimal ausgenutzt werden (vgl. [28]).

Steigerung der Lastgradienten und Teillastbetrieb (Flexibilisierung)

Die Steigerung von Lastgradienten für einen möglichst großen Lastbereich ist eine der wesentlichen Maßnahmen zur Flexibilisierungssteigerung. Hierzu zählt z. B. der Einsatz von Vorschaltgasturbinen, die für einen bestimmten Leistungsbereich hohe Gradienten ermöglichen und zudem eine Leistungserhöhung darstellen [15, 25].

Eine weitere Maßnahme ist eine verbesserte und optimierte Leittechnik bei bestehenden Kraftwerken, die es ermöglicht, einen höheren Lebensdauerverbrauch in Kauf zu nehmen, indem höhere Gradienten und die Anzahl der Lastwechsel entgegen der ursprünglichen Auslegung erhöht werden. Dies umfasst auch eine verbesserte Zustandsüberwachung sowie eine modellbasierte Blockregelung und damit einen zustandsoptimierten Kraftwerksbetrieb, der eine Neubewertung des Lebensdauerverbrauchs (früher: 200.000 Stunden, zukünftig: 100.000 Stunden) ermöglicht (vgl. [25, 28, 29]).

Weiterhin könnte der Einsatz von Schwenkbrennern (Steinkohlekraftwerke) zur Steigerung der Lastgradienten beitragen, wobei auf die zusätzlichen Vorteile einer Mindestlastabsenkung sowie einer besseren Teillastfähigkeit hinzuweisen ist (vgl. [24, 30]). Hohe Lastwechsel sowie lange Stillstandzeiten stellen hohe Anforderungen an die eingesetzten Materialien. Werkstoffermüdungen, Wärmedehnungsbehinderung, Stillstandkorrosion sowie Dehnungsrisskorrosion sind als mögliche Folgen zu nennen und bedürfen eingehender F&E-Arbeiten [25].

Weitere Maßnahmen zur Steigerung der Flexibilisierung sind

- der Einsatz von Frequenzumrichtern bei elektrisch angetriebenen Komponenten,
- die Reduzierung der Abgasverluste durch geringeren Luftüberschuss in der Teillast,
- eine optimierte Feuerung zur Gewährleistung von Feuerungsstabilität,
- die Verbesserung der Kontrolle von Feuerungen (z. B. optische/akustische Überwachung, neue Auswertungsprozeduren mit Hilfe von neuronalen Netzen etc.) (vgl. [25]),
- die Gewährleistung einer vollständigen Kohleverbrennung bei Teillastbetrieb bei Steinkohlekraftwerken (Problem: Ascheverwendung) [26] sowie
- die Vermeidung der Gefahr der Taupunktunterschreitung (Bildung von H_2SO_4) bei erhöhten Teillastvorgängen und Stillstandzeiten.

Optimierter Einsatz von Mehrblockanlagen (Flexibilisierung)

Während die vorhergehenden Ausführungen sich auf Einzeltechniken beziehen, ist auch auf die zusätzlichen Möglichkeiten der Kraftwerkseinsatzoptimierung von Mehrblockanlagen sowie eines größeren Kraftwerksportfolios hinzuweisen. Ziel ist die schnelle, optimale Reaktion mehrerer Kraftwerksblöcke im Zusammenspiel zur Erfüllung einer Produktionsaufgabe (inkl. Lastgradienten etc.) sowie die Einsparung von Brennstoffen bzw. Reduzierung von CO_2-Emissionen. Zur Erreichung dieser Ziele wäre nach [28] eine kommunikative Vernetzung der jeweiligen Betriebsführungssysteme und Blockleittechniken notwendig, die aktuelle Anlagenzustände auf Komponentenebene (z. B. Mühlen) und technische blockspezifische Anlagerestriktionen (z. B. Kannlasten) berücksichtigt.

Kosteneinsparung durch Brennstoffflexibilität, Biomasseeinsatz (Flexibilisierung, CO_2-Minderung)

Der Einsatz eines möglichst großen Brennstoffspektrums erhöht die Flexibilität eines Kraftwerksbetreibers insbesondere vor dem Hintergrund möglicher Kosteneinsparungen sowie CO_2-Minderungen. Schon heute wird in vielen Kohlekraftwerken Biomasse zugefeuert, was insbesondere die CO_2-Emissionen mindert. Während der heute maximal mögliche Anteil der Zufeuerung etwa 5 % beträgt, wird eine Steigerung auf 10 % für möglich gehalten. Unklar ist jedoch, wie sich ein höherer Biomasseanteil auf die Aschezusammensetzung auswirkt und deren mögliche Weiterverwendung beeinflusst. Vor diesem Hintergrund stellt auch die Charakterisierung der eingesetzten Biomasse ein wichtiges F&E-Thema dar. Weitere Apekte, die es zu untersuchen gilt, sind mögliche Korrosionsprobleme der Überhitzerrohre aufgrund chlorhaltiger Rauchgasbestandteile sowie eine mögliche Deaktivierung der Entstickungsanlage.

Eine weitere Möglichkeit der Flexibilisierung des Brennstoffeinsatzes ist die sogenannte indirekte Feuerung, bei der vorgemahlene Trockenbraunkohle für die Zünd- und Zusatzfeuerung verwendet wird, um Heizöl bzw. Erdgas einzusparen. Versuche hierzu werden derzeit am Braunkohlekraftwerksstandort Schwarze Pumpe durchgeführt [25, 31]. Auch ist der Einsatz sogenannter torrefizierter Biomasse für die indirekte Feuerung und auch für den Normalbetrieb eines Kraftwerks denkbar. Unter Torrefizierung wird die Aufbereitung von Biomasse verstanden, die in einem ersten Verfahrensschritt in reaktionsträger Atmosphäre und unter Sauerstoffabschluss auf 220 bis 300 °C aufgeheizt wird. Nach [32] werden hierbei vor allem die Hemicellulose-Moleküle aufgespalten und Wasser sowie leicht flüchtige Stoffe aus der Biomasse ausgetrieben. Hierdurch entsteht ein homogenes, sprödes, hydrophobes Produkt, das gut mahlbar ist und längere Zeit ohne Probleme gelagert werden kann. Die biogenen Stoffe verlieren bei dem Prozess ca. 30 % ihrer Masse, gleichzeitig aber nur ca. 10 % ihres Energieinhalts. Die flüchtigen Bestandteile, die beim Torrefizierungsprozess entstehen, sind vor allem CO_2, CO und CH_4. Es bleibt vor allem Kohlenstoff in der torrefizierten Biomasse zurück. Durch die Verbesserung der Mahlbarkeit ist es möglich, die Produkte in vorhandenen Kohlemühlen aufzubereiten [25, 32]. Der Torrefizierungsprozess wird aktuell im Rahmen von Forschungsprojekten untersucht. Als weitere Vorteile sind neben der Einsparung von Öl und Erdgas, eine CO_2-Emissionsreduzierung sowie die Vermeidung von Säuretaupunktproblemen bei Schwachlast in einem kalten Kessel zu nennen.

Eine weitere Möglichkeit einer Flexibilisierungserhöhung ist der Einsatz von sogenannten Multifuelbrennern, die ein deutlich breiteres Brennstoffspektrum ermöglichen.

Effizienzsteigerung im Nennpunkt

Die Steigerung der Effizienz ist seit vielen Jahrzehnten ein übergeordnetes Ziel von Forschungs- und Entwicklungsarbeiten der Kraftwerksentwicklung. Daher konnten im Laufe der Jahrzehnte die Wirkungsgrade von Kohlekraftwerken sukzessive gesteigert werden [7]. Wesentliche Voraussetzung hierfür war die Steigerung der Frischdampfparameter. Bei Frischdampfparametern von 285 bar und 600 °C erreichen heutige neue Steinkohlekraftwerke Wirkungsgrade von etwa 46 %, während neue Braunkohlekraftwerke bei nahezu gleichen Frischdampfzuständen Wirkungsgrade von etwa 43 % aufweisen (vgl. Abschn. 3.1.3). Weitere Möglichkeiten einer Wirkungsgradverbesserung bestehen in einem Absenken des Kondensatordrucks (Optimierung des sogenannten kalten Endes), der weiteren Optimierung der regenerativen Speisewasservorwärmung, einer zusätzlichen Zwischenüberhitzung sowie in der weiteren Steigerung der Frischdampfparameter. Neben der technischen Machbarkeit, ist die Umsetzung dieser Maßnahmen auch vor dem Hintergrund der Wirtschaftlichkeit zu sehen. Heute bereits technisch realisierbare Prozessschritte, wie beispielsweise die mehrfache Zwischenüberhitzung, werden aufgrund wirtschaftlicher Erwägungen nicht realisiert. Die Steigerung der Frischdampfparameter stand in den letzten Jahren im Fokus von Forschungs- und Entwicklungsarbeiten. Ziel war es, Frischdampfparameter von 350 bar und 700 °C zu realisieren, um somit Netto-Wirkungsgrade von 50 % erreichen zu können. Wesentliches Forschungsfeld der jüngsten Vergangenheit war die Entwicklung von hochtemperaturbeständigen Werkstoffen und Fertigungsverfahren für entsprechende Komponenten. Eine ausführliche Beschreibung der Forschungs- und Entwicklungsarbeiten findet sich in [7]. Danach konzentrieren sich die Arbeiten auf folgende Felder:

- Entwicklung und Tests hochtemperaturbeständiger Werkstoffe (z. B. Ni-Alloys) inklusive Materialqualifizierung,
- Weiterentwicklung von heute bereits eingesetzten Materialen (austenitische Alloys, ferritisch-martensitische Stähle) für höhere Temperaturbereiche (Dampferzeuger, Zwischenüberhitzer etc.),
- Entwicklung und Charakterisierung von geeigneten Füge- und Fertigungstechniken (z. B. Schweißtechniken),
- Entwicklung geeigneter zerstörungsfreier Prüfverfahren für dickwandige Komponenten.

Mit einer weiteren Steigerung der Frischdampfparameter lässt sich die Effizienz weiter erhöhen, allerdings wird aufgrund der hohen Drücke und Temperaturen und der damit korrelierenden Maßnahmen (z. B. dickwandige Bauteile) die Flexibilität der Kraftwerke eingeschränkt. Eine Verringerung der Flexibilität steht jedoch im Widerspruch zu den zukünftigen Kraftwerksanforderungen. Dies wiederum hat bewirkt, dass die Forschungsanstrengungen in Deutschland merkbar zurückgefahren wurden. Derzeit wird überlegt, ob die im Zuge des 700 °C-Kraftwerks gewonnenen Erkenntnisse, für die Flexibilisierung von bestehenden Kraftwerken genutzt werden könnten.

Bezüglich Braunkohlekraftwerke ist darauf hinzuweisen, dass die Entwicklung von geeigneten Braunkohlevortrocknungsverfahren eine wichtige Maßnahme darstellt, um die Effizienz signifikant zu steigern.

Sonstige F&E-Felder

Neben den zuvor beschriebenen Maßnahmen gibt es eine Vielzahl von weiteren Themen, die sich in die obigen Kategorien nicht einordnen lassen, jedoch aus Sicht der Kraftwerksbetreiber eine hohe Relevanz besitzen. Hierzu zählen Quecksilberemissionen aus Kohlekraftwerken für die in den USA derzeit strengere Grenzwerte geplant sind. Die Höhe der Quecksilberemissionen hängt von einer Vielzahl von Parametern ab, wie z. B. Herkunft und Art der eingesetzten Kohle, Feuerungstechnik, Rauchgasreinigungsverfahren etc. Daher sind die in Deutschland geltenden Grenzwerte mit den amerikanischen Werten nicht vergleichbar. Im Zuge eines zunehmenden Steinkohleimportanteils und des Ausstiegs aus der deutschen Steinkohlegewinnung wird sich auch die Qualität der eingesetzten Kraftwerkskohle ändern. Vor diesem Hintergrund könnten Quecksilberemissionen zukünftig stärker in den Fokus gelangen [33–35].

Weitere Bereiche mit F&E-Relevanz für Braunkohle sind zum einen die Demineralisierung von Braunkohle, d. h. die Reduzierung von Alkaligehalten durch geeignete Waschverfahren. Hohe Alkaligehalte bedingen eine Absenkung der Ascheschmelztemperatur, was zu einer Verschmutzung des Dampferzeugers führt. Zum anderen wird die Entwicklung von Verfahren zur Bereitstellung alternativer Brennstoffe auf Braunkohle-Wasser-Gemischen als ein attraktives Forschungsfeld gesehen.

Derzeit wird untersucht, inwieweit sich Elektrizitätsspeicher mit konventionellen Kraftwerken vor dem Hintergrund der zu leistenden Versorgungsaufgaben kombinieren lassen. Am Kraftwerksstandort Fenne/Völklingen beispielsweise wird derzeit ein Lithium-Ionen Speichersystem mit einer Kapazität von 700 kWh und einer Leistung von 1 MW getestet (LESSY Projekt), inwiefern es einen Beitrag zu Netzstabilisierungsmaßnahmen bzw. zur Primärregelung leisten kann. Der Vorteil einer solchen Kombination besteht darin, dass ein konventionelles Kraftwerk mit einer niedrigeren Last für die Leistungsvorhaltung gefahren werden könnte.

Es ist davon auszugehen, dass die Anforderungen für Erzeuger durch den Network Code NC-RfG (vgl. Abschn. 3.2) deutlich über die geltenden Vorschriften des derzeit gültigen Transmission Codes hinausgehen. Im jetzigen Entwurf werden anspruchsvolle Anforderungen an Lastsprünge, Kurzschlussfestigkeit, Frequenzstabilisierung sowie Inselnetzfähigkeit gestellt. Kraftwerke müssen beispielsweise zukünftig in der Lage sein, auch bei Frequenzen von bis zu minimal 47,5 Hz mindestens 30 Minuten (derzeit zehn Minuten) am Netz zu bleiben. Welche technischen Voraussetzungen hierfür erfüllt sein müssten (z. B. Leistungsabfall von Pumpen, Lüftern etc.) ist derzeit ungeklärt. Dies gilt vornehmlich für Neuanlagen für die evtl. eine Überdimensionierung von Komponenten erforderlich wird, aber auch speziell für Bestandsanlagen sofern sie unter den NC-RfG fallen.

Roadmap – Kohlekraftwerke

Beschreibung

- Erzeugung elektrischer Energie aus der atmosphärischen Verbrennung bzw. druckaufge- laden Vergasung von Kohle
  - Braunkohle-Kraftwerk (BK-KW): Braunkohle-Staubfeuerung mit Wasser-Dampf-Kreislauf
  - Steinkohle-Kraftwerk (SK-KW): Steinkohle-Staubfeuerung mit Wasser-Dampf-Kreislauf
  - Kohlekombikraftwerk (IGCC): Kohlevergasung mit Synthesegasnutzung in Gasturbinen- prozess

Entwicklungsziele

- BK/SK-KW: Steigerung von Lastflexibilität, Teillastwirkungsgraden, Lastgradienten *(P1 = Priorität 1)*
- BK/SK-KW: Absenkung der Mindestlast *(P1)*
- BK/SK-KW: Kürzere Zeiten für An- und Abfahrvorgänge sowie technisch bedingte Still- standzeiten *(P1)*
- BK/SK-KW: Verringerung von Quecksilberemissionen *(P1)*
- BK/SK-KW: Steigerung des Nennwirkungsgrades durch weitere Anhebung der Frisch- dampfparameter *(P2 = Priorität 2)*
- BK/SK-KW: Höhere Brennstoffflexibilität, Biomassezufeuerung, alternative Brennstoffe wie z. B. Braunkohle-Wasser-Gemische *(P2)*
- IGCC: Steigerung von Nennwirkungsgrad , Verfügbarkeit und Reduktion der CAPEX Kos- ten *(P3 = Priorität 3)*

Technologie-Entwicklung

Nenn-Wirkungsgrade (%)

BK-KW			
30 – 43	45	> 50	▶
SK-KW			
33 – 45	46	> 51	▶
IGCC			
40 – 45	48	> 50	▶
heute	**2025**		**2050** ▶

Leistungsspezifische Investitionen (€ / kW), großtechnische Systeme > 600 MW

BK-KW			
1 800	1 900	2 100	▶
SK-KW			
1 600	1 750	2 000	▶
heute	**2025**		**2050** ▶

Minimallast (% Pn) / Lastgradient (% Pn pro min)

BK-KW			
50 – 60 / 1 – 3	25 – 40/4	keine Angabe	▶
SK-KW			
25 – 40 / 1,5 – 4	20/6	keine Angabe	▶
heute	**2025**		**2050** ▶

Roadmap – Kohlekraftwerke

F&E-Bedarf

SK/BK-KW, verfahrens-/anlagentechnisch: Flexibilitätssteigerung durch verbesserte Zustandserfassung (Ausnutzung von Auslegungsgrenzen, optimierter Lebensdauer-verbrauch (P1), Ein-Mühlenbetrieb (P1), Speichereinbindung (Wärme, Brennstoff) (P1), Vorschaltgasturbinen (VGT) (P1), optimierte Feuerung (P1) ▶

SK/BK-KW, materialseitig: Entwicklung und Tests hochtemperaturbeständiger Werkstoffe (z. B. Ni-Alloys), Füge- und Fertigungstechniken etc. zur Erhöhung der Frischdampfparameter (alle P2), hochtemperaturbeständige Werkstoffe für den Bau dünnwandiger Hochtemperaturkomponenten zur Steigerung der Flexibilität (P1) ▶

BK-KW, verfahrenstechnisch: Braunkohlevortrocknung (P1), Demineralisierung von Braunkohle (P1), indirekte Feuerung mit vorgetrockneter Braunkohle (P1), Korrosions-effekte durch längere Stillstandzeiten (P1) ▶

SK-KW, verfahrenstechnisch: Indirekte Feuerung mit torrefizierter Biomasse für Nor-malbetrieb, Anfahren, Schwachlast (P1), Korrosionseffekte durch längere Stillstandzei-ten (P1)

heute	5 bis 10 Jahre ▶

Gesellschaft

- Generell: Mangelnde Akzeptanz
- Sonderfall Braunkohle: Akzeptanzprobleme durch Braunkohletagebau

Politik & Regulierung

- *Treiber*:
  – Gewährleistung von Versorgungssicherheit
- *Hemmnis*:
  – Unzureichendes Strommarktdesign
  – Einspeisevorrang für Erneuerbare und KWK
  – Förderung Erneuerbarer
  – Ambitionierte Grid Code (NC RfG)-Anforderungen

Kostenentwicklung

- Erhöhung der spezifischen Investitionen durch
  – Maßnahmen zur Effizienzsteigerung
  – Weltweite Nachfrage nach Kraftwerken und Materialien

Marktrelevanz

- Deckung der Residuallast
- Vorhalten gesicherter Leistung
- Gewährleistung von Versorgungssicherheit

Wechselwirkungen / Game Changer

Wechselwirkungen

- Erneuerbare („*must run*") verringern Residuallast und damit auch das Betriebskonzept
- Wettbewerb zwischen Kohle-KW und GuD-KW
- Aufgaben wie Regelenergiebereitstellung ggfs. durch neue Techniken (z. B. Mikro-KWK)

Game Changer

- Starker Anstieg der CO_2-Zertifikatpreise
- Ausstieg aus Kohleverstromung („*show stopper*")
- Keine Anpassung des Strommarktdesigns (unzureichender Anreiz für Versorgungsaufga-ben)
- „Endlose" Genehmigungsverfahren
- NC RfG Anforderungen können nicht erfüllt werden

3.4 Abkürzungen

BoA	Braunkohlekraftwerk mit optimierter Anlagentechnik
BNA	Bundesnetzagentur
CCS	Carbon Capture and Storage
DENOX	Entfernung von Stickoxiden (Entstickung)
EFCC	External Fired Combined Cycle
EU	Europäische Union
F&E	Forschung und Entwicklung
HD	Hochdruck
GuD	Gas- und Dampf-(Kraftwerk)
IGCC	Integrated Gasification Combined Cycle
KWK	Kraft-Wärme-Kopplung
LESSY	Lithium Elektrizitätsspeichersystem
LR	Lastrampe
NC-RfG	Network Code – Requirements for Generators
NEP	Netzentwicklungsplan
PV	Photovoltaik
REA	Rauchgasentschwefelungsanlage
SCR	Selective Catalytic Reduction
WSF	Wirbelschichtfeuerung
ZÜ	Zwischenüberhitzung

Literatur

1. NEP (2013) Netzentwicklungsplan 2013. Bundesnetzagentur. Online erhältlich unter www. netzentwicklungsplan.de, zugegriffen am 10.12.2014
2. 50 Hz, Amprion, TenneT, TransnetBW (2014) Szenariorahmen für die Netzentwicklungspläne 2015. Strom – Entwurf der Übertragungnetzbetreiber. Berlin. www.netzentwicklungsplan.de
3. Bundesnetzagentur (2014) Monitoringbericht 2013. Bonn, online erhältlich unter www. bundesnetzagentur.de, zugegriffen am 10.12.2014
4. Bundesnetzagentur (2014) Kraftwerksliste der Bundesnetzagentur. Stand: 16.07.2014. http:// www.bundesnetzagentur.de/DE/Sachgebiete/ElektrizitaetundGas/Unternehmen_Institutionen/ Versorgungssicherheit/Erzeugungskapazitaeten/Kraftwerksliste/kraftwerksliste-node.html, zugegriffen am 05.08.2014
5. NEP (2012) Netzentwicklungsplan 2012. Online erhältlich unter www.bundesnetzagentur.de, zugegriffen am 10.12.2014
6. EWI, GWS, Prognos (2014) Entwicklung der Energiemärkte – Energiereferenzprognose. Studie im Auftrag des Bundesministeriums für Wirtschaft und Technologie, Projekt Nr. 57/12, online erhältlich unter http://www.bmwi.de/DE/Themen/Energie/Energiedaten-und-analysen/ energieprognosen.html, zugegriffen am 10.12.2014

7. Markewitz P, Birnbaum U, Bongartz R, Linssen J, Vögele S, Castillo R (2010) Kohlegefeu-erte Kraftwerke. In: Wietschel M et al. (2010) Energietechnologien 2050 – Schwerpunkte für Forschung und Entwicklung. Fraunhofer-Verlag, Stuttgart, S. 91 ff.

8. VGB Power Tech (2004) Konzeptstudie Referenzkraftwerk Nordrhein-Westfalen (RKW NRW). Studie gefördert mit Mitteln des Landes NRW, Förderkennzeichen 85.65.69-T-138, Essen

9. Lechner S, Höhne O, Krautz H (2008) Druckaufgeladene Dampfwirbelschicht-Trocknung (DDWT) von Braunkohlen. 40. Kraftwerkstechnisches Kolloqium, Dresden, Oktober 2008

10. Rode H (2004) Entwicklungslinien der Braunkohlenkraftwerkstechnik. Dissertation, Universität Duisburg-Essen

11. VDE (2012) Erneuerbare Energie braucht flexible Kraftwerke – Szenarien bis 2020. Verband der Elektrotechnik Elektronik Informationstechnik e. V., online erhältlich unter http://www.vde. com/de/fg/ETG/Pbl/Studien/Seiten/Homepage.aspx, zugegriffen am 10.12.2014

12. Jeschke R, Henning B, Schreier W (2012) Flexibility through highly-efficient technology. VGB PowerTech 5/2012, S. 64–68

13. Haase T (2012) Zukünftige Anforderungen an konventionelle Kraftwerke aus Netzsicht. Berlin, 10. Oktober 2012: DENA-Dialogforum – „Retrofit und Flexibilisierung konventioneller Kraft-werke", online erhältlich unter www.dena.de, zugegriffen am 10.12.2014

14. Hille M (2012) Technische und wirtschaftliche Situation konventioneller Kraftwerke in Deutsch-land. Berlin, 10. Oktober 2012: DENA-Dialogforum – „Retrofit und Flexibilisierung konventio-neller Kraftwerke"

15. Lüdge S (2012) Möglichkeiten und Grenzen der Flexibilisierung. Dresden, 23./24.10.2012: 44. Kraftwerkstechnisches Kolloqium, Tagungsband, S. 237–243

16. Trautmann G, Döring M, Heim M, Schneider PK (2007) Optimierung des dynamischen Verhal-tens kohlebefeuerter Dampfkraftwerke. VDI-Berichte Nr. 1980 (2007), S. 173–182

17. Frohne A, Hündlings C (2011) Mit modernen Kraftwerken in die Zukunft investieren. VGB PowerTech 12/2011, S. 58–63

18. Ziems C, Meinke S, Nocke J, Weber H, Hassel E (2012) Effects of fluctuating wind power and photovoltaic production to the controlability and thermodynamic behavior of conventional power plants in Germany. Studie im Auftrag des VGB, Rostock

19. Schumann D (2012) Gesellschaftliche Akzeptanz. In: CO_2-Abscheidung, -Speicherung und -Nutzung: Technische, wirtschaftliche, umweltseitige und gesellschaftliche Perspektive (Hrsg. Kuckshinrichs, W., Hake, J.-F.) Energy&Umwelt Band 164, S. 225–255, Forschungszentrum Jülich

20. Mäenpää L, Klauke F, Tigges K (2007) Auslegung und Konstruktion von Dampferzeugern für eine Dampftemperatur von 700 °C. Dresden 11./12.10.2007: 39. Kraftwerkstechnisches Kollo-qium Dresden

21. Klebes J (2007) High efficiency coal fired power plants based on proven Technology. VGB PowerTech 3/2007, S. 80–84

22. ZEP (2011) The costs of CO_2 capture, transport and storage. www.zeroemissionsplatform.eu/ library/publication/165-zep-cost-report-summary.html, zugegriffen am 02.09.2014

23. EWI, GWS, Prognos (2010) Energieszenarien für ein Energiekonzept der Bundesregierung. Projekt Nr. 12/10, Studie im Auftrag des Bundesministriums für Wirtschaft und Technologie (BMWi)

24. Schmidt G, Schuele V (2013) Anpassung thermischer Kraftwerke an künftige Herausforderungen im Strommarkt. Berlin 09.01.2013: DENA-Dialogforum – Flexibilität von Bestandskraftwerken – Entwicklungsoptionen für den Kraftwerkspark durch Retrofit.

25. Jeschke R (2012) Flexibilisierung/Vitalisierung von kohlegefeuerten Kraftwerksanlagen. Berlin, 10.10.2012: DENA-Dialogforum – Retrofit und Flexibilisierung konventioneller Kraftwerke

26. Benesch W, Brüggendick H (2011) Konsequenzen der Schwachlastfahrweise für das gesamte Kohlekraftwerk. VGB PowerTech 7/2011, S. 40–43

27. Frohne A (2012) Kraftwerke im Umbruch – Antworten auf die Anforderungen der Energiewende. Berlin, 10.10.2012: DENA-Dialogforum – Retrofit und Flexibilisierung konventioneller Kraftwerke, online erhältlich unter www.dena.de, zugegriffen am 10.12.2014

28. Magin W (2012) Technische Realisierbarkeit der Anforderungen an konventionelle Kraftwerke. Berlin, 10.10.2012: DENA-Dialogforum – Retrofit und Flexibilisierung konventioneller Kraftwerke.

29. Beyer B, Jahn C (2012) Optimierung der Regelung im HKW Lichterfelde, Verlagerung des Regelbandes in den Schwachlastbereich, Realisierung und Betriebserfahrungen. Dresden, 23./24.10.2012: 44. Kraftwerkstechnisches Kolloqium, Tagungsband, S. 225–235

30. Brüggemann H (2012) Optionen zur Erhöhung der Flexibilität von Kraftwerksfeuerungen. Dresden 23./24.10.2012: 44. Kraftwerkstechnisches Kolloqium, Tagungsband, S. 989–998

31. Buddenberg T, Burmann K, Furth T, Leisse A, Jeschke R, Papenheim G, Lohmann U (2012) Indirect firing system to increase flexibility of existing steam cogeneration plants. VGB PowerTech, Heft 11/2012, S. 66–70

32. Alobaid F, Busch J-P, Ströhle J, Epple B (2012) Investigations on torrefied biomass for the co-combustion in pulverized fired furnaces. VGB Powertech, Heft 11/2012, S. 50–55

33. Schütze J, Köser H (2012) Strategies for enhancing the co-removal of mercury in FGD scrubbers of power plants – Operating parameters and additives. VGB PowerTech 3/2012, S. 71 ff.

34. Heidel B, Farr S, Brechtel K, Scheffknecht G, Thorwarth H (2012) Influencing factors on the emission of mercury from wet flue gas desulphurization slurries. VGB PowerTech 3/2012, S. 64–70

35. NN (2012) Quecksilberbelastung für Mensch und Umwelt. Deutscher Bundestag Drucksache 17/8776

Gaskraftwerke

Peter Markewitz, Richard Bongartz und Klaus Biß

Der Anteil gasgefeuerter Kraftwerke an der deutschen Bruttostromerzeugung beträgt aktuell etwa 14 %. Die installierte Kapazität beträgt ca. 26,5 GW, was einem Anteil von 16 % an der gesamten installierten Kraftwerksleistung entspricht. Nach dem Netzentwicklungsplan (NEP) 2013 [1] wird der Kapazitätszubau bis zum Jahr 2015 knapp 1,4 GW (heute in Bau befindliche Kraftwerke) betragen. Diesem Zubau steht eine Stilllegung veralteter Anlagen von 140 MW gegenüber.

Der vergleichbare Anteil von Gaskraftwerken an der EU-weiten Stromerzeugung beträgt ca. 23 %. Innerhalb der EU ist die Gasverstromung in Großbritannien, Niederlande, Irland und Italien mit Anteilen von über 40 % besonders ausgeprägt. Weitere Länder mit einem relativ hohen Gasverstromungsanteil von über 30 % sind Portugal, Belgien und Spanien. In den einschlägigen Energieprojektionen wird davon ausgegangen, dass der Einsatz von Gaskraftwerken EU-weit zunehmen wird (vgl. Kap. 2). Gasgefeuerte Kraftwerke stellen gesicherte Leistung zur Verfügung und werden heute vorzugsweise zur Mittel- und Spitzenlasterzeugung eingesetzt. Im Vergleich zu bestehenden Kohlekraftwerken weisen sie in der Regel bessere Flexibilitätseigenschaften auf, die insbesondere vor dem Hintergrund der Zunahme volatiler Stromerzeugung immer wichtiger werden. Ein weiterer Vorteil sind die im Vergleich zu Kohlekraftwerken deutlich niedrigeren spezifischen Investitionen. Nachteilig sind die relativ hohen und volatilen Brennstoffkosten. In aktuellen Energieprojektionen wird davon ausgegangen, dass diese zukünftig weiter steigen werden (vgl. Kap. 2).

Wie für alle konventionellen Kraftwerke gilt auch für Gaskraftwerke, dass durch die Zunahme des erneuerbar erzeugten Stroms die verbleibenden Stromerzeugungsmengen abnehmen bzw. die jährliche Auslastung deutlich reduziert wird. Dies führt bereits heute schon dazu, dass die Wirtschaftlichkeit von Gaskraftwerken in vielen Fällen nicht mehr gegeben ist.

Peter Markewitz ✉ · Richard Bongartz · Klaus Biß
Forschungszentrum Jülich GmbH, Jülich, Deutschland
url: http://www.fz-juelich.de

© Springer Fachmedien Wiesbaden 2015
M. Wietschel et al. (Hrsg.), *Energietechnologien der Zukunft*,
DOI 10.1007/978-3-658-07129-5_4

4.1 Technologiebeschreibung

4.1.1 Funktionale Beschreibung

Die nachfolgenden Ausführungen behandeln stationäre Gasturbinen (GT) sowie gekoppelte Gas- und Dampfprozesse (GuD-Kraftwerke) mit großen Leistungen. Es existiert eine Vielzahl von Gasturbinenkonzepten, die auf eine Wirkungsgrad- und Leistungssteigerung abzielen. Viele dieser Konzepte sind seit langem bekannt, jedoch aus verschiedenen Gründen (z. B. technische Probleme, Kosten) nicht realisiert worden (vgl. [2]). Die wichtigsten Varianten werden im Folgenden kurz skizziert und deren Vor- und Nachteile gegenüber gestellt. Auf Gasturbinenprozesse mit anderen Arbeitsfluiden (wie CO_2) wird nicht eingegangen, da die technische Entwicklung solcher Konzepte sowie eine mögliche Markteinführung sich auch langfristig nicht abzeichnet.

Die kontinuierliche Verbesserung der Gasturbinenwirkungsgrade ist im Wesentlichen auf die Steigerung der Turbineneintrittstemperatur zurückzuführen. Hierzu bedarf es der Entwicklung geeigneter Kühlkonzepte, da die Eintrittstemperaturen über den maximal zulässigen Temperaturen für heutige Materialien liegen. Auf heutige sowie zukünftige Kühlkonzepte wird im Folgenden eingegangen.

4.1.1.1 Gasturbinenkonzepte für den stationären Einsatz

Bei fast allen heute eingesetzten Gasturbinen handelt es sich um sogenannte offene Gasturbinenprozesse. Es wird zwischen schwerer Gasturbinenbauart (Heavy Duty) und leichter Bauart (Aeroderivate) unterschieden. Letztere sind triebwerksabgeleitete Aggregate, die in einem Leistungsbereich bis 100 MW eingesetzt werden. Beispiele hierfür sind die Gasturbinen General Electric LM6000 mit 41 MW, Rolls Royce Trent mit 51 MW sowie General Electric LMS100 mit 100 MW. Gasturbinen in Schwerbauweise werden in einem Leistungsbereich bis zu etwa 350 MW angeboten. Beispiele sind die Gasturbinen Siemens SGT5-8000H mit 340 MW, General Electric GE9H mit 325 MW und Mitsubishi M701F mit 334 MW. Effizienzsteigerung und Leistungserhöhung können durch eine Vielzahl von Möglichkeiten erreicht werden:

• Zwischenkühlung und Rekuperation,
• Zwischenverbrennung,
• Eindüsung von Wasserdampf in die Brennkammer (Steam Injected Gas Turbine Prozess, STIG) und
• Aufsättigung der Verbrennungsluft (Humid Air Turbine Prozess, HAT).

Sowohl der STIG- als auch der HAT-Prozess zielen auf eine Leistungssteigerung der Gasturbine ab. Der STIG-Prozess besteht aus einer Gasturbine mit nachgeschaltetem Abhitzedampferzeuger. Die Abgaswärme der Gasturbine wird durch die Eindüsung des im Abhitzekessel erzeugten Dampfes in die Brennkammer dem Prozess wieder zugeführt. Im Vergleich zum klassischen GuD-Prozess entfällt der gesamte Wasserdampfkreislauf.

Tab. 4.1 Vor- und Nachteile verschiedener Gasturbinenkonzepte. (Vgl. [2])

Gasturbinen (GT)-Prozess	Vorteile	Nachteile
GT mit Zwischenkühlung (und Wassereindüsung)	Wirkungsgradsteigerung	Apparativer Aufwand, Gefahr von Erosionsschäden, Kosten
GT mit Rekuperator	Wirkungsgradsteigerung	Apparativer Aufwand, Kosten
GT mit Zwischenverbrennung	Wirkungsgradsteigerung, Flexibilität	Zweite Brennkammer erforderlich, Kosten
GT mit STIG-Prozess	Leistungssteigerung	Wirkungsgrad geringer als bei GuD, Kosten
GT mit HAT-Prozess	Leistungssteigerung, Teillastwirkungsgrade	Wirkungsgrad geringer als bei GuD, Kosten
GuD-Prozess	Wirkungsgradsteigerung, Leistungssteigerung	Geringere Flexibilität

Die Leistungssteigerung wird dabei vor allem durch die Änderung der Stoffeigenschaften des Rauchgases und durch die höhere Durchsatzmenge erreicht. Im Vergleich zum GuD-Prozess, der als Benchmark zu verstehen ist, ist der Wirkungsgrad eines STIG-Prozesses um einige Prozentpunkte niedriger. Die Umsetzung des STIG-Prozesses erfordert eine spezielle Auslegung der Gasturbine, da sich die angesaugte Luftmenge sowie der Turbinendurchsatz von einer konventionellen Gasturbine (offener Prozess) deutlich unterscheiden. Eine Variante des STIG-Prozesses ist der sogenannte Cheng Prozess, bei dem überhitzter Dampf in die Turbine injiziert wird.

Der HAT-Prozess besteht aus einer Gasturbine mit Zwischenkühlung, einem Aufsättiger und einem Rekuperator. Durch die Aufsättigung von Luft mit Wasser unter Nutzung verschiedener Temperaturniveaus innerhalb des Prozesses wird ein mit Wasser aufgesättigter und verdichteter Luftmassenstrom der Brennkammer zugeführt. Die Verdichterleistung des HAT-Prozesses ist durch den reduzierten Verdichtermassenstrom und durch die Zwischenkühlung niedriger als bei der konventionellen Gasturbine, sodass der HAT-Prozess im Vergleich zur konventionellen Gasturbine einen höheren Wirkungsgrad besitzt. Allerdings ist der Wirkungsgrad gegenüber einem GuD-Prozess erheblich niedriger. Vorteilhaft ist ein fast verlustfreies Teillastverhalten, das durch Variieren der Wasseraufsättigung erreicht werden kann.

Die Vor- und Nachteile der Konzepte sind in Tab. 4.1 aufgelistet. Ein Teil der Konzepte wurde bereits für kleinere Anlagen realisiert (STIG-Prozess, Rekuperator). Nachteilig bei allen Prozessen sind die relativ hohen Investitionen, die eine kommerzielle Nutzung bislang verhinderten.

Bei heutigen Gasturbinen ist das Kühlmedium in der Regel Luft (Luftkühlung). Etwa ein Fünftel der verdichteten Luft wird dem Verdichter für die Kühlung der Turbinenschaufeln entnommen und steht für den eigentlichen Verbrennungsprozess nicht zur Verfügung. Der dadurch entstandene Wirkungsgradverlust muss über die Steigerung der Turbineneintrittstemperatur überkompensiert werden. Daher ist für die Steigerung des Gesamtwirkungsgrades die Entwicklung neuer hochtemperaturbeständiger Materialien sowie der Übergang von heutigen zu neuen Kühlkonzepten (siehe Abschn. 4.1.2) notwendig.

Große Gasturbinen sind mit kompakten Verbrennungssystemen in Kombination mit Ringbrennkammern ausgestattet, die sich durch einen geringen Kühlluftbedarf auszeichnen. Die Einhaltung der NO_x-Grenzwerte (derzeit 25 ppm bei 15 % O_2) stellt große Anforderungen an das Brennkammersystem.

Große Gasturbinen besitzen in der Regel mehrstufige axiale Luftverdichter, die große Massenströme ermöglichen und hohe Verdichterwirkungsgrade aufweisen. Moderne mehrstufige Gasturbinen sind in der ersten Stufe mit Einkristallschaufeln und in den Folgestufen mit Schaufeln mit Wärmedämmung ausgestattet.

Heutige Gasturbinen erreichen Nennwirkungsgrade von 39 bis 40 % und werden praktisch in allen Leistungsklassen angeboten. Das Einsatzspektrum reicht von gekoppelten Prozessen bis hin zu einem autarken Betrieb. Bei Letzterem besteht auch die Möglichkeit, die Gasturbinenabgaswärme direkt für industrielle Trocknungsprozesse einzusetzen. Anwendungsbeispiele finden sich in der Lebensmittel- und Papierindustrie.

Eine andere Möglichkeit der Nutzung besteht darin, Gasturbinen einem Dampfkessel eines Kohlekraftwerks vorzuschalten. Die Vorschaltung von Gasturbinen ist insbesondere für Bestandskraftwerke eine geeignete Maßnahme zur Leistungserhöhung und wurde in vielen Kraftwerksanlagen als Retrofitmaßnahme realisiert. Da die Gasturbinenabgase noch einen relativ hohen Sauerstoffgehalt aufweisen, kann durch eine Nachverbrennung eine erhebliche Steigerung der Wärmeleistung ohne zusätzliche Abgasverluste erreicht werden. Diese Variante der Vorschaltung wird auch häufig als „Topping cycle" bezeichnet. Wird das Abgas nicht in den Dampfkessel eingeleitet, besteht die Möglichkeit, die Abgaswärme mit Hilfe eines Abhitzedampferzeugers zu nutzen und in den Dampfprozess eines Kohlekraftwerks einzubinden. Diese oftmals im Rahmen von Nachrüstungen bevorzugte Variante wird auch als „Parallel Repowering" bezeichnet. Eine weitere Variante („boosting") besteht darin, mit der Gasturbinenabwärme einen Teil des Speisewassers und des Kondensats vorzuwärmen, wodurch wiederum die Anzapfdampfmenge aus den Dampfturbinen verringert wird.

4.1.1.2 GuD-Kraftwerke

Erst die signifikante Steigerung der Gasturbinenwirkungsgrade eröffnete die Möglichkeit der Kopplung eines Gasturbinen- und Dampfkraftprozesses. Erste Prozesse wurden Mitte der 1980er–Jahre realisiert und danach sukzessive weiterentwickelt. Lagen die Wirkungsgrade für GuD-Prozesse Anfang der 1990er–Jahre bei etwa 51 %, erzielen die modernsten Großanlagen heute ca. 60 %. Die Wärme des Abgases wird bei heutigen Anlagen mit 3-Druck-Abhitzedampferzeugern genutzt, und es werden hohe Frischdampfzustände (z. B. Irsching 600 °C/170 bar, ZÜ 600 °C/35 bar) erreicht. Der nachgeschaltete Dampfturbosatz hat entsprechend den Frischdampftemperaturen höchsten Anforderungen zu genügen. So besteht der Dampfturbosatz des GuD-Kraftwerks Irsching aus einer kombinierten Hochdruck-/Mitteldruck-Turbine und einer zweiflutigen Niederdruckturbine. Die in der Vergangenheit gebauten großen GuD-Anlagen sind größtenteils als Einwellenanlagen (single shaft) konzipiert. In vielen Fällen ist der nachgelagerte Dampfprozess für die Auskopplung von Wärme ausgelegt, um diese als Fernwärme oder Prozessdampf zu nutzen.

GuD-Anlagen werden in einem breiten Leistungsband gebaut. Kleinere Anlagen sind häufig in Industriebranchen (z. B. Papier, Chemie) zu finden, in denen eine signifikante Prozesswärmenachfrage besteht.

4.1.2 Status quo und Entwicklungsziele

Für die verschiedenen Gasturbinenkonzepte sind in Tab. 4.2 die jeweiligen Entwicklungsstadien aufgelistet. Die Mehrzahl der neuen Konzepte ist zwischen der Demonstration und dem kommerziellen Einsatz einzuordnen. Es ist darauf hinzuweisen, dass die Einordnung der Konzepte sich auf die Effizienzsteigerung und Leistungserhöhung beziehen.

Für die weitere Wirkungsgradsteigerung sind neue Kühlkonzepte notwendig (siehe Tab. 4.3). Die heutigen luftbasierten Kühlkonzepte (Konvektion, Filmkondensation) sind Stand der Technik und werden kommerziell genutzt. Dampfbasierte Kühlkonzepte sind derzeit nur vereinzelt zu finden, werden aber kommerziell beispielsweise von General Electric und Mitsubishi eingesetzt. Der Wirkungsgradunterschied zwischen luft- und dampfgekühlten Anlagen ist marginal. Ein neues Kühlkonzept ist die Effusionskühlung, mit der Gasturbineneintrittstemperaturen von $1500\,^\circ\text{C}$ ermöglicht werden könnten, die damit weit über den heute üblichen Eintrittstemperaturen von ca. $1300\,^\circ\text{C}$ liegen. Sie unterscheidet sich von der Filmkühlung dadurch, dass die Kühlluft nicht durch Bohrungen,

Tab. 4.2 Entwicklungsstadium verschiedener Gasturbinenkonzepte

	Kommerziell	Demonstration	F&E	Ideenfindung
Gasturbine (Solo)	X			
Mit Zwischenkühlung	X			
Mit Rekuperator		X		
Mit Zwischenverbrennung	X			
HAT-Prozess	X			
STIG-Prozess	X			
GuD-Prozess	X			

Tab. 4.3 Entwicklungsstadium verschiedener Kühlkonzepte

	Kommerziell	Demonstration	F&E	Ideenfindung
Konvektionskühlung	X			
Filmkühlung	X			
Dampfkühlung, geschlossener Prozess	X			
Dampfkühlung, offener Prozess			X	
Effusionskühlung				X

sondern durch einen porösen Werkstoff kontinuierlich auf die gesamte Profiloberfläche geleitet wird und hierdurch ein homogener Kühlfilm ermöglicht wird (vgl. [3–5]).

4.1.3 Technische Kenndaten

Im Nachfolgenden wird zunächst auf die Effizienzpotenziale konventioneller Gasturbinen- und GuD-Kraftwerke eingegangen. Danach schließt sich eine Auflistung von Technikattributen an, die den neuen Versorgungsaufgaben bzw. Flexibilitätsanforderungen sowie der veränderten Rolle von gasbefeuerten Kraftwerken Rechnung tragen.

Effizienzsteigerung im Nennpunkt
Die Erhöhung der Turbineneintrittstemperatur erfordert neben den oben skizzierten Kühlkonzepten die Entwicklung geeigneter Materialien. Letztere umfasst nicht nur die Turbinenschaufeln sondern auch andere heißgasbeaufschlagte Bauteile wie z. B. Brennkammerauskleidungen. Die Materialentwicklung ist insbesondere hinsichtlich geeigneter Wärmedämmschichten voranzutreiben, um letztendlich den Kühlmittelbedarf gering zu halten. Übergeordnetes Ziel ist die Minimierung des Kühlmittelbedarfs bei Erhöhung der Turbineneintrittstemperaturen. Der Übergang zu Vollkeramikturbinenschaufeln würde diesem Ziel sehr nahe kommen. Anlagen in kleinem Maßstab (Kawasaki CGT-32: 300 kW, Wirkungsgrad: 42 %) existieren bereits. Wegweisend könnte die Entwicklung faserverstärkter Verbundwerkstoffe mit keramischer Matrix sein, die vereinzelt bereits für Brennkammerauskleidungen eingesetzt werden. Alle Materialentwicklungen bedürfen eingehender Forschung und Entwicklung. Gemeinsam mit neuen Kühlkonzepten wäre eine deutliche Steigerung des Wirkungsgrads (siehe Tab. 4.4) möglich.

Zukünftiger Einsatz und Versorgungsaufgaben von Gaskraftwerken
Bereits heute zeichnet sich ab, dass die Stromerzeugung durch erneuerbare Energien und damit die volatile Stromeinspeisung noch stärker zunehmen wird (siehe Kap. 2). Hierdurch verändern sich die Randbedingungen für den Einsatz thermischer Kraftwerke signifikant. Die in der Vergangenheit den Gaskraftwerken zugewiesene Versorgungsaufgabe (Mittel- und Spitzenlast) ist bereits heute nicht mehr angemessen und wird insbesondere zukünftigen Systemanforderungen (vgl. Abschn. 4.2.4) nicht gerecht. Die zukünftigen Versorgungsaufgaben bestehen in der Bereitstellung der verbleibenden Residuallast und insbesondere von Regelleistung (vornehmlich primäre und sekundäre Regelleis-

Tab. 4.4 Nenn-Wirkungsgrade von gasgefeuerten Kraftwerkstechniken im Vergleich

	Gasturbinen (Schwerbauweise)		GuD-Kraftwerke	
	Heute	2050	Heute	2050
Typische Größenklassen [MW]	5–340	k. A.	<10–600	k. A.
Nenn-Wirkungsgrad [%]	30–40	>43	45–60	>65

Tab. 4.5 Technische Kenndaten von Gaskraftwerken im Vergleich [7–9]

	Gasturbine			GuD		
	Heute		2025	Heute		2025
	Bestand	Neu	Neu[1]	Bestand	Neu	Neu[1]
Typische Größen-klassen [MW]	HD[2]: < 100–340 AD[3]: < 5–50	340 100[6]	k. A. k. A.	< 10–600	500–600	k. A.
Nenn-Wirkungsgrad [%]	HD: 30–38 AD: 30–41	40 44[6]	41 47	40–58	60	> 61
Minimallast [% P_n]	50	40[4]	20	50	40[4]	30
Lastgradient [% P_n/min]	8	12	15	2	4	8
	im Lastbereich 40–90 % der Nennleistung P_n					
Anfahrzeit [h] Heißstart (< 8 h)	< 0,1			1,5	1[5]	0,5
Anfahrzeit [h] Kaltstart (> 48 h)	< 0,1			4	3	2

[1] Zielvorstellungen, [2] Heavy-Duty (HD) Gasturbinen, [3] Aeroderivative Gasturbinen (AD) bzw. flugtriebwerksabgeleitete Gasturbinen, [4] kleine Turbinengrößen ermöglichen eine Mindestlast von bis zu 20 % Pn, [5] Von [7] werden auch deutlich niedrigere Werte (30–35 min) genannt, [6] LMS100, 100 MW

tung), Blindleistung sowie der Frequenzstützung. Darüber hinaus ist die Eigenschaft der Schwarzstartfähigkeit hervorzuheben. Längerfristig ist auch die Aufnahme von negativer Regelenergie zu berücksichtigen. Die geänderten Versorgungsaufgaben stellen an Bestandskraftwerke sowie Neuanlagen zusätzliche Anforderungen. Diese sind eine steigende Anzahl von Lastwechseln und Starts, kurze Anfahr- und Abfahrzeiten, geringe technisch notwendige Stillstandzeiten, eine geringe Mindestlast sowie hohe Teillastwirkungsgrade. Dies hat zur Folge, dass bereits bei der Gasturbinenauslegung von den Herstellern deutlich andere Betriebskonzepte zugrunde gelegt werden. Wurden in der Vergangenheit Betriebsdauern von 200.000 Stunden zugrunde gelegt, werden heute unterschiedliche Betriebskonzepte simuliert, die eine Betriebsdauer von 100.000 Stunden bis 200.000 Stunden umfassen. Je niedriger die Betriebsdauer angesetzt wird, umso höher ist die zulässige Anzahl von Heiß- und Warmstarts (z. B. 100.000 h: 4100 Heißstarts, 900 Warmstarts), vgl. [6, 7]. Tabelle 4.5 enthält zusammenfassend die wichtigsten Attribute für Gasturbinen und GuD-Kraftwerke, unterschieden nach Bestands- und Neuanlagen. Die für das Jahr 2025 angegebenen Werte verstehen sich als Zielvorgaben bzw. mögliches Optimierungspotenzial, um den Anforderungen in den nächsten 10 bis 15 Jahren gerecht zu werden. Welche technischen Maßnahmen zur Umsetzung der Anforderungen bestehen und welcher F&E-Bedarf hierfür erforderlich ist, wird in Abschn. 4.3.2 diskutiert.

4.2   Zukünftige Anforderungen und Randbedingungen

4.2.1   Gesellschaft

Der Bau und der Betrieb von Anlagen zur Gasversorgung bzw. gasgestützten Stromerzeugung stoßen derzeit auf keinerlei Akzeptanzprobleme Dies gilt sowohl für den Bau von Gasturbinen bzw. GuD-Anlagen als auch für die notwendige Infrastruktur (z. B. Erdgaspipelines, Verdichter oder Erdgasspeicher).

Obwohl der spezifische CO_2-Emissionsfaktor für Erdgas gegenüber Kohle niedriger, aber im Vergleich zu den Erneuerbaren und der Kernenergie immer noch beträchtlich ist, besitzen gasbefeuerte Kraftwerke ein sehr positiv besetztes Image. Akzeptanzprobleme wegen CO_2-Emissionen sind derzeit nicht festzustellen. Eine Zunahme der Biogaseinspeisung in das Gasnetz könnte das ohnehin schon positive Image von gasbefeuerten Kraftwerken weiter verbessern. Dem gegenüber ist die Förderung von unkonventionellem Erdgas durch das hydraulische Fracking-Verfahren zu sehen, die derzeit in Deutschland und anderen europäischen Staaten sehr kontrovers diskutiert wird (siehe auch Exkurs in Kap. 2).

4.2.2   Kostenentwicklung

Die Tab. 4.6 enthält heutige und zukünftige Kostenangaben. In vielen Kostenprojektionen [10] wird davon ausgegangen, dass eine weitere Effizienzsteigerung in Summe keine Kostensteigerungen nach sich ziehen. Es wird angenommen, dass die Mehrkosten durch das Ausschöpfen anderer nicht effizienzrelevanter Kostensenkungspotenziale, die in der Regel nicht näher konkretisiert werden, kompensiert werden. In Analogie zu den Kohlekraftwerken ist jedoch davon auszugehen, dass diese Potenziale in den letzten Jahren nahezu vollständig ausgeschöpft wurden. Die Realisierung höherer Turbineneintrittstemperaturen sowie neuer Kühlkonzepte erfordern den Einsatz neuer und kostenintensiver Materialen. Es ist davon auszugehen, dass diese Mehrkosten nicht durch andere Kostensenkungspotenziale kompensiert werden können. Daher ist zukünftig von höheren spezifischen Investitionen für eine Gesamtanlage auszugehen.

Tab. 4.6 Kostendaten von Gaskraftwerken im Vergleich. (Quelle: [11]; eigene Einschätzung)

	GuD		Gasturbine	
	Heute	2025/2050	Heute	2025/2050
Leistungsspezifische Investitionen [Euro/kW]	800	> 800	400	> 400

4.2.3 Politik und Regulierung

Versorgungsaufgaben für thermische Kraftwerke (Laständerungen, Versorgungssicherheit, Schwarzstartfähigkeit etc.) werden mit dem heutigen Strommarktdesign nur unzureichend vergütet. Adäquate Preissignale sind derzeit nur im Intraday-Handel zu beobachten. Welche Rolle thermische Kraftwerke im Kontext der Stromerzeugung spielen werden, hängt maßgeblich von der zukünftigen Ausgestaltung des Strommarktes ab.

Eine weitere Regulierungsmaßnahme von großem Einfluss ist die europaweite Harmonisierung der Netzanschlussbedingungen für alle Stromerzeugungsanlagen. Derzeit wird u. a. der Network Code Requirements for Generators (NC-RfG) erarbeitet, der in Kürze rechtswirksam werden soll. Die Umsetzung des NC-RfG in die nationale Regulierungspraxis der EU-Mitgliedsstaaten erfolgt durch die einzelnen Übertragungsnetzbetreiber nach der Genehmigung durch die jeweilige nationale Regulierungsbehörde (in Deutschland: Bundesnetzagentur). Im Rahmen einer Compliance Prüfung müssen alle Erzeugungseinheiten den Nachweis erbringen, dass sie die jeweils für sie geltenden Anforderungen des NC-RfG einhalten. Als Grundlage dieses Nachweises erhalten die Anlagen eine Betriebsnotifizierung (siehe auch Abschn. 4.3.2).

Eine weitere wichtige Randbedingung für den Betrieb fossil befeuerter Kraftwerke ist der Handel mit CO_2-Zertifikaten. Eine Verringerung der derzeit im Handel befindlichen Zertifikate würde Gaskraftwerken aufgrund der niedrigeren spezifischen CO_2-Emissionen einen wirtschaftlichen Vorteil gegenüber Kohlekraftwerken verschaffen.

4.2.4 Marktrelevanz

Etwa 14 % des in Deutschland erzeugten Stroms stammt aus gasgefeuerten Kraftwerken. Insbesondere vor dem Hintergrund des von der Bundesregierung beschlossenen Kernenergieausstiegs wird die Verstromung von Gas und Kohle in den nächsten 10 bis 15 Jahren eine wichtige Rolle spielen (vgl. hierzu Netzentwicklungsplan 2012, sowie Ausführungen in Abschn. 2.3). Gaskraftwerke wurden in der Vergangenheit für die Mittellast sowie Spitzenlasterzeugung konzipiert. Durch den massiven Zubau von Photovoltaik hat sich die Spitzenlasterzeugung (in den Mittagsstunden) von Gaskraftwerken deutlich verringert. Darüber hinaus ist mit der Zunahme der Stromerzeugung auf Basis erneuerbarer Energien insgesamt die Stromproduktion der thermischen Kraftwerke zurückgegangen. Dies wiederum führt dazu, dass bereits heute die Wirtschaftlichkeit hocheffizienter Gaskraftwerke in vielen Fällen nicht mehr gegeben ist.

Es ist davon auszugehen, dass sich das Marktumfeld und damit die Anforderungen an Kraftwerke signifikant ändern werden. Die Erlöse heutiger Kraftwerke werden im Rahmen unterschiedlicher Märkte (Terminmarkt, Spot-Markt, Reservemarkt etc.) erzielt, wobei auf die besondere Bedeutung des Day-Ahead-Marktes hinzuweisen ist. Aufgrund der sehr guten Flexibilitätseigenschaften sind Gaskraftwerke geeignet, Sekundärregelenergie bereitzustellen. Inwieweit dies zukünftig auch so sein wird bzw. in welchen Bereichen

Erlöse erzielt werden, hängt nicht zuletzt davon ab, ob für die einzelnen Versorgungsaufgaben entsprechende Marktanreize gesetzt werden.

Aus der zu erwartenden Residuallast lassen sich die Flexibilisierungsanforderungen ableiten, die zukünftig an thermische Kraftwerke gestellt werden. Ihre Aufgabe wird zukünftig vornehmlich darin bestehen, die Ausregelung der fluktuierenden Einspeisung zu bewerkstelligen. Nach Abschätzungen von [8] ist im Jahr 2020 bei einer installierten Leistung von 60 GW Photovoltaik (PV) und 42/16 GW Wind on-/offshore mit extremen Lastgradienten von bis zu 15 GW/h zu rechnen. Insbesondere durch den zunehmenden Einsatz von PV sind die regelmäßig im Sommer zu erwartenden Lastrampen beträchtlich. Nach Ansicht von [8] wird der Bedarf an Sekundärregelenergieleistung zunehmen und dies auch über längere Zeiträume. Es ist davon auszugehen, dass die Qualität der Tagesprognosen sich deutlich verbessern, aber der zum Ausgleich von Prognosefehlern erforderliche Regelenergiebedarf (negativ und positiv) absolut ansteigen wird. Dies wiederum erfordert konventionelle Kraftwerke mit möglichst geringen Mindestlasten und hohen Laständerungsgeschwindigkeiten. Generell gilt: Je weniger konventionelle Kraftwerke im Einsatz sind, desto höher sind die Anforderungen hinsichtlich Flexibilität. Aus Sicht eines Netzbetreibers ist es vorteilhaft, zur Spannungshaltung viele Kraftwerke mit heute möglichen Gradienten zu betreiben, da alle im Teillastbetrieb aktiven Kraftwerke zur Spannungsregulierung eingesetzt werden können [8].

Bereits heute ist der Kostendruck erheblich. Es ist davon auszugehen, dass dieser Trend auch zukünftig anhalten wird. Insbesondere vor dem Hintergrund der im Vergleich zu Kohle höheren Erdgaspreise ist die Verbesserung der Teillastwirkungsgrade und damit eine Reduzierung der Brennstoffkosten notwendige Voraussetzung für einen zukünftig wirtschaftlichen Einsatz. Vor diesem Hintergrund ist davon auszugehen, dass auch zusätzliche Reduktionspotenziale bei den sonstigen variablen Kosten sowie den fixen Kosten erschlossen werden müssen.

4.2.5   Mögliche Wechselwirkungen mit anderen Technologien

Ein weiterer Zuwachs von erneuerbaren Energien zur Stromerzeugung wird die Potenziale positiver Residuallast weiter verringern. Ein sinkendes verbleibendes Stromerzeugungspotenzial wird den Wettbewerb zwischen einzelnen fossil basierten Techniken verstärken. Sollten die verbraucherseitig bestehenden Stromeinsparpotenziale zukünftig erschlossen werden, dürfte sich dieser Trend verstärken.

Darüber hinaus ist die veränderte Gangliniencharakteristik der Residuallast zu sehen, aus der große Anforderungen an die Flexibilität resultieren. Dies erfordert ein grundlegendes Überdenken herkömmlicher Betriebskonzepte bei der Auslegung neuer Kraftwerke.

Der Strommarkt ist ein hart umkämpfter Markt, und es müssen daher aus Sicht eines Kraftwerksbetreibers alle möglichen Erlösoptionen in den Blick genommen werden. Dies gilt jedoch auch für mögliche Konkurrenztechniken. Insbesondere ist in diesem Zusam menhang auf die Rolle kleinerer dezentraler Techniken hinzuweisen (z. B. Blockheizkraft-werke), die bereits heute schon in Form von Pools Regelenergie anbieten.

4.2.6 Game Changer

Unter den geltenden Randbedingungen des Strommarktdesigns ist es bereits heute schwie-rig, eine ausreichende Wirtschaftlichkeit von Gaskraftwerken nachzuweisen. Daher ist eine Anpassung erforderlich, von der ein ausreichender Marktanreiz für die möglichen Versorgungsaufgaben ausgehen muss. Sollte diese nicht erfolgen, dürfte die Wirtschaft-lichkeit nicht mehr gegeben sein. Die Folge wäre eine Stilllegung von Anlagen oder die Überführung in die Kaltreserve.

Der Erdgaspreis hat einen erheblichen Einfluss auf die Stromgestehungskosten. Inso-fern besitzt die hohe Volatilität des Erdgaspreises signifikante Auswirkungen auf die Wirt-schaftlichkeit eines Gaskraftwerks. Weiterhin ist anzuführen, dass Erdgas ein leitungsge-bundener Energieträger ist und der Handel regional beschränkt ist. Ausnahme bildet der Handel mit flüssigem Erdgas (LNG), das per Schiff über lange Distanzen transportiert wird und für Deutschland derzeit nahezu bedeutungslos ist. Etwa 85 % des deutschen Erd-gasaufkommens wird per Pipeline importiert, wobei die Importabhängigkeit von Russland sehr ausgeprägt ist. Auf mittelfristige Sicht ist aufgrund verschiedener Pipelineprojekte (mögliche Erweiterung der North-Stream-Pipeline sowie der Bau der Southstream-Pipe-line) davon auszugehen, dass sich die Importabhängigkeit von Russland weiter verstärken wird. Vor dem Hintergrund der politisch motivierten ukrainischen Gasversorgungskrisen der letzten Jahre, könnte sich das Versorgungsrisiko weiter erhöhen.

4.3 Technologieentwicklung

4.3.1 Entwicklungsziele

Ein prioritäres Entwicklungsziel sowohl für Gasturbinen als auch GuD-Anlagen ist die Steigerung der Wirkungsgrade. Hierzu bedarf es neuer Materialien und Kühlkonzepte. Eine ausführliche Beschreibung hierzu findet sich in [2]. Ein weiteres gleichrangiges Entwicklungsziel ist die Verbesserung der Flexibilitätseigenschaften. Hier sind die Ab-senkung des Mindestlastniveaus sowie die mögliche Integration von Wärmespeichern zu nennen. Die Möglichkeit des Einsatzes von vorgeschalteten Gasturbinen u. a. zur Flexibili-sierung von Kohlekraftwerksprozessen stellt insbesondere für das Retrofitting bestehender Kohlekraftwerke eine interessante Option dar.

4.3.2   F&E-Bedarf und kritische Entwicklungshemmnisse

Leistungs-, Flexibilitätserhöhung sowie Effizienzverbesserung durch Vorschalturbinen

Durch die Kombination von Gasturbinen und Kohlekraftwerken lassen sich die Flexibilitätseigenschaften eines reinen Kohlenkraftwerks deutlich verbessern. Darüber hinaus wird durch die Vorschaltung einer Gasturbine die Leistung des Kraftwerksblocks insgesamt erhöht. Von besonderem Interesse ist die Nachrüstung bestehender Kohlekraftwerke. Gasturbinen lassen sich auf vielfältige Art und Weise in einen Kraftwerksblock einbinden:

Beim sogenannten Topping wird das Gasturbinenabgas für die Kohleverbrennung eingesetzt und der Restsauerstoffgehalt sowie die Wärme des Abgases genutzt. Diese Variante eröffnet die Möglichkeit unterschiedlicher Betriebsweisen, wie den kombinierten Betrieb von Kohle- und Gasturbineneinheit oder den voneinander unabhängigen Solobetrieb der beiden Kraftwerkseinheiten. Allerdings ist der Nachrüstungsaufwand nicht unerheblich, da die größeren Abgasvolumenströme aufwändige Rekonstruktionen der Rauchgaskanäle, der Brenner, der Sauggaskanäle sowie der Rauchgasentschwefelungsanlage erfordern. Das Vorschalten einer Gasturbine nach dem Topping-Verfahren, findet auch bei erdgasgefeuerten Gaskesseln Anwendung, die in den 1970er-Jahren als reine Kondensationskraftwerke konzipiert wurden. Ein Beispiel hierfür ist die Nachrüstung des Erdgaskraftwerks Lingen [20].

Im Gegensatz zum Topping-Verfahren wird beim sogenannten Repowering die Abgaswärme mit Hilfe eines Abhitzedampferzeugers genutzt. Hierzu sind in der Regel nur wenige Modifikationen notwendig, was die Wirtschaftlichkeit attraktiv erscheinen lässt. Der erzeugte Dampf kann unterschiedlich genutzt werden. Neben der direkten Stromerzeugung kann er zur Speisewasser- und Kondensatvorwärmung eingesetzt werden, was oftmals als sogenanntes „Boosting" bezeichnet wird. Vorteil ist die Verringerung der Anzapfdampfmengen aus den Dampfturbinen, was wiederum einer Leistungssteigerung gleichkommt.

Weitere Nutzungsmöglichkeiten einer Vorschaltgasturbine sind die Nutzung der Abgaswärme zur Kohlevortrocknung sowie zur Luftvorwärmung (vgl. [12]).

Absenkung der Mindestlast

Es ist davon auszugehen, dass sich die Charakteristik der Residuallastganglinie zukünftig deutlich verändern wird. Dies wiederum erfordert eine Absenkung der Mindestlast, die häufig als Parklast bezeichnet wird (vgl. Tab. 4.5). Eine Möglichkeit der Mindestlastreduzierung besteht in der Kombination von zwei Gasturbinen mit einem Abhitzekessel, was häufig als Multi-shaft-Konzept bezeichnet wird. Die modulare parallele Anordnung der Gasturbinen und die damit verbundene Variation der Betriebsweise (Parallel- und Solobetrieb) ermöglicht eine Absenkung der Mindestlast.

Die gestufte Verbrennung (Sequential combustion), die nach dem Prinzip der Zwischenverbrennung arbeitet, ermöglicht eine Absenkung der Mindestlast für GuD-Kraftwerke auf 20 %. Ein Beispiel hierfür ist die Gasturbine von Alstom GT26, die im Kraftwerk Lingen eingesetzt wird (vgl. [6]).

Kürzere Zeiten für An- und Abfahrvorgänge, getrennte Strom- und Wärmeerzeugung, Steigerung der Lastgradienten

Mit den steigenden Flexibilisierungsanforderungen rückt der Einsatz von Wärmespeichern zunehmend in den Fokus. Vor diesem Hintergrund werden verschiedene Wärmespeichertypen für unterschiedliche Aufgaben diskutiert oder sind Gegenstand laufender F&E-Aktivitäten. Viele der möglichen Einsatzfelder gelten für einen Dampfkraftprozess und sind somit nicht nur auf GuD-Kraftwerke beschränkt:

Heißwasserspeicher Von [13] wird der Einsatz von Heißwasserspeichern (150 °C) und deren Integration in den Wasser-/Dampfkreislauf diskutiert. Der Einsatz ist unabhängig davon, ob es sich um ein GuD-Kraftwerk oder ein konventionelles Dampfkraftwerk handelt. Kleinere Speicher mit einer Betriebsdauer von 0,5 Stunden könnten einen Beitrag zur Erhöhung der negativen sowie positiven Regelleistung leisten. Mit größeren Speichern (Volumen für 2 bis 8 h Betriebsdauer) ließe sich die Mindestlast reduzieren sowie eine Überlast ohne Erhöhung der Feuerungsleistung realisieren. Konkrete Projekte sind derzeit nicht bekannt. Ob Heißwasserspeicher eine Alternative zu heute schon praktizierten Maßnahmen (z. B. Kondensatstopp) darstellen, ist vor dem Hintergrund der jeweiligen Versorgungsaufgabe zu prüfen. Inwiefern Heißwasserspeicher als Retrofitmaßnahme für Bestandskraftwerke in Frage kommen, ist ungeklärt.

Ein anderes Anwendungsfeld ist die Integration von Heißwasserspeichern in ein Fernwärmenetz (Beispiele: Stadtwerke Münster, Augsburg, Chemnitz). Der Einsatz ermöglicht eine flexiblere Fahrweise von KWK-Anlagen und eröffnet somit neue Spielräume, die Erlössituation unter den besonderen Randbedingungen des Strommarktes zu optimieren (vgl. [14]).

Dampfspeicher Bereits heute finden Dampfspeicher vereinzelt Anwendung. Hierbei handelt es sich in der Regel um Industriebetriebe die ein Kraftwerk mit Prozessdampferzeugung betreiben. Ein Beispiel ist das GuD-Kraftwerk Wacker Chemie Burghausen (120 MW$_{el}$, Feuerungswärmeleistung 380 MW), das mit 3 Dampfspeichern ($3 \times 260 \, m^3$) auf verschiedenen Druckniveaus betrieben wird. Dampfspeicher werden hier eingesetzt, um mögliche Schwankungen der Dampfnachfrage auszugleichen. Des Weiteren dienen sie zur Notversorgung. Dampfspeicher ermöglichen eine sehr schnelle Dampfentnahme und erlauben ebenfalls die Nutzung externer Wärmequellen (z. B. Industrieabwärme). Ob sie sich auch für die Nutzung negativer Regelenergie eignen, ist derzeit nicht bekannt. Folgende Einsatzmöglichkeiten bestehen:

- Aufgrund der sehr schnellen Dampfentnahmemöglichkeit werden Dampfspeicher auch für die sprungartige Leistungserhöhung eines Dampfkraftprozesses vorgeschlagen (vgl. [15]).
- Einsatz von Dampfspeichern mit Nutzung des Dampfes für STIG- und HAT-Prozesse (vgl. [12]). Da STIG- und HAT-Prozesse bislang nur in wenigen Gasturbinenkonzepten realisiert werden, ist der Dampfspeichereinsatz für diese Anwendung nicht relevant.

- Einsatz von Dampfspeichern zur Verkürzung der Anfahrzeit von Dampfturbinen bei einem GuD-Prozess (vgl. [16, 17]).

Hochtemperatur-Wärmespeicher Der Einsatz von Hochtemperatur-Wärmespeichern ermöglicht einen flexiblen Einsatz von GuD-Kraftwerken mit Prozessdampfauskopplung, da er eine zeitliche Entkopplung von Strom- und Wärmeerzeugung über einen begrenzten Zeitraum ermöglicht. Favorisiert werden Feststoffspeicher ($> 500\,°C$, 16 h/8 h Ein-/Ausspeisedauer), die derzeit Gegenstand intensiver Forschungs- und Entwicklungsarbeiten sind (vgl. [18, 19]). Inwieweit Hochtemperatur-Wärmespeicher für eine Leistungssteigerung des Dampfkraftprozesses eingesetzt werden könnten, ist derzeit nicht geklärt.

Neben einer möglichen Integration von Wärmespeichern ist die gezielte Ausnutzung der Auslegungsgrenzen, die bei der ursprünglichen Kraftwerksauslegung zugrunde lagen, eine weitere Möglichkeit. Dies wiederum erfordert eine neue Bewertung des Lebensdauerverbrauchs. Während früher von 200.000 Betriebsstunden ausgegangen wurde, werden aufgrund veränderter Randbedingungen zukünftig etwa 100.000 Stunden erwartet [6, 7]. Dies wiederum eröffnet Möglichkeiten, die Lebensdauerreserven anders als geplant zu nutzen. Vor diesem Hintergrund ist auch eine Optimierung des Anfahrvorgangs möglich [6]. Voraussetzung ist die Erfassung und Berücksichtigung vieler Zustandsparameter, wie z. B. eine Online Schwingungsüberwachung zur Vorhersage von außerplanmäßigen Nichtverfügbarkeitsereignissen.

Während die vorhergehenden Ausführungen sich lediglich auf Einzeltechniken beziehen, ist insbesondere auf die zusätzlichen Möglichkeiten der *Kraftwerkseinsatzoptimierung von Mehrblockanlagen* sowie eines größeren Kraftwerksportfolios hinzuweisen. Ziel ist die schnelle optimale Reaktion mehrerer Kraftwerksblöcke im Zusammenspiel zur Erfüllung einer Produktionsaufgabe (inkl. Lastgradienten etc.) sowie die Einsparung von Brennstoffen bzw. Reduzierung von CO_2-Emissionen. Zur Erreichung dieser Ziele wäre nach [9] eine kommunikative Vernetzung der jeweiligen Betriebsführungssysteme und Blockleittechniken notwendig, die aktuelle Anlagenzustände auf Komponentenebene und technische blockspezifische Anlagerestriktionen (z. B. Kannlasten) berücksichtigt.

Effizienzsteigerung im Nennpunkt

Neben der Herausforderung, die Flexibilitätseigenschaften zu verbessern, stellt die Effizienzsteigerung eine zweite wesentliche Aufgabe dar, die in den vergangenen Jahrzehnten sukzessive vorangetrieben wurde. Insbesondere vor dem Hintergrund möglicherweise steigender Erdgaspreise besitzt dieses Themenfeld große Wichtigkeit. Möglichkeiten zur Effizienzsteigerung von Gasturbinen und GuD-Kraftwerken sowie mögliche F&E-Felder sind ausführlich in [2] beschrieben. Zu den Möglichkeiten der Effizienzsteigerung zählen die Steigerung der Turbineneintrittstemperatur, die Entwicklung neuer Kühlkonzepte sowie die Entwicklung neuer Materialien (Turbinenschaufeln, Brennkammerauskleidungen etc.). Von der Weiterentwicklung der Gasturbine profitiert unmittelbar der GuD-Prozess, da eine Steigerung der Turbineneintrittstemperaturen höhere Dampfparameter ermöglicht. Inwiefern die Flexibilitätseigenschaften eines GuD beeinflusst werden, muss im Detail analysiert werden. Wie zuvor beschrieben, stellen sowohl der HAT- als auch der STIG-Prozess Möglichkeiten dar, die Anlagenflexibilität und die Effizienz zu steigern. Sie sollten längerfristig als mögliche Alternativen zur Effizienzsteigerung der konventionellen Gasturbinen- und GuD-Prozesse gesehen werden.

Sonstige F&E-Felder

Es ist davon auszugehen, dass die Anforderungen für Stromerzeuger durch den Network Code on Requirements for Grid Connection NC-RfG (vgl. Abschn. 4.2.3) deutlich über die geltenden Vorschriften des derzeit gültigen Transmission Codes hinausgehen. Im jetzigen Entwurf werden anspruchsvolle Anforderungen an Lastsprünge, Kurzschlussfestigkeit, Frequenzstabilisierung sowie Inselnetzfähigkeit gestellt. So müssen beispielsweise Kraftwerke zukünftig in der Lage sein, auch bei Frequenzen von bis zu minimal 47,5 Hz mindestens 30 min (derzeit: 10 min) am Netz zu bleiben. Welche technischen Voraussetzungen hierfür erfüllt sein müssten (z. B. Leistungsabfall von Pumpen, Lüftern etc.) ist derzeit ungeklärt. Dies gilt vornehmlich für Neuanlagen (möglicherweise ist eine Überdimensionierung von Komponenten erforderlich) aber auch für Bestandsanlagen sofern sie unter den NC-RfG fallen.

Roadmap – Gaskraftwerke

Beschreibung

- Erzeugung elektrischer Energie aus einem Gasturbinen- oder Kombi-Prozess (GuD) mit der Möglichkeit der Kraft-Wärme-Kopplung
  - GT: Verdichtung, Erwärmung und Entspannung eines Arbeitsmediums; kommerziell verfügbar
  - GuD-Betrieb: Kopplung GT- mit DT-Prozess, Dampferzeugung mit GT-Abwärme in Abhitzekessel; kommerziell verfügbar
- Vorteile GT: Kurze Anfahrzeiten und hohe Lastgradienten
- Vorteile Kombikraftwerk (GuD): Höchste Wirkungsgrade
- Vorteile Kombikraftwerk (VGT): Leistungs- und Wirkungsgraderhöhung

Entwicklungsziele

- alle: Effizienzsteigerung und Leistungserhöhung durch Steigerung der Turbineneintritts-temperatur (P1)*
- alle: Absenkung der Mindestlast (P1)
- GT: Weiterentwicklung neuer Prozesse (P2), Entwicklung neuer Kühlkonzepte und Ma-terialien (P1), Verträglichkeit gegenüber höheren H2-Gehalten im Erdgas (P2)
- Repowering mit Vorschaltgasturbinen (VGT) (P1)
- GuD: Kürzere Zeiten für An- und Abfahrvorgänge sowie technisch bedingte Stillstandzei-ten (P1)

Technologie-Entwicklung

Nenn-Wirkungsgrade (%)

GT-HD			
30–40	41	k. A.	▶
GT-AD			
30–44	47	k. A.	▶
GuD			
40–60	>61	k. A.	▶

Leistungsspezifische Investitionen (€/kW), großtechnische Systeme > 100 MW

GT-HD			
400	>400	k. A.	▶
GuD			
800	>800	k. A.	▶

Minimallast (% Pn / Lastgradient [% Pn pro min])

GT-HD			
40–50 / 8–12	20 / 15	k. A.	▶
GuD			
40–50 / 2–4	30 / 8	k. A.	▶
heute	2025		2050 ▶

* P = Priorität

Roadmap – Gaskraftwerke

Alle, verfahrens-/anlagentechnisch: Flexibilitätssteigerung durch verbesserte Zustandserfassung (Ausnutzung von Auslegungsgrenzen, optimierter Lebensdauerverbrauch) ▶
(P1)

GT, materialseitig: neue Materialien für Turbinenschaufeln und Brennkammer, ▶
Herstellungs- u. Fertigungsverfahren (alle P1)

GT, verfahrenstechnisch: Kühlkonzepte , Absenkung der Mindestlast durch gestufte ▶
Verbrennung (alle P1)

GuD / Dampfprozess allgemein, verfahrenstechnisch: Wärmespeicherintegration
(kürzere An- / Abfahrzeiten, Entkopplung von GuD, Lastgradientensteigerung) durch ▶
Heißwasserspeicher (P1), Hochtemperaturspeicher (P1), Dampfspeicher (P3)

VGT, anlagentechnisch: Topping, Parallel Repowering, Bosting (Erhöhung von Flexibili- ▶
tät, Wirkungsgrad und Leistung des Basis-Kraftwerks (P1)

| heute | 5 bis 10 Jahre | ▶ |

Gesellschaft

- GT, GuD: Positives Image (inklusive der Erdgasversorgungsinfrastruktur)
- Derzeit keine Akzeptanzprobleme wegen CO_2-Emissionen
- Möglicher Imageschaden durch Fracking

Politik & Regulierung

- *Treiber*:
  – Gewährleistung von Versorgungssicherheit

- *Hemmnisse*:
  – Unzureichendes Strommarktdesign
  – Einspeisevorrang für Erneuerbare und KWK
  – Subventionierung Erneuerbarer Energien

Kostenentwicklung

- Erhöhung der spezifischen Investitionen durch
  – Maßnahmen zur Effizienzsteigerung
  – DUO- bzw. Multi-Shaft-Konzept
  – Weltweite Nachfrage nach Kraftwerken und Materialien

Marktrelevanz

- Deckung der Residuallast
- Vorhalten gesicherter Leistung
- Gewährleistung von Versorgungssicherheit

Wechselwirkungen / Game Changer

Wechselwirkungen

- Erneuerbare (Must run) verringern Residuallast und verändern das Betriebskonzept
- Wettbewerb zwischen GuD und Kohlekraftwerken
- Aufgaben wie Regelenergiebereitstellung gegebenenfalls durch neue Konkurrenztechniken (z. B. Mikro-KWK)

Game Changer

- Keine Anpassung des Strommarktdesigns (unzureichender Anreiz für Versorgungsaufgaben)
- Anstieg der Erdgaspreise mit zunehmender Spreizung zu Kohlepreisen bei dauerhaft niedrigen Zertifikatpreisen

4.4 Abkürzungen

AD-Gasturbine	Aeroderivative Gasturbine
BNA	Bundesnetzagentur
EU	Europäische Union
F&E	Forschung und Entwicklung
GT	Gasturbine
GuD-Prozess	Gas- und Dampfprozess
HAT-Prozess	Humid Air Turbine Prozess
HD	Hochdruck
HD-Gasturbine	Heavy-Duty Gasturbine
LNG	Liquified Natural Gas
LR	Lastrampen
MD	Mitteldruck
ND	Niederdruck
NC-RfG	Network Code on Requirements for Grid Connection
NEP	Netzentwicklungsplan
PV	Photovoltaik
REA	Rauchgasentschwefelungsanlage
STIG-Prozess	Steam Injected Gas Turbine Prozess
VGT	Vorschaltgasturbine
ZÜ	Zwischenüberhitzung

Literatur

1. NEP (2013): Netzentwicklungsplan 2013. Bundesnetzagentur, www.netzentwicklungsplan.de, zugegriffen am 16.12.2014
2. Birnbaum U, Bongartz R, Linssen J, Markewitz P, Vögele S (2010) Energietechnologien 2050 – Schwerpunkte für Forschung und Entwicklung – Fossil basierte Kraftwerkstechnologien, Wärmetransport, Brennstoffzellen. STE Research Report 01/2010, Forschungszentrum Jülich, IEK-STE
3. Bohn D (2005) Technologien für die Gasturbinen der übernächsten Generation. VGB PowerTech 7/2005, S. 65–71
4. Bohn D (2007) Improved Cooling Concept for Turbine Blades of High temperature Gas Turbines VGB PowerTech 12/2007, S. 96–102
5. Bohn D (2008) Die Entwicklung offenporöser Mehrschichtsysteme für Dampfturbinen der 700 °C-Technologie. VGB PowerTech 10/2008, S. 28–32
6. Ruchti C, Olia H, Marx P, Ehrsam A, Bauveret W (2011) Combined cycle plants as essential contribution to the integration of renewables into the grid VGB PowerTech 9/2011, S. 83–89
7. Balling L, Pickard A, Kreyenberg O (2012) Flexible operating strategies reduce CO_2 emissions. VGB PowerTech 6/2012, S. 27–32

8. VDE (2012) Erneuerbare Energie braucht flexible Kraftwerke – Szenarien bis 2020. Verband der Elektrotechnik Elektronik Informationstechnik e. V., www.vde.de

9. Magin W (2012) Technische Realisierbarkeit der Anforderungen an konventionelle Kraftwerke. Berlin, 10.10.2012: DENA-Dialogforum – Retrofit und Flexibilisierung konventioneller Kraftwerke. www.dena.de

10. EWI, GWS, Prognos (2010) Energieszenarien für ein Energiekonzept der Bundesregierung. Projekt Nr. 12/10, Studie im Auftrag des BMWi

11. Hille M (2012) Technische und wirtschaftliche Situation konventioneller Kraftwerke in Deutschland. Berlin, 10.10.2012: DENA-Dialogforum – Retrofit und Flexibilisierung konventioneller Kraftwerke, www.dena.de

12. Urbaneck T, Platzer B (2011) Dampf- und Heißwasserspeicher für Gasturbinen-Kraftwerke. BWK Nr. 7/8(2011), S. 50–53

13. Schmidt G, Schuele V (2013) Anpassung thermischer Kraftwerke an künftige Herausforderungen im Strommarkt. Berlin 09.01.2013: DENA-Dialogforum – Flexibilität von Bestandskraftwerken – Entwicklungsoptionen für den Kraftwerkspark durch Retrofit. www.dena.de

14. Prognos AG (2011) Beitrag von Wärmespeichern zur Integration erneuerbarer Energien, Studie im Auftrag der AGFW, 2011

15. BBC (1979) Verfahren zur schnellen Leistungserhöhung einer Dampfturbine. Patent EP 0026798 A1, Anmeldetag: 15.11.1979

16. Brauner G (2011) Flexibilisierung der Energiesysteme für nachhaltige Versorgung. Wien, IEWT 2011: 7. Internationale Energiewirtschaftstagung an der TU Wien

17. Sobbe W, Janzen J, Schiemann M, Braun H (2011) Effiziente Dampfkesselanlagen für industrielle Heiz- und Heizkraftwerke sowie Hilfskesselanlagen für Kraftwerke. VGB PowerTech 7/2011, S. 54–59

18. Stahl K, Zunft S (2012) Entwicklung eines Hochtemperatur-Wärmespeichers zur Flexibilisierung von GuD-Kraftwerken. Dresden 23./24.10.2012, 44. Kraftwerkstechnisches Kolloqium, S. 777–784

19. Moser P (2012) Zentrale stationäre Energiespeicher – Werkzeug zur Flexibilisierung der Stromerzeugung. Stuttgart, 07.03.2012: Energiespeicher-Symposium, DLR

20. Fübi M, Krull FF, Ladwig M (2012) Increase in flexibility with latest technologies. VGB PowerTech 3/2012, S. 30–34

21. Müller-Syring G, Henel M, Köppel W, Mlaker H, Sterner M, Höcher T (2013) Entwicklung von modularen Konzepten zur Erzeugung, Speicherung und Einspeisung von Wasserstoff und Methan ins Erdgasnetz. Studie im Auftrag des DVGW, erhältlich unter www.dvgw-forschung.de

22. Balling L (2012) Die Energiewende braucht moderne Gaskraftwerke. BWK, Bd. 64(2012), Nr. 6, S. 10–14

CO$_2$-Abscheidung

Richard Bongartz, Peter Markewitz und Klaus Biß

5

5.1 Technologiebeschreibung

5.1.1 Funktionale Beschreibung

Bei der energetischen Nutzung fossiler Energieträger wird Kohlendioxid (CO$_2$) erzeugt. CO$_2$ gilt als Klimagas. Es besteht die Möglichkeit, die Freisetzung von CO$_2$ zu reduzieren, indem es aus dem Rauchgas von Kohlekraftwerken oder aus dem Synthesegas von Vergasungsanlagen abgeschieden und gespeichert wird. Die Prozesskette aus CO$_2$-Abscheidung und CO$_2$-Speicherung wird als Carbon Capture and Storage (CCS)-Technik bezeichnet. Für die CO$_2$-Abscheidung stehen verschiedene technische Verfahren zur Auswahl. Die drei favorisierten Verfahrensrouten sind: Post-Combustion, Oxyfuel und Pre-Combustion. Nachfolgend wird eine Beschreibung vom Stand der Technik, der Vor- und Nachteile sowie ein Ausblick über technische Weiterentwicklungen dieser Verfahren gegeben. Informationen zu den Verfahren finden sich in [1–4].

5.1.1.1 Post-Combustion

Die CO$_2$-Abscheidung erfolgt beim Post-Combustion-Verfahren (Abb. 5.1) nach der Kohleverbrennung und der Rauchgasreinigung. Für die Abscheidung werden chemische Absorptionsverfahren favorisiert, wobei das Lösungsmittel Monoethanolamin (MEA) am verbreitetsten ist. Alternativen zu MEA sind weiterentwickelte Amine, Aminosäuresalze, ammonium- oder alkalihaltige Lösungen. Feste Sorbentien oder Membranen sind weitere langfristige Optionen.

Mit Hilfe der Lösungsmittel wird das im Rauchgas befindliche Kohlendioxid absorbiert. Anschließend wird das CO$_2$ aus dem beladenen Lösungsmittel mit Hilfe eines Re-

Richard Bongartz ✉ · Peter Markewitz · Klaus Biß
Forschungszentrum Jülich GmbH, Jülich, Deutschland
url: http://www.fz-juelich.de

© Springer Fachmedien Wiesbaden 2015
M. Wietschel et al. (Hrsg.), *Energietechnologien der Zukunft*,
DOI 10.1007/978-3-658-07129-5_5

generationsprozesses entfernt. Die Regeneration des Lösungsmittels wird durch einen Temperatur- und/oder Druckwechsel angeregt. Das wiederaufgearbeitete Lösungsmittel wird dem Kreislauf wieder zugeführt und das abgeschiedene CO_2 für den Transport und die anschließende Speicherung konditioniert.

5.1.1.2 Oxyfuel

Unter der Bezeichnung Oxyfuel wird die Verbrennung von kohlenstoffhaltigen Brennstoffen wie Kohle mit reinem Sauerstoff (O_2) verstanden, wodurch eine Aufkonzentration des Kohlendioxids erreicht wird. Gegenüber heutigen Kraftwerken, bei denen der CO_2-Gehalt des Rauchgases etwa 12 bis 15 Vol.-% beträgt, liegt dieser bei Oxyfuel-Anlagen bei etwa 89 Vol.-% [2]. Das Rauchgas besteht nach der Rauchgasreinigung und Rauchgaswäsche im Wesentlichen aus CO_2 und Wasserdampf. Durch Auskondensieren des Wasserdampfes besteht das Rauchgas fast ausschließlich aus CO_2. Zur Begrenzung der Verbrennungstemperaturen wird ein Teil des Rauchgases in den Feuerungsraum zurückgeführt (Abb. 5.2). Gleichzeitig wird der Restsauerstoffgehalt des Rauchgases abgesenkt. Der für das Oxyfuel-Verfahren benötigte Sauerstoff wird durch kryogene Luftzerlegung erzeugt. Eine zukünftige Alternative wird in Membranverfahren gesehen, von denen Wirkungsgradvorteile von etwa zwei Prozentpunkten erwartet werden [5].

5.1.1.3 Pre-Combustion

Das Grundprinzip des Pre-Combustion-Verfahrens ist die CO_2-Abscheidung vor der Verbrennung eines wasserstoffreichen Synthesegases (Abb. 5.3). Das Synthesegas wird in einem vorgelagerten Kohle-Vergasungsprozess gewonnen. Seine Hauptbestandteile sind Wasserstoff (H_2), Kohlenmonoxid (CO) und Kohlendioxid (CO_2). Bevor das CO_2 abgeschieden wird, erfolgt eine Gasreinigung, bei der Reststäube sowie Schwefel- und Stickstoffverbindungen minimiert werden. Die Umwandlung des CO in CO_2 und H_2 erfolgt durch Zugabe von Wasserdampf, in Anwesenheit eines Katalysators. Da das Synthesegas auf einem Druckniveau von etwa 30 bar erzeugt wird, bieten sich für die CO_2-

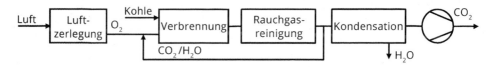

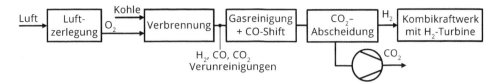

Abb. 5.3 Prozessschaltbild des Pre-Combustion-Verfahrens. (Mit freundlicher Genehmigung von © Forschungszentrum Jülich, IEK-STE, All Rights Reserved)

Abscheidung physikalische Absorptionsverfahren, beispielsweise auf der Basis von Methanol (Rectisolwäsche) oder Polyethylenglycol (Selexolwäsche), an. Weitere Möglichkeiten sind die Adsorption an festen Materialien (z. B. Aktivkohle, Zeolithe); langfristig auch Membranverfahren (Trennung H$_2$ und CO$_2$). Nach der Abscheidung des CO$_2$ wird der Wasserstoff in einem Gas- und Dampf-Kombiprozess zur Stromerzeugung eingesetzt. Kombikraftwerke mit integrierter Kohlevergasung werden als Integrated Gasification Combined Cycle (IGCC)-Kraftwerke bezeichnet.

5.1.2 Status quo und Entwicklungsziele

Die CO$_2$-Abscheidung hat im Kraftwerksbereich noch keine kommerzielle Reife erreicht. Alle drei Abscheiderouten befinden sich in der Forschungs- und Entwicklungs-Phase (F&E), mit Erprobungen in Versuchs- und Pilotanlagen. Hinsichtlich der Entwicklungsziele gilt es, die im Wesentlichen durch den Abscheideprozess und die CO$_2$-Aufbereitung bedingten Wirkungsgradeinbußen sowie die zusätzlichen Investitionen zu reduzieren. Alle drei Abscheiderouten weisen diesbezüglich ein großes Potenzial auf. Die technische Machbarkeit gilt es in Form von Demonstrationskraftwerken nachzuweisen, um in 10 bis 15 Jahren die Marktreife zu erlangen.

Eine der zentralen zukünftigen Herausforderungen ist die Steigerung der Flexibilität von Kohlekraftwerken (siehe Abschn. 3.1). Dies gilt auch für CCS-Kraftwerke. Für alle drei CO$_2$-Abscheiderouten bestehen Möglichkeiten, die Flexibilität der Abscheideprozesse zu steigern, sodass auch die Flexibilität des gesamten Kraftwerksprozesses nicht negativ beeinflusst wird (siehe Abschn. 5.3.2). Aufgrund des zeitaufwändigen Scale-up-Prozesses sowie des zeitintensiven Aufbaus einer Transport- und Speicherinfrastruktur ist davon auszugehen, dass die CCS-Technik erst nach 2025 kommerziell verfügbar sein wird. Damit kommt CCS im Wesentlichen als Nachrüstung der bestehenden und bereits heute in Bau befindlichen Anlagen in Betracht.

Post-Combustion Die chemische Absorption von CO$_2$ mit aminbasierten Lösungsmitteln ist eine industriell erprobte Abtrenntechnik, die in verschiedenen Chemieprozessen (z. B. Ammoniakherstellung) kommerziell eingesetzt wird. Die Übertragung des Verfahrens auf Kraftwerksrauchgase stellt die eigentliche Herausforderung dar. Derzeit werden die chemischen Waschverfahren im Rahmen kleiner Pilotprojekte an einigen Kraftwerken weltweit erprobt. Das Waschverfahren mit Monoethanolamin wird in Deutschland in Niederaußem und Wilhelmshaven untersucht, während eine Pilotanlage mit Aminosäuresalzlösung im Kraftwerk Staudinger bei Hanau betrieben wird. Am kanadischen Kraftwerksstandort Boundary Dam wurde ein komplettes Kohlekraftwerk mit einer elektrischen Leistung von 110 MW mit einer CO_2-Wäsche nachgerüstet, die im Oktober 2014 in Betrieb genommen wurde. Die Wirkungsgradeinbußen der MEA-Wäsche betragen etwa 12 %-Punkte, was die Wirtschaftlichkeit stark beeinträchtigt. Das Effizienzpotenzial wird durch verbesserte oder alternative Lösungsmittel auf 3 %-Punkte beziffert. Eine Alternative zu den Lösungsmitteln könnte der Einsatz von Membranen oder die trockene Sorption sein. Diese Verfahren der sogenannten 2. Generation befinden sich allerdings in einem frühen Entwicklungsstadium [5].

Oxyfuel Das Oxyfuel-Verfahren wird bislang weltweit nur in einigen Versuchsanlagen sowie in kleineren Pilotanlagen in Deutschland (Braunkohlekraftwerk Jänschwalde), Frankreich (Erdgaskraftwerk Projekt Lacq) und in Australien (Callide) erprobt. Das kurzfristige Oxyfuel-Effizienzpotenzial liegt in der Optimierung des Gesamtsystems. Optionen sind die Verbesserung des Abbrandverhaltens sowie die Reduzierung des Falschlufteintrags in Dampferzeugern. Das Potenzial nach 2025 liegt in der Reduzierung des Energiebedarfs für die Luftzerlegung. Dies kann durch die Verbesserung des kommerziellen Kryogenverfahrens [6], dem Einsatz von Membranverfahren [7–11] oder dem Chemical Looping [12] erfolgen. Bei Ausschöpfung aller Potenziale ist eine Reduzierung der Wirkungsgradeinbußen von derzeit etwa 10 %-Punkten [2] auf unter 8 %-Punkte denkbar [5].

Pre-Combustion Die Vergasung von Kohle oder anderen Energieträgern ist Stand der Technik und wird weltweit für die Produktion von Synthesegas eingesetzt. Allerdings hat sich die Vergasungstechnik zur Stromerzeugung bislang nicht durchgesetzt, sodass momentan weltweit nur wenige IGCC-Kraftwerke kommerziell betrieben werden, zu denen in Europa „Puertollano" in Spanien, „Vresova" in Tschechien und „Buggenum" in den Niederlanden zählen [2, 5]. Für eine CO_2-Abscheidung werden physikalische Absorptionsverfahren wie die Rectisolwäsche favorisiert, da neben CO_2 die unerwünschten Begleitstoffe H_2S (Schwefelwasserstoff) und COS (Carbonylsulfid) aus dem Synthesegas entfernt werden können (vgl. [5, 13]). Als Langfristoption werden H_2- oder CO_2-selektive Gastrennmembranen angesehen. Die technische Herausforderung des Pre-Combustion-Verfahrens besteht vor allem in der Realisierung und Optimierung des IGCC-Basisprozesses [2, 5]. Der für die Kohlevergasung benötigte Sauerstoff wird durch kryogene Luftzerlegung erzeugt, wobei das Membranverfahren eine mögliche Langfristoption darstellt. Bei Ausschöpfung aller Potenziale ist eine Reduzierung der Wirkungsgradeinbußen von derzeit etwa 14 %-Punkten [2] auf unter 8 %-Punkte denkbar [5].

Das Entwicklungsstadium der drei CO_2-Abscheiderouten bewegt sich derzeit zwischen der Demonstrations- und F&E-Phase. Bei allen Technologielinien steht die großtechnische Demonstration noch aus.

5.1.3 Technische Kenndaten

Die CO$_2$-Abscheidung verursacht bei allen Kraftwerksbasisprozessen Wirkungsgradeinbußen von ca. 10–12 %-Punkten. Allerdings besitzen alle Abscheideverfahren ein Effizienzsteigerungspotenzial von etwa 2 %-Punkten bis 2025 und von 4 %-Punkten bis 2050. Dies gilt auch für die Kraftwerksbasisprozesse selbst (Tab. 5.1). Mit allen drei Abscheiderouten lässt sich eine CO$_2$-Reinheit von mindestens 99 % erzielen, wobei die Verunreinigungen von der Abscheideroute abhängen. Die Verunreinigungen können u. a. die Korrosion von Anlagenteilen wie Pipelines oder Bohrlochverschlüsse der Speicher bewirken oder die Phaseneigenschaften des abgeschiedenen CO$_2$ beeinflussen und damit sein Transport- und Injektionsverhalten. Allgemein gültige Reinheits- oder Qualitätsanforderungen an das zu transportierende CO$_2$ liegen jedoch noch nicht vor.

Das Post-Combustion-Verfahren ist für eine Nachrüstung bestehender Kraftwerke die aussichtsreichste Techniklinie. Vor dem Hintergrund sich abzeichnender Verzögerungen bei der Einführung von CCS, kommt der Nachrüstfähigkeit von Abscheidetechniken eine besondere Bedeutung zu. Ein wesentlicher Vorteil gegenüber den anderen Techniklinien besteht darin, dass die Modifikation des Kraftwerksprozesses keinen zu hohen technischen Aufwand erfordert. Allerdings ist der größere Platzbedarf sowie eine um 30 % höhere Kühlwassermenge anzuführen [14]. Die Eignung des Oxyfuel-Verfahrens für eine Nachrüstung ist derzeit noch nicht geklärt [15]. Für IGCC-Kraftwerke spielt die Nachrüstung wegen der geringen Anzahl weltweit vorhandener bzw. geplanter Anlagen keine Rolle.

Der Fokus derzeitiger weltweiter Forschungsaktivitäten liegt auf der Entwicklung und Machbarkeit von Abscheideverfahren für kommerzielle Großkraftwerke. Die Verringerung der Wirkungsgradverluste sowie die Reduzierung der Kosten der Abscheideverfahren sind wichtige Ziele. Zudem haben sich auch CCS-Kraftwerke den zukünftig neuen Marktbedingungen zu stellen. Daher ist im Rahmen laufender Technikentwicklungen zu prüfen, ob Kraftwerke mit CCS die zukünftigen Flexibilisierungsanforderungen (vgl. Kap. 3) erfüllen können. Dies gilt insbesondere für die Nachrüstung von Bestandskraftwerken. Möglichkeiten zur Steigerung der Lastflexibilität und ein evtl. vorhandener F&E-Bedarf werden in Abschn. 5.3.2 skizziert.

Tab. 5.1 Technische Kenndaten von Braunkohle- und Steinkohlekraftwerken mit CCS-Technologie [1, 2, 5, 13, 15, 16]

	Post-Combustion			Oxyfuel			Pre-Combustion		
	Heute	2025	2050	Heute	2025	2050	Heute	2025	2050
Wirkungsgrad [%]									
BK-Basisprozess	43,5	45	> 50	43,5	45	> 50	45	48	> 50
SK-Basisprozess	46	48	> 51	46	48	> 51	k. A.	k. A.	k. A.
Effizienzverlust [%-Punkte]	10–12	9–10	7–9	–	~ 10	< 8	–	9–11	ca. 8
CO$_2$-Reinheit [%]	> 99,9 (Wäsche)			> 99			> 99		
Retrofit	Gut (Wäsche)			Unklar			Nicht relevant		

5.2   Zukünftige Anforderungen und Randbedingungen

5.2.1   Gesellschaft

Die CCS-Technologie ist in der deutschen Bevölkerung weitgehend unbekannt [17]. Aus heutiger Sicht kann kein abschließendes Urteil zur gesellschaftlichen CCS-Akzeptanz getroffen werden. Es ist allerdings bereits heute ein erheblicher Widerstand in der Bevölkerung festzustellen. Weiterhin besteht derzeit nur eine geringe Akzeptanz für die Errichtung neuer Kohlekraftwerke und den Betrieb von Bestandskraftwerken. Darüber hinaus ist kaum Akzeptanz für die Errichtung der notwendigen Infrastruktur (Transport-pipelines, Speicherstandorte) vorhanden. Insbesondere in den nördlichen Bundesländern, in deren Gebiet potenzielle salinare Aquiferspeicherstandorte in Frage kommen, ist die Akzeptanz äußerst gering. Diese ablehnende Haltung spiegelt sich nicht zuletzt im CCS-Gesetz wider, das eine kommerzielle geologische Speicherung großer CO_2-Mengen derzeit nicht zulässt [18].

5.2.2   Kostenentwicklung

Die Kosten der drei CO_2-Abscheiderouten sind in Tab. 5.2 zusammengefasst. Die Investitionen erster kommerzieller CCS-Kraftwerke werden um 70 bis 90 % höher geschätzt als für konventionelle Referenzanlagen [19]. Weiterhin ist zu beachten, dass aufgrund des schlechteren Wirkungsgrades der Bau zusätzlicher Kapazität notwendig ist, der wiederum zusätzliche Investitionen erfordert. Hinzu kommen Kosten für den Transport und die Speicherung des abgeschiedenen CO_2, die in Abhängigkeit z. B. von der Pipelinelänge, des Terrains, des Transportvolumens und der Speicherstätte zwischen 5 und 18 Euro/t

Tab. 5.2 Kosten der Verfahren für Braunkohle- und Steinkohlekraftwerke [19–22]

	Post-Combustion 2025	Oxyfuel 2025	Pre-Combustion 2025
Anlagengröße [MW]	1100 (BK) 800 (SK)	1100 (BK) 800 (SK)	900 (BK, SK)
Investition [Euro$_{2011}$/kW], 1st kommerzielle Anlage	BK (MEA): 2950 SK (MEA): 2800	BK: 2900 SK: 2800	BK: 3200 SK: 3100
Referenzanlage ohne CCS	BK: 1700, SK: 1600, Vergasung: k. A.		
Fixe Kosten [Euro$_{2011}$/kW]	BK/SK: 58/54	BK/SK: 58/54	BK/SK: 70/66
Transport- und Speicherkosten [Euro$_{2011}$/t CO_2]	5–18		
CO_2-Vermeidungskosten [Euro$_{2011}$/t CO_2]	SK: 30–65	SK: 30–55	SK: 30–55
Stromgestehungskosten [Euro$_{2011}$/MWh]	SK: 65–90	SK: 60–80	SK: 70–100

CO$_2$ variieren [19]. Aus diesen Mehrkosten resultieren höhere Stromgestehungs- und die CO$_2$-Vermeidungskosten.

Ein Vergleich der Kosten für CCS-Kraftwerke auf der Basis harmonisierter Referenzparameter wie Brennstoffpreis, Zinssatz und Referenzjahr [20] zeigt bei den Stromgestehungskosten eine Bandbreite von ca. 65 bis zu 100 Euro/MWh. Die CO$_2$-Vermeidungskosten belaufen sich auf 30 bis 65 Euro/t CO$_2$ [19]. Berechnungen in [19] unterstellen Transport- und Speicherungskosten von 5 Euro/t CO$_2$. Die CO$_2$-Vermeidungskosten ergeben sich damit zu 34 bis 38 Euro/t CO$_2$ für Braunkohlekraftwerke und 41 bis 48 Euro/t CO$_2$ für Steinkohlekraftwerke bei einer Auslastung von 7500 Volllaststunden. Eine Verringerung der Volllaststunden auf 2500 h führt nach [19] tendenziell zu einer Verdopplung der CO$_2$-Vermeidungskosten. Da derzeit die CO$_2$-Zertifikatspreise in Europa sich deutlich unterhalb von 10 Euro/t CO$_2$ bewegen, ist der ökonomische Anreiz für den Einsatz von CCS-Techniken zu gering.

5.2.3   Politik und Regulierung

CCS ist in der Energie- und Klimapolitik der Europäischen Union (EU) als Klimaschutzoption festgeschrieben und die Errichtung von Demonstrationsanlagen soll durch entsprechende Rahmenbedingungen flankiert werden. Zu den Rahmenbedingungen zählen die Entwicklung eines Rechtsrahmens für die geologische CO$_2$-Speicherung (CCS-Richtlinie 2009/31/EG, [23]), die Aufnahme von CCS in den europäischen Emissionshandel (EU Emissions Trading System, EU-ETS) und die Installierung von Förderinstrumenten (European Energy Programme for Recovery, EEPR; New Entrant Reserve, NER300) [19, 24].

Die EU-Kommission hat die in der ersten New Entrants' Reserve(NER)-Runde für CCS-Demonstrationen vorgesehenen Mittel (275 Mio. Euro) allerdings Projekten für erneuerbare Energien zugesprochen. Als Begründung wurde das mangelnde Engagement von EU-Mitgliedsstaaten, Energiewirtschaft und Industrie angeführt [24]. Die Mittel sollen aber für die zweite Vergaberunde verfügbar bleiben. Eines der sechs von der EU-Kommission ausgewählten CCS-Demonstrationsprojekte wurde allerdings bereits eingestellt (Jänschwalde, Oxyfuel, 2011). Bei den übrigen Projekten gibt es Verzögerungen (Porto Tollo, Post-Combustion), ausstehende Investitionsentscheidungen (Compostilla, Oxyfuel; Don Valley Power, Pre-Combustion; Maasvlakte, Post-Combustion) und eine angekündigte Einstellung (Belchatow, Post-Combustion) [24].

Die Umsetzung der CCS-Richtlinie in nationales deutsches Recht erfolgte im August 2012. Das vorliegende Gesetz lässt die Erforschung und Entwicklung von CO$_2$-Speichern zu, verhindert aber eine großskalige kommerzielle Nutzung [18]. Das derzeitige deutsche CCS-Gesetz sieht für das Jahr 2017 eine Evaluierung vor. Ob danach ein CCS-Gesetz erlassen wird, dass die Speicherung großer CO$_2$-Mengen erlaubt, erscheint angesichts des Dissenses zwischen den politischen Akteuren auf Bundes- und Landesebene fraglich.

5.2.4 Marktrelevanz

CCS-Kraftwerke müssen sich wie andere Kraftwerke über den Strommarkt refinanzieren. Der Bau von CCS-Kraftwerken stellt eine Investition mit langfristiger und hoher Kapitalbindung dar. Mit der CO_2-Abscheidung sind niedrigere Kraftwerkswirkungsgrade, ein zusätzlicher Energiebedarf sowie Kosten für Abscheidung, Transport und Lagerung des CO_2 verbunden. Es ist davon auszugehen, dass aufgrund dieser Mehrkosten CCS-Kraftwerke erst bei einem CO_2-Zertifikatspreis von mindestens 40 Euro/t CO_2 für Investoren interessant sein werden.

Der Preis für CO_2 ist derzeit niedrig (im Jahre 2013 unter 10 Euro/t CO_2) und die Volllaststundenzahl konventioneller Kraftwerke aufgrund zunehmender Einspeisung von erneuerbaren Energien rückläufig. Die Refinanzierung der hohen Investitionen ist daher bei heutiger Marktsituation nicht gegeben [19]. Darüber hinaus ist derzeit ungeklärt, welche Versorgungsaufgaben Kraftwerke vor dem Hintergrund zunehmender Flexibilisierungsanforderungen prinzipiell zukünftig leisten sollen.

5.2.5 Mögliche Wechselwirkungen mit anderen Technologien

Ein großtechnischer Einsatz der CO_2-Abscheidetechnik erfordert den Aufbau einer umfassenden Transportinfrastruktur von Pipelines sowie die Erkundung und Erschließung geeigneter Speicherstandorte. Potenzielle Speicherstandorte liegen in den nördlichen Bundesländern und damit in der Regel mehrere hundert Kilometer vom Kraftwerksstandort entfernt (dies erklärt auch die unterschiedlichen Interessenslagen der einzelnen Bundesländer). Zudem sind transport- und speicherspezifische Reinheitsanforderungen zu erfüllen, die eine Reinigung des abgeschiedenen CO_2 von typischen Verunreinigungen wie Schwefeldioxid (SO_2) oder Schwefelwasserstoff (H_2S) erfordern. Ferner ergeben sich aus dem Einbezug der CO_2-Abscheidung in den Kraftwerksprozess Rückwirkungen auf den Kraftwerksbasisprozess, auf die im Kap. 3 eingegangen wird. Eine weitere Wechselwirkung ergibt sich aus der Konkurrenz der CO_2-Abscheidung zu anderen CO_2-Minderungsoptionen der Stromerzeugung, insbesondere zu den erneuerbaren Energien aus Windkraft, Photovoltaik, Biogas/Biomasse oder zu Mikro-KWK-Anlagen.

5.2.6 Game Changer

Die Einführung der CO_2-Abscheidung in der Kraftwerkstechnik kann an einer Reihe ökonomischer, technischer oder politischer Entwicklungen und Gegebenheiten scheitern. Als wesentliche durch die Politik bedingte Game Changer sind eine Abkehr oder Lockerung der nationalen und EU-weiten CO_2-Minderungsziele oder eine ausbleibende Modifikation des bestehenden nationalen CCS-Gesetzes zu nennen. Im Hinblick auf technische Hindernisse ist eine ausbleibende Errichtung großskaliger Demonstrationsanlagen, die die technische Machbarkeit und den Scale-up von CCS-Kraftwerken nachweisen sollen, zu nennen. Weitere Game Changer ergeben sich aus einer fehlenden Investitionsbereitschaft für den Aufbau der CO$_2$-Transportinfrastruktur oder aus einem ungenügenden CO$_2$-Speicherpotenzial. Positive Impulse würden von einer Verschärfung der Klimaschutzziele oder von einem effektiveren Emissionshandel mit gegenüber heute deutlich höheren CO$_2$-Zertifikatspreisen ausgehen.

5.3   Technologieentwicklung

5.3.1   Entwicklungsziele

Hinsichtlich der Entwicklungsziele gilt es, die Wirkungsgradeinbußen der CO$_2$-Abscheideverfahren durch eine optimierte Integration in den Kraftwerksprozess und durch die Entwicklung effizienterer bzw. neuer Substanzen, Verfahren und Komponenten zu senken. Ferner sind die technische Machbarkeit und der Scale-up durch den Bau und Betrieb von Demonstrationskraftwerken nachzuweisen. Ein weiteres zentrales Entwicklungsziel ist die Steigerung der Flexibilität von CCS-Kraftwerken.

Vor dem Hintergrund der sich abzeichnenden Verzögerung bei der Realisierung der CCS-Technik kommt der Nachrüstung von CO$_2$-Abscheidetechniken eine besondere Bedeutung zu. Das Post-Combustion-Verfahren ist hierfür die aussichtsreichste Techniklinie und sollte in der Perspektive bis 2025 daher mit Vorrang weiter verfolgt werden.

5.3.2   F&E-Bedarf und kritische Entwicklungshemmnisse

Alle drei CO$_2$-Abscheideverfahren besitzen ein Effizienzpotenzial, das verfahrensabhängig mit unterschiedlichsten Maßnahmen realisiert werden kann. Die thermodynamische Einbindung des CO$_2$-Abscheideverfahrens in den eigentlichen Kraftwerksbasisprozess stellt bei allen drei Techniklinien eine besondere Herausforderung dar.

Vergleicht man die weltweiten Planungen größerer CCS-Kraftwerksprojekte, ist zumindest für Europa ein Trend zu Post-Combustion-Verfahren festzustellen [25]. Im Hinblick auf eine schnelle Realisierung der CCS-Technik sollte das Post-Combustion-Verfahren mit Vorrang weiter verfolgt werden. In der Perspektive bis 2025 sollte der Fokus auf der Untersuchung effizienterer Waschflüssigkeiten gerichtet bleiben, zu denen weiterentwickelte Amine (z. B. Methyldiethanolamin (MDEA)), alkali- oder ammoniakhaltige Lösungen („chilled ammonia") sowie Aminosäuresalze zählen. Ein weiteres Ziel stellt die Optimierung von Nachrüstkonzepten dar. Ein hoher F&E-Bedarf besteht bei neuen Verfahren (z. B. Membranen, Carbonate-Looping), die weit nach 2025 eine Alternative zu den heute favorisierten Waschverfahren sein könnten.

Für Oxyfuel-Verfahren liegt das kurzfristige Effizienzpotenzial in der Optimierung des Gesamtsystems, durch die Verbesserung des Abbrandverhaltens und der Reduzierung des

Falschlufteintrags in Dampferzeugern. Ferner ist die Nachrüstbarkeit insbesondere vor dem Hintergrund von Korrosionseffekten und Verbrennungsaspekten zu analysieren. Längerfristiger F&E-Bedarf besteht bezüglich der effizienteren Sauerstoffbereitstellung, z. B. durch Verbesserung des kryogenen Luftzerlegungsverfahrens, oder durch Übergang zu Membran- oder Chemical-Looping-Verfahren.

Für Pre-Combustion-Verfahren stellt der Einsatz des Brenngases in einer Gasturbine große Anforderungen an die Brenngasreinigung, beispielsweise bezüglich des zulässigen Staubgehaltes. Hierfür sind verbesserte Techniken zu entwickeln. Auch die Gasturbinen selbst und das Brennerdesign müssen für den Einsatz von Wasserstoff weiterentwickelt und optimiert werden. Die thermodynamisch optimale Integration der CO_2-Abscheidung in den Gesamtprozess ist derzeit Gegenstand von F&E-Arbeiten. Auch für das Pre-Combustion-Verfahren steht der Nachweis der großtechnischen Machbarkeit noch aus.

Die Einführung der CO_2-Abscheideverfahren zur Reduktion der Klimagasemission kann in anderen Bereichen zusätzliche Auswirkungen auf die Umwelt infolge des höheren Brennstoffbedarfs, der toxischen Wirkung von chemischen Waschmitteln und der geänderten Zusammensetzung von Abfallströmen auslösen. Daher ist für alle Verfahren eine umfassende Betrachtung z. B. durch Life Cycle Assessment (LCA) und Ökobilanzen erforderlich, die auch vor- und nachgelagerte Ketten mit einschließt [26].

Capture Ready Gegenüber neuen Kraftwerken mit CO_2-Abscheidung besitzt ein nachgerüstetes Bestandskraftwerk eine geringere Effizienz, da u. a. die wärmetechnische Optimierung zwischen Absorption/Desorption, CO_2-Kompression und Vorwärmstrecke suboptimal ist. Durch Capture-Ready-Maßnahmen an der Niederdruckturbine sowie der Rauchgasentschwefelungsanlage geplanter Anlagen, könnten Effizienzvorteile von 1,4 bis 2,3 %-Punkte gegenüber einer Nachrüstung ohne vorkehrende Maßnahmen erzielt werden [27].

Flexibilität Die Bewertung der CO_2-Abscheideverfahren richtete sich bislang fast ausschließlich auf den Grundlastbetrieb. Belastbare Aussagen zur Flexibilität von CCS-Kraftwerken (Teillastverhalten, Lastrampen, Anfahr- und Abfahrvorgänge, Betrieb ohne CCS) erfordern eine dynamische Modellierung von Anlagen bzw. Kraftwerkskomponenten. Bis auf wenige Ausnahmen [28, 29] wurden die existierenden CCS-Kraftwerksanalysen nur mit statischen Modellen durchgeführt. Das bedeutet, dass keine Lastwechsel berücksichtigt werden. Gleiches gilt für die Möglichkeiten eines Teillastbetriebs und den damit verbundenen Wirkungsgradverlusten.

Für alle drei CO_2-Abscheiderouten bestehen Möglichkeiten, die Lastflexibilität zu steigern [15, 30, 31]. Sie bestehen für Post-Combustion-Kraftwerke zum Beispiel darin, die Abscheideanlage mit Hilfe eines Bypass zu umgehen oder das CO_2-beladene Lösungsmittel in gesonderten Tanks zwischen zu speichern. Hierdurch könnte in beiden Fällen der ursprünglich für die Desorption vorgesehene Niederdruckdampf für die Stromerzeugung bzw. Laststeigerung genutzt werden. Eine weitere Möglichkeit besteht darin, die CO_2-Wäsche und den CO_2-Verdichter an die flexibilitätsorientierte Fahrweise des Kraftwerks anzupassen, indem deren Betriebsgrenzen erweitert werden. In [31] wird hierzu vorgeschlagen, den CO$_2$-Massenstrom auf zwei unterschiedlich große Verdichterstränge im Verhältnis von 70 zu 30 aufzuteilen und die CO$_2$-Wäsche auf den Rauchgasstrom bei 70 % Kessellast auszulegen. Die bei höheren Kessellasten hinzukommenden Rauchgase werden mittels Bypass an der Abscheideanlage vorbeigeführt. Durch die Verdichter- und abscheideseitigen Maßnahmen erweitert sich der Betriebsbereich des Gesamtsystems bei der Kessellast von 70 bis 100 % auf 50 bis 100 %. Der CO$_2$-Abscheidungsgrad kann dabei von 50 bis 90 % gesteuert werden, wobei bei einer Kessellast von 50 % ein Abscheidungsgrad von 70 % nicht unterschritten werden kann. Die Variierung des Abscheidegrades kann als flexibilitätssteigernde Maßnahme eingesetzt werden, da über die Wahl des Abscheidegrades die Niederdruckdampfmenge für die Stromproduktion gesteuert werden kann. Diesen flexibilitätssteigernden Maßnahmen steht natürlich das verminderte CO$_2$-Rückhaltepotenzial gegenüber.

Sowohl An- und Abfahrvorgänge als auch der Teillastbetrieb des Oxyfuel-Kraftwerks setzen eine Variation der Sauerstoffzufuhr voraus. Die Geschwindigkeit dieser Variation hängt nicht zuletzt auch von der Flexibilität der Luftzerlegungsanlage ab, für die derzeit Lastrampen von 1 bis 3 % pro Minute (bezogen auf Volllast) genannt werden [32]. Eine Steigerung der Laständerungsgeschwindigkeit wird darin gesehen, Sauerstoff in flüssiger oder gasförmiger Form zwischen zu speichern und diesen in Zeiten hoher Laständerungsgeschwindigkeiten einzusetzen.

Eine Möglichkeit der Lastvariation des Pre-Combustion-Verfahrens besteht darin, einen Teil des Wasserstoffs zwischen zu speichern und diesen bei hoher Lastanforderung einzusetzen. Diese Variante hätte den Vorteil, dass der Vergaser den Lastanforderungen nicht vollständig folgen müsste. Da der Wasserstoff in einer Gasturbine eingesetzt wird, sind sowohl die Lastflexibilität als auch die Laständerungsgeschwindigkeiten sehr hoch. Ein Vorteil von IGCC-Anlagen besteht in der prinzipiellen Möglichkeit, neben Elektrizität und Wasserstoff auch andere Produkte wie z. B. Methanol (Polygeneration) herstellen zu können, was zur Erhöhung der Anlagenflexibilität beitragen könnte [15].

Die größten heute weltweit existierenden CCS-Pilotanlagen liegen – mit Ausnahme des kanadischen 110 MW Boundary Dam Carbon Capture Project – in einem Leistungsbereich von < 30 MW$_{el}$. Im Sinne eines Scale-up-Prozesses ist als nächster Schritt der Bau größerer Demonstrationsanlagen notwendig. Die größten bislang geplanten Demonstrationskraftwerke sind für eine Anlagenleistung von 200 bis 300 MW$_{el}$ konzipiert. Ob sich hieran der Bau von Anlagen mit heute üblichen Blockgrößen anschließt oder noch ein weiterer Scale-up-Schritt notwendig ist, ist derzeit nicht absehbar. Sollte der Bau von Demonstrationskraftwerken ausbleiben, stellt dies für die weitere Entwicklung der CCS-Technik ein kritisches Entwicklungshemmnis dar.

Roadmap – CO_2-Abscheidung

Beschreibung

- Abtrennung von CO_2 aus Rauch- bzw. Synthesegasen großtechnischer Energieerzeugungsanlagen
  - *Post-Combustion* (Post-C): Rauchgaswäsche, chemische Absorption ist industriell erprobt; Pilotanlagen weltweit; 110 MWel-Demo-Anlage (Kanada); retrofitfähig
  - *Oxyfuel (Oxy)*: O_2-Verbrennung; Luftzerlegung, Stand der Technik; einzelne Pilotanlagen; Retrofitfähigkeit unklar
  - *Pre-Combustion* (Pre-C): Syngas-Wäsche, Stand der Technik; nur 6 IGCC-Kraftwerke (ohne CCS) weltweit

Entwicklungsziele

- alle: Senkung der Wirkungsgradeinbußen durch optimierte Integration in den Kraftwerksprozess, Entwicklung effizienterer bzw. neuer Substanzen/Verfahren/Komponenten (Post-C: Priorität 1 , Oxy: Priorität 2, Pre-C: Priorität 3), langfristig (nach 2030): Entwicklung von Verfahren der 2. Generation (Post-C: Carbonate Looping; Oxy: O_2-Membran, Chemical Looping; Pre-C: H_2 / O_2 / CO_2-Membran, Hochtemperaturprozess)
- alle: Steigerung der Flexibilität
- alle: Scale up durch Bau von Demonstrationskraftwerken
- Post Combustion: Capture-Ready-Maßnahmen

Technologie-Entwicklung

Wirkungsgradverlust gegenüber Kraftwerksbasisprozess (%-Punkte)

Post-Combustion

10–12	9–10	7–9	▶

Oxyfuel

–	ca. 10	<8	▶

Pre-Combustion

–	9–11	ca. 8	▶
heute	**2025**	**2050**	▶

Leistungsspezifische Investitionen (€/kW), großtechnische Systeme > 800 MW

Post-Combustion

–	2 950/2 800 (BK/SK)	keine Angabe	▶

Oxyfuel

–	2 900/2 800 (BK/SK)	keine Angabe	▶

Pre-Combustion

–	3 200/3 100 (BK/SK)	keine Angabe	▶
heute	**2025**	**2050**	▶

CO_2-Vermeidungskosten (€/t CO_2), großtechnische Systeme > 800 MW

Post-Combustion

–	30–65	keine Angabe	▶

Oxyfuel

–	30–55	keine Angabe	▶

Pre-Combustion

–	30–55	keine Angabe	▶
heute	**2025**	**2050**	▶

Roadmap – CO$_2$-Abscheidung

F&E-Bedarf

Post-Combustion: effizientere Waschflüssigkeit, effizientere Rauchgasentschwefelung, Gesamtsystemoptimierung, Retrofitoptimierung, Flexibilität, Kosten ▶

Oxyfuel: Gesamtsystemoptimierung, effizientere kryogene Luftzerlegung, Retrofit-Machbarkeit, Flexibilität, Kosten ▶

Pre-Combustion: Optimale Integration der Wäsche in IGCC-Basisprozess, H$_2$-Turbine, Flexibilität, Kosten ▶

heute	5 bis 10 Jahre	▶

Gesellschaft

• Hohes Akzeptanzrisiko in Deutschland für CO$_2$-Speicher und -Pipeline

Politik & Regulierung

• *Treiber*: Europäische Union
  - CCS als Klimaschutzoption festgeschrieben
  - Flankierende Maßnahmen: CCS-Richtlinie, EU Emissions Trading System (EU-ETS), Förderinstrumente
• *Hemmnis*: aktuelles nationales CCS-Gesetz verhindert die großskalige Speicherung von CO$_2$

Kostenentwicklung

• Hohe spezifische Investitionen, die ca. 70 % über Referenzkraftwerk liegen
• CO$_2$-Vermeidungskosten: 30 – 65 €/t CO$_2$ (Anteil Transport + Speicherung: 5 – 18 €/t CO$_2$)

Marktrelevanz

• Refinanzierung von CCS-Kraftwerken bei heutiger Marktsituation nicht gegeben (CO$_2$-Zertifikatpreis)
• Niedrige Zertifikatpreise und rückläufige Volllastbetriebsstunden
• Versorgungsaufgabe unklar im Hinblick auf Flexibilisierungsanforderung

Wechselwirkungen / Game Changer

Wechselwirkungen

• Kraftwerksbasisprozesse
• Konkurrenz mit anderen CO$_2$-Minderungsoptionen (erneuerbare Energien, Mikro-KWK etc.)
• Transport- und Speicherinfrastruktur erfordert hohe CO$_2$-Reinheit

Game Changer

• *Negative*
  - Kein ausreichendes Speicherpotenzial in Deutschland
  - Keine Novellierung des Speichergesetzes
  - Keine Investitionsbereitschaft in Infrastruktur
  - Flexibilitätsanforderungen nicht umsetzbar
• *Positive*
  - Ambitioniertere Klimaschutzziele
  - Hoher CO$_2$-Zertifikatspreis

5.4 Abkürzungen

BK   Braunkohle
CCS   Carbon Capture and Storage
CO   Kohlenmonoxid
COS   Carbonylsulfid
EEPR   European Energy Programme for Recovery
EU   Europäische Union
EU-ETS EU Emissions Trading System
F&E   Forschung und Entwicklung
IGCC   Integrated Gasification Combined Cycle
H_2 Wasserstoff
LCA   Life Cycle Analysis
MDEA Methyldiethanolamin
MEA   Monoethanolamin
NER   New Entrant Reserve (funding)
O_2 Sauerstoff
SK   Steinkohle
Syngas Synthesegas

Literatur

1. IPCC (2005) Special report on carbon dioxide capture and storage (2005) Intergovernmental Panel on Climate Change. Cambridge University Press

2. BMWi (2007) Leuchtturm COORETEC – Der Weg zum zukunftsfähigen Kraftwerk mit fossilen Brennstoffen. Bundesministerium für Wirtschaft und Technologie (BMWi), Berlin

3. Kather A, Rafailidis S, Hermsdorf C, Klostermann M, Maschman A, Mieske K, Oexmann J, Pfaff I, Rohloff J (2008) Research and development needs for clean coal deployment. Report CCC/130, IEA Clean Coal Centre, London

4. Stolten D, Scherer V (2011) Efficient carbon capture for coal power plants. Wiley-VCH Verlag

5. Wietschel M, Arens M, Dötsch C, Herkel S, Krewitt W, Markewitz P, Möst D, Scheufen M (Hrsg.) (2010) Energietechnologien 2050 – Schwerpunkte für Forschung und Entwicklung: Technologienbericht. Fraunhofer Verlag, Stuttgart

6. Leifeld P (2008) Technische Analyse eines Oxyfuel-Kraftwerksprozesses in As-pen Plus unter besonderer Berücksichtigung der kryogenen Luftzerlegung und Ermittlung entscheidender Parameter für eine ganzheitliche Bilanzierung. RWTH Aachen (Lehrstuhl für mechanische Verfahrenstechnik)

7. Kneer R, Toporov D, Forster M, Christ D, Broeckmann C, Pfaff E, Zwick M, Engels S, Modigell M (2010) OXYCOAL-AC: Towards an integrated coal-fired power plant process with ion transport membrane-based oxygen supply. Energy & Environmental Science, Bd. 3(2), S. 198–207

8. Engels S, Beggel F, Modigell M, Stadler H (2010) Simulation of a membrane unit for oxyfuel power plants under consideration of realistic BSCF membrane properties. Journal of Membrane Science, Bd. 359, Nr. 1–2, S. 93–101

9. Stadler H, Beggel F, Habermehl M, Persigehl B, Kneer R (2011) Oxyfuel coal combustion by efficient integration of oxygen transport membranes. International journal of greenhouse gas control, Bd. 5(1), S. 7–15

10. Castillo R (2011) Thermodynamic analysis of a hard coal oxyfuel power plant with high temperature three-end membrane for air separation. Applied Energy, Bd. 88, S. 1480–1493

11. Beggel F, Nauels N, Modigell M (2011) CO$_2$ Separation via the Oxyfuel Process with O$_2$-Transport Membranes in Coal Power Plants. In: Efficient Carbon Capture for Coal Power Plants. Weinheim, Wiley-VCH Verlag, S. 405–430

12. Epple B, Ströhle J (2011) Chemical Looping in Power Plants. In: Efficient Carbon Capture for Coal Power Plants. Weinheim, Wiley-VCH Verlag

13. Kunze C, Spliethoff H (2010) Modelling of an IGCC plant with carbon capture for 2020. Fuel Processing Technology, Bd. 91(8), S. 934–941

14. Ploumen P (2006) Retrofit of CO$_2$ capture at coal-fired power plants in the Netherlands. In: 8th International Conference on Greenhouse Gas Control Technologies, Trondheim

15. Markewitz P, Bongartz R (2012) Technologien zur CO$_2$-Abscheidung. In: CO$_2$-Abscheidung, -Speicherung und -Nutzung: Technische, wirtschaftliche, umweltseitige und gesellschaftliche Perspektive. Schriften des Forschungszentrums Jülich, Reihe Energie&Umwelt Band 64, S. 15–49

16. Weil S (2009) Statusbericht IGCC-CCS-Projekt von RWE-Power. COORETEC-Workshop 2009, www.cooretec.de

17. Schumann D (2012) Gesellschaftliche Akzeptanz. In: CO$_2$-Abscheidung, -Speicherung und -Nutzung: Technische, wirtschaftliche, umweltseitige und gesellschaftliche Perspektive. Schriften des Forschungszentrums Jülich, Reihe Energie&Umwelt Band 64, S. 225–255

18. Fischer W (2012) Kein CCS in Deutschland trotz CCS-Gesetz? In: CO$_2$-Abscheidung, -Speicherung und -Nutzung: Technische, wirtschaftliche, umweltseitige und gesellschaftliche Perspektive. Schriften des Forschungszentrums Jülich, Reihe Energie&Umwelt Band 64, S. 259–287

19. Kuckshinrichs W, Vögele S (2012) Energiewirtschaftliche Analyse der CO$_2$-Abscheidung. In: CO$_2$-Abscheidung, -Speicherung und -Nutzung: Technische, wirtschaftliche, umweltseitige und gesellschaftliche Perspektive. Schriften des Forschungszentrums Jülich, Reihe Energie&Umwelt Band 64, S. 151–175

20. ZEP (2011) The costs of CO$_2$ capture, transport and storage. www.zeroemissionsplatform.eu

21. GCCSI (2011) Economic Assessment of Carbon Capture and Storage Technologies: 2011 Update. www.globalccsinstitute.com/publications/economic-assessment-carbon-capture-and-storage-technologies-2011-update, zugegriffen am 27.11.2014

22. McKinsey (2008) Carbon Capture & Storage: Assessing the Economics.

23. EU (2009) Richtlinie 2009/31/EG des Europäischen Parlaments und des Rates vom 23. April 2009 über die geologische Speicherung von Kohlendioxid. http://eur-lex.europa.eu/legal-content/DE/TXT/?uri=CELEX:32009L0031, zugegriffen am 10.12.2014

24. Schenk O, Hake JF (2012) CCS-Politik in der EU: Geht die Rechnung auf oder wurde die Rechnung ohne den Wirt gemacht? In: CO$_2$-Abscheidung, -Speicherung und -Nutzung: Technische,

wirtschaftliche, umweltseitige und gesellschaftliche Perspektive. Schriften des Forschungszentrums Jülich, Reihe Energie&Umwelt Band 64, S. 289–313

25. GCCS (2011) The global status of CCS 2011. Global CCS Institute, www.globalccsinstitute. com, zugegriffen am 10.12.2014

26. Schreiber A, Zapp P, Marx J (2012) Umweltaspekte von CCS. In: CO_2-Abscheidung, -Speicherung und -Nutzung: Technische, wirtschaftliche, umweltseitige und gesellschaftliche Perspektive. Schriften des Forschungszentrums Jülich, Reihe Energie&Umwelt Band 64, S. 103–129

27. Irons R, Sekkappan G, Panesar R, Gibbins J, Lucquiaud M (2007) CO_2 Capture Ready Plants. Technical Study Report Nr. 2007/4, IEA Greenhouse Gas R&D Programme

28. Ziaii S., Cohen S, Rochelle GT, Edgar TF, Weber ME (2009) Dynamic operation of amine scrubbing in response to electricity demand and pricing. Energy Procedia, Bd. 2009(1), S. 4047–4053

29. Kvamsdal HM, Jakobsen JP, Hoff KA (2009) Dynamic modeling and simulation of a CO_2 absorber column for post-combustion CO_2 capture. Chemical Engineering and Processing: Process Intensification, Bd. 48(1), S. 135–144

30. Chalmers H (2010) Flexible operation of coal-fired power plant with CO_2 capture. Report CCC/160, IEA Clean Coal Centre

31. Multhaupt S, Woettki L, Oeljeklaus G, Görner K, Alexander S (2012) Flexibilitätssteigerung durch betriebsorientierte Auslegung von Post-Combustion Capture Prozessen für Kraftwerke. In Kraftwerkstechnik – Sichere und nachhaltige Energieversorgung. Bd. 4, TK Verlag, S. 213–224

32. White V, Armstrong P, Fogash K (2009) Oxygen supply for oxyfuel CO_2 capture. In 1st International Oxyfuel Conference, Cottbus

CO$_2$-Nutzung

6

Richard Bongartz, Peter Markewitz und Klaus Biß

6.1 Technologiebeschreibung

6.1.1 Funktionale Beschreibung

Vor dem Hintergrund einer möglichen Kohlendioxid(CO$_2$)-Abscheidung bei Kraftwerken (Kap. 5) und den damit anfallenden CO$_2$-Mengen kann die stoffliche Nutzung des CO$_2$ einen Beitrag zur Reduktion der CO$_2$-Emission und eine Ergänzung zur CO$_2$-Speicherung liefern. Die CO$_2$-Abscheidung mit anschließender Nutzung wird als Carbon-Capture-and-Utilization(CCU)-, die CO$_2$-Abscheidung mit anschließender Speicherung als Carbon-Capture-and-Storage(CCS)-Technik bezeichnet. Bisherige Nutzungen von CO$_2$ basieren auf industriellen Quellen, bei denen CO$_2$ als Kuppelprodukt oder Emission anfällt. Das CO$_2$ kann sowohl physikalisch, chemisch als auch biologisch genutzt werden. Es dient beispielsweise als Inertgas zur Erdölexploration oder als Werkstoff für die Herstellung von Chemikalien, Kraft- und Kunststoffen. Die Klimaschutzrelevanz der verschiedenen Nutzungsmöglichkeiten hängt neben der eingesetzten Menge von der Dauer der Fixierung und der Energiebilanz ab. Die bisherigen Nutzungen sind bezüglich der Klimarelevanz von geringer Bedeutung [1, 2].

6.1.1.1 Organisch-chemische Verwendung von CO$_2$

Für die CO$_2$-Nutzung in großindustriellem Maßstab bietet sich als Möglichkeit vor allem die organisch-chemische Verwendung an. CO$_2$ wird gegenwärtig vor allem für die Herstellung von Harnstoff und Methanol eingesetzt. Die Harnstoffproduktion von weltweit jährlich 146 Mio. t (überwiegend Düngemittel) ist mengenmäßig mit einer Einsatzmenge von 107 Mio. t CO$_2$ das derzeit größte CO$_2$-Nutzungsfeld [1]. Die CO$_2$-Fixierungszeit ist

Richard Bongartz ✉ · Peter Markewitz · Klaus Biß
Forschungszentrum Jülich GmbH, Jülich, Deutschland
url: http://www.fz-juelich.de

© Springer Fachmedien Wiesbaden 2015
M. Wietschel et al. (Hrsg.), *Energietechnologien der Zukunft*,
DOI 10.1007/978-3-658-07129-5_6

allerdings kurz, da nach der Düngemittelausbringung das CO_2 wieder freigesetzt wird. Bei vielen Methanol-Anwendungen erfolgt ebenfalls keine über den Gebrauch hinausgehende Fixierung von CO_2. Dies gilt insbesondere für die Anwendung im Kraftstoffbereich, die derzeit diskutiert wird, wie dem Konzept aus Überschussstrom Gas herzustellen, und dieses über das Gasnetz zur Verbrennung in Gasfahrzeugen zu verwenden. Hohe CO_2-Fixierungsmengen und -dauern werden von innovativen Nutzungsmöglichkeiten, wie die Polymeranwendung erwartet (siehe Abschn. 6.1.1.3).

6.1.1.2 Physikalische CO_2-Nutzung

Die physikalische Verwendung von CO_2 z. B. als Inertgas, Reinigungs-, Extraktions- und Imprägniermittel oder in der Getränkeindustrie ist aufgrund der meist schnellen CO_2-Freisetzung klimaspezifisch wenig relevant, stellt aber ein großes Nutzungspotenzial dar. Bei der CO_2-Nutzung zur Erdöl-/Erdgasexploration (Enhanced Oil Recovery, EOR/Enhanced Gas Recovery, EGR) – in Nordamerika das dominierende Nutzungsfeld [3] – ist entscheidend, ob das CO_2 langfristig in der Lagerstätte verbleibt. Für Deutschland besteht dieses Einsatzfeld nicht.

6.1.1.3 Innovative Lösungsansätze der CO_2-Nutzung

Über die heutige stoffliche Nutzung von CO_2 hinaus gibt es viele innovative Lösungsansätze, wie CO_2 in Zukunft verwendet werden könnte [1, 3–5]. Diskutiert werden vor allem der Einbau von CO_2 in Polymere, die Hydrierung von CO_2 zu Methanol, die elektro- und photokatalytische Aktivierung von CO_2 sowie die Biomassegewinnung durch Algenzucht. Kohlendioxid lässt sich auch für die Methanisierung von Wasserstoff einsetzen, um z. B. mit dem Power-to-Gas-Konzept überschüssigen Strom chemisch zu speichern. Der Strom wird mithilfe der Wasserelektrolyse zunächst in Wasserstoff umgewandelt. In einem sogenannten Sabatier-Prozess wird dann aus CO_2 und Wasserstoff (H_2) Methan (CH_4) erzeugt. Alle genannten Lösungsansätze sind aus heutiger Sicht noch weit von einer kommerziellen Nutzung entfernt und bedürfen noch intensiver Forschungs- und Entwicklungsarbeit.

Am vielversprechendsten aus klimaspezifischer Sicht scheint derzeit der Einbau von CO_2 in Polymere, da ein hoher Anteil von CO_2 über einen langen Zeitraum fixiert wird [1]. Er bietet zudem einen Zugang zu den Märkten im Chemie- und Kunststoffsektor. Insgesamt werden heute pro Jahr über 200 Mio. t Kunststoffe produziert, davon in Deutschland ca. 18 Mio. t. Im Rahmen der BMBF-Förderinitiative „Technologien für Nachhaltigkeit und Klimaschutz" [2] geförderten Projekte „Dream Reactions", und „Dream Production", wird CO_2 direkt wie indirekt zur Herstellung der Polycarbonatkomponente Polyolen verwendet [6]. Polyole sind ein Vorprodukt für Polyurethan-Schaumstoffe. Für den Einbau des reaktionsträgen CO_2-Moleküls in das Vorprodukt war die Entwicklung eines geeigneten Katalysators erforderlich. Das eingesetzte CO_2 stammt aus dem Braunkohlenkraftwerk Niederaussem. Das CO_2 wird dort abgetrennt, gereinigt, verflüssigt und abgefüllt einer Pilotanlage des Chemieunternehmens Bayer am Standort Leverkusen zugeführt [2]. Der kommerzielle Einsatz der Technik ist Anfang 2016 am Standort Dormagen geplant. Dort sollen in einer neuen Produktionsanlage jährlich 5000 t Polyole erzeugt werden.

Die direkte Carboxylierung von Kohlenwasserstoffen durch Einfügung von CO$_2$ in die C-H-Bindung von Alkanen, Aromaten oder Olefinen zählt zu den „dream reactions" der modernen Katalyseforschung. Dies würde einen eleganten Weg zur Herstellung von Feinchemikalien wie Essigsäure, Benzoesäure oder Acrylsäure eröffnen. Die Ausgangsstoffe der genannten Chemikalien sind dabei Methan, Benzol bzw. Ethylen. Obwohl die Prozesse in vielen Fällen thermodynamisch möglich wären, existieren noch keine effizienten Lösungen [1].

Bei der Hydrierung von CO$_2$ gibt es verschiedene Ansätze zur CO$_2$-Fixierung wie die Herstellung von Ameisensäure und CO oder die Methanolproduktion. Bei anschließender Verwendung des Methanols als Ausgangsstoff für die Herstellung von Formaldehyd anstelle von fossilen Rohstoffen könnte der Markt CO$_2$-haltiger Polymere nachhaltig vergrößert werden. Die Hydrierung von CO$_2$ ist klimaspezifisch nur dann sinnvoll, wenn der benötigte Wasserstoff aus nicht-fossilen Quellen stammt [1].

Die elektrokatalytische Reduktion von CO$_2$ z. B. zu Kohlenmonoxid (CO), Ameisensäure, Methan, Methanol, Ethan, Ethylen, Ethanol, Aceton, Kohlenwasserstoffe wird schon seit langem untersucht. Eine großindustrielle Realisierung dieser Reduktionsmethode wird kurzfristig nicht erwartet, da die heutigen Elektrokatalysatoren entweder ineffizient sind oder ein zusätzliches Opfermolekül als Elektronenspender benötigen. Als Opfermoleküle kommen beispielsweise Alkohole, Amine oder Sulfite in Betracht [1].

Hinsichtlich der photokatalytischen Umwandlung erscheint die direkte Reduktion von CO$_2$ zu CO, Methan, anderen Kohlenwasserstoffen oder Methanol attraktiv zu sein. Es gibt verschiedene Arten von möglichen Photokatalysatoren für diese Reaktion, zum Beispiel titandioxidbasierte Systeme, Indiumtantalat und Platinmetallkomplexe. Ein Hemmnis bei der technischen Umsetzung ist die geringe Energieeffizienz. Eine kurz- und mittelfristig realisierbare industrielle Anwendung ist nicht zu erwarten [1].

Kohlendioxid lässt sich als Rohstoff für die Algenzucht nutzen. Mit Hilfe von Mikroalgen ist es möglich, über Photosynthese CO$_2$ zu binden und diese in Biomasse umzuwandeln, um daraus Wertstoffe wie Omega-3-Fettsäuren, Kraftstoffe oder Biogas zu erzeugen. Die Reinheit des CO$_2$-Gemisches ist hierbei nicht relevant. In Deutschland wurde die Algenzucht mit Kraftwerksrauchgasen in mehreren Pilotanlagen erprobt, u. a. an den Kraftwerksstandorten Niederaussem [7] und Senftenberg [8] sowie in der Versuchsanlage TERM [9]. In einem weiteren Projekt (Eta-Max) wird der Abgasstrom eines Blockheizkraftwerks (BHKW) zur Produktion von Algenbiomasse eingesetzt [10].

6.1.2 Status quo und Entwicklungsziele

Die mögliche Versorgung mit CO$_2$ für eine stoffliche Nutzung ist sehr viel größer als die potenzielle Nachfrage. Es wird geschätzt, das weltweit rund 500 Mio. t CO$_2$ als Nebenprodukt industrieller Prozesse zu Preisen unter 20 US\$/t verfügbar sind [3]. Derzeit werden etwa 130 Mio. t CO$_2$ stofflich genutzt, wobei 110 Mio. t auf die Verwendung von CO$_2$ als Rohstoff und 20 Mio. t auf die Nutzung als Industriegas entfallen. Der Anteil des stofflich genutzten CO_2 an der weltweit emittierten Menge entspricht etwa 0,4 %. Mit etwa 107 Mio. t wird der größte Teil des stofflich genutzten CO_2 für die Herstellung von Harnstoff verwendet, etwa 2 Mio. t entfallen auf die Methanolerzeugung. Durch Kraftwerke mit CO_2-Abscheidetechnik nachfolgend auch als CCS-Kraftwerke bezeichnet, könnte sich das CO_2-Angebot vervielfachen. Die Marktpreise werden hierdurch nicht sinken, da die Kosten für die CO_2-Abscheidung in Kraftwerken mit 30 bis 65 Euro pro Tonne CO_2 beziffert werden [11].

Die derzeitigen CO_2-Nutzungsmengen und die bei vielen Anwendungen kurzen Fixierungszeiten sind klimaspezifisch von geringer Bedeutung, aber durch erweiterte und neue Anwendungsmöglichkeiten ausbaufähig. Das Nutzungspotenzial wird auf einen einstelligen Prozentanteil der anfallenden CO_2-Emissionen geschätzt [3, 12].

Die Verwendung von CO_2 aus CCS-Kraftwerken für eine stoffliche Nutzung ist bislang nicht im industriellen Maßstab realisiert. Eine Reihe von innovativen Technologien wie Bildung von Carbonaten und Polycarbonaten, CO_2-Hydrierung zu Methanol oder Ameisensäure befinden sich an der Schwelle zur Umsetzung. Andere Technologien wie die photokatalytische CO_2-Reduktion befinden sich noch in der Grundlagenforschung [1, 12]. Das Entwicklungsstadium der stofflichen Nutzung von CO_2 aus Kraftwerksquellen, hat daher weitgehend noch Forschungs- und Entwicklungs(F&E)-Charakter.

6.1.3 Technische Kenndaten

Einen Überblick über relevante stoffliche Verwertungsoptionenvon CO_2 aus Kraftwerksquellen gibt Tab. 6.1.

Neben dem aktuellen Stand der Technik sind das CO_2-Mengenpotenzial der Optionen sowie eine qualitative Einschätzung des energetischen Aufwands und der CO_2-Bilanz des Syntheseprozesses aufgeführt. Attraktiv dürfte der Einsatz von CO_2 für Polymeranwendungen sein, da der Fixierungszeitraum hier am höchsten ist und zudem ein großer Nachfragemarkt besteht [1]. In den USA ist der Einbau von CO_2 in Polymere bereits industriell realisiert [13]. Bei den Mengenpotenzialen sticht die Kraftstoffsynthese heraus. Allerdings ist die CO_2-Bilanz negativ, wenn für die CO_2-Hydrierung kein Wasserstoff aus regenerativen Quellen eingesetzt wird. Ausgewählte Mikroalgen sind wegen ihrer schnellen Produktion von Biomasse durch Photosynthese als potenzielle CO_2-Senke im Gespräch. Diese Biomasse kann zur Produktion von Biogas, Biodiesel, Bioethanol oder Biowasserstoff eingesetzt werden. Die photokatalytische Reduktion von CO_2 wäre grundsätzlich die eleganteste Form der Kohlendioxid-Nutzung, da sie die Syntheseleistung der Natur in der Photosynthese imitiert. Bisherige Systeme erfordern aber erhebliche Verbesserungen, bevor eine technisch verwertbare Effizienz erreicht wird [1, 4].

Tab. 6.1 Technische Kenndaten von CO$_2$-Verwertungsoptionen [4] im Vergleich

Option	Synthese von Polymeren	Synthese von Kraftstoffen	Synthese von Chemikalien	Mikroalgen	Künstliche Photosynthese
CO$_2$-Mengen-potenzial	Gering, z. B. 50 kt/a für Polycarbonate	Hoch, max. 2,05 Gt/a	Mittel, max. 178 Mt/a	Begrenzt durch Flächenbe-darf, max. 25 kt/km^2	Unbekannt
Beispiele	Polycarbonate	Methanol	Harnstoff		Unbekannt
Energetischer Aufwand	Prozess-abhängig	Hoch, nur bei regenerativen H$_2$-Quellen sinnvoll	Prozess-abhängig	Solarer Ener-gieeintrag und Prozessener-gie	Solarer Ener-gieeintrag und Prozessener-gie
Gesamt-CO$_2$-Bilanz	Abhängig vom Ver-fahren im Vergleich zum Referenzpro-zess	Nettoemission, falls H$_2$ nicht regenerativ erzeugt wird	Abhängig vom Ver-fahren im Vergleich zum Referenzpro-zess	Unbekannt	Unbekannt
Stand der Technik	Technisch realisiert z. B. Polycarbonate	Teilschritte großtechnisch im Einsatz	Technisch realisiert z. B. Salicylsäure, Harnstoff	Vereinzelte Anwendung im Pilotmaß-stab, Effizienz noch gering	Grundlagen-forschung
Wertschöpfung	Polymere	Kraftstoffe	Chemikalien	Wertstoffe, Kraftstoffe, Biogas	Chemikalien

6.2   Zukünftige Anforderungen und Randbedingungen

6.2.1   Gesellschaft

Die CCU-Technik ist in der Bevölkerung so gut wie unbekannt. Ein Urteil zur gesell-schaftlichen Akzeptanz kann daher nicht getroffen werden. Für die Meinungsbildung könnte eine Rolle spielen, dass CCU zwar einen Beitrag zur Reduzierung der CO$_2$-Emis-sion liefert, aber die CO$_2$-Speicherung nicht ersetzt. Die stoffliche Nutzung selbst dürfte auf Zustimmung stoßen, falls damit keine Transportrisiken assoziiert werden.

6.2.2   Kostenentwicklung

Der mit der Einführung von CCS-Kraftwerken verbundene Überschuss an CO$_2$ wird ver-mutlich zu einer CO$_2$-Preissenkung führen. Aber auch bei gleichbleibenden Preisen ist der Beitrag von CCU zur Senkung der CCS-Kosten und als Treiber von CCS als nicht relevant einzustufen [3]. Die durch CCU bedingte relativ geringe Reduzierung des zu speichernden CO_2 wird die CO_2-Transport- und -Speicherkosten der CCS-Technik von 5 bis 18 Euro/t CO_2 [11] kaum beeinflussen, die zudem von den Abscheidekosten in Höhe von 30 bis ca. 65 Euro/t CO_2 [11] überlagert werden. Im Einzelfall können sich allerdings Vorteile bei einer CO_2-Nutzung nahe des CCS-Kraftwerks ergeben, da dann die Konditionierung des CO_2 (Kompression) entfällt, bzw. der Aufwand hierfür gering ist.

Derzeit ist nicht bekannt, welchen Reinheitsgrad das für die Nutzung vorgesehene CO_2 aufweisen muss. Allerdings werden für eine Vielzahl der oben beschriebenen Prozesse Katalysatoren benötigt. Um einer möglichen Katalysatorvergiftung vorzubeugen, ist von einem hohen Reinheitsgrad auszugehen. Eine höhere Reinheitsanforderung erfordert wiederum prinzipiell einen höheren technischen Aufwand für die Reinigung, der sich nachteilig auf die Kosten auswirkt.

6.2.3 Politik und Regulierung

Die Einführung der CCU-Technik hängt von der Realisierung der CCS-Technik ab, die in der Europäischen Union (EU) als Klimaschutzoption festgeschrieben ist. Mit dem seit August 2012 in Deutschland vorliegenden CCS Gesetz wird die großtechnische Demonstration der CO_2-Speichertechnik aber verhindert.

6.2.4 Marktrelevanz

Die Bewertung der Marktrelevanz erfordert eine Nutzungsabschätzung auf der Ebene von Einzelprodukten, die angesichts der mangelnden Vorhersehbarkeit der Entwicklung einzelner Produktmärkte noch nicht absehbar ist.

6.2.5 Mögliche Wechselwirkungen mit anderen Technologien

Die CO_2-Nutzung aus CCS-Quellen stellt eine Ergänzung zur geologischen Speicherung von abgeschiedenem CO_2 dar. Mengenmäßig kann sie diese aber nicht ersetzen.

6.2.6 Game Changer

Die großskalige Einführung der CCU-Technik ist unmittelbar mit der kommerziellen Realisierung der CCS-Technik verknüpft. Deren mögliches Scheitern, mit dem in Deutschland u. a. infolge des derzeit bestehenden CCS-Gesetzes gerechnet werden muss, würde das zwangsläufige Aus für die großtechnische CO_2-Nutzung aus CCS-Quellen bedeuten.

6.3   Technologieentwicklung

6.3.1   Entwicklungsziele

Hinsichtlich der Entwicklungsziele der stofflichen Nutzung von CO_2 gilt es, die derzeitigen CO_2-Nutzungsmengen von ca. 0,4 % der anthropogen emittierten Menge und die bei vielen Anwendungen kurzen Fixierungszeiten durch Erschließung innovativer Nutzungsmöglichkeiten wie Synthese von Polymeren, Kraftstoffen und Feinchemikalien erheblich auszubauen und das CO_2 aus CCS-Quellen zu verwenden.

6.3.2   F&E-Bedarf und kritische Entwicklungshemmnisse

Die Erschließung bzw. der Ausbau der in der Diskussion stehenden CO_2-Verwertungsoptionen erfordert teilweise noch einen hohen Entwicklungs- und Forschungsbedarf. Für alle Optionen sollte eine produktbezogene Energie- und CO_2-Bilanz unter Berücksichtigung aller Verfahrensschritte einschließlich vorgelagerter Ketten erstellt werden, sowie eine Analyse der Marktfähigkeit der Produkte. Für die Analyse der Umweltwirkung bietet sich die Methode des Life Cycle Assessments an. Alle Verfahren, mit Ausnahme der Biomassegewinnung aus Algen, erfordern wegen der Reaktionsträgheit des CO_2-Moleküls den Einsatz von Katalysatoren. Für neue Synthesestrategien, wie die direkte Synthese von Kohlenwasserstoffen zu Chemikalien, sogenannten „dream reactions", oder die photokatalytische Reduktion von CO_2, sind diese erst noch zu entwickeln bzw. hinsichtlich ihrer Effizienz zu verbessern. Die Katalysatoren sollten vor dem Hintergrund der mit der CCS-Quelle verbundenen begrenzten CO_2-Reinheit und der daraus folgenden möglichen Katalysatorvergiftung eine möglichst hohe Robustheit aufweisen, um den Reinigungsaufwand für das abgeschiedene CO_2 begrenzen zu können. Für die Erzeugung von Algenbiomasse sind vor allem effizientere Produktionsverfahren zu entwickeln. Ein kritisches Entwicklungshemmnis der stofflichen CO_2-Nutzung ist in einigen innovativen Einsatzfeldern, wie z. B. die Herstellung von Feinchemikalien durch „dream reactions" oder die katalytische CO_2-Reduktion, die Entwicklung geeigneter Katalysatoren.

6.4   Abkürzungen

BHKW   Blockheizkraftwerk
CCS   Carbon Capture and Storage
CCU   Carbon Capture and Utilization
EGR   Enhanced Gas Recovery
EOR   Enhanced Oil Recovery

F&E   Forschung und Entwicklung
HKW   Heizkraftwerk
LCA   Life Cycle Assessment
TERM Technologien zur Erschließung der Ressource Mikroalgen

Literatur

1. Müller TE, Leitner W, Markewitz P, Kuckshinrichs W (2012) Möglichkeiten der Nutzung und des Recyclings von CO_2. In: CO_2-Abscheidung, -Speicherung und -Nutzung: Technische, wirtschaftliche, umweltseitige und gesellschaftliche Perspektive. Schriften des Forschungszentrums Jülich, Band 164, S. 69–102

2. Bundesministerium für Bildung und Forschung (2013) Technologien für Nachhaltigkeit und Klimaschutz – Chemische Prozesse und stoffliche Nutzung von CO_2. www.fona.de/mediathek/pdf/Informationsbroschuere_CO2_Prozesse.pdf, zugegriffen am 02.09.2014

3. GCCSI (2011) Accelerating the uptake of CCS: Industrial use of captured carbon dioxide. Global CCS Institute. www.chemieundco2.de/_media/accelerating-uptake-ccs-industrial-use-captured-carbon-dioxide.pdf, zugegriffen am 02.09.2014

4. Ausfelder F, Bazzanella A (2009) Verwertung und Speicherung von CO_2 – Diskussionspapier. Online erhältlich unter www.dechema.de, zugegriffen am 10.12.2014

5. CLCF (2011) Carbon Capture and Utilisation in the green economy. The Centre of Low Carbon Futures. www.policyinnovations.org/ideas/policy_library/data/01612/_res/id=sa_File1/CCU.pdf, zugegriffen am 02.09.2014

6. Bundesministerium für Bildung und Forschung (2013) Technologien für Nachhaltigkeit und Klimaschutz – Chemische Prozesse und stoffliche Nutzung von CO_2. www.chemieundco2.de/_media/technologies_for_sustainability_climate_protection.pdf, zugegriffen am 02.09.2014

7. RWE (2008) Das RWE-Algenprojekt in Bergheim-Niederaussem. https://www.yumpu.com/de/document/view/21195887/das-rwe-algenprojekt-in-bergheim-niederaussem-rwecom, zugegriffen am 02.09.2014

8. BWK (2010) Algenzucht mit CO_2. BWK, Bd. 62 (2010) Nr. 10, S. 31

9. EON-Hanse (2009) Algen, Multitalente auch im Dienste des Klimaschutzes.

10. Bundesregierung (2013) Förderkatalog der Projektförderung des Bundes. foerderportal.bund.de/foekat/jsp/StartAction.do?actionMode=list, zugegriffen am 02.09.2014

11. Kuckshinrichs W, Vögele S (2012) Energiewirtschaftliche Analyse der CO_2-Abscheidung. In CO_2-Abscheidung, -Speicherung und -Nutzung: Technische, wirtschaftliche, umweltseitige und gesellschaftliche Perspektive. Bd. 164, Forschungszentrum Jülich GmbH, S. 151–175.

12. Wietschel M, Arens M, Dötsch C, Herkel S, Krewitt W, Markewitz P, Möst D, Scheufen M (Hrsg.) (2010) Energietechnologien 2050 – Schwerpunkte für Forschung und Entwicklung: Technologienbericht. Fraunhofer Verlag, Stuttgart

13. Kuckshinrichs W, Markewitz P, Linssen J, Zapp P, Peters M, Köhler B, Müller TE, Leitner W (2010) Weltweite Innovationen bei der Entwicklung von CCS-Technologien und Möglichkeiten der Nutzung und des Recyclings von CO_2. Schriften des Forschungszentrums Jülich, Band 60

Stromerzeugung aus Windenergie 7

Niklas Hartmann, Noha Saad Hussein, Michael Taumann, Verena Jülch
und Thomas Schlegl

7.1 Technologiebeschreibung

Im Gegensatz zu der direkten Sonnenenergie ist die Windenergie eine indirekte Art der Sonnenenergie. Die Einstrahlung der Sonne erwärmt die Erdoberfläche und die darüber liegenden Luftschichten unterschiedlich – d. h., wegen ihrer niedrigen Wärmekapazität werden im Sommerhalbjahr die Kontinentalflächen bei Tag stärker erwärmt als die Ozeane. Dies bewirkt auf verschiedenen Gebieten der Erdoberfläche Dichte- und Druckunterschiede, die in fluktuierenden Luftströmungen ihren Ausgleich finden. Diese fluktuierenden Luftströmungen bzw. Winde können technisch durch Windenergieanlagen (WEA) genutzt werden, die in den strömenden Luftmassen enthaltene kinetische Energie in elektrische Energie umwandeln. Dabei wird die Energie des Windes über die Rotorblätter zunächst in mechanische Rotationsenergie und dann über einen Generator in elektrische Energie umgewandelt (Abb. 7.1).

Die Energiemenge, die der Wind auf den Rotor überträgt, hängt von der Luftdichte, der überstrichenen Rotorfläche und der Windgeschwindigkeit ab. Die Leistung einer Windenergieanlage hängt in der Dritten Potenz von der Windgeschwindigkeit ab. Ein Standort mit doppelter Windgeschwindigkeit erzeugt folglich die achtfache Strommenge. Die Luftdichte hat zusätzlich einen linearen Einfluss auf die Leistung. Kalte Luft ist dichter als warme Luft. Daher liefert eine WEA bei gleicher Windgeschwindigkeit z. B. bei 0 °C ca. 8 % mehr Energie als bei +25 °C. Da die Luftdichte auch vom Umgebungsdruck abhängig ist, hat die Höhenlage des Standorts ebenfalls einen Einfluss auf den Ertrag einer WEA. Je 100 Höhenmeter reduziert sich der Ertrag um ca. 1 % (vgl. [1–3]).

Niklas Hartmann ⊠ · Noha Saad Hussein · Michael Taumann · Verena Jülch ·
Thomas Schlegl
Fraunhofer-Institut für Solare Energiesysteme ISE, Freiburg, Deutschland
url: http://www.ise.fraunhofer.de

© Springer Fachmedien Wiesbaden 2015   103
M. Wietschel et al. (Hrsg.), *Energietechnologien der Zukunft*,
DOI 10.1007/978-3-658-07129-5_7

Der Leistungsentzug aus dem Wind kann durch zwei unterschiedliche physikalische
Prinzipien erfolgen. Das weniger effiziente Widerstandsprinzip basiert auf der Wider-
standskraft, die auf eine angeströmte Fläche wirkt. Beim Widerstandsläufer kann maximal
19,3 % der Windenergie genutzt werden, weshalb es nicht zur kommerziellen Stromge-
winnung verwendet wird (vgl. [4, 5]). Typische Vertreter sind alte Windmühlen sowie der
Schalenkreuzanemometer, der zu Messung von Windgeschwindigkeiten eingesetzt wird
[3]. Moderne Windenergieanlagen nutzen das Auftriebsprinzip. Der Wind erzeugt beim
Vorbeiströmen an den Rotorblättern der Anlage einen Auftrieb, der den Rotor in Drehung
versetzt. Die theoretische maximale Ausbeute – auch als Leistungsbeiwert bezeichnet –
beträgt 59,3 % der Windenergie (Betz'sche Theorie). In der Praxis werden Werte zwischen
45 und 52 % erreicht (vgl. [3–5]). Zusätzlich sind in Windparks aufgrund gegenseitiger
Abschattung Verluste in Höhe von 5 bis 10 % zu berücksichtigen (vgl. [4, 5]).

7.1.1 Funktionale Beschreibung

Es gibt eine Vielzahl an technischen Ausführungsformen für Windenergieanlagen. Heute werden bei der netzgekoppelten Stromerzeugung fast ausschließlich dreiblättrige Bauformen mit horizontaler Drehachse eingesetzt.

Eine WEA mit horizontaler Achse besteht aus folgenden Komponenten [4]:

- Rotorblätter, Rotornabe, Rotorbremse und ggf. Blattverstellmechanismus,
- elektrischer Generator, ggf. Frequenzumrichter und ggf. Getriebe,
- Windmesssystem und Windnachführung (Azimutantrieb),
- Gondel drehbar auf Turm und Fundament,
- elektrische Schaltanlagen, Regelung und Netzanschluss.

Bei WEA wird zwischen Onshore- und Offshore-Anlagen unterschieden. Die meisten Fundamente für Onshore-Anlagen sind Flachgründungen, die aus Beton und Stahl bestehen. Bei weichem Untergrund werden zusätzlich Pfahlgründungen eingesetzt. Der Turm trägt nicht nur die Massen der Gondel und der Rotorblätter, sondern muss auch die hohen Belastungen durch die wechselnden Kräfte des Windes auffangen. Der Turm macht zwischen 15 bis 25 % der Kosten einer gesamten WEA aus und hat daher eine besondere wirtschaftliche Bedeutung [3]. Die Höhe des Turmes ist vor allem standortabhängig. Für Standorte mit einer hohen Bodenrauhigkeit (z. B. Wald) und mit geringen Windgeschwindigkeiten kommen höhere Türme zum Einsatz. An Küstenstandorten, auf der See oder anderen Starkwindstandorten sind kleinere Türme ausreichend, da schon in einer geringeren Nabenhöhe große Windgeschwindigkeiten herrschen (vgl. [1, 2, 6]).

Um die Rotordrehzahl einer WEA (ca. 6–20 Umdrehungen pro Minute) auf die Netzfrequenz anzupassen, muss die Generatordrehzahl (ca. 500–1800 Umdrehungen pro Minute) deutlich höher sein als die Rotordrehzahl. Das Getriebe übernimmt dabei die Aufgabe, die Rotordrehzahl auf die Generatordrehzahl anzupassen. Mit dem Getriebe müssen jedoch einige Nachteile in Kauf genommen werden. So verringert es die Leistung aufgrund von Reibungsverlusten und erhöht die Lärmbelastung sowie den Wartungsaufwand. Für getriebelose WEA sowie für alle WEA mit variabler Drehzahl sind ein hochpoliger Synchrongenerator und ein Frequenzumrichter notwendig, damit auch bei niedrigen Rotordrehzahlen eine gute Anpassung zwischen Rotor und Netz gewährleistet ist. Die höhere Anzahl der Pole bedingt jedoch einen größeren Durchmesser und damit einen hohen Materialeinsatz des Generators und folglich eine höhere Turmkopfmasse. Anlagen mit Permanent-Magnet-Generatoren können diesen Nachteil zwar kompensieren, benötigen aber den Einsatz von seltenen Erden (vgl. [4, 7]).

Um WEA vor Überlast zu schützen, muss bei Windgeschwindigkeiten über der Nenngeschwindigkeit ein Teil der Leistung gedrosselt werden. Die Leistungsregelung wird durch zwei Hauptkonzepte realisiert:

- Stall (Strömungsabriss durch konstruktive Maßnahme am Rotorblatt),
- Pitch (Veränderung des Rotorblattanstellwinkels).

Während in heutigen, modernen, netzgekoppelten Windenergieanlagen die Pitch-Regelung zum Einsatz kommt, kommt die Stall-Regelung nur noch bei kleineren Anlagen und bei Inselnetzanlagen vor. Wegen der sehr schnellen Pitch-Regelung können WEA so gefahren werden, dass sie negative Regel- und Reserveenergie zur Verfügung stellen können. Wenn die WEA nur mit 95 % der momentan möglichen Leistung gefahren wird, kann sie mit den ungenutzten 5 % Leistung auch positive Regelenergie zur Verfügung stellen [8].

Windenergieanlagen und Windparks müssen seit dem 01.04.2011 bestimmte Anforderungen des elektrischen Netzes (sogenannte Systemdienstleistungen „SDL") zum einem nach dem Erneuerbare-Energien-Gesetz (EEG) (geregelt in der SDLWindV), zum anderem nach der „Technischen Richtlinie Erzeugungsanlagen am Mittelspannungsnetz" des BDEW erfüllen [3, 4]. Dies beinhaltet die Spannungshaltung, die Abgabe von Wirk- und Blindleistung sowie die Bedingungen, unter denen die WEA vom Netz abschalten darf oder das Netz unterstützen muss [3].

Offshore-Windenergieanlagen

Der Ertrag an Offshore-Standorten kann 50 % und mehr über optimalen Onshore-Standorten liegen (vgl. [4]). Offshore-WEA unterscheiden sich technisch wenig von Onshore-WEA. Aufgrund anderer Umgebungsbedingungen von Offshore-Anlagen (z. B. der salzhaltigen Luft) sind diese anders ausgelegt und dimensioniert. Das Fundament ist neben der Netzanbindung der Hauptunterschied zwischen der Onshore- und der Offshore-Technologie. Offshore-Anlagen werden mit speziellen Gründungen am Meeresboden verankert. Gängige Technologien sind hierbei Monopile, Gewichtsgründung, Saugpfahl, Tripod oder Jacket. Bei einer Tripodgründung ist das zentrale Gründungsrohr, welches die WEA aufnimmt, mit einer dreibeinigen Gründungsstruktur verbunden, siehe auch Abb. 7.2. Alle drei Enden des Tripods beinhalten Aufnahmen für die in den Meeresboden gerammten Fundamentpfähle. Bei Jacket-Gründungen erfolgt die Verankerung der WEA mittels einer viereckigen Konstruktion. Dies führt dazu, dass Tripod- und Jacket-Gründungen deutlich schwerere WEAs aufnehmen und die höheren Belastungen größerer Anlagen verkraften können als die herkömmlichen Monopiles, auch sind sie für tiefere Gewässer geeignet [9, 10]. Generell sollten Offshore-Anlagen aufgrund des schweren Zugangs (insbesondere bei schlechtem Wetter) nur wenig wartungsanfällig sein: Das salzige Meerwasser erfordert eine besonders hohe Korrosionsbeständigkeit der Anlagenteile. Die elektrische Konzeption von Offshore-Windparks ist aufwändiger. Bei größeren Entfernungen und Leistungen ist eine Umspannstation notwendig und es können HGÜ(Hochspannungsgleichstromübertragung)-Leitungen aufgrund geringer Verluste bei großen Distanzen eingesetzt werden [1].

Abb. 7.2 Tripod- und Jacket-Gründungen für Offshore-Windkraftanlagen. (Mit freundlicher Genehmigung von © Shutterstock.com/Bildagentur Zoonar GmbH, All Rights Reserved)

Tab. 7.1 Klassifikation von Kleinwindenergieanlagen. (In Anlehnung an [11])

Bezeichnung	Leistung	Einsatzgebiet
Mikro-Windenergieanlagen	Bis 5 kW	Privatanwender und Einfamilienhäuser (gekoppelt ans Stromnetz oder Inselsystem)
Mini- und Mittelwindenergieanlagen	5 bis 100 kW	Gewerbebetriebe und Landwirte

Kleinwindenergieanlagen

Der Begriff „Kleinwindenergieanlagen" ist im Allgemeinen über die geringere Leistung definiert: WEA mit einer Leistung kleiner als 100 kW werden als Kleinwindenergieanlagen (KWEA) bezeichnet. Nach [11] wird die in Tab. 7.1 dargestellte Klassifizierung vorgenommen.

Nochmals unterschieden werden die Kleinanlagen aufgrund ihrer Größe. Anlagen mit Leistung unter 5 kW Leistung werden als Mikro-Windenergieanlagen bezeichnet. Diese sind zumeist bei Privatanwendern in Einfamilienhäusern im Einsatz und können dabei sowohl ans Stromnetz gekoppelt sein, als auch im Inselbetrieb zum Einsatz kommen. Mini- und Mittelwindenergieanlagen hingegen haben einen Leistungsbereich von 5 bis 100 kW. Haupteinsatzgebiet sind sowohl gewerbliche als auch landwirtschaftliche Betriebe.

KWEA werden sowohl dachintegriert als auch im freien Gelände (z. B. Gartenaufstellung, Aufstellung in Gewerbegebieten) installiert. Der Markt von KWEA umfasst eine große Vielfalt an Bauformen. Neben Anlagen mit drei Rotorblättern und horizontaler Achse, die mit ca. 85–90 % am weitesten verbreitet sind, existieren andere Bauformen wie Vertikalachser oder weitere Sonderformen. Grundsätzlich liegen bauartbedingt die Leistungsbeiwerte von Vertikalachsern, mit ca. 0,25 für Savonius-Rotoren und ca. 0,35 für Darrieus-Rotoren [12–14], deutlich niedriger als bei Anlagen mit horizontaler Achse. Dagegen sind sie geräuscharmer und eigen sich besser für die Aufstellung in bebauten bzw. turbulent vom Wind angeströmten Gebieten.

7.1.2 Status quo und Entwicklungsziele

Tabelle 7.2 veranschaulicht verschiedene Entwicklungsstadien der Onshore- und Offshore-Windenergie sowie von Kleinwindenergieanlagen. Anfang des Jahres 2014 waren in Deutschland Onshore-WEA mit einer Leistung von 33 GW installiert. Im Jahr 2013 wurden Anlagen mit einer durchschnittlichen Leistung von 2,6 MW zugebaut. Ein etwas größerer Teil setzt dabei auf Direktantrieb (59 %), die restlichen Anlagen erhöhen die Drehzahl am Generator mittels Getriebe (41 %). Vergleichsweise gering ist hingegen die installierte Leistung der Offshore-Windkraft. Anfang des Jahres 2014 sind lediglich Anlagen mit einer Nennleistung von 520 MW am Netz. Diese weisen jedoch mit 4,5 MW eine deutlich höhere durchschnittliche Turbinengröße auf, ein Wert, welcher von Onshore-WEA nur in 3 % der Fälle erreicht wird.

Um wettbewerbsfähig zu bleiben, muss die deutsche Windindustrie die Anlagentechnik kontinuierlich weiterentwickeln. Neben höheren Anlagenleistungen werden auch die Zuverlässigkeit und eine lange Lebensdauer der Anlagenkomponenten immer wichtiger. Dies gilt insbesondere für Offshore-WEA, da diese nur umständlich zu erreichen sind und jeder Reparatur- und Wartungseinsatz somit hohe Kosten bedeutet. Auch die Form der Gründungsstrukturen und vor allem die ökologischen Auswirkungen des Anlagenbaus sind Forschungsthemen der nächsten Zukunft. Weiterhin ist die Weiterentwicklung besonders robuster und widerstandsfähiger Materialien für den Einsatz auf See von Bedeutung. Einerseits sind es die hohen Leistungen und die großen Rotoren, die spezielle Herausforderungen an die Materialien stellen, andererseits herrschen durch die salzhaltige Luft und die Meeresgischt aggressivere Umgebungsbedingungen als an Land (vgl. [15]).

Ein weiterer Schwerpunkt, neben der Weiterentwicklung der Anlagentechnik, ist die Netzintegration der Windenergie. Systemdienstleistungen, um die Netzqualität zu gewährleisten, müssen zukünftig auch von WEA übernommen werden. Ein Thema, welches sowohl für Offshore- als auch für Onshore-Windparks wichtig ist und bei der Erschließung weiterer Standorte noch an Bedeutung gewinnt, ist eine präzise Prognose der Windeinspeisung. Je besser die Prognose, desto besser lässt sich das Gesamtsystem auf den Windstrom einstellen und desto mehr Leistung kann in das Netz eingespeist und genutzt werden. Weiterhin wird bei der Optimierung der Errichtung von Offshore-Parks, von Offshore-Logistikprozessen sowie des Betriebs und der Wartung Forschungsbedarf gesehen.

Tab. 7.2 Entwicklungsstadien der Onshore-, Offshore- und Klein-WEA [1, 16, 17]

	Kommerziell	Demonstration	F&E	Ideenfindung
Onshore	Anfang 2014: in Deutschland ca. 33 GW installiert Durchschnittlich 2,6 MW je WEA (Zubau 2013) 3 % der WEA: über 4,5 MW 59 % Direktantrieb, 41 % Getriebe	Prototyp mit Holz als Turmmaterial (1,5 MW), bzw. Hybrid-Turm (Beton, Stahl) Netzintegration und Systemdienstleistungen Genauere Prognoseverfahren	Befeuerung: Innovative Radarsysteme Reduktion der Schallemissionen Kombinierte Erzeugung und Speicherung Neue Materialen Überregionales Energiemanagement Akzeptanz Integration in das Gesamtsystem	neue Materialkonzepte Vielfachkomplexe Neue Anlagenüberwachungskonzepte Ökologische Begleitforschung
Offshore	Anfang 2014: in Deutschland ca. 520 MW installiert Durchschnittlich 4,5 MW je WEA (Zubau 2013)	Prototypen der 6 MW-Klasse Windprognoseverfahren (FINO-Forschungsplattformen) Schwimmende Plattform (Portugal Windfloat 2 MW)	Robuste und widerstandsfähige Materialien Anlagen mit 10–15 MW Leistung Einfluss auf Ökosysteme Weiterentwicklung der HGÜ Stromübertragung mittels GIL (glasisolierter Rohrleiter)	Neue Wartungskonzepte Neue Gründungsverfahren Schalldämmung bei Errichten der Fundamente Integrierte Messboje Optimierung der Bau- und Logistikprozesse
Kleinwindanlage	In Deutschland ca. 10.000 Klein-WEA in Betrieb	Einführung von Qualitätsstandards Schalloptimierung Erhöhung der Leistungsfähigkeit		

Übergreifend lassen sich die Entwicklungsziele der Windenergie wie folgt zusammenfassen: Die Kosten der Windenergie sollen gesenkt werden, die Verfügbarkeit erhöht und der Stromertrag gesteigert werden. Diese technologischen Entwicklungen sollen zudem im Hinblick auf ihre ökologische Verträglichkeit untersucht werden, beziehungsweise dahingehend optimiert werden, umwelt- und naturverträglich umsetzbar zu sein (Stichwort ökologische Begleitforschung).

Bei Kleinwindenergieanlagen ist als nächster Entwicklungsschritt unerlässlich, dass Qualitätsstandards eingeführt und die Anlagen zertifiziert werden. Parallel dazu sollte die technologische Entwicklung von Kleinwindenergieanlagen hinsichtlich ihrer Leistungsfähigkeit sowie der Schalloptimierung vorangetrieben werden [18].

7.1.3 Technische Kenndaten

Tabelle 7.3 gibt einen Überblick über die technischen Kenndaten der verschiedenen WEA-Typen. Alle Kenndaten beziehen sich dabei auf die durchschnittliche Anlagenkonfiguration in Deutschland, die zum jeweiligen Betrachtungszeitpunkt installiert wird. Zu sehen ist, dass eine heute installierte Anlage eine durchschnittliche Nabenhöhe von 110 m an Onshore-Starkwindstandorten, von 90 m an Offshore-Starkwindstandorten und von 120 m an Schwachwindstandorten hat. Trotz geringerer Nabenhöhe weisen Offshore-Standorte mit 4 MW die höchste Nennleistung auf. Onshore-Standorte haben mit 2,4 MW (Starkwind) und 2,2 MW (Schwachwind) eine deutlich niedrigere Nennleistung. Neben der Nabenhöhe und Nennleistung unterscheiden sich die Anlagen an den unterschiedlichen Standorten auch hinsichtlich ihres Rotordurchmessers. Offshore-Anlagen haben trotz niedrigerer Türme mit 120 m einen deutlich höheren Rotordurchmesser als WEAs an Land, sowohl an Starkwindstandorten (88 m) als auch an Schwachwindstandorten (90 m).

Derzeit sind zwei Trends zu erkennen. Neben dem Fortführen der bisherigen Entwicklung hin zu größerer Anlagenleistung inklusive größerem Rotordurchmesser und Nabenhöhe (Starkwindanlagen) geht ein entgegengesetzter Trend hin zu größeren Rotoren bei gleicher oder geringerer Generatorleistung (Schwachwindanlagen). Schwachwindanlagen liefern höhere Volllaststunden und können bei geringeren Windgeschwindigkeiten höhere Leistungen erreichen. Bei gleicher Nennleistung sind Schwachwindanlagen auf Windgeschwindigkeiten ausgelegt, welche in etwa der IEC III-Norm entsprechen (durchschnittliche Windgeschwindigkeit von 7,5 m/s und 50-Jahres-Extremwert von 37,5 m/s) im Vergleich zu Windgeschwindigkeiten, welche der IEC I Norm entsprechen (durchschnittliche Windgeschwindigkeit von 10 m/s und 50-Jahres-Extremwert von 50 m/s; größeres Rotor-Generator-Verhältnis) [19]. Mit steigender Nabenhöhe können in Deutsch-

Tab. 7.3 Technische Kenndaten der Onshore- und Offshore-Windenergie im Vergleich [21]

		Wind onshore			Wind offshore		
		Heute	2030	2050	Heute	2030	2050
Stark-wind	Durchschnittliche Nabenhöhe (m)	110	130	150	90	110	130
	Durchschnittlicher Rotordurchmesser (m)	88	108	130	120	142	160
	Durchschnittliche Nennleistung (MW)	2,4	3,5	5	4	7	9
	Volllaststunden (h)	2000	3000	3000	3500	3800	4000
Schwach-wind	Durchschnittliche Nabenhöhe (m)	120	140	150	–	–	–
	Durchschnittlicher Rotordurchmesser (m)	90	115	140	–	–	–
	Durchschnittliche Nennleistung (MW)	2,2	3	4	–	–	–
	Volllaststunden (h)	2400	3400	3700	–	–	–
	Lebensdauer (Jahre)	20	> 20	> 20	20	> 20	> 20

land auch windschwache Standorte im Binnenland erschlossen werden. Daher wird in Tab. 7.3 davon ausgegangen, dass die Nabenhöhe von Schwachwindanlagen zukünftig ansteigen wird (bis zum Jahr 2050 um 30 Meter). Die Volllaststunden liegen derzeit bei ca. 2000 h (Durchschnitt aus Starkwindanlagen in Norddeutschland und Schwachwind-anlagen in Süddeutschland [20]) aus. Am gleichen Standort haben Schwachwindanlagen heute schon höhere Volllaststunden (rund 20 % über den Volllaststunden herkömmlicher Windenergieanlagen). Die Höhe der Volllaststunden ist allerdings stark abhängig von der Windenergieanlage und dem zugrunde gelegten Standort.

Durchschnittlich steigen die Volllaststunden bis zum Jahr 2050 von Schwachwind-anlagen auf 3700 h, bei Starkwindanlagen wird ein Anstieg auf 3000 h prognostiziert [22]. Begründet ist dies durch eine generelle Zunahme von Nabenhöhe und Rotordurchmes-ser aller Anlagen, sowie das zunehmende Aufkommen von Schwachwindanlagen [23]. Es wird allerdings davon ausgegangen, dass an guten Standorten Volllaststunden von Schwachwindanlagen bis zu 4650 h erreicht werden können.

In der Regel werden Windenergieanlagen für eine Betriebsdauer von 20 Jahren bemes-sen, in der Zukunft ist aber davon auszugehen, dass sowohl verbesserte und widerstands-fähigere Materialen als auch ein verbessertes Lebensdauermonitoring zu einer deutlichen Verlängerung der Betriebsdauer führen [7].

7.2 Zukünftige Anforderungen und Randbedingungen

7.2.1 Gesellschaft

Aus einer repräsentativen Meinungsumfrage, welche die Agentur für erneuerbare Ener-gien durchführen ließ, geht hervor, dass 61 % der deutschen Bevölkerung Windenergie-anlagen in direkter Nachbarschaft sehr gut bzw. gut finden (zum Vergleich: Solarparks 77 %). Haben die Befragten bereits Erfahrungen mit entsprechenden Windenenergiean-lagen, steigt die Akzeptanz auf 73 % (vgl. [23]). Besonders die finanzielle Beteiligung an WEA („Windenergieanlagen (WEA):Bürgerkraftwerke") wirkt sich fördernd auf die Akzeptanz der Windenergie aus.

Trotzdem gibt es verschiedene Bürgerinitiativen gegen Windenergie. Hierbei wird vor allem gegen Windenergieanlagen in der direkten Umgebung protestiert. Neben der Beein-trächtigung des Landschaftsbildes empfinden viele Anwohner die nächtliche Befeuerung (von WEA über 100 m) als störend [18]. Weitere Argumente gegen die Windenergienut-zung sind Lichtreflexionen („Discoeffekt"), der Schattenwurf, Lärm (moderne Schwach-windanlagen: maximal 105–107,5 dB [19]), die Beeinträchtigung von Vogelflugrouten an bestimmten Standorten und Vogelschlagopfer [24].

EU-weit ist die Akzeptanz von Windenergieanlagen meist höher, da in den meisten EU-Ländern die Bevölkerungsdichte geringer ist als in Deutschland und damit die Bewohner selten von direkter Nachbarschaft einer WEA betroffen sind.

7.2.2 Kostenentwicklung

Tabelle 7.4 gibt einen Überblick über die Kostendaten von Wind-Offshore- und -Onshore-Anlagen verschiedener Leistungsklassen. Die leistungsspezifischen Investitionen umfassen neben den Kosten für die WEA sowohl die Kosten für die technische Ausrüstung zur Erreichung der SDL-Fähigkeit (SDL = Systemdienstleistungen) als auch Kostenpositionen wie Planung, Erschließung, Fundament, Netzanbindung und sonstige Kosten.

Die Betriebskosten bestehen hauptsächlich aus Wartungs- und Instandhaltungskosten, Pachtzahlungen, Versicherungen, Betriebsführung, Rücklagen für Anlagenrückbau und sonstigen Kosten. Bei den Onshore-Anlagen repräsentiert der untere Wert der spezifischen Investition in WEA mit Nabenhöhen von unter 100 m und der obere Wert Nabenhöhen von über 120 m. Bei den Offshore-Anlagen stellt der untere Wert WEA mit einer Küstenentfernung von 12 km dar, der obere Wert eine Küstenentfernung von 36 km. Für die Berechnung der Zielkosten bis 2030 wurde eine Lernrate von 3 % für Wind-Onshore-Anlagen (offshore: 5 %) bei einem moderatem Marktwachstum der weltweit installierten Leistung bis auf 1600 GW (offshore 218 GW) in 2030 angenommen (vgl. [22]).

Die Stromgestehungskosten von Windenergieanlagen sind in der Tab. 7.5 bis zum Jahr 2030 aufgezeigt. In Abhängigkeit der Standortbedingungen, sowohl in Bezug auf On- und Offshore-Anlagen als auch aufgrund der erreichbaren Volllaststunden können die Stromgestehungskosten stark variieren. WEA an küstennahen Standorten mit 2700 Volllaststunden und einer Investition von 1400 Euro/kW liegen bei Stromgestehungskosten von 0,05 Euro/kWh [22]. Standorte mit durchschnittlichem Windangebot (2000 Volllaststunden) resultieren in Stromgestehungskosten von 0,07 Euro/kWh. Bis zum Jahr 2030 können diese auf rund 0,04–0,06 Euro/kWh sinken.

Derzeit erreichen Offshore-WEA an sehr guten Standorten mit 3600 Volllaststunden Stromgestehungskosten von 0,12 Euro/kWh [22], bei einer spezifischen Investition von 3400 Euro/kW. Diese häufig küstenfernen Standorte unterliegen jedoch dem Nachteil einer aufwändigen und teuren Netzanbindung, sowie der Notwendigkeit der Überbrückung der größeren Meerestiefe. Offshore-Standorte mit einer geringeren Volllaststundenanzahl

Tab. 7.4 Kostendaten von WEA im Vergleich. (Quellen: [18, 22]; eigene Berechnungen)

	Onshore	Offshore
Leistungsklassen (MW)	2–5	4–5
Leistungsspezifische Investitionen (€/kW)	1000–1800	3400–4500
Variable Betriebskosten (€ct/kWh)	1,8	3,5
Zielkosten bis 2030 (€/kW)	915–1650	2670–3530

Tab. 7.5 Stromgestehungskosten heute und im Jahr 2030 [22]

Stromgestehungskosten (€/kWh)	Onshore	Offshore
Heute	0,05–0,07	0,12–0,15
2030	0,04–0,06	0,10–0,13

(2800 Std.) erzielen Stromgestehungskosten von 0,15 Euro/kWh [22]. Bis zum Jahr 2030 können diese auf rund 0,10–0,13 Euro/kWh sinken.

7.2.3 Politik und Regulierung

Während für Betrieb, Netzanbindung und Einspeisevergütung das EEG maßgeblich ist, gibt beim Planen von Windparks das Bundes-Immissionsschutzgesetz (Schallschutz und optische Wirkungen wie Schattenwurf und Lichtreflexionen) und das Baugesetzbuch den rechtlichen Rahmen vor. Für Windparks mit mehr als 20 Anlagen ist eine Umweltverträglichkeitsprüfung (UVP) verpflichtend. Antragsteller müssen in der UVP detaillierte Angaben zu den Auswirkungen auf das Landschaftsbild und die Menschen sowie zu ökologischen Einflüssen des Projekts vorlegen. Im Offshore-Bereich sind auch Einflüsse auf Fische, Robben etc. zu berücksichtigen. Neben Bundesrecht werden bei den Abständen zu Wohngebieten, Verkehrswegen, Naturschutzgebieten oder Gewässern auch die Gesetzgebungen der Länder wirksam. Zudem weisen die Regionalpläne der Länder Vorranggebiete für Windenergie aus (vgl. [3, 6]).

Änderungen an den Einspeisevergütungen des EEG können sich für WEA an Standorten, deren Stromgestehungskosten nicht wettbewerbsfähig mit dem konventionellen Kraftwerksmix in Deutschland sind, hemmend auswirken. Auch verschärfte Regelungen der Mindestabstände oder eine Änderung der Vorrangflächen können hemmend auf den weiteren Ausbau der Windenergie in Deutschland sein.

In Deutschland wurde zum 01.01.2013 die „Offshore-Haftungsumlage" eingeführt, die den Betreibern von Offshore-Windparks eine Entschädigung für Ertragsverluste und Sachschäden aufgrund einer gestörten oder nicht fristgerechten fertiggestellten Netzanbindung zusichert. Die über den Eigenanteil der Übertragungsnetzbetreiber hinausgehenden Kosten können auf die Stromkunden umgelegt werden. Ein Wegfall dieser Haftungsumlage würde sowohl bei Windpark-Betreibern als auch bei den Übertragungsnetzbetreibern zu Verunsicherung und Verzögerungen bei diversen Offshore-Projekten führen.

7.2.4 Marktrelevanz

Ende 2013 waren in Deutschland 23.645 WEA mit einer Leistung von 33.729 MW installiert, davon 116 Offshore-Anlagen mit einer installierten Leistung von 520 MW [16]. Die bundesweit durch Windenergie erzeugte Strommenge von 53,4 TWh (davon Offshore 970 GWh) entspricht rund 7,8 % des deutschen Bruttostromverbrauchs [25].

EU-weit waren Ende 2013 117.000 MW (davon 6600 MW offshore) installiert, was in einem durchschnittlichen Windjahr ca. 233 TWh (ca. 7,1 % des europaweiten Bruttostromverbrauchs) entspricht [27]. Deutschland und Spanien repräsentieren mit 57,3 GW installierter Leistung 49 % der EU-weit installierten Leistung. Großbritannien, Italien und

Abb. 7.3 Anteile der Ei-
gentümer an der installierten
Leistung Windenergie 2010.
(Quelle: [26]; mit freund-
licher Genehmigung von
© Trend:research 2013, All
Rights Reserved)

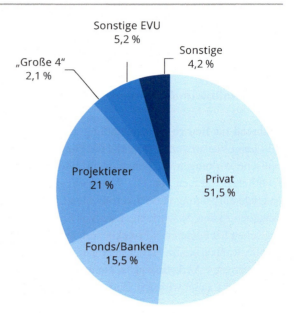

Frankreich folgen mit 10,5 GW (9 % der EU-weiten Leistung), 8,6 GW (7 %) und 8,3 GW
(7 %).

Durch die Option der Bürgerbeteiligung („Bürgerwindparks") sowie eine hohe Anzahl
von Einzelanlagen und kleinen Windparks ist bei der Onshore-Windenergie der Anteil der
Privatpersonen besonders hoch (siehe Abb. 7.3).

7.2.5 Mögliche Wechselwirkungen mit anderen Technologien

Wechselwirkungen zwischen Windenergienutzung und Stromnetz bestehen sowohl für
die Onshore-Windenergie als auch für die Offshore-Windenergie. Die verstärkte Nutzung von Onshore-Windenergie und insbesondere der Ausbau der Offshore-Windenergie
machen einen Ausbau der Übertragungsnetze notwendig. Zum einen muss die Übertragung der Windstromerzeugung aus Offshore-Bereichen an Kuppelstellen zum Stromnetz
gewährleistet sein. Zum anderen kann davon ausgegangen werden, dass zur Integration
hoher Offshore-Windstromerzeugung Übertragungskapazitäten zu den Verbraucherzentren in Süd- bis Mitteldeutschland verstärkt werden müssen.

Wechselwirkungen bestehen auch zwischen der Stromerzeugung mit Photovoltaik und
Kleinwindanlagen für den Eigenstromverbrauch. Windenergieanlagen können dabei eine
Ergänzung darstellen, um einen höheren Anteil des Eigenstrombedarfs auch zu Zeiten mit
geringem Solarertrag zu decken. Zudem besteht eine Wechselwirkung zwischen Windkraft und Photovoltaik durch die höhere Stromerzeugung von Photovoltaik im Sommer
und eine höhere Stromerzeugung durch Windkraft im Winter.

Durch die nur im begrenzten Umfang planbare Stromerzeugung aus Windenergiean-lagen sowie den großen Fluktuationen der Windenergie werden zukünftig Speicherkapa-zitäten zu Ausregelung der Windstromeinspeisung benötigt. Es kann davon ausgegangen werden, dass ein verstärkter Ausbau von Speichertechnologien positive Auswirkungen auf den Zubau an On- und Offshore-Windenergieanlagen hat.

7.2.6 Game Changer

Windenergieanlagen sind auf einem hohen technischen Entwicklungsstand. Allerdings müssen Windenergieanlagen durch regulatorische Eingriffe unterstützt werden (EEG, Quotenmodelle[1]). Eine Änderung der regulatorischen Rahmenbedingungen kann daher hohe Auswirkungen auf den Zubau von Windenergie bedeuten. Speziell im Offsho-re-Windenergiebereich sind zusätzliche regulatorische Eingriffe zur Bereitstellung der Netzinfrastruktur nötig. Bisher: nach Nachweis der Realisierung musste der zuständige Übertragungsnetzbetreiber (Nordsee: TenneT; Ostsee: 50Hertz) den Windpark innerhalb von 30 Monaten ans Netz anbinden. Diese Fristen konnten bisher kaum eingehalten wer-den, deshalb kam es zu einer Neuregelung. Seit dem 01.01.2013 erfolgt die Offshore-Netzplanung analog zur Netzplanung an Land mittels Offshore-Netzentwicklungsplan der Übertragungsnetzbetreiber und Überprüfung durch die Bundesnetzagentur.

Ein weiterer Game Changer kann durch eine Veränderung der Rohstoff- und Ressour-cenverfügbarkeit erfolgen. Der Rohstoffaufwand in einer WEA an z. B. Stahl, Kupfer und seltenen Erden (Generatoren mit Permanentmagneten) führt dazu, dass eine Veränderung der Ressourcenverfügbarkeit und der Rohstoffpreise direkte Auswirkungen auf die Inves-titionen und Stromgestehungskosten hat.

7.3 Technologieentwicklung

7.3.1 Entwicklungsziele

Für eine erfolgreiche Weiterentwicklung der Windenergie konnten unterschiedliche For-schungsziele identifiziert werden. Generell ist eine Weiterentwicklung der Anlagentechnik von On- und Offshore-Windenergieanlagen entscheidend, um eine weitere Reduktion der Stromgestehungskosten zu erreichen. Auch ist eine verbesserte systemtechnische Ein-bindung von Windenergieanlagen ausschlaggebend für eine erfolgreiche Fortsetzung des

---

[1] Beim Quotenmodell wird ein prozentualer Anteil der erneuerbaren Energien an der Stromproduk-tion der Erzeuger bzw. des Stromabsatzes der Händler durch eine zentrale Instanz festgelegt. Dieses Ziel soll möglichst effizient erreicht werden, indem nur die kostengünstigsten Technologien verwen-det werden. Stromerzeuger und -händler, die ihre Quote nicht erreichen, müssen sich die fehlenden Mengen als Zertifikate von Stromerzeugern mit überschüssiger Stromerzeugung aus erneuerbaren Energien zukaufen. Dies führt zu zusätzlichen Einnahmen für die Betreiber dieser Anlagen [29].

Ausbaus dieser Technologie. Erreicht werden kann dies unter anderem durch eine besse-re Vernetzung von Windenergieanlagen mit anderen Technologien mittels Informations-und Kommunikationstechnologie (I&K-Technologie). Für Offshore-Anlagen gilt, dass ei-ne verbesserte Netzanbindung zwingend nötig ist. Des Weiteren sollten Qualitätsstandards und Zertifizierungssysteme für Kleinwindanlagen entwickelt werden.

7.3.2 F&E-Bedarf und kritische Entwicklungshemmnisse

Der technische Standard von WEA ist bereits sehr hoch. Forschungsbedarf ist allerdings im Bereich der Komponenten wie Generator, Getriebe, Rotorblätter, Platzbedarf der Gon-del, innovative Turmbaukonzepte etc. vorhanden. Ziel ist eine Erhöhung der Zuverlässig-keit und Lebensdauer der WEA-Komponenten und damit der Sicherheit und Standfes-tigkeit der Anlagen. Konkret besteht Forschungsbedarf zur Entwicklung neuer Genera-torkonzepte: Ringgeneratoren können durch eine direkte Koppelung des Rotors mit dem Läufer des Generators einen effizienteren und verschleißärmeren Betrieb realisieren. Des Weiteren können permanenterregte Generatoren eingesetzt werden. Hiermit können hö-here Wirkungsgrade erreicht werden und der Generator kann 30 bis 40 % leichter gebaut werden, was positive Auswirkung auf die Turmkonstruktion hat. Die Weiterentwicklung der Rotorblätter im Bereich der Aerodynamik, Akustik und Gewichtsreduktion ist ein weiteres Forschungsfeld.

Aufgrund der vermehrten Anforderungen an WEA, Systemdienstleistung bereitzustel-len, besteht ein F&E-Bedarf in der Verbesserung des Teillastverhaltens. Die Entwicklung zur Nutzung der Windenergie in großen Höhen ist ein weiteres Thema, bei dem noch ein großer Forschungsbedarf besteht. Zudem besteht Forschungsbedarf in der Verbesserung des Gesamtsystems. In [28] wird der Fokus auf eine Verbesserung der aerodynamischen Eigenschaften von Windparks genauso wie Produktionsautomatisierung und Qualitätssi-cherung in der Produktion sowie ein umweltverträglicher Anlagenrückbau genannt. Neue Regelungs- und Betriebsführungskonzepte von Windparks können zu einer Verstetigung der Stromeinspeisung beitragen.

Zur besseren Systemintegration können WEA mit anderen Technologien, z. B. Spei-chern, kombiniert werden. Es besteht noch erhöhter Entwicklungsbedarf im Bereich I&K-Technologien zur Regelung und Betriebsführung von Windparks [29], der Netzintegration von WEA, der ökologischen Begleitforschung sowie zu Fragen der Akzeptanz von WEA. Ein kritisches Entwicklungshemmnis kann vor allem eine fehlende Netzintegration der WEA darstellen.

Durch die höheren Windgeschwindigkeiten, den Wellengang und den hohen Salzge-halt der Umgebung werden Offshore-WEA besonders beansprucht. Zu hohe Kosten der Offshore-Windenergie können ein Entwicklungshemmnis darstellen. Hier besteht Ent-wicklungsbedarf, um korrosionsresistente, belastbare Materialien und Komponenten auf geringer Kostenbasis einsetzen zu können. Zudem besteht die Notwendigkeit der Fun-damentverankerung am Meeresboden. Hier sind verschiedene Konzepte im Einsatz und

Entwicklung. Zur Erschließung von Windenergiestandorten mit großen Wassertiefen werden derzeit insbesondere schwimmende Fundamente entwickelt. Diese können vielfältige Vorteile für die Offshore-Windenergienutzung haben: Neben der Erschließung guter Standorte können die schwimmenden WEA zur Instandhaltung in Häfen gezogen werden, wodurch die Kosten der Instandhaltung reduziert werden. Es besteht allerdings noch ein hoher F&E-Bedarf, bevor diese schwimmenden Fundamente kommerziell eingesetzt werden können. Aufgrund des niedrigen Wissensstandes bzgl. der Windphysik auf See soll verstärkter Forschungsaufwand in die Simulation der meteorologischen Verhältnisse auf See investiert und daraus resultierend verbesserte Ertragsprognosen sowie ein umwelt- und naturverträglicher Anlagenaufbau entwickelt werden.

Forschungsbedarf bei Kleinwindanlagen besteht vor allem im Bereich der Kostenreduktion und der Entwicklung von einheitlichen Standards. Kleinwindanlagen können an guten Standorten einen wirtschaftlichen Betrieb darstellen, wenn die Anlagen zur Deckung des Eigenbedarfs verwendet werden. Eine Vergütung via EEG ist allerdings für Kleinwindanlagen nicht rentabel. Ein Entwicklungshemmnis für eine verstärkte Nutzung von Kleinwindanlagen stellen die hohen Kosten und der unübersichtliche Markt dar.

Roadmap – Windenergie

Beschreibung

- Energie des Windes wird in mechanische Rotationsenergie und über einen Generator in elektrische Energie umgewandelt
  - Onshore-Windenergieanlagen (WEA): Anlagen mit und ohne Getriebe verfügbar; 3-blättrige Rotorausführung; durchschnittliche installierte Leistung einer Windenergieanlage 2,6 MW im Jahr 2013
  - Offshore-Windenergieanlagen: Unterschiedliche Gründung wie Monopile, Tripod verfügbar; 3-blättrige Rotorausführung; durchschnittliche installierte Leistung einer Windenergieanlage 4,5 MW im Jahr 2013
  - Kleinwindenergieanlagen: Leistung einer Windenergieanlage kleiner 100 kW; unübersichtlicher Markt

Entwicklungsziele

- Weiterentwicklung der Anlagentechnik zur Reduktion der Stromgestehungskosten von Onshore-Windenergieanlagen
- Verbesserte systemtechnische Einbindung von Windenergieanlagen
- Verbesserte Vernetzung (I&K-Technologie) von Windenergieanlagen mit anderen Technologien
- Anlagentechnische Verbesserung zur Reduktion der Stromgestehungskosten von Offshore-Windenergieanlagen und verbesserte Netzanbindung
- Qualitätsstandards und Zertifizierungssystem für Kleinwindanlagen

Technologie-Entwicklung

Durchschnittliche Nennleistung und Volllaststunden von Neuanlagen

Onshore – Schwachwind			
2,2 MW; 2.400 h	3 MW; 3 400 h	4 MW; 3 700 h	▶
Onshore – Starkwind			
2,4 MW; 2.000 h	3,5 MW; 3 000 h	5 MW; 3 000 h	▶
Offshore			
4 MW; 3.500 h	7 MW; 3 800 h	9 MW; 4 000 h	▶
heute	**2025**		**2050** ▶

Durchschnittliche Nabenhöhe (Durchschnittlicher Rotordurchmesser) **von Neuanlagen** (m)

Onshore – Schwachwind			
120 (90)	140 (115)	150 (140)	▶
Onshore – Starkwind			
110 (88)	110 (142)	130 (160)	▶
Offshore			
90 (120)	3 200/3 100 (BK/SK)	keine Angabe	▶
heute	**2025**		**2050** ▶

Stromgestehungskosten (ct / kWh), bezogen auf Deutschland und Standorte mit durchschnittlichem Windangebot

Onshore			
6–8	5 – 7	keine Angabe	▶
Oxyfuel			
13–16	9 – 12	keine Angabe	▶
heute	**2025**		**2050** ▶

Roadmap – Windenergie

F&E-Bedarf

Onshore – technologiebezogen: Entwicklung neuer Generatorkonzepte; Rotorblätter; innovative Turmbaukonzepte ▶

Offshore – technologiebezogen: Materialien und Komponenten, Gründung, Fundamentverankerung, schwimmende Fundamente ▶

Onshore – Systemintegration: Netzintegration; Kombination mit Speichern; ökologische Begleitforschung und Akzeptanzforschung ▶

Kleinwindanlagen: Stromgestehungskostenreduktion; Entwicklung von Standards; Kopplung mit Speichertechnologien ▶

heute	5 bis 10 Jahre ▶

Gesellschaft

- Akzeptanzproblematik
  - nächtliche Befeuerung, Lichtreflexionen, Schattenwurf, Lärm, Vogelschlag, Landschaftsbild
  - durch Bürgerbeteiligung (Bürgerwind-Kraftwerke) Erhöhung der Akzeptanz

Politik & Regulierung

- EEG: Maßgeblich für Betrieb, Netzanbindung und Einspeisevergütung
- Bundes-Immissionsschutzgesetz: Regelung für Schallschutz und optische Wirkungen
- Baugesetzbuch: Rechtlicher Rahmen
- Umweltverträglichkeitsprüfung: Regelung bzgl. der Auswirkungen auf das Landschaftsbild, Menschen sowie zu ökologischen Einflüssen

Kostenentwicklung

- Kostensenkungspotenzial von WEAs Onshore:
  - bis 2030 10 %
- Kostensenkungspotenzial von WEAs Offshore:
  - bis 2030 ca. 25 %

Marktrelevanz

- Ende 2013 in Deutschland 33,7 GW installiert
  - Onshore: 23.645 WEAs
  - Offshore: 116 WEAs
- 117 GW in Europa installiert (7 GW Offshore)
- Deutschland und Spanien mit höchster installierter WEA Leistung in Europa
- Stromerzeugung durch WEAs in Dänemark (27 %) und Portugal (17 %) am höchsten
- 51 % der Anlagen in Deutschland im Besitz von Privatpersonen und Landwirten, EVUs besitzen 2,1 % der Anlagen, Stadtwerke 5,2 %

Wechselwirkungen / Game Changer

Game Changer

- Politische Rahmenbedingungen wie Einspeisetarife oder Quotenmodelle
- Speziell Offshore sind regulatorische Eingriffe zur Bereitstellung der Netzinfrastruktur nötig
- Veränderung der Rohstoff- und Ressourcenverfügbarkeit

7.4 Abkürzungen

BDEW   Bundesverband der Energie und Wasserwirtschaft
dB   Dezibel
EEG   Erneuerbare-Energien-Gesetz
F&E   Forschung und Entwicklung
GIL   Glasisolierter Rohrleiter
GW   Gigawatt
H   Stunde
HGÜ   Hochspannungsgleichstromübertragung
I&K   Information und Kommunikation
km   Kilometer
kW   Kilowatt
kWh   Kilowattstunde
KWEA   Kleinwindenergieanlagen
M   Meter
MW   Megawatt
SDL   Systemdienstleistung
SDLWindV   Verordnung zu Systemdienstleistungen durch Windenergieanlagen
TWh   Terawattstunde
UVP   Umweltverträglichkeitsprüfung
WEA   Windenergieanlagen

Literatur

1. Hau E (2008) Windkraftanlagen: Grundlagen, Technik, Einsatz, Wirtschaftlichkeit. 4. Auflage, Springer, Heidelberg

2. Gasch R, Twele J (Hrsg.) (2011) Windkraftanlagen. Grundlagen, Entwurf, Planung und Betrieb. 7. Auflage, Vieweg+Teubner, Wiesbaden

3. BWE (2013) Bundesverband Windenergie: Technik der Windenergie. www.wind-energie.de/infocenter/technik, zugegriffen am 11.04.2013

4. Quaschning V (2011) Regenerative Energiesysteme, Technologie – Berechnung Simulation. 7. Auflage, Hanser, München

5. Kaltschmitt M, Streicher W, Wiese A (Hrsg.) (2006) Erneuerbare Energien. Systemtechnik, Wirtschaftlichkeit, Umweltaspekte. 4. Auflage, Springer Heidelberg

6. Heier S (2012) Nutzung der Windenergie. 6. Auflage, BINE-Fachbuck, Fraunhofer Verlag, Stuttgart

7. IWES (2012) Windenergiereport 2011. IWES Fraunhofer-Institut für Windenergie und Energiesystemtechnik, Kassel

8. Jarass L, Obermair GM, Voigt W (2009) Windenergie. Zuverlässige Integration in die Energieversorgung. 2. Auflage, Springer, Heidelberg

9. Offshore-Windenergie.net (2014) Fundamente und Gründungsstrukturen. http://www.offshore-windenergie.net/technik/fundamente, zugegriffen am 24.06.2014

10. Stiftung Offshore Windenergie (2014) Gründungsstrukturen. http://www.offshore-stiftung.com/Offshore/gruendungsstrukturen/projekte/54,143,60005,liste9.html, zugegriffen am 24.06.2014

11. Bundesverband WindEnergie e. V. (Hrsg.) Qualitätssicherung im Sektor der Kleinwindenergie-anlagen. Bildung von Kategorien/Anforderungen an technische Angaben. Bearbeitung durch Twele J, Burkham S, Schömann O, Witt C, Rainer Lemoine Institut, Bundesverband WindEnergie e. V., Berlin

12. TU München (2006) Windturbinen – ein Überblick. www.td.mw.tum.de/tum-td/de/studium/proj_e/Windturbinen.pdf, zugegriffen am 16.06.2014

13. Pompe P (2009) Persönliche Information im September 2009. Ernst-Moritz-Arndt-Universität Greifswald, Institut für Physik, http://www2.physik.uni-greifswald.de/~pompe/UP-VORLESUNG/up-windkraft.pdf, zugegriffen am 04.12.2014

14. Jungbauer A (1998) Kapitel 3, Stand der Technik. In: Windenergienutzung in einem regenerativen Energiesystem. Analyse der Windkraftanlagen Eberschwang und Laussa. Diplomarbeit. TU Graz. http://www.elite.tugraz.at/Jungbauer/3.htm, zugegriffen am 18.06.2014

15. BMU (2013) Forschungsjahrbuch Erneuerbare Energien 2012 – Forschungsprojekte im Überblick. Bundesministerium für Umwelt, Naturschutz und Reaktorsicherheit, Bonn

16. Deutsche WindGuard GmbH (2014) Status des Windenergieausbaus in Deutschland, Zusätzliche Auswertungen und Daten für das Jahr 2013. http://www.windguard.de/presse-veroeffentlichungen/windenergie-statistik/, zugegriffen am 21.04.2013

17. Stiftung Offshore-Windenergie (2013) Forschung. 2013. http://www.offshore-windenergie.net/forschung, zugegriffen am 04.12.2014

18. Wallasch AK, Rehfeldt K, Wallasch J (2011) Vorbereitung und Begleitung der Erstellung des Erfahrungsberichts 2011 gemäß § 65 EEG. Vorhaben IIe Windenergie. https://www.erneuerbare-energien.de/EE/Redaktion/DE/Downloads/EEG/eeg_eb_2011_windenergie_bf.pdf?__blob=publicationFile&v=5, zugegriffen am 02.09.2014

19. Knoll A (2012) Whitepaper Energie & Technik. WEA für schwachen Wind halten Onshore-Markt in Schwung. Artikel vom 03.12.2012, http://www.energie-und-technik.de/erneuerbare-energien/artikel/93473/1/, zugegriffen am 23.06.2014

20. Pape C (2013) Entwicklung der Windenergie in Deutschland. Eine Beschreibung von aktuellen und zukünftigen Trends und Charakteristika der Einspeisung von Windenergieanlagen. Fraunhofer IWES, Freiburg, im Auftrag von Agora Energiewende

21. Fraunhofer-Institut für Windenergie und Energiesystemtechnik (2013) Windenergiereport 2012. Fraunhofer IWES, Kassel

22. Kost C, Mayer JN, Thomsen S et al (2013) Stromgestehungskosten. Erneuerbare Energien. Fraunhofer-Institut für Solare Energiesysteme ISE, Freiburg

23. Agentur für Erneuerbare Energien (2012) Akzeptanzumfrage 2012 – Bürger stehen weiterhin hinter dem Ausbau der Erneuerbaren Energien. Renews Kompakt 11.10.2012, http://www.unendlich-viel-energie.de/media/file/85.aee_RenewsKompakt_Akzeptanzumfrage2012.pdf, zugegriffen am 02.09.2014

24. Deutscher Naturschutzring (2013) Windkraft Pro und Contra. http://www.wind-ist-kraft.de/windkraft-pro-und-kontra/, zugegriffen am 31.05.2013

25. Bundesministerium für Wirtschaft (2014) Erneuerbare Energien im Jahr 2013. Erste vorläufige Daten zur Entwicklung der erneuerbaren Energien in Deutschland auf

der Grundlage der Angaben der Arbeitsgruppe Erneuerbare Energien-Statistik (AGEE-Stat). http://www.bmwi.de/BMWi/Redaktion/PDF/A/agee-stat-bericht-ee-2013,property=pdf, bereich=bmwi2012,sprache=de,rwb=true.pdf, zugegriffen am 02.09.2014

26. Trend:research (2011) Marktakteure. Erneuerbare-Energien-Anlagen in der Stromerzeugung. http://www.kni.de/media/pdf/Marktakteure_Erneuerbare_Energie_Anlagen_in_der_Stromerzeugung_2011.pdf, zugegriffen am 09.05.2014

27. European Wind Energy Association (2014) Wind in power: 2013 European statistics. http://www.ewea.org/statistics/european/, zugegriffen am 09.05.2014

28. Bundesministerium für Wirtschaft (2011) Forschung für eine umweltschonende, zuverlässige und bezahlbare Energieversorgung: Das 6. Energieforschungsprogramm der Bundesregierung. BMWi, Berlin

29. ForschungsVerbund Erneuerbare Energien (FVEE) (2013) Forschungsziele 2013: Gemeinsam forschen für die Energie der Zukunft. FVEE, Berlin

Photovoltaik

Verena Jülch, Niklas Hartmann, Noha Saad Hussein und Thomas Schlegl

8.1 Technologiebeschreibung

Die Photovoltaik (PV)-Technologien wandeln mittels photoelektrischen Effekts solare Strahlung direkt in elektrische Energie um. Ein PV-System besteht im Allgemeinen aus den folgenden Komponenten: Solarmodule, Wechselrichter, Verkabelung und Aufständerung. In den Modulen wandeln die PV-Zellen die solare Strahlungsenergie in elektrische Energie, in Gleichstrom, um. Wechselrichter transformieren diesen in Wechselstrom, um ihn in das Stromnetz einspeisen zu können. Die Verkabelung dient der Zusammenführung des in den Modulen erzeugten Stromes und der Anbindung an das Stromnetz. Mittels Aufständerung oder anderen Halterungssystemen wird das PV-System auf ein Dach angebracht oder in der Freifläche aufgestellt. Zusätzlich kann über die Aufständerung der Winkel der PV-Module zur Einstrahlungsrichtung festgelegt werden.

PV-Module bestehen aus mehreren miteinander verschalteten PV-Zellen. Die zugrunde liegenden Material- und Zellkonzepte dienen der technologischen Klassifizierung der PV-Systeme. In den folgenden Unterkapiteln werden verschiedene Konzepte beschrieben.

8.1.1 Funktionale Beschreibung

8.1.1.1 Kristallines Silizium

Abbildung 8.1 zeigt die typische Struktur einer kristallinen Silizium(c-Si)-Solarzelle.

Die kristalline Siliziumsolarzelle besteht (Abb. 8.1) im Wesentlichen aus einer Bor-dotierten Siliziumscheibe (p-dotiertes Silizium), in deren der Sonne zugewandten Oberfläche Phosphor-Atome eingebracht werden (n-dotiertes Silizium). Werden Sonnenstrahlen in

Verena Jülch ✉ · Niklas Hartmann · Noha Saad Hussein · Thomas Schlegl
Fraunhofer-Institut für Solare Energiesysteme ISE, Freiburg, Deutschland
url: http://www.ise.fraunhofer.de

© Springer Fachmedien Wiesbaden 2015   123
M. Wietschel et al. (Hrsg.), *Energietechnologien der Zukunft*,
DOI 10.1007/978-3-658-07129-5_8

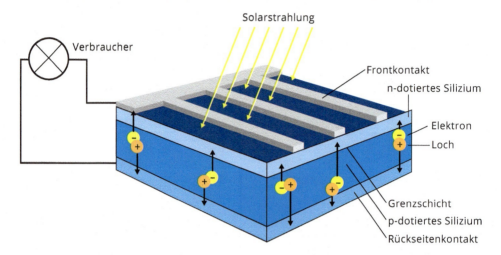

Abb. 8.1 Aufbau und Funktionsweise einer kristallinen Siliziumsolarzelle. (Mit freundlicher Genehmigung von © Fraunhofer ISE 2013, All Rights Reserved)

dieser Solarzelle absorbiert, so entstehen über den photovoltaischen Effekt Elektron(−)-Loch(+)-Paare, die räumlich an der pn-Grenzschicht getrennt werden, sodass eine Potenzialdifferenz entsteht. Über diese Spannung zwischen den Metallkontakten an Vorder- und Rückseite der Zelle kann bei angeschlossener elektrischer Last Leistung entnommen werden.

Kristalline Siliziumsolarzellen bestehen aus hochreinem Silizium. Die Dicke beträgt derzeit knapp 200 μm. Es wird zwischen monokristallinen und polykristallinen Siliziumzellen unterschieden. Monokristalline Siliziumzellen werden aus einem Einkristall geschnitten und erreichen einen durchschnittlichen Modulwirkungsgrad von über 16 %; der Herstellungsprozess ist allerdings etwas energieintensiver als bei polykristallinen Solarzellen. Polykristalline Solarzellen bestehen aus zahlreichen Einzelkristallen und sind in der Herstellung etwas kostengünstiger als monokristalline Zellen. Sie besitzen zurzeit einen Modulwirkungsgrad von durchschnittlich etwa 15 %.

8.1.1.2 Dünnschichttechnologien

Im Vergleich zu kristallinem Silizium werden bei der Dünnschichttechnologie Materialien verwendet, bei denen eine viel geringere Schichtdicke ausreichend ist, um die Lichtquanten (sogenannte Photonen) effektiv zu absorbieren. Eine geringere Schichtdicke geht mit weniger Materialaufwand und dadurch für gewöhnlich mit geringeren Kosten einher, führt aber auch in der Regel zu schlechteren elektronischen Eigenschaften. Diese entstehen durch die relativ defektreichen mikrokristallinen und amorphen Schichtstrukturen, die im Wesentlichen durch vergleichsweise niedrige Abscheidetemperaturen, begrenzt durch das Substratmaterial Glas, gegeben sind. Dünnschichttechnologien haben dadurch in der

Regel einen Wirkungsgradnachteil gegenüber kristallinen Modultechnologien sowie niedrigere Wirkungsgradpotenziale.

Dünnschicht-Solarzellen werden hauptsächlich auf Basis folgender Materialienverbindungen hergestellt: Cadmiumtellurid (CdTe), amorphes Silizium und Kupfer-Indium-Gallium-Diselenid/-Sulfid (CIGS). Diese Materialien können in Schichtdicken von wenigen Mikrometern verwendet werden. Das Dünnschichtmaterial wird dabei in mehreren Schichten auf ein Trägermaterial, meist aus Glas, aufgebracht. Die Dünnschichttechnologie erreicht mit 6 bis 13 % geringere Modulwirkungsgrade als Module aus kristallinem Silizium.

8.1.1.3 Konzentrierende Photovoltaik (CPV)

Konzentrierende PV (engl. *Concentrating Photovoltaic*, CPV)-Systeme nutzen optische Komponenten, um das Sonnenlicht auf Solarzellen kleiner als $1\,cm^2$ zu konzentrieren (siehe Abb. 8.2). Durch die starke Bündelung des Lichts können Werte bis zu tausendfacher Sonnenintensität erreicht werden. Mit steigender Einstrahlungsintensität steigt bei gleichbleibender Zelltemperatur der Wirkungsgrad von PV-Zellen bis ohmsche Verluste dominant werden. Dadurch können hocheffiziente Mehrfachsolarzellen zum Einsatz kommen, die in einem konventionellen PV-System aufgrund der hohen Herstellungskosten nicht rentabel wären. Die Zellen bestehen aus vielen III–V-Halbleiterschichten.

CPV-Systeme benötigen direkte Solareinstrahlung, da die Konzentration von diffusem Licht über die optischen Komponenten nicht möglich ist. Daher ist die Technik zum einen nur in Ländern mit einem hohen Anteil direkter Strahlung sinnvoll einsetzbar, zum anderen benötigen CPV-Module zweiachsige Nachführungssysteme, damit die Sonnenstrahlen immer senkrecht auf die Konzentratoroptik treffen. Daher benötigt der Betrieb der Anlagen einen höheren Wartungsaufwand.

8.1.2 Status quo und Entwicklungsziele

Alle hier beschriebenen PV-Technologien sind kommerziell verfügbar.

Kristalline Siliziumsolarzellen stellen die technologisch am weitesten entwickelte der drei PV-Technologien dar. In den letzten Jahren kam es bei einer starken Marktentwicklung zu zahlreichen Innovationen, was zu höheren Wirkungsgraden und einer starken Kostenreduktion führte: Der nominelle Wirkungsgrad von kommerziellen kristallinen PV-Modulen stieg in den letzten Jahren um ca. 0,3 %-Punkte pro Jahr auf Mittelwerte um 14 bis 15 %. Seit Anfang des Jahres 2010 sanken die Preise für in Deutschland produzierte Module von 2,03 auf 0,64 Euro/Wp und für chinesische Anlagen von 1,55 auf 0,56 Euro/Wp (Stand: Mai 2014) [1]. Dies entspricht einer Kostenreduktion von 68,5 % für deutsche bzw. 63,9 % für chinesische Anlagen.

Die Dünnschicht-PV-Technologie erlebte in den letzten Jahren einen Rückgang der Marktanteile von 17 % im Jahr 2009 auf nur noch 14 % im Jahr 2009 [2] sowie auf rund 10 % im Jahr 2013 [3]. Erwartet wird ein weiterer Rückgang auf 7 % im Jahr 2017 [4].

Ein Grund dafür ist die starke Kostenreduktion bei den kristallinen Siliziumsolarmodulen, welche sich den Preisen für Dünnschichtmodule immer weiter annähern. Im Jahr 2009 bestand ein Preisunterschied zwischen CdTe-Dünnschichtmodulen und c-Si-Modulen in Höhe von 0,84 Euro/Wp für in Deutschland gefertigte Module bzw. in Höhe von 0,39 Euro/Wp für in China gefertigte Module. Dies entspricht einem um 32 bzw. 18 % niedrigeren Preis für Dünnschichtmodule. Dieser Unterschied verringerte sich bis zum Jahr 2013 auf 0,16 Euro/Wp (22 % günstiger) für in Deutschland gefertigte Module. Chinesische Siliziummodule können zu gleich hohen Kosten wie Dünnschichtmodule produziert werden [1]. Aufgrund des geringeren Wirkungsgrads der Dünnschicht-PV steigt der Anteil der übrigen Systemkosten (engl. Balance of System, BOS) im Vergleich zur Silizium-PV verhältnismäßig stark an. Derzeit gibt es seit der Konsolidierung des Marktes nur noch einen bedeutenden Hersteller von CdTe- sowie CIGS-Modulen.

Die CPV ist die jüngste der drei beschriebenen PV-Technologien und befindet sich momentan in der Anlaufphase. Derzeit ist der Marktanteil mit unter 1 % gering, er könnte sich allerdings in den nächsten Jahren durch eine Erschließung von neuen Märkten vor allem in den USA und China deutlich ausweiten.

8.1.3 Technische Kenndaten

Tabelle 8.1 gibt einen Überblick über die technischen Kenndaten der vorgestellten PV-Technologien. Module mit kristallinen Silizium PV-Zellen haben einen höheren Wirkungsgrad als Dünnschicht-PV-Module. Die CPV erreicht höhere Modulwirkungsgrade, es muss allerdings beachtet werden, dass Direktstrahlung benötigt wird. Für die CPV wird auch die größte Wirkungsgradsteigerung (bis zu 40 %) für die Zukunft vorausgesagt, da die Technologie noch relativ jung ist (siehe Tab. 8.1).

Der Temperaturkoeffizient gibt an, wie sich die Effizienz der Technologie bei steigender Temperatur verändert. Alle PV-Technologien besitzen einen negativen Temperaturkoeffizienten, das bedeutet, dass die Effizienz mit zunehmender Temperatur abnimmt. Der Effekt ist bei kristallinen Silizium-Modulen größer als bei den Dünnschicht-PV-Modulen und der konzentrierenden Photovoltaik.

Der Koeffizient für das Schwachlichtverhalten von PV-Zellen gibt an, um welche Größenordnung sich der Wirkungsgrad eines Moduls verringert, wenn die Einstrahlung sich auf ein Fünftel der Standardtestbedingungen reduziert. Hierbei zeigt sich eine Wirkungsgradverringerung, die bei kristallinem Silizium deutlich stärker ausfällt als bei Dünnschicht-Modulen.

Die energetische Amortisationszeit von PV beträgt, abhängig von Technologie und Standort des PV-Systems derzeit ein bis drei Jahre [2]. Für die Zukunft (2030) wird von einer Energieamortisationszeit von einem halben Jahr ausgegangen. Die technische Lebensdauer der Technologien wird sich voraussichtlich um 15 Jahre auf 35 bis 40 Jahre verlängern.

Tab. 8.1 Technische Kenndaten von PV im Vergleich (Quellen: [5, 2] und Fraunhofer ISE, wo nichts anderes angegeben)

	Kristallines Silizium			Dünnschicht (CdTe)			CPV		
	Heute	2030	2050	Heute	2030	2050	Heute	2030	2050
Modulwirkungsgrad (%)	12–21	18–23	20–25	6–13	10–16	10–18	25–30	30–35	35–40
Temperaturkoeffizient (%/C°)	−0,3 bis −0,44			−0,21			−0,2 [5]		
Schwachlichtverhalten (% rel.)	−13			+5			k. A.		
Energieamortisationszeit in Deutschland (a)	1,5–3 [2]	0,5		1–2,5 [2]	0,5		0,7–0,8 [2] (Spanien)	0,5 (Spanien)	
Techn. Lebensdauer Module (a)	25–30	35–40		> 20	35–40		> 20*		

* Basierend auf beschleunigten Alterungstests.

8.2 Zukünftige Anforderungen und Randbedingungen

8.2.1 Gesellschaft

Die PV genießt in Deutschland eine vergleichsweise hohe Akzeptanz. Nach Angaben der Agentur für Erneuerbare Energien äußerten sich in Umfragen 77 % der Befragten positiv zu Solarparks in der Nachbarschaft [6]. EU-weit zeigt sich ein ähnlich positives Bild. Die hohe Akzeptanz kann damit begründet werden, dass PV eine lärmfreie, emissionsfreie Energiequelle ist, die auch dezentral viele unterschiedliche Anwendungsmöglichkeiten bietet. Zudem sind viele Bürger im Besitz einer PV-Anlage oder halten Beteiligungen an einer Anlage. Der Flächenverbrauch und der Einsatz von Herbiziden bei Freiflächenanlagen zur Ausdünnung der Vegetation über einen Zeitraum von über 20 Jahren kann zur Bodendegradation führen durch PV-Freiflächenanlagen und kann jedoch ein Auslöser von zukünftigen Akzeptanzproblemen sein. Durch einen hohen Anteil von Aufdach-, Indach- und Fassadenanlagen im Vergleich zu Freiflächenanlagen kann dieses Problem allerdings reduziert werden.

Die stark gestiegene EEG-Umlage in Deutschland hat zuletzt eine Diskussion über die Kosten der PV ausgelöst, bei der die Technologie teilweise in die Kritik geraten ist. Auch der Import von PV-Modulen aus China stellt ein Akzeptanzproblem für die PV dar, da in der Bevölkerung teilweise die Angst besteht, es wird mit den deutschen bzw. europäischen Fördergeldern die chinesische Wirtschaft gefördert. Nach einer Antidumpingklage von europäischen Herstellern wurde ein Mindestpreis von 56 Eurocent pro Watt vereinbart.

8.2.2 Kostenentwicklung

Tabelle 8.2 gibt einen Überblick über die Kostendaten von PV-Systemen verschiedener Typen und Anlagengrößen. Unterschieden wird zwischen Anlagen bis 10 kWp, Anlagen bis 1000 kWp und Anlagen über 1000 kWp. Anlagen von bis zu 10 kWp sind typischerweise Aufdachanlagen auf Ein- oder Mehrfamilienhäusern. Anlagen zwischen 10 und 1000 kWp sind häufiger auf Dächern von Industrie-, Gewerbegebäuden und landwirtschaftlichen Betrieben zu finden. In der Kategorie über 1000 kWp befinden sich sehr große Aufdachanlagen sowie Freiflächenanlagen.

In Tab. 8.2 werden leistungsspezifische Investitionen und variable Betriebskosten für Deutschland bzw. im Falle der CPV für Spanien ausgewiesen.

Die leistungsspezifischen Investitionen umfassen die Kosten für Module, Wechselrichter, Aufständerung, Verkabelung, Arbeiten zur Vorbereitung, Installation sowie Gemeinkosten (Projektentwicklung, ggf. Finanzierung, Versicherung) [7]. Die Kosten für Anlagen mit kristallinem Silizium liegen hier im Bereich zwischen ca. 1,0 Euro/Wp für große Anlagen und bis zu 1,8 Euro/Wp für Kleinanlagen. Aufgrund der geringen Marktgröße von Dünnschicht-PV-Anlagen in Deutschland werden für diese Technologie keine Kostenangaben gemacht. Für die CPV werden Kosten von 1,4 bis 2,2 Euro/Wp geschätzt. Die

Tab. 8.2 Kostendaten von PV im Vergleich (Daten für Deutschland mit Ausnahme der CPV Daten) [7]

	Kristallines Silizium			CPV (Spanien)
Anlagengröße (kWp)	Bis 10	Bis 1000	Über 1000	Über 100
Leistungsspezifische Investitionen (Euro/Wp)	1,3–1,8	1,0–1,7	1,0–1,4	1,4–2,2
Betriebskosten (Euro/(kWp · a))	Ca. 30			40–50
Abschätzung leistungsspezifische Investitionen in 2030 (Euro/Wp)	0,7–1,0	0,6–1,0		Ca. 0,5–0,9
Abschätzung Betriebskosten in 2030 (Euro/(kWp · a))	Ca. 30			k. A.

Tab. 8.3 Stromgestehungskosten für PV-Anlagen in Deutschland (Ertrag 1000 kWh/kWp) und CPV-Anlagen in Südspanien (Ertrag 2000 kWh/kWp), Lebensdauer 25 Jahre [7]

	Kristallines Silizium			CPV (Spanien)
Anlagengröße (kWp)	Bis 10	Bis 1000	Über 1000	Über 100
LCOE (Eurocent/kWh)	12–14	10–14	9–12	10–15
Abschätzung 2030 (Eurocent/kWh)	8–10	7–9	6–8	6–8

Betriebskosten für PV-Anlagen bestehen hauptsächlich aus dem Austausch von Wechselrichtern, aus Wartung, Management und Buchhaltung. Für kristallines Silizium werden die Betriebskosten konservativ mit ca. 30 Euro/(kWp · a) angegeben, bei der CPV liegen sie aufgrund des Nachführsystems etwas höher.

CPV-Systeme werden in Deutschland aufgrund der zu geringen Direktstrahlung nicht eingesetzt. Die Kosten für CPV-Systeme werden daher für den spanischen Markt angegeben. Aufgrund der geringen Marktgröße sind die Kosten allerdings mit großer Unsicherheit behaftet.

In Tab. 8.3 sind die Stromgestehungskosten und Zielwerte für die Jahre 2030 der verschiedenen PV-Anlagen in unterschiedlichen Größenklassen beschrieben. Die Stromgestehungskosten (engl. *Levelized Cost of Electricity*, LCOE) liegen zwischen 9 bis 12 Eurocent/kWh für große Anlagen und 12 bis 14 Eurocent/kWh für kleine Anlagen [7]. Der LCOE von CPV-Anlagen wird für Spanien auf ca. 10 bis 15 Eurocent/kWh geschätzt. Die Werte sind aufgrund der unterschiedlichen Standorte mit einer deutlich höheren Einstrahlung in Südspanien nur bedingt vergleichbar. Für die Zukunft wird von einer weiteren Kostenreduktion der PV-Technologie ausgegangen, sodass für Großanlagen bis zum Jahr 2030 ein LCOE von 6 bis 8 Eurocent/kWh erreicht werden kann. Die Kostenreduktion wird hauptsächlich durch eine weitere Wirkungsgradsteigerung der Module erwartet. Durch ein Ansteigen der Wirkungsgrade wird jedoch indirekt auch ein Sinken der BOS-Kosten erzielt: Höhere Wirkungsgrade führen zu einem geringeren Flächenverbrauch und dadurch zu geringeren spezifischen BOS-Kosten. Für die CPV wird zukünftig eine Kostenreduktion bis auf LCOE von 6 bis 8 Eurocent/kWh erwartet.

8.2.3   Politik und Regulierung

Für die PV ist das Erneuerbare-Energien-Gesetz (EEG) von zentraler Bedeutung. Regenerativ erzeugter Strom erhält darin einen Einspeisevorrang und wird nach festgelegten Sätzen vergütet. Im Juli 2014 lagen die Vergütungssätze für Dachanlagen bei 12,88 Eurocent/kWh bei Anlagen kleiner als 10 kWp, bei 12,22 Eurocent/kWh bei Anlagengrößen zwischen 10 und 40 kWp, bei 10,90 Eurocent/kWh bei Anlagengrößen zwischen 40 kWp und 1 MWp sowie bei 8,92 Eurocent/kWh bei noch größeren Anlagen. Dies entspricht ebenfalls dem Vergütungssatz für Freiflächenanlagen [8]. Die PV ist in Deutschland in vielen Fällen nur durch den Einspeisevorrang wirtschaftlich, daher hat das EEG momentan noch einen starken Einfluss. Ein Wegfall des EEG würde den Ausbau der PV stark hemmen. Die deutliche Verringerung der Einspeisetarife in Deutschland um 33 % seit April 2012 [8] hat bereits einen Rückgang bei den Neuinstallationen ausgelöst. Der Wegfall des Eigenverbrauchsbonus im April 2012 verringerte ebenfalls die Attraktivität einer Investition in PV-Aufdachanlagen. Der Fortbestand des EEG wird derzeit auf politischer Ebene diskutiert. Zudem ist derzeit geplant, die aktuelle Vergütung bei Erreichen einer installierten PV-Kapazität von 52 GW einzustellen. Die Unsicherheit, die durch die aktuelle Diskussion um die Entwicklung des Einspeisetarifes entstanden ist, hemmt den Zubau von PV-Systemen. Europaweit ist in vielen Ländern ein mit dem EEG vergleichbares Einspeisetarifsystem im Einsatz, z. B. Österreich, Kroatien, Dänemark, Finnland, Frankreich und viele andere [9]. Auch außerhalb Europa finden sich Länder mit fester Einspeisevergütung zum Beispiel Algerien, Argentinien, Thailand oder Peru [9]. Einige wenige Länder verwenden ein Quotensystem für erneuerbare Energien. Italien, Japan, Portugal, Chile und China sind Beispiele für Länder mit einem Quotensystem für die Erzeugung aus Erneuerbaren Energien [9]. Auch hier würde eine Abkehr von den Fördersystemen ein Hemmnis für den Ausbau darstellen. In Ländern mit hoher Sonneneinstrahlung und hohen Strompreisen kann sich die PV allerdings auch ohne Einspeisetarife rechnen.

8.2.4   Marktrelevanz

Ende 2013 waren laut Bundesnetzagentur in Deutschland PV-Module mit einer Nennleistung von 36,8 GW installiert. Dies entspricht in etwa der Hälfte aller in Europa installierten PV-Anlagen von 70 GW [10]. Die in Deutschland durch PV erzeugte Strommenge von 29,7 TWh entspricht rund 5 % des deutschen Netto-Stromverbrauchs. Bei den installierten PV-Technologien hat kristallines Silizium global derzeit den größten Marktanteil mit 85 %, während Dünnschicht-Technologien etwa 15 % ausmachen. Die CPV liegt momentan unter einem Prozent Marktanteil [11].

Ein großer Teil der PV-Anlagen in Deutschland ist in Besitz von Privatpersonen. Sie haben einen Anteil von ca. 35 % an der gesamten installierten PV-Leistung. Gewerbebetriebe, Fonds/Banken, Projektierer und Landwirte halten weitere, etwa gleich große Teile je zwischen 10 und 15 %. Energieversorgungsunternehmen sind derzeit mit nur 5,7 % der betriebenen Leistung am PV-Markt beteiligt [12].

Für 2020 wird eine Erhöhung der europäischen PV-Kapazität auf 120 bis 250 GW prognostiziert, wovon in Deutschland ein Anteil von 52 GW erreicht werden kann [13].

8.2.5 Mögliche Wechselwirkungen mit anderen Technologien

Durch das hohe Angebot an Solarstrahlung im Sommer sowie ein höheres Windaufkommen in den Wintermonaten ergänzen sich PV und Wind über den Jahresverlauf. Dieses ist jedoch in Zukunft abhängig von den PV-Marktwertfaktoren. Ein Ausbau der Windenergietechnologie könnte daher als komplementär zum Ausbau der PV bezeichnet werden. Biogaskraftwerke haben das Potenzial, in der Zukunft Schwankungen in der Erzeugung von PV auszugleichen. Wasserkraftwerke und PV stehen in keinem komplementären Verhältnis, behindern sich allerdings auch nicht gegenseitig. In Südeuropa stehen die konzentrierende solarthermische Kraftwerke zur Stromerzeugung und PV teilweise in Konkurrenz zueinander.

Ein im Niederspannungsbereich gut ausgebautes Stromnetz begünstigt den Ausbau von PV. Je stärker das Netz ausgebaut ist, desto besser können Leistungsspitzen der PV abgefangen werden. Die in der Vergangenheit thematisierte 50-Hz-Problematik von PV-Anlagen wurde inzwischen regelungstechnisch gelöst.

Zusätzlich zum Netzausbau kann die Entwicklung von Anwendungen wie intelligenten Netzen und Lastmanagement den Ausbau der PV unterstützen: Wird der Energieverbrauch an die Energieerzeugung von PV-Anlagen angepasst, steigt der Anteil des Eigenverbrauches. Bei abnehmender Förderquote und zunehmendem Strompreis wirkt sich dies positiv auf die Nutzung von PV-Strom aus.

Kostengünstige Speichertechnologien können den Ausbau von PV-Kleinanlagen beschleunigen: In Deutschland liegen die Kosten von PV-Strom schon unter dem Strompreis für Haushaltskunden, was den Eigenverbrauch von PV-Strom attraktiv macht. Bei den weiter sinkenden PV-Systempreisen wird diese Option auch für Kunden aus dem Gewerbe-Handel-Dienstleitungs-Bereich interessanter werden. Mit günstigeren Speichertechnologien können der Eigenverbrauch und eine dezentrale Nutzung von PV gefördert werden.

8.2.6 Game Changer

Politische Rahmenbedingungen können den Ausbau der PV stark verändern. Derzeit strebt die EU einen Anteil erneuerbarer Energien von 20 % an der Stromversorgung im Jahr 2020 an. Eine Veränderung internationaler Ausbauziele für erneuerbare Energien könnte den Ausbau der PV beschleunigen oder hemmen. In der Vergangenheit haben das EEG und vergleichbare Gesetze im europäischen Ausland den Ausbau der PV stark beschleunigt.

In Zukunft wird der Ausbau auch weiterhin stark von der Höhe der Einspeisevergütung beeinflusst werden.

Auf technologischer Ebene hat die beschriebene Entwicklung der Kosten von Speichertechnologien eine große Bedeutung für die PV. Stark sinkende Kosten für z. B. Batteriespeicher könnten der PV zu einem schnelleren Ausbau verhelfen, da insbesondere Batteriespeicher zur Erhöhung des Eigenstromverbrauchs geeignet sind.

Derzeit produziert die PV angebotsorientiert, das bedeutet, bei vorhandener Solarstrahlung wird Strom ins Netz eingespeist. Dadurch können zur Mittagszeit hohe Angebotsspitzen entstehen. Wenn in der Zukunft der Zeitpunkt der Stromerzeugung in den Handel am Strommarkt stärker einbezogen wird, also der Preis auch mehr durch die Zeit der Einspeisung beeinflusst wird, so wird sich dies auch auf die Entwicklung der PV auswirken. Hierdurch kann z. B. die Aufstellung von Ost-West-PV, auch bei höheren Kosten oder geringeren Erträgen, oder die Installation von PV in Verbindung mit Speichersystemen stärker vorangetrieben werden.

8.3 Technologieentwicklung

8.3.1 Entwicklungsziele

Entwicklungsziele für die drei genannten Technologien bestehen zum einen in der Senkung der Stromgestehungskosten und zum anderen in der Systemintegration der PV. Das Ziel günstigerer Stromgestehungskosten der Photovoltaik kann durch folgende Maßnahmen erreicht werden (siehe hierzu auch eine detaillierte Auflistung der Forschungsziele in [14]):

- Verbesserung des Wirkungsgrades,
- neue Zellkonzepte,
- Erhöhung der Lebensdauer,
- Einsatz von weniger Ressourcen und billigerem Material,
- Optimierte Produktionsprozesse und Prozesstechnik,
- verbesserte Modultechnologie – elektrische Verschaltung der Einzelzellen, Verkapselung der Module und Integration in bauliche Strukturen,
- Skaleneffekte durch Massenproduktion.

Das zweite wichtige Entwicklungsziel für die PV-Technologien besteht in der Systemintegration. Hierbei stehen vor allem die folgenden Aspekte im Mittelpunkt (siehe [14]):

- Bei einem steigenden Anteil von PV-Strom im Netz stellt sich die Frage nach dem Zusammenspiel von verschiedenen fluktuierenden und regelbaren Energieerzeugungseinheiten, aber auch nach dem Zusammenspiel von Erzeugung und Nachfrage im Verteilnetz als auch in anderen Netzebenen.

- Hier spielen die PV Marktwertfaktoren eine starke Rolle: Je mehr PV- oder andere erneuerbare Energien eingespeist wird, desto geringer der Marktwertfaktor.
- Ein weiterer Punkt ist die Entwicklung präziser Leistungs- und Ertragsprognosen von PV-Kraftwerken.
- Zudem sind angepasste Wechselrichterlösungen zur verbesserten Systemintegration zu entwickeln. Im Fokus sind kostengünstige multifunktionale „intelligente" PV-Wechselrichtern mit hoher Zuverlässigkeit und einer Lebensdauer, die an die Lebensdauer der PV-Module heranreicht.

8.3.2 F&E-Bedarf und kritische Entwicklungshemmnisse

In den letzten 30 Jahren hat im Bereich der PV-Technologie eine rasante technologische Entwicklung stattgefunden, die Technologien von kristallinen Solarzellen und Dünnschichtzellen befinden sich daher bereits auf einem hohen Entwicklungsstand. Aus den oben genannten Entwicklungszielen ergibt sich allerdings ein Bedarf an Forschung und Entwicklung (F&E), der im Folgenden skizziert wird.

Bei kristallinen Siliziumsolarzellen werden neuartige Zellenstrukturen erforscht, die höhere Zellwirkungsgrade, eine höhere Packungsdichte der Module sowie eine stärker automatisierte Herstellung ermöglichen. Als Beispiel ist hier das Verlegen der Vorderseitenkontakte auf die Rückseite zu nennen. Des Weiteren sind die Einsparung und der Ersatz von teuren Materialien von großem Interesse. Die Verwendung von günstigerem Kupfer als Alternative zu Silber stellt hier beispielsweise einen aktuellen Forschungsgegenstand dar. Die Entwicklung kostengünstiger und hochskalierbarer Prozesstechniken ist für die Nutzung von Skaleneffekten von Interesse [14].

Hetero-junction with Intrinsic Thin-layer (HIT)-Solarzellen bestehen aus einem monokristallinen Wafer, der vorder- und rückseitig mit amorphem Silizium beschichtet ist. Damit wird die relativ energieintensive Herstellung des p-n-Überganges durch ein energiesparenderes Verfahren ersetzt. HIT-Solarzellen erreichen außerdem einen höheren Wirkungsgrad als konventionelle Siliziumsolarzellen.

Ein zu überwindendes Entwicklungshemmnis für die Dünnschichttechnologie ist der Materialbedarf. Besonders von Tellurium und Indium werden bei gleichen Anteilen am PV-Technologiemix in Zukunft große Mengen benötigt, sie sind aber nur begrenzt verfügbar. Die Nutzung des giftigen Schwermetalls Cadmium wird ebenfalls kritisch diskutiert. Daher werden Forschungsschwerpunkte in der Dünnschichttechnologie weiterhin bei Reduktion der Materialmengen und Nutzung alternativer Materialen liegen. Forschungsschwerpunkte sind außerdem optimierte, effizientere Produktionstechnologien [14].

Bei der CPV steht die Senkung der Kosten im Vordergrund, hier wird an der Entwicklung industrieller Fertigungstechnologien und der Erforschung neuer Materialien gearbeitet. Ein weiterer Forschungsschwerpunkt liegt in der Entwicklung von Solarzellenstrukturen für höhere Leistungsdichten bis zu 2000-facher Lichtkonzentration [14].

Organische Solarzellen, bisher im PV-Markt nicht relevant, bestehen aus organischen Halbleitern basierend auf Kohlenwasserstoffverbindungen. Die Herstellung benötigt im Vergleich zu den kommerziellen Technologien wenig Energie, daher wird von geringen Herstellungskosten ausgegangen. Allerdings werden bis dato auch nur geringe Wirkungsgrade erreicht. Aktuelle Forschungsschwerpunkte liegen in der Evaluierung neuer organischer Halbleitersysteme, in der Weiterentwicklung bestehender Zellkonzepte, der Entwicklung angepasster Produktionstechnologien, Modulverschaltung, langzeitstabiler Verkapselung und Lichtmanagement [14].

Mit dem Ausbau der PV hat sich die Systemintegration von PV-Anwendungen zu einem weiteren Forschungsschwerpunkt entwickelt. Zunehmend werden Möglichkeiten nachgefragt, um tägliche und jährliche Schwankungen der PV-Stromerzeugung auszugleichen. Hierbei sind sowohl die Netzintegration der PV, Einbindung in *Energy-Management*-Systeme und intelligente Netze, als auch die Kopplung von PV mit Batterielösungen und anderen Speichertechnologien im Fokus. Verbesserte Prognosemöglichkeiten können zu einer Verstetigung in Kombination mit Speichern beitragen und den Bedarf an *Backup*-Kraftwerken reduzieren. Wechselrichter werden weiterentwickelt, um beispielsweise lokale Energiespeichersysteme zu steuern, aber auch um in zunehmenden Maße Systemdienstleistungen übernehmen zu können.

Roadmap – Photovoltaik

Beschreibung

- Umwandlung von solarer Strahlung in elektrische Energie
  - Kristallines Silizium: 200 µm dünne Scheiben aus monokristallinem oder polykristallinem Silizium
  - Dünnschicht: µm-dünne Schichten aus den Materialien Cadmiumtellurid (CdTe), amorphes Silizium (a-Si), Kupfer-Indium-Gallium-Diselenid/ -Sulfid (CIGS)
  - Konzentrierende Photovoltaik (engl. Concentrating Photovoltaics, CPV): Aufkonzentration von Direktstrahlung bei Verwendung von hocheffizienten Solarzellen, Direktstrahlung und Nachführsystem erforderlich

Entwicklungsziele

- Alle Technologien: Senkung der Stromgestehungskosten durch Wirkungsgradsteigerung, verringerte Herstellungskosten und Verlängerung der Lebensdauer
- Systemintegration von Photovoltaik-Technologien sowohl durch technische Maßnahmen wie Netzausbau als auch durch Demand-Side-Management und Speicherung
- Erhöhung des Eigenverbrauchsanteils
- CPV: Ausbau des Marktanteils

Technologie-Entwicklung

Modulwirkungsgrade (%)

Kristallin

12–21	18–23	20–25	▶

Dünnschicht

6–13	10–16	10–18	▶

CPV

25–30	30–35	35–40	▶

heute	2025		2050	▷

Leistungsspezifische Investitionen (€/Wp), bezogen auf Deutschland, großtechnische Systeme > 1 000 kWp, ausgenommen CPV

Kristallin

1,0–1,4	0,6–1,0	keine Angabe	▶

CPV (Spanien)

1,4–2,2	ca. 0,5–0,9	keine Angabe	▶

heute	2025		2050	▷

Stromgestehungskosten (ct/kWh), bezogen auf Deutschland, großtechnische Systeme > 1 000 kWp, ausgenommen CPV

Kristallin

9–12	6–8	keine Angabe	▶

CPV (Spanien)

10–15	6–8	keine Angabe	▶

heute	2025		2050	▷

Roadmap – Photovoltaik

F&E-Bedarf

Technologiebezogen: Erhöhung der Systemwirkungsgrade, Ersatz von teuren oder kritischen Materialien ▶

Technologiebezogen: Prozessverbesserung durch neuartige Zellstrukturen ▶

Systemintegration: Netzintegration, Einbindung in Energy-Management-Systeme und intelligente Netze ▶

Systemintegration: Kopplung mit Speichertechnologien ▶

heute	5 bis 10 Jahre ▶

Gesellschaft

• Geringes Akzeptanzrisiko
  – Lärmfrei, emissionsfrei, dezentral, viele Bürger in Besitz einer PV-Anlage
  – Diskussionen über ansteigende EEG-Umlage sowie über Marktpräsenz von China, die sich zum Teil negativ auf die Akzeptanz von PV auswirken

Politik & Regulierung

• Baugesetzbuch: rechtlicher Rahmen

• *Treiber*:
  – In Ländern mit hoher Solarstrahlung, niedrigen Systempreisen und hohen Strompreisen kann PV auch ohne feste Einspeisevergütung wirtschaftlich sein
  – EEG-Einspeisevorrang und -Einspeisetarif in Deutschland, Einspeisetarif und Quotenmodell in anderen europäischen Ländern

• *Hemmnis*:
  – Sinkende Einspeisevergütung

Kostenentwicklung

• Kostensenkungspotenzial von kristallinen Silizium- und Dünnschichtsystemen (Großanlagen) beträgt:
  – bis 2025 ca. 40 %
  – bis 2050 über 50 %

• Für CPV ist das Kostensenkungspotenzial aufgrund geringer Marktgröße schwer abschätzbar

Marktrelevanz

• Ende 2013 in Deutschland 36,8 GW installiert

• 70 GW in Europa installiert

• Weltweite Marktanteile:
  – Kristallines Silizium ca. 85 %
  – Dünnschicht ca. 15 %
  – CPV < 1 %

• 34 % der deutschen Anlagen sind im Besitz von Privatpersonen

• Bis 2020 Steigerung der PV-Kapazität in Deutschland auf 50 – 60 GW und europaweit auf 120 bis 250 GW möglich.

Wechselwirkungen / Game Changer

Game Changer

• Politische Rahmenbedingungen wie Einspeisetarife oder Quotenmodelle

• Die Entwicklung der PV ist eng mit der Entwicklung von Speichertechnologien verknüpft

• Veränderungen des Strommarktsystems können starke Auswirkungen auf die PV haben

8.4 Abkürzungen

BOS   Systemkosten (engl. Balance of System)
CdTe   Cadmiumtellurid
CIGS   Kupfer-Indium-Gallium-Diselenid/-Sulfid
CPV   Konzentrierende PV (engl. Concentrating Photovoltaic)
c-Si   Kristallines Silizium
EEG   Erneuerbare-Energien-Gesetz
F&E   Forschung und Entwicklung
HIT   Herero-junction with Intrinsic Thin-layer
LCOE   Stromgestehungskosten (engl. Levelized Cost of Electricity)
PV   Photovoltaik

Literatur

1. pvXchange (2014) Preisbarometer kristalline Module. http://www.pvxchange.com/priceindex/ Default.aspx?template_id=1&langTag=de-DE, zugegriffen am 10.07.2014

2. Fraunhofer ISE (2013) Photovoltaics Report. http://www.ise.fraunhofer.de/en/downloads-englisch/pdf-files-englisch/photovoltaics-report-slides.pdf, zugegriffen am 03.09.2014

3. photovoltaik.eu (2014) Dünnschicht-Technologie verliert Marktanteile. http://www. photovoltaik.eu/Archiv/Meldungsarchiv/Duennschicht-Technologie-verliert-Marktanteile, QUlEPTU0ODY1MiZNSUQ9MTEwOTQ5.html, zugegriffen am 11.07.2014

4. Ali-Oettinger, S (2013) pv magazine. Market share for thin film projected to fall. http://www.pv-magazine.com/news/details/beitrag/market-share-for-thin-film-projected-to-fall_100012404/# axzz3796btSfN, zugegriffen am 11.07.2014

5. NREL (2011) Considerations for How to Rate CPV. Conference Paper. National Renewable Energy Laboratory

6. Agentur für Erneuerbare Energien (2014) Interaktive Karte zu Erneuerbaren Energien. Bundesländer in der Übersicht, http://foederal-erneuerbar.de/uebersicht/bundeslaender/ BW|BY|B|BB|HB|HH|HE|MV|NI|NRW|RLP|SL|SN|ST|SH|TH|D/kategorie/akzeptanz, zugegriffen am 09.05.2014

7. Kost C, Mayer J, Thomsen J, Hartmann N, Senkpiel C, Philipps S, Nold S, Lude S, Schlegl T (2013) Stromgestehungskosten Erneuerbare Energien. Fraunhofer-Institut für Solare Energiesysteme ISE, Freiburg

8. Bundesnetzagentur (2014) Photovoltaikanlagen: Datenmeldungen sowie EEG-Vergütungssätze. EEG-Vergütungssätze für PV-Anlagen. http://www.bundesnetzagentur.de/cln_1432/ DE/Sachgebiete/ElektrizitaetundGas/Unternehmen_Institutionen/ErneuerbareEnergien/ Photovoltaik/DatenMeldgn_EEG-VergSaetze/DatenMeldgn_EEG-VergSaetze_node.html# doc405794bodyText4, zugegriffen am 11.07.2014

9. REN21 (2013) Global status report.

10. EPIA, PhotoVoltaic Technology Platform (2010) Solar Europe Industry Initiative Implementation Plan 2010–2012.

11. IEA-ETSAP, IRENA (2013) Solar Photovoltaics – Technology Brief.

12. trend:research (2013) Anteile einzelner Marktakteure an Erneuerbare Energien-Anlagen in Deutschland. 2. Auflage, Institut für Trend- und Marktforschung
13. EPIA (2013) Global Market Outlook for Photovoltaics 2013–2017.
14. FVEE (2013) Forschungsziele 2013. Gemeinsam forschen für die Energie der Zukunft. ForschungsVerbund Erneuerbare Energien, Berlin

Solarthermische Kraftwerke

Reiner Buck

9

9.1 Technologiebeschreibung

9.1.1 Funktionale Beschreibung

Die solarthermische Stromerzeugung basiert grundsätzlich auf der Absorption von Sonnenenergie durch ein Arbeitsmedium. Das hierdurch erhitzte Arbeitsmedium wird anschließend zum Antrieb eines thermodynamischen Arbeitsprozesses genutzt und somit elektrische Energie erzeugt. Kurz gesagt, entspricht ein solarthermisches Kraftwerk einem konventionellen Kraftwerk mit dem Unterschied, dass die benötigte Wärme zum Kraftwerksbetrieb aus konzentrierter Solarstrahlung gewonnen wird. In technischer Hinsicht zeichnet sich die solarthermische Stromerzeugung durch folgende Merkmale aus:

- hohe Wirkungsgrade bis über 20 % möglich,
- bedarfsgerechte Stromerzeugung durch kostengünstige Integration von hocheffizienten thermischen Speichern und
- gesicherte Kapazität durch optionale Hybridisierung mittels Zusatzfeuerung.

Die Systeme zur solarthermischen Stromerzeugung unterscheiden sich hinsichtlich:

- Konversion der Sonnenenergie in Wärmeenergie (konzentrierende und nicht konzentrierende Systeme, Art der Fokussierung),
- Arbeitsmedium (Wärmeträger: Öl, Luft, Wasser, Flüssigsalz, ...),
- Receiverkonzept (Rohre, volumetrische Receiver, ...),
- Speicherkonzept (sensible Speicher, Latentwärmespeicher, Festbett- oder Tank-Speicher),

Reiner Buck ✉
Deutsches Zentrum für Luft- und Raumfahrt e.V., Stuttgart, Deutschland
url: http://www.dlr.de

© Springer Fachmedien Wiesbaden 2015

M. Wietschel et al. (Hrsg.), *Energietechnologien der Zukunft*,
DOI 10.1007/978-3-658-07129-5_9

- Prozess zur Stromerzeugung aus erhitztem Transportmedium (Dampfkraftwerk, Gasturbine, Stirling-Motor, Aufwind-Turbine).

In diversen Publikationen wurde der aktuelle Stand und die Entwicklungsperspektive von solarthermischen Kraftwerken zusammengestellt (siehe [1–5]). Hier werden ausschließlich solarthermische Kraftwerke mit konzentrierenden Systemen betrachtet. Das solare Aufwindkraftwerk, das nicht-konzentrierte Strahlung zur Erwärmung von Luft und anschließender Stromerzeugung mit einer Aufwind-Turbine in einem Kamin nutzt, wird nicht betrachtet, da derzeit keine Marktrelevanz erkennbar ist.

Konzentrierende Solarsysteme bündeln die Sonnenstrahlen in einer „Brennlinie" (linienfokussierende Systeme: Parabolrinne, Fresnel-Kollektor) oder in einem Brennpunkt (punktfokussierende Systeme: Solarturm, Parabolspiegel). Hierfür kann nur der direkte Anteil der Solarstrahlung genutzt werden. Es kommen ein- bzw. zweiachsig nachgeführte Spiegelsysteme zum Einsatz. Einachsig nachgeführte Konzentratorsysteme (Parabolrinne bzw. Linear-Fresnel-System) erzeugen eine Brennlinie mit typischen Konzentrationsfaktoren von etwa 80. Zweiachsig nachgeführte Konzentratorsysteme (Heliostate bei Solarturm, Parabolspiegel) erzeugen einen Brennpunkt und erreichen wesentlich höhere Konzentrationsfaktoren von etwa 500 bis 1000.

In der Brennlinie bzw. im Brennpunkt wird mittels eines Receivers das Wärmeträgermedium erhitzt. Als Medien kommen bisher Thermoöl, Luft, Wasser/Dampf oder Flüssigsalz zum Einsatz. Üblicherweise werden Rohrreceiver mit Metallrohren eingesetzt, deren Außenseite die Solarstrahlung absorbiert und die dabei entstehende Wärmeenergie über Wärmeleitung und konvektive Wärmeübertragung an das im Inneren strömende Wärmeträgermedium abgibt. Eine andere Receivervariante nutzt poröse Absorbermedien, die mit Luft durchströmt werden. Grundsätzlich gilt, dass bei höherer Konzentration auch höhere Temperaturen im Wärmeträgermedium erreicht werden können, ohne dass die Receiververluste zu stark ansteigen. Da der Wirkungsgrad des Kraftwerksprozesses mit erhöhter Temperatur ebenfalls ansteigt, können somit insgesamt höhere Wirkungsgrade für die Umwandlung der Solarstrahlung in Strom erzielt werden.

Das erhitzte Wärmeträgermedium wird zum Antrieb einer Kraftmaschine genutzt. Bei den Parabolspiegelanlagen werden Stirling-Motoren eingesetzt, die direkt hinter dem Brennpunkt installiert sind. Bei den Anlagen mit Leistungen im Kraftwerksmaßstab kommen übliche Kraftwerksprozesse zum Einsatz, vor allem Dampfprozesse mit überhitztem Dampf. Eine Variante hiervon stellt die Einkopplung von solar erzeugtem Dampf in den Dampfteil eines Kombikraftwerks (Gas- und Dampfturbinen-Kraftwerk: GuD) dar, die auch als „Integrated Solar Combined Cycle System" (ISCCS) bezeichnet wird. Zukünftig ist auch die direkte Nutzung von solar erhitzter Luft in Gasturbinenprozessen mit nachgeschaltetem Dampfprozess (GuD-Kraftwerk) vorgesehen.

Da die solare Energie über die Umwandlung in Wärmeenergie genutzt wird, können thermische Speicher eingesetzt werden, um die Stromerzeugung zeitlich vom solaren Strahlungsangebot zu entkoppeln. Solche Speicher weisen nur sehr geringe Verluste durch Wärmeleitung auf, typischerweise etwa 1 % pro Tag. Weiterhin kann die Erhitzung des Arbeitsmediums des Kraftwerksprozesses teilweise oder ganz durch Zufeuerung mit einem konventionellen Brennstoff erfolgen. Damit kann die Stromerzeugung in weiten Grenzen dem aktuellen Bedarf im Stromnetz angepasst werden, und es müssen keine entsprechenden Kraftwerkskapazitäten als Reserve bereitgehalten werden. Speichermöglichkeit und Hybridfähigkeit stellen wesentliche Vorteile der solarthermischen Stromerzeugung gegenüber anderen erneuerbaren Energiesystemen wie Photovoltaik und Windenergie dar, deren Leistungsangebot direkt dem aktuellen Angebot der natürlichen Ressourcen (Solarstrahlung bzw. Wind) folgt.

Im Folgenden werden die solarthermischen Kraftwerkskonzepte beschrieben, die aktuell und zukünftig als marktrelevant angesehen werden. Parabolspiegelsysteme mit Stirling-Motor werden nicht betrachtet, da diese Systeme eine ähnliche Leistungscharakteristik wie Photovoltaik-Systeme (PV) aufweisen, da die Integration thermischer Speicher oder Hybridisierung technisch schwierig ist. Im Vergleich zu PV ist bei Parabolspiegel-Systemen eine konkurrenzfähige Kostenentwicklung derzeit nicht absehbar.

9.1.1.1   Parabolrinnen-Kraftwerke

Parabolrinnen-Kollektoren (Abb. 9.1a, b) bestehen aus einachsig der Sonne nachgeführten Konzentratorspiegeln und einem in der Fokallinie angebrachten Absorberrohr. Durch dieses fließt ein Wärmeträgermedium, mit dem die Wärme der vorgesehenen Anwendung (z. B. Kraftwerksprozess, Prozesswärmenutzer, Wärmespeicher) zugeführt wird.

Parabolrinnen-Kollektoren sind für den Einsatz im Temperaturbereich bis max. 550 °C geeignet. Als Wärmeträger-Medium wird aktuell meist Thermoöl (bis 400 °C) verwendet, eine Prototyp-Anlage mit direkter Dampferzeugung im Absorberrohr wurde in Betrieb genommen.

9.1.1.2   Linear-Fresnel-Kraftwerke

Bei Linear-Fresnel-Kollektoren besteht der Konzentrator aus vielen leicht gekrümmten, schmalen Facetten, die durch einachsige Nachführung das Sonnenlicht auf einen feststehenden Absorber konzentrieren. Wegen der vergleichsweise geringen Windlasten auf den Konzentrator lässt sich dieser besonders material- und kostensparend konstruieren. Dem stehen optische bzw. geometrische Nachteile im Vergleich mit der Parabolrinne gegenüber. Bisher ausgeführte Anlagen erzeugen Heißwasser oder Sattdampf (siehe Abb. 9.2a, b).

9.1.1.3   Solarturm-Kraftwerke

Beim Solarturm-Kraftwerk (Abb. 9.3) lenkt eine Vielzahl individuell nachgeführter Konzentratorspiegel, sogenannte Heliostate, das Sonnenlicht auf die Spitze eines Turmes.

Dort befindet sich der Receiver, der die konzentrierte Solarstrahlung absorbiert und in Wärme umwandelt. Solarturm-Systeme erreichen Konzentrationsfaktoren zwischen 500 und 1000 und können damit Temperaturen bis zu 1200 °C erreichen, derzeit üblich sind ca. 550 °C. Als Wärmeträgermedien werden aktuell Wasser/Dampf, Flüssigsalz oder Luft genutzt. Kommerziell sind Anlagen mit Leistungen zwischen 10 und 377 MW in Betrieb.

Abb. 9.1 Parabolrinnen-Kollektor (**a**), Anlage Andasol-1 mit 50 MW, 8 Std. Speicher (**b**). (Mit freundlicher Genehmigung von © DLR/Markus-Steur.de (a) und © Ferrostaal/Surauia 2013 (b), All Rights Reserved)

9.1.2 Status quo und Entwicklungsziele

Parabolrinnenkollektoren sind die bisher kommerziell erfolgreichste Technologie für solarthermische Kraftwerke. Bereits seit Mitte der 1980er-Jahre werden in Kalifornien Parabolrinnenkraftwerke betrieben, deren Gesamtkapazität bis 1990 auf 364 MWe ausgebaut wurde. Parallel zur Errichtung dieser SEGS („Solar Electricity Generating System") genannten Anlagen mit Nennleistungen von 14 MW (SEGS I), 30 MW (SEGS II–VII) und 80 MW (SEGS VIII und IX) wurden Komponenten und Systemkonzept weiterentwickelt, sodass keine dieser Anlagen der vorhergehenden gleicht (siehe Tab. 9.1). Diese Entwicklung fand ein vorläufiges Ende aufgrund sinkender Gaspreise und damit verbunden geringer Erlöse. Zwar konnten die vorhandenen Kraftwerke weiter profitabel betrieben werden, neue Anlagen entstanden jedoch erst wieder seit 2007 insbesondere in Spanien und USA aufgrund der zunehmenden Bedeutung von Klimaschutz und nachhaltiger Energieversorgung und dementsprechend geschaffener wirtschaftlicher Rahmenbedingungen (z. B. Einspeisevergütungen, Renewable Portfolio Standards, steuerliche Anreize).

Abb. 9.2 Linear-Fresnel-Kollektor (**a**), Anlage Puerto Errado 2 mit 30 MW (**b**). (Mit freundlicher Genehmigung von © NOVATEC SOLAR 2013, All Rights Reserved)

a

b

Tab. 9.1 Entwicklungsstadium verschiedener solarthermischer Kraftwerkskonzepte

	Kommerziell	Demonstration	F&E	Ideenfindung
Parabolrinnen-Kraftwerke	X	X	X	
Linear-Fresnel-Kraftwerke	(X)	X	X	
Solarturm-Kraftwerke	X	X	X	

Den heutigen Stand der Technik repräsentieren die in Spanien errichteten Anlagen mit einer Anlagenleistung von 50 MW, teilweise mit integriertem Wärmespeicher für rund acht Volllaststunden. Stahlstrukturen mit parabolisch gekrümmten Glasspiegeln bilden Konzentratormodule mit einer Aperturweite von rund 5,8 und 12 m Länge, die zu 150 m langen Kollektoren zusammengesetzt werden. Die Absorberrohre haben eine selektiv beschichtete Oberfläche und sind von einem evakuierten Glashüllrohr umgeben. Als Wärmeträgermedium dient ein Thermoöl. Anlagen ohne Speicher haben eine Kollektorfläche von je etwa 350.000 m². Wenn ein Wärmespeicher integriert ist, steigt die Kollektorfläche auf etwa 500.000 m². Als Speichermedium wird eine kostengünstige Salzschmelze einge-

Abb. 9.3 Solarturm-Kraftwerk Crescent Dunes (USA) mit 110 MW und 10 h Speicher. (Mit freundlicher Genehmigung von © SolarReserve, All Rights Reserved)

setzt. 65 Anlagen dieser Technologie sind weltweit in Betrieb, weitere Anlagen befinden sich noch im Bau. Die größten Anlagen erreichen eine Leistung von 280 MW.

Ein solar-hybrides Kraftwerkskonzept, bei dem der fossile Brennstoff möglichst effizient genutzt wird, ist die Kombination eines solarthermisch betriebenen Dampferzeugers mit einem GuD-Kraftwerk. Der durch die Solaranlage zusätzlich erzeugte Dampf wird an geeigneter Stelle in den Dampfkreislauf des GuD-Kraftwerks eingespeist. Dies senkt die solarspezifischen Investitionen der Anlage und steigert den Solarertrag, da weniger Zeit und Solarenergie zum täglichen Start-up und Vorwärmen benötigt wird. Allerdings bleibt der realisierbare Solarbeitrag relativ gering. Das 2009 in Kuraymat (Ägypten) fertig gestellte Kraftwerk dieses Typs hat bei einer Gesamtleistung von 150 MW eine Solarfeldleistung von etwa 20 MW. Ähnliche Anlagen wurden auch in Marokko (Ain Bni Mathar, 470 MW) und Algerien (Hassi R'Mel, 130 MW) errichtet, Planungen gibt es unter anderem für Standorte in Mexiko und Indien.

Ein erstes kommerzielles Parabolrinnenkraftwerk, bei dem auf das Thermoöl verzichtet und der Dampf direkt in den Absorberrohren erzeugt wird, wurde in Kanchanaburi (Thailand) Ende 2011 in Betrieb genommen. Die Anlage mit einer Nennleistung von 5 MW arbeitet bei 30 bar/330 °C. Die Regelung der Dampftemperatur erfolgt über Einspritzkühler. Weitere Entwicklungsarbeiten zielen auf die Verwendung von Flüssigsalz als Wärmeträger- und Speichermedium. Dies würde die Anhebung der Fluidtemperatur auf bis zu 550 °C ermöglichen und in höheren Gesamtwirkungsgraden resultieren. Gleichzeitig könnten diverse Wärmetauscher im System entfallen und die damit verbundenen

Kosten eingespart werden. Nachteilig bei diesem Konzept ist jedoch die Notwendigkeit, die Temperatur des Flüssigsalzes immer sicher über der Erstarrungsgrenze zu halten.

Bei den Linear-Fresnel-Anlagen stellt das 30-MW-Kraftwerk Puerto Errado 2 (Abb. 9.2) einen Meilenstein dar. Das Solarfeld besteht aus 28 Kollektorreihen mit einer Länge von je 940 m. Die Absorberrohre sind in 7,4 m Höhe installiert und erzeugen Sattdampf bei 55 bar. Die Anlage ging 2012 in Betrieb und soll ca. 50.000 MWh/a ins Netz einspeisen. Auch dieser Anlagentyp wird, analog zur Parabolrinne, für die Nutzung von Flüssigsalz als Wärmeträgerfluid weiterentwickelt.

Bei den Solarturm-Anlagen werden v. a. zwei unterschiedliche Wärmeträgermedien eingesetzt. Anlagen mit Wasser/Dampf erzeugen im Receiver überhitzten Dampf mit maximal 550 °C, der direkt der Turbine zugeführt wird. Speicher für Direktdampf-Systeme sind aufwendig und teuer, daher wurden für solche Systeme bisher nur Speicher für maximal eine Stunde integriert. Für größere Speicherkapazitäten haben sich Systeme mit Flüssigsalz etabliert. Das im Receiver erhitzte Flüssigsalz (565 °C) wird einem großen Speichertank zugeführt, und von dort einem Dampferzeuger zur Stromerzeugung. Das abgekühlte Flüssigsalz (290 °C) wird einem zweiten Speichertank zugeführt, aus dem bei Sonnenschein der Receiver gespeist wird. Mit diesem Konzept wurden bereits Speicherkapazitäten bis zu 15 Stunden realisiert (z. B. Gemasolar in Spanien), was einer Auslastung (Volllastbenutzungsstunden) von 74 % entspricht. Eine 110-MW-Anlage mit einer Auslastung von über 90 % wird zurzeit in Chile gebaut.

Aktuell sind weltweit solarthermische Kraftwerke mit einer Gesamtleistung von über 4500 MW in Betrieb, vorrangig als Parabolrinnenkraftwerke (Abb. 9.4). Bei neuen Anlagen nimmt der Anteil der Solarturmsysteme aber signifikant zu, auch neue Linear-Fresnel-Anlagen werden gebaut.

Bei neuen Anlagen sind bereits signifikante Kostenreduktionen erkennbar (z. B. Ausschreibung für Anlage Ouarzazate, Marokko). Durch den Markteintritt weiterer internationaler Hersteller werden weitere Kostenreduktionen erwartet.

9.1.3 Technische Kenndaten

Die wichtigsten technischen Kenndaten sind in Tab. 9.2 zusammengefasst. Für die technische Lebensdauer wird für alle Systeme ein ähnlicher Wert von ca. 30 Jahren angenommen. Diese Laufzeit ist bei einigen Kraftwerken in den USA bereits nahezu erreicht, wobei durch kontinuierliche Wartung und Instandhaltung die Leistungsfähigkeit erhalten wird. Weitere gemeinsame Kenndaten sind:

- nur Direktstrahlung kann konzentriert und damit genutzt werden,
- die Auslastung (Volllastbenutzungsstunden) kann durch die Systemauslegung (Kollektorfeld- und Speichergröße) in weiten Grenzen angepasst werden und
- die Integration eines Zusatzbrenners erlaubt die gesicherte Leistungsbereitschaft und vermeidet die Vorhaltung anderer Kraftwerkskapazitäten.

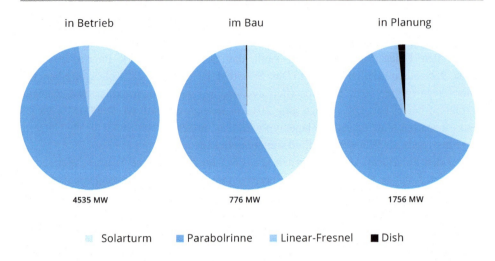

Stand: Mai 2015
Daten von CSPtoday CSP Tracker

Abb. 9.4 Anteile der verschiedenen solarthermischen Kraftwerkstechnologien. (Daten aus [6]; mit freundlicher Genehmigung von © Reiner Buck (DLR) 2015, All Rights Reserved)

Tab. 9.2 Technische Kenndaten von solarthermischen Kraftwerken im Vergleich

	Parabolrinnen-Kraftwerke			Linear-Fresnel-Kraftwerke			Solarturm-Kraftwerke		
	Heute	2025	2050	Heute	2025	2050	Heute	2025	2050
Wirkungsgrad (%)[1]	15	18	20	10	13	15	14	19	22
Anfahrzeit (min)	60	30	30	60	30	30	60	30	30
Typische Größenklassen (MW)	50–250	250	250	30	100	150	20–130	100–150	100–150
Typische Flächennutzung [7]	$\sim 80\,\mathrm{GWh/km^2a}$			$\sim 70\,\mathrm{GWh/km^2a}$			$\sim 70\,\mathrm{GWh/km^2a}$		

[1] Jährlicher Umwandlungswirkungsgrad von solarer Direktstrahlung in elektrische Energie, bezogen auf die Kollektorfläche.

Größere Kraftwerksleistungen werden durch modulares Zusammenschalten mehrerer Einzelkraftwerke erreicht (s. Ivanpah, USA: 3 Solarturmkraftwerke ergeben 377 MW Leistung).

9.2 Zukünftige Anforderungen und Randbedingungen

9.2.1 Gesellschaft

Solarthermische Kraftwerke werden nahezu ausschließlich in wüstenartigen Gebieten errichtet, da dort aufgrund der hohen Direktstrahlung die Stromgestehungskosten am niedrigsten sind. Eine Aufstellung solcher Anlagen in Deutschland ist nicht wirtschaftlich sinnvoll. Unter der Kategorie „gesellschaftliche Einflüsse" sind folgende Punkte zu bewerten:

- Landschaftsverbrauch: ca. 0,014–0,1 km^2/MW (je nach Konzept und Speicherdauer), bzw. 42–150 GWh/km^{2}a,
- Umweltbeeinträchtigung: bisher wird häufig synthetisches Wärmeträgeröl eingesetzt, das umweltgefährdend sein kann; zukünftige Konzepte setzen auf unkritische Wärmeträgermedien (Flüssigsalze, Dampf, . . .),
- Umweltbeeinträchtigung: auch in Wüstengebieten gibt es schützenswerte Flora und Fauna, die durch die großflächige Aufstellung beeinträchtigt werden können,
- reflektierte konzentrierte Solarstrahlung kann vor allem bei Receivern von Solarturm-Kraftwerken als störend empfunden werden.

Für die Stromversorgung von Europa bzw. Deutschland mit solarthermischen Kraftwerken ist aufgrund der Aufstellungsorte in Wüstengebieten (z. B. Nordafrika) zusätzlich die Notwendigkeit langer Stromtrassen zu berücksichtigen. Diese Stromtrassen können vorrangig per Hochspannungs-Gleichstrom-Übertragung zum verlustarmen Transport über weite Entfernungen konzipiert werden. Beim Neubau derartiger Stromtrassen können Akzeptanzprobleme auftreten.

9.2.2 Kostenentwicklung

Die aktuellen Kosten sowie die erwartete Kostenentwicklung sind in Tab. 9.3 zusammengestellt. Die große Spanne der spezifischen Investitionen erklärt sich durch die unterschiedliche Anlagenauslegung in Bezug auf die Speicher. Eine Anlage mit großem Speicher erfordert ein im Vergleich zum Powerblock überdimensioniertes Solarfeld, wodurch die spezifischen Kosten ansteigen. Gleichzeitig steigt die Auslastung an, wodurch sich die Stromgestehungskosten reduzieren. Die Investitionen von Anlagen ohne Speicher sind spezifisch niedriger, die jährliche Volllaststunden-Zahl ist aber entsprechend kleiner. Für solarthermische Kraftwerke sind deshalb die Stromgestehungskosten die relevante Größe.

Für solarthermische Kraftwerke liegen bisher noch keine fundierten Informationen über die Lernrate vor. Auf Basis ähnlicher Technologien wird eine Lernrate von etwa

Tab. 9.3 Kostendaten solarthermischer Kraftwerke im Vergleich

	Parabolrinnen-Kraftwerke	Linear-Fresnel-Kraftwerke	Solarturm-Kraftwerke
Anlagengröße (MW)	50–280	50–150	50–150
Leistungsspezifische Investitionen (Euro/kW)*	2462–8120	3320–4640	1984–8174
Stromgestehungskosten (Euro/kWh)*	0,28–0,128	0,28–0,192	0,28–0,104
Zielkosten bis 2025 (Euro/kWh)	0,10	0,10	0,09
Zielkosten bis 2050 (Euro/kWh)	0,08	0,08	0,07

* Aus [3], Umrechungskurs 1 Euro = 1.33 US$ (Stand 16.06.2013).

0,1 erwartet [1]. Die oben genannten Zielkosten würden dann mit einer installierten Kapazität von 30 GW bis 2025 bzw. 140 GW bis 2050 erreicht (Basispreis 0,15 Euro/kWh bei 2,3 GW installierter Kapazität).

9.2.3 Politik und Regulierung

Für die Errichtung solarthermischer Kraftwerke gelten die jeweiligen Länder-Regelungen, in denen die Anlagen errichtet werden. Da es sich in der Regel um Großanlagen handelt, können die erforderlichen Genehmigungsverfahren einen längeren zeitlichen Vorlauf benötigen.

Wesentlich für die zukünftige Erlössituation ist die aktuell diskutierte Zahlung eines Bonus für die gesicherte Bereitstellung von erneuerbarer Regelenergie. Erneuerbare Regelenergie, wie sie mit solarthermischen Kraftwerken bereitgestellt werden kann, ermöglicht höhere Anteile an erneuerbaren Energiequellen im Stromverbund, und damit eine weitere Reduktion der CO_2-Emissionen. Konventionelle Regelenergie wird üblicherweise in Kraftwerken erzeugt, die aufgrund geringer Laufzeiten vergleichsweise hohe Kosten haben und deren Laufzeit bei zunehmender Integration von Erneuerbaren weiter verringert wird.

Kürzlich durchgeführte Studien ergaben einen Mehrwert für die Bereitstellung von Strom aus solarthermischen Kraftwerken in Höhe von bis zu 3 US$/kWh [8]. Dies gilt vor allem dann, wenn der Ausbau mit nicht regelbaren erneuerbaren Energiequellen (PV, Windenergie) weit vorangeschritten ist.

In Bezug auf den möglichen Stromimport nach Deutschland oder in andere EU-Länder ist die Errichtung der Stromtrassen durch viele Länder als kritisch anzusehen. Hier spielen politische und gesellschaftliche Interessen eine wichtige Rolle, die die Planung und Errichtung solcher Trassen erschweren.

Ein weiterer Aspekt ist das Bestreben vieler Regierungen in den potenziellen Anwenderländern, die nationale Energiepolitik mit der Wirtschaftsförderung zu verbinden. In Bezug auf solarthermische Kraftwerke ergibt sich daraus die Forderung nach einem hohen Anteil an lokaler Zulieferung und Beschäftigung („local content"). Diese Forderung kann bei solarthermischen Kraftwerken in hohem Maße erfüllt werden, wodurch diese Technologie auch unter wirtschaftspolitischen Aspekten attraktiv ist.

9.2.4 Marktrelevanz

In Deutschland gibt es lediglich solarthermische Versuchsanlagen, da aufgrund der Solarstrahlungsbedingungen ein wirtschaftlicher Betrieb nicht möglich ist. In Europa wurden bisher solarthermische Kraftwerke nahezu ausschließlich in Spanien gebaut, bedingt durch ein Einspeisegesetz mit speziellen Förderrandbedingungen für solarthermische Kraftwerke. Derzeit sind in Spanien Anlagen mit einer Gesamtleistung von über 2300 MW in Betrieb. Aufgrund der gesetzlichen Vorgaben liegt die typische Anlagengröße dort bei 50 MW, etliche Anlagen nutzen Speicher zur Erhöhung der Nutzungsdauer. Typische jährliche Volllast-Stunden liegen zwischen 2000 (Anlagen ohne Speicher) und 7000 Stunden (Anlagen mit großem Speicher). Die Anlagen werden in der Regel von Stromversorgern, Konsortien oder Anlagenbauern betrieben.

Ein weiterer Ausbau wird zunächst vor allem in Ländern des Sonnengürtels erwartet, insbesondere in Regionen, in denen die Regelbarkeit und gesicherte Kapazitätsbereitstellung für die Stabilität des Stromnetzes wichtig sind. Die langfristige Entwicklung im Hinblick auf Stromimport nach Europa wird u. a. von der politischen und gesellschaftlichen Akzeptanz neuer HGÜ-Stromtrassen abhängen, sowie von der Wertigkeit erneuerbarer Regelenergie.

9.2.5 Mögliche Wechselwirkungen mit anderen Technologien

Die Bedeutung der wesentlichen Alleinstellungsmerkmale der solarthermischen Kraftwerke (regelbare und gesicherte erneuerbare Stromerzeugung) hängt von der Charakteristik des Stromverbundes ab. Eine starke Erhöhung des Anteils der nicht regelbaren erneuerbaren Stromerzeuger (PV, Wind) erfordert die Bereitstellung von Ausgleichs-Kapazitäten im Verbund, z. B. durch

- massiven Einsatz elektrischer Speichersysteme,
- konventionelle Kraftwerke, mit stark fluktuierender Erzeugung und niedriger Auslastung und
- solarthermische Kraftwerke: Strom-Ferntransport, regelbare Stromerzeugung durch thermische Speicher, gesicherte Stromerzeugung durch Hybrid-Option.

Die Kombination mit solarthermischen Kraftwerken ermöglicht wesentlich höhere Anteile anderer, nicht regelbarer erneuerbarer Energiequellen im Stromverbund. Weiterhin reduziert die Integration solarthermischer Kraftwerke die Notwendigkeit von Reservekraftwerken im Stromnetz. Diese Reservekraftwerke müssen betriebsbereit gehalten werden, um z. B. nachts bei schwachem Wind (keine Leistung aus PV, geringe Leistung aus Windanlagen) Strom gesichert die im Stromnetz geforderte Leistung bereitstellen zu können.

9.2.6 Game Changer

Derzeit sind bei solarthermischen Kraftwerken keine technischen Game Changer absehbar, da die Technologie im Wesentlichen auf bekannten Systemen aus dem Kraftwerks- und Anlagenbau aufbaut. Eine wichtigere Rolle wird die kontinuierliche Kostenreduktion durch Serienfertigung und sukzessive Einführung neuer Technologien spielen. Die Einführung einer Zusatzvergütung für gesicherte und regelbare Strombereitstellung aus erneuerbaren Energiequellen würde die Ertragssituation wesentlich verbessern.

Das bisherige Alleinstellungsmerkmal der solarthermischen Kraftwerke, die regelbare und gesicherte Bereitstellung von Solarstrom, würde entfallen, wenn in großem Umfang kostengünstige und verlustarme elektrische Energiespeicher (Batterien, ...) bereitstehen würden. In diesem Fall würde das Marktpotenzial signifikant reduziert werden.

9.3 Technologieentwicklung

9.3.1 Entwicklungsziele

Im ESTELA-Bericht [2] werden als wesentliche Entwicklungsziele benannt:

- *Erhöhung der Wirkungsgrade*
  - Erhöhung der Prozesstemperatur
  - verbesserte Reflektoren, z. B. Leichtbau
  - selektive Receiver-Beschichtungen
  - niedrigere Schmelztemperatur des Wärmeträgerfluids
  - direkte Dampferzeugung
- *Reduktion der Investitions-, Betriebs- und Wartungskosten*
  - Massenfertigung der Komponenten
  - technologische Weiterentwicklung der Komponenten
  - verbessertes Anlagen-Monitoring
- *Verfügbarkeit und regelbare Stromerzeugung*
  - Erhöhung des Kapazitätsfaktors durch verbesserte Speicher
  - Integration von Solarenergie in Hybridsysteme
  - verbesserte Betriebsführung
- *Verbesserung der Umweltverträglichkeit*

Forschungs- und Entwicklungsarbeiten zu diesen Zielen sind aktuell bei diversen In-
dustrie- und Forschungsunternehmen unterwegs.

9.3.2 F&E-Bedarf und kritische Entwicklungshemmnisse

Die Schlüsselkomponenten für die Weiterentwicklung und Kostenreduktion solarthermischer Kraftwerke sowie der spezifische F&E-Bedarf dazu sind:

- *Konzentrator-Systeme*: Reduktion des Materialeinsatzes (Leichtbau), verbesserte Re-
  flexionsschichten, Fertigungsoptimierung,
- *Receiver*: Nutzung höherer Temperaturen bei hohen Wirkungsgraden, höhere solare
  Strahlungsflussdichten, selektive Absorberschichten,
- *Wärmeträgermedien*: Ersatz des Thermoöls durch Direktdampferzeugung oder Flüs-
  sigsalz, Stabilität bei höheren Nutzungstemperaturen, Reduktion von parasitären Ver-
  lusten durch Absenkung des Schmelzpunktes, Korrosionsvermeidung,
- *Prozesstechnik*: Erhöhung der Kraftwerks-Wirkungsgrade, Trockenkühlung in ariden
  Regionen, optimale Integration von Speicher und Zusatzbrenner, verbesserte Betriebs-
  führung,
- *Speicher*: Entwicklung kostengünstiger Speichermedien, Optimierung der Speicherkonzepte.

Kritisch für die Weiterentwicklung wird das Erreichen von Lernkurven-Effekten gesehen, damit mit zunehmender installierter Kapazität eine entsprechende Kostenreduktion
eintritt. Weiterhin müssen ausreichende und positive Betriebserfahrungen das Finanzie-
rungsrisiko der Investoren senken, um die derzeit noch hohen Risikozuschläge zu vermeiden.

Ebenfalls kritisch wird die aktuelle Vergütungssituation für Strom gesehen, die keinen
monetären Wert für die Regelbarkeit und Erzeugungssicherheit erneuerbarer Energien vorsieht. Eine aktuelle Studie aus den USA weist dieser Zusatzqualität einen Wert von etwa
3 $Ct/kWh zu [8]. Dieser Wert entsteht durch die vermiedenen Kosten der konventionellen
Bereitstellung von Regelenergie aufgrund der Fähigkeit zur gesicherten Strombereitstellung durch solarthermische Kraftwerke mit Speicher und/oder Hybridisierung.

Roadmap – Solarthermische Kraftwerke

Beschreibung

- Stromerzeugung aus konzentrierter Solarstrahlung über einen Kraftwerksprozess
  - Parabolrinne: linear fokussierender Konzentrator; kommerziell verfügbar
  - Linear-Fresnel: linear fokussierender Fresnel-Konzentrator; Markteinführung
  - Solarturm: punktfokussierendes Konzentratorsystem, höhere Temperaturen; kommerziell verfügbar
- regelbare Stromerzeugung durch Integration thermischer Speicher; gesicherte Kapazität durch Hybridisierung
- hohe Wirkungsgrade bis über 20 %

Entwicklungsziele

- Erhöhung der Anlagen-Wirkungsgrade
- Senkung der spezifischen Investitionen durch Entwicklung neuer Komponenten und Fertigungsverfahren
- Senkung der Betriebs- und Wartungskosten durch optimierte Fahrstrategien und Wartungsmethoden
- Erhöhung des Kapazitätsfaktors durch thermische Speicher
- Bereitstellung von gesicherter Leistung durch Hybridisierung
- Verbesserung der Umweltverträglichkeit

Technologie-Entwicklung

Wirkungsgrade (%)

Parabolrinne

15	18	20	▶

Linear-Fresnel

10	15	17	▶

Solarturm

14	19	22	▶

heute	2025		2050	▶

Leistungsspezifische Investitionen (€/kW), großtechnische Systeme

Parabolrinne

2400–8100	–20 %	–20 %	▶

Linear-Fresnel

3300–4600	–20 %	–20 %	▶

Solarturm

2000–8200	–20 %	–20 %	▶

heute	2025		2050	▶

Stromgestehungskosten (€Cent/kWh), großtechnische Systeme

Parabolrinne

13–28	10	8	▶

Linear-Fresnel

19–28	10	8	▶

Solarturm

10–28	9	7	▶

heute	2025		2050	▶

Roadmap – Solarthermische Kraftwerke

F&E-Bedarf

Konzentrator-Systeme: Reduktion des Materialeinsatzes, verbesserte Reflektoren, Fertigungsoptimierung ▶

Receiver: höhere Temperaturen bei hohen Wirkungsgraden, höhere solare Strahlungsflussdichten, selektive Absorberschichten ▶

Wärmeträgermedien: neue Wärmeträgermedien für höhere Nutzungstemperaturen, Reduktion Parasitics, Korrosion ▶

Prozesstechnik: höhere Wirkungsgrade, Trockenkühlung , Integration von Speicher und Zusatzbrenner, Betriebsführung ▶

heute	5 bis 10 Jahre ▶

Gesellschaft

- Geringes Akzeptanzrisiko
  - Aufstellungsorte ohne Nutzungskonkurrenz
  - Umweltbeeinträchtigung bei zukünftigen Anlagen gering, ggf. Beeinträchtigung von Flora und Fauna
- bei Stromimport HGÜ-Trassen erforderlich

Politik & Regulierung

- Übliche Genehmigungsverfahren für Kraftwerke
- Bonus für gesicherte erneuerbare Regelenergie
- Bei Stromimport: Genehmigungsverfahren für neue HGÜ-Trassen

Kostenentwicklung

- Signifikante Kostensenkung durch Lernkurve erwartet
- Kostenreduktion durch reduzierte Investitionskosten, Erhöhung des Jahresertrags und Reduktion der O&M-Kosten

Marktrelevanz

- Anlagen können nur in Regionen mit hoher solarer Direktstrahlung erbaut werden
- Beitrag zum deutschen bzw. europäischen Strommarkt möglich durch Stromimport („DESERTEC"); erfordert HGÜ-Trassen über große Distanzen
- Marktpotenzial hängt ab von
  - erreichbarer Kostenreduktion für Stromgestehungskosten
  - Bedeutung von regelbarer und gesicherter Energie aus erneuerbaren Energiequellen

Wechselwirkungen / Game Changer

Game Changer

- Keine technischen Game Changer absehbar
- Zusatzvergütung für regelbare und gesicherte Energie würde Wirtschaftlichkeit wesentlich verbessern

9.4 Abkürzungen

HGÜ Hochspannungs-Gleichstrom-Übertragung
GuD Gas- und Dampfkraftwerk (Kombikraftwerk)
PV   Photovoltaik

Literatur

1. IRENA Working Paper (2012) Renewable Energy Technologies: Cost Analysis Series – Concentrating Solar Power, www.irena.org/Publications
2. European Solar Thermal Electricity Association (ESTELA) (2012) Solar Thermal Electricity: Strategic research agenda 2020–2025. http://www.estelasolar.eu/fileadmin/ESTELAdocs/documents/Publications/ESTELA-Strategic_Reseach_Agenda_2020-2025_Summary.pdf, zugegriffen am 03.09.2014
3. SBC Energy Institute (2013) Concentrating Solar Power. http://www.sbc.slb.com/SBCInstitute/Publications
4. Prior B (2011) Concentrating Solar Power 2011: Technology, Cost, and Markets. GTM Research
5. Buck R, Hennecke K (2012) Stand und zukünftige Entwicklung solarthermischer Kraftwerke. VGB PowerTech 9/2012
6. CSPtoday Global Tracker, http://social.csptoday.com/tracker/projects, zugegriffen am 08.03.2014
7. Tsoutsosa T, Frantzeskakib N, Gekasb V (2005) Environmental impacts from the solar energy technologies. Energy Policy 33, S. 289–296
8. Denholm P, Wan Y-H, Hummon M, Mehos M (2013) An Analysis of Concentrating Solar Power with Thermal Energy Storage in a California 33 % Renewable Scenario. NREL Technical Report NREL/TP-6A20-58186

Elektrochemische Speicher

10

Peter Stenzel, Johannes Fleer und Jochen Linssen

10.1 Technologiebeschreibung

10.1.1 Funktionale Beschreibung

Wieder aufladbare Batterien, die als Sekundärbatterien bezeichnet werden (im Gegensatz zu nicht aufladbaren Batterien, den sogenannten Primärbatterien), bestehen aus einer oder mehreren elektrochemischen Zellen. In diesen laufen reversible elektrochemische Reaktionen ab, welche beim Wechsel von Lade- und Entladeprozessen umgekehrt werden. Die Einzelzellen bestehen aus einer Kombination von zwei Elektroden (Kathode und Anode) aus verschiedenen Materialien, einem ionenleitenden Elektrolyten, der den Ladungstransport ermöglicht, und einem Separator. Während des Ladevorgangs wird die zu speichernde elektrische Energie in chemisches Potenzial umgewandelt, welches reversibel als Entladestrom (Gleichstrom) wieder abgegeben werden kann. Für den netzgekoppelten Betrieb von Batteriesystemen sind Stromrichter erforderlich, die beim Laden den Netz-Wechselstrom in Gleichstrom und beim Entladen den Gleichstrom aus der Batterie in Wechselstrom umwandeln.

Grundsätzlich ist eine Unterscheidung in Batteriesysteme mit internem Speicher (z. B. Lithium-Ionen, Blei-Säure) und Systeme mit externem Speicher (Redox-Flow) möglich. In der technischen Praxis findet eine Vielzahl von Batterietypen Anwendung, die sich in ihrer Zellchemie (verwendete Materialien) und den daraus resultierenden technischen Batterieparametern wie Nennspannung, Energiedichte, Betriebstemperatur, Zyklenzahl und Selbstentladung unterscheiden. Je nach Anwendungsfall sind daher unterschiedliche Batterietypen geeignet. Elektrochemische Speicher werden in verschiedenen Größen und Ausführungen in portablen, mobilen als auch in stationären Anwendungen als Stromspei-

Peter Stenzel ✉ · Johannes Fleer · Jochen Linssen
Forschungszentrum Jülich GmbH, Jülich, Deutschland
url: http://www.fz-juelich.de

© Springer Fachmedien Wiesbaden 2015
M. Wietschel et al. (Hrsg.), *Energietechnologien der Zukunft*,
DOI 10.1007/978-3-658-07129-5_10

cher eingesetzt. Während im portablen und mobilen Bereich der Einsatz nahezu alternativlos ist, ist der stationäre Einsatz durch den Wettbewerb mit anderen Speichertechniken, z. B. Pumpspeichern oder Druckluftspeichern, gekennzeichnet.

In stationären Anwendungen werden aktuell überwiegend Blei-Säure-Batterien eingesetzt. Die Haupteinsatzgebiete sind Anlagen zur unterbrechungsfreien Stromversorgung (USV) und der Telekommunikationsbereich (Sendemasten) [1]. In aufkommenden stationären Einsatzbereichen, insbesondere im Zusammenhang mit der Nutzung erneuerbarer Energien (z. B. Einspeisemanagement, Netzintegration, PV-Eigenverbrauchssysteme), finden zunehmend auch andere Batterietypen wie Lithium-Ionen-, Natrium-Hochtemperatur- (NaS, $NaNiCl_2$) und Redox-Flow-Batterien Anwendung. Diese vier Batterietypen werden in Deutschland bereits in unterschiedlichen Anlagengrößen in der Praxis eingesetzt [2].

Der Vollständigkeit halber seien an dieser Stelle noch Nickelmetallhydrid- und Nickel-Cadmium-Batterien erwähnt, welche allerdings lediglich im mobilen (NiMH: Hybridfahrzeuge) und portablen Bereich (NiCd[1]: Powertools und Standardzellen für elektrische Kleingeräte) aktuell noch eine Rolle spielen. Jedoch sinken auch in diesen Anwendungen die Marktanteile zugunsten von Lithium-Ionen-Batterien. NiCd-Batterien werden von einigen Herstellern (z. B. Saft S.A.) auch für mobile und stationäre Anwendungen angeboten. Im netzintegrierten Bereich spielt der Batterietyp mit Ausnahme einer im Jahr 2003 realisierten Großanlage zur Netzregelung in Alaska (27 MW/14,6 MWh) [3] keine wichtige Rolle.

In diesem Kapitel werden Blei-Säure-, Lithium-Ionen-, Natrium-Hochtemperatur- und Redox-Flow-Batterien detailliert betrachtet, da davon ausgegangen wird, dass diese Batterietypen im Zeitraum bis 2025 den Markt für stationäre Batteriespeicher weitgehend unter sich aufteilen werden. Darüber hinaus befindet sich eine Vielzahl von neuen Batteriekonzepten (z. B. Metall-Luft-Batterien, Festkörperbatterien, Flüssigmetallbatterien) in der Entwicklung, welche allerdings erst im Zeitraum nach 2025 für erste praxisrelevante Anwendungen in Frage kommen könnten. Diese neuen Batteriekonzepte stehen aufgrund des frühen F&E-Stadiums und den damit verbundenen Unsicherheiten in Bezug auf die technischen und ökonomischen Batterieparameter daher an dieser Stelle nicht im Fokus. Um das Potenzial dieser neuen Batteriekonzepte – insbesondere mit Ausblick auf den Zeithorizont bis 2050 – zu verdeutlichen, werden exemplarisch Lithium-Schwefel- und Lithium-Luft-Batterien betrachtet. Diese Post-Lithium-Ionen-Systeme zählen in Bezug auf die potenziell erreichbaren Energie- und Leistungsdichten bei gleichzeitig niedrigen Kosten zu den aussichtsreichen Batterietypen, die aktuell in der Grundlagenforschung sind.

---

[1] Hauptnachteile von NiCd-Batterien sind die höheren Kosten im Vergleich zu Blei-Batterien, der ausgeprägte Memory-Effekt und schlechte Umwelteigenschaften durch den Einsatz des Schwermetalls Cadmium.

Abb. 10.1 Prinzip der Blei-Säure-Batterie. (Quelle: eigene Darstellung nach [4]; mit freundlicher Genehmigung von © Forschungszentrum Jülich, IEK-STE, All Rights Reserved)

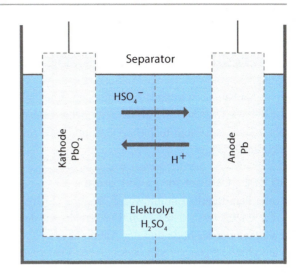

10.1.1.1 Blei-Säure-Batterien

Die Blei-Säure-Batterie besteht aus einem Gehäuse zum Einschluss des Elektrolyten, wässeriger oder gelförmiger verdünnter Schwefelsäure als Elektrolyt, dem Elektrodenpaar (im geladenen Zustand Blei und Bleidioxid), einem Separator (Verhinderung von Elektroden-Berührung/Kurzschluss) und den Stromableitern. Bei der Entladung laufen folgende chemische Vorgänge an den Elektroden ab:

$$\text{Kathode:} \quad PbO_2 + SO_4^{2-} + 4\,H_3O^+ + 2\,e^- \rightarrow PbSO_4 + 6\,H_2O$$
$$\text{Anode:} \quad Pb + SO_4^{2-} \rightarrow PbSO_4 + 2\,e^-$$

Im entladenen Zustand lagert sich an beiden Elektroden eine Schicht aus Bleisulfat ($PbSO_4$) an. Im geladenen Zustand bestehen die positiven Elektroden aus Bleidioxid, die negativ gepolten Elektroden aus fein verteiltem Blei. Abbildung 10.1 zeigt das Funktionsprinzip eines Blei-Säure Akkus am Beispiel eines Entladevorganges.

Blei-Säure-Batterien haben eine Einzelzellen-Nennspannung von ca. 2 V. Verluste treten durch Materialwiderstände, Polarisationseffekte, Temperatureffekte und Nebenreaktionen auf. Weiterhin treten Ruheverluste durch Selbstentladung auf. Die Lebensdauern hängen stark vom Einsatzgebiet und den Ladezuständen sowie deren Dauer ab.

Der Vorteil der Blei-Säure-Batterien liegt in der Verwendung sehr günstiger Ausgangsmaterialien und der Verwendbarkeit einfacher Batteriemanagementsysteme, die niedrige Systemkosten und hohe Sicherheiten aufweisen. Für die Wiederaufbereitung alter Batterien existiert ein weltweit etabliertes Recycling-System. Neben akzeptablen Energie- und Leistungsdichten sowie langjährigen Betriebserfahrungen im stationären Bereich können gute Lade-/Entladewirkungsgrade erreicht werden. Nachteile der bleibasierten Batterien sind die im Vergleich zur Lithium-Ionen-Technologie deutlich schlechteren kalendarischen und zyklischen Lebensdauern. Weiterhin weisen die Systeme eine hohe Sensibilität gegenüber sehr hohen und tiefen Temperaturen und eine geringe Verträglichkeit gegenüber Hoch- und Tiefentladung auf [4].

Die Sicherheit der Blei-Säure-Batterie kann als hoch eingestuft werden, da eine Überladung durch die einsetzende Wasserzersetzung unterbunden wird. Für den sicheren Betrieb ist daher kein aufwändiges Batteriemanagementsystem erforderlich. Sicherheitstechnisch ist die Wasserzersetzung konstruktiv beherrschbar. Weiterhin ist die Blei-Säure-Batterie als wässriges System nicht brennbar und Elektrodenkurzschlüsse führen nicht zu Batteriebränden [1].

10.1.1.2 Lithium-Ionen-Batterien

Unter dem Begriff Lithium-Ionen-Batterie (Li-Ionen-Batterie) werden Sekundärbatterien zusammengefasst, deren Funktionsprinzip auf dem Austausch von Lithium-Ionen (Li^+) zwischen der Kathode und der Anode basiert. Typische Kathodenmaterialien sind anorganische Übergangsmetalloxide, die sich entsprechend der Dimensionalität ihrer Wirtsstruktur in eindimensionale Olivin-, zweidimensionale Schicht- und dreidimensionale Spinellstrukturen einteilen lassen. Lithiumeisenphosphat ($LiFePO_4$) hat beispielsweise eine Olivinstuktur, Lithiumkobaltoxid ($LiCoO_2$) und Lithiumnickeloxid ($LiNiO_2$) haben eine Schichtstruktur, Lithiummanganoxid ($LiMn_2O_4$) gehört zu den Materialien mit Spinellstruktur. Auch Mischoxide, die jeweils unterschiedliche Anteile Kobalt, Nickel oder Mangan enthalten, werden als Kathodenmaterialien eingesetzt. Das aktive Kathodenmaterial ist auf einem elektrischen Leiter aus Aluminium aufgebracht, der als Stromsammler dient. Die Anode besteht typischerweise aus synthetischem Graphit an einem elektrischen Leiter aus Kupfer. Der Elektrolyt, in dem der Ionentransport stattfindet, liegt gewöhnlich als Flüssigkeit vor. Er setzt sich aus einem organischen Lösungsmittel und darin gelöstem Lithiumsalz (üblicherweise $LiPF_6$) zusammen. Ein Separator, zumeist ein dünner (10–30 μm) mikroporöser Polyolefinfilm, trennt die beiden Elektroden voneinander. Lithium-Ionen-Polymer-Batterien enthalten anstelle des organischen Lösungsmittels ein gelartiges oder festes Polymer als Elektrolyt. Ein Separator ist in diesem Fall nicht erforderlich.

Wird die Batterie geladen, bewegen sich Lithium-Ionen von der Kathode durch den Elektrolyten zur Anode und werden dort in die Graphitstruktur interkaliert. Beim Entladevorgang erfolgt der Ionentransport in entgegengesetzter Richtung: Lithium-Ionen lösen sich aus der Anode und bewegen sich durch den Elektrolyten zur Kathode. An der Anode werden dabei Elektronen freigesetzt, die über einen externen Stromkreis zur Kathode geführt werden und dadurch einen elektrischen Strom erzeugen. In Abb. 10.2 ist der schematische Aufbau der Lithium-Ionen-Zelle dargestellt.

Die Reaktionsgleichungen für die Redoxreaktion während des Entladevorgangs lauten:

$$\text{Anode:} \qquad Li_xC \rightarrow C + x\,Li^+ + x\,e^- \qquad \text{(Oxidation)}$$
$$\text{Kathode:} \qquad Li_{1-x}MO_2 + x\,Li^+ + x\,e^- \rightarrow LiMO_2 \quad \text{(Reduktion)}$$
$$\text{Gesamtreaktion:} \quad Li_xC + Li_{1-x}MO_2 \rightarrow LiMO_2 + C$$

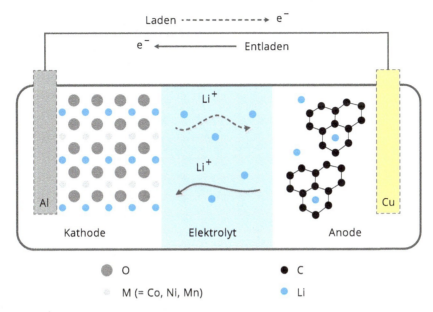

Abb. 10.2 Schematischer Aufbau einer Lithium-Ionen-Zelle. (Quelle: eigene Darstellung nach [5]; mit freundlicher Genehmigung von © Forschungszentrum Jülich, IEK-STE, All Rights Reserved)

Die Zellspannung einer Batteriezelle ist proportional zur freien Reaktionsenthalpie ΔG der in der Zelle ablaufenden Redoxreaktion. Diese freie Reaktionsenthalpie hängt wiederum vom chemischen Potenzial des Lithiums im Anoden- bzw. Kathodenmaterial ab. Jeder Elektrode kann damit ein bestimmtes Potenzial zugeordnet werden. Um Elektrodenpotenziale verschiedener Materialien vergleichbar zu machen, werden sie gegenüber einer Standardelektrode aus metallischem Lithium gemessen. Wird ein Anoden- mit einem Kathodenmaterial kombiniert, beispielsweise $LiCoO_2$ mit Graphit, ergibt sich die Zellspannung als Differenz der jeweiligen Elektrodenpotenziale, im genannten Beispiel wären dies ca. 3,6 V [6].

Das verwendete Kathodenmaterial ist für die Leistungsfähigkeit der Batterie von zentraler Bedeutung. Es hat Einfluss auf wichtige Batterieparameter wie die Zellspannung, die Energie- und die Leistungsdichte, die Zyklenfestigkeit, die Betriebssicherheit sowie die Herstellkosten und soll zusätzlich eine gute Umweltverträglichkeit haben. Das Problem bei der Suche nach dem idealen Kathodenmaterial besteht darin, dass kein Material für alle Parameter gute Werte erzielt, sondern einzelne Eigenschaften bei verschiedenen Materialien unterschiedlich stark ausgeprägt sind. Die Wahl des Kathodenmaterials stellt also immer einen Kompromiss dar. Abbildung 10.3 verdeutlicht das Spannungsfeld zwischen den gewünschten Eigenschaften Stabilität, Sicherheit und Kapazität anhand verschiedener Li-Übergangsmetalloxide.

Abb. 10.3 Li-Übergangsmetalloxide im System LiCoO$_2$-
LiNiO$_2$-LiMnO$_2$. (Quelle: eigene Darstellung nach [6]; mit
freundlicher Genehmigung von
© Forschungszentrum Jülich,
IEK-STE, All Rights Reserved)

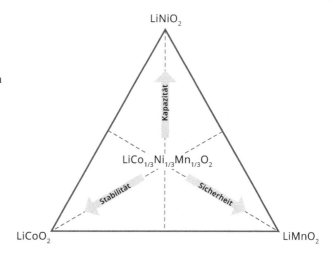

Dem verwendeten Kathodenmaterial und seiner Struktur entsprechend lassen sich Lithium-Ionen-Zellen in sogenannte Familien einteilen, die jeweils eine Vielzahl ähnlicher
Elektrodenzusammensetzungen umfassen. Jede Familie zeichnet sich hierbei durch bestimmte Eigenschaften aus. Lithiumeisenphosphat (LiFePO$_4$) beispielsweise gehört zu
den Phosphaten mit Olivinstruktur und verfügt über eine gute Stabilität der Kristallstruktur
auch bei hohen Temperaturen. Dies führt zu einer höheren Betriebssicherheit der Zelle und
einer geringeren Degradation während der Lade- und Entladevorgänge. Weitere Vorteile
sind die gute Umweltverträglichkeit und die geringeren Materialkosten im Vergleich zu
nickel- und kobaltbasierten Elektroden. Ein Nachteil von LiFePO$_4$-Zellen sind die geringeren Energie- und Leistungsdichten. Für stationäre Anwendungen, in denen Gewicht und
Platzbedarf keine entscheidende Rolle spielen, ist LiFePO$_4$ jedoch sehr interessant. Eine
weitere Familie sind die Übergangsmetalldioxide mit Schichtstruktur (LiCoO$_2$, LiNiO$_2$,
LiMnO$_2$). Aus ihnen sind die Li(Co, Ni, Mn)O$_2$-Mischkristalle mit derselben Schichtstruktur abgeleitet. Ihr Vorteil gegenüber LiFePO$_4$ besteht in ihrer höheren Energie- und
Leistungsdichte. Daher sind sie eher für portable und mobile Anwendungen geeignet. Je
nach individueller Zusammensetzung des Kathodenmaterials (Anteile Co, Ni, Mn) unterscheiden sich die Eigenschaften der Zelle (vgl. Abb. 10.3).

Bauformen von Lithium-Ionen-Zellen sind nicht genormt. Typische Bauformen sind
die zylindrische Zelle, hier insbesondere die Bauform 18650 mit einem Durchmesser von
18 mm und einer Höhe von 65 mm, die prismatische Zelle und die Pouchzelle. Die Elektroden bestehen bei der zylindrischen und der prismatischen Zelle aus einer Kupfer- bzw.
Aluminiumfolie, die jeweils mit aktivem Material beschichtet ist, und werden, getrennt
durch den Separator, gewickelt und verschalt. Lithium-Ionen-Polymer-Zellen werden im
Allgemeinen als Pouchzellen gebaut. Die Pouchzelle unterscheidet sich von den beiden
anderen Bauformen darin, dass Anode, Kathode und Separator nicht gewickelt, sondern
als einzelne Schichten in der Zelle gestapelt werden. Außerdem sind sie statt mit einer

harten Metallverschalung mit einer flexiblen Polymerfolie ummantelt. Die einzelnen Batteriezellen werden entsprechend der gewünschten Stromstärke und Spannung seriell oder parallel zu Modulen zusammengeschaltet, die wiederum zu einem Batteriesystem („battery pack") zusammengefasst werden [7].

Lithium-Ionen-Zellen können nur in einem bestimmten, durch die Zellchemie vorgegebenen Spannungsbereich sicher betrieben werden. Ein Betrieb außerhalb dieses Spannungsbereichs kann die Zelle irreversibel beschädigen, was zu einer Verkürzung der Lebensdauer und einem erhöhten Sicherheitsrisiko führt. Um den sicheren Betrieb zu gewährleisten, sind Sensoren, die Temperatur, Spannung und Stromstärke messen, in die Module integriert. Auf Pack-Ebene überwacht das Batteriemanagementsystem (BMS) Temperatur und Ladezustand. Des Weiteren kann das BMS die elektronische Steuerung übernehmen, um Lebensdauer, Zuverlässigkeit, Sicherheit und Wirtschaftlichkeit der Batterie zu erhöhen [6].

10.1.1.3 Lithium-Schwefel- und Lithium-Luft-Batterien

Eine signifikante Erhöhung der Energiedichten im Vergleich zur Lithium-Ionen-Technik ist durch den Wechsel zu Metall-Schwefel- und zu offenen Metall-Luft-Systemen möglich. Da Lithium als leichtestes Metall die größten Potenziale für die Verbesserung der Energiedichten aufweist, sei hier stellvertretend für alle Metall-Systeme der Einsatz von metallischem Lithium als ein Teil des galvanischen Elements aufgeführt.

Lithium-Schwefel

Das Redox-Paar Lithium/Schwefel kann genutzt werden, um elektrische Energie reversibel zu speichern. Die Anoden- und Kathodenreaktionen sind in Abb. 10.4 dargestellt. Die Nennspannung der Einzelzelle beträgt ca. 2,1 V. Das galvanische Element kann in einem Temperaturbereich von -20 bis $45\,°C$ betrieben werden. Als Ladungsträger dienen Lithium-Ionen und Elektronen, die zwischen den Elektroden wandern. Das Lithium liegt im Unterschied zur Lithium-Ionen-Batterie in metallischer Form vor.

Theoretisch besitzt die Lithium-Schwefel-Batterie eine deutlich höhere Energiedichte im Vergleich zur Lithium-Ionen-Technik von bis zu 2500 Wh/kg. Grund hierfür ist der chemische Anlagerungsprozess an der Schwefelelektrode, bei dem jedes Schwefelatom zwei Lithium-Ionen binden kann. Bei der Interkalation in Li-Ionen-Batterien des heutigen Stands können nur 0,5 bis 0,7 Lithium-Ionen pro Atom des Elektrodenmaterials gebunden werden.

Bedingt durch die unvollständige Nutzung der aktiven Materialien in der Zelle wird heute von einer technisch erreichbaren Energiedichte von bis zu 500 Wh/kg ausgegangen [9]. Die Zelle weist eher mäßige Leistungsdichten auf [10]. Je nach Einsatzgebiet ist bezüglich der Leistungsanforderungen eine Hybridisierung mit einer Hochleistungsbatterie notwendig.

Der Vorteil dieses Batterietyps liegt in der Verwendung preisgünstiger und verfügbarer, nicht kritischer Ressourcen ohne Verwendung umwelt- oder gesundheitsschädlicher Materialien.

Abb. 10.4 Aufbau eines Lithium-Schwefel-Elements. (Quelle: eigene Darstellung nach [8]; mit freundlicher Genehmigung von © Forschungszentrum Jülich, IEK-STE, All Rights Reserved)

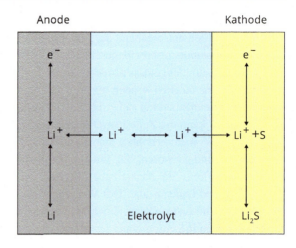

Derzeit ist die Reversibilität der Anoden-/Kathodenreaktion nur für wenige Zyklen technisch realisiert. Neue Materialkompositionen und -strukturen lassen aber die Erhöhung der Lebensdauer auf akzeptable Bereiche erwarten. Die Reaktivität der beiden Elemente Lithium (in metallischer Form) und Schwefel machen den sicheren Betrieb der Systeme zur technischen Herausforderung, der konstruktiv und/oder chemisch begegnet werden muss. Weiterhin weisen die Systeme mit 4–10 %/Monat eine hohe Selbstentladungsrate auf. Als vorteilhaft erweist sich die Hemmung der elektrochemischen Prozesse beim Laden, da diese einen intrinsischen Schutz gegen Überladung gewährleisten [10].

Lithium-Luft

Im Gegensatz sowohl zur Lithium-Ionen- als auch zur Lithium-Schwefel-Batterie handelt es sich bei Lithium-Luft-Batterien um ein sogenanntes luftatmendes System, bei dem das Oxidationsmittel von außen zugeführt wird. An der Kathode werden die Lithium-Ionen und die Elektronen aus der Anodenreaktion mit dem Sauerstoff aus der Luft zu Lithiumperoxid reduziert. Derzeit werden Konzepte mit einer gekapselten Lithium-Metall-Anode und Kohlenstoff-Luft-Kathode und Konzepte mit offenen flüssigen, nicht-wässrigen Elektrolyten favorisiert. Als Elektrolyt werden derzeit sowohl aprotische, wässrige als auch feste Elektrolyte erprobt. Die Lithium-Elektrode muss bei allen Varianten vor der Feuchte der Luft geschützt werden. Die prinzipiellen elektrochemischen Vorgänge beim Laden/Entladen sind in Abb. 10.5 gezeigt. Die theoretische Nennspannung der Zelle liegt bei knapp 3 V.

Als Ladungsträger dienen Lithium-Ionen, die zwischen den Elektroden wandern. Die theoretische Energiedichte errechnet sich zu sehr hohen Werten bis knapp 11.000 Wh/kg [12]. Trotz der nur zum Teil nutzbaren aktiven Materialien wird bei den Lithium-Luft-Zellen immer noch von einer um den Faktor 4 bis 5 höheren Energiedichte im Vergleich zu heutigen Lithium-Ionen-Batterien ausgegangen [10].

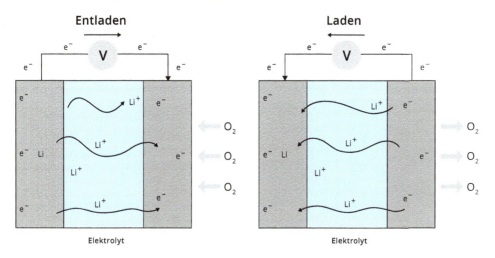

Abb. 10.5 Schematische Abbildung der elektrochemischen Prozesse in einer Lithium-Luft-Batterie. (Quelle: eigene Darstellung nach [11]; mit freundlicher Genehmigung von © Forschungszentrum Jülich, IEK-STE, All Rights Reserved)

In Versuchen mit Einzelzellen konnte bereits gezeigt werden, dass die reversible Bildung und Zersetzung von Lithiumoxid technisch umsetzbar und beherrschbar ist. Das Konzept befindet sich jedoch in einem frühen F&E-Stadium, da die Zellen noch unter starkem Kapazitätsverlust nach wenigen Ladezyklen leiden. Derzeit werden neue Kathodenmaterialien und Elektrolyte getestet, die eine signifikant erhöhte Zyklenstabilität ermöglichen. Zentraler Aspekt der Entwicklungsarbeiten ist der sichere Betrieb der Systeme.

Bei erfolgreicher technischer Umsetzung der elektrischen Wiederaufladung können Lithium-Luft-Batterien sehr kompakt gebaut und kostengünstige Materialressourcen genutzt werden. Weiterhin sind die Umweltauswirkungen der eingesetzten Materialien gering. Lithium-Luft-Zellen werden aufgrund der ablaufenden elektrochemischen Vorgänge und deren Kinetik nur geringe Leistungsdichten aufweisen, was zum Teil eine Hybridisierung der Batteriesysteme mit Hochleistungsbatterien notwendig machen wird. Die Zellen weisen eine hohe Sensitivität gegenüber hohen Temperaturen und hoher Luftfeuchte auf. Sicherheitskonzepte müssen insbesondere dafür sorgen, dass ein Kontakt des metallischen Lithiums mit der Feuchte der Luft vermieden wird, da sonst eine stark exotherme Reaktion eintritt [13].

10.1.1.4 Natrium-Hochtemperatur-Batterien

Natrium-Schwefel-Batterien (NaS-Batterien) zählen mit einer Betriebstemperatur im Bereich von 290 bis 350 °C zur Gruppe der Hochtemperaturbatterien. Die Elektroden bestehen aus Natrium und Schwefel und liegen im Unterschied zu anderen Batterietypen in

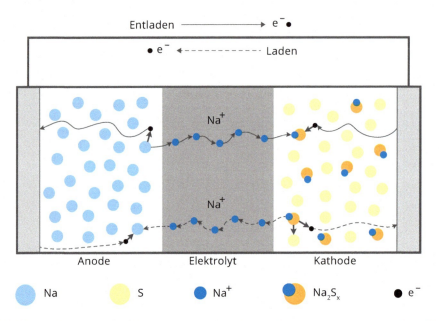

Abb. 10.6 Schematischer Aufbau einer Natrium-Schwefel-Batterie. (Quelle: eigene Darstellung nach [15]; mit freundlicher Genehmigung von © Forschungszentrum Jülich, IEK-STE, All Rights Reserved)

flüssiger Form vor. Der Elektrolyt ist ein Natriumionen leitender keramischer Festkörper und besteht aus natriumhaltigem Aluminiumoxid (β''-Aluminium, z. B. $NaAl_{11}O_{17}$).

In der derzeitigen Standardausführung befindet sich das flüssige Natrium innerhalb eines zylindrischen Elementes, welches aus dem Elektrolytmaterial besteht und von der Kathode aus flüssigem Schwefel umgeben ist (zentrale Natrium-Geometrie) [14]. Die elektrischen Kontakte an den Elektroden werden durch Graphit- oder Karbonfasermatten hergestellt. Die Zellen sind entsprechend gekapselt und hermetisch verschlossen. Das Prinzip ist in Abb. 10.6 dargestellt. Die Reaktionsgleichungen für die Redoxreaktion während des Entladevorgangs lauten [14]:

$$\text{Anode:} \qquad 2\,Na \rightarrow 2\,Na^+ + 2\,e^-$$
$$\text{Kathode:} \qquad x\,S + 2\,e^- \rightarrow S_x^{2-} \qquad (x = 3 - 5)$$
$$\text{Gesamtreaktion:} \qquad 2\,Na + x\,S \rightarrow Na_2S_x \qquad (x = 3 - 5)$$

Während des Entladevorgangs werden verschiedene Formen des Natriumpolysulfids (Na_2S_x) gebildet. Im Bereich der Tiefentladung wird ein Teil des zunächst gebildeten Natriumpentasulfids (Na_2S_5) weiter reduziert. Im Bereich der Entladeschlussspannung liegt überwiegend Na_2S_4 vor [14]. Aufgrund der hohen Korrosivität von Natrium, Schwefel und den Polysulfidverbindungen ergeben sich sehr hohe Materialanforderungen an das Batteriecontainment. Hier werden hoch korrosionsbeständige Edelstähle eingesetzt [16].

Im Betrieb werden die aufgrund der hohen Betriebstemperatur auftretenden Wärme-verluste durch die bei den Redoxreaktionen freiwerdende Reaktionswärme kompensiert. Durch regelmäßig (mindestens einmal täglich) stattfindende Lade- und Entladevorgänge hält sich die Batterie selbst auf Betriebstemperatur. Für eine Langzeitspeicherung mit län-geren Stillstandszeiten ist der Batterietyp jedoch nicht geeignet [14].

Vorteile sind die kostengünstig verfügbaren Batteriematerialien und die vergleichs-weise hohe Energiedichte. Hauptnachteile sind das aufwändige Wärmemanagement und teilweise problematische Sicherheitseigenschaften. Insbesondere das flüssige Natrium ist hochreaktiv und muss entsprechend sicher gekapselt werden. Problematisch ist auch ei-ne direkte stark exotherme Reaktion zwischen flüssigem Natrium und Schwefel, die bei einem Defekt im Elektrolyten auftreten kann.

10.1.1.5 Redox-Flow-Batterien

Im Gegensatz zu konventionellen Batterien, bei denen Elektrode und Elektrolyt ein ab-geschlossenes System darstellen, sind bei einer Redox-Flow-Batterie (RFB) die zentrale Reaktionseinheit für den Lade- und Entladebetrieb und die Speichereinheit getrennt. Der Elektrolyt besteht generell aus in einem Lösungsmittel (in der Regel organische oder anor-ganische Säuren) gelösten Salzen. Die zentrale Reaktionseinheit besteht aus einem Stack, der sich wiederum aus elektrisch in Reihe geschalteten Einzelzellen aufbaut. Jede Ein-zelzelle umfasst zwei Elektroden, eine ionenleitende Membran und zwei Bipolarplatten für die Zuführung des flüssigen Elektrolyten. Die Speicherung des Elektrolyten erfolgt in zwei externen Tanks, sodass sich zwei getrennte Elektrolytkreisläufe ergeben. Die in der jeweiligen Elektrolytlösung gelösten Salze unterscheiden sich in ihrem Ladungszustand und bilden die aktiven Redox-Paare. Die in Bezug auf die technische Anwendung (siehe Abschn. 10.1.2) aktuell wichtigsten verwendeten Redox-Paare sind:

- Vanadium/Vanadium (V/V),
- Zink/Brom (Zn/Br),
- Eisen/Chrom (Fe/Cr),
- Wasserstoff/Brom (H_2/Br).

Im Entladebetrieb wird der Elektrolyt aus den Tanks mit Hilfe von Pumpen der zen-tralen Reaktionseinheit zugeführt. Die Membranen ermöglichen einen Ionenaustausch zwischen den Elektrolytlösungen und bilden somit das Schlüsselelement für die stattfin-denden Redox-Reaktionen (siehe Abb. 10.7).

Da sich die Oxidationsstufen der Elektrolytlösungen durch die Reaktionen ändern, sind die Elektrolyttanks jeweils mit einem Seperator mit beweglicher Dichtung ausgestattet, um eine Vermischung zu verhindern. Alternativ sind Konzepte mit vier Tanks denkbar.

Der Energieinhalt der Batterie wird durch die Konzentration der aktiven Redox-Paare im Elektrolyten und die Elektrolytmenge bzw. die Tankgröße bestimmt. Die Leistungs-klasse ergibt sich aus der Dimensionierung der zentralen Reaktionseinheit (Zellfläche und -anzahl). Die beiden Parameter Leistung und Speicherkapazität können somit unabhän-

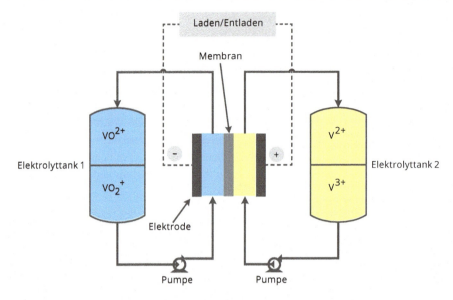

Abb. 10.7 Schematischer Aufbau einer Vanadium-Redox-Flow-Batterie. (Quelle: eigene Darstellung nach [17]; mit freundlicher Genehmigung von © Forschungszentrum Jülich, IEK-STE, All Rights Reserved)

gig voneinander skaliert und individuell an das jeweilige Einsatzgebiet angepasst werden. Durch die Trennung von Reaktions- und Speichereinheit ist eine Energiespeicherung ohne nennenswerte Kapazitätsverluste über einen längeren Zeitraum möglich. Diese beiden Aspekte sind wesentliche Unterscheidungsmerkmale zu anderen Batterietypen.

Das Konzept der Redox-Flow-Batterie weist eine Verwandtschaft zur Brennstoffzelle auf, da ebenfalls ein Betrieb so lange möglich ist, wie der Stack mit Elektrolytlösung versorgt wird und eine räumliche Trennung von Elektrolyt und Stack vorliegt.

Redox-Flow-Batterien eignen sich insbesondere für Anwendungsgebiete mit längerfristigem Speicherbedarf (mehrere Stunden). Prinzipiell ist ein großtechnischer Einsatz im MWh-Bereich möglich, da große Speichertanks für die Elektrolytlösungen unproblematisch und kostengünstig gebaut werden können.

10.1.2 Status quo und Entwicklungsziele

10.1.2.1 Blei-Säure-Batterien

Blei-Säure-Batterien werden sowohl in mobilen als auch in stationären Systemen in hohen Stückzahlen eingesetzt. Mit über 100 Jahren Betriebserfahrungen in den unterschiedlichsten Anwendungsgebieten ist die Blei-Säure-Batterie eine erprobte und robuste Batterietechnik. Das stationäre Einsatzgebiet erstreckt sich von USV-Anlagen über Netzstützung für kleine Inselnetze bis hin zur Frequenzsteuerung. In mobilen Anwendungen wird die

Technik als Starter- oder Traktionsbatterie eingesetzt. Als Traktionsbatterie hat die Blei-Säure-Batterie insbesondere im Bereich der elektrifizierten Flurförderfahrzeuge bereits eine hohe Marktdurchdringung erreicht. Eine große Zahl an Herstellern bietet weltweit kommerziell verfügbare Systeme sowohl als Hochleistungs- als auch als Hochenergiebatterie an.

Ein Entwicklungspfad geht in Richtung Hybridisierung von Batteriesystemen, d. h. einer Kombination aus einer Hochleistungsbatterie für hohe Dynamiken und Ströme mit einer Hochenergiebatterie für die notwendigen Speicherkapazitäten. Mit solchen Hybridsystemen kann die zyklische Lebensdauer von Blei-Säure-Batterien deutlich erhöht werden [18].

In den letzten Jahren haben nationale und internationale Hersteller von PV-Anlagen und Wechselrichtersystemen intensiv an einer Markteinführung kleiner Batteriespeichersysteme zur Erhöhung des selbstgenutzten PV-Stroms gearbeitet und in Demonstrationsvorhaben getestet. In den Jahren 2011 und 2012 wurde eine Vielzahl dieser Systeme vorgestellt und erstmalig zum Kauf angeboten. Eine Marktübersicht von derzeit angebotenen PV-Batteriesystemen in [19] zeigt, dass in Deutschland Ende 2012 über 30 Hersteller mit knapp 100 verschiedenen Systemen am Markt vertreten waren. Einschränkend sei angemerkt, dass die Marktanalyse nicht die tatsächliche Lieferbarkeit der Systeme überprüft hat. Es werden sowohl Blei-Säure als auch Lithium-Ionen basierte Batteriesysteme eingesetzt. Circa 60 % der im Jahr 2012 angeboten Systeme werden mit Blei-Säure-Batterien ausgestattet.

Da die Blei-Säure-Batterie bereits eine hohe Marktdurchdringung erreicht hat, ist das Kostensenkungspotenzial weitgehend erschlossen und es ist nicht mit einer weiteren deutlichen Kostenreduktion zu rechnen [20]. Kleinere Verbesserungen bei der Kostenbilanz sind durch weitergehende Automation der Zell- und Batterieherstellungsprozesse sowie deren Optimierung zu erwarten.

Um die bereits erschlossenen Anwendungsgebiete zu erweitern, müssen die bestehenden Nachteile bezüglich geringer Leistungs- und Energiedichten, geringer kalendarischer Lebensdauern und niedriger Zyklenfestigkeit verbessert werden. Insbesondere der Wartungsaufwand von geschlossenen Systemen lässt einen Trend zu verschlossenen Systemen mit gelartigem oder vliesgetränktem Elektrolyten erkennen. Weiterhin werden durch neue Elektrodenmaterialien eine Erweiterung des Betriebstemperaturbereichs und die Erhöhung der möglichen Entladeticfc erreicht [4].

Blei-Säure-Batterien können eine wichtige Brückenfunktion bei stationären Batterieanwendungen erfüllen, solange neue Batteriekonzepte wie Lithium-Ionen-Batterien der nächsten Generation oder Metall-Schwefel-/Metall-Luft-Systeme noch nicht zur vollen Marktreife entwickelt worden sind. Sie stellen derzeit sowohl technisch als auch kostenseitig den Benchmark für neue Batteriesysteme in zahlreichen stationären Anwendungen dar. Bei der Kostenbewertung der Batteriesysteme ist das Zusammenspiel zwischen Anschaffungskosten, Lebensdauer der Batterien und Ersatzbedarf unbedingt zu beachten (Lebenszykluskostenbetrachtung).

10.1.2.2 Lithium-Ionen-Batterien

Die Vorteile von Lithium-Ionen-Batterien gegenüber anderen elektrochemischen Speichern sind vor allem ihre vergleichsweise hohe Energiedichte, ihre hohe Zellspannung und die relativ geringe Selbstentladung.

Lithium-Ionen-Batterien sind seit 1991 kommerziell verfügbar [21] und werden seitdem hauptsächlich für portable Anwendungen wie Laptops, Mobiltelefone und Digitalkameras eingesetzt. In diesem Anwendungsfeld werden größtenteils Lithium-Kobaltoxid-Kathoden zusammen mit Graphit-Anoden verwendet.

Ein weiteres Einsatzgebiet, das zunehmend an Bedeutung gewinnt, ist die Elektromobilität. Lithium-Ionen-Batterien werden dabei sowohl in Hybridfahrzeugen als auch in reinen Batteriefahrzeugen eingesetzt. Während bei den Hybridfahrzeugen Hochleistungszellen verwendet werden, steht bei reinen Batteriefahrzeugen die Kapazität im Vordergrund, um eine möglichst große Reichweite zu erzielen. Folglich kommen in diesem Bereich Hochenergiezellen zum Einsatz. Typische Kapazitäten von Lithium-Ionen-Batterien für reine Batteriefahrzeuge liegen im Bereich von ca. 15 bis knapp 40 kWh [22]. Ein batterieelektrisches Fahrzeug der gehobenen Pkw-Klasse weist eine hohe Kapazität von bis zu 60 kWh auf.

Ein relativ neues Anwendungsfeld für Lithium-Ionen-Batterien ist die Verwendung als stationäre Großbatterie. Netzseitig werden die Batterien zumeist zur Erbringung von Systemdienstleistungen, wie beispielsweise Bereitstellung von Regelleistung und Sicherstellung der Spannungsqualität, oder zur Verbesserung der Integration fluktuierender erneuerbarer Energiequellen eingesetzt. Verbraucherseitig wird der Einsatz von Batteriespeichern zur Erhöhung des Eigenverbrauchs von Strom aus Photovoltaikanlagen zunehmend attraktiver. Bei stationären Großbatterien stehen die Kosten und die Lebensdauer als Batterieeigenschaften im Vordergrund, Eigenschaften wie Energie- und Leistungsdichten sind eher zweitrangig. Dies hat Auswirkungen auf die Wahl der eingesetzten Zellchemie und Elektrodenstruktur. Kostengünstige Kathodenmaterialien mit gleichzeitig stabiler Kristallstruktur wie Lithiumeisenphosphat haben hier Vorteile.

Die Entwicklungsziele im Bereich Lithium-Ionen-Technik sind sehr breit gefächert. Im Bereich der Elektromobilität steht bei der Batterieentwicklung das Erreichen höherer Energie- und Leistungsdichten im Vordergrund. Für Hybridfahrzeuge sind hohe Leistungsdichten erwünscht, für reine Batteriefahrzeuge und Plug-In-Hybride sind hohe spezifische Energiedichten von größerer Bedeutung. Bei den stationären Anwendungen ist die Wirtschaftlichkeit des Speichers ein zentraler Aspekt, der vor allem durch die Investitionen und die Zyklenfestigkeit beeinflusst wird. Hier geht es also darum, günstigere Materialien und Herstellungsverfahren zu finden sowie die Alterung der Batterie zu verlangsamen. Weitere Entwicklungsziele beinhalten die Verbesserung der Sicherheit und die Erweiterung des Temperaturbereichs, in dem die Batterie betrieben werden kann [23].

Lithium-Ionen-Batterien für portable Anwendungen sind bereits seit den 90er-Jahren kommerziell erhältlich. Batterien für Elektrofahrzeuge und erste stationäre Systeme auf Basis der Lithium-Ionen-Technologie sind mittlerweile ebenfalls kommerziell verfügbar.

Gleichzeitig laufen in diesen Bereichen noch umfangreiche Forschungs- und Entwicklungsarbeiten.

10.1.2.3 Lithium-Schwefel-Batterien

Wesentliche Entwicklungsziele bei der Lithium-Schwefel-Batterie stellen das Erreichen hinreichender Zyklenfestigkeiten, eine signifikante Verbesserung der Leistung und Dynamik sowie die Hochskalierung der Systeme vom Labormaßstab hin zu größeren Einheiten dar.

Die Sicherheit der Lithium-Schwefel-Systeme wird derzeit als kritisch gesehen. Das verwendete metallische Lithium ist ein zentraler Punkt, da ein Kontakt des Metalls mit der Feuchte der Luft unbedingt vermieden werden muss. Daher wird in Forschungsvorhaben sowohl konstruktiv als auch chemisch an einem sicheren Einschluss des Lithium-Metalls gearbeitet. Auch die eng beisammen liegenden Schmelzpunkte der Elektrodenmaterialen sind sicherheitstechnisch kritisch. Der Kontakt der beiden Werkstoffe im geschmolzenen Zustand muss vermieden werden. Dies kann zum Beispiel durch den Einsatz von keramischen Trennmembranen gewährleistet werden.

Begleitend zur Materialforschung werden preisgünstige und skalierbare Herstellungsprozesse untersucht und entwickelt, um die Lithium-Schwefel-Technologie in die industrielle Anwendung zu überführen. Die US-amerikanische Firma SION Power geht davon aus, dass bei der Herstellung der Lithium-Schwefelzellen auf Produktionserfahrungen aus dem Bereich Lithium-Ionen mit polymeren und ionischen Elektrolyten aufgesetzt werden kann. Dies gilt sowohl für die Dünnschichttechnik als auch für die eigentliche Zellenfertigung (z. B. Wickeln bei Rundzellen).

Bisher haben erst zwei Firmen das Produkt bis zur semi-kommerziellen Reife entwickelt. Daher muss der Status der Entwicklung von Lithium als Forschung und Entwicklung eingeordnet werden.

10.1.2.4 Lithium-Luft-Batterien

Die Arbeiten an diesem Batterietypen befinden sich im Grundlagenforschungsbereich, da weder der sichere Betrieb noch eine hinreichende Zyklenfestigkeit bei elektrischer Wiederaufladung technisch demonstriert werden konnte. National und international befassen sich zahlreiche Forschungsprojekte mit der technischen Umsetzung der Lithium-Luft-Batterie. Schwerpunkte der Entwicklung sind das Materialdesign der Anode und der Kathode sowie die Entwicklung neuer stabiler Elektrolyte.

Die Lithium-Luft-Systeme weisen sehr hohe theoretische Energiedichten auf. Jedoch wird nach derzeitiger Einschätzung die Leistungsdichte der Systeme gering sein. Das vorrangige Einsatzgebiet für diese Technik wird daher im Bereich der portablen Anwendungen liegen. Gelingt eine Hybridisierung mit Hochleistungsbatterien, könnte langfristig auch der Einsatz in Fahrzeugen denkbar sein [24].

Für elektrisch aufladbare Lithium-Luft-Systeme wird mit einer Verfügbarkeit von technischen Systemen nicht vor dem Jahr 2020 gerechnet [25].

Tab. 10.1 Entwicklungsstadium von Natrium-Schwefel-Batterien

	Kommerziell	Demonstration	F&E	Ideenfindung
Natrium-Schwefel (HT)	X			
Natrium-Schwefel (NT)			X	
ZEBRA (NaNiCl$_2$)	X			

HT Hochtemperatur, *NT* Niedertemperatur

Der Entwicklungsstand der Systeme kann derzeit als Grundlagenforschung bezeichnet werden, da es bisher keine Einzelzellen gibt, die mehrfach elektrisch wiederaufgeladen werden können.

10.1.2.5 Natrium-Hochtemperatur-Batterien

Hochtemperatur-Natrium-Schwefel-Batterien gehören zu den kommerziell verfügbaren Batterietypen (siehe Tab. 10.1) und werden seit mehreren Jahren im stationären Bereich eingesetzt. Die Einsatzgebiete reichen dabei von der Bereitstellung von Reserve- bzw. Regelleistung und sonstigen Systemdienstleistungen, Lastmanagement (Peak-Shaving und Load-Levelling) bis zur Netzintegration erneuerbarer Energien (Einspeisemanagement). Für einen Einsatz im mobilen Bereich sind NaS-Batterien aus Sicherheitsgründen eher ungeeignet [16].

In einem frühen Forschungsstadium befindet sich die Entwicklung von NaS-Batterien, die auch bei niedrigen Temperaturen funktionieren (siehe Abschn. 10.3).

Nach dem Brand einer NaS-Batterie von NGK auf einem Werksgelände von Mitsubishi im September 2011 wurden verschiedene Maßnahmen zur Erhöhung der Sicherheit erarbeitet (u. a. Ausbau des Batteriemonitorings, Einbau von Sicherungen, Isolierungen und Feuerschutzplatten), um zukünftige Batteriebrände zu verhindern. Seit Juni 2012 werden Kundenanlagen entsprechend nachgerüstet und wieder in Betrieb genommen. Für Ende 2012 war die Wiederaufnahme der Produktion neuer Batterien entsprechend dem geänderten Batteriedesign angekündigt. Die weitere Verbesserung der Sicherheit steht im Vordergrund aktueller Entwicklungsarbeiten bei NGK [26].

Die Beurteilung, ob die getroffenen Maßnahmen einen langfristig sicheren Betrieb ermöglichen, kann erst nach Auswertung der zukünftigen Betriebserfahrungen erfolgen. Die bisher gesammelten Betriebserfahrungen hinsichtlich der technischen Batterieperformance werden durch das geänderte Systemdesign nicht beeinflusst, sodass eine Übertragbarkeit auf die Neuanlagen gegeben ist.

Eine weitere auf Natrium basierende Hochtemperaturbatterie ist die Natrium-Nickelchlorid-Batterie, die ebenfalls unter dem Namen ZEBRA-Batterie bekannt ist. Beide Batterietypen sind bezüglich ihrer Batterieparameter und Betriebseigenschaften vergleichbar. Vorteile der ZEBRA-Batterie im Vergleich zur NaS-Batterie sind bessere sicherheitstechnische Eigenschaften und potenziell niedrigere Investitionen. Nachteile sind die niedrigeren Energie- und Leistungsdichten. Die ZEBRA-Batterie wird von FIAMM (SONICK) und GE (Durathon) kommerziell angeboten, hat im stationären großtechnischen Bereich

Tab. 10.2 Entwicklungsstadium verschiedener Redox-Flow-Batterietypen

Redox-Paar	Kommerziell	Demonstration	F&E	Ideenfindung
Vanadium/Vanadium	x (< 1 MW)		x (> 1 MW)	
Zink/Brom	x (25 kW)			
Eisen/Chrom		x (250 kW)		
Wasserstoff/Brom		x (50 kW)		
Vanadium/Luft; Sonstige			x	

allerdings bisher so gut wie keine Bedeutung. Einen guten Überblick zum aktuellen Entwicklungsstand der ZEBRA-Batterie sowie einen Vergleich beider Batterietypen gibt [16]. In Elektrofahrzeugen wurden ZEBRA-Batterien in verschiedenen PKW-Modellen und Bussen eingesetzt. Aufgrund der hohen Stillstandsverluste (Selbstentladung) ist allerdings ein sinnvoller Einsatz lediglich in Fahrzeugen möglich, die eine hohe Nutzungsrate mit geringen Stillstandszeiten aufweisen.

10.1.2.6 Redox-Flow-Batterien

Unter dem Sammelbegriff Redox-Flow-Batterien werden verschiedene Batterietypen zusammengefasst, welche sich in erster Linie durch unterschiedliche Elektrolytlösungen und den darin gelösten aktiven Redox-Paaren unterscheiden. Die am weitesten entwickelten und kommerziell verfügbaren Redox-Flow-Batterien basieren auf der Verwendung von Vanadium. Darüber hinaus wird an zahlreichen anderen Redox-Paaren geforscht. Eine gute Übersicht hierzu liefern [27] und [28]. Der Entwicklungsstand der wichtigsten Batterietypen ist in Tab. 10.2 zusammengefasst.

In Vanadium/Vanadium- bzw. nur-Vanadium-Redox-Flow-Batterien liegt Vanadium in verschiedenen Oxidationsstufen in wässriger Schwefelsäure vor. Der Vorteil von Vanadium ist, dass aufgrund der unterschiedlichen Oxidationsstufen eine Verwendung an beiden Elektroden möglich ist. Eine Verunreinigung der jeweils anderen Elektrolytlösungen durch unerwünschte Transportvorgänge durch die Membran kann bei nur-Vanadium-Systemen nicht erfolgen. Es tritt lediglich eine ungewollte Entladung auf, die jedoch reversibel ist.

Die Verwendung anderer Elektrolytlösungen ermöglicht prinzipiell höhere Zellspannungen und damit höhere Energiedichten (siehe Tab. 10.7). Je nach Elektrolytkombination können sich aber auch unterschiedliche verfahrens- und sicherheitstechnische Nachteile ergeben, wie beispielsweise die Ablagerung von Feststoffen auf den Elektrodenoberflächen bei Zn/Br und S_2/Br oder die Bildung von toxischen und hochreaktiven Gasen bei S_2/Br, H_2/Br und V/Br. Insbesondere sicherheitsrelevante Nebenreaktionen sind konstruktiv oder chemisch, z. B. durch den Einsatz von Komplexbildnern, zu verhindern.

Bei der Zink-Brom-RFB ist durch die Belegung der Elektrodenoberfläche mit Zink bei der Verwendung von Zink-Brom als Elektrolyt eine Entkopplung von Leistung und Kapazität nicht vollständig gegeben. Dies liegt daran, dass die maximale Abscheidung von der Elektrodenfläche abhängig ist, welche auch die Batterieleistung bestimmt. Batterietypen, bei denen ein Redox-Paar nicht vollständig löslich ist, werden auch als Hybrid-Flow-Batterie bezeichnet. Bei der Verwendung unterschiedlicher Elektrolytlösungen führen Verunreinigungen durch unerwünschte Transportprozesse durch die Membran (Cross-Kontamination) zu einer Reduzierung der Lebensdauer.

Aufgrund der vergleichsweise geringen Energie- und Leistungsdichte von Redox-Flow-Batterien sind die aktuellen Arbeiten auf einen Einsatz im stationären Bereich fokussiert. Neue Batteriekonzepte wie das der Vanadium-Luft-Batterie besitzen das Potenzial, Energie- und Leistungsdichten zu erreichen, die auch für einen Einsatz im mobilen Bereich interessant sind. Derartige Batteriekonzepte befinden sich aktuell allerdings in einem sehr frühen F&E-Stadium (siehe Abschn. 10.3). Aufgrund des vergleichsweise einfachen Betankungsvorgangs durch einen Austausch von flüssigen Elektrolytlösungen hat es verschiedene theoretische Vorüberlegungen zum Einsatz von Redox-Flow-Batterien im mobilen Bereich gegeben, siehe z. B. [29].

10.1.3 Technische Kenndaten

10.1.3.1 Blei-Säure-Batterien
Tabelle 10.3 stellt die technischen Kennwerte von Blei-Säure-Batterien dar. Bei den gravimetrischen und volumetrischen Energiedichten wird in verschiedenen Studien ein Steigerungspotenzial ausgewiesen. Trotz dieser Entwicklungspotenziale werden die Energiedichten unter denjenigen anderer Batteriesysteme bleiben. Bei den Leistungsdichten wird ein höheres Entwicklungspotenzial gesehen, da der Einsatz von kohlenstoffbeschichteten Elektroden die Leistungsfähigkeit deutlich steigern kann.

Die kalendarische Lebensdauer und die Vollzyklenzahl bei eingeschränkter Entladetiefe (DoD = Depth of Discharge) entsprechen derzeit nicht den Anforderungen der meisten Anwendungen. Ein Batterieersatz während der Lebensdauer der Gesamtanlage wird da-

Tab. 10.3 Technische Kenndaten der Blei-Säure-Hochenergie-Batterie [4, 24, 25]

Technische Batterieparameter	Einheit	Blei-Säure-Hochenergie	
		Heute	2025
Energiedichte (gravimetrisch)	[Wh/kg]	30 bis 50[1]	60 bis 100[1]
Energiedichte (volumetrisch)	[kWh/m^3]	60 bis 100[1]	140 bis 250[1]
Leistungsdichte (gravimetrisch)	[W/kg]	75 bis 300	k. A.
Vollzyklenzahl (bei 80 % DoD)	[Stück]	100 bis 1500	>3000
Kalendarische Lebensdauer	[a]	3 bis 15	k. A.
Selbstentladung/Ruheverluste	[%/d]	0,1 bis 0,3	k. A.
Betriebstemperatur	[°C]	−20 bis +50	−30 bis +60
Typische Entladedauern		Sekunden bis Stunden	Sekunden bis Stunden
Wirkungsgrad (DC-DC)[1]	[%]	60 bis 90	70 bis 95

[1] Bezogen auf das Batterie-Gesamtsystem.

mit in Kauf genommen. Die erreichbare Zyklenzahl hängt stark von der Entladetiefe ab. Eine Entladung bis 80 % DoD ist technisch möglich. Typischerweise werden Blei-Batterien allerdings mit max. 50 % DoD betrieben, wodurch sich die erreichbare Zyklenzahl gegenüber einer Entladung bis 80 % DoD stark erhöht.

Durch die Hybridisierung von Blei-Säure-Batterien mit anderen Hochleistungsbatterien sowie die Entwicklung neuer Materialen und Elektronendesigns wird in der nächsten Dekade jedoch noch von einer Verdopplung der erreichbaren Zyklen ausgegangen.

Die erreichbaren Gesamtwirkungsgrade (Ladung und Entladung, DC-DC) weisen eine hohe Bandbreite auf und hängen stark von der Entladetiefe und entnommen Leistung ab. Bei gut dimensionierten Systemen können die Wirkungsgrade von derzeitigen Lithium-Ionen-Batterien erreicht werden.

10.1.3.2 Lithium-Ionen-Batterien

In Tab. 10.4 sind technische Kenndaten von Lithium-Ionen-Batterien, unterteilt nach Hochleistungs- und Hochenergiezellen, aufgelistet. Hauptvorteile von Lithium-Ionen-Batterien sind die hohen erreichbaren Vollzyklenzahlen und die guten Werte bei der Energie- und Leistungsdichte.

Grundsätzlich sind die in Tab. 10.4 aufgeführten Kennwerte sehr stark von der jeweiligen Zellchemie, der konstruktiven Ausführung der Zelle und der Fertigungsqualität abhängig. Die erreichbare Vollzyklenzahl hängt außerdem stark vom Lade-/Entladeverhalten

Tab. 10.4 Technische Kenndaten von Lithium-Ionen-Batterien [12, 25, 30]

Technische Batterieparameter	Einheit	Li-Ionen (Hochleistung)			Li-Ionen (Hochenergie)		
		Heute	2025	2050	Heute	2025	2050
Energiedichte (gravimetrisch)	[Wh/kg]	50–130			100–241	180–350	>350
Energiedichte (volumetrisch)	[kWh/m^3]	150–190	170–220	220	260–535	350–800	>800
Leistungsdichte (gravimetrisch)	[W/kg]	4000	>5000	~10.000	>2500		
Vollzyklenzahl	[Stück]	<1000–10.000	>10.000	>10.000	<1000–15.000		
Kalendarische Lebensdauer	[a]	5–20			5–20		
Selbstentladung/ Ruheverluste	[%] oder [W]	2–8 %/ Monat			2–8 %/ Monat		
Betriebs-temperatur	[°C]	−20 bis +60 (laden) −40 bis +65 (entladen)			−20 bis +60 (laden) −40 bis +65 (entladen)		
Wirkungsgrad (DC–DC)	[%]	90	92		90	92	

(Dynamik, Entladetiefe, Umgebungstemperatur) und damit vom jeweiligen Anwendungsfeld der Batterie ab. Die Bandbreiten bei ausgewählten Parametern ergeben sich daher aus unterschiedlichen Batterietypen, welche jeweils für ein bestimmtes Anwendungsgebiet optimiert wurden.

Die kalendarische Alterung wird wesentlich von den Lagerungsbedingungen beeinflusst. Die Temperatur ist dabei besonders wichtig. Je höher die Lagertemperatur, desto kürzer ist im Allgemeinen die Lebensdauer der Batterie. Einige kommerzielle Anbieter geben bereits Garantien für bis zu 20 Jahre Batterielebensdauer, knüpfen diese jedoch meist an bestimmte Bedingungen. Batterien für den mobilen Einsatz haben aufgrund der auftretenden Umgebungs- und Betriebsbedingungen eine eher kürzere Lebensdauer.

Bis zum Jahr 2025 wird von einer deutlichen Verbesserung der technischen Kennwerte ausgegangen, die hauptsächlich auf der Entwicklung verbesserter Kathodenmaterialien basiert. Eine Prognose für das Jahr 2050 erweist sich als schwierig, da kaum belastbare Werte in der Literatur zu finden sind. Einige Veröffentlichungen legen nahe, dass sich die lithiumbasierten Batteriesysteme bis zu diesem Zeitpunkt weg von der Lithium-Ionen-Technik hin zu Lithium-Schwefel- und Lithium-Luft-Systemen entwickelt haben werden [23].

Die Werte derzeitiger kommerziell verfügbarer Batteriezellen liegen im Allgemeinen innerhalb der in Tab. 10.4 angegebenen Bandbreiten. Auf Modulebene liegen die Energie- und Leistungsdichten jedoch deutlich unter denen der Einzelzellen.

Ein wichtiger Aspekt im Zusammenhang mit den technischen Kennwerten ist die Alterung von Lithium-Ionen-Zellen. Sowohl die Leistungsdichte als auch die Kapazität nehmen mit zunehmendem Alter ab, die Impedanz der Zelle steigt hingegen. Materialparameter, Lagerung und Lade-/Entladeverhalten haben starken Einfluss auf die Leistungsfähigkeit und die Lebensdauer der Batterie. Abhängig von der Zellchemie können sowohl ein zu hoher als auch ein zu niedriger Ladezustand die Leistungsfähigkeit verschlechtern und die Lebensdauer verkürzen. Zu hohe und zu niedrige Temperaturen, besonders während des Ladevorgangs, schädigen die Batterie ebenfalls [31].

Bezüglich der Betriebssicherheit sind vor allem die Wärmeentwicklung während des Betriebs und die Stabilität der Elektroden- und Elektrolytmaterialien relevant. Während des Ladens und Entladens der Zelle wird Wärme freigesetzt, die abgeführt werden muss, da die Elektrodenmaterialien ab einer bestimmten Temperatur (ca. 130–150 °C) mit dem Elektrolyten exotherm reagieren. Diese Reaktion hat einen weiteren Temperaturanstieg zur Folge. Abhängig von der Materialart kann eine Zersetzung der Elektroden eintreten, die wiederum zu einem Druckanstieg in der Zelle, damit zu mechanischem Versagen und in der Folge zu Kurzschlüssen oder zum Austritt und zur Entzündung des Elektrolyten führen kann. Diese Kettenreaktion ist als „thermal runaway" bekannt [32].

10.1.3.3 Lithium-Schwefel- und Lithium-Luft-Batterien

Lithium-Schwefel-Batterien existieren derzeit als Laborzellen, die an der Schwelle zur Demonstration stehen. Die Einzelzellen weisen sehr begrenzte Lebensdauern auf und der Trend von technisch erreichbaren Größen ist mit großen Unsicherheiten behaftet.

Tab. 10.5 Technische Kenndaten von Lithium-Schwefel- und Lithium-Luft-Batterien [12, 24, 33]

Technische Batterieparameter	Einheit	Li-Schwefel		Li-Luft	
		Heute	2025	2020	nach 2025
Energiedichte (gravimetrisch)	[Wh/kg]	250–400	450–550	450–550	900–1100
Energiedichte (volumetrisch)	[kWh/m^3]	300–350	400–450	k. A.	k. A.
Leistungsdichte (gravimetrisch)	[W/kg]	250–350	350–450	Niedrig	Niedrig
Vollzyklenzahl	[Stück]	< 100	1000	k. A.	k. A.
Kalendarische Lebensdauer	[a]	k. A.	k. A.	k. A.	k. A.
Selbstentladung/Ruheverluste	[%/d]	k. A.	k. A.	k. A.	k. A.
Betriebstemperatur	[°C]	−20 bis +45	−20 bis +45	k. A.	k. A.
Typische Entladedauern		Sekunden bis Stunden	Sekunden bis Stunden	Sekunden bis Stunden	Sekunden bis Stunden
Wirkungsgrad (DC-DC)[1]	[%]	85	85	< 70	80–85

[1] Zellenwirkungsgrad ohne BMS etc.

Bei den Lithium-Luft-Systemen ist man noch in der Materialentwicklungs- und Konzeptphase. Rein durch elektrische Ladung wiederaufladbare Systeme sind noch nicht technisch verwirklicht. Der Nachweis der technischen Machbarkeit bei vertretbaren Kosten steht noch aus. Dementsprechend lassen sich nur unsichere Angaben zu zukünftigen Trends machen.

Beide Batterietypen fallen in die Kategorie der Hochenergiebatterien. Für die Leistungsdichte und Dynamik der Systeme werden eher schlechte Werte erwartet. Tabelle 10.5 stellt die erwarteten Kennwerte der Lithium-Schwefel- und Lithium-Luft-Batterien dar. Für beide Batterietypen wird von einer Verfügbarkeit technisch ausgereifter Systeme erst nach 2020 ausgegangen. Dementsprechend ist das Zeitintervall für die Lithium-Luft-Batterien in Tab. 10.5 angepasst.

Die Sicherheit der Lithium-Schwefel- und der offenen Lithium-Luft-Systeme wird als kritisch eingestuft, da der Kontakt des metallischen Lithiums mit Wasserdampf der Luft ausreicht, um eine stark exotherme Reaktion in Gang zu setzen. Da die verwendeten flüssigen Elektrolyte und im Fall der Lithium-Schwefel-Batterie zusätzlich der Kathodenwerkstoff brennbar sind, muss der Kontakt chemisch oder konstruktiv verhindert werden. Ob dies im Schadensfall zuverlässig gelingt, kann im Moment nicht sicher nachgewiesen werden.

10.1.3.4 Natrium-Hochtemperatur-Batterien

In Tab. 10.6 sind die technischen Kenndaten von Natrium-Schwefel-Batterien aufgeführt. Hauptvorteil von Natrium-Schwefel-Batterien sind die hohen Werte für die Energiedichte, die im Bereich von Lithium-Ionen-Batterien und damit deutlich über den Werten von Bleibatterien liegen. Gegenüber Bleibatterien ist eine deutliche Reduktion des Platzbedarfs bei identischer Anlagenkapazität möglich. Zu beachten sind die deutlichen Unter-

Tab. 10.6 Technische Kenndaten von Natrium-Schwefel-Batterien [16, 34–37]

Technische Batterieparameter	Einheit	NaS Heute[1]	2025	2050
Energiedichte (gravimetrisch)	[Wh/kg]	115[3]	150[3]	200[3]
Energiedichte (volumetrisch)	[kWh/m^3]	35[3] (15)[5]; 151[4]		
Leistungsdichte (gravimetrisch)	[W/kg]	19[3]		
Leistungsdichte (volumetrisch)	[kW/m^3]	6[3] (2,4)[5]; 17,6[4]		
Vollzyklenzahl	[Stück]	4500[3]		
Kalendarische Lebensdauer	[a]	15[3]		
Selbstentladung/Ruheverluste	[%] oder [W]	3400 W[6]		
Betriebstemperatur	[°C]	290–350		
Reaktionszeit	[ms]	< 10		
Betriebsbereich (SOC)	[%]	10–100[3]		
Wirkungsgrad (DC-DC)	[%]	80[3]	85[3]	

[1] Werte kommerziell verfügbarer Systeme (Anbieter NGK), [2] Werte von Laboranlagen, [3] Gesamtsystem (z. B. Container, inkl. Leistungselektronik etc.), [4] Batterie, [5] Gesamtsystem, inkl. Platzbedarf für den Wartungsbereich, [6] Pro 50-kW-Modul; nur bei längeren Stand-by-Zeiten wenn die Temperatur unter die minimale Betriebstemperatur (ca. 290 °C) sinkt

schiede bei der volumetrischen Energiedichte zwischen dem Gesamtsystem und einzelnen Batterieelementen. Im Platzbedarf für Gesamtsysteme sind zusätzlich der Platzbedarf für den Wechselrichter und der Platzbedarf für Wartungsarbeiten, auf den ein Großteil des Gesamtplatzbedarfs entfällt, enthalten. Im Bereich der gravimetrischen Energiedichte ist durch Optimierungen des Gesamtsystems zukünftig eine deutliche Steigerung möglich. Die aktuellen Werte liegen noch deutlich unter der theoretischen Energiedichte von 760 Wh/kg [16].

Die erreichbare Vollzyklenzahl von Natrium-Schwefel-Batterien liegt deutlich über den Werten für Bleibatterien, sodass für einen Einsatz in stationären Anwendungen lange Lebensdauern möglich sind. Bei ca. 300 Zyklen pro Jahr ergibt sich, bei einer Vollzyklenzahl von maximal 4500, eine Lebensdauer von ca. 15 Jahren. Natrium-Schwefel-Batterien eignen sich daher insbesondere für Anwendungen mit mindestens einem täglichen Zyklus wie EE-Einspeisemanagement oder Energiehandel.

Natrium-Schwefel-Batterien weisen eine sehr geringe elektrochemische Selbstentladung auf. Die hohen Betriebstemperaturen erfordern allerdings eine aufwändige Isolierung und ein zusätzliches Heizsystem (elektrische Widerstandsheizung) für den Stand-by-Betrieb. Das Heizsystem wird immer dann aktiviert, wenn sich die Temperatur in den Batteriemodulen der minimal zulässigen Betriebstemperatur nähert [34]. Bei längeren Stillstandzeiten führt dies zu erheblichen Verlusten, da die für den Betrieb des Heizsystems erforderliche Energie der Batterie entnommen wird. Dieser Effekt ist mit einer Selbstentladung gleichzusetzten.

Natrium-Schwefel-Batterien sind empfindlich gegen eine vollständige Tiefentladung, da in diesem Fall teilweise nicht reversible Reaktionen stattfinden können. Hierdurch kommt es zu einer Reduzierung der nutzbaren Batteriekapazität und damit letztendlich zu einer Verringerung der Vollzyklenzahl bzw. der Lebensdauer [34]. Die Batterie wird daher typischerweise zu max. 90 % entladen. Hierauf bezieht sich auch die Angabe der Vollzyklenzahl in Tab. 10.6.

10.1.3.5 Redox-Flow-Batterien

In Tab. 10.7 sind die technischen Kenndaten von Redox-Flow-Batterien vergleichend gegenübergestellt. Bei den Angaben für die Jahre 2025 und 2050 handelt es sich um eigene Abschätzungen, da für diesen Zeitraum keine Literaturwerte bzw. Herstellerangaben vorliegen. Die Werte basieren auf aktuellen und sich abzeichnenden F&E-Arbeiten, sind als Einschätzung zu den erreichbaren Zielwerten zu verstehen und geben lediglich eine Größenordnung zur Orientierung an.

Da die Löslichkeit der verwendeten Redox-Paare in den Elektrolyten begrenzt ist, sind vergleichsweise geringe Werte für die Energie- und Leistungsdichte von Redox-Flow-Batterien charakteristisch. Aktuell ist noch ein deutliches Steigerungspotenzial vorhanden (siehe auch Abschn. 10.3.2), welches allerdings absolut gesehen begrenzt ist, da die Konzentration der aktiven Redox-Paare auch in alternativen Lösungsmitteln nicht beliebig gesteigert werden kann. Die Energiedichten von kommerziell erhältlichen Vanadium-Systemen liegen aktuell mit 6–10 Wh/kg deutlich unter den Werten für Blei-Säure-Batterien. Die Zink-Brom-Batterie hingegen erreicht diese Werte. Die Vanadium-Luft-Batterie ist eine Weiterentwicklung der nur-Vanadium-Batterie mit dem Ziel, die Energie- und Leistungsdichte deutlich zu erhöhen (Details siehe Abschn. 10.3.2).

Bei Angaben zu Energie- und Leistungsdichten ist eine Unterscheidung erforderlich in Werte, die sich auf Gesamtsysteme beziehen (z. B. Containerlösungen mit Stack, Pumpen, Tanks, Elektronik etc.) und Werte, die sich lediglich auf die Energiedichte der Elektrolytlösungen beziehen, wie sie häufig in der Literatur zu finden sind. Bei den Angaben in Tab. 10.7 werden weitest möglich Gesamtsystemwerte verwendet.

Da keine der Stack-Komponenten strukturelle Änderungen beim Lade-/Entladeprozess erfährt, insbesondere keine Reaktion der Elektroden, können Redox-Flow-Batterien prinzipiell lange Lebensdauern und hohe Zyklenzahlen erreichen [17]. Ausnahme sind Zn/Br-Batterien, bei denen während der Entladung Zink auf den Elektrodenplatten abgeschieden wird. Die Lebensdauer des Stacks wird für Zn/Br-Batterien mit ca. 75.000 kWh Energiedurchsatz bzw. fünf Jahren angegeben [42] und liegt damit deutlich unter der Lebensdauer von Vanadium-Batterien mit Stack-Lebensdauern von 20 Jahren [38].

Die in Vanadium-Redox-Flow-Batterien ablaufenden chemischen Reaktionen sind reversibel. Es finden keine Abscheidungsreaktionen und keine Volumenänderungen statt, sodass sich für den Elektrolyt keine Alterung ergibt [43]. Der Elektrolyt kann unabhängig vom Batterietyp auch bei einem Austausch der Reaktionseinheit weiter verwendet bzw. regeneriert werden.

Tab. 10.7 Technische Kenndaten von Redox-Flow-Batterien im Vergleich [17, 38–42]

Technische Batterieparameter	Einheit	Redox-Flow (V/V)			Redox-Flow (Zn/Br)			Redox-Flow (V/Luft)		
		Heute[1]	2025	2050	Heute[1]	2025	2050	Heute[2]	2025	2050
Energiedichte (gravimetrisch)	[Wh/kg]	6–10[3]	20[3]	40[3]	32[3]–45[4]	50[3]	70[3]	41,2[4]	50[3]	100[1,3]
Energiedichte (volumetrisch)	[kWh/m³]	4,2–6,25[3]	12[3]	24[3]	5,5–16,7[3]; 40[4]	50[3]	70[3]			
Leistungsdichte (gravimetrisch)	[W/kg]	1–3[3]	10–30[3]		16[3]–23[4]					
Leistungsdichte (volumetrisch)	[kW/m³]	0,42–2,4[3]	4,2–24[3]		2,7–8,3[3]; 20[4]					
Vollzyklenzahl	[Stück]	13.000–20.000[5]			800–1500[5]	2100[5]	3000[5]			20.000[5]
Kalendarische Lebensdauer	[a]	20[5]			5[5]	7[5]	10[5]			20[5]
Selbstentladung/Ruheverluste	[%] oder [W]	< 1 %/a[3]			< 1 %/d[3]			< 1 %/a[3]		
Betriebstemperatur	[°C]	+20 bis +35			–30 bis +50			+60 bis +80		
Reaktionszeit	[ms]	<60[3]			<20[3]					
Betriebsbereich (SOC)	[%]	0–100[3]			0–100[3]			0–100		
Wirkungsgrad (DC-DC)	[%]	70–80[3]	80[3]	85[3]	70[3]	75[3]	80[3]	45–75[4]		85[3]

[1] Werte kommerziell verfügbarer Systeme, [2] Werte von Laboranlagen, [3] Gesamtsystem (z. B. Container, inkl. Leistungselektronik etc.), [4] Batterie (bei Redox-Flow inkl. Tank), [5] Stack-Lebensdauer; Weiterverwendung des Elektrolyten möglich

Die hohen Lebensdauern bzw. Zyklenzahlen, insbesondere von Vanadium-Redox-Flow-Batterien, sind ein wesentlicher Vorteil gegenüber anderen Batterietypen.

Redox-Flow-Batterien weisen generell eine sehr geringe Selbstentladung auf, da sich die Elektrolytlösungen in getrennten Tanks befinden und nur für Lade- und Entladevorgänge dem Stack zugeführt werden. Hieraus ergibt sich allerdings eine geringfügig erhöhte Reaktionszeit für die Inbetriebnahme aus dem Ruhezustand im Vergleich zu anderen Batterietypen, da die Betriebslösungen erst mit Hilfe von Pumpen zum Stack gefördert werden.

Eine vollständige Tiefentladung ist problemlos möglich. Bei über den vollen Lade- oder Entladezustand hinaus gehenden Lade- oder Entladevorgängen können allerdings unerwünschte Nebenreaktionen (z. B. H_2-Bildung) auftreten [44]. Eine exakte SOC-Überwachung ist daher erforderlich.

Der zulässige Bereich für die Betriebstemperatur ist aufgrund der Temperaturabhängigkeit der Löslichkeit der Redox-Paare im Elektrolyten eingeschränkt und variiert je nach verwendeter Zellchemie. Zur Kontrolle der Betriebstemperatur kann ein Wärmemanagementsystem erforderlich sein.

Die räumliche Trennung von Speichertanks und Reaktionseinheit ermöglicht auf der einen Seite ein sehr flexibles Anlagendesign, auf der anderen Seite werden zusätzliche mechanische Komponenten (Pumpen, Rohrleitungen, Ventile etc.) zur Verbindung der Anlagenteile benötigt, woraus sich eine Erhöhung der Anlagenkomplexität und zusätzliche Verluste ergeben. Wirkungsgrade von ca. 80 % für Vanadium-Batterien sind aktuell Stand der Technik. Der Wirkungsgrad von V/V-Batterien ist um ca. 10 Prozentpunkte besser als derjenige von Zn/Br-Systemen. Der Energiebedarf für die Pumpen und interne Verluste im Stack sind die Hauptverlustursachen.

10.2 Zukünftige Anforderungen und Randbedingungen

10.2.1 Gesellschaft

Die Akzeptanz von elektrochemischen Speichern ist bedingt durch die sehr hohe Zahl der bereits genutzten Anwendungen in den Bereichen Consumertechnik und Informations- und Kommunikationstechnik gegeben. Für elektrochemische Speicher in mobilen und stationären Anwendungen wird daher nicht von einer grundsätzlichen Akzeptanzproblematik bezüglich der Technik ausgegangen.

Die Sicherheit von elektrochemischen Speichern ist ein wesentlicher Aspekt, der die Risikowahrnehmung beeinflusst. Bei einer Markteinführung in neuen Anwendungsfeldern sind sicherheitsrelevante Ereignisse daher unbedingt zu vermeiden, da ansonsten sehr schnell erhebliche Akzeptanzprobleme entstehen können. Dies gilt insbesondere für den Bereich Elektromobilität mit einer hohen Wahrnehmungssensitivität. Medienberichte über brennende Batterien in Elektrofahrzeugen, eventuell sogar im Zusammenhang mit Personenschäden, sind in diesem Zusammenhang besonders kritisch zu bewerten und könnten zu einer veränderten Wahrnehmung von sowohl Batterien in Elektrofahrzeugen als auch von Batterien im Allgemeinen führen. Die Batteriesicherheit und das Crashverhalten von Antriebsbatterien wurden daher von Seiten der Automobilindustrie als mit Abstand wichtigster Key-Performance Indikator identifiziert [45].

Entscheidend für die Sicherheitswahrnehmung ist bei stationären Batteriespeichern die installierte Kapazität der Anlage. Während bei dezentralen Batteriespeichern die Auswirkungen eines Worst-Case-Störfalls vergleichsweise gering und lokal beherrschbar sind, können sich für zentrale Batteriespeicher im MWh-Kapazitätsbereich sehr wohl sicherheitsrelevante Fragestellungen für umliegende Infrastrukturen ergeben. In diesem Zusammenhang ist der sehr hohe Energieinhalt von Batteriespeichern auf begrenztem Raum eine wichtige Größe.

Bei der Entsorgung von Batteriespeichern ist zu beachten, dass Batterietypen toxische und umweltrelevante Komponenten enthalten können. Da bei elektrochemischen Speichern in mobilen und stationären Anwendungen von einer qualifizierten Entsorgung über Hersteller, Installateure oder Entsorgungsfachbetriebe ausgegangen und auf langjährig etablierte Sammel- und Recyclingstrukturen zurückgegriffen werden kann, ist dieser Aspekt als weitgehend unproblematisch einzustufen. Für neuere Batterietypen ist zur Sicherstellung der Nachhaltigkeit der Aufbau einer entsprechenden Infrastruktur sicherzustellen. Die grundsätzliche technische Machbarkeit des Batterie-Recyclings für neuere Batterietypen wie Lithium-Ionen- und Nickel-Metall-Hydrid-Batterien ist prinzipiell gegeben (siehe z. B. [46]).

Mit konventionellen Anwendungen konkurrierende Batterielösungen, z. B. rein batterieelektrische Fahrzeuge vs. Fahrzeuge mit Verbrennungsmotor, können derzeit aus Performance- und Kostensicht die Kundenerwartungen nicht vollständig erfüllen.

10.2.2 Kostenentwicklung

Alle in diesem Kapitel angegebenen Kostendaten beziehen sich auf die Anfangsinvestition neuer Batterien bezogen auf die Nennleistung bzw. Nennkapazität. In Abhängigkeit von der Datenverfügbarkeit wird zwischen spezifischen Angaben bezogen auf die Batterieleistung (leistungsspezifische Investitionen [Euro/kW]) und die Batteriekapazität (kapazitätsspezifische Investitionen [Euro/kWh]) unterschieden. Die Angaben sind alternativ und nicht additiv zu verwenden und beziehen sich auf marktübliche Batterien mit einem bestimmten Verhältnis zwischen Batterieleistung und Batteriekapazität. Die Gesamtinvestition [Euro] in eine Batterie kann somit ermittelt werden, in dem die jeweiligen spezifischen Kosten mit der benötigten Batterieleistung [kW] oder der Batteriekapazität [kWh] multipliziert werden.

Speicherkosten und Betriebskosten sowie Margen, Steuern, Abgaben und monetäre Anreize werden im Rahmen dieses Abschnittes nicht betrachtet, da diese anwendungsabhängig sind und von einer Vielzahl von ökonomischen Parametern beeinflusst werden.

Tab. 10.8 Kostendaten von Blei-Säure-Batterien [18, 20]

	Blei-Säure-Batterie
Anlagengröße (MW)	0,001 bis > 5[1]
Kapazitätsspezifische Investitionen (Euro/kWh)	50–200
Zielkosten bis 2025 (Euro/kWh)	50–150
Zielkosten bis 2050 (Euro/kWh)	k. A.

[1] Skalierbar durch entsprechende Verschaltung von Batteriepacks.

Grundsätzlich sind die Unterschiede zwischen Batteriekosten und Batteriepreisen zu beachten. Die Preise für Batteriesysteme in verschieden Marksegmenten z. B. Batteriespeicher zur Erhöhung des Eigenverbrauchs von selbsterzeugtem PV-Strom sind zum Teil deutlich höher als die Kosten, da Gewinnmargen und Subventionen zu den Kosten addiert werden. In anderen etablierten Anwendungsgebieten nähern sich die Preise den Kosten deutlich an. Die Kosten weisen wiederum eine erhebliche Bandbreite auf, welche sich aus unterschiedlichen Anwendungsgebieten und den daraus resultierenden unterschiedlichen Batterieanforderungen ergeben.

10.2.2.1 Blei-Säure-Batterien

Wie bereits beschrieben, ist das Marktpotenzial der Blei-Säure-Batterie weitestgehend erschlossen und es wird nur noch mit sehr moderaten Kostensenkungen gerechnet. Die geringen Kostensenkungspotenziale können durch eine Optimierung der Herstellungsprozesse und weiterer Verbesserung der zyklischen und kalendarischen Lebensdauern erreicht werden. Da bereits günstige Rohstoffe für diesen Batterietyp verwendet werden, ist ein Kostensenkungspotenzial durch einen Materialwechsel nicht mehr gegeben (Tab. 10.8).

Durch die bereits diskutierten Maßnahmen zur Erhöhung sowohl der Zyklenfestigkeit als auch der kalendarischen Lebensdauer kann im Anwendungsfall eine verbesserte Wirtschaftlichkeit der Speichersysteme über der Nutzungsdauer erreicht werden, da ein eventueller Batterieersatz im Laufe der technischen Systemlebensdauer entfällt.

10.2.2.2 Lithium-Ionen-Batterien

Die Materialkosten für das Rohmaterial inklusive seiner Verarbeitung haben mit 39 % den größten Anteil an den Kosten für die Zellherstellung. Innerhalb der Materialkosten stellen die Kosten für den Separator, für das Aktivmaterial für Anode und Kathode und für den Elektrolyten die größten Posten dar und bieten daher das größte Potenzial für Einsparungen [47].

Die in Tab. 10.9 aufgeführten Kostendaten stammen aus der 2011 Technology Map zum SET-Plan [24]. Sie decken sich mit Angaben aus anderer Literatur wie beispielsweise [12, 20, 48].

Die Bandbreite der Kostendaten ist bei Lithium-Ionen-Batterien verhältnismäßig groß, da viele unterschiedliche Ausführungen existieren. Material- und Fertigungskosten variieren je nach Batterietyp sehr stark. Batterien für den portablen Bereich, die in Massenferti-

Tab. 10.9 Kostendaten von Lithium-Ionen-Batterien [24]

	Lithium-Ionen-Batterie
Anlagengröße (MW)	< 1 W bis > 5 MW[1)]
Leistungsspezifische Investitionen (Euro/kW)	700–3000
Kapazitätsspezifische Investitionen (Euro/kWh)	200–1800
Zielkosten bis 2025 (Euro/kWh)	200–500

[1)] Skalierbar durch entsprechende Verschaltung von Batteriepacks.

gung hergestellt werden, können bereits heute sehr kostengünstig produziert werden. Hier ist das Kostensenkungspotenzial relativ weit erschlossen. Viele Batterietypen erfordern jedoch teure Rohstoffe oder aufwändige Fertigungsverfahren, was zu hohen Investitionen führt. Hier existiert noch ein großes Kostensenkungspotenzial, allerdings wird nicht davon ausgegangen, dass der Zielwert von ca. 200 Euro/kWh im Jahr 2020 erreicht wird [48].

Grundsätzlich beinhaltet die Optimierung großtechnischer Produktionsprozesse für Lithium-Ionen-Zellen bzw. einzelne Zellkomponenten das Potenzial zu Kostensenkungen. Die Separatormembran selbst besteht beispielsweise aus relativ günstigen Rohstoffen. Die hohen Kosten für den Separator werden durch den aufwändigen Produktionsprozess verursacht. Hier könnte eine Vereinfachung dieses Fertigungsprozesses zu erheblichen Einsparungen führen. Beim Kathodenmaterial bietet die Verwendung der kostengünstigen Materialien $LiFePO_4$ oder $LiMn_2O_4$ anstelle des bisher größtenteils eingesetzten $LiCoO_2$ eine Möglichkeit zur Erhöhung der Kapazität durch verbesserte Materialkonzepte. Durch eine vereinfachte Materialsynthese ergeben sich zudem Möglichkeiten zur Kostensenkung. Als aktives Material für die Anode ist derzeit synthetisches Graphit der Standard. Hier kann alternativ natürliches Graphit, welches deutlich kostengünstiger ist, verwendet werden, dieses muss jedoch vorher einer aufwändigen Bearbeitung unterzogen werden. Zudem werden Anstrengungen unternommen, die Herstellungskosten von Lithiumtitanat-Anoden so weit zu senken, dass sie mit den Graphit-Anoden konkurrieren können. Im Bereich der Flüssigelektrolyte ist das typischerweise verwendete Leitsalz $LiPF_6$ ein bedeutender Kostenfaktor. Hier wird an Möglichkeiten geforscht, dieses Leitsalz durch günstigere Alternativen wie z. B. Lithium-bis-(oxalato)borat (LiBOB) zu ersetzen. Dies ist wahrscheinlich nur in Verbindung mit einer Stabilisierung der Zellchemie durch neue Materialkonzepte möglich. Die Produktion polymerer Elektrolyte ist zwar ein aufwendiges Verfahren, ihre Verwendung bietet jedoch die Vorteile, dass weder ein teures Edelstahlgehäuse noch ein zusätzlicher Separator für die Zelle benötigt werden. Die Kombination der verschiedenen hier aufgelisteten Maßnahmen kann langfristig zu erheblichen Kostensenkungen führen, jedoch existiert ein Zielkonflikt zwischen niedrigen Produktionskosten auf der einen und Qualität, Sicherheit und Lebensdauer der Zellen auf der anderen Seite [6].

10.2.2.3 Lithium-Schwefel- und Lithium-Luft-Batterien

Da die Entwicklung der Lithium-Schwefel- und Lithium-Luft-Batterien sich im Stadium der Forschung und Entwicklung bzw. der Grundlagenforschung befindet, können Kos-

Tab. 10.10 Szenarien möglicher Kosten von Lithium-Schwefel/-Luft-Batterien [12]

	Lithium-Schwefel	Lithium-Luft
Anlagengröße (MW)	Portable und mobile Anwendungen	
Kapazitätsspezifische Investitionen (Euro/kWh)	Nicht kommerziell verfügbar	
Zielkosten bis 2025 (Euro/kWh)	200–400	Wahrscheinlich bis 2025 nicht kommerziell verfügbar
Zielkosten bis 2050 (Euro/kWh)	k. A.	250–550

ten nur mit erheblichen Unsicherheiten angegeben werden. Durch Skaleneffekte und der damit einhergehenden Massenfertigung bei Markterfolg sind Kostensenkungspotenziale zu erwarten. Ein bedeutender Kostenvorteil der beiden Systeme ist bereits durch den Einsatz von preisgünstigen und verfügbaren Rohmaterialien wie Lithium, Schwefel und Kohlenstoff erschlossen. Szenarien möglicher Kosten von Lithium-Schwefel/-Luft-Batterien stellt Tab. 10.10 dar.

10.2.2.4 Natrium-Hochtemperatur-Batterien

In Tab. 10.11 sind Kostendaten von Natrium-Schwefel-Batterien aufgeführt. Alle Daten beziehen sich auf Anlagengrößen der MW-Klasse mit Betriebszeiten von sechs bis acht Stunden. Unterschieden wird zwischen Kostendaten für ein realisiertes Projekt in Presidio (Texas) und Kostendaten aus der wissenschaftlichen Literatur. Sämtliche Angaben beziehen sich auf das ursprüngliche Batteriedesign vor den erfolgten sicherheitstechnischen Anpassungen. Es wird allerdings davon ausgegangen, dass sich die Kosten durch das Redesign nicht wesentlich erhöhen.

Im stationären Bereich stellen NaS-Batterien in Anwendungen mit hohen Zyklenzahlen aufgrund der niedrigeren Kosten bei vergleichbarer Energiedichte eine Alternative zu Lithium-Ionen-Batterien dar.

Tab. 10.11 Kostendaten von Natrium-Schwefel-Batterien [49–51]

	NaS (NGK)	NaS (NGK)	NaS (NGK)
Anlagengröße (MW/MWh)	4/32	1/7,2	1/6
Leistungsspezifische Investitionen (Euro/kW)	2030/5070[1]	2600–3250	
Kapazitätsspezifische Investitionen (Euro/kWh)	250/630[1]	360–450	
Zielkosten bis 2025 (Euro/kW)			780[2]
Zielkosten bis 2025 (Euro/kWh)			130[2]
Zielkosten bis 2050 (Euro/kW)	k. A.		
Zielkosten bis 2050 (Euro/kWh)	k. A.		

[1] Realisiertes Projekt in Presidio (Texas); Kosten exklusive/inklusive Gebäude und Netzanschluss,
[2] Für eine Massenproduktion von 1600 MWh/a

Der aufwändig herzustellende keramische Elektrolyt ist das zentrale Batterieelement, welches die Batterie-Performance und die Kosten wesentlich bestimmt. Die Kosten für die Elektroden aus Natrium und Schwefel sind vergleichsweise gering. Aufgrund der hoch korrosiven Eigenschaften der flüssigen Elektroden und der Reaktionsprodukte müssen hoch korrosionsbeständige Stähle für das Batteriecontainment eingesetzt werden.

Eine Kostensenkung kann durch eine Erhöhung der Produktionskapazität und den damit verbundenen Einstieg in die Massenproduktion erreicht werden [51]. Ein zentraler Aspekt ist in diesem Zusammenhang eine höhere Automatisierung der Herstellung des hochqualitativen keramischen Elektrolyten [52].

Die Entwicklung von Festkörper-NaS-Batterien (siehe Abschn. 10.3.2), die bei niedrigeren Temperaturen funktionieren, bietet ebenfalls ein erhebliches Kostensenkungspotenzial, da sich der Aufwand für das Containment und die Batteriesicherheit deutlich reduziert.

10.2.2.5 Redox-Flow-Batterien

Bei den Kostenangaben von Redox-Flow-Batterien wird zwischen Marktpreisen kommerzieller Produkte (Tab. 10.12) und Kostendaten aus der wissenschaftlichen Literatur (Tab. 10.13) unterschieden, da zwischen beiden Angaben teilweise erhebliche Unterschiede bestehen. Zu beachten ist zudem, dass sich die Größenklassen der Anlagen stark unterscheiden (10 kWh bis 12 MWh).

Tab. 10.12 Marktpreise von Redox-Flow-Batterien [53, 54]

	V/V (CellCube)	V/V (CellCube)	ZnBr
Anlagengröße (kW/kWh)	10/100	200/400	5/10
Leistungsspezifische Investitionen (Euro/kW)	15.000	5000	1620–2020
Kapazitätsspezifische Investitionen (Euro/kWh)	1500	2500	810–1010

Tab. 10.13 Kostendaten von Redox-Flow-Batterien [55–57]

	V/V	V/V	Zn/Br
Anlagengröße (kW/kWh)	1000/12.000	1000/4000	1000/5000
Leistungsspezifische Investitionen (Euro/kW)	3600	1400–1520	840
Kapazitätsspezifische Investitionen (Euro/kWh)	300	350–380	170
Zielkosten bis 2025 (Euro/kW)		880–1000	
Zielkosten bis 2025 (Euro/kWh)		220–250	
Zielkosten bis 2050 (Euro/kW)		560–640	
Zielkosten bis 2050 (Euro/kWh)		140–160	

Bei den derzeitig kommerziell verfügbaren Systemen ist zu beachten, dass diese in sehr geringen Stückzahlen gefertigt werden. Es kann davon ausgegangen werden, dass mit steigenden Stückzahlen eine deutliche Preisreduzierung einhergehen wird.

Die Hauptkostenkomponenten von Vanadium-Redox-Flow-Batterien sind der Elektrolyt und der Stack. In Abhängigkeit vom Energie- zu Leistungsverhältnis variiert der Kostenanteil für den Elektrolyt zwischen 37 und 43 % und für den Stack zwischen 31 und 33 % an den Gesamtkosten [55, 56].

Da die Kosten des Batteriestacks und hier insbesondere die Membrankosten vergleichsweise hoch sind, werden Redox-Flow-Batterien typischerweise auf niedrige Leistungen und einen hohen Energieinhalt ausgelegt (siehe Tab. 10.13).

Die spezifischen Elektrolytkosten bezogen auf die Batteriespeicherkapazität liegen bei ca. 110 Euro/kWh [55, 56]. Die Elektrolytkosten ergeben sich in erster Linie aus dem Marktpreis für Vanadium und sind dementsprechend Schwankungen unterworfen. Sie sind zudem stark von der erforderlichen Reinheit abhängig [55]. Die kapazitätsspezifischen Investitionen sinken prinzipiell, je größer das Tankvolumen im Verhältnis zum Batteriestack ist. Das heißt, je länger die Speicherdauer ist, desto niedriger sind die kapazitätsspezifischen Investitionen. Je größer das Tankvolumen ist, desto größer ist der Anteil der Elektrolytkosten an den Gesamtkosten und desto größer ist auch die Abhängigkeit der Gesamtkosten von den Rohstoffpreisen für die Elektrolytbestandteile. Das Kostensenkungspotenzial für Vanadium-Redox-Flow-Batterien ist durch die hohen Elektrolytkosten insgesamt begrenzt.

Bei anderen Redox-Flow-Batterietypen, z. B. Zn/Br oder Fe/Cr, sind die Elektrolytkosten deutlich unkritischer aufgrund niedriger Rohstoffpreise und einer unkritischen Materialverfügbarkeit. Bei Zn/Br-Batterien in der Größenklasse 1 MW/5 MWh liegt der Kostenanteil für den Elektrolyt bei ca. 7 % der Gesamtkosten. Die Hauptkostenkomponenten sind der Stack mit einem Anteil von 32 % und elektrische Leistungskomponenten wie Wechselrichter, Transformator etc. mit einem Anteil von 36 % [57].

Aufgrund der sehr hohen potenziellen Lebensdauern, insbesondere von V/V-Redox-Flow Batterien, und der Möglichkeit zur Wiederverwendung der Elektrolyte – auch nach Austausch der Leistungseinheit – ist die Betrachtung von Lebenszykluskosten bzw. annuitätischen Kosten (längere Abschreibungszeiträume) sinnvoll, um eine bessere Vergleichbarkeit zu gewährleisten. Dies gilt sowohl für den Vergleich unterschiedlicher Redox-Flow-Batterien als auch insbesondere im Vergleich zu anderen elektrochemischen Speichern, bei denen teilweise deutlich geringere Lebensdauern erreicht werden. Die angegebenen Kosten sind daher immer im Zusammenhang mit den Angaben zur Lebensdauer (siehe Tab. 10.7) zu sehen.

10.2.3 Politik und Regulierung

Im Rahmen der gesetzlich verankerten „Energiewende" ist für die nächsten Jahrzehnte eine massive Erhöhung des Anteils erneuerbarer Energien (EE) an der Stromerzeugung vorgesehen. Der steigende Anteil fluktuierender Stromerzeugung erhöht die Anforderungen an die Netzführung und die Einsatzplanung der Strombereitstellung. Die derzeit vorhandene historisch gewachsene Infrastruktur ist nicht auf diese Anforderungen ausgelegt und muss modifiziert bzw. durch neue Optionen ergänzt werden, um auch zukünftig den Ausgleich von Stromerzeugung und Stromverbrauch zu jedem Zeitpunkt zu gewährleisten und dadurch die Stabilität des Stromnetzes sicherzustellen. In diesem Zusammenhang ist von einem steigenden Bedarf an Energiespeichern auszugehen, wobei diese immer auch im Wettbewerb zu anderen Flexibilisierungsoptionen stehen.

Eine Abkehr von den EE-Ausbauzielen würde sich hemmend auf den Einsatz von Speichern auswirken. Ein ausschließlicher Wegfall der im Erneuerbare-Energien-Gesetz (EEG) verankerten EE-Vorrangeinspeisung kann sich allerdings auch positiv auf den Speichereinsatz auswirken, da sich hieraus der Anreiz für ein Einspeisemanagement z. B. mit Hilfe von Speichern erhöht. Die im Juli 2014 verabschiedete Novellierung des EEG mit einer weiteren Degression der Einspeisevergütungen und Marktprämienoption kann den Speichereinsatz interessanter machen.

Anfang Mai 2013 wurde das Marktanreizprogramm der Kreditanstalt für Wiederaufbau (KfW) für Photovoltaikanlagen (PV-Anlagen) mit Batteriespeichern gestartet. Ziel des Förderprogramms ist es, dass die PV-Anlagenbetreiber dazu beitragen, Produktionsspitzen zu vermeiden und damit das Verteilnetz zu entlasten. Durch den Einsatz von Speichern können Netzausbaumaßnahmen vermieden und Aufgaben im Netzmanagement (Spannungs- und Frequenzregulierung) übernommen werden. Für die Anlagenbetreiber besteht der Anreiz für einen Speichereinsatz in einer Erhöhung des PV-Eigenstromverbrauchs.

Im Rahmen des Marktanreizprogramms erhalten Antragsteller neben einem zinsvergünstigten Kredit für die Kosten der Batterieanlage auch einen Investitionszuschuss. Auch die Nachrüstung bestehender Anlagen wird gefördert. Das Batteriesystem muss so ausgelegt sein, dass höchstens 60 % der installierten Peakleistung der PV-Anlage in das Netz eingespeist wird. Für die Hersteller kleiner Batteriesysteme bedeutet dies ein zusätzlicher Absatzmarkt, der erschlossen werden kann. Derzeit werden PV-Speichersysteme mit Blei-Säure- und Li-Ionen-Batterien angeboten. Es kann davon ausgegangen werden, dass diese Förderung positive Impulse insbesondere für dezentrale Batteriespeicher setzt. Die Novellierung des EEG und die damit einhergehende Belastung des Eigenverbrauchs mit einer anteiligen EEG-Umlage für den Bereich einer erneuerbarer Erzeugungsleistung größer 10 kW wirkt eher dämpfend für den Absatzmarkt größerer Systeme.

In Deutschland ist eine punktuelle Befreiung von Netzentgelten für den Bezugsstrom neuer Stromspeicher in § 118 Energiewirtschaftsgesetz (EnWG) geregelt. Dies gilt für nach dem 31. Dezember 2008 neu errichtete Anlagen zur Speicherung elektrischer Energie, die ab dem 4. August 2011 innerhalb von 15 Jahren in Betrieb genommen werden. Diese Anlagen sind für einen Zeitraum von 20 Jahren ab Inbetriebnahme von den Netzentgelten hinsichtlich des Bezugs der zu speichernden elektrischen Energie befreit. Eine Abschaffung dieser Regelung würde den Zubau von Energiespeichern weiter hemmen.

In § 17 EnWG ist die Gleichstellung zwischen Erzeugungs- und Speicheranlagen hinsichtlich des Netzanschlusses geregelt.

Tab. 10.14 Unterteilung des Regelleistungsmarktes in Deutschland [59]

Kategorie	Momentanreserve	Primärregel-leistung (PRL)	Sekundärregel-leistung (SRL)	Minutenreserve (MRL)
Ausschreibungs-zeitraum	−*	1 Woche	1 Woche	1 Tag
Produktbereiche	−	−	2 Zeitscheiben (HT und NT)	6 Zeitscheiben mit je 4 h
Mindestgebots-größe	−*	+/−1 MW	5 MW (pos. und/oder neg.)	5 MW (pos. und/oder neg.)
Aktivierungs-zeitraum	Unmittelbar	Vollständig in-nerhalb 30 s	Vollständig inner-halb 5 min	Vollständig inner-halb 15 min
Einsatzzeitraum	Bis zur Ablösung durch PRL	0 < t < 15 min	30 s < t < 60 min	15 min < t < 60 min
Vergütung	−	Leistungspreis	Arbeits- und Leis-tungspreis	Arbeits- und Leis-tungspreis

*Beteiligung aller netzgekoppelten Generatoren sowie aller nicht drehzahlgeregelten Synchron- und Asynchronmotoren

In § 16 EEG (Fassung von 2012) wird der Vergütungsanspruch für zwischengespeicherten Strom aus EE-Anlagen festgelegt. Dieser bezieht sich lediglich auf die vom Speicher an das Netz abgegebene Strommenge, sodass Speicherverluste die Vergütung verringern. In § 37 ist darüber hinaus die Befreiung von der EEG-Umlage für die Zwischenspeicherung geregelt, wenn Strom aus dem Netz bezogen, zwischengespeichert und anschließend in dasselbe Netz zurückgespeist wird. Die Regelungen im Rahmen des EEG haben in erster Linie eine klarstellende Funktion, bieten allerdings keine zusätzlichen Anreize für einen Speichereinsatz, zum Beispiel durch eine zusätzliche Vergütungskomponente.

Insgesamt ist der heutige Rechtsrahmen für Stromspeicher im Rahmen von EnWG und EEG lediglich durch punktuelle Regelungen und weniger durch einen umfassenden Ansatz geprägt. Eine Unterstützung oder Steuerung der Entwicklung von Stromspeichern ist nicht gegeben. Eine umfassende Fortentwicklung des Rechts für Stromspeicher in allen relevanten Regelungsbereichen ist daher erforderlich [58].

Potenzielle Anbieter für die verschiedenen Arten von Regelleistung können sich an einem Präqualifikationsverfahren beteiligen, bei dem sie den Nachweis gegenüber dem Übertragungsnetzbetreiber erbringen, dass sie die zur Gewährleistung der Versorgungssicherheit erforderlichen Anforderungen für die Erbringung einer oder mehrerer Arten von Regelleistung erfüllen. Neben technischer Kompetenz müssen eine ordnungsgemäße Erbringung der Regelleistung unter betrieblichen Bedingungen und die wirtschaftliche Leistungsfähigkeit des potenziellen Anbieters gewährleistet sein [59]. Die aktuellen Ausschreibungsbedingungen für die verschiedenen Regelleistungsarten sind zusammenfassend in Tab. 10.14 dargestellt.

Eine regelzonenübergreifende Poolung mit anderen Anlagen zur Bereitstellung von Regelleistung ist möglich, sodass auch kleinere Anbieter unterhalb der Mindestgebotsgröße im Verbund am Markt teilnehmen können. Für Speicher und sonstige Anlagen mit einem begrenzten Erbringungszeitraum besteht die Zulässigkeit der Besicherung durch Anlagen Dritter zur Abdeckung längerer Abrufungszeiträume. Erste Betreiber von Batteriespeicheranlagen haben das Präqualifikationsverfahren für Primär- und Sekundärregelleistung erfolgreich absolviert und sind bereits am Regelleistungsmarkt aktiv [2].

Die Mindestgebotsgröße und der Ausschreibungszeitrum für eine Teilnahme am Regelleistungsmarkt wurden in der Vergangenheit bereits reduziert, um Barrieren für neue Anbieter abzubauen. Eine weitere Reduzierung, insbesondere für den Bereich Sekundärregelleistung, würde sich positiv auf die Einsatzmöglichkeiten von dezentralen Batteriespeichern auswirken.

Zukünftig ist analog zum Ausbau der Photovoltaik und Windenergie von einem steigenden Regelleistungsbedarf auszugehen. Die Deutsche Energie-Agentur geht beispielsweise von einem Anstieg des Regelleistungsbedarfs von derzeit 4,8 auf 17,3 GW im Jahr 2050 aus [60]. Da in vielen Energieprojektionen davon ausgegangen wird, dass der Anteil regelfähiger konventioneller Kraftwerke zukünftig abnehmen wird, müssen Alternativen zur Bereitstellung der benötigten Regelleistung gefunden werden. Stationäre elektrochemische Speicher sind hier eine mögliche Option, welche zukünftig verstärkt zum Einsatz kommen könnte.

Die Forschungsförderung auf Ebene der Europäischen Union (EU) für die Jahre 2007 bis 2013 ist im Rahmenprogramm „Framework Programme 7" (FP7) der EU-Kommission verankert. Innerhalb dieses Programms sind 2,3 Mrd. Euro für Energie-Verbundforschung vorgesehen, die teilweise auch für Batterieforschungsprojekte verwendet werden. Nachfolger des FP7 ist das Rahmenprogramm „Horizon 2020" mit einem Gesamtbudget von 80 Mrd. Euro für den Zeitraum 2014 bis 2020 [61]. Zwar gibt es hier noch keine konkrete Zuteilung von Fördermitteln an bestimmte Forschungsfelder, elektrochemische Speicher werden jedoch sowohl im Vorschlag für den Beschluss des EU-Rates zu Horizon 2020 [62] als auch in der Technology Map zum Strategieplan für Energietechnologie (SET) [24] erwähnt.

Normen und Standards

Weltweit existiert eine Vielzahl an Normen und Standards in Bezug auf Batterien. Viele wurden von der International Electrotechnical Commission (IEC) oder der International Standardisation Organisation (ISO) herausgegeben und von den jeweiligen nationalen Normungsinstituten (z. B. ANSI, BS) übernommen.

Das Deutsche Institut für Normung (DIN) hat eine Reihe von Normen zu Batterien veröffentlicht, die im Allgemeinen auf den oben genannten Standards basieren. Inhalte dieser Normen umfassen u. a. allgemeine Anforderungen an die Batterien, Abmessungen, Prüfverfahren und Sicherheitsbestimmungen.

10.2.4 Marktrelevanz

Für 2013 wird ein weltweiter Absatz von ca. 450 GWh Batteriekapazität erwartet (siehe Abb. 10.8). Die Blei-Säure-Batterie besitzt mit ca. 87 % den höchsten Marktanteil vor Li-Ionen-Batterien mit 11 % Marktanteil und NiCd mit knapp 2 % Marktanteil.

Blei-Säure-Batterien werden überwiegend als Starterbatterien im mobilen Bereich, als Traktionsbatterien von Spezialfahrzeugen und im stationären Bereich eingesetzt. Bezogen auf die Gesamtspeicherkapazität sind sie damit der überwiegend eingesetzte Batterie-typ. Lithium-Ionen-Batterien dominieren den Markt im portablen Bereich. Zunehmend findet auch ein Einsatz in netzintegrierten stationären Anwendungen und im mobilen Bereich statt. NiCd-Batterien werden überwiegend im portablen Bereich (z. B. elektrische Werkzeuge) und als Standardzellen von elektrischen Kleingeräten eingesetzt. Zum Anteil anderer Batterietypen liegen keine Angaben vor. Mit der Ausnahme von NiMH-Batterien, welche im Bereich Hybridfahrzeuge einen nennenswerten Marktanteil aufweisen, ist der Anteil der sonstigen Batterietypen bezogen auf die Gesamtspeicherkapazität aktuell vernachlässigbar.

Lithium-Ionen-Standardzellen für portable Anwendungen werden bereits seit mehreren Jahren in industrieller Massenproduktion mit Stückzahlen von mehreren Milliarden Einheiten pro Jahr produziert [63]. Die Stückzahlen von Bleibatterien sind aufgrund der größeren Zellen mit höheren Speicherkapazitäten[2] etwas geringer. Sowohl für den mobilen als auch für den stationären Bereich liegen die Stückzahlen der Bleibatterien im

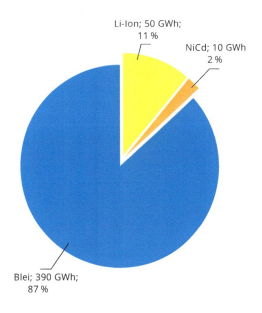

Abb. 10.8 Prognose für das Jahr 2013 zur Aufteilung des Weltmarktes für wieder-aufladbare Batterien nach Technologien. (Quelle: eigene Darstellung, Werte aus [1]; mit freundlicher Genehmigung von © Forschungszentrum Jülich, IEK-STE, All Rights Reserved)

Li-Ion; 50 GWh; 11 %

NiCd; 10 GWh 2 %

Blei; 390 GWh; 87 %

---

[2] Blei-Starterbatterie ca. 0,7–1 kWh; 18650-Lithium-Ionen-Standardzelle ca. 4–8 Wh.

Abb. 10.9 Globaler Markt
für stationäre Batteriespeicher
nach Marktsegmenten 2011
(Prozentwerte bezogen auf
den Gesamtumsatz von ca.
5,9 Mrd. US-$). (Quelle: eige-
ne Darstellung, Werte aus [1];
mit freundlicher Genehmigung
von © Forschungszentrum
Jülich, IEK-STE, All Rights
Reserved)

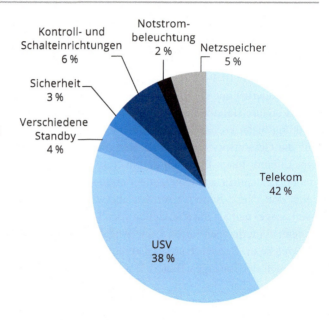

Bereich von mehreren Millionen Einheiten pro Jahr. NiCd- und NiMH-Standardzellen werden ebenfalls in industrieller Massenproduktion gefertigt [63].

Die Fertigung von Lithium-Ionen-Batterien für mobile und stationäre Anwendungen befindet sich aufgrund der noch geringen Nachfrage nach derartigen Zelltypen nicht auf dem Niveau einer industriellen Massenproduktion. Entsprechende Produktionskapazitäten befinden sich aktuell im Aufbau.

Der Wert der weltweiten Produktion von Industriebatterien belief sich im Jahr 2011 auf ca. 9,1 Mrd. US-$ [1], von denen mit 5,9 Mrd. US-$ zwei Drittel auf stationäre Anwendungen entfielen. In den letzten sechs Jahren hat sich die Batterieproduktion bezogen auf den Geldwert mehr als verdoppelt. Die Aufteilung des weltweiten Marktes für stationäre Batteriespeicher wird aus Abb. 10.9 ersichtlich.

Der globale Markt für stationäre Batteriespeicher wird zurzeit stark durch die Bereiche Mobilfunk und unterbrechungsfreie Stromversorgung (USV) dominiert. Das Einsatzgebiet als netzintegrierte Stromspeicher liegt bezogen auf den Umsatz bei einem Marktanteil von ca. 5 %. Im Bereich des Netzspeichers hat es in den vergangenen Jahren jedoch eine deutliche Ausweitung des Marktanteils – wenn auch auf niedrigem Gesamtniveau – gegeben. Der aktuelle Markt für stationäre Anwendungen beschränkt sich weitgehend auf Bereiche, in denen keine konkurrenzfähigen Alternativen zu Batterien bestehen. Als Beispiele seien die USV oder der Versorgung von Einzelverbrauchern in Gebieten ohne Netzanschluss bzw. ohne stabiles Netz genannt.

Die Wachstumsmärkte im stationären Bereich liegen unabhängig vom Batterietyp in den Bereichen Telekommunikation, USV und netzintegrierte Speicher im Zusammenhang mit dem Ausbau erneuerbarer Energien. Zu den stärksten Wachstumsregionen gehören neben Asien (Schwerpunkte sind Indien, Vietnam und China) auch Nord- und Südamerika sowie Europa [1]. Während in den Entwicklungs- und Schwellenländern das Marktwachstum durch die Versorgung von Mobilfunksendemasten in Regionen ohne stabile Stromversorgung getrieben wird, basiert das Wachstum in den Industrieländern in erster Linie auf einer steigenden Nachfrage nach USV-Anlagen zur Versorgung von Rechenzentren und kritischen (IT-)Infrastrukturen.

Im stationären Bereich werden aktuell in einer Vielzahl von Anwendungen Blei-Säure-Batterien verwendet. Diese eignen sich insbesondere für den USV-Bereich mit sehr geringen Einsatzzeiten und Energiedurchsätzen. In diesem Segment werden aufgrund des Kostenvorteils gegenüber anderen Batterietypen fast ausschließlich bleibasierte Batterien eingesetzt.

Netzintegrierte Speicher können z. B. zur Erbringung von Netzdienstleistungen, im Bereich Energiehandel, zur Erhöhung des PV-Eigenverbrauchs, in Smart-Grid-Projekten und im Einspeisemanagement bzw. zur Netzintegration fluktuierender erneuerbarer Energien eingesetzt werden. In Deutschland ist in den letzten Jahren eine große Dynamik an Forschungs- und Pilotprojekten zu netzintegrierten Batteriespeichern zu beobachten. Die aktuell hohen Kosten sind allerdings weiterhin das Haupthemmnis für einen verstärkten Einsatz von Batteriespeichern in diesem Bereich. Eine Übersicht zu realisierten und geplanten Batteriespeicherprojekten in Deutschland liefert [2].

Im Folgenden wird auf die Anwendungsgebiete Netzdienstleistungen (Schwerpunkt: Regelleistung) sowie PV-Batteriespeichersysteme detailliert eingegangen.

Netzdienstleistungen

Aufgrund der kurzen Reaktionszeiten (Zuschaltgeschwindigkeit aus dem Stillstand) können Batteriespeicher zur Bereitstellung von Regelleistung und anderen Systemdienstleistungen wie Blindleistungsbereitstellung und Sicherstellung der Spannungsqualität eingesetzt werden. Da Batterien unabhängig vom Netz betrieben werden können, ist Schwarzstartfähigkeit gegeben. In Systemen mit hohen Anteilen erneuerbarer Energien ist durch den Einsatz von Batteriespeichern eine Reduzierung konventioneller Must-Run-Kapazitäten zur Sicherstellung der Systemstabilität möglich [64]. Hierbei ist allerdings zu beachten, dass auch erneuerbare Energien Systemdienstleistungen bereitstellen können und zudem weitere Optionen wie Demand-Side-Management existieren.

Primärregelleistung

Der für den Netzregelverbund in Deutschland ausgeschriebene Primärregelleistungsbedarf liegt aktuell bei 551 MW (Stand: 2013) [59]. Geht man davon aus, dass die gesamte Primärregelleistung durch Batteriespeicher bereitgestellt wird und nimmt ein Energie- zu Leistungsverhältnis von 1:1 an [64], so ergibt sich hieraus ein potenzielles Marktvolumen für Batteriespeicher bezogen auf die Speicherkapazität von 0,5 GWh.

Aus technischer Sicht eignen sich Batterien zur Bereitstellung von Primärregelleistung (PRL). Aufgrund der kurzen Reaktionszeiten ist eine deutlich schnellere und genauere Reaktion auf Frequenzabweichungen im Vergleich zu konventionellen Kraftwerken möglich [64]. Da die Präqualifikationsanforderungen allerdings geringer sind als das Leistungsvermögen von Batterien, kommen die genannten Vorteile von Batterien im aktuellen Marktumfeld nicht zur Geltung.

Zur Beurteilung des erschließbaren Marktpotenzials von Batteriespeichern wäre eine vergleichende kostenseitige Beurteilung der Primärregelleistungsbereitstellung in konventionellen Kraftwerken erforderlich. Hierzu liegen aktuell allerdings keine öffentlich zugänglichen Daten vor. Legt man die aktuellen Marktpreise für Primärregelleistung für eine Beurteilung der Wirtschaftlichkeit zu Grunde, so wäre unter der Annahme, dass die Preise in den Folgejahren stabil bleiben, ein wirtschaftlicher Anlagenbetrieb mit am Markt verfügbaren Batteriesystemen möglich [65]. Die Annahme konstanter Marktpreise über den Zeitraum der Batterielebensdauer von zehn Jahren ist allerdings mit hohen Unsicherheiten behaftet.

Eine Verschärfung der Präqualifikationsbedingungen hin zu höheren Anforderungen an die Dynamik sowie eine eventuelle Überführung des Bereichs der Momentanreserve in den Markt würden die Marktchancen für Batteriespeicher in diesen Bereichen positiv beeinflussen. Bei einer Beibehaltung der aktuellen Marktbedingungen und einem Fortbestehen der Konkurrenzsituation zu konventionellen Kraftwerken ist nicht von einem nennenswerten Marktanteil von Batteriespeichern in der PRL-Bereitstellung auszugehen.

Sekundärregelleistung

Der für den Netzregelverbund in Deutschland ausgeschriebene Sekundärregelleistungsbedarf liegt bei ca. 2100 MW (Stand: 2013) [59]. Geht man davon aus, dass der gesamte Leistungsbereich durch Batteriespeicher abgedeckt wird und nimmt ein Energie- zu Leistungsverhältnis von 2:1 an, so ergibt sich hieraus ein potenzielles Marktvolumen von 4,2 GWh. Aufgrund der eingeschränkten Batteriekapazität ist zumindest teilweise eine Hybridisierung mit anderen Systemen wie z. B. Kraftwerken oder steuerbaren Verbrauchern erforderlich, um auftretende längere Abrufzeiten abdecken zu können. Durch diese Kombinationsmöglichkeit mit anderen Systemen sind andere – sowohl größere als auch kleinere – Energie- zu Leistungsverhältnisse (z. B. 1:1 oder 3:1) für die Batteriespeicher denkbar. In diesem Fall ergeben sich dementsprechend andere Werte für die Speicherkapazitäten bzw. das potenzielle Marktvolumen.

Die Bereitstellung von Sekundärregelleistung ist im Vergleich zur Primärregelleistung durch geringere Anforderungen an die Dynamik und längere Abrufzeiten gekennzeichnet. Eine Untersuchung zur Wirtschaftlichkeit von Batteriespeichern auf Basis der aktuell am Markt erzielbaren Preise und tatsächlicher Abrufdaten hat ergeben, dass eine wirtschaftliche Bereitstellung von Sekundärregelleistung durch Batteriespeicher bei den derzeitigen Rahmenbedingungen und Batteriekosten nicht möglich ist [65]. Ein nennenswerter Einsatz von Batteriespeichern in der Sekundärregelleistung ist daher ohne Änderungen der regulatorischen Rahmenbedingungen (z. B. Verkürzung des Angebotszeitraums) derzeit nicht absehbar. Interessant könnten jedoch Hybridsysteme aus thermischen Kraftwerken und Batterien sein, wobei das Kraftwerk die längeren Abrufphasen abdeckt, während die

Batterie die kurzfristigen Abrufspitzen übernimmt. Eine kostenseitige Bewertung eines derartigen Systems steht allerdings noch aus.

Batterieprojekte

Aktuell existieren in Deutschland drei Batteriespeicher, welche Regelleistung bereitstellen können [2]. Neben dem Forschungsprojekt LESSY, betrieben von STEAG Power Saar, werden von Younicos und Eurosolid in Berlin jeweils zwei kommerzielle Systeme in Zusammenarbeit mit Vattenfall betrieben. Die installierte Gesamtleistung bzw. -kapazität beträgt 4 MW/9,3 MWh. Der Stromversorger WEMAG hat in Zusammenarbeit mit Younicos einen Batteriespeicher zur Erbringung von Netzdienstleistungen (5 MW/5 MWh) realisiert, mit einer Inbetriebnahme im Herbst 2014 [66].

PV-Batteriespeichersysteme

Batteriespeichersysteme zur Erhöhung des Eigenverbrauchs von Strom aus Photovoltaikanlagen stellen aufgrund der großen Verbreitung von PV-Anlagen, insbesondere in Deutschland, einen großen potenziellen Markt für Batteriespeicher dar. Durch die im Jahr 2013 beschlossene Förderung derartiger Speichersysteme (siehe Abschn. 10.2.3), der steigenden Attraktivität des Eigenstromverbrauchs und dem Kundenwunsch nach mehr Autarkie und Unabhängigkeit kann von steigenden Absatzzahlen ausgegangen werden.

Der Bestand an Photovoltaikanlagen in Deutschland beträgt zum 1. Januar 2013 ca. 1,3 Mio. Anlagen mit einer installierten Gesamtleistung von ca. 30,1 GWp [67]. Die Verteilung der Anlagenanzahl und der installierten Leistung nach Größenklassen wird aus Abb. 10.10 ersichtlich.

Der Betrieb von PV-Batteriesystemen zur Eigenverbrauchserhöhung wird in erster Linie in Kombination mit kleineren Anlagen auf Ein- oder Mehrfamilienhäusern gesehen. Diese entstammen überwiegend dem Leistungssegment bis 30 kWp. Auf diesen Leistungsbereich ist auch das Förderprogramm der KfW begrenzt.

Anhand von Abb. 10.10 wird ersichtlich, dass zwar ein Großteil der installierten Anlagen Kleinanlagen mit Leistungen bis 30 kWp sind (Anteil 78 %), auf diese Anlagen entfällt allerdings nur eine installierte Leistung von ca. 40 % (ca. 12 GWp).

Nimmt man einen Auslegungsfaktor für PV-Batteriesysteme von 0,8 kWh$_{Batterie}$/kWp an, so ergibt sich für das PV-Leistungssegment bis 30 kWp ein potenzieller Batteriemarkt von ca. 9,7 GWh (nutzbare Batteriekapazität), bezogen auf den PV-Anlagenbestand Ende 2012. Bei einer zukünftigen installierten PV-Gesamtleistung von ca. 50 GWp (Deckelung der Förderung gemäß der EEG-Novelle von 2012) und der Annahme einer gleichbleibenden Leistungsverteilung (siehe Abb. 10.10) ergibt sich ein potenzieller Batteriemarkt von ca. 16,1 GWh.

Die angegebenen Werte sind hierbei als obere Grenzwerte zu verstehen, da nicht davon auszugehen ist, dass alle Anlagenbetreiber der Größenklasse bis 30 kWp zukünftig tatsächlich einen Batteriespeicher betreiben werden. Auf der anderen Seite sind einige Batteriespeichersystem in der Größenklasse > 30 kWp (z. B. im Einspeisemanagement) zu erwarten. Darüber hinaus werden auch teilweise deutlich niedrigere Auslegungsfaktoren

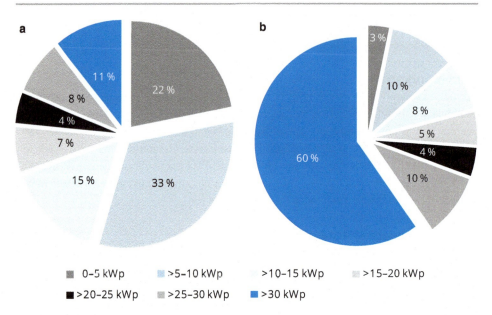

Abb. 10.10 Anlagenanzahl (**a**) und installierte Leistung (**b**) nach Größenklassen der Photovoltaik-anlagen. (Quelle: eigene Auswertung basierend auf den Daten von [67] (Stand 1. Januar 2013); mit freundlicher Genehmigung von © Forschungszentrum Jülich, IEK-STE, All Rights Reserved)

für PV-Batteriesysteme z. B. 0,3 kWh$_{Batterie}$/kWp [68] angegeben. Die Höhe des Ausle-gungsfaktors ist sowohl vom Verbrauchs- als auch vom Produktionsprofil der PV-Anlage abhängig und wird wesentlich durch das zu Grunde gelegte Auslegungskriterium (z. B. hoher Eigenverbrauch, hohe Autarkie, Begrenzung der Netzeinspeisung) beeinflusst.

Eine Marktübersicht in [19] zeigt, dass in Deutschland Ende 2012 über 30 Herstel-ler mit knapp 100 verschiedenen PV-Batteriespeichersystemen vertreten waren. Bei den angebotenen Systemen liegt der Mittelwert der maximal nutzbaren Batteriekapazität bei den AC-gekoppelten Systemen bei ca. 9 kWh und bei den DC-Varianten bei ca. 7 kWh. Es werden sowohl blei- als auch lithiumionenbasierte Batteriesysteme eingesetzt. Die durchschnittliche vom Hersteller angegebene kalendarische Lebensdauer liegt bei knapp 18 Jahren und einer Vollzyklenzahl (80 % Depth of Discharge, DoD) von knapp 4000. Die real erreichbaren Lebensdauern dürften sich je nach Aufstellbedingungen, Einsatz-gebiet und Betriebsweise des Speichers deutlich unterscheiden. Bei der kalendarischen Lebensdauer gibt es eine hohe Bandbreite zwischen 8 und 25 Jahren laut Herstelleranga-ben. Tendenziell liegt die angegebene kalendarische und zyklische Lebensdauer der Li-Ionen-Systeme deutlich über denen der bleibasierten Batteriesysteme und ihr Lade-/Ent-lade-Wirkungsgrad ist ebenfalls besser. Nachteile der Li-Ionen-Batterien sind der höhere Preis und die höhere Unsicherheit bei der Lebensdauerprognose.

Die Preise für die Batteriespeicher bezogen auf die nutzbare Speicherkapazität belaufen sich auf 600 bis 3000 Euro/kWh. Die große Spanne ergibt sich aus den unterschiedlichen Batterietypen und deren Parametern.

10.2.5 Mögliche Wechselwirkungen mit anderen Technologien

Das Einsatzgebiet von elektrochemischen Speichern konzentriert sich maßgeblich auf die Bereiche portable und mobile Bereitstellung von elektrischer Energie sowie stationäre Speicherung von elektrischer Energie im Bereich kleiner Kapazitäten. Dadurch entstehen Wechselwirkungen mit dem Einsatz von Elektrofahrzeugen und der Ausweitung dezentraler, fluktuierender Energieerzeugung. Da der Einsatz von Batterien in Speicheranwendungen mit geringer Kapazität nahezu alternativlos ist, werden sich Ausweitungen bzw. Einengungen der dezentralen, fluktuierenden Energieerzeugung direkt auf das Marktpotenzial der Speicher auswirken.

Auf der Ebene des Verteilnetzes kann der Ausbau dezentraler, nicht steuerbarer Energieerzeugung zu Netzüberlastungen und Problemen mit der Spannungsqualität führen. Batteriespeicher können hier teilweise Abhilfe schaffen, stehen aber in Konkurrenz zu anderen Maßnahmen wie beispielsweise einem Ausbau des Verteilnetzes, dem Einsatz regelbaren Ortsnetztransformatoren, Maßnahmen des Demand-Side-Managements oder der Blindleistungsbereitstellung durch Wechselrichter dezentraler Erzeugungseinheiten. Die gültige Anreizregulierungsverordnung für Stromnetze muss dementsprechend angepasst werden.

Stationäre Batteriespeicher können für das Einspeisemanagement von Windparks und Photovoltaikanlagen genutzt werden. Sie können Erzeugungsspitzen abfangen und den Strom zu Zeiten schwacher Erzeugung oder großer Nachfrage ins Netz einspeisen und damit zur Vergleichmäßigung der Einspeisung fluktuierender erneuerbarer Energien beitragen.

Ein Einsatz von Energiespeichern in Smart-Grid-Projekten ist differenziert zu bewerten. In Abhängigkeit von der konkreten Struktur des Smart-Grids ist zu analysieren, ob die Einbeziehung eines Speichers einen Mehrwert darstellt oder ob durch die alleinige Optimierung des Smart-Grids eine weitgehende Anpassung von Erzeugung und Verbrauch erreicht werden kann. Der Speicherbedarf würde sich dabei entsprechend verringern.

Im momentan größten Anwendungsfeld der Netzersatzanlagen bzw. Stand-alone-Stromversorgung konkurrieren Batteriesysteme vor allem mit Benzin- und Dieselgeneratoren.

Im Bereich der Systemdienstleistungen ist ein Einsatz von stationären Batteriespeichern zur Bereitstellung von Regelleistung möglich. Hier konkurrieren die Speicher in erster Linie mit regelbaren konventionellen Kraftwerken.

Insbesondere die Weiterentwicklung der Lithium-Ionen-Technik ist stark an die Entwicklung der Elektromobilität gekoppelt. Lithium-Ionen-Batterien sind in diesem Bereich derzeit die vielversprechendste Technik. Ein starker Ausbau der Elektromobilität würde das Marktpotenzial dieser Technik erheblich vergrößern. Zu beachten ist, dass sich die Anforderungsprofile der Batterien im stationären oder mobilen Einsatz unterscheiden und daher verschiedene Batterietypen eingesetzt werden. Die Batterien unterscheiden sich dabei weniger in Bezug auf die verwendete Zellchemie, sondern eher im Batteriedesign, z. B. durch Verwendung unterschiedlich dicker Elektroden. Für den stationären Einsatz optimierte Batterietypen können daher von einem verstärkten Batterieeinsatz in der Elektromobilität profitieren, z. B. durch die Übertragung von Erfahrungen mit großtechnischen Fertigungsprozessen.

10.2.6 Game Changer

Aktuell sind die hohen Kosten das Haupthemmnis für einen verstärkten Batterieeinsatz im stationären und mobilen Bereich. Die Technologieentwicklung von Lithium-Ionen-Batterien wird im Wesentlichen durch den Leitmarkt der Elektromobilität bestimmt. Die Entwicklung des Marktes für Lithium-Ionen-Batterien ist somit stark abhängig von der weltweiten Entwicklung der Elektromobilität. Eine signifikante Vergrößerung des Marktes für Elektrofahrzeuge würde eine Vergrößerung des Marktes für Lithium-Ionen-Batterien mit sich bringen. Mit stark steigenden Stückzahlen sind sowohl technologische Verbesserungen als auch sinkende Kosten zu erwarten (Kap. 21). Diese Fortschritte kommen stationären Speichern zugute und können sich positiv auf den Batterieeinsatz auswirken.

Bei einer weltweit stark steigenden Nachfrage nach Batterien könnten sich bei den derzeitigen Fördermengen bei einigen Rohstoffen Versorgungsengpässe ergeben. Das Thema der Ressourcenverfügbarkeit für Batterien ist dabei immer im Zusammenhang mit der Nachfrageentwicklung anderer Produkte zu sehen, die ähnliche Materialien wie Metalle der Seltenen Erden benötigen. Die Ressourcenverfügbarkeit ist allerdings nicht auf die Verwendung Seltener Erden beschränkt. Auch bei der Bleibatterie könnten bei einer stark anziehenden Nachfrage die begrenzten Bleilagerstätten zu Einschränkungen führen. Bei Lithium-Ionen-Batterien sind in erster Linie die verwendeten Elektrodenmaterialien der kritische Faktor.

Ein generelles EU-weites Verbot der Verwendung von Schwermetallen wie Blei oder Nickel in Batterien wäre ein Show-Stopper für Techniken, die diese Elemente verwenden. Dies würde insbesondere die Blei-Säure-Batterie betreffen.

Im stationären Bereich kleiner Leistung ($< 100\,\mathrm{kW}$) ist der Einsatz von Batteriespeichern derzeit weitgehend alternativlos. Sollten andere Technologien zur Marktreife gelangen, ergibt sich eine Konkurrenzsituation, die sich hemmend auf den Batterieeinsatz auswirken könnte.

10.3   Technologieentwicklung

10.3.1   Entwicklungsziele

Unabhängig vom Batterietyp bestehen die aktuellen Ziele bei der Weiterentwicklung der Batterietechniken in Verbesserungen der Key-Performance-Parameter. In Abhängigkeit von den Anwendungsgebieten können sich dabei unterschiedliche Gewichtungen bei den Key-Performance-Parametern und damit unterschiedliche Entwicklungsschwerpunkte ergeben. Die wichtigsten Batterieparameter und ein qualitativer Vergleich der Anforderungen an Batterien in mobilen und stationären Anwendungen ist in Abb. 10.11 dargestellt.

Zu beachten ist, dass Verbesserungen bei einzelnen Parametern teilweise gegenläufige Effekte bei anderen Parametern haben. Die anwendungsorientierte Entwicklung basiert daher immer auf einer Gesamtoptimierung der Batterieparameter.

Um die angestrebten Entwicklungsziele zu erreichen, werden in erster Linie Arbeiten auf Ebene der Materialentwicklung durchgeführt. Darüber hinaus befindet sich auch die Entwicklung und Optimierung von Fertigungsprozessen, Batteriemanagementsyste-

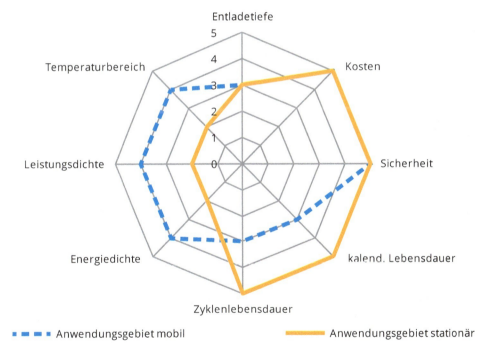

Abb. 10.11 Qualitativer Vergleich der Anforderungen an Batterien in mobilen und stationären Anwendungen anhand von Key-Performance-Parametern. (Quelle: eigene Auswertung basierend auf Daten von [1]; mit freundlicher Genehmigung von © Forschungszentrum Jülich, IEK-STE, All Rights Reserved)

men und Betriebsstrategien im Fokus. Im Folgenden wird auf die batterietypspezifischen Entwicklungsschwerpunkte detailliert eingegangen.

10.3.2 F&E-Bedarf und kritische Entwicklungshemmnisse

10.3.2.1 Blei-Säure-Batterien

In den letzten Jahren wurden Fortschritte bei der Erhöhung der Zyklenfestigkeit bzw. der Lebensdauer und der Reduzierung des Wartungsbedarfs gemacht. Vielversprechende Ansätze gibt es bei der Verwendung von Metallschäumen und -folien sowie der Verwendung neuer Blei-Legierungen. Weiterhin werden Elektrolyt-Additive und Elektrolyt-Mischungssysteme entwickelt, welche die Säureschichtung reduzieren und somit die Performance des Gesamtsystems erhöhen können [25]. Ein weiterer Produktentwicklungsschwerpunkt geht in Richtung Material- und Systemdesign mit reduzierten elektrischen Widerständen.

Stationäre Anwendungen in den Bereichen Peak-Shaving, Frequenzanpassung, Wind- und PV-Integration mit hohen Entladeströmen und Teilentladevorgängen beschleunigen bei den derzeitigen Blei-Säure-Batterien den Alterungsprozess. Um die Blei-Säure-Batterie besser an diese Anforderungen anzupassen, werden derzeit Hochenergie-Systeme zur Marktreife entwickelt, die eine deutlich höhere Dynamik und Leistungsabgabe aufweisen. Bei diesen Systemen wird die Kathode mit Aktivkohle mit hoher spezifischer Oberfläche beschichtet, wodurch die Korrosion reduziert und die Lebensdauer der Batterie insgesamt erhöht wird [69].

Weiterhin gibt es Forschungs- und Entwicklungsbedarf im Bereich Diagnose und Modellierung der elektrochemischen Vorgänge und Alterungsprozesse in den Zellen. Einige der ablaufenden Prozesse sind bisher nur ansatzweise verstanden und erlauben keine zuverlässige modellbasierte Lebensdauerprognose der Blei-Säure-Batterie [25].

10.3.2.2 Lithium-Ionen-Batterien

Sowohl die Batterie als Gesamtsystem als auch ihre einzelnen Komponenten sind Gegenstand von Forschung und Entwicklung. Auf Zellebene ist in erster Linie die Materialforschung von Bedeutung. Hier wird sowohl an neuen Elektrodenmaterialien als auch an Elektrolyten und Separatormaterialien geforscht. Die Forschung zielt dabei auf die Entwicklung leistungsfähigerer Zellen mit höheren Leistungsdichten und größeren Kapazitäten, verbessertes Alterungsverhalten, höhere Betriebssicherheit und kostengünstigere Materialien und Herstellungsverfahren ab. Auf Batteriesystemebene sind vor allem Fertigungsverfahren und das Temperaturmanagement bedeutende Forschungsgebiete.

Höhere Energiedichten wurden bisher vor allem durch Verbesserungen im Produktionsprozess, durch die Verwendung leichterer Materialien oder durch die Optimierung des Zelldesigns erreicht. Da hier kaum noch Entwicklungspotenzial besteht, rückt nun die Zellchemie in den Fokus von Forschung und Entwicklung.

Kommerziell erhältliche Li-Ionen-Batterien enthalten heute im Allgemeinen Graphit-anoden. Diese verfügen über ein niedriges Elektrodenpotenzial (was zu hohen Zellspan-nungen führt) und eine relativ geringe Volumenausdehnung bei der Interkalation von Li-Ionen. Ihr elektrochemisches Leistungsvermögen wird jedoch stark durch die Kristallini-tät, die Mikrostruktur und die Morphologie des Materials beeinflusst. Anstelle von Graphit werden Legierungen wie Lithium-Silizium (Li-Si) und Lithium-Zinn (Li-Sn) sowie Titan-oxide (z. B. TiO_2, $Li_4Ti_5O_{12}$) als Anodenmaterialien untersucht. $Li_4Ti_5O_{12}$ beispielsweise ist im Elektrolyten chemisch stabil, was es als Elektrodenmaterial langlebig und sicher macht. Aufgrund seines höheren Elektrodenpotenzials werden jedoch nur relativ niedrige Zellspannungen und damit geringere Energiedichten erreicht [32]. Auch einige Oxide und Nitride ermöglichen eine hohe und zyklenstabile Kapazität, erfordern jedoch aufwändige Herstellverfahren.

Der Großteil der momentan eingesetzten Li-Ionen-Batterien, insbesondere im Be-reich der portablen Anwendungen, enthält Kathoden aus Lithium-Kobaltoxid ($LiCoO_2$). $LiCoO_2$ hat als Kathodenmaterial die Nachteile, dass es sehr teuer, umweltschädlich und in seiner Kapazität eingeschränkt ist. Vielversprechende neue Kathodenmaterialien gehören zur Manganfamilie. Dies sind Spinelle wie Lithiummanganoxid ($LiMn_2O_4$) und Lithiumnickelmanganoxid ($LiNi_{0.5}Mn_{1.5}O_4$) oder Schichtstrukturmaterialien wie Lithi-umnickelkobaltmanganoxid ($LiNi_{1/3}Co_{1/3}Mn_{1/3}O_4$). Weitere aussichtsreiche Materialien sind Phosphate mit Olivinstruktur, z. B. Lithiumeisenphosphat ($LiFePO_4$), Lithiumman-ganphosphat ($LiMnPO_4$) und Lithiumkobaltphosphat ($LiCoPO_4$). Lithiumeisenphosphat hat auch bei hohen Temperaturen eine stabile Kristallstruktur. Dies bedeutet ein höheres Maß an Sicherheit sowie eine geringere Degradation des Materials bei höheren Lade- und Entladeströmen und führt damit zu längeren Lebensdauern. Weitere Vorteile von $LiFePO_4$ sind die gute Umweltverträglichkeit und die geringen Materialkosten im Vergleich zu ko-balt- und nickelbasierten Elektroden. Intensiv geforscht wird auch an vanadiumhaltigen Phosphaten, z. B. $Li_3V_2(PO_4)_3$ und $LiVOPO_4$, und Silikaten, z. B. Li_2FeSiO_4 [6, 32].

Die Leistung der Batteriezelle wird maßgeblich durch den Übergang der Lithium-Ionen an der Grenzfläche zwischen Elektrode und Elektrolyt (engl. Solid Electrolyte Interface, SEI) bestimmt. Dieser Grenzfläche wird daher in der Forschung und Entwicklung beson-dere Aufmerksamkeit zuteil. Um die Diffusion der Ionen zu beschleunigen und dadurch höhere Leistungswerte zu erzielen, wird an Nanostrukturmaterialien geforscht. Zu deren Herstellung sind jedoch neue Produktionsverfahren, z. B. Niedrigtemperatursynthese von $LiFePO_4$-Pulvern [70] oder Mikrowellenverfahren [71], erforderlich.

Um die Sicherheit von Lithium-Ionen-Batterien zu erhöhen, gibt es unterschiedliche Ansätze, die jedoch alle eine Verringerung der Energiedichte mit sich bringen. Jede Lö-sung ist also ein Kompromiss zwischen den Zielsetzungen maximale Energiedichte und maximale Sicherheit. Eine mögliche Strategie zur Erhöhung der Betriebssicherheit ist die Auswahl von Elektrodenkombinationen, die innerhalb des Stabilitätsbereichs des Elek-trolyten liegen. Vielversprechend ist die Kombination von Lithiumtitanat als Anoden- und Lithiumeisenphosphat als Kathodenmaterial. Weitere Ansätze sollen die Sicherheit des Elektrolyten verbessern. Dazu gehören (a) Additive, die die thermische Stabilität des

Elektrolyten erhöhen; (b) sog. Redoxshuttles, um vor Überladung zu schützen; (c) Shutdown-Separatoren, die einem thermal runaway vorbeugen; (d) die Verwendung von Lithiumsalzen, die weniger toxisch als $LiPF_6$ sind [32].

Das Ersetzen des organischen Elektrolyten ist ein weiterer Ansatz zur Erhöhung der Betriebssicherheit. Als Ersatz kommen feste lösungsmittelfreie lithiumleitende Membranen infrage. Hier liegt der Fokus auf Homopolymeren (z. B. Polyethylenoxid) mit eingelagertem Lithiumsalz (z. B. $LiCF_3SO_3$). Ein fester Elektrolyt würde zudem die Fertigungsverfahren vereinfachen und den sehr teuren zusätzlichen Separator überflüssig machen. Auch ionische Flüssigkeiten wie beispielsweise Salzschmelzen werden als Elektrolyt in Betracht gezogen. Der Nachteil dieser Ersatzelektrolyte liegt darin, dass erst bei relativ hohen Temperaturen (etwa ab 70 °C) hinreichende Ionenleitfähigkeiten im Elektrolyten erzielt werden [32].

Bezüglich der Zyklenstabilität bzw. dem Alterungsverhalten ist die Grenzfläche zwischen festem Kathodenmaterial und dem Elektrolyten (SEI) von Bedeutung. Hier kommt es zu unerwünschten Nebenreaktionen, die zu einem Verlust von aktivem Lithium und damit zu einem Verlust von Kapazität und Leistung sowie höherer Impedanz führen. Hohe Temperaturen und hohe Ladestände beschleunigen diesen Prozess. Durch das Aufbringen von multifunktionellen Oberflächenschichten können Elektrodenmaterialien passiviert und damit gegenüber dem Elektrolyten chemisch stabilisiert werden. Weitere unerwünschte Prozesse, die in der Zelle stattfinden und die Alterung beschleunigen, sind Korrosionsvorgänge, Dekompositionsvorgänge und mechanische Belastung durch Volumenänderungen. Diese Volumenänderungen werden durch Temperaturänderungen oder Interkalationsvorgänge verursacht [31].

Eine führende Rolle in der Forschung und Entwicklung zu Lithium-Ionen-Batterien nehmen heute die USA, China, Japan ein. In Deutschland finden ebenfalls umfangreiche F&E-Aktivitäten im Bereich Lithium-Ionen-Batterien statt. Wichtige Akteure aus den USA sind die Firmen A123 Systems, Valence Technology, EnerDel und Altair Nanotechnologies. In Japan haben sich vor allem Joint Ventures aus Batterieherstellern (u. a. Sanyo, Hitachi) und Unternehmen der Automobilindustrie gebildet. In Europa ist die französische Firma SAFT der einzige größere Hersteller hochentwickelter Batteriesysteme mit langjähriger Erfahrung. Größere deutsche Hersteller, die auch im F&E-Bereich aktiv sind, sind Varta und die Firma Li-Tec, an der die Evonik AG beteiligt ist [6]. Zudem gibt es an vielen Universitäten und Forschungseinrichtungen Aktivitäten im Bereich Lithium-Ionen-Technologie.

10.3.2.3 Lithium-Schwefel-Batterien

Bedingt durch den frühen Entwicklungsstand der Lithium-Schwefel-Batterien konzentriert sich der F&E-Bedarf im Wesentlichen auf die Erreichung hinreichender Zyklenfestigkeiten und auf die signifikante Verbesserung der Leistung und Dynamik. Schlüsselelemente der Forschung und Entwicklung auf dem Gebiet der Lithium-Schwefel-Batterie sind daher das bessere Verständnis der elektrochemischen Vorgänge in der Zelle und darauf abgestimmte Materialkompositionen von Elektroden und Elektrolyten.

Da der Schwefel auf der Kathodenseite ein nichtleitendes, isolierendes Material ist, dringen Elektronen oder Ionen nicht weit in die Schwefelelektroden ein und nur Atome an deren Oberfläche könnten die Lithium-Ionen aufnehmen. Durch den Zusatz von leitfähigen Materialen wie Kohlenstoff zum Schwefel wird an der Erhöhung der Leitfähigkeit gearbeitet. Schwefel-Kohlenstoff-Komposite stabilisieren zusammen mit weiteren Additiven die Kathode und tragen somit zur Erhöhung der Lebensdauer bei. Weiterhin vielversprechend ist die Entwicklung sogenannter invers vulkanisierter Schwefelpolymere. Hierbei handelt es sich um Duroplaste, die auf Basis von Schwefel hergestellt werden können und deutlich verbesserte elektrochemische Eigenschaften im Vergleich zu elementarem Schwefel aufweisen.

Die bisherige starke Degradation der technisch ausgeführten Batteriesysteme ist nach derzeitigem Kenntnisstand auf die unerwünschte Bildung von Zwischenprodukten (Polysulfide) zurückzuführen. Diese können sich im flüssigen Elektrolyten lösen und ablagern, was bereits nach wenigen Ladezyklen zu irreversiblen Schädigungen führt. Geeignete Additive können die unerwünschte Polysulfid-Bildung hemmen. Weiterhin können geeignete Kohlenstoffstrukturen helfen, die Polysulfide so lange zu fixieren, bis sie sich vollständig in Dilithiumsulfid umgewandelt haben.

An der geringen Leitfähigkeit der Schwefelelektrode und der begrenzten Zahl von Ladezyklen arbeitet derzeit die US-amerikanische Firma Sion Power. Bei der Abscheidung des metallischen Lithiums auf der Elektrode kann es ebenfalls zur Bildung von Verästelungen kommen, die den Widerstand der Zelle erhöhen. Bei stärkerem Wachstum kann dies zu Kurzschlüssen mit lokalen Überhitzungen führen. Schmilzt das Lithium, kann es sich entzünden und den Elektrolyt entflammen. Zudem liegen die Schmelzpunkte von Schwefel (120 °C) und Lithium (180 °C) vergleichsweise nah beieinander. Der Kontakt beider Materialien im flüssigen Zustand kann zu einer heftigen exothermen Reaktion führen. Derzeit wird an einer Membran zwischen den Elektroden gearbeitet, die mögliche Kurzschlüsse verhindern soll. BASF arbeitet an Verfahren, die eine Dendriten-Bildung an der Lithium-Elektrode chemisch weitgehend unterbindet [10].

10.3.2.4 Lithium-Luft-Batterien

Das Lithium-Luft-Batteriekonzept befindet sich im Stadium der Grundlagenforschung. Eine elektrische Wiederaufladbarkeit des Systems konnte bislang nur für einige wenige Zyklen demonstriert werden. Der Fokus der Forschungsaufgaben liegt daher sehr stark auf dem Verständnis der ablaufenden elektrochemischen Prozesse an den Elektroden und dem Ladungstransport im Elektrolyten. Schwerpunkte der Forschung sind Japan, USA und Deutschland.

Elektrolyte aus dem Bereich der Lithium-Ionen-Technik basierend auf Propylen-Karbonaten können bei diesem Batterietyp nicht eingesetzt werden, da sie sich zersetzen. Daher müssen neue Elektrolyte entwickelt werden. Die sehr begrenzte Wiederaufladbarkeit der Laborsysteme wird nach derzeitigem Kenntnisstand nicht in erster Linie durch die elektrochemischen Reaktionen an der Kathode beeinträchtigt. Ursache für die Irreversibilität sind vor allem chemische Nebenreaktionen im Elektrolyten. Lithiumperoxide, die eigentlich an der Kathode bleiben sollten, gehen in Lösung und führen dazu, dass die Batterien sich nicht mehr laden lassen [11].

Um die Funktionsfähigkeit der verwendeten Katalysatoren zu gewährleisten, müssen Verunreinigungen in der Luft (z. B. Kohlenmonoxid), welche die Katalysatormaterialen vergiften, zurückgehalten werden. Zu diesem Zweck wird bei IBM aktuell an Filtern mit nanostrukturierten Materialen gearbeitet.

Weiterhin müssen die Systeme nicht nur in Richtung hoher Energiedichten optimiert werden, sondern auch die Kriterien hohe Ladezyklen, hohe Leistungsdichte, lange kalendarische Lebenszeit und hohe Sicherheit erfüllen.

10.3.2.5 Natrium-Hochtemperatur-Batterien

Die weitere Verbesserung der Sicherheit von NaS-Batterien steht im Vordergrund aktueller Entwicklungsarbeiten. Die F&E-Arbeiten auf Batterieebene konzentrieren sich auf die Optimierung des Elektrolyten, wobei die Erhöhung der Leitfähigkeit im Vordergrund steht. Alternative Elektrolytmaterialien werden ebenfalls untersucht [16]. Darüber hinaus wird an verbesserten Materialien für das Batterie-Containment in Bezug auf die Sicherheit, die Dichtigkeit und die Korrosionseigenschaften gearbeitet [16, 72]. Die Optimierung der Struktur der Elektroden und der verwendeten Graphit- oder Karbonfasermatten ist ebenfalls Gegenstand aktueller Arbeiten. Ein zentraler Aspekt ist die Optimierung der Kontaktflächen zwischen dem keramischen Elektrolyten und den Elektroden zur Reduzierung von inneren Widerständen und Polarisationseffekten [52].

Die Entwicklung von NaS-Batterien, die auch bei niedrigeren Temperaturen funktionieren, befindet sich seit Kurzem ebenfalls im Fokus der F&E-Arbeiten [16, 73]. Die Reduktion der Betriebstemperatur führt dazu, dass sowohl die Elektroden als auch der Elektrolyt in fester Form vorliegen (all-solid-state Battery). Dies löst auch die sicherheitstechnischen Probleme der Hochtemperaturbatterien. Teilweise werden auch flüssige Elektrolyte verwendet [73]. Die Entwicklung von Niedertemperatur-NaS-Batterien befindet sich in einem sehr frühen F&E-Stadium, sodass die zukünftigen Batterieparameter, Potenziale und Kosten nicht abgeschätzt werden können. Da derartige Batterien kein aufwändiges Containment mehr benötigen, sind prinzipiell niedrigere Kosten zu erwarten [16].

Bei einer von Ceramatec entwickelten Niedertemperaturversion mit einer Betriebstemperatur von unter 100 °C liegen alle Komponenten in fester Form vor. Die prinzipielle Funktionsfähigkeit eines derartigen Batterietyps konnte im Labor bereits demonstriert werden. Zur Erhöhung der Leitfähigkeit bei niedrigen Betriebstemperaturen und der Auswahl von Anoden- und Kathodenmaterial sind allerdings noch erhebliche Entwicklungsarbeiten im Bereich der Materialforschung und -optimierung zu erbringen. Ziel der Entwicklung ist ein dezentrales Speichermodul mit einer Leistung von 5 kW und einer Speicherdauer von vier Stunden für einen Einsatz im Haushaltsbereich in Kombination mit der Nutzung erneuerbarer Energien [74].

Tab. 10.15 Eigenschaften ausgewählter Elektrolytlösungen für Redox-Flow-Batterien [75]

Redox-Paar	Zellspannung [V] (25 °C, 1 mol/l)	Volumetrische Energiedichte [Wh/l]	Gravimetrische Energiedichte [Wh/kg]
Vanadium/Vanadium	1,4	20–33	15–25
Vanadium/Brom	1,34	35–70	25–50
Eisen/Chrom	1,18	40	15–20
Polysulfid/Brom	1,52	80	
Zink/Brom	1,85	80	50–100

10.3.2.6 Redox-Flow-Batterien

Eine gute Übersicht zu den aktuellen F&E-Arbeiten im Bereich Redox-Flow-Batterien liefert [28]. Ein wichtiger Aspekt der aktuellen F&E-Arbeiten ist die Erhöhung der Energiedichte. Grundsätzlich ist die Energiedichte des Elektrolyten von Redox-Flow-Batterien durch die Löslichkeit der aktiven Redox-Paare begrenzt. Für einen 2-molaren Vanadium-Elektrolyt ergibt sich eine Energiedichte von ca. 25 Wh/kg [43]. In Tab. 10.15 sind die Eigenschaften ausgewählter Elektrolytlösungen aufgeführt.

Durch die Verwendung anderer Lösungsmittel kann die Löslichkeit der aktiven Redox-Paare und damit auch die Energiedichte erhöht werden. Ein hohes Potenzial bieten insbesondere Lösungsmittel, welche aus zwei oder mehreren Säuren bestehen, (z. B. ein Gemisch aus Schwefel- und Salzsäure) [28] sowie die Verwendung nicht-wässriger Lösungsmittel [27].

Eine Erhöhung der Energiedichte ist auch durch die Verwendung anderer Elektrolyte möglich. Ein Beispiel ist die Vanadium-Luft-Batterie [39]. Hier wird der flüssige Elektrolyt auf der Kathodenseite durch eine Luft-Wasserdampf-Elektrode ersetzt. Durch den Wegfall einer Flüssig-Elektrode ist prinzipiell eine deutliche Erhöhung der Energiedichte möglich. Die potenziell erreichbare Energiedichte einer Vanadium-Luft-Batterie wird mit ca. 80–100 Wh/kg angegeben. In Bezug auf die Energiedichte wird somit prinzipiell auch ein Einsatz im mobilen Bereich ermöglicht [28]. Die Entwicklung eines derartigen Batteriekonzeptes wird u. a. im Verbundforschungsprojekt tubulAir verfolgt [76].

Bei der Vanadium-Luft-Batterie ist zu beachten, dass analog zur Wasserstoff-Brennstoffzelle Wasserdampf als Reaktionsprodukt entsteht. Zur Wiederaufladung der Batterie ist eine zusätzliche Membran-Elektroden-Einheit (MEA) aufgrund der sehr unterschiedlichen Elektrodenbeschaffenheit für den Lade- und Entladebetrieb erforderlich [39]. Das Konzept der Vanadium-Luft Batterie mit zwei unterschiedlichen MEA wird als Redox Fuel Cell bezeichnet [75]. An einer Weiterentwicklung des Konzeptes, mit einer gemeinsamen MEA für den Lade- und Entladebetrieb (Unitized Vanadium/Air-Redox-Flow-Battery), wird ebenfalls gearbeitet [39].

Für stationäre Anwendungen ist in erster Linie eine deutliche Reduktion der hohen Kosten erforderlich. Dies stellt momentan das Haupthemmnis für eine zunehmende Kommerzialisierung dar [44]. Derzeit sind die Hauptkostenkomponenten von Redox-Flow-Batterien die Elektrolytlösung, insbesondere bei Vanadium-Systemen, und der Stack. Die

Einzelkomponenten des Stacks und die Verwendung alternativer Elektrolyte stehen daher im Fokus der F&E-Arbeiten.

Aktuell werden überwiegend sehr teure Nafion-Membranen eingesetzt [77]. Durch die Verwendung und Weiterentwicklung alternativer Membranmaterialien mit hohen Ionenleitfähigkeiten, Selektivitäten (Reduzierung der Querkontamination) und Lebensdauern ist neben einer Kostenreduktion eine Reduzierung der ohmschen Verluste möglich [43, 77]. Membranen mit einer geringen Anfälligkeit für Fouling ermöglichen zudem die Verwendung von (Vanadium-)Elektrolyten mit einer geringeren Reinheit. Hierdurch werden erhebliche Kostenreduktionen ermöglicht [28].

Als Elektrodenmaterial wird derzeit überwiegend Graphit eingesetzt. In Zukunft sollen verstärkt nanostrukturierte Elektroden zur Erhöhung der aktiven Oberfläche mit hohen Leitfähigkeiten und zur Erhöhung der elektrokatalytischen Aktivität zum Einsatz kommen.

Höhere Anlagenleistungen im MW-Bereich werden durch einen modularen Aufbau aus einer Vielzahl kleinerer Einheiten realisiert. Von einem Scale-up der Stackleistung in den MW-Bereich bei einer gleichzeitigen Erhöhung der Leistungsdichte werden erhebliche Kostendegressionen erwartet. Ermöglicht wird dies durch die Verwendung neuer Membranmaterialien sowie einer Optimierung des Zellaufbaus und des Batteriedesigns mit Hilfe von Strömungssimulationen [78]. Insbesondere für große Zellen sind die Optimierung der Durchströmung und die Reduzierung der Pumpenverluste zentrale Aspekte [43].

Roadmap – Elektrochemische Speicher

Beschreibung

- Elektrochemische Batterien für portable, mobile und stationäre Anwendungen

- Wichtigste Batterietypen:
  - Blei-Säure: Hochleistungs- und Hochenergiebatterie; kommerziell; umfassende Betriebserfahrungen in allen Bereichen
  - Lithium-Ionen: Hochleistungs- und Hochenergiebatterie; kommerziell; erste stationäre Anwendungen im MW/MWh-Bereich
  - Lithium-Schwefel/Lithium-Luft: Hochenergiebatterie; F&E; Laborversuche, Prototypen
  - Natrium-Hochtemperatur: Hochenergiebatterie; kommerziell; umfangreiche Betriebserfahrungen im stationären MW/MWh-Bereich
  - Redox-Flow: Hochenergiebatterie; kommerziell; erste stationäre Anwendungen im kW/kWh-Bereich

Entwicklungsziele

- Erhöhung der Energie- und Leistungsdichten und des zulässigen Betriebsbereichs (Entladetiefe und Betriebstemperatur)

- Erhöhung der Wirtschaftlichkeit durch kostengünstigere Materialien, verbesserte Fertigungsprozesse und längere Lebensdauern

- Erhöhung von Betriebssicherheit und Umweltverträglichkeit

- Unterschiedliche Entwicklungsziele stehen oft in Konkurrenz zueinander; Anforderungsprofile sind stark abhängig vom Einsatzgebiet

Technologie-Entwicklung

Energiedichte (gravimetrisch) (Wh/kg)

Blei-Säure

30 – 50	60 – 100	keine Angabe	▶

Lithium-Ionen

100 – 240	180 – 350	> 350	▶

Li-Schwefel/-Luft

250 – 400	450 – 550	900 – 1 100 (Li-Luft)	▶

Natrium-Hochtemperatur

115	150	200	▶

Redox-Flow

5 – 30	20 – 50	40 – 100	▶

heute	2025		2050	▶

Kapazitätsspezifische Investitionen (€/kWh)

Blei-Säure

50 – 200	50 – 150	keine Angabe	▶

Lithium-Ionen

200 – 1.800	200 – 500	< 200	▶

Li-Schwefel/-Luft

keine Angabe	keine Angabe	200 – 550	▶

Natrium-Hochtemperatur

360 – 450	130	keine Angabe	▶

Redox-Flow

350 – 380	220 – 250	140 – 160	▶

heute	2025		2050	▶

Roadmap – Elektrochemische Speicher

F&E-Bedarf

Materialseitig: Kathoden- und Anodenmaterialien, feste und neue flüssige Elektrolyte, keramische Separatoren, Additive ▶

Verfahrenstechnisch: Optimierung von Zell-, Stackaufbau und Batteriedesign ▶

Produktionsstechnisch: Optimierung und Entwicklung von großtechnischen Fertigungsprozessen ▶

Elektrotechnisch: Adaptive Batteriemanagementsysteme (insbesondere Thermomanagement und Lebensdaueroptimierung) ▶

| heute | 5 bis 10 Jahre | ▶ |

Gesellschaft

- Hohe Akzeptanz im portablen Bereich
- Geringes Akzeptanzrisiko im mobilen und stationären Bereich
- Wesentlicher Aspekt: Sicherheit (Kippmoment)
- Geringer Landschaftsverbrauch
- Umweltrelevante / toxische Komponenten erfordern eine Entsorgungsinfrastruktur

Politik & Regulierung

- Energiewende sorgt prinzipiell für steigenden Bedarf an Energiespeichern, jedoch Konkurrenz mit anderen Flexibilisierungsoptionen
- Derzeit nur punktuelle gesetzliche Regelungen (EnWG, EEG); kein umfassender Ansatz
- KfW-Marktanreizprogramm für PV-Batteriespeicher seit 2013
- Normen und Standards sind vorhanden

Kostenentwicklung

- Großes bis sehr großes Kostensenkungspotenzial für alle Batterietypen mit Ausnahme der Blei-Säure-Batterie (nur noch moderate Kostensenkungspotenziale)

Marktrelevanz

- 2013: weltweiter Absatz von ca. 450 GWh Batteriekapazität, davon 87 % Blei-Säure-Batterien und 11 % Lithium-Ionen-Batterien; überwiegender Einsatz in mobilen (Starterbatterie) und portablen Anwendungen
- Markt für stationäre Batterien im Jahr 2011 weltweit ca.: 7,3 Mrd. €
- Wachstumsmärkte für stationäre Batterien: Telekommunikation, USV, netzintegrierte Speicher

Wechselwirkungen / Game Changer

- Haupthemmnis: hohe Investitionskosten
- Wechselwirkungen im stationären Bereich vor allem mit dem Ausbau erneuerbarer Energien
- Kopplung des Marktpotenzials (vor allem von Li-Ionen-Batterien) an die Entwicklung der Elektromobilität
- Konkurrenz zu alternativen Technologien (z. B. Kraftwerke, Generatoren, andere Speicher, DSM)
- Ressourcenverfügbarkeit
- Mögliches EU-Verbot für Schwermetalle: *Show-Stopper* für einige Technologien

10.4 Abkürzungen

AC   Alternating Current (Wechselstrom)
AGM   Absorbent Glass Matrix
BMS   Batteriemanagementsystem
DC   Direct Current (Gleichstrom)
DoD   Depth of Discharge (Entladetiefe)
EE   Erneuerbare Energien
EEG   Erneuerbare-Energien-Gesetz
EnWG   Energiewirtschaftsgesetz
EU   Europäische Union
F&E   Forschung und Entwicklung
HT   Hauptzeit (im Zusammenhang mit Regelleistung)
IT   Informationstechnik
KfW   Kreditanstalt für Wiederaufbau
MEA   Membran-Elektroden-Einheit
MRL   Minutenreserveleistung
neg.   Negativ
NT   Nebenzeit (im Zusammenhang mit Regelleistung)
pos.   Positiv
PRL   Primärregelleistung
PV   Photovoltaik
RFB   Redox-Flow-Batterie
SEI   Solid Electrolyte Interface
SET   Strategieplan für Energietechnologie
SOC   State of Charge (Ladezustand)
SRL   Sekundärregelleistung
USV   Unterbrechungsfreie Stromversorgung
VRLA   Valve Regulated Lead Acid

Literatur

1. Riegel B (2012) Die Blei-Säure Technologie – Entwicklungen und Anwendungen – Wettbe-werbsfähigkeit. In 2. VDI Konferenz Elektrochemische Energiespeicher für stationäre Anwen-dungen, Ludwigsburg
2. Stenzel P, Bongartz R, Fleer J, Hennings W, Linssen J (2013) Energiespeicher. BWK – Brennstoff-Wärme-Kraft, Bd. 4, S. 58–69
3. Doughty DH, Butler PC, Akhil AA, Clark NH, Boyes JD (2010) Batteries for Large-Scale Sta-tionary Electrical Energy Storage. The Electrochemical Society Interface
4. Sauer DU, Lunz B, Magnor D, Leuthold M (2013) Marktanreizprogramm für stationäre Speicher in PV-Anlagen. Batterietag NRW 2013. Aachen

5. KIT (2012) Lithium-Ion Battery – Influence of processing conditions on electrode morphology. Karlsruher Institut für Technologie. http://www.tft.kit.edu/338_560.php, zugegriffen am 15.04.2013

6. Ketterer B, Karl U, Möst D, Ulrich S (2009) Lithium-Ionen Batterien: Stand der Technik und Anwendungspotenzial in Hybrid-, Plug-In Hybrid- und Elektrofahrzeugen. Forschungszentrum Karlsruhe, Institut für Materialforschung I, Karlsruhe

7. Ehrlich GM (2002) Chapter 35 Lithium-ion batteries. In Handbook of batteries, third edition, New York, McGraw-Hill

8. Scrosati B, Hassoun J, Sun YK (2011) Lithium-ion batteries. A look into the future. Energy & Environmental Science, Bd. 2011, S. 3287

9. Fraunhofer-Gesellschaft (2013) FORSCHUNG KOMPAKT der Fraunhofer-Gesellschaft 2013. 4–2013, München

10. Fischer A (2011) Innovative materials for today's and future generations of batteries. DPG AKE Herbstsitzung 2011. Bad Honnef

11. Girishkumar G, McCloskey B, Luntz AC, Swanson S, Wilcke W (2010) Lithium–Air Battery: Promise and Challenges. The Journal of Physical Chemistry Letters, Bd. 1, S. 2193–2203

12. Gerssen-Gondelach SJ, Faaij APC (2012) Performance of batteries for electric vehicles on short and longer term. Journal of Power Sources, Bd. 212, S. 111–129

13. Oertel D (2008) Energiespeicher – Stand und Perspektiven – Sachstandsbericht zum Monitoring „Nachhaltige Energieversorgung". http://www.tab-beim-bundestag.de, zugegriffen am 20.04.2013

14. Soloveichik GL (2011) Battery Technologies for Large-Scale Stationary Energy Storage. Annual Review of Chemical and Biomolecular Engineering, Bd. 2, S. 503–530

15. NGK (2013) Principle of the NAS Battery. NGK INSULATORS LTD http://www.ngk.co.jp/english/products/power/nas/principle/index.html, zugegriffen am 22.04.2013

16. Hueso KB, Armand M, Rojo T (2013) High temperature sodium batteries: status, challenges and future trends. Energy & Environmental Science, Bd. 6, S. 734–749

17. ISEA (2013) Batterietechnologie und Speichersysteme – Redox-Flow-Batteriesysteme. Institut für Stromrichtertechnik und Elektrische Antriebe, RWTH Aachen http://www.isea.rwth-aachen.de/de/energy_storage_systems_technology_redox_flow_batteries/, zugegriffen am 09.04.2013

18. Schädlich G (2012) Möglichkeiten, Herausforderungen und Grenzen moderner Batterietechnologien. Batterietag NRW 2012. Münster

19. Fuhs M (2012) Die Speicher kommen – Marktübersicht. photovoltaik, Bd. 2012, S. 40–49

20. Schlick T, Hagemann B, Kramer M, Garrelfs J, Rassmann A (2012) Zukunftsfeld Energiespeicher – Marktpotenziale standardisierter Lithium-Ionen-Batteriesysteme. Roland Berger Strategy Consultants

21. SONY (2012) Sony Global – Technology. http://www.sony.net/SonyInfo/csr_report/innovation/technology/, zugegriffen am 15.05.2013

22. Linssen J, Schulz A, Mischinger S et al. (2012) Netzintegration von Fahrzeugen mit elektrifizierten Antriebssystemen in bestehende und zukünftige Energieversorgungsstrukturen. Forschungszentrum Jülich GmbH

23. Fraunhofer ISI (Hrsg.) (2012) Produkt-Roadmap Lithium-Ionen-Batterien 2030. Fraunhofer-Institut für System- und Innovationsforschung, Karlsruhe

24. JRC-IET (2011) Technology Map of the European Strategic Energy Technology Plan (SET-Plan) – Technology Descriptions. Europäische Kommission, Joint Research Centre. http://setis.ec.europa.eu/setis-deliverables/technology-mapping, zugegriffen am 15.05.2013

25. EASE/EERA (2013) Joint EASE/EERA Recommendations for an European Energy Storage Technology Development Roadmap towards 2030. European Association for Storage of Energy & European Energy Research Alliance.

26. NGK (2013) Cause of NAS Battery Fire Incident. Safety Enhancement Measures and Resumption of Operations. NGK INSULATORS LTD http://www.ngk.co.jp/english/news/2012/0607.html, zugegriffen am 22.04.2013

27. Weber A (2011) Redox flow batteries: a review. Journal of Applied Electrochemistry, Bd. 41, S. 1137–1164

28. Skyllas-Kazacos M, Chakrabarti MH, Hajimolana SA, Mjalli FS, Saleem M (2011) Progress in Flow Battery Research and Development. Journal of The Electrochemical Society, Bd. 158, S. R55–R79

29. Funke SA, Wietschel M (2012) Bewertung des Aufbaus einer Ladeinfrastruktur für eine Redox-Flow-Batterie-basierte Elektromobilität. Fraunhofer ISI Karlsruhe

30. Ehrlich GM (2002) Lithium-ion Batteries. In: Handbook of Batteries, 3rd Edition, New York, McGraw-Hill

31. Vetter J, Novák P, Wagner MR et al. (2005) Ageing mechanisms in lithium-ion batteries. Journal of Power Sources, Bd. 147, S. 269–281

32. Scrosati B, Garche J (2010) Lithium batteries: Status, prospects and future. Journal of Power Sources, Bd. 195, S. 2419–2430

33. SION Power (2009) Lithium Sulfur Rechargeable Battery Data Sheet. www.sionpower.com, zugegriffen am 05.05.2013

34. Bito A (2005) Overview of the sodium-sulfur battery for the IEEE Stationary Battery Committee. IEEE Power Engineering Society General Meeting 2005

35. Himelic J, Novachek F (2011) Sodium Sulfur Battery Energy Storage and its Potential to Enable Further Integration of Wind (Wind-to-Battery Project).

36. Kawakami I (2010) IEEE International Symposium on Industrial Electronics (ISIE) 2010. Bari

37. NGK (2009) NAS Energy Storage System for Reducing CO_2 Emissions. NGK Insulators Ltd.

38. Gildemeister (2013) CellCube – Broschüre: Speichersysteme für intelligente Energieversorgung. GILDEMEISTER energy solutions, Würzburg. http://de.cellcube.com/de/downloads.htm, zugegriffen am 09.04.2013

39. Hosseiny SS (2011) Vanadium/Air Redox Flow Battery. University of Twente. http://doc.utwente.nl/80425/1/thesis_S_Hosseiny.pdf, zugegriffen am 20.06.2013

40. Menictas C, Skyllas-Kazacos M (2011) Performance of vanadium-oxygen redox fuel cell. Journal of Applied Electrochemistry, Nr. 41, S. 1223–1232

41. Redflow (2013) Redflow ZBM Zinc Bromine Battery Module. http://redflow.com/wp-content/uploads/2012/10/ZBM-Brochure-US.pdf, zugegriffen am 10.04.2013

42. ZBB Energy (2013) ZBB EnerStore Modular flow Battery. ZBB energy corporation. http://www.zbbenergy.com/products/flow-battery/, zugegriffen am 10.04.2013

43. Fink H (2012) Redox-Flow-Batterien: Technik, Chancen und Einsatzgebiete. In: Strom-speicher – heute erzeugen, morgen verbrauchen. München. http://www.muenchen.ihk.de/de/innovation/Anhaenge/02_zae_redoxflussbatterien_fink.pdf, zugegriffen am 30.06.2013

44. Kear G, Shah AA, und Walsh FC (2011) Development of the all-vanadium redox flow battery for energy storage: a review of technological, financial and policy aspects. International Journal of Energy Research, Bd. 36, S. 1105–1120

45. Lamm A, Froeschle P (2012) Electric Drivetrains at Daimler with Focus on HV-LiBs. Batterietag NRW 2012. Münster

46. Umicore (2013) Umicore Battery Recycling. Umicore Battery Recycling, Hoboken. http://www.batteryrecycling.umicore.com/UBR/, zugegriffen am 12.06.2013

47. RolandBerger (2011) Powertrain 2020. The Li-Ion Battery Value Chain – Trends and implications, 2011.

48. BCG (2010) Batteries for electric cars. Challenges, opportunities and the outlook to 2020, The Boston Consulting Group

49. Reske HJ (2010) Texas Pioneers Energy Storage in Giant Battery. National Geographic Daily News

50. Rastler D (2010) Electricity Energy Storage Technology Options. A White Paper Primer on Applications, Costs, and Benefits. Electric Power Research Institute. Palo Alto

51. Tamakoshi T (2001) Recent Sodium Sulfur Battery Applications in Japan. Chattanooga, Tennessee. http://www.bpa.gov/Energy/n/tech/energyweb/docs/Energy%20Storage/NGK-Presentation.pdf, zugegriffen am 15.04.2013

52. Wen Z, Hu Y, Wu X, Han J, Gu Z (2013) Main challenges for high performance NAS battery: Materials and interfaces. Advanced functional materials, 23:8, 1005

53. gespa (2013) Produktkatalog – Energiespeicher. GESPA GmbH, Neu-Isenburg/Zeppelinheim. http://www.gespa-shop.de/index.php?option=com_virtuemart&page=shop.browse&category_id=17&Itemid=17&lang=de, zugegriffen am 11.04.2013

54. Corey GP (2010) An Assessment of the State of the Zinc-Bromine Battery Development Effort. RedFlow Limited. http://redflow.com/wp-content/uploads/2012/10/Garth-Corey-assessment__zinc_bromine_battery.pdf, zugegriffen am 11.04.2013

55. Zhang M, Moore M, Watson JS, Zawodzinski TA, Counce RM (2012) Capital Cost Sensitivity Analysis of an All-Vanadium Redox-Flow Battery. Journal of The Electrochemical Society, Bd. 159, S. 1183–1188

56. Viswanathan V, Crawford A, Stephenson D et al. (2012) Cost and performance model for redox flow batteries. Journal of Power Sources, Volume 247, 1 February 2014, Pages 1040-1051

57. Larsson A (2009) Evaluation of Flow Battery Technology: An Assessment of Technical and Economic Feasibility. Massachusessts Institute of Technology. http://dspace.mit.edu/bitstream/handle/1721.1/54555/567548912.pdf?sequence=1, zugegriffen am 27.07.2013

58. Müller T (2012) Stromspeicher im Recht – Leitlinien für die Förderung der Speicherung von Elektrizität aus rechtswissenschaftlicher Sicht. EUROSOLAR-Symposium Rechtsrahmen für Stromspeicher 2012. Bonn

59. ÜNetzB (2012) Internetplattform zur Vergabe von Regelleistung, Gemeinsame Plattform der Übertragungsnetzbetreiber in Deutschland. 50hertz, amprion, TenneT, Transnet BW. www.regelleistung.net, zugegriffen am 13.06.2012

60. DENA (2012) Integration der erneuerbaren Energien in den deutsch-europäischen Strommarkt. Berlin

61. EU-Kommission (2013) Research & Innovation. Horizon 2020. http://ec.europa.eu/research/horizon2020/index_en.cfm, zugegriffen am 04.06.2013

62. EU-Kommission (2011) Vorschlag für Beschluss des Rates über das spezifische Programm zur Durchführung des Rahmenprogramms für Forschung und Innovation „Horizon 2020" (2014–2020). Brüssel

63. Pillot C (2009) Present and future market situation for batteries. In Batteries 2009 – The international power supply conference and exhibition, Nizza, 30.09.–02.10.2009

64. Schreieder M, Sternkopf B, Berninger U (2013) Erfolgreiche Integration einer Großbatterie in den Primärregelleistungsmarkt. Batterietag NRW 2013. Aachen

65. Pesch T, Stenzel P (2013) Analysis of the market conditions for storage in the German day-ahead and secondary control market. 10th International Conference on the European Energy Market – EEM13, Stockholm, 2013

66. WEMAG (2013) Younicos und WEMAG bauen größten europäischen Batteriespeicher. http://www.wemag.com/ueber_die_wemag/presse/pressemeldungen/2013/04_29_younicos-Batteriespeicher-Schwerin.html, zugegriffen am 16.05.2013

67. DGS (2013) EnergyMap – EEG-Anlagenregister. Deutsche Gesellschaft für Sonnenenergie e. V. http://www.energymap.info/download.html, zugegriffen am 03.04.2013

68. Bukvic-Schäfer AS (2012) Local Energy Storage – The Next Level of PV Grid Integration. International Renewable Energy Storage Conference and Exhibition (IRES) 2012. Berlin

69. Department of Energy (2012) Fact Sheet: Carbon-Enhanced Lead-Acid Batteries. http://energy.gov/oe/downloads/fact-sheet-carbon-enhanced-lead-acid-batteries-october-2012, zugegriffen am 25.04.2013

70. Recham N, Armand M, Tarascon JM (2010) Novel low temperature approaches for the eco-efficient synthesis of electrode materials for secondary Li-ion batteries. C. R. Chimie, Bd. 13, S. 106–116

71. Beninati S, Damen L, Mastragostino M (2008) MW-assisted synthesis of LiFePO4 for high power applications. Journal of Power Sources, Bd. 180, S. 875–879

72. Lu X, Xia G, Lemmon JP, Yang Z (2010) Advanced materials for sodium-beta alumnia batteries: Status, challanges and perspectives. Journal of Power Sources, Bd. 195, S. 2431–2442

73. Lu X, Kirby BW, Xu W, Li G, Kim JY, Lemmon JP, Sprenkle VL, Yang Z (2013) Advanced intermediate-temperature Na-S battery. Energy & Environmental Science, Bd. 6, S. 299–306

74. Ceramatec (2013) The Key to the Battery-Powered House: Q&A With Ceramatec. http://www.ceramatec.com/documents/Solid-State-Ionic-Technologies/Advanced%20Energy%20Storage/Solid%20Electrolyte%20Batteries/The%20key%20to%20the%20battery-powered%20house%20-%20quesiton-answer%20with%20Ceramatec%20-%20Popular%20Mechanics.pdf, zugegriffen am 22.04.2013

75. Dennenmoser M (2012) Status and Potential of Redox Flow Batteries. inter solar 2012/PV Energy World. http://www.intersolar.de/fileadmin/Intersolar_Europe/Besucher_Service_2012/PV_ENERGY_WORLD/120613-4-PVEW-Dennenmoser-Fraunhofer-ISE.pdf, zugegriffen am 10.04.2013

76. tubulAir (2013) Projektziele des Verbundforschungsprojektes tubulAir. http://www.tubulair.de/verbundprojekt/projektziele/, zugegriffen am 11.04.2013

77. Noack J, Tübke J (2010) A Comparison of Materials and Treatment of Materials for Vanadium Redox Flow Battery. ECS Transactions, Bd. 25, S. 235–245

78. Fraunhofer-Gesellschaft (2013) Durchbruch für neuartige Stromspeicher: Große und leistungsfähige Redox-Flow-Batterie. Presseinformation 06.03.2013. Fraunhofer-Gesellschaft. München. http://www.fraunhofer.de/de/presse/presseinformationen/2013/Maerz/Durchbruch-fuer-neuartige-Stromspeicher-Redox-Flow.html, zugegriffen am 09.04.2013

Druckluftspeicher 11

Fabio Genoese

In Druckluftspeichern (engl. Compressed Air Energy Storage – CAES) wird elektrische Energie mechanisch in Form von komprimierter Luft gespeichert. Man unterscheidet im Allgemeinen zwischen diabaten, adiabaten und isothermen Konzepten.

11.1 Technologiebeschreibung

11.1.1 Funktionale Beschreibung

Im Folgenden wird auf die Funktionsweise und die wesentlichen technischen Eigenschaften der einzelnen Konzepte eingegangen.

11.1.1.1 Diabate Druckluftspeicher

Abbildung 11.1 zeigt ein vereinfachtes Prozessschaltbild des diabaten Prozesses. In einem diabaten Druckluftspeicher (Diabatic Air Energy Storage, Abkürzung: D-CAES) wird Umgebungsluft unter Einsatz eines elektrisch betriebenen Kompressors verdichtet. Die bei der Kompression entstehende Wärme muss an die Umgebung abgegeben werden, bevor die verdichtete Luft in den Speicher geleitet werden kann. Die Kompressionswärme findet somit keine Verwendung im weiteren Verlauf des Prozesses. Als Speicher eignen sich u. a. Druckgasbehälter und unterirdische Kavernen.

Zur Rückgewinnung elektrischer Energie wird die verdichtete Luft entspannt und treibt dabei einen Generator an. Die Druckluft muss vor dem Eintritt in die Expandereinheit wieder erwärmt werden. Dies geschieht in der Regel durch die Zufeuerung von Erdgas.

Fabio Genoese ✉
Fraunhofer-Institut für System- und Innovationsforschung ISI, Karlsruhe, Deutschland
url: http://www.isi.fraunhofer.de

© Springer Fachmedien Wiesbaden 2015
M. Wietschel et al. (Hrsg.), *Energietechnologien der Zukunft*,
DOI 10.1007/978-3-658-07129-5_11

Abb. 11.1 Prozessschaltbild
eines diabaten Druckluft-
speichers. (Quelle: [1]; mit
freundlicher Genehmigung von
© D. Wolf, C. Dötsch 2013,
All Rights Reserved)

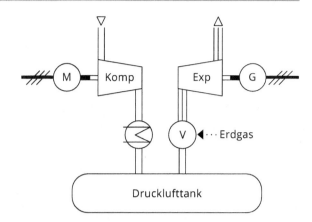

11.1.1.2 Adiabate Druckluftspeicher

Bei diesem Konzept (Adiabatic Compressed Air Energy Storage, Abkürzung: A-CAES)
wird der Wärmeaustausch mit der Umgebung weitestgehend unterbunden. Im Gegensatz
zum diabaten Druckluftspeicher wird die Kompressionswärme nicht an die Umgebung
abgegeben sondern in einem Wärmespeicher auf einem Temperaturniveau von ca. 600 °C
zwischengespeichert. Wie dem Prozesschaltbild (Abb. 11.2) zu entnehmen ist, werden die
komprimierte Luft und die Wärme getrennt voneinander gespeichert. Die Wärme wird
bei der Rückgewinnung elektrischer Energie verwendet, um eine hinreichend hohe Ex-
panderaustrittstemperatur zu gewährleisten, sodass keine Zufeuerung von Erdgas mehr
notwendig ist. Damit lässt sich der Gesamtwirkungsgrad des Systems wesentlich steigern.

Eine Variante dieses Konzepts ist der ungekühlte adiabate Druckluftspeicher (Abkürzung: UA-CAES). Hier dient die komprimierte Luft gleichzeitig als Wärmespeicherme-
dium (Abb. 11.3). Dies stellt hohe Anforderungen an die Materialien des Speicherbe-
hälters, da dieser sowohl hohen Drücken als auch hohen Temperaturen ausgesetzt ist.

Abb. 11.2 Prozessschaltbild
eines adiabaten Druckluftspeichers. (Quelle: [1]; mit
freundlicher Genehmigung von
© D. Wolf, C. Dötsch 2013,
All Rights Reserved)

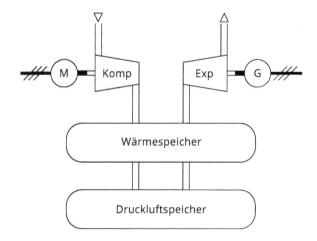

Abb. 11.3 Prozessschaltbild
eines ungekühlten adiabaten
Druckluftspeichers. (Quelle:
[2]; mit freundlicher Genehmigung von © Fraunhofer ISI
2013, All Rights Reserved)

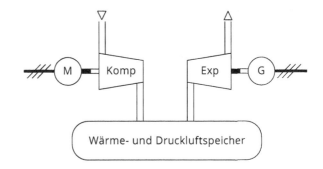

Die verhältnismäßig geringe volumetrische Energiedichte von komprimierter Luft (sie-
he Abschn. 11.1.3) erfordert zudem vergleichsweise große Speicherbehälter, sodass große
Flächen wärmeisoliert werden müssen. Hohe Investitionen bzw. Standzeitverluste sind die
Folge.

11.1.1.3 Isotherme Druckluftspeicher

Beim diabaten bzw. adiabaten Verfahrenskonzept wird Luft sowohl als Arbeits- als auch
Speichermedium eingesetzt. In isothermen Druckluftspeichern (Isothermal Compressed Air Energy Storage, Abkürzung: I-CAES) wird als Arbeitsmedium hingegen eine
Flüssigkeit (z. B. Öl) verwendet. Vereinzelt wird deshalb die Bezeichnung „Batterie mit
Oelhydraulik und Pneumatik" (BOP) verwendet. Ein typischer Aufbau ist in Abb. 11.4
dargestellt. Luft wird komprimiert, indem Öl in den Speicherbehälter gepumpt wird.
Die Kompression erfolgt gleichmäßig über einen längeren Zeitraum, sodass die Kompressionswärme nahezu kontinuierlich mit der Umgebung ausgetauscht werden kann
(isotherme Zustandsänderung). Ein zusätzlicher Wärmespeicher ist nicht erforderlich, da
Flüssigkeiten wesentlich höhere Dichten und damit wesentlich größere spezifische Wär-
mekapazitäten aufweisen als Gase. Das für die Kompression verwendete Öl dient somit
als Wärmespeicher auf einem vergleichsweise niedrigen Temperaturniveau.

Abb. 11.4 Prozessschaltbild
eines isothermen Druckluftspeichers. (Quelle: [2]; mit
freundlicher Genehmigung von
© Fraunhofer ISI 2013, All
Rights Reserved)

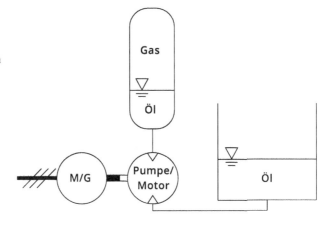

Gegenüber den diabaten bzw. adiabaten Konzepten weist der isotherme Druckluftspeicher eine geringere volumetrische Energiedichte auf (siehe Abschn. 11.1.3). Damit sind höhere spezifische Investitionen verbunden, was eine Realisierung im großtechnischen Maßstab erschwert.

11.1.2 Status quo und Entwicklungsziele

Diabate Druckluftspeicher sind bereits kommerziell verfügbar. Seit 1978 betreibt die E.ON AG in Huntorf einen solchen Speicher mit einer Ausspeicherleistung von 321 MW und einem Wirkungsgrad von 42 %. Er wird vorrangig zur Bereitstellung von Minutenreserve eingesetzt und kann aufgrund seiner Schwarzstartfähigkeit dafür eingesetzt werden, das Netz nach einem großflächigen Stromausfall wieder in Betrieb zu nehmen. Das weltweit zweite diabate Druckluftspeicherkraftwerk wurde 1991 in McIntosh, Alabama (USA) errichtet. Der Wirkungsgrad konnte durch den Einsatz eines Abgasrekuperators sowie einer mehrstufig rückgekühlten Verdichtung auf 54 % gesteigert werden. Weitere großtechnische Anlagen wurden bisher nicht realisiert.

Adiabate Druckluftspeicher wurden im Labormaßstab bereits realisiert [3]. Eine großtechnische Realisierung (90 MW) dieses Verfahrenskonzepts ist derzeit in der Planungsphase. In dem seit Januar 2013 laufenden Projekt ADELE-ING soll – bei gegebener wirtschaftlicher Perspektive – mit einer detaillierten technischen Planung für eine Demonstrationsanlage begonnen werden. Das Projekt sollte ursprünglich im Rahmen der Forschungsinitiative Energiespeicher vorangetrieben werden, mit dem Ziel, bis zum Jahr 2016 eine Investitionsentscheidung zu treffen. Es wurde vorzeitig abgebrochen, da die Wirtschaftlichkeit einer großtechnischen Anlage derzeit nicht gegeben ist.

Ungekühlte adiabate Druckluftspeicher sind in einem sehr frühen Entwicklungsstadium. Das Verfahrenskonzept wird derzeit im Labormaßstab untersucht [4]. Die Material- und Sicherheitsfragen bzgl. des Umgangs mit hohen Drücken und Temperaturen sind größtenteils ungeklärt. Eine großtechnische Realisierung bis zum Jahr 2025 ist nicht zu erwarten. Die langfristige Entwicklung ist ungewiss – verglichen mit dem isothermen Konzept sind die Entwicklungsherausforderungen insbesondere hinsichtlich der benötigten Materialien wesentlich größer.

Isotherme Druckluftspeicher befinden sich in einem höheren Entwicklungsstadium als ungekühlte, adiabate Druckluftspeicher. Das Konzept wurde 2005/2006 im Labormaßstab realisiert [5, 6]. Inzwischen gibt es auch Prototypen der MW-Klasse – entwickelt von der amerikanischen Firma SustainX [11]. Für die nächsten Jahre sind großtechnische Demonstrationsprojekte geplant, ab 2015 sollen Systeme im einstelligen MW-Bereich kommerziell verfügbar sein. Mittelfristig können isotherme Konzepte an Bedeutung gewinnen, sofern die volumetrische Energiedichte gesteigert werden kann.

Tabelle 11.1 fasst das Entwicklungsstadium der verschiedenen Druckluftspeicherkonzepte zusammen.

Tab. 11.1 Entwicklungsstadium verschiedener Druckluftspeicherkonzepte (Status quo)

	Kommerziell	Demonstration	F&E	Ideenfindung
D-CAES	X			
A-CAES		X		
UA-CAES				X
I-CAES		X		

11.1.3 Technische Kenndaten

Tabelle 11.2 gibt einen Überblick über die technischen Kenndaten der vorgestellten Druckluftspeicherkonzepte[1]. Bei der diabaten Variante sind nur noch geringe Entwicklungsmöglichkeiten zur Steigerung des Wirkungsgrades vorhanden. Durch den Einsatz eines Abgasrekuperators sowie einer mehrstufig rückgekühlten Verdichtung sind Wirkungsgrade von bis zu 60 % denkbar. Zu beachten ist, dass sich dieser Wirkungsgrad aus einer Mischkalkulation aus dem elektrisch-mechanischen Prozess (Kompression von Luft unter Einsatz elektrischer Energie, Expansion von komprimierter Luft und Rückgewinnung elektrischer Energie) und dem thermisch-elektrischen Prozess (Verfeuerung von Erdgas zur Gewinnung elektrischer Energie) zusammensetzt. Die zugrundeliegenden Umwandlungsraten betragen: 0,72 bis 0,54 $MWh_{el,in}/MWh_{el,out}$ (mechanisch-elektrischer Prozess) sowie 1,13 $MWh_{th,in}/MWh_{el,out}$ (thermisch-elektrischer Prozess). Hieraus resultiert ein Gesamtwirkungsgrad zwischen 54 und 60 %.

Bei den anderen Konzepten sind mittelfristig Wirkungsgrade von 60 bis 80 % als realistisches Ziel zu nennen. Große Unterschiede sind bei der volumetrischen Energiedichte erkennbar: Hier sind die diabaten und adiabaten Konzepte deutlich im Vorteil. Die Anfahrzeiten eines diabaten bzw. adiabaten Systems liegen im Bereich von 15 Minuten. Damit eignen sich diese Druckluftspeicher für die Bereitstellung von Minutenreserve. Die iso-

Tab. 11.2 Technische Kenndaten von Druckluftspeichern im Vergleich

	D-CAES			A-CAES			I-CAES		
	Heute	2025	2050	Heute	2025	2050	Heute	2025	2050
Zyklus-Wirkungsgrad (%)	42–54	60	60	–	70	70	55	65	65
Volumetrische Energiedichte (Wh/l)	2 bis 15			2 bis 10			bis 3		
Technische Lebensdauer (a)	30			30			20		
Anfahrzeit (min)	~ 15			< 15			< 1		
Größenklasse (MW)	10^3	10^3	10^3	–	10^2	10^3	10^0	10^1	10^2

---

[1] UA-CAES ist in einer sehr frühen Entwicklungsphase, in der noch keine Kenndaten angegeben werden können.

thermen Konzepte sind in weniger als einer Minute verfügbar und könnten damit nicht nur Tertiär- sondern auch Sekundärregelleistung vorhalten.

11.2 Zukünftige Anforderungen und Randbedingungen

11.2.1 Gesellschaft

Im Gegensatz zu Pumpspeichern ist der sichtbare Landschaftsverbrauch von Druckluftspeichern vergleichsweise gering, sodass kaum Akzeptanzprobleme aufgrund von Eingriffen in die Landschaft zu erwarten sind. Eine Speicherung in geologischen Formationen wie Salzkavernen erfordert zunächst eine Aussolung der Kaverne. Um eine hohe Akzeptanz sicherzustellen, empfiehlt es sich, Bedenken bezüglich drohender Schäden für Grund- und Trinkwasser, aber auch hinsichtlich einer drohenden Bodenabsenkung vor Beginn der Aussolung auszuräumen. Die geringsten Akzeptanzprobleme sind bei einer Speicherung in Drucklufttanks zu erwarten.

Akzeptanzprobleme sind möglicherweise bei diabaten Systemen zu erwarten, da bei der Ausspeicherung elektrischer Energie CO_2-Emissionen entstehen.

11.2.2 Kostenentwicklung

Tabelle 11.3 gibt einen Überblick über die Kostendaten der Druckluftspeicherkonzepte für jeweils zwei Anlagengrößen (Leistung: ~ 100 bzw. ~ 10 MW). Speicher der Leistungsklasse ab 100 MW werden im Folgenden als großtechnische, zentrale Druckluftspeicher bezeichnet, die an das Übertragungsnetz angeschlossen werden. Speicher der niedrigeren Leistungsklasse werden als dezentrale Druckluftspeicher bezeichnet. Sie können bspw. direkt in Verbindung mit Windparks oder Freiflächen-PV-Anlagen eingesetzt werden, um Prognosefehler auszugleichen oder die Produktion in Stunden mit höherer Stromnachfrage zu verlagern.

In der Tabelle werden leistungs- und arbeitsspezifische Investitionen ausgewiesen. Die Größe der Leistungseinheit (Kompressor, Expander, Generator, ...) bestimmt die leistungsspezifischen Investitionen, während die Größe der Speichereinheit (Druckgasbehälter, Kaverne) die Höhe der kapazitätsspezifischen Investitionen bestimmt. Bei einer Speicherung der komprimierten Luft in oberflächennahen Drucklufttanks – wie sie für kleinere Anlagen typisch ist – wirkt sich eine niedrige volumetrische Energiedichte stark auf die kapazitätsspezifischen Investitionen aus, die deswegen vergleichsweise hoch ausfallen. Beim adiabaten Druckluftspeicher sind zudem vergleichsweise hohe kapazitätsspezifischen Investitionen zu erwarten, da ein separater Wärmespeicher benötigt wird.

Die kleineren Systeme sind insbesondere leistungsspezifisch durchgehend teurer als die größeren. Dies liegt zum einen daran, dass die Anlagenperipherie weitgehend leistungsunabhängige Kosten aufweist und größere Systeme somit profitieren. Zum anderen wer-

Tab. 11.3 Kostendaten von Druckluftspeichern im Vergleich [1, 2, 9, 12]

	D-CAES		A-CAES		I-CAES	
Anlagengröße (MW)	10^2	10^1	10^2	10^1	10^2	10^1
Leistungsspezifische Investitionen (Euro/kW)	600	1200	>700	1000–1500	k. A.	500 US-$/kWh*
Kapazitätsspezifische Investitionen (Euro/kWh)	5–30	100	>100	250	k. A.	
Zielkosten bis 2025 (Euro/kW)	550	k. A.	650	k. A.	k. A.	400 US-$/kWh**
Zielkosten bis 2025 (Euro/kWh)	5–15	k. A.	50	k. A.	k. A.	
Kostensenkungspotenzial bis 2050	Gering	Mittel	Mittel	Hoch	Mittel	Hoch

* Die Werte gelten für ein System mit Leistungseinheit von 2 MW und einer Kapazität von 12 MWh [12]. Hieraus ergibt sich eine Gesamtinvestition von ca. 6 Mio. US-$ bzw. 4,7 Mio. Euro. Zum Vergleich: Für ein entsprechendes D-CAES-System liegt die Investitionssumme bei 3,6 Mio. Euro.
** Investition für ein I-CAES-System mit 2 MW/12 MWh: 4,8 Mio. US-$ bzw. 3,7 Mio. Euro. Investition für ein D-CAES-System mit 2 MW/12 MWh: 3,6 Mio. Euro.

den kleinere Systeme bisher kaum eingesetzt. Ein Kostensenkungspotenzial wird für diese Systeme vor allem durch Massenproduktionseffekte gesehen. Zudem wird für A-CAES und I-CAES angestrebt, die Arbeitsmaschinen reversibel zu gestalten (d. h., dass sie sowohl für die Ein- als auch Ausspeicherung verwendet werden kann). Hierdurch könnten die leistungsspezifischen Investitionen enorm gesenkt werden.

11.2.3 Politik und Regulierung

Auf europäischer Ebene wirkt sich grundsätzlich hemmend aus, dass – aufgrund der EU-Richtlinie 2003/54/EG (Unbundling) – Netzbetreiber keine Energiespeicher besitzen dürfen, da sie zur Erzeugung und nicht zu den netztechnischen Betriebsmitteln gezählt werden. Andererseits betont die Generaldirektion der Europäischen Kommission in einem Arbeitspapier [10] die Bedeutung von Energiespeichern im zukünftigen Stromversorgungssystem.

Derzeit muss regenerativ produzierter Strom vom Netzbetreiber abgenommen und vorrangig eingespeist werden. Eine regenerative Anlage darf erst bei Netzengpässen abgeregelt werden. Der Netzbetreiber muss den Anlagenbetreiber in derartigen Fällen entschädigen (vgl. § 12 Abs. 1 EEG). Entfällt die Entschädigungszahlung, eröffnen sich möglicherweise neue Geschäftsmodelle für Speicher, je nach Gesamtmenge und zeitlicher Verteilung überschüssiger Erzeugung.

In Deutschland gilt nach heutiger Gesetzeslage gemäß § 118 Abs. 7 des EnWG für neue Speicheranlagen in den ersten 20 Jahren nach der Inbetriebnahme, dass der für den zum Beladen des Speichers benötigte Strom von den Netzentgelten befreit ist. Eine Abschaffung dieser Regelung würde den Zubau von Energiespeichern weiter hemmen.

11.2.4 Marktrelevanz

Energiespeicher können Preisschwankungen am Strommarkt auszunutzen, um Erlöse zu erwirtschaften. Vorteilhaft sind hohe Wirkungsgrade, da der minimale Preis-Spread, ab dem ein positiver Deckungsbeitrag erzielt wird, invers proportional zum Wirkungsgrad ist. In der Vergangenheit gab es insbesondere zwischen Peak- und Offpeak-Stunden relativ große Preisunterschiede. Mit der zunehmenden Einspeisung erneuerbarer Energien insbesondere in den Mittagsstunden sind die Spreads seit 2010 deutlich zurückgegangen. Im deutschen und europäischen Strommarkt ist ein wirtschaftlicher Einsatz von neuen großtechnischen, zentralen Druckluftspeichern aufgrund des niedrigen Wirkungsgrades, der moderaten Preisunterschiede und der hohen Investitionen derzeit nicht möglich.

Dezentrale Druckluftspeicher finden derzeit keine Verwendung in Verbindung mit Windparks oder Freiflächen-PV-Anlagen, deren Erzeugung direkt vermarktet wird. Aufgrund der hohen Liquidität am Spot- und Intraday-Markt erfolgt der Ausgleich von Prognosefehlern direkt über den Markt. Eine Produktionsverlagerung in Stunden mit höherer Stromnachfrage (und damit höheren Börsenpreisen) ist derzeit aufgrund der moderaten Preisunterschiede und der sehr hohen Investitionen für dezentrale Druckluftspeicher nicht wirtschaftlich.

Die Vermarktung von Speichern an Regelenergiemärkten ist eine interessante Option, da dort nicht nur Energie sondern auch Leistung vergütet wird. Insbesondere die Vorhaltung negativer Regelleistung wird als lukrative Erlösquelle gesehen, da sich immer weniger konventionelle Kraftwerke in Zeiten hoher Windeinspeisung am Netz befinden. Zu berücksichtigen ist jedoch, dass die hohen Erlöse in diesen Märkten voraussichtlich nicht von Dauer sein werden. Dies liegt einerseits an der überschaubaren Marktgröße[2] gegenüber dem Spotmarkt[3] und am steigenden Preisdruck durch den Eintritt neuer Marktakteure, die beispielsweise negative Regelleistung in Form von abschaltbaren Lasten anbieten. In der Vergangenheit hat der Regulator (Bundesnetzagentur) die Eintrittshürden für die Teilnahme an Regelenergiemärkten immer wieder abgesenkt, indem z. B. Ausschreibungszeiträume verkürzt oder Mindestgebote verkleinert wurden. Mittelfristig ist daher mit einer Konvergenz zwischen den Erlösen aus dem Spot- und Regelenergiemarkt zu rechnen.

Die mittelfristige Marktrelevanz ist mit großen Unsicherheiten behaftet. Neben den regulatorischen Rahmenbedingungen wird entscheidend sein, ob die Kosten für großtechnische CAES-Anlagen unter denen von „teuren" Pumpspeicherstandorten liegen werden.

---

[2] Primärregelleistung: ~ 800 MW, Sekundärregelleistung: ~ 2000 MW, Tertiärregelleistung: ~ 2000 MW (Stand: 2012/2013); Tendenz der letzten Jahre: fallend, da der Leistungsbedarf durch die verstärkte Zusammenarbeit der Netzbetreiber und durch genauere Windprognosen gesunken ist.
[3] mittleres stündliches Handelsvolumen ~ 29.000 MWh (Stand: 2012/2013); Tendenz steigend, da die EE-Erzeugung vollständig am Spotmarkt gehandelt werden muss.

11.2.5 Mögliche Wechselwirkungen mit anderen Technologien

Grundsätzlich gilt für alle Energiespeichertechnologien, dass der Speicherbedarf des zukünftigen Energiesystems stark davon abhängt, welche EE-Ausbauziele erreicht werden sollen, ob die Pläne zum Netzausbau umgesetzt werden können und welche anderen Flexibilitätsoptionen zur Integration erneuerbarer Energien zur Verfügung stehen. Flexibilität kann auch durch konventionelle Kraftwerke und steuerbare Lasten bereitgestellt werden. Insbesondere ein schleppender Netzausbau, der einen Anstieg überschüssiger regenerativer Strommengen verursacht, begünstigt den Einsatz von Energiespeichern.

Druckluftspeicher im dreistelligen Megawattbereich konkurrieren vor allem mit Pumpspeichern. Gegenüber diesen besitzen sie den Vorteil, dass die potenziellen Standorte in der Nähe von windstarken Gebieten Deutschlands liegen. In [8] wird darauf hingewiesen, dass die Pumpspeicherpotenziale in Deutschland noch nicht ausgeschöpft sind – es seien lediglich die besten und damit die günstigsten Standorte ausgebaut worden. Daher besteht eine zentrale F&E-Herausforderung darin, kostenseitig eine konkurrenzfähige Alternative zu den teureren Pumpspeicherstandorten zu werden.

Kleinere Druckluftspeicher, die beispielsweise direkt in Verbindung mit großen Wind- und Solarparks eingesetzt werden, konkurrieren vor allem mit elektrochemischen Batterien (z. B. Natrium-Schwefel und Redox-Flow).

11.3 Game Changer

Ein zentrales Ziel der deutschen und europäischen Klimapolitik ist der Ausbau erneuerbarer Energien, um damit den Ausstoß von CO_2-Emissionen zu verringern. Damit verbunden sind ein Anstieg fluktuierender Stromerzeugung und ein potenzieller Speicherbedarf. Eine Abkehr von den EE-Ausbauzielen wirkt sich negativ auf den Speicherbedarf aus.

11.4 Technologieentwicklung

11.4.1 Entwicklungsziele

Die wesentlichen Entwicklungsziele für Druckluftspeicher können folgendermaßen zusammengefasst werden: Für A-CAES und I-CAES wird eine Realisierung von Anlagen im zwei- bis dreistelligen MW-Bereich angestrebt. Des Weiteren sollen Hybrid- bzw. Mischkonzepte aus D-CAES und A-CAES entwickelt werden, die sowohl mit einem Wärmespeicher als auch einer Gasturbine ausgestattet sind. Durch diesen Ansatz ließen sich Kosten einsparen, da in diesem Fall der Wärmespeicher kleiner dimensioniert werden kann als in einem reinen adiabaten System. Der Entwicklungsschwerpunkt für alle hier vorgestellten Systeme ist zudem eine Erhöhung des Wirkungsgrades sowie eine Senkung der spezifischen Investitionen.

11.5   F&E-Bedarf und kritische Entwicklungshemmnisse

Es besteht ein verfahrenstechnischer F&E-Bedarf (neue Anlagenkonzepte), um größere
Anlagen zu realisieren. Hierdurch sollen auch die spezifischen Investitionen sinken.

Die Entwicklung neuer Materialien soll zu einer Erhöhung des Wirkungsgrades und
eine Senkung der spezifischen Investitionen führen. Der Verdichter ist eine Schlüsselkomponente im diabaten und adiabaten Speicherkonzept. F&E-Bedarf besteht bzgl. der
Materialbeanspruchung und der Rotordynamik. Für A-CAES stellt die Entwicklung eines adiabaten, heißen Verdichters ein kritisches Entwicklungshemmnis dar, da außerhalb
der Speicheranwendung kein Bedarf für Komponenten mit diesen Eigenschaften erwartet
wird. Beim adiabaten Konzept ist zudem der Hochtemperaturwärmespeicher eine Schlüsselkomponente. Benötigt werden Materialien mit einer hohen Druckwechselfestigkeit und
einer niedriger Abrasion. F&E-Fortschritte aus dem Bereich thermischer Speicher, wie sie
in Solarkraftwerken benötigt werden, könnten die Entwicklung von Hochtemperaturwärmespeicher für adiabate Druckluftspeicher positiv beeinflussen.

Um sich mittelfristig die Option von diabaten oder adiabaten Druckluftspeichern offen zu halten, könnten zukünftige Gasturbinenprojekte „CAES-ready" gestaltet werden,
um bei Bedarf mit einem Kompressor und Druckluftspeicher aufgerüstet zu werden (D-
CAES). Auch die spätere Realisierung von Hybridkonzepten, d. h. A-CAES mit einer
Gasturbine und einem kleineren Wärmespeicher, wäre hierdurch möglich. In diesem Zusammenhang besteht vor allem ein verfahrenstechnischer F&E-Bedarf.

Die Speicherung in geologischen Formationen ist aufgrund der niedrigeren Kosten
gegenüber einer Speicherung in Druckgasbehältern zu bevorzugen. Als kritisch könnte
sich hierbei die Nutzungskonkurrenz zu Erdgasspeichern erweisen, wobei die bevorzugte
Teufenlage von Kavernen für CAES-Anwendungen in der Regel in einem anderen Bereich liegt als die bevorzugte Teufenlage für Erdgasspeicher [13]. F&E-Bedarf besteht
hier hinsichtlich der Druckwechselfestigkeit dieser geologischen Formationen. Zudem besteht Untersuchungsbedarf bzgl. der Frage, ob sich Salzkavernen, die als Erdgasspeicher
dienen, auch als Druckluftspeicher verwendet werden können. Eine nachträgliche Umwandlung in anderer Richtung ist nach Angaben von [7] unproblematisch.

Roadmap – Druckluftspeicher

Beschreibung

- Mechanische Speicherung elektrischer Energie in Form von komprimierter Luft
  - D-CAES: Kompression von Luft ohne Wärmespeicherung, bei Expansion Zufeuerung von Erdgas notwendig; kommerziell verfügbar
  - A-CAES: Kompression von Luft mit Wärmespeicherung, emissionsfreie Expansion; Demonstrations-Anlage angestrebt
  - I-CAES: Kompression von Luft durch flüssiges Arbeitsmedium, kein Wärmespeicher notwendig, in Entwicklung
- Geologische Speicherung in Salzkavernen kommerziell realisiert und zu bevorzugen, Alternative: Druckgasbehälter
- Höhere volumetrische Energiedichte als Pumpspeicher

Entwicklungsziele

- A-CAES/I-CAES: Realisierung von Anlagen im zwei- bis dreistelligen MW-Bereich
- A-CAES/I-CAES / D-CAES:
  - Erhöhung des Wirkungsgrades
  - Senkung der spezifischen Investitionen
- A-CAES: Entwicklung von Hybridkonzepten (A-CAES mit GT und kleinerem Wärmespeicher)

Technologie-Entwicklung

Anlagengrößenklasse

A-CAES

–	10^2 MW	10^3 MW	▶

I-CAES

10^0 MW	10^0 MW	10^2 MW	▶

Wirkungsgrad (%)

A-CAES

–	70	70	▶

I-CAES

55	65	65	▶

D-CAES

42–54	60	60	▶

Leistungsspezifische Investitionen (€/kW), großtechnische Systeme > 100 MW

D-CAES

600	550	keine Angabe	▶

A-CAES

> 700	650	keine Angabe	▶

Kapazitätsspezifische Investitionen (€/kWh), großtechnische Systeme > 100 MW

D-CAES

5–30	5–15	keine Angabe	▶

AA-CAES

> 100	50	keine Angabe	▶

heute	2025		2050	▶

Roadmap – Druckluftspeicher

F&E-Bedarf

Neue Materialien mit geringerer Abnutzung (Verdichter)   ▶

Neue Materialien mit höherer Druckwechselfestigkeit, geringerer Abrasion   ▶
(Hochtemperaturwärmespeicher)

Neuer Anlagenkonzepte für MW-Größenklasse (A-CAES, I-CAES)   ▶

Großserientaugliche Produktionskonzepte (A-CAES, I-CAES)   ▶

heute	5 bis 10 Jahre ▶

Gesellschaft

· Geringes Akzeptanzrisiko
  – Landschaftsverbrauch: geringer als Pumpspeicher da höhere vol. Energiedichte
  – Aussolung: eventuell Bedenken wegen Trink- / Grundwasser-Schäden, Bodenabsen-
    kung

· Mittleres Risiko: CO_2-Emissionen von D-CAES

Politik & Regulierung

· *Treiber*:
  – § 118 Abs. 7 EnWG (Befreiung von Netzentgelten für den Ladestrom)

· *Hemmnis*:
  – Richtlinie 2003/54/EG (Unbundling), Speicher sind keine Infrastruktur
  – § 12 Abs. 1 EEG (Entschädigungszahlung bei Aberegelung wegen Netzengpässen für
    Erneuerbare)

Kostenentwicklung

· D-CAES: nur geringe Kostensenkung möglich

· A-CAES/I-CAES: mittlere Kostensenkung möglich (Treiber: größere Produktion von
  Schlüsselkomponenten)

· I-CAES-System mit 6 h Speicherkapazität: 500 $/kWh (heute), 400 $/kWh (mittelfristig)

Marktrelevanz

· Ausnutzen von Preisschwankungen am Spotmarkt mit Druckluftspeichern derzeit unrentabel
  – geringer Wirkungsgrad
  – gesunkene Spreads
  – hohe Investitionen und niedrige Auslastung

· Kopplung mit EE-Anlagen/Direktvermarktung
  – derzeit nicht sinnvoll, Spot- und Intraday-Märkte liquide genug

· Mittelfristige Marktrelevanz unsicher, auch abhängig von Kostenentwicklung vgl. mit
  „teuren" Pumpspeicherpotenzialen

Wechselwirkungen / Game Changer

Game Changer

· Politische Vorgabe eines 100 % EE-Ziels („jede kWh muss integriert werden") erhöht
  Speicherbedarf massiv

11.6 Abkürzungen

A-CAES Adiabatic Compressed Air Energy Storage
CAES Compressed Air Energy Storage
D-CAES Diabatic Compressed Air Energy Storage
EE Erneuerbare Energien
EnWG Energiewirtschaftsgesetz
I-CAES Isothermal Compressed Air Energy Storage
UA-CAES Ungekühlter adiabater Druckluftspeicher

Literatur

1. Wolf D, Dötsch C (2009): Druckluftspeicherkraftwerke – Technologischer Vergleich, Einsatzszenarien und zukünftige Entwicklungstrends. VDI-Berichte 2058

2. Fraunhofer ISI, Karlsruher Institut für Technologie, Fraunhofer UMSICHT (2009): Possible Developments of Market Conditions Determining the Economics of Large Scale Compressed Air Energy Storage (>100 MW). Projektbericht

3. Sander F, Span R (2006): First Results of an Adiabatic Compressed Air Energy Storage Power Plant in Laboratory Scale. Latsis-Symposium, ETH Zürich

4. Kentschke T (2004): Druckluftmaschinen als Generatorantrieb in Warmluftspeichern. Dissertation, TU Clausthal

5. Lemofouet S, Rufer A (2006): Hybrid Storage System Based on Compressed Air and Super-Capacitors with Maximum Efficiency Point Tracking (MEPT). IEEE Transactions on Industrial Electronics, 2006, 53 (4): S. 1005–1115

6. Täubner F (2005): Druckgasspeicher als Alternative zur Bleibatterie. enertec – Internationale Fachmesse für Energie, rosseta Technik GmbH, Leipzig

7. Donadei S (KBB Underground) (2013): Persönliche Auskunft. Gespräch vom 28.01.2013

8. Steffen B (2012): Prospects for pumped-hydro storage in Germany. Energy Policy Nr. 2011

9. Wietschel M, Arens M, Dötsch C et al. (Hrsg.) (2010): Energietechnologien 2050 – Schwerpunkte für Forschung und Entwicklung: Technologiebericht. Fraunhofer Verlag, Stuttgart

10. Directorate-General for Energy of the European Commission (DG ENER) (2013): The future role and challenges of Energy Storage. Working Paper, Brussels, http://ec.europa.eu/energy/infrastructure/doc/energy-storage/2013/energy_storage.pdf, zugegriffen 20.10.2014

11. Brody R (2013): Isothermal CAES: Fuel-free, site-flexible compressed air energy storage for renewables integration and T&D substitution. Vortrag auf dem 3. VDI-Fachkongress für die Energiewende, Mainz

12. Brody R (SustainX) (2013): Persönliche Auskunft per E-Mail vom 13.06.2013

13. Crotogino F (2012): Renewable Energy Storage – Present Status of Development and Outlook. Vortrag anlässlich der Veranstaltung „Stockage de l'énergie en souterrain : questions de mécanique des roches en relation avec le stockage adiabatique d'air comprimé (AA-CAES)", Frankreich

Power-to-Gas

Julia Michaelis und Fabio Genoese

Der Begriff „Power-to-Gas" bezeichnet das Konzept, Strom in einen gasförmigen Energieträger zu überführen, der sich in großen Mengen und über einen langen Zeitraum speichern lässt. Dieser Energieträger kann entweder Wasserstoff sein, der mittels Elektrolyse aus Wasser und Strom gewonnen wurde, oder Methan, das durch die Methanisierung von Wasserstoff und Kohlendioxid entsteht. Im zweiten Fall spricht man dann von synthetischem Erdgas oder SNG (englische Abkürzung für „Synthetic Natural Gas" bzw. „Substitute Natural Gas"). Aufgrund der größeren Speicherkapazität des Erdgasnetzes im Vergleich zum Stromnetz, ist zur Speicherung großer Gasmengen die Einspeisung des produzierten Synthesegases ins Erdgasnetz vorgesehen. Da es sowohl für die Beimischung von Wasserstoff ins Erdgasnetz als auch für dessen Nutzung in erdgasgefeuerten Stromerzeugungsanlagen Grenzen für den Wasserstoffanteil gibt, wird für die breite Nutzung die Methanisierung des Wasserstoffs angestrebt. Das synthetische Erdgas kann unbegrenzt ins Gasnetz eingespeist werden, solange die Speicherkapazität des Netzes ausreicht.

12.1 Technologiebeschreibung

12.1.1 Funktionale Beschreibung

Power-to-Gas kann als konzeptionelle Erweiterung eines Wasserstoffspeicherkraftwerks verstanden werden. Nach Müller-Syring et al. (2013) besteht eine Power-to-Gas-Anlage aus Transformator, Gleichrichter, Elektrolyseur inkl. Nebenanlagen, ggf. einer Methanisierung, Verdichter, Speicher und Stichleitungen für das Synthesegas [1]. Die wichtigsten Bestandteile, zu denen auch der größte Forschungsbedarf besteht, sind hierbei der Elek-

Julia Michaelis ✉ · Fabio Genoese
Fraunhofer-Institut für System- und Innovationsforschung ISI, Karlsruhe, Deutschland
url: http://www.isi.fraunhofer.de

© Springer Fachmedien Wiesbaden 2015   229
M. Wietschel et al. (Hrsg.), *Energietechnologien der Zukunft*,
DOI 10.1007/978-3-658-07129-5_12

trolyseur und die Methanisierung. Die restlichen Komponenten werden bereits im Strom- und Gasnetz eingesetzt, sodass hierzu Erfahrungen vorhanden sind. Die unterschiedlichen Arten der Elektrolyse werden in der Beschreibung des Wasserstoffspeicherkraftwerks in Kap. 13 erläutert. Bei der Methanisierung werden grundsätzlich katalytische und biologische Verfahren unterschieden. Da für die Methanisierung in jedem Fall CO_2 benötigt wird, ist neben der Wasserstoffproduktion auch die CO_2-Quelle von Relevanz.

12.1.1.1 Methanisierungsverfahren

Katalytische Methanisierung

Im sog. Sabatier-Prozess wird Wasserstoff in SNG umgewandelt:

$$\text{Sabatier-Prozess: } 4\,H_2 + CO_2 \leftrightarrow CH_4 + 2\,H_2O$$

Es handelt sich um eine Kombination einer sog. „Reverse Water-Gas-Shift"-Reaktion und einer CO-Methanisierung:

$$\text{Reverse Water-Gas-Shift: } \quad H_2 + CO_2 \leftrightarrow CO + H_2O$$
$$\text{CO-Methanisierung: } \quad 3\,H_2 + CO \leftrightarrow CH_4 + H_2O$$

Die Reaktion verläuft stark exotherm, sodass eine effiziente Abfuhr der Reaktionswärme von großer Bedeutung ist, da sich das Reaktionsgleichgewicht ansonsten in Richtung der Edukte verschiebt. Die Reaktionstemperatur eines Methanisierungsprozesses liegt üblicherweise bei knapp 400 °C [2]. Eine Initialisierung der Reaktion ist erst ab ca. 350 °C möglich. Bei diesen Temperaturen sind im produzierten Gasgemisch weiterhin CO_2 und H_2 enthalten.

Man unterscheidet bei den katalytischen Verfahren zwei Gruppen: 2-Phasen- und 3-Phasen-Systeme [3]. Zur ersten Gruppe gehören Festbett- und Wirbelschichtreaktoren. Sie weisen einen festen Katalysator auf, während das Eduktgemisch (CO_2 und H_2) gasförmig ist. Zur zweiten Gruppe zählt man Blasensäulenreaktoren. Diese Reaktoren bestehen aus einem festen Katalysator, der in einem mineralischen Öl aufgeschwemmt und fluidisiert wird, sowie einem gasförmigen Eduktgemisch.

Bei einem Festbettreaktor durchströmt das Gasgemisch eine große Menge von Katalysatorpellets, die nur wenige Millimeter groß sind (sog. Festbett). Dieser relativ einfache Aufbau ist der wesentliche Vorteil dieses Reaktortyps. Die Wärmeableitung ist hingegen ungleichmäßig, sodass es zu Hot Spots kommen kann. Man platziert i. d. R. mehrere Festbettreaktoren mit einer dazwischenliegenden Kühlung in Reihe, um Überhitzungen zu vermeiden [4]. Lastwechsel (d. h. eine schwankende Zufuhr des Eduktgemischs) sind nur eingeschränkt möglich.

Ein Wirbelschichtreaktor ist ähnlich aufgebaut, verwendet jedoch wesentlich kleinere Katalysatorpellets. Das durchströmende Gasgemisch wirbelt diese Partikel auf und fluidisiert sie, wodurch die Wärmeabfuhr erleichtert wird. Dadurch erhöht sich jedoch auch die mechanische Belastung, sodass die Partikel zerstört werden können. Zudem ist der Teillastbereich eingeschränkt, da die Fluidisierung einen minimalen Gasstrom benötigt [3]. Auch Lastwechsel sind nur eingeschränkt möglich.

Bei einem Blasensäulenreaktor werden ebenfalls feste Katalysatorpartikel eingesetzt. Das Gasgemisch durchströmt die flüssige Phase aus den Katalysatorpartikeln und dem wärmeleitenden Öl und erzeugt dabei eine Blasensäule. Das Konzept bietet den Vorteil einer hohen Wärmeableitung und einer hohen Flexibilität bzgl. des Gasstroms [3].

Biologische Methanisierung

Bei der biologischen Methanisierung erfolgt die Umwandlung nach der gleichen Reaktionsgleichung wie bei der katalytischen Methanisierung. Jedoch werden statt eines Katalysators biologische Stoffwechselprozesse von Bakterien genutzt, die im mesophilen (20 bis 45 °C) bzw. thermophilen (45 bis 80 °C) Temperaturbereich ablaufen [5]. Das niedrigere Temperaturniveau ist ein großer Vorteil gegenüber den katalytischen Verfahren, da somit die Probleme der Wärmeabfuhr entfallen.

12.1.1.2 CO$_2$-Quellen

CO$_2$ kann entweder direkt aus der Atmosphäre gewonnen werden oder man nutzt den CO$_2$-Strom von biogenen oder fossilen Umwandlungsprozessen. Die Kosten pro abgeschiedener Tonne CO$_2$ können nur indikativ angegeben werden, da diese vom jeweiligen Umwandlungsprozess, den rechtlichen Rahmenbedingungen und der jeweiligen Anlage abhängig sind. Genauere Informationen hierzu sind dem Kap. 5 zur Abscheidung und Speicherung von CO$_2$ zu entnehmen. Kostenabschätzungen für Verfahren zur CO$_2$-Abscheidung finden sich in Trost et al. (2012) [6].

Bei der Verbrennung von fossilen Energieträgern entsteht CO$_2$. Sofern es aus dem Rauchgas abgeschieden wird, kann es für die Methanisierung verwendet werden [6]. Aufgrund der rechtlichen Rahmenbedingungen ist diese Option derzeit nicht empfehlenswert, da das erzeugte SNG in dem Fall nicht als Biogas gewertet wird. Auch kostenseitig ist dieser Pfad wenig attraktiv, da für CO$_2$ aus fossilen Quellen spätestens bei Verbrennung des Synthesegases CO$_2$-Zertifikate erworben werden müssten.

Wird eine biogene CO$_2$-Quelle für die Methanisierung (sowie regenerativ erzeugter Strom für die Elektrolyse) verwendet, gilt das erzeugte SNG rechtlich als Biogas. Daher bieten sich Biogasanlagen als CO$_2$-Quellen an. Biogas besteht zu 50 bis 75 % aus Methan und zu 25 bis 50 % aus CO$_2$ [7]. In Biomethananlagen wird das CO$_2$ aus dem Biogasgemisch entfernt, um das resultierende Gas ins Gasnetz einspeisen zu können [8]. Für das zurückbleibende hochkonzentrierte CO$_2$ gibt es derzeit keine Verwendung, sodass es üblicherweise in die Atmosphäre entlassen wird. Daher kann es im Grunde genommen kostenlos für die Methanisierung verwendet werden, wobei sich weiterhin Spurstoffe im CO$_2$ befinden können, die eine weitere Gasaufbereitung erforderlich machen. Alternativ kann das Biogasgemisch nach einer Vorreinigung für die Methanisierung auch direkt genutzt werden. Dazu wird das Methan/CO$_2$-Gasgemisch gemeinsam mit dem Wasserstoff aus der Elektrolyse in die Methanisierung geleitet, wodurch ein einspeisefähiger Methanstrom erzeugt werden kann [6].

80 von 7215 Biogasanlagen in Deutschland waren im Jahr 2011 Biomethananlagen [9] und speisten 275 Mio. Nm^3 Biomethan ins Erdgasnetz ein. Hierzu wurde eine CO_2-Menge von 160 Mio. Nm^3 abgeschieden. Damit könnten pro Biomethananlage theoretisch bis zu 41 GWh Strom bzw. bei Verwendung des CO_2 aller Biomethananlagen bis zu 3,3 TWh Strom in SNG umgewandelt werden. Für Pilotanlagen mag diese Menge ausreichend sein. Schlussfolgern lässt sich allerdings auch, dass mit dieser Strommenge pro Biomethananlage lediglich Elektrolyseurleistungen im ein- bis zweistelligen Megawattbereich realisiert werden können. Für große, zentrale Power-to-Gas-Anlagen im dreistelligen Megawattbereich müsste das CO_2 aus verschiedenen Biomethananlagenstandorten zugeführt werden. Aus der Produktion der übrigen Biogasanlagen kann ein Umwandlungspotenzial von rund 61 TWh Strom abgeleitet werden. Zu berücksichtigen ist, dass es sich hierbei um Tausende von Kleinanlagen handelt, neben die Tausende von kleinen Power-to-Gas-Anlagen errichtet werden müssten, um dieses Potenzial vollständig zu erschließen.

Eine weitere CO_2-Quelle ist die Atmosphäre. Hierdurch methanisierter Wasserstoff gilt rechtlich ebenfalls als Biogas. Zur Abtrennung von CO_2 aus der Umgebungsluft bieten sich vor allem Absorptionsverfahren wegen ihres verhältnismäßig niedrigen Energiebedarfs an. Dennoch sinkt der Wirkungsgrad der Power-to-Gas-Anlage im Mittel um ca. 15 Prozentpunkte, da die CO_2-Gewinnung aus der Luft im Vergleich zu den biogenen CO_2-Quellen mit hohem technischem und energetischem Aufwand verbunden ist [10].

12.1.2   Status quo und Entwicklungsziele

Die Methanisierung wurde vor dem Hintergrund der Ölkrise in den 1970er-Jahren zur industriellen Reife gebracht, konnte sich kommerziell allerdings nicht durchsetzen. In den 1970er- und 1980er-Jahren wurden verschiedene Pilotanlagen realisiert [3]. Der am häufigsten ausgeführte Reaktor war dabei der Festbettreaktor. Erst seit wenigen Jahren werden neue Methanisierungsanlagen realisiert, die regenerativ erzeugten Wasserstoff umwandeln sollen. So betreibt bspw. die Firma SolarFuel GmbH seit 2009 einen 2-stufigen Festbettreaktor, der einen Katalysator auf Nickelbasis verwendet. Der Reaktor wurde in Zusammenarbeit mit dem Zentrum für Sonnenenergie- und Wasserstoffforschung Baden-Württemberg (ZSW) geplant und realisiert [11]. Die Anschlussleistung des Elektrolyseurs beträgt hier 25 kW, wobei sich eine Anlage mit zehnfacher Anschlussleistung seit 2012 in Bau befindet. Pilotanlagen von Wirbelschicht- und Blasensäulenreaktoren wurden seit den 1980er-Jahren nicht mehr errichtet. Die DVGW-Forschungsstelle am Engler-Bunte-Institut des Karlsruher Instituts für Technologie forscht aktuell am Blasensäulenreaktorkonzept. Ziel ist es, insbesondere die Modulierbarkeit und den Teillastbetrieb des Systems zu verbessern [3].

Biologische Reaktoren werden derzeit im Labormaßstab erforscht. Tabelle 12.1 fasst das Entwicklungsstadium der verschiedenen Methanisierungsverfahren zusammen.

Tab. 12.1 Entwicklungsstadium verschiedener Methanisierungsverfahren (Status quo)

	Kommerziell	Demonstration	F&E	Ideenfindung
Festbettreaktor		X		
Wirbelschichtreaktor			X	
Blasensäulenreaktor			X	
Biologischer Reaktor				X

12.1.3 Technische Kenndaten

12.1.3.1 Methanisierung

Hinsichtlich des Wirkungsgrads unterscheiden sich die katalytischen Methanisierungskonzepte nur geringfügig voneinander, da in allen Verfahren die gleiche chemische Reaktion abläuft. Für die heutigen Pilotanlagen werden Wirkungsgrade von 75 bis 80 % angegeben. Mittel- bis langfristig erwartet man eine Steigerung auf 80 bis 85 % [1, 12, 14]. Erreicht werden soll die Steigerung durch eine verbesserte Abwärmenutzung. Bei Blasensäulenreaktoren kann der energetische Wirkungsgrad bei vorteilhafter Nutzung auf einem Temperaturniveau von über 200 °C und bei einer anteiligen Direkteinspeisung von Wasserstoff noch weiter gesteigert werden [21].

Ein Teillastbetrieb ist in allen Verfahren schwer zu realisieren, da die Flexibilität hinsichtlich des Eduktgasstroms (H_2) stark begrenzt ist. Für Festbett- und Wirbelschichtreaktoren wird deshalb ein Wasserstoffspeicher als Puffer vorgeschaltet. Blasensäulenreaktoren sind etwas flexibler. Ein Teillastbetrieb bei 50 % für mehrere Stunden ist möglich bei nahezu isothermem Betrieb [12]. Dadurch kann der vorgeschaltete Wasserstoffspeicher kleiner dimensioniert werden.

Aufgrund des frühen Entwicklungsstadiums der biologischen Methanisierung können hierzu keine technischen Kenndaten angegeben werden.

12.1.3.2 Gesamtsystem

Für das Power-to-Gas-Kraftwerk (Elektrolyse, Speicherung, Methanisierung, Rückverstromung) ergeben sich die in Tab. 12.2 gezeigten Gesamtwirkungsgrade mit und ohne Rückverstromungseinheit. Da die meisten Reaktorkonzepte nur bedingt flexibel bzgl. des H_2-Gasstroms sind, wird davon ausgegangen, dass ein H_2-Pufferspeicher benötigt wird. Durch die Kompression des Gases bzw. die Versorgung der Aggregate entstehen geringfügige Verluste.

Die Angaben in Tab. 12.2 beziehen sich auf einen Volllastbetrieb, d. h., Wirkungsgradverlust durch einen Teillastbetrieb sind nicht einberechnet. Zu berücksichtigen ist weiterhin, dass eine niedrige Auslastung des Gesamtsystems dazu führt, dass die Methanisierungsanlage durch externe Wärmezufuhr auf Temperatur gehalten werden muss. Hierdurch sinkt der Gesamtwirkungsgrad.

Tab. 12.2 Wirkungsgrade des Gesamtsystems

	Gesamtwirkungsgrad (%)		
	Heute	2025	2050
Ohne Rückverstromung: AEL-Speicherung-Methanisierung	46–53	53–55	67
Mit Rückverstromung: AEL-Speicherung-Methanisierung-GuD-Kraftwerk	27–32	32–33	40
Mit Rückverstromung: AEL-Speicherung-Methanisierung-Gasturbine	18–21	21–22	27

Unterschieden wird zwischen folgenden Systemen:

- Alkalische Elektrolyse (AEL) – Speicherung im Druckgasbehälter – Methanisierung – Gas- und Dampfkraftwerk (GuD-Kraftwerk),
- Alkalische Elektrolyse (AEL) – Speicherung im Druckgasbehälter – Methanisierung – Gasturbine.

Ein Gesamtwirkungsgrad von 40 % ist demnach erst 2050 zu erwarten, sofern das SNG in einem GuD-Kraftwerk (siehe hierzu auch Abschn. 4.1.1.2) rückverstromt wird. Erfolgt die Rückverstromung mit einer Gasturbine, gehen mittel- bis langfristig aufgrund des schlechteren Wirkungsgrades der Turbine sogar 70 bis 80 % der eingesetzten elektrischen Energie durch die Um- und Rückumwandlungsprozesse verloren.

Betrachtet man die Umwandlungskette nur bis zum Produkt SNG, ergeben sich höhere Wirkungsgrade, siehe Tab. 12.2. Die Verluste betragen aktuell rund die Hälfte und langfristig rund ein Drittel der eingesetzten elektrischen Energie.

12.2 Zukünftige Anforderungen und Randbedingungen

12.2.1 Gesellschaft

Die Akzeptanz von Power-to-Gas-Konzepten seitens der Gesellschaft dürfte sich kaum von Wasserstoffspeicherkraftwerken unterscheiden. Die zusätzliche Komponente für den Methanisierungsschritt erfordert zwar CO_2, das jedoch vor Ort umgesetzt und nicht gespeichert werden soll. Da bisher noch keine großskaligen Wasserstoffspeicher in Deutschland gebaut wurden, konnten hier bisher keine Erfahrungen bzgl. der Akzeptanz der Technologie gesammelt werden. Studien zur Akzeptanz von Wasserstoff im Verkehr ergaben, dass dem Energieträger Wasserstoff ein überwiegend positives Image anhaftet, aber auch ein hoher Informationsbedarf bei der Bevölkerung existiert [13].

12.2.2 Kostenentwicklung

Zu den spezifischen Investitionen der Methanisierungskomponente existieren derzeit keine dedizierten Angaben. Sterner (2009) gibt an, dass sich die spezifischen Investitionen bei einer heutigen Demonstrationsanlage von 5 bis 10 MW$_{el}$ für das Gesamtsystem (ohne Rückverstromungseinheit) auf bis zu 2000 Euro/kW$_{el}$ belaufen [10]. Geht man von 1000 Euro/kW$_{el}$ für den Elektrolyseur aus, verbleiben bis zu 1000 Euro/kW$_{el}$ für die Methanisierungsanlage und den H$_2$-Pufferspeicher. Als heutiger Richtwert gilt demnach, dass für die Methanisierungsanlage und den H$_2$-Pufferspeicher ähnliche spezifische Investitionen notwendig sind wie für den Elektrolyseur. Nach 2020 wird eine Reduktion der Ausgaben auf 1000 Euro/kW$_{el}$ als möglich erachtet, wenn bis dahin Power-to-Gas-Anlagen kommerziell in Größenordnungen von 20 bis 200 MW$_{el}$ betrieben werden [10].

12.2.3 Politik und Regulierung

Für die Einspeisung ins Gasnetz ist zunächst die Einstufung des Synthesegases von Bedeutung: Gemäß § 3 Abs. 10c des Energiewirtschaftsgesetzes (EnWG) 2011 gilt synthetischer Wasserstoff und synthetisches Methan als Biogas, „wenn der zur Elektrolyse eingesetzte Strom und das zur Methanisierung eingesetzte Kohlendioxid oder Kohlenmonoxid jeweils nachweislich weit überwiegend aus erneuerbaren Energiequellen im Sinne der Richtlinie 2009/28/EG stammen". Damit gelten die privilegierten Vorschriften für Biogas der Gasnetzzugangsverordnung (GasNZV) und der Gasnetzentgeltverordnung (GasNEV) auch für die von Power-to-Gas-Anlagen produzierten Gase. Dies bedeutet nach § 33 GasNZV sowie § 20a GasNEV, dass der Gasnetzbetreiber die Netzanschlusskosten trägt, dass dieses Gas vorrangig eingespeist werden muss, und dass aufgrund von vermiedenen Netzentgelten die Einspeisung pauschal mit 0,7 Cent pro Kilowattstunde Biogas vergütet wird.

Technische Randbedingungen für die Einspeisung sind in den Regelwerken des DVGW (Deutscher Verein des Gas- und Wasserfaches e. V.) festgelegt. Von Relevanz sind die Arbeitsblätter G 260 (Gasbeschaffenheit) und G 262 (Nutzung von Gasen aus regenerativen Quellen in der öffentlichen Gasversorgung). Der Brennwert des Synthesegases muss mindestens 8,4 kWh/m^3 betragen. Zudem wird ein Mindestmethangehalt von 95 mol-% (H-Gas) bzw. 90 mol-% (L-Gas) gefordert. Das Restgas besteht aus einem Gemisch von CO, CO$_2$ und H$_2$. Der Wasserstoffanteil ist nach Arbeitsblatt 262 auf 5 % beschränkt. Der DVGW hat im Rahmen der Innovationsoffensive zur Energiespeicherung eine Studie in Auftrag gegeben, die die Wasserstofftoleranz des deutschen Erdgasnetzes untersuchen soll. Demnach gelten Wasserstoffbeimischungen von bis zu 50 Vol.-% hinsichtlich einer möglichen Schädigung der Rohrleitungen als unkritisch [14, 15]. Die H$_2$-Permeation im Rohrnetz ist vernachlässigbar, energetische Verluste durch Leckagen werden durch die Zumischung von Wasserstoff sogar vermindert. Der Transport und die Verteilung von größeren Mengen Wasserstoff im Erdgasnetz sind somit technisch gesehen handhabbar.

Auf der Verbraucherseite gilt es zwischen Anwendungen zu differenzieren, die unterschiedliche Wasserstofftoleranzgrenzen aufweisen. Die folgenden Angaben basieren auf

Müller-Syring et al. (2013) [1], sofern keine andere Quelle vermerkt ist. Gasherde werden demnach durch H_2-Beimischungen von bis zu 10 Vol.-% nicht beeinträchtigt. Für Erdgasfahrzeuge (und damit letztlich auch für Tankstellen, die ans Erdgasnetz angeschlossen sind) ist der H_2-Anteil gemäß DIN 51624 auf max. 2 Vol.-% beschränkt. Sicherheitstechnisch liegt die Grenze bei 20 Vol.-%. Eine H_2-Beimischung von bis zu 8 Vol.-% wirkt sich sogar positiv auf die Verbrennung im Ottomotor aus [14, 15]. Sehr kritisch wird eine erhöhte H_2-Konzentration im Brenngas für Gasturbinen gesehen. Obwohl es Gasturbinen gibt, die sich für einen Betrieb mit Mischgas eignen, ist die überwiegende Zahl der in bestehenden Kraftwerken verbauten Gasturbinen maximal für einen H_2-Anteil von bis zu 2 Vol.-% ausgelegt. Bei den vorhandenen Gasspeichern muss zwischen Kavernen- und Porenspeichern unterschieden werden: Für eine Beimischung von bis zu 55 Vol.-% H_2 wird bei ersteren vorrangig ein Anpassungs- und Regelbedarf gesehen, während bei letzterem Speichertyp die Auswirkungen einer Beimischung erst grundlegend untersucht werden müssten. Unter dem derzeitigen Kenntnisstand wird von einer Beimischung abgeraten. Der begrenzende Faktor für die Einspeisung größerer Mengen H_2 ins Erdgasnetz wird demnach die Verbraucherseite sein.

Des Weiteren gelten dieselben Bestimmungen wie bei einem Wasserstoffspeicherkraftwerk, d. h. insbesondere eine Befreiung von Stromnetzentgelten für den Elektrolysestrom in den ersten 20 Jahren nach der Inbetriebnahme der Anlage.

12.2.4 Marktrelevanz

Power-to-Gas hebt sich von anderen Speicherkonzepten dahingehend ab, dass eine Nutzung des Zwischenprodukts, d. h. Wasserstoff oder SNG, im Vordergrund steht, und nicht die Rückverstromung. Somit ist das Ausnutzen von Preisschwankungen am Strommarkt nur eine Möglichkeit, Erlöse zu erzielen. Dies macht die Wirtschaftlichkeit der Systeme weniger abhängig von Preisspannen am Strommarkt als von der Entwicklung der Gaspreise. Grundvoraussetzung für einen wirtschaftlichen Betrieb ist – wie bei allen Speichern – eine hohe Auslastung. Diese Anforderung ergibt sich aufgrund der hohen Kapitalintensität der Systeme. Weitere Erlösmöglichkeiten könnten sich durch die Teilnahme am Regelenergiemarkt ergeben. Aufgrund der flexiblen Fahrweise der Elektrolyse können die Präqualifikationskriterien für Regelenergieprodukte erfüllt werden, sodass eine Bereitstellung von Regelenergie möglich ist. Berücksichtigt werden muss jedoch, dass das Marktvolumen für Regelenergie begrenzt ist und es neben Power-to-Gas weitere Technologien gibt, die ebenfalls an dem Markt teilnehmen könnten [22].

Das Power-to-Gas-Konzept wird als Möglichkeit der Langzeitspeicherung von regenerativ erzeugtem Strom gesehen, um so bspw. wochen- oder monatelange Schwachwindphasen zu überbrücken. Im Gasnetz werden jährlich ca. 1000 TWh transportiert, was etwa doppelt so viel ist wie die transportierte Menge von 540 TWh im Stromnetz. Zwanzig Prozent des jährlichen Gasabsatzes werden im Untergrund gespeichert, wobei dieser Wert bis 2030 auf 30 % ansteigen soll [14]. Für Wasserstoff beträgt die jährliche Aufnahmekapazität bei Einhaltung des 5 Vol.-%-Grenzwerts 16,6 bis 23,1 TWh Strom [15]. Dabei wurde ein Elektrolysewirkungsgrad von 65 % unterstellt. Zu beachten ist, dass die Aufnahmefähigkeit stark von der Netzebene abhängt. Im örtlichen Verteilnetz kann es leicht zu einem Überschreiten des 5 Vol.-%-Grenzwerts kommen, da die Fließrichtung nicht immer konstant ist. Hier empfiehlt sich die Einspeisung von SNG. Eine Einspeisung von H_2 bietet sich hingegen an, wenn diese direkt in Hochdrucktransportleitungen erfolgen kann. Grundsätzlich ist die direkte Einspeisung von Wasserstoff bis zur erlaubten bzw. realisierbaren Einspeisegrenze der Einspeisung von SNG vorzuziehen, da ansonsten zusätzliche Umwandlungsverluste auftreten.

Bemerkenswert ist, dass Power-to-Gas fast ausschließlich in Deutschland eine Rolle in der energiepolitischen Diskussion spielt. Während Projekte zur Nutzung von regenerativ erzeugtem Strom zur Wasserstoffproduktion europaweit verfolgt werden, wird nur in Deutschland die Einspeisung ins Gasnetz ernsthaft diskutiert. Erste Projekte wurden bereits angestoßen, die Gas, das mit erneuerbarem Strom hergestellt wird, zum Kauf anbieten, z. B. „Windgas" von Greenpeace Energy [23] oder „e-gas" von der Audi AG [24]. Ein Grund dafür, dass die Diskussion insbesondere in Deutschland erfolgt, ist der zunehmende Anteil fluktuierender erneuerbarer Energiequellen an der Stromerzeugung, der einen steigenden Bedarf an flexiblen Energietechnologien mit sich bringt. Bei hohen Anteilen der erneuerbaren Energien könnte der Einsatz von Speichertechnologien erforderlich werden, die einen saisonalen Ausgleich von Stromschwankungen ermöglichen. Zudem sind insbesondere in den windreichen Gebieten Norddeutschlands Salzkavernen vorhanden, die für die Gasspeicherung geeignet sind. Die vergleichsweise gut ausgebaute Erdgasinfrastruktur in Deutschland bietet außerdem gute Rahmenbedingungen für die stärkere Nutzung von Gas. Die anderen Projekte beschränken sich hingegen auf eine lokale Nutzung des Wasserstoffs, bspw. zur Vermeidung von Lastspitzen oder als Backup in Gebieten, in denen häufig Netzengpässe auftreten. Beispielhaft hierfür sei das Projekt MYRTE („mission hydrogen-renewable for the integration to the electric network") auf Korsika genannt. Neben einem 560 kW PV-Anlagenpark wird hier ein 200 kW_{el}-Elektrolyseur und eine 200 kW-Brennstoffzelle betrieben [16].

Die theoretische Möglichkeit der Langzeitspeicherung von regenerativ erzeugtem Strom in Form von SNG steht außer Frage. Die technische Machbarkeit wird aktuell in verschiedenen Pilotprojekten untersucht. Ob sich das Konzept am Markt durchsetzen kann, hängt wesentlich von ökonomischen Faktoren wie der Entwicklung des Gaspreises sowie der spezifischen Investitionen ab. Bleibt ein starker Anstieg der Gaspreise aus, ist die Überbrückung von Windflauten und Schwachwindphasen mit der Verstromung von nicht-regenerativ erzeugtem Erdgas kostengünstiger. Dieser Sachverhalt ist in Abb. 12.1 verdeutlicht. In der Grafik sind die Stromgestehungskosten eines GuD-Kraftwerks in Abhängigkeit seiner Auslastung dargestellt. Unterschieden werden drei Fälle:

1. 270 MW GuD-Anlage, erdgasgefeuert, zu heutigen und möglichen zukünftigen Gas-
   und CO_2-Preisen (2030) – schwarz dargestellt,

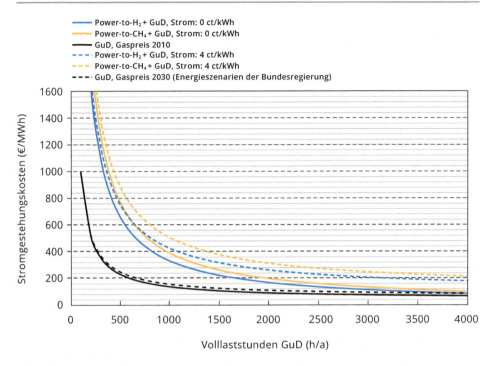

Abb. 12.1 Stromgestehungskosten einer GuD-Anlage. (Mit freundlicher Genehmigung von © Fraunhofer ISI 2013, All Rights Reserved)

2. 500 MW_{el} Elektrolyse, 350 MW_{H2} Methanisierung, 270 MW GuD-Anlage (SNG-gefeuert), Elektrolysestrom zu 0 und 4 ct/kWh – orange dargestellt,
3. 500 MW_{el} Elektrolyse, 350 MW_{H2} GuD-Anlage (H_2-gefeuert), Elektrolysestrom zu 0 und 4 ct/kWh – blau dargestellt.

Die Systemauslegung orientiert sich an der Studie „Integration von Wind-Wasserstoff-Systemen in das Energiesystem" [17]. Die angenommene spezifische Investition beläuft sich auf 800 Euro/kW für die GuD-Anlage, 900 Euro/kW für die Elektrolyse und 350 Euro/kW für die Methanisierung sowie 8 Euro/kWh für den H_2-Speicher. Die Gaspreise wurden mit 21 Euro/MWh für 2010 und 27 Euro/MWh für 2030 angenommen. Die CO_2-Preise wurden mit 14 Euro/t für 2010 und 38 Euro/t für 2030 angesetzt [18]. Erkennbar ist, dass die Power-to-Gas-Systeme nur bei einer hohen Auslastung und kostenlosem Elektrolysestrom in den Bereich der Stromgestehungskosten von GuD-Anlagen kommen, die erdgasgefeuert sind. Eine Auslastung der GuD-Anlage im Bereich von 3500 h/a erfordert aber aufgrund der Umwandlungsverluste eine Auslastung des Elektrolyseurs von rund 5000 h/a. Es ist jedoch kaum zu erwarten, dass am Strommarkt an 5000 h/a ein Markträumungspreis von 0 Euro/MWh vorliegt. Für den Fall, dass der Elektrolysestrom nicht kostenlos ist, sondern zu 4 ct/kWh eingekauft werden muss, erreichen die Power-to-

Gas-Systeme auch bei hohen Auslastungen nicht mehr die Stromgestehungskosten einer konventionellen GuD-Anlage. Unter diesen Rahmenbedingungen – d. h. einem moderaten Anstieg der Gas- und CO_2-Preise und bei einer vorrangigen Verwendung von SNG im Stromsektor – ist die Rückverstromung im Konzept Power-to-Gas auch zukünftig am Markt nicht konkurrenzfähig.

12.2.5 Mögliche Wechselwirkungen mit anderen Technologien

Wie für alle Energiespeichertechnologien gilt, dass der Speicherbedarf des zukünftigen Energiesystems stark davon abhängt, welche Ausbauziele für regenerative Energien erreicht werden sollen, ob die Pläne zum Netzausbau umgesetzt werden können und welche anderen Flexibilitätsoptionen zur Integration erneuerbarer Energien zur Verfügung stehen. Flexibilität kann auch durch konventionelle Kraftwerke und steuerbare Lasten bereitgestellt werden. Insbesondere ein schleppender Stromnetzausbau, der einen Anstieg überschüssiger regenerativer Strommengen verursacht, begünstigt den Einsatz von Energiespeichern.

Hinsichtlich des Strom-zu-Strom-Wirkungsgrades sind Wasserstoffspeicherkraftwerke und die Power-to-Gas-Konzepte gegenüber anderen Speichertechnologien benachteiligt, ohne dass derzeit Kostenvorteile entstehen. Sofern nicht Strommengen in der Größenordnung von Terrawattstunden gespeichert werden sollen oder anderweitiger Bedarf für das erzeugte Synthesegas besteht, wird aufgrund des geringen Wirkungsgrads die Rückverstromung des synthetischen Gases voraussichtlich nicht wirtschaftlich sein. Die direkte Nutzung des Wasserstoffs bzw. synthetischen Methans in der Industrie oder zukünftig möglicherweise im Verkehr wäre der Rückverstromung vorzuziehen. Allerdings konkurriert Power-to-Gas auch hier mit Erdgas und Wasserstoff, der z. B. durch Erdgasreformierung oder Kohle- bzw. Biomassevergasung hergestellt wurde.

12.2.6 Game Changer

Ein zentrales Ziel der deutschen und europäischen Klimapolitik ist der Ausbau erneuerbarer Energien, um den Ausstoß von CO_2-Emissionen zu verringern. Damit verbunden sind ein Anstieg fluktuierender Stromerzeugung und ein potenzieller Speicherbedarf. Eine Abkehr von den Ausbauzielen wirkt sich negativ auf den Speicherbedarf aus.

Umgekehrt begünstigt die Vorgabe eines strikten Ziels von einer Stromversorgung, die zu 100 % auf regenerativen Energien beruht und in der jede erzeugte Kilowattstunde integriert werden soll, die Realisierung von Speicherkonzepten. Der Einsatz von Speichern, die große Mengen über lange Zeiträume speichern können, wie Wasserstoffspeicher und Power-to-Gas, würde in diesem Fall wahrscheinlicher werden.

Auch eine politisch vorgegebene Dekarbonisierung des Verkehrssektors durch Wasserstoff bzw. SNG aus regenerativen Quellen würde sich positiv auf den Bedarf derartiger

Konzepte auswirken. Die Verwendung von Wasserstoff als emissionsfreier Endenergieträger im Verkehr wird bspw. in Wietschel und Bünger (2010) [19] diskutiert. Der zusätzliche Bedarf aus dem Verkehrssektor würde die Auslastung von Elektrolyseuren wesentlich erhöhen, sodass letztlich die vergleichsweise hohe Investitionssumme für derartige Systeme auf mehr Betriebsstunden umgelegt werden kann.

12.3 Technologieentwicklung

12.3.1 Entwicklungsziele

Die Strategieplattform „Power to Gas" hat in drei Thesenpapieren die Herausforderungen und Ziele hinsichtlich der Technik, Wirtschaftlichkeit und der Standortfaktoren für Power-to-Gas-Anlagen herausgearbeitet [20]. Im Fokus stehen hierbei die Erforschung und Festlegung von Grenzwerten für die H_2-Beimischung ins Erdgasnetz, die Systemeinbindung sowie die Steigerung von Dynamik, Lebensdauer und Effizienz und die Senkung der spezifischen Investitionen. Durch die Förderung von Demonstrationsanlagen sollen Betriebserfahrungen gesammelt und mögliche Geschäftsmodelle identifiziert werden. Dabei wird empfohlen, die Anlagenstandorte in Nähe der regenerativen Erzeuger zu wählen.

12.3.2 F&E Bedarf und kritische Entwicklungshemmnisse

Bei den katalytischen Methanisierungsverfahren besteht vor allem ein verfahrenstechnischer F&E-Bedarf. Die Realisierung größerer Anlagen muss erprobt werden, insbesondere ihre Stabilität gegenüber Veränderungen der Eduktgaszufuhr. Durch Fortschritte im Teillastverhalten kann der H_2-Pufferspeicher kleiner dimensioniert werden, sodass die Gesamtkosten des Systems sinken. Zur Steigerung des Wirkungsgrades müssen verbesserte Konzepte für die Abwärmenutzung entwickelt werden. Außerdem gilt es für Blasensäulenreaktoren, die Temperaturstabilität des Wärmeträgerfluids zu verbessern [12].

Untersuchungsbedarf besteht zudem bzgl. der direkten Einspeisung von Wasserstoff ins Erdgasnetz. Die direkte Einspeisung von Wasserstoff ist der Einspeisung von SNG vorzuziehen, da dadurch die Umwandlungsverluste bei der Methanisierung vermieden werden können. Dazu muss die Einspeisegrenze ermittelt und wenn möglich ausgeweitet werden, um eine bedenkenlose Wasserstoffeinspeisung zu gewährleisten.

Als durchaus kritisch ist die kostengünstige Verfügbarkeit großer CO_2-Mengen zu sehen. Heutige Biomethananlagen können problemlos Pilotprojekte mit ausreichend CO_2 versorgen, die in der Nähe einer solchen Biogasanlage realisiert werden. Großtechnische Speicher mit Elektrolyseuren im dreistelligen Megawattbereich benötigen jedoch größere CO_2-Mengen. Will man nur biogene CO_2-Quellen verwenden, was nach heutiger Rechtslage zu empfehlen ist, muss CO_2 möglicherweise von verschiedenen Biogasanlagen zur Power-to-Gas-Anlage transportiert werden. Hier besteht F&E-Bedarf bzgl. einer kostenminimalen Verteilung und Aufbereitung des biogenen CO_2.

Roadmap – Power-to-Gas

Beschreibung

- Konzeptionelle Erweiterung des Wasserstoffspeicherkraftwerks:
  - Speicherkapazität Gasnetz > Speicherkapazität Stromnetz, daher Einleitung des Synthesegases (SNG) ins Gasnetz und keine Rückverstromung und Einspeisung ins Stromnetz
  - Synthesegas: H_2 oder CH_4 (zusätzlicher Prozessschritt)
- Methanisierung angestrebt, da Beimischung von H_2 nur in Grenzen möglich ist (siehe Politik & Regulierung)
- Methanisierungsverfahren: benötigt CO_2, unflexibler Prozess ⟷ H_2-Pufferspeicher notwendig
- Guter Langzeitspeicher aufgrund der vergleichsweise hohen volumetrischen Energiedichte (höher als Pump- und Druckluftspeicher)

Entwicklungsziele

- Erhöhung des Wirkungsgrades (katalytische Methanisierung)
- Verbesserung des Teillastverhaltens (katalytische Methanisierung)
- Ausreizen/Erhöhen der Einspeisegrenze von H_2 ins Gasnetz
- Testen des maximalen Anteils von H_2 in bestehenden Anwendungen (Kraftwerke, Fahrzeugmotoren, Gasbrenner, Brennstoffzellen, Gasherde, Stirlingmotoren , BHKW etc.)
- Erschließung des biogenen CO_2-Angebots

Technologie-Entwicklung

Wirkungsgrade (%)

Methanisierung

75–80	85	90	▶

System ohne RV*

46–53	53–55	67	▶

System mit RV**

27–32	32–33	40	▶

Mindestlast der katalytischen Methanisierung (%)

Blasensäulenreaktor

100	50	50	▶

Biogenes CO_2-Angebot, Stand: 2011

Anlagenzahl mit CO_2-Abscheidung

80	▶

Stromumwandlungspotenzial bei Anlagen mit CO_2-Abscheidung

3,3 TWh insgesamt bzw. 41 GWh/Anlage (⟷ 41 MW Elektrolyseur bei 1 000 Volllaststunden)	▶

Anlagenzahl ohne CO_2-Abscheidung

7 215	▶

Stromumwandlungspotenzial bei Anlagen ohne CO_2-Abscheidung

61 TWh insgesamt bzw. 9 GWh/Anlage (⟷ 9 MW Elektrolyseur bei 1 000 Volllaststunden)	▶

heute	2025		2050	▶

* ohne Rückverstromung, System: alkalischer Elektrolyseur, H_2-Pufferspeicher, Methanisierungsanlage. Wirkungsgrade beziehen sich auf einen Betrieb unter Volllast .
** mit Rückverstromung, System: alkalischer Elektrolyseur, H_2-Pufferspeicher, Methanisierungsanlage, GuD-Kraftwerk. Wirkungsgrade beziehen sich auf einen Betrieb unter Volllast

Roadmap – Power-to-Gas

F&E-Bedarf

Verbesserte Abwärmenutzung (katalytische Methanisierung) ▶

Neue Wärmeabfuhrkonzepte (katalytische Methanisierung) ▶

Tests mit höherer H_2-Zumischung ▶

Erprobung größerer Power-to-Gas-Anlagen (MW-Klasse) mit biogenem CO_2-Strom aus Biomethan-Anlagen ▶

| heute | 5 bis 10 Jahre | ▶ |

Gesellschaft

- Geringes Akzeptanzrisiko:
  - Knallgas, ätzender Elektrolyt (AEL): etablierte Sicherheitsrichtlinien
  - CO_2 wird vor Ort umgesetzt, nicht gespeichert
- Mittleres Akzeptanzrisiko:
  - Einführungsphase Kraftstoffanwendung/hohe Aufmerksamkeit

Politik & Regulierung

- *Treiber*:
  - § 3 Abs. 10c EnWG (SNG zählt als Biogas, wenn überwiegend regenerative Quellen für Elektrolysestrom/CO_2 verwendet werden) ↔ § 33 GasNZV und § 20a GasNEV (Netzbetreiber trägt Anschlusskosten, vorrangige Einspeisung, Vergütung vermiedener Netzentgelte (0,7 ct/kWh))
  - DVGW-Arbeitsblätter G 260, G 262 (Einspeisegrenze für H_2 ins Gasnetz: 5 %)
  - (Bestehende) Anwendungen, maximaler H_2-Anteil:
    - Gasturbinen: ~2 %
    - Erdgasfahrzeuge: 2 % (DIN 51624)

Kostenentwicklung

- 1 000 bis 2 000 €/kW für Elektrolyseur und Methanisierungsanlage
- Kostensenkung durch Skaleneffekte erreichbar, Realisierung unklar, da biogenes CO_2-Angebot vor allem von kleinen Biogas-Anlagen

Marktrelevanz

- Theoretische Möglichkeit der Langzeitspeicherung vorhanden, aber aktuell kein Bedarf
- Langzeitspeicherung nicht alternativlos: Abregelung von EE-Strom und Ausgleich durch konventionelle Gaskraftwerke möglich
- Mittelfristige Marktrelevanz unsicher, abhängig von den Kosten für Power-to-Gas-Anlagen und der Preisentwicklung von Erdgas und CO_2
- Keine Konkurrenzfähigkeit für die Rückverstromung bei Preispfaden (Erdgas, CO_2) gemäß Energieszenarien der Bundesregierung
- Power-to-Gas ist eine Option für die Substitution fossiler Energieträger in der Industrie und im Verkehrs- und Wärmesektor

Wechselwirkungen / Game Changer

Game Changer

- Politische Vorgabe eines 100 % EE-Ziels („jede kWh muss integriert werden") erhöht Speicherbedarf massiv
- Politische Vorgabe eines dekarbonisierten Verkehrssektors erhöht Nachfrage nach „grünem Erdgas"

12.4 Abkürzungen

DVGW   Deutscher Verein des Gas- und Wasserfaches e. V.
EE   Erneuerbare Energien
EnWG   Energiewirtschaftsgesetz
GasNEV Gasnetzentgeltverordnung
GasNZV Gasnetzzugangsverordnung
GuD   Gas-und-Dampf
SNG   Synthetic bzw. Substitute Natural Gas

Literatur

1. Müller-Syring G, Henel M, Köppel W, Mlaker H, Sterner M, Höcher T (2013) Entwicklung von modularen Konzepten zur Erzeugung, Speicherung und Einspeisung von Wasserstoff und Methan ins Erdgasnetz. DVGW Deutscher Verein des Gas- und Wasserfaches e. V., Bonn

2. Brooks KP (2007) Methanation of carbon dioxide by hydrogen reduction using the Sabatier process in microchannel reactors. Journal of Chemical Engineering Science, 62 (4): S. 1161–1170

3. Bajohr S, Götz M, Graf F, Ortloff F (2011) Speicherung von regenerativ erzeugter elektrischer Energie in der Erdgasinfrastruktur. Gas-Wasserfach Gas-Erdgas, 152(4), 200–210

4. Kopyscinski J, Schildhauer TJ, Biollaz SM (2010) Production of synthetic natural gas (SNG) from coal and dry biomass – a technology review from 1950 to 2009. Journal of Fuel, 89 (8): S. 1763–1783

5. Forschungsprojekt „Multi-Grid-Storage" (2012) Methanisierung. http://www.bremer-energie-institut.de/mugristo/de/results/power-to-gas/methanisierung, zugegriffen am 11.08.2014

6. Trost T, Horn S, Jentsch M, Sterner M (2012) Erneuerbares Methan: Analyse der CO_2-Potenziale für Power-to-Gas-Anlagen in Deutschland. Zeitschrift für Energiewirtschaft, 36 (3), 173–190

7. Wesselak V, Schabbach T (2009) Regenerative Energietechnik. (Vol. 1) Springer, Heidelberg

8. Klinski S (2006) Einspeisung von Biogas in das Erdgasnetz. Studie, 2. Aufl., Gülzow

9. Fachverband Biogas e. V. (2012) Branchenzahlen 2011 und Branchenentwicklung 2012/2013 – Vergleich ausgewählter Branchenzahlen. Freising

10. Sterner M (2009) Bioenergy and renewable power methane in integrated 100 % renewable energy systems: Limiting global warming by transforming energy systems. Pressemitteilung, Kassel

11. Rieke S (2011) Methanisierung von Ökostrom. Vortrag auf der Hannover Messe 2011

12. Bajohr S, Götz M, Graf F, Kolb T (2012) Dreiphasen-Methanisierung als innovatives Element der PtG-Prozesskette. gwf-Gas | Erdgas 153 (5): S. 328–335

13. Clean Energy Project (www.cleanenergy-project.de), GlobalCom PR-Network GmbH (Hrsg.) (2011) Wasserstoff als Kraftstoff für Verbrennungsmotoren. Meinungsumfrage. www.gcpr.de/downloads/cleanenergy-project/CleanEnergy_Project_Umfrage_Wasserstoff.pdf, zugegriffen am 12.08.2014

14. Müller-Syring G (2011) Power to Gas: Untersuchungen im Rahmen der DVGW-Innovationsoffensive zur Energiespeicherung. Energie-Wasser-Praxis 04/2011: S. 72–77

15. Burmeister F (2012) Potenziale der Einspeisung von Wasserstoff ins Erdgasnetz – eine saisonale Betrachtung. Energie-Wasser-Praxis 06/2012: S. 52–57

16. Darras C, Muselli M, Poggi P, Voyant C, Hoguet JC, Montignac F (2012) PV output power fluctuations smoothing: The MYRTE platform experience. International Journal of hydrogen energy, 37 (19), 14015–14025

17. Stolzenburg K, Hamelmann R, Wietschel M, Genoese F, Michaelis J, Lehmann J, Miege A, Krause S, Sponholz C, Donadei S, Crotogino F, Acht A, Horvath PL (2013) Integration von Wind-Wasserstoff-Systemen in das Energiesystem. NOW-Studie, Berlin

18. Schlesinger M, Dietmar PD, Lutz C (2010) Energieszenarien für ein Energiekonzept der Bundesregierung. Basel, Köln, Osnabrück

19. Wietschel M, Bünger U (2010) Vergleich von Strom und Wasserstoff als CO_2-freie Endenergieträger. Studie im Auftrag der RWE AG, Karlsruhe

20. Deutsche Energie-Agentur (dena) Strategieplattform Power to Gas. Positionen der Strategieplattform. http://www.powertogas.info/positionen.html, zugegriffen am 13.08.2014

21. Götz M, Buchholz D, Bajohr S (2011) Speicherung elektrischer Energie aus regenerativen Quellen im Erdgasnetz. In: energie | wasser-praxis 62 (5), S. 72–76

22. Michaelis J, Junker J, Wietschel M (2013) Eine Bewertung der Regelenergievermarktung im Power-to-Gas-Konzept. In: Zeitschrift für Energiewirtschaft 37 (3), S. 161–175

23. Greenpeace Energy (2013) Erster Spatenstich für Einspeisung von Windgas. Online verfügbar unter http://www.greenpeace-energy.de/presse/artikel/article/erster-spatenstich-fuer-einspeisung-von-windgas.html, 28.10.2013, zugegriffen am 15.10.2014

24. Audi AG (2014) Audi e-gas – neuer Kraftstoff. Online verfügbar unter http://www.audi.com/corporate/de/corporate-responsibility/wir-leben-verantwortung/produkt/audi-e-gas.html, zugegriffen am 15.10.2014

Wasserstoffspeicherkraftwerke

Fabio Genoese

Wasserstoffspeicherkraftwerke bestehen im Allgemeinen aus drei Hauptkomponenten: einem Elektrolyseur, einem Wasserstoffspeicher und einer Rückverstromungseinheit. Elektrische Energie wird dem Stromnetz entnommen und der Elektrolyse zugeführt. Der dort produzierte Wasserstoff wird anschließend verdichtet und gespeichert. Zu einem späteren Zeitpunkt kann er dann rückverstromt werden. Auf konventionelle Pfade der Wasserstofferzeugung wie z. B. die Erdgasreformierung wird an dieser Stelle nicht eingegangen, da mit derartigen Verfahren kein Strom-zu-Strom-Speicher aufgebaut werden kann. Zu einer Wasserstoffwirtschaft mit all seinen Facetten wird auf [17] verwiesen.

13.1 Technologiebeschreibung

13.1.1 Funktionale Beschreibung

Im Folgenden wird auf die Funktionsweise und die wesentlichen technischen Eigenschaften der einzelnen Komponenten eingegangen.

13.1.1.1 Elektrolyseur

In Elektrolyseuren wird Wasserstoff erzeugt, indem Wasser unter Einsatz von elektrischer Energie in seine Bestandteile Wasserstoff und Sauerstoff zerlegt wird. Auf Basis des Elektrolyten unterscheidet man dabei drei Verfahrensarten: die alkalische Elektrolyse (AEL) mit einem flüssigen basischen Elektrolyten, die Protonen-Austausch-Membran-Elektrolyse (PEMEL) mit einem polymeren Festelektrolyten sowie die Hochtemperaturelektrolyse (HTEL) mit einem Festoxidelektrolyten. Die Verfahren unterscheiden sich insbesondere in der Art des Ladungsaustauschs. Die Reaktionsbedingungen finden sich in Tab. 13.1.

Fabio Genoese ✉
Fraunhofer-Institut für System- und Innovationsforschung ISI, Karlsruhe, Deutschland
url: http://www.isi.fraunhofer.de

© Springer Fachmedien Wiesbaden 2015
M. Wietschel et al. (Hrsg.), *Energietechnologien der Zukunft*,
DOI 10.1007/978-3-658-07129-5_13

Tab. 13.1 Elektrolyseverfahren [1, 2]

Verfahren	Temperatur (°C)	Elektrolyt	Ladungs-träger	Kathode	Anode	Druck
AEL	40–90	Base, flüssig	OH^-	$2H_2O + 2e^- \rightarrow$ $H_2 + 2OH^-$	$2OH^- \rightarrow \frac{1}{2}$ $O_2 + H_2O + 2e^-$	atm. oder 30–60 bar
PEMEL	20–100	Säure, fest	H^+	$2H^+ + 2e^- \rightarrow H_2$	$H_2O \rightarrow \frac{1}{2}$ $O_2 + 2H^+ + 2e^-$	< 30 bar
HTEL	700–1000	Festoxid	O^{2-}	$H_2O + 2e^- \rightarrow$ $H_2 + O^{2-}$	$O_{2-} \rightarrow \frac{1}{2}$ $O_2 + 2e^-$	k. A.

Alkalische Elektrolyse (AEL)

Bei der AEL handelt es sich um das am weitesten verbreitete und entwickelte Elektrolyseverfahren. Der typische Aufbau einer alkalischen Elektrolysezelle ist in Abb. 13.1
dargestellt. Als Elektrolyt wird wässrige Kalilauge (KOH) in einer Konzentration von 20–
40 % verwendet und in zwei separate Tanks gefüllt. Der Elektrolyt sorgt für den Ladungs-
ausgleich zwischen den beiden Elektroden, die üblicherweise aus aktivierten Nickelle-
gierungen bestehen und als perforierte Bleche ausgeführt sind, um einen Gastransport zu
ermöglichen. Die beiden Halbzellen werden von einem keramischen Diaphragma sepa-
riert, die nur für OH^--Ionen, nicht aber für die Produktgase durchlässig ist. Durch Anlegen
einer äußeren Spannung kann so an der Anode Sauerstoff und an der Kathode Wasserstoff
produziert werden.

Die AEL kann mit einem Systemdruck knapp oberhalb des Normaldrucks ablaufen
(sog. atmosphärischer Elektrolyseur) oder mit Systemdrücken zwischen 30 und 60 bar
(sog. Druckelektrolyseur). Ein großer Vorteil der zweiten Variante ist, dass der Wasserstoff auf einem höheren Druckniveau zur Verfügung steht, sodass auf eine nachträgliche,

Abb. 13.1 Aufbau einer alkalischen Elektrolysezelle (Quelle:
[1]; mit freundlicher Genehmigung von © T. Smolinka, M.
Günther, J. Garche, All Rights
Reserved)

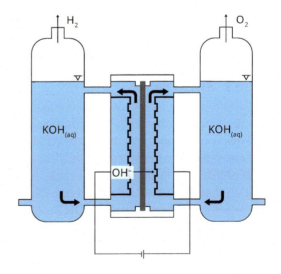

energieintensive Verdichtung oder zumindest auf die ersten Verdichterstufen verzichtet werden kann, wenn der Wasserstoff nicht direkt genutzt sondern eingespeichert werden soll. Die atmosphärische Elektrolyse zeichnet sich – verglichen mit der Druckelektrolyse – durch einen breiteren nutzbaren Lastbereich[1] aus (vgl. Abschn. 13.1.3.1).

Protonen-Austausch-Membran-Elektrolyse (PEMEL)

Der typische Aufbau einer PEM-Elektrolysezelle ist in Abb. 13.2 dargestellt. Im Gegensatz zur AEL erfolgt der Ladungsaustausch hier nicht durch OH^--Ionen sondern durch H^+-Protonen. Zudem ist der Elektrolyt fester bestand anfangs vorrangig aus Nafion® [2], während heute z. B. PBI-Membranen[2] eingesetzt werden [14]. Anode und Kathode sind durch eine Protonenaustauschmembran voneinander getrennt. Die Elektroden bestehen üblicherweise aus kohlegeträgerten Edelmetallen und werden direkt auf die Membran angebracht. Auf den Elektroden werden poröse Stromableiter platziert, über die sowohl Strom als auch Produktgase transportiert werden können. Durch Anlegen einer äußeren Spannung wird Wasser- bzw. Sauerstoff erzeugt.

Ein wesentlicher Vorteil gegenüber der AEL ist, dass bei der PEMEL eine niedrigere untere Grenze für den Betrieb in Teillast möglich ist. Wie bei der AEL wird der minimale Betriebspunkt von der tolerierten Reinheit des produzierten Wasserstoffs determiniert. Selbst bei Betriebspunkten nahe 0 % kommt es nicht zu einer kritischen Fremdgaskonzentration. Jedoch wird durch die Anlagenperipherie die vom Gesamtsystem realisierbare Mindestleistung auf 5 bis 10 % begrenzt. Ein Schwachpunkt gegenüber der AEL ist die heute noch geringere Langzeitbeständigkeit der Membran sowie der kleinere Leistungsbereich einer einzelnen Zelle (vgl. Abschn. 13.1.3.1).

Abb. 13.2 Aufbau einer Protonen-Austausch-Membran-Elektrolysezelle (Quelle: [1]; mit freundlicher Genehmigung von © T. Smolinka, M. Günther, J. Garche, All Rights Reserved)

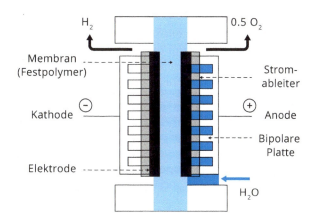

_____

Abb. 13.3 Aufbau einer
Hochtemperatur-Elektro-
lysezelle (Quelle: [1]; mit
freundlicher Genehmigung von
© T. Smolinka, M. Günther, J.
Garche, All Rights Reserved)

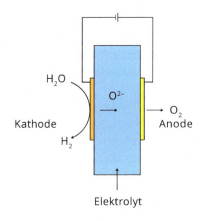

Hochtemperatur-Elektrolyse (HTEL)

Der Aufbau einer HTEL-Zelle ist in Abb. 13.3 dargestellt. Kathode und Anode sind durch
eine Membran getrennt, die für O^{2-}-Ionen durchlässig ist. Beim Anlegen der Spannung
wandern die O^{2-}-Ionen von der Kathode zur Anode, wo als Produktgas Sauerstoff entsteht.

Als Material wird üblicherweise Yttrium-stabilisiertes Zirkoniumoxid verwendet. Die
Elektroden bestehen aus keramischen Materialien, die auch bei der Hochtemperatur-
Brennstoffzelle eingesetzt werden können. Die Reaktion läuft auf Temperaturen zwi-
schen 800 und 1000 °C ab, wodurch die endotherme Zersetzung von Wasser gefördert
wird. Hierdurch wird der *elektrische* Energiebedarf für den Elektrolyseprozess gegenüber
den anderen Verfahren um bis zu 25 % gesenkt [1]. Besonders interessant wird dieses
Elektrolyseverfahren daher, wenn Abwärme aus externen Prozessen zur Verfügung steht.
In den 1980er-Jahren wurde daher die HTEL als Möglichkeit gesehen, Wasserstoff in
Verbindung mit Kernkraft zu produzieren.

Das größte Problem dieser Elektrolysevariante ist die geringe Lebensdauer der Zellen.
Aufgrund der hohen thermischen Belastung und der mechanischen Spannungen, die aus
Temperaturschwankungen resultieren, erreichen die Zellen lediglich Lebensdauern von
bis zu 3500 Stunden. Zudem ist die HTEL aufgrund der auftretenden Temperaturschwankungen wenig dynamisch in ihrem Teillastverhalten.

13.1.1.2 Wasserstoffspeicher

Je nach Anwendung und Größenklasse des Wasserstoffspeicherkraftwerks kommen verschiedene Arten der Speicherung infrage. Bei großtechnischen Speicherkraftwerken
der zwei- bis dreistelligen Megawattklasse – vergleichbar mit heutigen Pumpspeichern – bietet sich eine Speicherung in unterirdischen Salzkavernen an. Insbesondere
in Norddeutschland bestehen hierfür sehr gute Ausbaupotenziale. Für kleinere, dezentrale
Speicher, wie sie beispielsweise in Verbindung mit Wind- oder Solarparks eingesetzt werden könnten, bieten sich Druckgasbehälter aus Stahl als Speicher an. Eine Speicherung in

drucklosem, verflüssigtem Zustand oder durch Einlagerung in Metallen ist insbesondere für mobile Anwendungen mit höheren Anforderungen an die Energiedichte interessant.

13.1.1.3   Rückverstromungseinheit

Grundsätzlich stehen folgende Optionen für die Rückverstromung von Wasserstoff zur Verfügung:

- Gasturbinenkraftwerke bzw. GuD-Kraftwerke,
- Gasmotoren,
- Brennstoffzellen.

Die Funktionsweise und Parameter dieser Technologien werden in dedizierten Technologieberichten beschrieben (Kap. 4), wobei dort – mit Ausnahme der Brennstoffzelle – davon ausgegangen wird, dass nicht Wasserstoff sondern Erdgas rückverstromt wird. An dieser Stelle wird daher auf besondere Anforderungen hingewiesen, die sich durch den Betrieb der jeweiligen Technologie mit Wasserstoff ergeben. Die technische Funktionsweise und ein Großteil der technischen Kenndaten ändern sich durch den Betrieb mit Wasserstoff hingegen nicht.

13.1.2   Status quo und Entwicklungsziele

13.1.2.1   Elektrolyseur

Alkalische Elektrolyseure sind kommerziell verfügbar und gelten als technisch ausgereift. Sie werden in einem Leistungsbereich von 5 kW bis 3,4 MW angeboten, wobei durch einen Parallelbetrieb mehrerer Elektrolyseure auch höhere Leistungen erzielt werden können. Die bisher größte atmosphärische Elektrolyseuranlage wurde am Assuan-Staudamm in Ägypten realisiert. Die elektrische Leistungsaufnahme beträgt 156 MW [3]. In Cuzco (Peru) befindet sich der bisher größte realisierte Druckelektrolyseur. Seine Leistungsaufnahme beträgt 22 MW [3]. Die meisten größeren Anlagen wurden zwischen den 50er und 70er-Jahren des 20. Jahrhunderts in der Nähe von Wasserkraftanlagen errichtet, wo günstiger Strom zur Verfügung steht. Der produzierte Wasserstoff wird anschließend für die Ammoniak-Synthese genutzt. Im Jahr 2012 hat die Firma WIND-projekt einen 1 MW-Elektrolyseur mit direkter Anbindung an einen 140 MW-Windpark in Neubrandenburg installiert [4]. Der regenerativ erzeugte Wasserstoff wird zur Deckung des Eigenstrombedarfs genutzt. Aktuelle F&E-Aktivitäten haben vor allem zum Ziel, die Teillastfähigkeit und die Dynamik (Leistungsgradienten) der Systeme zu verbessern [1, 5]. Dies soll die Kopplung von Elektrolyseuren an fluktuierende, regenerative Stromerzeuger erleichtern.

PEM-Elektrolyseure sind ebenfalls kommerziell verfügbar, kommen jedoch vor allem in Nischenanwendungen zum Einsatz. Typische Anlagengrößen liegen im Bereich zwischen 0,1 und 1 kW. Die maximale Modulgröße ist derzeit auf ca. 150 kW beschränkt, jedoch nimmt ein einzelnes Modul 20- bis 30-mal weniger Raum ein als ein AEL-Modul.

Tab. 13.2 Entwicklungsstadium verschiedener Elektrolyseverfahren (Status quo)

	Kommerziell	Demonstration	F&E	Ideenfindung
AEL	X			
PEMEL (kW-Klasse)	X			
PEMEL (MW-Klasse)			X	
HTEL			X	X

Aufgrund des gegenüber der AEL besseren Teillastverhaltens ist die F&E-Aktivität im Bereich der PEMEL aktuell hoch. Siemens hat angekündigt, in den nächsten 5 bis 10 Jahren 90 MW-Systeme zu entwickeln, wobei es sich hierbei um 18 zusammengeschaltete Einzelmodule mit einer Größe von jeweils 5 MW handelt [6].

Zurzeit existieren noch keine kommerziellen HTEL-Anlagen. Die elektrische Leistungsaufnahme des derzeit größten Laborsystems beträgt 18 kW [1]. Aktuelle F&E-Aktivitäten konzentrieren sich hier auf die Erhöhung der Lebensdauer.

Tabelle 13.2 fasst das Entwicklungsstadium der verschiedenen Elektrolyseverfahren zusammen.

13.1.2.2 Wasserstoffspeicher

Für stationäre Anwendungen ist die Speicherung in geologischen Formationen sowie in Druckgasbehältern relevant. Die Untertagespeicherung von reinem Wasserstoff in Salzkavernen ist in den USA und in Großbritannien seit Jahrzehnten erprobt. In Deutschland existieren zudem fundierte Erfahrungswerte für die unterirdische Speicherung von Erdgas sowie Stadtgas, das zum Großteil aus Wasserstoff besteht. Auch die Speicherung in Druckgasbehältern ist technisch erprobt. Bei Drücken zwischen 200 und 300 bar erfolgt die Speicherung in Stahlflaschen. Höhere Drücke können in Composite-Tanks realisiert werden, die im Inneren aus Aluminium, Stahl oder Kunststoff bestehen und von einem Netz aus Kohlenstofffasern umgeben sind, wodurch eine hohe Festigkeit erzielt wird. Entsprechende Ultrahochdruckbehälter mit 700 bar sind seit einigen Jahren kommerziell verfügbar.

13.1.2.3 Rückverstromungseinheit

Zum Antrieb von Generatoren in Kraftwerken sind Gasturbinen seit Jahrzehnten weltweit im Einsatz. Sie sind technisch ausgereift. Dabei kommen nicht nur reines Erdgas als Brennstoff zum Einsatz sondern auch wasserstoffhaltige Brennstoffmischungen. Hierzu gehören z. B. Restgase aus Raffinierieprozessen der petrochemischen Industrie. Zu beachten ist, dass es sich hierbei um angepasste Turbinen handelt, deren Leistung jedoch durchaus im zwei bis dreistelligen Megawattbereich liegen kann. Die Wasserstoffanteile in den angepassten Turbinen betragen bereits heute bis zu 90 Volumenprozent, wobei ab einem 65 Volumenprozent H_2-Anteil eine Verdünnung mit Stickstoff[3] notwendig ist [7]. Eine Beimischung von Wasserstoff in nicht angepassten Gasturbinenkraftwerken wird hingegen kritisch gesehen.

Reiner Wasserstoff wird bisher nicht als Brennstoff in Gasturbinenkraftwerken verwendet. Für einen solchen Betrieb sind Änderungen an der Brennkammer und an der Brenndüse notwendig, da bei einer Verbrennung von Wasserstoff die Flammengeschwindigkeit und -temperatur steigt. In heutigen Gasturbinen werden Materialien mit Nickelbasislegierungen eingesetzt. Eine erhöhte Temperaturbeständigkeit lässt sich durch die Verwendung von Keramiken oder Legierungen mit definierter Orientierung der Kristalle erreichen [8].

Auch Gasmotoren sind als Antriebsaggregat für Generatoren ebenfalls etabliert. Die Verbrennung von reinem Wasserstoff als Kraftstoff ist durch den BMW Hydrogen 7 langjährig erprobt (Leistungsbereich: ~ 190 kW), allerdings wird dieser Entwicklungspfad von Automobilfirmen u. a. wegen dem deutlich geringeren Wirkungsgrad gegenüber dem Einsatz von Brennstoffzellen derzeit nicht weiter verfolgt. Kommerziell verfügbare Gasmotoren für reinen Wasserstoff existieren derzeit allerdings nicht. Ein Mischbetrieb von Erdgas und Wasserstoff ist nach dem heutigen Stand der Technik unproblematisch. Durch einen Erdgasanteil von 30 bis 50 % werden die Flammengeschwindigkeit und Flammentemperatur so weit verringert, dass es möglich ist, konventionelle, kommerziell verfügbare Gasmotoren einzusetzen. Änderungen sind lediglich an der Steuerungs- und Sicherheitstechnik notwendig.

Die Entwicklung von Gasturbinen bzw. -motoren für reinen Wasserstoff ist technologisch unkritisch und mittelfristig realisierbar. Nach Aussagen großer Hersteller wie Siemens oder General Electric besteht in dieser Hinsicht derzeit allerdings keine Nachfrage, die über Forschungsprojekte hinausgeht.

13.1.3 Technische Kenndaten

13.1.3.1 Elektrolyseur

Tabelle 13.3 gibt einen Überblick über wichtige technische Kenndaten der vorgestellten Elektrolyseverfahren[4].

Große Unterschiede zwischen der AEL gibt es hinsichtlich der verfügbaren Modulgrößen. Es ist zu erwarten, dass die maximale Modulgröße eines PEM-Elektrolyseurs mittel- bis langfristig um den Faktor 4 bis 10 erhöht werden kann. Bei der AEL wird langfristig eine Verdopplung der maximalen Modulgröße angestrebt. Dies soll durch neue Stackkonzepte und eine Erhöhung der Stromdichte erreicht werden. Die maximal realisierbare Stromdichte hat einen maßgeblichen Einfluss auf die spezifische Anlagengröße.

---

[3] Sofern der dafür notwendige Stickstoff nicht in anderen Prozessen in der Nähe des Anlagenstandorts anfällt, muss eine Luftzerlegungsanlage betrieben werden. Der Energiebedarf hierfür reduziert letztlich den Wirkungsgrad des Gasturbinenkraftwerks.

[4] Die HTEL ist in einer sehr frühen Entwicklungsphase, in der noch keine Kenndaten angegeben werden können.

Tab. 13.3 Technische Kenndaten von Elektrolyseverfahren im Vergleich [1, 5]

	AEL			PEMEL		
	Heute	2025	2050	Heute	2025	2050
Modulgröße (kW)	<3800	<5000	<7500	<150	<600	<2500
Wirkungsgrad* (%)	62–67	67–70	80	65–67	70–73	80
Mindestleistung(%)	20–30	10–20	10	5–10	5	5
Lebensdauer (h)	<90.000	<90.000	<90.000	<20.000	<50.000	<60.000
Stromdichte (A/cm^2)	0,2–0,4	<0,6	<0,8	0,6–2,0	1,0–2,5	1,5–3,0

*bezogen auf den Heizwert H_i

Die Wirkungsgrade bewegen sich heute – bezogen auf den Heizwert H_i – zwischen 62 und 67 %. Der spezifische Energieverbrauch für die H_2-Produktion nimmt zunächst mit größerer Modulkapazität ab. Dies ist damit zu erklären, dass periphere Komponenten größerer Systeme effektiver arbeiten und somit weniger elektrische Energie pro produzierte Wasserstoffmenge verbrauchen. Ab einer Modulgröße von ca. 500 kW lassen sich nur noch sehr geringe Energieeinsparungen erzielen [1]. Weitere Wirkungsgradsteigerungen sind durch eine Verringerung der Überspannungsverluste, die beispielsweise aufgrund des Innenwiderstands von Elektroden, Membranen oder Diaphragmen entstehen, erreichbar.

Das Teillastverhalten der AEL soll zukünftig verbessert werden, indem die Laugenströme komplett voneinander getrennt werden, da hierdurch Verunreinigungseffekte verringert werden. Bei der PEMEL ist die Mindestleistung abhängig von dem Eigenverbrauch der Peripherie. Bei einer Effizienzsteigerung in der Anlagenperipherie sind Mindestleistungen von 5 % erreichbar.

Hinsichtlich der Lebensdauer gilt die AEL als technisch ausgereift. Die Langzeitbeständigkeit der einzelnen Komponenten hängt von der Betriebsweise der Anlage und den Betriebsparametern ab. Durch eine hohe Laugenkonzentration wird bspw. die Leitfähigkeit des Elektrolyten erhöht, gleichzeitig kommt es aber zu einer verstärkten Korrosion der verwendeten Materialien. Bestimmte Druckelektrolyseure sind bspw. seit 20 Jahren ohne Öffnung in Betrieb [1]. Bei der PEMEL konnten in den letzten Jahren bereits erhebliche Fortschritte erzielt werden, sodass heute Betriebsdauern knapp 20.000 Stunden möglich sind. Bei einer Auslastung von 75 % entspricht dies einer kalendarischen Lebensdauer von drei Jahren. Mittel- bis langfristig soll dieser Wert verdreifacht werden.

13.1.3.2 Wasserstoffspeicher

Technisch gesehen unterscheiden sich die verschiedenen Speicherkonzepte v. a. durch die Umgebungsbedingungen – d. h. Druck und Temperatur. Dies hat einen Einfluss auf die volumetrische Energiedichte. In Druckgasbehältern sind Werte zwischen 30 und 400 Wh/l möglich; dies entspricht Drücken von 200 bis 700 bar [9, 10]. Standverluste durch Diffusion sind vernachlässigbar klein. In Salzkavernen liegt der Betriebsdruck hingegen bei 20 bis 60 bar. Die volumetrische Energiedichte beträgt bei einem Betriebsdruck von 50 bar rund 180 Wh/l [9, 10]. Dieser Wert ist allerdings stark von der Teufenlage der Kaverne sowie der Temperatur des umliegenden Gebirges abhängig. Bei tieferliegenden Kavernen ist der maximale Betriebsdruck höher und die speicherbare Gasmenge steigt. Gleichzeitig steigt allerdings auch der nicht nutzbare Gasanteil, da eine gewisse Menge ständig in der Kaverne verbleiben muss, um einen Minimaldruck aufrecht zu erhalten. Hinsichtlich des Wirkungsgrads werden in beiden Varianten Werte von rund 98 % angegeben [10]. Es handelt sich im Wesentlichen um den Eigenverbrauch der Peripherie bei der Verdichtung des Wasserstoffs.

13.1.3.3 Rückverstromungseinheit

Es ist zu erwarten, dass sich die technischen Kenndaten wie der Wirkungsgrad und das Teillastverhalten von Gasmotoren bzw. -turbinen für reinen Wasserstoff unwesentlich von denen für Erdgas unterscheiden werden. Eine ausführliche Beschreibung erfolgt in den jeweiligen Technologieberichten. Für die weitere Betrachtung wird von Wirkungsgraden von 40 % für Gasturbinenkraftwerke, 60 % für GuD-Kraftwerke und 60 % für SOFC-Brennstoffzellen ausgegangen. Zu beachten ist, dass diese Werte für einen Betrieb unter Volllast gelten. Teillastwirkungsgrade liegen unter diesen Werten.

13.1.3.4 Gesamtsystem

Für das Wasserstoffspeicherkraftwerk (Elektrolyse, Speicherung, Rückverstromung) ergeben sich Gesamtwirkungsgrade (Strom-zu-Strom) gemäß Tab. 13.4. Unterschieden wird dabei zwischen folgenden Systemen:

- AEL-Kaverne-GuD,
- AEL-Kaverne-Gasturbine,
- PEM-Druckgasbehälter-Brennstoffzelle.

Ein Überschreiten der 40 %-Grenze ist demnach bis 2025 bei einer Rückverstromung in einem GuD-Kraftwerk oder in einer SOFC-Brennstoffzelle möglich, wenn reine H_2-Turbinen/-Brennstoffzellen verfügbar sind und einen entsprechend hohen Wirkungsgrad (vgl. Abschn. 13.1.3.3) erreichen. In den anderen Fällen gehen auch mittel- bis langfristig rund zwei Drittel der eingesetzten elektrischen Energie durch die Um- und Rückumwandlungsprozesse verloren.

Tab. 13.4 Wirkungsgrade des Gesamtsystems

	AEL-Kaverne-Gasturbine			AEL-Kaverne-GuD			PEM-Druckgasbehälter-Brennstoffzelle		
	Heute	2025	2050	Heute	2025	2050	Heute	2025	2050
Wirkungsgrad (%)	24–26	26–27	31	36–39	39–41	47	38–39	41–43	47

13.2 Zukünftige Anforderungen und Randbedingungen

13.2.1 Gesellschaft

Grundsätzlich ist zu beachten, dass sich ab einem Wasserstoffgehalt von 4 % in der Luft ein explosionsfähiges Gemisch bildet. Zudem enthalten alkalische Elektrolyseure einen stark ätzenden Elektrolyten (Kalilauge). Das Akzeptanzrisiko für ein derartiges System ist allerdings als gering einzuschätzen, da es für den Umgang mit Laugen und Wasserstoff etablierte Sicherheitsrichtlinien gibt. Bei einer Verwendung des erzeugten Wasserstoffs im Verkehrssektor ist insbesondere in der Einführungsphase mit einem höheren Akzeptanzrisiko zu rechnen, da Unfälle eine hohe Aufmerksamkeit auf sich ziehen können.

Weiterhin gilt es zwischen kleineren Systemen mit Druckgasbehältern (bspw. mit direkter Anbindung an Windparks) und großtechnischen Systemen mit Kavernenspeichern zu unterscheiden. Aufgrund der vergleichsweise hohen volumetrischen Energiedichte von komprimiertem Wasserstoff (ca. 100-mal höher als bspw. Druckluft) ist der sichtbare Landschaftsverbrauch von oberirdischen Wasserstoffspeichern eher gering, sodass kaum Akzeptanzprobleme zu erwarten sind. Bei einer unterirdischen Speicherung ist der Landschaftsverbrauch noch einmal geringer, da nur der Elektrolyseur und die Rückverstromungseinheit sichtbar sind. Jedoch ist zu beachten, dass Salzkavernen erst nach einer Aussolung als Speicher nutzbar sind. Um eine hohe Akzeptanz sicherzustellen, empfiehlt es sich, Bedenken bezüglich drohender Schäden für Grund- und Trinkwasser, aber auch bezüglich einer drohenden Bodenabsenkung vor Beginn der Aussolung auszuräumen.

13.2.2 Kostenentwicklung

13.2.2.1 Elektrolyseur

Richtwerte für die erwartete Entwicklung der spezifischen Investitionen sind in Tab. 13.5 aufgeführt. Grundsätzlich gilt, dass eine starke Reduktion der spezifischen Investitionen durch eine Erhöhung der Anlagenleistung erreicht werden kann. Dies hängt damit zusammen, dass ein großer Teil der Anlagenperipherie leistungsunabhängige Kosten aufweist. Der Effekt ist bis zu einer Anlagenleistung von ca. 500 kW sichtbar. Dies erklärt die starke Reduktion der spezifischen Investition bei der PEMEL. Für beide Systeme gilt, dass durch Fortschritte in der Materialforschung (Katalysatoren, Membranen, Elektroden) moderate Kostensenkungen zu erwarten sind.

Tab. 13.5 Spezifische Investitionen für Elektrolyseure [1, 12]

	Alkalische Elektrolyse			PEM-Elektrolyse		
	Heute	2025	2050	Heute	2025	2050
Spezifische Investition (Euro/kW)	1000	800–900	800–900	2500	1200	1200

13.2.2.2 Wasserstoffspeicher

Bei einer Speicherung in geologischen Formationen hängen die Kosten naturgemäß von den vorliegenden Bedingungen ab. Im Folgenden werden die Abschätzungen aus [12] übernommen. Hier wird von einer Kaverne mit einem geometrischen Volumen von 500.000 m^3 ausgegangen, das sich in einer Teufe von 1000 m befindet. In dieser Teufenlage beträgt die gravimetrische Speicherdichte rund 8 kg$_{H2}$ pro m^3, sodass rund 4000 t$_{H2}$ (bzw. 133 GWh$_{H2}$) in der Kaverne gespeichert werden können. Als Investitionen für die Erkundung, Planung, Bohrung und Solung werden rund 30 Mio. Euro veranschlagt. Für den oberirdischen Teil des Speichers (Verdichter, Trocknungsanlage, Infrastruktur) werden weitere 57 Mio. Euro veranschlagt. Bezogen auf die speicherbare Energiemenge entspricht dies einer spezifischen Investition von rund 0,65 Euro/kWh. Gegenüber Salzkavernen-Druckluftspeichern ist dieser Wert um rund zwei Größenordnungen niedriger. Dies ergibt sich aus der rund 100-mal höheren Energiedichte von komprimiertem Wasserstoff. Für Druckgasbehälter sind höhere Investitionen notwendig. So werden für Stahlflaschen (Speicherdruck: 300 bar) rund 8 Euro/kWh veranschlagt, für Composite-Tanks (Speicherdruck: bis zu 700 bar) rund 24 Euro/kWh [13].

13.2.2.3 Rückverstromungseinheit

Für die Kostenentwicklung der Rückverstromungseinheit wird auf die dedizierten Technologieberichte verwiesen (Kap. 4). Der Trend zeigt in Richtung leichter Effizienzsteigerung bei nahezu konstanten Kosten. Für Gasturbinenkraftwerke werden bspw. rund 400 Euro/kW veranschlagt, für GuD-Kraftwerke rund 800 Euro/kW. Grundsätzlich sind die Angaben dort für reine Wasserstoffturbinen bzw. -motoren nur zu erreichen, wenn sich eine Nachfrage für diese Komponenten ergibt, die über die von F&E-Projekten hinausgeht.

13.2.2.4 Gesamtsystem

Ein Vergleich der Kosten für die unterschiedlichen Komponenten zeigt, dass der Elektrolyseur der größte Kostenfaktor ist und auch zukünftig sein wird. Die eigentliche Speicherung ist verhältnismäßig günstig (insbesondere verglichen mit Druckluftspeichern).

13.2.3 Politik und Regulierung

Auf europäischer Ebene wirkt sich grundsätzlich hemmend aus, dass – aufgrund der EU-Richtlinie 2003/54/EG (Unbundling) – Netzbetreiber keine Energiespeicher besitzen dürfen, da sie zur Erzeugung und nicht zu den netztechnischen Betriebsmitteln gezählt werden. In einem Arbeitspapier [15] betont die Generaldirektion der Europäischen Kommission jedoch die Bedeutung von Energiespeichern im zukünftigen Stromversorgungssystem.

Derzeit muss regenerativ produzierter Strom vom Netzbetreiber abgenommen und vorrangig eingespeist werden. Eine regenerative Anlage darf erst bei Netzengpässen abgeregelt werden. Der Netzbetreiber muss den Anlagenbetreiber in derartigen Fällen entschädigen (vgl. § 12 Abs. 1 EEG). Entfällt die Entschädigungszahlung, eröffnen sich möglicherweise neue Geschäftsmodelle für Speicher, je nach Gesamtmenge und zeitlicher Verteilung überschüssiger Erzeugung.

In Deutschland gilt nach heutiger Gesetzeslage gemäß § 118 Abs. 7 des EnWG für neue Speicheranlagen in den ersten 20 Jahren nach der Inbetriebnahme, dass der für den zum Beladen des Speichers benötigte Strom von den Netzentgelten befreit ist. Eine Abschaffung dieser Regelung würde den Zubau von Energiespeichern weiter hemmen.

13.2.4 Marktrelevanz

Energiespeicher können Preisschwankungen am Strommarkt auszunutzen, um Erlöse zu erwirtschaften. Vorteilhaft sind hohe Wirkungsgrade, da der minimale Preis-Spread, ab dem ein positiver Deckungsbeitrag erzielt wird, invers proportional zum Wirkungsgrad ist. In der Vergangenheit gab es insbesondere zwischen Peak- und Offpeak-Stunden relativ große Preisunterschiede. Mit der zunehmenden Einspeisung erneuerbarer Energien insbesondere in den Mittagsstunden sind die Spreads seit 2010 deutlich zurückgegangen. Im Jahr 2008 betrug der mittlere Preisunterschied zwischen 12 und 24 Uhr beispielsweise 41 Euro/MWh. Diese Differenz ist in den vergangenen Jahren immer weiter zurückgegangen und lag 2013 bei 11 Euro/MWh. Im deutschen und europäischen Strommarkt ist ein wirtschaftlicher Einsatz von großtechnischen Wasserstoffspeicherkraftwerken aufgrund des äußerst niedrigen Gesamtwirkungsgrades, der moderaten Preisunterschiede und der hohen Investitionen derzeit nicht möglich.

Dezentrale Wasserstoffspeicher finden derzeit keine Verwendung in Verbindung mit Windparks oder Freiflächen-PV-Anlagen, deren Erzeugung direktvermarktet wird. Aufgrund der hohen Liquidität am Spot- und Intraday-Markt erfolgt der Ausgleich von Prognosefehlern direkt über den Markt. Eine Produktionsverlagerung in Stunden mit höherer Stromnachfrage (und damit höheren Börsenpreisen) ist derzeit aufgrund der moderaten Preisunterschiede und der sehr hohen Investitionen für dezentrale Wasserstoffspeicher nicht wirtschaftlich.

Die Vermarktung von Speichern an Regelenergiemärkten ist eine interessante Option, da dort nicht nur Energie sondern auch Leistung vergütet wird. Insbesondere die Vorhaltung negativer Regelleistung wird als lukrative Erlösquelle gesehen, da sich immer weniger konventionelle Kraftwerke in Zeiten hoher Windeinspeisung am Netz befinden. Zu berücksichtigen ist jedoch, dass die hohen Erlöse in diesen Märkten voraussichtlich nicht von Dauer sein werden. Dies liegt einerseits an der überschaubaren Marktgröße[5] gegenüber dem Spotmarkt[6] und am steigenden Preisdruck durch den Eintritt neuer Markt-

---

[5] Primärregelleistung: ~800 MW, Sekundärregelleistung: ~2000 MW, Tertiärregelleistung: ~2000 MW; Tendenz der letzten Jahre: fallend, da der Leistungsbedarf durch die verstärkte Zusammenarbeit der Netzbetreiber und durch genauere Windprognosen gesunken ist.
[6] mittleres stündliches Handelsvolumen ~29.000 MWh; Tendenz: steigend, da die EE-Erzeugung vollständig am Spotmarkt gehandelt werden muss.

akteure, die bspw. negative Regelleistung in Form von abschaltbaren Lasten anbieten. In der Vergangenheit hat der Regulator (Bundesnetzagentur) die Eintrittshürden für die Teilnahme an Regelenergiemärkten immer wieder abgesenkt, bspw. indem Ausschreibungszeiträume verkürzt oder Mindestgebote verkleinert wurden. Mittelfristig ist daher mit einer Konvergenz zwischen den Erlösen aus dem Spot- und Regelenergiemarkt zu rechnen.

Die mittelfristige Marktrelevanz dieser Technologie wird v. a. vom Bedarf an Langzeitspeichern abhängig sein.

13.2.5 Mögliche Wechselwirkungen mit anderen Technologien

Grundsätzlich gilt für alle Energiespeichertechnologien, dass der Speicherbedarf des zukünftigen Energiesystems stark davon abhängt, welche EE-Ziele erreicht werden sollen, ob die Pläne zum Netzausbau umgesetzt werden können und welche anderen Flexibilitätsoptionen zur Integration erneuerbarer Energien zur Verfügung stehen. Flexibilität kann auch durch konventionelle Kraftwerke und steuerbare Lasten bereitgestellt werden. Insbesondere ein schleppender Netzausbau, der einen Anstieg überschüssiger regenerativer Strommengen verursacht, begünstigt den Einsatz von Energiespeichern.

Großtechnische Wasserstoffspeicherkraftwerke im dreistelligen Megawattbereich konkurrieren vor allem mit Pumpspeichern und möglicherweise mit großtechnischen Druckluftspeichern. Gegenüber Pumpspeichern besitzen sie den Vorteil, dass die potenziellen Standorte in der Nähe von windstarken Gebieten Deutschlands liegen. Steffen et al. weisen darauf hin, dass die Pumpspeicherpotenziale in Deutschland noch nicht ausgeschöpft sind – es seien lediglich die besten und damit die günstigsten Standorte ausgebaut worden [11]. Daher besteht eine zentrale F&E-Herausforderung darin, kostenseitig eine konkurrenzfähige Alternative zu den teureren Pumpspeicherstandorten zu werden. Die höhere volumetrische Energiedichte eines Wasserstoffspeichers begünstigt dieses Speicherkonzept gegenüber Pump- und Druckluftspeichern. Hinsichtlich des Wirkungsgrades sind H_2-Speicherkraftwerke allerdings deutlich benachteiligt, ohne dass Kostenvorteile entstehen. Sofern nicht große Mengen Strom (Größenordnung: TWh) gespeichert werden sollen oder anderweitiger Bedarf für den erzeugten Wasserstoff besteht (bspw. im Verkehrssektor), wird der geringere Wirkungsgrad stets das ausschlaggebende Kriterium gegen den Einsatz von H_2-Speichern sein.

Dezentrale Wasserstoffspeicherkraftwerke, die beispielsweise direkt in Verbindung mit großen Wind- und Solarparks eingesetzt werden, konkurrieren v. a. mit elektrochemischen Batterien wie Natrium-Schwefel und Redox-Flow sowie dezentralen Druckluftspeichern. Der Gesamtwirkungsgrad des Wasserstoffsystems ist jedoch wesentlich geringer als der der konkurrierenden Systeme. Ohne eine Sekundärnutzung des erzeugten Wasserstoffs erscheint es derzeit eher unwahrscheinlich, dass sich Wasserstoffspeicher gegenüber den Alternativen durchsetzen.

13.2.6 Game Changer

Ein zentrales Ziel der deutschen und europäischen Klimapolitik ist der Ausbau erneuerbarer Energien, um damit den Ausstoß von CO_2-Emissionen zu verringern. Damit verbunden sind ein Anstieg fluktuierender Stromerzeugung und ein potenzieller Speicherbedarf. Eine Abkehr von den EE-Ausbauzielen wirkt sich negativ auf den Speicherbedarf aus.

Umgekehrt begünstigt die Vorgabe eines strikten 100 %-EE-Ziels (d. h. eines Systems, in dem jede Kilowattstunde EE-Strom integriert werden soll) in jedem Fall die Realisierung von Speicherkonzepten mit hohen Energiedichten – d. h. Wasserstoff, siehe Kap. 12.

Auch eine politisch vorgegebene Dekarbonisierung des Verkehrssektors durch „grünen" Wasserstoff würde sich positiv auf den Bedarf von Wasserstoffspeicherkraftwerken auswirken. Ein wasserstoffbetriebenes Brennstoffzellenfahrzeug, das voraussichtlich ab 2015 in Japan auf den Markt erhältlich ist, wurde bereits im Juni 2014 von Toyota vorgestellt [18]. Die Verwendung von Wasserstoff als emissionsfreier Endenergieträger im Verkehr wird bspw. in [16] diskutiert. Der zusätzliche Bedarf aus dem Verkehrssektor würde die Auslastung von Elektrolyseuren wesentlich erhöhen, sodass letztlich die vergleichsweise hohe Investitionssumme für derartige Systeme auf mehr Betriebsstunden umgelegt werden kann.

13.3 Technologieentwicklung

13.3.1 Entwicklungsziele

Die wesentlichen Entwicklungsziele für Wasserstoffspeicherkraftwerke können wie folgt zusammengefasst werden: Im Falle der PEMEL stehen eine Erhöhung der Lebensdauer und der Modulgröße sowie ein Erreichen der MW-Größenklasse im Vordergrund. Schwerpunkt bei der AEL ist eine Verbesserung der Teillastfähigkeit, ohne dass die Lebensdauer negativ beeinträchtigt wird. Sowohl für AEL und PEMEL werden eine Erhöhung der Stromdichte, eine Steigerung des Wirkungsgrades sowie eine Senkung der spezifischen Investitionen angestrebt. Wesentliches Entwicklungsziel bei der Rückverstromungseinheit ist die Entwicklung reiner Wasserstoffturbinen bzw. -motoren. Bei der dritten hier vorgestellten Elektrolyse-Variante (HTEL) wird aktuell Grundlagenforschung betrieben, um Fortschritte im Bereich der Lebensdauer und Zellengröße zu erzielen.

13.3.2 F&E-Bedarf und kritische Entwicklungshemmnisse

Der Elektrolyseur ist die Schlüsselkomponente in einem Wasserstoffspeicherkraftwerk, hier besteht der größte F&E-Bedarf.

Bei der alkalischen Elektrolyse, die sich auch für großtechnische, zentrale Speicherkraftwerke eignet, besteht vor allem ein Entwicklungsbedarf hinsichtlich der Stromdichte, die bei gegebener Zellspannung erhöht werden soll, sowie der Teillastfähigkeit. Hierzu müssen Membranen und Elektroden mit einem geringeren elektrischen Widerstand entwickelt werden. Eine Reduzierung der spezifischen Anlageninvestitionen soll hier durch neuartige Materialien und großserientaugliche Produktionstechnologien erreicht werden. Hierzu sind verfahrenstechnische Entwicklungsarbeiten notwendig. Eine moderate Steigerung des Wirkungsgrades kann durch eine Reduzierung des Eigenenergiebedarfs erzielt werden (Leistungselektronik, Gasaufbereitung, Trocknung).

Damit die PEM-Elektrolyse eine ernstzunehmende Alternative zur AEL in der MW-Klasse werden kann, müssen Stackkonzepte für eine höhere Leistungsklasse entwickelt werden und die Lebensdauer der Komponenten erhöht werden, ohne dass die Stromdichten verringert werden müssen. Gelingt das Up-Scaling, ist auch eine Reduktion der spezifischen Anlageninvestitionen wahrscheinlich.

Die HT-Elektrolyse befindet sich noch in einem sehr frühen Entwicklungsstadium. F&E-Bedarf besteht in erster Linie materialseitig und in der Erprobung von Stacks im kleinen kW-Bereich. Fortschritte hin zu größeren Systemen sind eher mittel- bis langfristig zu erwarten.

Die Speicherung in geologischen Formationen ist aufgrund der niedrigeren Kosten gegenüber einer Speicherung in Druckgasbehältern zu bevorzugen. Als kritisch ist hierbei allerdings die Nutzungskonkurrenz zu Erdgasspeichern zu bewerten. F&E-Bedarf besteht hier hinsichtlich der Druckwechselfestigkeit dieser geologischen Formationen.

Die Rückverstromungseinheit wird grundsätzlich als unkritisch angesehen. Neuere Gasturbinen und -motoren kommen bereits mit hohen H_2-Anteilen zurecht. Die Entwicklung von Turbinen und Motoren für reinen Wasserstoff erscheint kurz- bis mittelfristig möglich. Hierfür müssen neue Materialien für den Umgang mit höheren Flammengeschwindigkeiten und -temperaturen entwickelt werden.

Roadmap – Wasserstoffspeicher

Beschreibung

- Speichersystem bestehend aus 3 Hauptkomponenten:
  - Elektrolyseur: AEL (kommerziell, MW-Klasse), PEMEL (kommerziell, kW-Klasse), HTEL (F&E)
  - Speicher: Druckgasbehälter (kommerziell), Salzkaverne (kommerziell)
  - Rückverstromungseinheit: GT, GuD, GM etc. (kommerziell für begr. H_2-Anteile, Beimischung von N_2 notwendig)
- Kritische Komponenten: Elektrolyseure (geringe Lebensdauer, hohe Investitionen) und Turbinen (Beimischung von N_2 erfordert i. d. R. Luftzerlegungsanlage ⟷ Senkung des Gesamt-Wirkungsgrades)
- Guter Langzeitspeicher aufgrund der hohen vol. Energiedichte (höher als Pump- und Druckluftspeicher)

Entwicklungsziele

- PEMEL: Erhöhung der Lebensdauer, Erhöhung Modulgröße / Erreichen der MW-Klasse
- AEL: Verbesserung der Teillastfähigkeit unter Beibehaltung der Lebensdauer
- PEMEL/AEL: Erhöhung der Stromdichte, Steigerung des Wirkungsgrades, Senkung der spezifischen Investitionen
- HTEL: Grundlagenforschung im Bereich Lebensdauer und Zellengröße
- Rückverstromung: Entwicklung von reinen Wasserstoffturbinen/-motoren

Technologie-Entwicklung

Lebensdauer (h)

PEMEL			
<20.000	<50 000	<60 000	▶

AEL			
<90.000	<90 000	<90 000	▶

Modulgröße (kW)

PEMEL			
150	600	2 500	▶

Wirkungsgrad (%)

PEMEL			
65–67	70–73	80	▶

AEL			
62–67	67–70	80	

System*			
36–39	39–41	47	

Spezifische Investitionen (€/kW)

PEMEL			
2 500	1 200	1 200	▶

AEL			
1 000	800–900	800–900	▶

heute	2025		2050	▶

* System bestehend aus AEL, Salzkaverne und GuD-Kraftwerk. Die Wirkungsgrade beziehen sich auf einen Betrieb unter Volllast und erfordern eine Verfügbarkeit von reinen H_2-Turbinen.

Roadmap – Wasserstoffspeicher

F&E-Bedarf

Neue, kostengünstigere Materialien/Materialkombinationen für Katalysatoren, Membranen (AEL, PEMEL) ▶

Kostengünstigere, langlebigere Elektrodensysteme (AEL, PEMEL) ▶

Neue Stackkonzepte & großserientaugliche Produktionstechnologien (AEL, PEMEL) ▶

Neue Materialien für Umgang mit höheren Flammengeschwindigkeiten/-temperaturen (Rückverstromungseinheit) ▶

heute   **5 bis 10 Jahre** ▶

Gesellschaft

- Geringes Akzeptanzrisiko: Speichersystem
  - Knallgas, ätzender Elektrolyt (AEL): etablierte Sicherheitsrichtlinien
  - Landschaftsverbrauch: geringer als Pumpspeicher da höhere vol. Energiedichte
  - Aussolung: evtl. Bedenken wg. Trink-/Grundwasser-Schäden, Bodenabsenkung
- Mittleres Akzeptanzrisiko: Einführungsphase Kraftstoffanwendung/hohe Aufmerksamkeit

Politik & Regulierung

- *Treiber*:
  - § 118 Abs. 7 EnWG (Befreiung von Netzentgelten für den Ladestrom)
- *Hemmnis*:
  - Richtlinie 2003/54/EG (Unbundling), Speicher sind keine netztechn. Betriebsmittel
  - § 12 Abs. 1 EEG (Entschädigungszahlung bei Aberegelung wg. Netzengpässen für Erneuerbare)

Kostenentwicklung

- Signifikante Kostenreduktion bei PEMEL durch Erhöhung der Modulgröße (Skaleneffekte) möglich; aber auch langfristig: $Invest_{PEMEL} > Invest_{AEL}$
- Geologische Speicherung: ~0,65 €/kWh_{H2}
- Druckgasbehälter: ~8–24 €/kWh_{H2}
- Rückverstromung: bestenfalls wie gasgefeuerte Systeme

Marktrelevanz

- Ausnutzen von Preisschwankungen am Spotmarkt mit Wasserstoffspeichern derzeit unrentabel:
  - geringer Wirkungsgrad
  - gesunkene Spreads
  - hohe Investitionen und niedrige Auslastung
- Kopplung mit EE-Anlagen/Direktvermarktung
  - derzeit nicht sinnvoll, Spot- und Intraday-Märkte liquide genug
- Mittelfristige Marktrelevanz abhängig von Bedarf an Langfristspeichern, ohne Game Changer als eher gering einzuschätzen

Wechselwirkungen / Game Changer

Game Changer

- Politische Vorgabe eines 100 % EE-Ziels („jede kWh muss integriert werden") erhöht Speicherbedarf massiv
- Politische Vorgaben für Verkehrssektor erhöhen Bedarf an „grünem" H_2

13.4   Abkürzungen

AEL   Alkalische Elektrolyse
EE   Erneuerbare Energien
EEG   Erneuerbare-Energien-Gesetz
EnWG   Energiewirtschaftsgesetz
GuD   Gas-und-Dampf
HTEL   Hochtemperaturelektrolyse
PBI   Polybenzimidazol
PEMEL   Protonen-Austausch-Membran-Elektrolyse

Literatur

1. Smolinka T, Günther M, Garche J (2011) Stand und Entwicklungspotenzial der Wasserelektrolyse zur Herstellung von Wasserstoff aus regenerativen Energien. NOW-Studie, Berlin

2. Schmidt VM (2003) Elektrochemische Verfahrenstechnik: Grundlagen, Reaktionstechnik, Prozessoptimierung. Wiley-VCH, Weinheim

3. Altmann M (2001) Wasserstofferzeugung in offshore Windparks – grobe Auslegung und Kostenabschätzung. Ottobrunn

4. WIND-projekt (2013) Demonstrations- und Innovationsprojekt RH_2-WKA. http://www.rh2-wka.de/projekt.html, zugegriffen 04.03.2013.

5. Wenske M (2011) Stand und neue Entwicklungen bei der Elektrolyse. DBI-Fachforum Energiespeicherkonzepte und Wasserstoff. Berlin

6. Hotellier G (2012) Wasserstoff als Energiespeicher, Potenziale und Umsetzungsszenarien. Niedersächsisches Forum für Energiespeicher und -systeme, Hannover

7. General Electric (2009) Energy fact sheet 9F Syngas Turbine. Dokument Nr. GEA17016C (10/2009)

8. Wright IG, Gibbons TB (2007) Recent developments in gas turbine materials and technology and their implications for syngas firing. International Journal of Hydrogen Energy.

9. Crotogino F, Hübner S (2008) Energy Storage in Salt Caverns/Developments and Concrete Projects for Adiabatic Compressed Air and for Hydrogen Storage. Solution Mining Research Institute Spring 2008 Technical Conference, Porto (Portugal)

10. Wietschel M, Arens A, Dötsch C, Herkel S, Krewitt W, Markewitz P, Möst D, Scheufen M (Hrsg.) (2010) Energietechnologien 2050 – Schwerpunkte für Forschung und Entwicklung: Technologienbericht. Fraunhofer Verlag, Stuttgart

11. Steffen B (2012) Prospects for pumped-hydro storage in Germany. Energy Policy Nr. 2011, März 2012

12. Stolzenburg K, Hamelmann R, Wietschel M, Genoese F, Michaelis J, Lehmann J, Miege A, Krause S, Sponholz C, Donadei S, Crotogino F, Acht A, Horvath P-L (2013) Integration von Wind-Wasserstoff-Systemen in das Energiesystem. NOW-Studie, Berlin

13. Fraunhofer Gesellschaft (2008) MAVO „Advanced Energy Storage" – Endbericht Phase A. Interner Bericht, München

14. e-mobil BW GmbH, Zentrum für Sonnenenergie- und Wasserstoff-Forschung Baden-Württemberg (ZSW), WBZU GmbH (2011) Energieträger der Zukunft – Potenziale der Wasserstofftechnologie in Baden-Württemberg. Studie im Auftrag des Ministeriums für Finanzen und Wirtschaft Baden-Württemberg und des Ministeriums für Umwelt, Klima und Energiewirtschaft Baden-Württemberg, Stuttgart

15. Directorate-General for Energy of the European Commission (DG ENER) (2013) The future role and challenges of Energy Storage. Working Paper, Brussels. 2013. http://ec.europa.eu/energy/infrastructure/doc/energy-storage/2013/energy_storage.pdf, zugegriffen am 04.11.2014

16. Wietschel M, Bünger U (2010) Vergleich von Strom und Wasserstoff als CO_2-freie Endenergieträger. Studie im Auftrag der RWE AG, Karlsruhe

17. Ball M, Wietschel M (Hrsg.) (2009) Perspectives of a hydrogen economy, Cambridge University Press

18. Toyota Global Newsroom 25.06.2014 (2014) Toyota reveals exterior, Japan Price of Fuel Cell Sedan. http://newsroom.toyota.co.jp/en/detail/3286486/, zugriffen am 01.09.2014

Übertragungsnetze

Sandra Ullrich

14.1 Dynamisierung der Übertragungskapazität

14.1.1 Technologiebeschreibung

14.1.1.1 Funktionale Beschreibung

Kabeltechnologien und Freileitungssysteme stellen elementare Bestandteile der elektrischen Energieversorgungsinfrastruktur dar. Im Wesentlichen wird die Übertragungskapazität der Leiterseile durch ihre thermische Belastbarkeit limitiert. Im Betrieb erwärmen sich Leiterseile proportional zum führenden Strom. Die Erwärmung führt zu einer materialspezifischen Ausdehnung der Leiterseile, welche in einem stärkeren Durchhang resultiert. Speziell bei Freileitungen stellt deren maximal zulässige Leiterseiltemperatur und der damit verknüpfte Durchhang der Leiterseile bzw. minimale Abstand vom Boden die wesentliche Beschränkung der Strombelastbarkeit dar. Sowohl neuartige Hochtemperaturleiterseile (HT-Leiterseile) als auch das Freileitungsmonitoring (FLM) sind eine vieldiskutierte Möglichkeit, zeitnah und unter Vermeidung langwieriger Genehmigungsverfahren den Netzbetrieb zu optimieren, und somit kurzfristig oder dauerhaft eine Erhöhung der Übertragungskapazität der bestehenden Übertragungsnetze zu optimieren [1]. Damit bieten beide Technologien die Möglichkeit, kurz- und mittelfristig eine höhere Flexibilität im Betrieb der Drehstromfreileitungen zur Verfügung zu stellen. Einerseits kann damit der Ausbau der Stromerzeugung aus erneuerbaren Energien weiterhin netzseitig

Herr Dr. Arne Lüllmann hat im Rahmen eines Forschungsprojektes für die Forschungs- und Entwicklungsabteilung der RWE AG an dem Thema Übertragungsnetze gearbeitet und Teile seiner Arbeit sind in das Kapitel Übertragungsnetze eingeflossen. Wir danken ihm für die Mitarbeit.

Sandra Ullrich ✉
Fraunhofer-Institut für System- und Innovationsforschung ISI, Karlsruhe, Deutschland
url: http://www.isi.fraunhofer.de

© Springer Fachmedien Wiesbaden 2015
M. Wietschel et al. (Hrsg.), *Energietechnologien der Zukunft*,
DOI 10.1007/978-3-658-07129-5_14

unterstützt und andererseits Zeit für Forschung und Entwicklung von Stromnetzkonzepten für das zukünftige Energiesystem gewonnen werden. Allerdings kann mit FLM und HT-Leiterseilen als einzige Maßnahme ein grundsätzlicher Ausbaubedarf der Stromnetze kaum reduziert werden, da die notwendigen höheren Belastungsreserven nur zeitweise zur Verfügung gestellt werden können.

14.1.1.2 Freileitungsmonitoring

Mit steigender Übertragungsleistung nimmt die Temperatur des Leiterseils zu und durch thermische Materialausdehnung hängt folglich das Leiterseil stärker durch. Es gelten gesetzlich geregelte Mindestabstände der Leiterseile zur Erdoberfläche oder anderen Hindernissen, die für den sicheren Betrieb eingehalten werden müssen (DIN EN 50341 „Freileitungen über AC 45 kV"). Um die bestehende Übertragungskapazität konventioneller Drehstromfreileitungen effizienter zu nutzen ist das Freileitungsmonitoring, d. h. der witterungsabhängige Betrieb von Freileitungen, eine häufig genutzte Betriebsführungsoption. Das Grundprinzip des FLM besteht darin, dass unter Einbezug meteorologischer Umgebungsbedingungen und materialspezifischer Stromwärmeverluste des Leiterseils, Freileitungen stärker belastet und damit mehr Leistung pro Leitung übertragen können. Hierfür gelten die Normbedingungen nach DIN EN 50182:2001 „Leiter für Freileitungen – Leiter aus konzentrisch verseilten runden Drähten", welche konservative Witterungsverhältnisse mit einer Temperatur von 35 °C, Wind von 0,6 m/s und Globalstrahlung von 900 W/m^2 (entsprechend eines heißen, windstillen Sommertags) zu Grunde legt. Bei einem konventionellen Freileitungsseil beträgt die maximale Dauerbetriebstemperatur typischerweise 80 °C und ist damit auslegungsrelevant bei der Berechnung der Strombelastbarkeit und des maximalen Durchhangs. Beispielsweise ermöglicht FLM eine Erhöhung der Strombelastbarkeit von Freileitungen in Süddeutschland um bis zu 15 % und in Norddeutschland um bis zu 30 % (durch stärkeren Wind) [1].

Die tatsächliche Übertragungsreserve ist häufig höher als nach DIN EN 50182:2001 abgeleitet wird, da in der Regel große Windleistungen mit günstigeren Wetterverhältnissen verbunden sind. Unter Einbezug statistischer oder in Echtzeit erhobener Daten zur Leiterseiltemperatur und der mechanischen Spannung der Freileitungsseile (direkte Messung am Seil) als auch von Wetterdaten in die Betriebs- und Planungskonzepte, kann eine Anpassung der Übertragungskapazität an reale Bedingungen erfolgen, sodass die „real" vorhandene Kapazität des Leiterseils besser ausgenutzt werden kann. Expertenmeinungen zu Folge lässt sich die Kapazität des Freileitungsseils durch Bestimmung der tatsächlichen Strombelastbarkeit bei günstigen Wetterbedingungen um 40 % und bestenfalls bis zu 200 % gegenüber den derzeit angesetzten Werten steigern [1–3]. Voraussetzung dafür wäre allerdings eine Anpassung der Gesetzgebung zum operativen Einsatz von FLM in Deutschland.

Prinzipiell unterscheidet man zwei Betriebskonzepte für das FLM: Erstens kann aus der statistischen Analyse von Wetterdaten (Windgeschwindigkeiten, Windrichtung, Sonneneinstrahlung) eine jahreszeitspezifische maximale Strombelastbarkeit der jeweiligen Freileitungen festgelegt werden (*temporary loading*) [4]. Zweitens kann durch kontinuierliche Messung der aktuellen Wetterbedingungen (Sonneneinstrahlung, Windgeschwindigkeit, Windrichtung, Umgebungstemperatur) [5] und Leiterseilparameter (Temperatur und Zugspannung) eine dynamische Anpassung der Übertragungskapazität in Echtzeit erfolgen (*dynamic rating*) [6]. Dafür müssen strategische Aufstellorte für Wetterstationen ermittelt werden. Die maximale Strombelastbarkeit wird basierend auf dem materialspezifischen Temperaturgrenzwert mit einem thermischen Leitermodell ermittelt. Historische Wetterdaten für die Bestimmung der Übertragungskapazität gehen in die Planungskonzepte von Freileitungen ein.

Auch für Kabelsysteme sind ähnliche Konzepte denkbar, da deren maximale Strombelastung hauptsächlich eine Funktion der Abfuhr von Verlustwärme an die Umgebung ist [1]. Die Nutzung des FLM zur Steigerung der Übertragungsleistungen von Kabeln kann dazu genutzt werden, dass Sicherheitsreserven im System abgebaut werden. Es werden tiefergehende Untersuchungen der systemischen Wechselwirkungen und ggf. die Anpassung von Schutzmaßnahmen notwendig. Modellsimulationen zur Ausbreitung von Fehlerkaskaden in Stromnetzen zeigen, dass das Niveau der Systemlast eine kritische Größe darstellt. Bei hoher Belastung der Stromkreise stellt die Stabilitätsgrenze des Netzes die Begrenzung dar und nicht mehr die thermische Belastbarkeit des Leiterseils [1]. Lokale Gegebenheiten wie die vorhandenen Leitungslängen oder der Vermaschungsgrad, aber auch die eingesetzten Betriebsmittel und Betriebskonzepte wie z. B. Netzschutzeinrichtungen, bestimmen die Stabilitätsgrenze. Auch das sichere Erfassen von Fehlerströmen bei geringer werdendem Abstand zu den Betriebsströmen bzw. durch die größeren Lastwinkel ist problematisch, sodass sich schutztechnisch Grenzen für die maximal übertragbaren Wirk- und Blindleistungen, insbesondere bei großen Leitungslängen und geringem Vermaschungsgrad, ergeben [1]. Dabei sind notwendige Maßnahmen zur Flexibilisierung des Bestandsnetzes und die Übertragungstechnologie über systemdynamische Zusammenhänge eng verbunden.

14.1.1.3 Hochtemperatur-Leiterseile

Heute kommen bei konventionellen Freileitungen als Hochtemperatur-Leiterseile hauptsächlich sogenannte *Aluminium Conductor Steel Reinforced* (ACSR)-Seile zum Einsatz, die bis zu einer Temperatur von etwa 80 °C betrieben werden können, bevor der materialspezifische maximale Durchhang erreicht wird. Eine dauerhafte Erhöhung der Übertragungskapazität wird durch die Verwendung neuer Materialien für Leiterseile möglich. Beispielsweise werden neuartige Verbundwerkstoffe mit geringer Wärmeausdehnung bei gleichzeitig hoher Temperaturfestigkeit als auch neue Kabelaufbauten eingesetzt, um eine dauerhaft erhöhte thermische Strombelastbarkeit (Faktor 1,9) [7] bei vergleichbarem Leiterquerschnitt der Leiterseile zu erzielen. Der Kernwerkstoff hierfür ist eine Aluminiumoxid-Keramik. Die HT-Leiterseile werden in zwei Gruppen unterteilt: Leiter aus einer hochtemperaturbeständigen Aluminiumlegierung (TAL), zulässig bis zu einer maximalen Leiterseiltemperatur von 150 °C, und HTLS-Leiter (*high-temperatur-low-sag*), welche bei einer Leitertemperatur bis zu 210 °C eingesetzt werden. TAL-Leiter bestehen aus einem Stahlkern, wie die klassischen Leiterseile, wohingegen bei HTLS-Leitern auf neuartige Kernmaterialien mit reduzierter thermischer Ausdehnung zurück gegriffen wird. Der Vorteil von HTLS-Leitern gegenüber TAL-Leitern ist der verringerte Durchhang bei höheren

Betriebstemperaturen des Leiters. Dies ermöglicht den Einsatz von HTLS-Leitern auf bestehenden Trassen ohne Masterhöhungen. Damit liegt ein Vorteil von HTLS-Leiterseilen in den geringeren Kosten und dem Wegfall von langwierigen Planungs- und Genehmigungsverfahren für den Neubau von Masten.

Zusätzlich konnten bei der Optimierung der HT-Leiterseile ebenfalls Verbesserungen bei der Korrosionsbeständigkeit und der mechanischen Belastbarkeit erzielt werden. Bei sehr hohen Auslastungen sind weiterhin elektrische Verluste zu berücksichtigen. Zu den Neuentwicklungen [1, 2] gehören z. B. folgende Leiterseil-Typen:

- *Aluminium Conductor Composite Core*: ACCC
- *Aluminium Conductor Composite Reinforced*: ACCR
- *Aluminum Conductor Steel Supported*: ACSS
- *Thermal Resistant Aluminum Alloy Conductor Steel Reinforced*: TACSR
- *Thermal Resistant Aluminum Alloy Conductor Invar Reinforced*: TACIR
- *Gap-Type Aluminium Conductor Steel Reinforced*: GTACSR

ACCC-Leiterseile zeigen durch einen größeren Aluminium-Querschnitt im Komposit-Kern geringere Verluste als die Al/St-Leiterseile [8]. Leiterseiltypen wie ACCR weisen durch ein spezielles Kernmaterial aus Aluminium mit Kohlefaserkern eine hohe Strombelastbarkeit bei geringen Durchhängen auf [9]. Allerdings wird der Investitionsbedarf als relativ hoch eingeschätzt. Bisher liegen in Deutschland jedoch kaum Betriebserfahrungen mit ACCR- und ACCC-Leiterseilen vor. Beispielhaft ist in Abb. 14.1 der Aufbau eines konventionellen ACSR- mit einem ACCC-Freileitungsseil im Vergleich dargestellt.

14.1.1.4 Status quo und Entwicklungsziele

In Übertragungsnetzen ist FLM an Hochspannungsfreileitungen heute Stand der Technik und wird vereinzelt in Form jahreszeitabhängiger Strombelastbarkeiten in Deutschland eingesetzt. Nur in Einzelfällen werden Online-Wetterdaten für den Netzbetrieb genutzt. Die für das FLM benötigte Sensorik und Kommunikationstechnologie zur Erfassung und Übertragung der Leiterseilparameter, wie z. B. zur Messung der Leiterseiltemperatur, ist kommerziell verfügbar und die saisonale Anpassung der Übertragungskapazität ist gängige Praxis [1, 11]. Die Technologie zur dynamischen Anpassung wird bereits von Netzbetreibern in Deutschland in einigen Netzabschnitten genutzt [1, 12, 13]. Zum Beispiel hat TenneT 900 km Höchstspannungsleitungen mit FLM ausgerüstet [14]. Zentrales Element des FLM sind Simulationsmodelle zur physikalischen Beschreibung der thermischen und mechanischen Belastungen der Freileitungsseile. In diesem Bereich besteht noch Entwicklungsbedarf bezüglich der Modellvalidierung und der Erweiterung der Modelle zur Beschreibung der Übertragungskapazität der Leitungen bei niedrigen Windgeschwindigkeiten. Dies erfordert außerdem eine weitere Verbesserung der Wetterprognosemodelle. Darüber hinaus ist das Langzeitverhalten der im Netz eingesetzten Betriebsmittel, d. h. deren Alterung, unter einer zunehmend dynamischen Belastung (thermomechanischer Lastwechsel) weitestgehend unklar. Unter Umständen

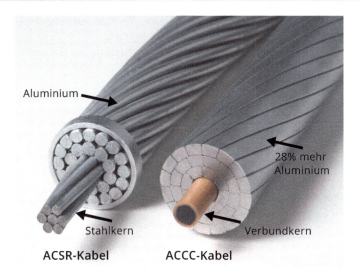

Abb. 14.1 Vergleich eines konventionellen ACSR- mit einem neuartigen ACCC-Freileitungsseil. (Quelle: [10]; mit freundlicher Genehmigung von © CTC Global, All Rights Reserved)

sind Verbesserungsmaßnahmen im Leitungs-, Umspannwerks- und Schutzbereich notwendig. Weiterhin sind Absprachen zwischen angrenzenden Netzbetreibern ebenso wie die Bereitstellung von Blindleistung erforderlich. An der Anwendung des FLM auf höheren Spannungsebenen wird ebenfalls geforscht [1]. Die bei FLM auftretenden höheren Ströme führen allerdings zu größeren Übertragungsverlusten. Für die durch FLM zusätzlich hinzukommenden Komponenten und das Leitsystem entstehen ebenfalls Wartungs- und Reparaturkosten. Vor dem Einsatz von FLM werden ausführliche Prüfungen zur Ermittlung des konkret nutzbaren Potenzials zur Erhöhung der Übertragungsleistung durchgeführt. Im Zuge dieser Maßnahmen wird auch die Wirkung auf die Systemstabilität untersucht. Vor der Nutzung von FLM müssen einige Umsetzungsmaßnahmen für die Hauptstromkreis-Komponenten als auch für die Leit- und Schutztechnik durchgeführt werden (siehe Tab. 14.1).

HT-Leiterseile sind weltweit auf mehreren zehntausend Kilometern im Einsatz [15]. Grundsätzlich stehen allerdings bei dieser Technologie die verursachten Investitionen und die gewonnene Zunahme an Transportleistung noch nicht in einem wirtschaftlichen Verhältnis zueinander [16]. Dennoch wird die Verwendung von HT-Leiterseilen weltweit theoretisch und praktisch weiterhin untersucht und diverse Hersteller treiben die Entwicklung der Materialien und Herstellungsverfahren in Richtung einer zunehmenden Kostenreduktion voran. Weiterhin mangelt es bei vielen der eingesetzten Materialien an Erfahrungen bezüglich der Langzeitstabilität [1]. Ebenfalls muss bei der Systemplanung bereits berücksichtigt werden, dass bei einem Ausfall auf mit HT-Leiterseilen ausgestatteten Strecken, die dann lastübernehmenden Seile deutlich höher ausgelastet werden. Dies führt dazu, dass HT-Leiterseile oft nur in speziellen Netzgeometrien einsetzbar sind. In Japan

Tab. 14.1 Entwicklungsstadium verschiedener Konzepte zur Dynamisierung der Übertragungskapazität aufbauend auf [1]

	Kommerziell	Demonstration	F&E	Ideenfindung
Jahreszeitspezifische Anpassung der Übertragungskapazität (*temporary loading*)	X			
Anpassung der Übertragungskapazität basierend auf aktuellen Wetterdaten (*dynamic rating*)	X			
Optimierung Wetterprognose			X	
Einfluss temporärer Überlastung auf Alterung der Betriebsmittel			X	
Anwendung auf höheren Spannungsebenen			X	
Integration in Netzplanung			X	
HT-Freileitungsseile	X			
Neue Materialien und Langzeitverhalten			X	

wurde bereits in den 1960er-Jahren mit dem großflächigen und standardisierten Einsatz von HT-Leiterseilen begonnen [1]. Die Randbedingungen hinsichtlich hoher räumlicher Dichte des Energiebedarfs und gleichzeitig die Beschränkung naturräumlicher Ressourcen machten dort den Rückgriff auf die Technologie trotz höherer Kosten notwendig [16].

14.1.1.5 Technische Kenndaten
Freileitungsmonitoring

Die bestehenden Witterungsbedingungen und die materialspezifische maximale Leiterseiltemperatur determinieren die Strombelastbarkeit eines Freileitungssystems. Besonders in Regionen mit hohen Windgeschwindigkeiten ist die durch FLM ermöglichte dynamische Anpassung der Übertragungskapazität relevant. Der Zusammenhang zwischen Klimagrößen und der maximalen Strombelastung eines Leiterseils ist in Abb. 14.2 beispielhaft dargestellt. Hier ist die bestimmende Größe der Bodenabstand. Die statische Strombelastbarkeit wurde unter standardisierten konservativen Klimabedingungen nach DIN EN 50182:2001 (siehe Abschn. 14.1.1.2) angegeben. Eine geringere Umgebungstemperatur und eine höhere Windgeschwindigkeit senkrecht zum Leiterseil führen zu einem höheren Maximalstrom. So ist z. B. die mögliche Stromstärke bei 30 °C und einer Windgeschwindigkeit von 1 m/s um fast 17 % höher als bei einer Windgeschwindigkeit von 0,6 m/s. Dieser Zusammenhang ist insbesondere für die Einspeisung von Strom aus Windkraftanlagen in Norddeutschland wichtig: hier sind hohe Einspeiseleistungen mit einer starken – windbedingten – Kühlung der Freileitungsseile korreliert, was den Einsatz von FLM begünstigt.

Übertragungsverluste von Freileitungen sind weiterhin vorhanden und werden durch deren Betriebsstrom bestimmt, wobei hier eine quadratische Abhängigkeit besteht. Das

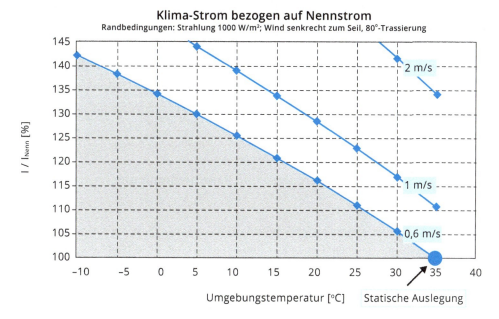

Abb. 14.2 Beispielhafte Darstellung der Abhängigkeit der maximalen Strombelastung von Klima-größen. ([17]; mit freundlicher Genehmigung von © Dr.-Ing. Ralf Puffer, Institut für Hochspannungstechnik, RWTH Aachen, All Rights Reserved)

heißt der Einsatz von FLM hat höhere Betriebsströme zur Folge, was in ebenfalls höheren Verlusten resultiert.

Hochtemperatur-Leiterseile

Mit HT-Leiterseilen ist es möglich, durch Erhöhung der maximalen Betriebstemperatur von 80 auf 150 °C (z. B. ACSS oder TACSR) bei gleichbleibendem Querschnitt die Übertragungskapazität um 50 % zu steigern. Die Übersicht zu technischen Kenndaten unterschiedlicher Leiterseiltypen in Tab. 14.2 zeigt die Zusammenhänge zwischen Übertragungskapazität, der maximalen Temperatur, dem Durchhang, der Verlustleistung und dem Preis. Eine Verdopplung der Übertragungskapazität wird bei Maximaltemperaturen von 200 °C realisierbar. Allerdings steigen die Leitungsverluste quadratisch mit der Stromstärke an. Das bedeutet bei einer Verdopplung der Übertragungskapazität durch ein HT-Leiterseil eine Vervierfachung der Verlustleistung. Bezogen auf eine Verdopplung der Übertragungskapazität durch ein zweites herkömmliches Leiterseil mit einfacher Stromstärke sind die Verluste des HT-Leiterseils doppelt so hoch. Neben spannungsabhängigen Koronaverlusten, sind die Verluste auf die Erwärmung des Leiters über seinen Widerstand zurück zu führen. Erfahrungen aus Japan zeigen, dass die im Standardfall verwendeten Armaturen den höheren Temperaturen grundsätzlich stand halten [16].

Tab. 14.2 Technische Kenndaten und Kosten für unterschiedliche HT-Leiterseiltypen [18]

Leiter	Übertragungs-Kapazität (rel.)	T_{max} [°C]	Durchhang (rel.)	Preis (rel.)	Verluste (rel.)
ACSR	1 (Referenz)	80	Referenz	Referenz	1 (Referenz)
TACSR	1,5	150	+++	+	$1,5^2$
GTACSR	1,6	150	++	++	$1,6^2$
ZTACCR	2,0	200	+	++++	$2,0^2$

Von stark: +++ nach schwach: +

14.1.2 Zukünftige Anforderungen und Randbedingungen

14.1.2.1 Gesellschaft

Für das FLM werden aufgrund der Nachrüstbarkeit von aktuell bestehenden Netzen keine Akzeptanzprobleme gesehen. Gegenüber Freileitungen ohne FLM bleibt der Flächenbedarf als auch die Sichtbarkeit unverändert. FLM befindet sich bei einigen Netzbetreibern in Deutschland bereits im Einsatz. Es besteht sogar das Potenzial einer positiven Wahrnehmung, wenn es gelingt, die Chancen der Technologie hinsichtlich der optimalen und intelligenten Ausnutzung vorhandener Infrastruktur darzustellen.

Die Verwendung von HT-Leiterseilen erfordert allerdings einen umfassenden und großflächigen Eingriff in die bestehende Netzinfrastruktur. Können für den Einsatz von HT-Leiterseilen die vorhandenen Trassen verwendet werden, dürften grundsätzlich keine großen Akzeptanzprobleme entstehen. Allerdings ist die Umrüstung je nach eingesetztem HT-Leiterseil-Typ auch mit einem Trassenneubau verbunden, da höhere Masten erforderlich werden. Wegen Bedenken der Öffentlichkeit gegen den Einfluss von Freileitungen auf die menschliche Gesundheit, die Natur und auf das Landschaftsbild steht die Planung und Genehmigung von Freileitungstrassen verstärkt in der Diskussion [19]. Eine kontrovers diskutierte Alternative zu Freileitungen sind Erdkabel. Sie werden von Teilen der Öffentlichkeit bevorzugt, sind aber auch mit erheblichen Mehrkosten verbunden.

14.1.2.2 Kostenentwicklung

In den Szenarien der DENA II-Studie [1] wird bei der Umrüstung vorhandener Freileitungen auf HT-Leiterseile im Vergleich zu einem Leitungsneubau auf höhere Kosten aufgrund der höheren Seilkosten, der aufwändigen Seilzugarbeiten, Mastverstärkungen und -erhöhungen sowie Abbaukosten hingewiesen [1]. Der Investitionsbedarf für die Aufrüstung einer 380 kV-Doppelleitung wird mit 1,6 Mio. Euro/km angegeben. Spezifische Kostendaten für verschiedene Hochtemperaturleiterseiltypen im Vergleich zu einem konventionellen Leiterseil sind in Tab. 14.3 dargestellt.

Der Investitionsbedarf für die Aufrüstung einer konventionellen Freileitung auf eine witterungsabhängige Betriebsführung mittels FLM beträgt 60.000–300.000 Euro/km [20, 1]. Hierbei sind die Kosten für die Umbaumaßnahmen an Leitungs-, Schalt-, Schutz- und Messgeräten zur Anpassung an höhere Betriebsströme berücksichtigt. Des Weiteren ge-

Tab. 14.3 Kostendaten verschiedener HT-Leiterseiltypen im Vergleich mit einem konventionellen Leiterseil [1] im Bezug auf den Einsatz auf Höchstspannungsebene

	Seilkosten relativ	Einsatzfälle	Transportleistung relativ
Konventionelles Al/St-Seil	100 %		100 %
HT-Freileitungsseile			
ACSS	115–130 %	USA	Über 150 %
ACSS mit EHS*-Stahlseil	Ca. 200 %	USA	Bis 200 %
GTACSR Gap	Um 300 %	UK	Über 200 %
Mit Invar-Kern (geringer Durchhang)	Um 500 %	Japan	Über 200 %
ACCC	Um 300 %	Spezialanwendungen	
ACCR	Um 1000 %	für kurze Abschnitte	

* Electromagnetic Hypersensitivity

hen in diese Investitionen die Anbindung und Integration in die Netzbetriebsführung mit ein. Zusätzlich sind Kosten für die Kompensation höherer Blindleistungen bei Freileitungen zu berücksichtigen. Bei den Betriebs und Wartungskosten ist die eingesetzte Methode (Unterscheidung zwischen direkt und indirekt) und Messtechnik für das FLM-System entscheidend. Man geht von 0,1–2,5 % pro Jahr der Investitionen je nach angewendeter Methode und verbauter Technik aus [20].

14.1.2.3 Politik und Regulierung

Neben der Entwicklung der technischen und wirtschaftlichen Aspekte in der Privatwirtschaft sind die öffentlich-rechtlichen Anforderungen zum Netzausbau zu berücksichtigen. Für den Einsatz von Freileitungen gelten die DIN EN 50341 (Freileitungen über AC 45 kV) und DIN EN 50182:2001 (Leiter für Freileitungen – Leiter aus konzentrisch verseilten runden Drähten). Letztere liefert die theoretisch maximal zu übertragende Leistung im (n-1)-sicheren Netzbetrieb hinsichtlich der thermischen Dauerbelastbarkeit eines Leiterseils. Weiterhin entsprechen Leiterseile gemäß DIN EN 50182 dem gegenwärtigen Stand der elektrischen Energieübertragung und -verteilung mit Freileitungsseilen in Deutschland [1]. Für Bemessung, Konstruktion, Ausführung und Betrieb von Höchstspannungskabelanlagen gelten DIN/VDE Fachnormen und normative IEC (*International Electrotechnical Commission*) Vorschriften [1]. Grundsätzlich wurde das Genehmigungsverfahren bei Netzvorhaben vereinfacht und auch die Klagemöglichkeiten wurden reduziert, was beides zu einer Beschleunigung des Aus- bzw. Umbaus von Stromleitungen führt.

Freileitungsmonitoring

Die VDE-Anwendungsregel VDE-AR-N 4210-5 „Witterungsabhängiger Freileitungsbetrieb" vom 01.04.2011 beschreibt organisatorische und technische Maßnahmen, die als Voraussetzung für einen witterungsabhängigen Freileitungsbetrieb umzusetzen sind.

Stromkreise von Freileitungen können in Abhängigkeit von den Witterungsbedingungen einen Betriebsstrom führen, der von der in der Norm DIN EN 50182 beispielhaft genannten Dauerstrombelastbarkeit abweicht, ohne dass die maximal zulässige Leitertemperatur überschritten und die Mindestabstände des Leiters zum Boden oder zu Objekten unterschritten werden. Diese Dauerstrombelastbarkeit wird unter Annahme der von ungünstigen Umgebungsbedingungen zur Sicherstellung der Allgemeingültigkeit gemäß DIN EN 50341 (siehe Abschn. 14.1.1.2) bestimmt. Eine Beschränkung des Leiterstroms ist notwendig, weil hartgezogenes Aluminium bei höheren Temperaturen rekristallisiert und seine Festigkeit verliert. Werden die Umgebungsbedingungen an einer Freileitung mit ausreichender Genauigkeit erfasst bzw. prognostiziert, so ist ein sicherer Netzbetrieb unter Ausnutzung der sich bei diesen Wetterbedingungen ergebenden Strombelastbarkeit der Stromkreise dieser Freileitung möglich.

Hochtemperatur-Leiterseile
Durch die Erhöhung der maximalen Dauerstrombelastbarkeit einer Freileitung kommt es ebenfalls zu Steigerungen der maximal möglichen Feldstärken. Hier gelten die Grenzwerte der Bundes-Immissionsschutzverordnung (26. BImSchV). Diese legt fest, dass bei zu genehmigenden Anlagen zur Abwehr bestehender und Vorsorge bevorstehender Gefahren für Menschen, Tiere, Pflanzen, Boden, Wasser, Atmosphäre sowie Kultur- und sonstige Sachgüter vor schädlichen Umwelteinwirkungen zu schützen sind und dem Entstehen schädlicher Umwelteinwirkungen vorzubeugen ist. Insbesondere sind nach § 3 Abs. 6 BImSchG fortschrittliche Verfahren umzusetzen, die die Auswirkungen auf die Umwelt verringern oder vermeiden [1]. Gleichzeitig gilt die DIN EN 50341, die für Freileitungen über 45 kV (AC) die Bedingungen für Planung und Errichtung festlegt und die VDE-Bestimmungen DIN VDE 0101 und 0210 (auch VDE 12.85) ergänzt. Diese behandeln u. a. die Konstruktion von Masten und Mindestabstände für Leiterseile untereinander (höhere Netzspannungen führen zu vergrößerten Abständen).

14.1.2.4 Marktrelevanz
Durch FLM als auch durch HT-Leiterseile können Engpässe durch verzögerten Netzausbau auf bestehenden Leitungen abgebaut und die Übertragung von volatilen Strommengen aus erneuerbaren Energien in Deutschland unter dem politisch angestrebten weiteren Ausbau der Erneuerbaren gesteigert werden. FLM und HT-Leiterseile erhöhen zwar die thermische Übertragungskapazität, aber nicht die Stabilitätsgrenzen, welche von den Netzreaktanzen – unveränderte Optimierungs- und Flexibilitätsmaßnahmen – bestimmt werden. Allerdings sind die HT-Leiterseile im Vergleich zum Standardleiterseil je nach Komposition fünf- bis 11-mal teurer. Zusätzlich entstehen Kosten für den Austausch der Leiterseile. Aufgrund fehlender Langzeiterfahrung wird ein großflächiger Einsatz von den Netzbetreibern momentan nicht geplant. Ein weiterer Nachteil sind auch die etwa 2,5fach höheren Verluste beim Energietransport. Andererseits ist zu beachten, dass HT-Leiterseile auf Übertragungsnetzebene (bei 220-kV- und 380-kV-Netzen) aber auch auf Verteilnetzebene wegen Überlastung der 110-kV-Verteilnetze als Alternative zum kostenintensiven

Ersatzneubau oder Erdkabel eine interessante Option darstellen [21]. Allerdings kann ein grundsätzlicher Netzausbau für zukünftige Übertragungsaufgaben nicht vermieden werden. Die Analysen im Rahmen der DENA-Studie II [1] zeigen einen signifikanten Nutzen der Technologie in den nördlichen Regionen Deutschlands, da dort eine Erhöhung der Übertragungskapazitäten durch windbedingte Kühlung zeitlich mit erhöhter Stromerzeugung durch Windkraft zusammenfällt [1]. Das *temporary loading* wird heute bereits in vielen Ländern eingesetzt. Das *dynamic rating* hingegen findet bisher nur in Einzelfällen Anwendung. Ein lokal beschränkter Feldversuch in Schleswig-Holstein im Gebiet von E.ON Netz (8,5 km Länge) hat eine Erhöhung der Transportkapazitäten um bis zu 50 % [12] ergeben.

Den Netzausbau auf den Einsatz von FLM und HT-Leiterseilen zur Erhöhung der Strombelastbarkeit von Freileitungen zu beschränken, wird allerdings kritisch gesehen. Dabei wird das Optimierungspotenzial in bestehenden Leitungen zu sehr auf zwei technische Möglichkeiten beschränkt. Es ist zu vermuten, dass durch ACCC- oder ACCR-Leiterseile und direkte Leitertemperatur-Messung mehr erreicht werden könnte. Zusätzlich würde der Bedarf für teure und in der Öffentlichkeit umstrittene Neubautrassen gesenkt.

Derzeit ist die Wirtschaftlichkeit der Neuinstallation von HT-Leiterseil-Systemen nicht gegeben, sodass die Kosten der Technologie ein starkes Diffusionshemmnis darstellen. Deshalb ist die Reduktion der Herstellungskosten für das Marktpotenzial wesentlich. In Freileitungen sind HT-Leiterseile zum Beispiel in Japan seit Jahrzehnten und gegenwärtig auf 39.900 km in Betrieb [1].

Eine Umrüstung auf HT-Leiterseile mit den noch relativ hohen Kosten aufgrund der verwendeten Materialien und dem damit verbundenen höheren Herstellungsaufwand kann wirtschaftlich sein. Entscheidend dabei ist, dass die vorhandenen Strommasten weiter verwendet werden und lange Planfeststellungsverfahren entfallen. Die Wirtschaftlichkeit der Installation eines HT-Leiterseils hängt aber immer sehr von den Bedingungen des Einzelfalls ab. Einen Einfluss auf den Netzausbau in Deutschland haben die HT-Leiterseile voraussichtlich nicht, da dies keine Lösung für dauerhaft ausgelastete Leitungen ist. Ebenso wird in dieser Technologie kein Potenzial zur Minimierung der benötigten Flächen für Stromtrassen gesehen [21]. Beim Neubau von Stromleitungen werden verlustarme Kabel mit höherem Querschnitt bevorzugt [21]. Das größte Marktpotenzial wird derzeit vor allem beim Einsatz für volatile Lasten erwartet.

Es testen verschiedene Übertragungsnetzbetreiber in Deutschland auf diversen Pilotstrecken den Einsatz unterschiedlicher HT-Leiterseile [18]:

- Eon Netz: Ostermoor-Marne, 110 kV, 2,7 km (2009)
- Amprion: Hanekenfähr-Gersteinwerk, 400 kV, 8,4 km (2009)
- 50Hertz: UW Güstrow, 110 kV, 0,5 km (2011)
- TransnetBW: Daxlanden-Eichstätten, 220 kV, 0,5 km (2011)
- TenneT: Stade, 220 kV, 10,8 km (2012)

Zusätzlich testet 50Hertz HT-Leiterseile zwischen Remptendorf in Thüringen und Redwitz in Bayern und konnte auf Basis von ACSS-Technik die Leistungskapazität von 1800 auf 2100 MW erhöhen [21]. Die RWE Deutschland AG testet auf einer 12 km langen Pilotstrecke im Hunsrück HT-Leiterseile im Zusammenhang mit der Stromerzeugung aus Windkraft [22].

14.1.2.5 Mögliche Wechselwirkungen mit anderen Technologien

Angesichts eines weiter zunehmenden Angebots an volatilem Strom aus Windenergie und Photovoltaik gegenüber überalterten Strukturen der Stromnetze in Deutschland ist ein langfristiger Um- und Ausbaubedarf bei den Stromnetzen zu sehen. Mit Änderungen des EnWG und des NABEG wurde darauf reagiert. Allerdings bestehen teilweise noch ökonomische Fehlanreize. Netzinvestitionen können aufgrund des Regelverfahrens erst in der folgenden Regulierungsperiode in den Netzentgelten abgerechnet werden. Die Rechtsunsicherheit bezüglich der Abgrenzung von Erweiterungsinvestitionen bremst die Investitionstätigkeit bei kleinen Netzbetreibern, deren Entgelte nach dem vereinfachten Verfahren festgelegt werden.

Ein schneller Ausbau der Netze und Schaffung von zusätzlichen *Redispatch*[1]-Potenzialen z. B. durch verstärkten Einsatz von Lastmanagement könnte das Potenzial der Nutzung von HT-Leiterseilen und FLM senken.

Die Verwendung von HT-Leiterseilen erscheint vor allem dann vorteilhaft, wenn Leitungen für die Übertragung von kurzzeitig auftretenden Spitzenleistungen durch hohe installierte Windenergieleistungen dimensioniert werden müssen [23]. Allerdings wird die Wirtschaftlichkeit (hoher Investitionsbedarf) durch Übertragungsverluste bei hohen Auslastungen reduziert.

14.1.2.6 Game Changer

Aufgrund zukünftiger komplexer werdenden Übertragungsaufgaben ist ein starker Ausbau der Übertragungsnetze in Europa notwendig, der den Nutzen der Menge der durch HT-Leiterseile und FLM zusätzlich geschaffenen Übertragungskapazitäten relativieren wird. Verzögerungen im Netzausbau können diese beiden Technologien jedoch als „Brückentechnologien" notwendig machen, um die mit der Zeit steigenden produzierten Strommengen aus erneuerbaren Energien in Europa zu verteilen.

14.1.3 Technologieentwicklung

14.1.3.1 Entwicklungsziele

Die primären Entwicklungsziele im Freileitungsmonitoring sind in der Optimierung der physikalischen Modellierung des Verhaltens der Freileitungen bei dynamischeren Last-

---

[1] Redispatch: Eingriffe in die Erzeugungsleistung von Kraftwerken zum Schutz eines Netzabschnitts vor Überlastung zur Erzeugung eines entgegengerichteten Lastflusses um den Engpass aufzufangen.

wechseln zu sehen. Um in Echtzeit auf Nachfrageschwankungen zu reagieren, ist die Optimierung und Integration von Wetterprognosemodellen in das Lastmanagement von essenzieller Bedeutung. Dabei sollte die *geographical information system* (GIS)-Modellierung eine große Rolle spielen, welche es erlaubt, Wetter- und Verbrauchsdaten geografisch sehr genau zu analysieren. Des Weiteren ist die Erprobung der Anwendung auf höheren Spannungsebenen interessant. Langfristig ist für einen ganzheitlichen systemischen Einsatz die Integration des Freileitungsmonitoring anzustreben, welche u. a. die vollständige Beobachtbarkeit und Schutz-Parametrierbarkeit beinhaltet, um die echtzeitfähige Dynamisierung des Energieversorgungsnetzes zu bewerkstelligen.

Bei den Hochtemperaturfreileitungsseilen wird der Einsatz neu entwickelter Materialien und Herstellungstechnologien zu einer Senkung der Herstellungskosten führen. Außerdem ist eine Verbesserung des Langzeitverhaltens der HT-Leiterseile bei höheren und dynamischeren Auslastungen anzustreben. Darüber hinaus ist die Analyse und Bewertung der HT-Leiterseile in der Systemwirkung wichtig für die Planungs- und Betriebsoptimierung.

14.1.3.2 F&E-Bedarf und kritische Entwicklungshemmnisse

Die Konzepte von FLM und HT-Leiterseilen vereint, dass die wesentlichen Fragen der großflächigen Einbindung dieser Technologien in bestehende elektrische Energieversorgungssysteme weitestgehend ungeklärt sind. Insbesondere von Interesse sind hier die Analyse und (Risiko-)Bewertung der Beeinflussung der Lebensdauer bestehender Netzbetriebsmittel durch höhere, dynamische Auslastungen. Konkret geht es um den Einfluss thermomechanischer Lastwechsel und den möglichen Anpassungsbedarf sämtlicher Netzbetriebsmittel (Leitungen, Komponenten in Umspannwerken etc.) und der Schutzsysteme an die erhöhten maximalen Ströme im Fehlerfall (z. B. Sicherstellung des n-1-Kriteriums). Eine Klärung dieser Fragestellung verbessert die Chancen einer großflächigen Integration dieser Technologien [1].

Im Bereich des FLM gibt es zudem Optimierungsbedarf im Hinblick auf die physikalische Modellierung des Leitungsverhaltens bei deutlich dynamischeren Strombelastungen im Netzbetrieb. Hinsichtlich der Umwelteinflüsse mangelt es den derzeitigen Modellen insbesondere an Genauigkeit bei niedrigen Windgeschwindigkeiten. Es entsteht z. B. der Bedarf der geografischen Zuordnung von Wetterstationen zu Leitungsverläufen. Im Allgemeinen sind die technischen Risiken des FLMs als eher gering zu bewerten, womit zumindest der regionale Einsatz kurzfristig umsetzbar erscheint. Langfristig wird dem FLM eine zentrale Rolle bei der Entwicklung hin zu einer echtzeitfähigen Dynamisierung der elektrischen Energieversorgungsnetze zukommen, für die die vollständige Beobachtbarkeit und Schutz-Parametrierbarkeit essenziell ist. Hierfür muss jedoch auch die Integration von Prognosewetterdaten noch weiter verbessert und in Feldtests verifiziert werden [1]. Für die Netzplanungsberechnungen und evtl. auch den Netzausbau ist die Entwicklung und Verifizierung eines Modells zur Bestimmung von Strombelastbarkeiten unumgänglich.

Bei HT-Leiterseilen sind die Fragestellungen der aktuellen Entwicklungsvorgänge hingegen noch grundlegender. Ihr Einsatz ist im Moment noch nicht wirtschaftlich, da der Investitionsbedarf bei HT-Leiterseilen derzeit ca. 2,5- bis 3-mal höher als bei konventionellen Freileitungen ist, wobei lediglich die Transportleistung maximal verdoppelt wird [1, 16]. Hinzu kommt, dass die Stromstärken in einem HT-Leiterseil wesentlich größer sind als bei herkömmlichen Leitungen. Deshalb erfordert ihr Einsatz zusätzlich die Anpassung der Betriebsmittel in Umspannwerken und der Schutzsysteme um die Überlastgefahr in parallel betriebenen Leitungen im Fehlerfall zu reduzieren (Einhaltung der (n-1)-Sicherheit). Auswirkungen auf die Netzdynamik, Spannungsstabilität/Blindleistungsdimensionierung, Winkelstabilität und betriebliche Reserven müssen berücksichtigt werden [19]. Das heißt, zur Implementierung von HT-Leiterseilen ist ein gesamtsystemischer Ansatz notwendig. Der Fokus der Forschung in diesem Bereich liegt daher im Moment auf Kostenreduktion durch Materialverbesserungen und Weiterentwicklung von Fertigungsprozessen. Zudem werden weiterhin Untersuchungen bezüglich der Dauerbeständigkeit der Seilmaterialien und Verbindungselemente angestellt [1]. Prinzipiell sind gesetzliche Anforderungen (z. B. Grenzwerte für elektromagnetische Felder, Abstände, ausreichende Erprobung) einzuhalten [19].

Roadmap – Dynamisierung der Übertragungskapazität

Beschreibung

- Hochtemperaturleiterseile (HTLS)
  - Die Übertragungskapazität von Freileitungssystemen wird unter anderem durch die Seiltemperatur bestimmt. Ein veränderter Leiteraufbau (Material und Konstruktion) ermöglicht durch höhere Seiltemperaturen ca. eine Verdopplung der Übertragungskapazität.
- Freileitungsmonitoring (FLM); temporary loading: saisonale Anpassung der maximalen Übertragungskapazität; dynamic rating: Anpassung in Echtzeit
  - Durch dynamischen Einbezug der Umweltgrößen Temperatur, Windstärke und Globalstrahlung in die Berechnung der maximalen Übertragungskapazität wird eine verbesserte Ausnutzung der Leitungen möglich. Klassisch wird ein statistisches Modell mit Standardbedingungen unterstellt.

Entwicklungsziele

- Hochtemperaturleiterseile
  - Kostenreduktion, Gewinn zusätzlicher Übertragungskapazität unverhältnismäßig teuer
  - Erforschung und Verbesserung des Langzeitverhaltens der Seile
  - Entwicklung neuer Materialien und Fertigungstechnologien
  - Analyse der Systemwirkungen

- Freileitungsmonitoring
  - Optimierung von Wetterprognosemodellen
  - Anwendung auf höheren Spannungsebenen
  - Integration in Netzplanungen

Technologie-Entwicklung

HTLS

Planungszeit			
8 – 14 Monate	8 – 14 Monate	▶	
Bauzeit			
12 – 18 Monate	12 – 16 Monate	▶	
Ökonomische Nutzungsdauer			
35 Jahre	35 Jahre	▶	

FLM

Planungszeit			
10 – 15 Monate	ca. 12 Monate	▶	
Bauzeit			
12 – 14 Monate	ca. 12 Monate	▶	
Nutzungsdauer			
25 Jahre	30 Jahre	▶	
Systemeinbindung			
Punktuell	Als Teil eines ganzheitlichen Systemansatzes		▶

heute	2025	2050 ▶

Roadmap – Dynamisierung der Übertragungskapazität

F&E-Bedarf

HTLS: Kostenreduktion durch Materialverbesserungen und Weiterentwicklung von Fertigungsprozessen ▶

FLM: Verbesserung der Modellierung, insbesondere für niedrige Windgeschwindigkeiten; geografische Kopplung von Wetterstationen und Leitungsverläufen ▶

FLM: Physikalische Modellierung des Leitungsverhaltens bei deutlich dynamischeren Lastwechseln ▶

HTLS + FLM: Systemische Auswirkungen der großflächigen Einbindung der System – Analyse und (Risiko-)Bewertung ▶

| heute | 5 bis 10 Jahre | ▶ |

Gesellschaft

• Favorisierung einer „unsichtbaren" Versorgung → Kabeltechnologien

• Potenzial für positive Wahrnehmung

Politik & Regulierung

• HTLS: 26. BImSchV, insbesondere § 3 Abs. 6, DIN EN 50341, VDE 0101 und 0210 (auch VDE 12.85)

• FLM: DIN EN 50341, DIN EN 50182:2001, VDE-AR-N 4210-5

Kostenentwicklung

• HTLS: hohe Kosten

• Kosten/Preisentwicklung mit Risiken behaftet

• FLM: weniger kostenintensiv

Marktrelevanz

• Abbau von Engpässen durch verzögerten Netzausbau auf bestehenden Leitungen

• Steigerung der Übertragung von Windenergie in begrenztem Ausmaß

• Allerdings Netzausbau weiterhin notwendig

Wechselwirkungen / Game Changer

Game Changer

• Starke Verzögerungen beim Ausbau der Stromnetze (Netzentwicklungsplan)

• Lastmanagement

14.2 Flexible Drehstromübertragungstechnik

14.2.1 Technologiebeschreibung

14.2.1.1 Funktionale Beschreibung

Flexible Drehstromübertragungssysteme (engl.: *Flexible AC Transmission Systems*: FACTS) bezeichnen Steuerungs- und Kompensationssysteme in der elektrischen Energietechnik. Hierbei kommen vornehmlich Betriebsmittel der Leistungselektronik zum Einsatz. FACTS ermöglichen durch Einbindung in ein übergeordnetes Regelkonzept eine gezielte Steuerung von Leistungs- bzw. Stromflüssen in Echtzeit. Im Vergleich zur Verwendung von Stelltransformatoren und statischen Kompensationsmitteln bieten FACTS-Technologien somit eine deutlich erhöhte Flexibilität der Netzsteuerung [1] und erlauben den Netzbetrieb nahe der Belastungsgrenzen, was bei Nachrüstung in bestehenden Netzen einer Erhöhung der Übertragungskapazitäten entsprechen kann [24]. Erfahrungen zeigen mögliche Steigerungen der Übertragungskapazitäten einzelner Strecken um bis zu 40 % [1]. Gleichzeitig werden FACTS zur aktiven Verbesserung der dynamischen und transienten Netzstabilität und Versorgungsqualität eingesetzt, indem Netzschwankungen, gerade auch über lange Distanzen, gedämpft und Spannungsregelungen unter verschiedenen Lastbedingungen geleistet werden. Überdies ergibt sich auch ein Nutzen in Verbindung mit der Integration großer Windenergieerzeuger, da damit einhergehende Spannungsschwankungen durch eine flexible Blindleistungskompensation verringert werden können. Außerdem verringern FACTS die Übertragungsverluste und erlauben die Lastflusskontrolle in vermaschten Systemen [25].

Außerhalb Europas finden FACTS gegenwärtig in Übertragungsnetzen Verwendung, wobei zukünftig ein verstärkter Einsatz von FACDS (*Flexible AC Distribution Systems*) auf Verteilnetzebene zu erwarten ist. Grund dafür sind steigende Anforderungen an die Netzstabilität in Folge zunehmender volatiler Einspeisung aus erneuerbaren Energiequellen in die Verteilnetze. Die Betriebsmittel können je nach Anforderung des Netzes in Serien-, Parallelschaltung, welche am häufigsten eingesetzt wird, oder in einer Kombination (Seriell-Parallel-Schaltung von FACTS) – mit zahlreichen Varianten – in die Netze integriert werden. Im Kern handelt es sich um Halbleiterbauelemente wie Thyristoren, GTOs (*gate turn-off thyristor*) und IGBT (*insulated-gate bipolar transistor*). Im Folgenden werden die wesentlichen Funktionsweisen und technischen Eigenschaften der unterschiedlichen Verschaltungskonzepte näher erläutert.

Parallelschaltung

Im Allgemeinen werden Parallelschaltungen von FACTS-Betriebsmitteln zur Spannungsregelung in Netzknoten und im Speziellen zur induktiven bzw. kapazitiven Blindleistungsbereitstellung eingesetzt [1]. Ihr prinzipieller Aufbau ist in Abb. 14.3 dargestellt.

Die häufigsten Varianten von parallel verschalteten FACTS-Reglern sind *Thyristor Controlled Reactor* (TCR), der *Thyristor Switched Capacitor* (TSC), welche durch weitere Trennfilter ergänzt werden können. TCR und TSC verbessern die transiente Netzstabili-

Abb. 14.3 Parallele Verschal-
tung eines FACTS-Reglers
(U = elektrische Spannung).
(Quelle: [24]; mit freundlicher
Genehmigung von © Springer-
Verlag, All Rights Reserved)

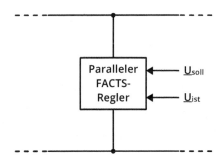

tät, dämpfen Wirkleistungsschwankungen, vergrößern die Leistungsübertragungsfähigkeit
und gleichen Netzschwankungen aus. Des Weiteren kommen die komplexeren Systeme des statischen Blindleistungskompensators (*Static Var Compensator*: SVC) und des
Static Synchronous Compensators (STATCOM) häufig zum Einsatz, welche zusätzlich –
zu den Eigenschaften von TCR und TSC – steuerbar sind. SVCs sind ein schnelles und
zuverlässiges Mittel zur Spannungskontrolle von Übertragungsleitungen. Mit einer durchschnittlichen Reaktionszeit im Bereich von 30–40 ms sind SVCs wesentlich schneller als
herkömmliche mechanisch geschaltete Reaktoren und Kondensatoren (100–150 ms) und
können dazu verwendet werden, aktiv Netzschwankungen zu dämpfen [26]. Bei niedriger
Netzspannung erzeugt der SVC kapazitive Blindleistung; wohingegen bei hoher Netzspannung der SVC die induktive Blindleistung absorbiert. SVCs werden für eine Vielzahl
von Kompensationsleistungen in Übertragungsnetzen eingesetzt. Das Steuersystem kann
so gestaltet werden, dass Prioritäten flexibel adressiert werden können, je nach Anforderungen im Netz. Bei einem STATCOM handelt es sich um einen gepulsten Stromrichter,
der ein dreiphasiges Spannungssystem mit variabler Spannungsamplitude generiert, dessen Spannungen gegenüber dem Leitungsstrom orthogonal phasenverschoben ist. Dadurch
wird induktive oder kapazitive Blindleistung zwischen dem STATCOM und dem Netz aus-
tauschbar [26]. Die Blindleistung ist unabhängig von der Höhe der Netzwechselspannung,
was einen Vorteil für die Stabilisierung von AC-Netzen darstellt.

Serienschaltung

FACTS-Betriebsmittel in Serienschaltung kommen im Allgemeinen zur Regelung des
Wirkleistungsflusses zum Einsatz [27], d. h. konkret zur gezielten Steuerung der Leis-
tungsflüsse einzelner Leitungen, zur Erhöhung bzw. Verringerung der Spannungsunter-
schiede entlang von Leitungen und zur Stabilitätsförderung bei transienten Netzstörungen
[1]. Konkret werden FACTS in Serienschaltung zur Reduktion des lastabhängigen Span-
nungsabfalls, für die Regulation des Lastflusses in parallelen Übertragungsleitungen als
auch zur Steigerung der Übertragungsleistung und Systemstabilität verwendet. Die vereinfachte Darstellung in Abb. 14.4 verdeutlicht den prinzipiellen Aufbau von FACTS in
Serienschaltung.

Zu den gängigsten Varianten gehören *der Fixed Series Compensator* (FSC), der *Thyristor Controlled Series Capacitor* (TCSC), der *Thyristor Protected Series Capacitor*

Abb. 14.4 Serielle Verschaltung eines FACTS-Reglers (*I* = Stromstärke). (Quelle: [24]; mit freundlicher Genehmigung von © Springer-Verlag, All Rights Reserved)

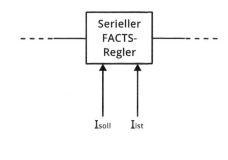

(TPSC), der *Thyristor Switched Series Capacitor* (TSSC) und der *Static Synchronous Series Compensator* (SSSC). Hierbei sind FSCs die kostengünstigste Variante mit Überspannungsschutz [26]. TPSCs bieten gegenüber FSCs den Vorteil des Einsatzes zur Lastflusssteuerung. TPSCs weisen eine Leistungsschwingungsdämpfung und einen besseren Kondensatorschutz durch spezielle Thyristoren auf [26]. Ein besonderes Merkmal von TPSCs ist ihre deutlich kürzere Abkühlphase gegenüber herkömmlichen Kompensationsmitteln, welche eine viele schnellere Rückkehr zur maximalen Übertragungsleistung ermöglicht und damit die Folgekosten nach Netzinstabilitäten reduziert. Aus diesem Grund werden TPSCs bevorzugt in Systemen, die auf eine schnelle Rückkehr zur maximalen Übertragungsleistung angewiesen sind, eingesetzt. Die TCSCs werden ebenfalls zur Blindleistungskompensation unter unterschiedlichsten Betriebsbedingungen verwendet. Zur Verbesserung der Systemstabilität erlauben TCSCs die Kontrolle des Lastflusses in parallelen Übertragungsleitungen. Als zusätzliche Vorteile ermöglichen TCSCs die Dämpfung von Lastschwankungen und die Abschwächung von subsynchronen Resonanzen (SSR) [26].

Kombination aus parallelem und seriellem FACTS-Regler

Seriell-Parallel-Schaltungen von FACTS-Betriebsmitteln bieten die Möglichkeit zur gleichzeitigen Regelung sowohl von Wirkleistungs- und Blindleistungsflüssen als auch von Betrag und Phasenwinkel der Knotenspannung sowie der Übertragungsimpedanz [1, 27]. Eine vereinfachende Darstellung dieser Verschaltungsart ist in Abb. 14.5 gezeigt.

Zwei Technologien sind bei Seriell-Parallel-Schaltungen von FACTS-Betriebsmitteln dominant: Der *Unified Power Flow Controller* (UPFC): eine Kombination aus STATCOM und SSSC; und der *Dynamic Power Flow Controller* (DPFC): eine Kombination aus (mehreren) seriell geschalteten TSCs bzw. TCRs mit einem *Phase Shifting Transformer* (PST) [1]. Darüber hinaus existieren auch neuere Entwicklungen wie der *Interline Power Flow Controller* (IPFC) mit elf Steuerarten bzw. der *Convertible Static Compensator* (CSC), welcher über verstellbare Verschaltungsmöglichkeiten verfügt [28].

Die im Einzelfall eingesetzte FACTS-Technologie ist sehr vom Anwendungsfall und der Netzarchitektur abhängig. Häufig können bestehende FACTS-Systeme mit neueren Technologien nachgerüstet werden.

14.2.1.2 Status quo und Entwicklungsziele

Eine Einordnung der verschiedenen FACTS-Technologien in die unterschiedlichen Entwicklungsstadien erfolgt zweckdienlich, also nicht basierend auf Verschaltungsart (Seriell, Parallel, Kombination), sondern in Form der einzelnen Anlagen. Die einzelnen Betriebsmittel sind zum Großteil bereits kommerziell verfügbar und konkurrieren in Form der verschiedenen Verschaltungsarten in den unterschiedlichen Anwendungsbereichen miteinander. Außerdem stehen andere Fragen, wie das bestmögliche Vorgehen bei der Integration von FACTS-Betriebsmitteln in Stromnetzen oder die Entwicklung von Simulationsmodellen zur Untersuchung dieser Netze sowie Strategien für deren Betrieb und Regelung, im Vordergrund.

In Europa sind heute FACTS-Technologien für die Leistungsflussregelung in Übertragungsnetzen noch nicht im Einsatz. Der heute typische Einsatzbereich ist bei langen Leitungen in schwach vermaschten Netzen und auf Verteilnetzebene, wo aufgrund der schnellen Regelfähigkeit dieser Geräte auch ein Beitrag zur Stabilitätsverbesserung geleistet wird [29]. Für die Einspeisung von Offshore-Windenergie an Land in das bestehende Übertragungsnetz muss die Auslegung der Übertragungstechnologie berücksichtigt werden. In diesem Zusammenhang können ggf. FACTS-Lösungen, wie z. B. STATCOMs, zusätzliche notwendige Regeleigenschaften bereitstellen, die mit der klassischen HGÜ-Technologie nicht erfüllt werden kann [1].

SVCs, TCSCs, FSCs und STATCOMs werden bereits seit vielen Jahren in der Praxis eingesetzt. Bereits in den 1950er-Jahren entwickelte ABB die Serienkompensation [1]. Heutzutage sind SVCs die am weitesten verbreitete FACTS-Technologie [30]. UPFCs und IPFCs befinden sich derzeit in der Erprobung, so zum Beispiel in einem Pilotprojekt in New York [30].

Der Ausbau erneuerbarer Energien führt seit längerem zu steigenden Ansprüchen an die Flexibilität der Netze. Insbesondere im Hinblick auf die verstärkte Einspeisung elektrischer Energie aus volatilen, regenerativen Quellen in Mittel- und Niederspannungsnetze sind erhöhte Anforderungen speziell an die Spannungsqualität und an die statische und dynamische Stabilität abzusehen. Dadurch bedingte Leitungsengpässe, die die Preise der elektrischen Energie stark beeinflussen können, sind wo immer möglich, aus wirtschaft-

Abb. 14.5 Kombinierte serielle und parallele Verschaltung von FACTS-Reglern. (Quelle: [24]; mit freundlicher Genehmigung von © Springer-Verlag, All Rights Reserved)

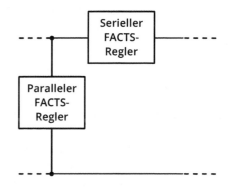

Tab. 14.4 Entwicklungsstadien verschiedener Technologien im Zusammenhang mit FACTS, aufbauend auf [1]

	Kommerziell	Demonstration	F&E	Ideenfindung
SVC, TCSC, FSC, STATCOM	X			
UPFC, IPFC		X		
FACDS		X		
Implementierung von Betriebs- und Regelstrategien für FACTS-Betriebsmittel			X	
Simulationsmodelle und Berechnungsverfahren			X	
Schutz von Leistungshalbleitern in FACTS-Anlagen				X

lichen Gründen zu vermeiden. Derartige Engpässe können durch vermehrte Verwendung von FACTS flexibel reduziert werden. Demnach stellt die Integration von FACTS-Betriebsmitteln im Verteilnetz, sog. *Flexible AC Distribution Systems* (FACDS), einen vielversprechenden Entwicklungsansatz dar. FACDS befinden sich derzeit im Übergang zur Demonstrationsphase [1].

Derzeit fehlen noch wichtige Erkenntnisse über die Auswirkung der verstärkten Integration von FACTS-Anlagen in Verteilnetzen. Insbesondere mangelt es hier an theoretischen und praktischen Untersuchungen, aber erste Forschungsprojekte wurden gestartet [1]. Aus diesen Gründen ist die Entwicklung sowohl von Implementierungsmethoden von Betriebs- und Regelstrategien für FACTS-Betriebsmittel als auch von praxisnahen Simulationsmodellen und Berechnungsverfahren zur stationären und transienten Untersuchung des Einflusses von FACTS in Verteilnetze von großer Bedeutung [1].

Außerdem wird weiterhin an neuen Verschaltungsformen und Kombinationsmöglichkeiten der FACTS-Betriebsmittel zur Optimierung der Ausnutzung der bauteilspezifischen Vorteile und zum Schutz der Leistungshalbleiter innerhalb von Anlagen geforscht [1]. Des Weiteren gehören die Modularisierung der Systeme, weitere Optimierung der Herstellungsprozesse und Entwicklung neuer leistungselektronischer Bauelemente, auch mit dem Ziel Schaltverluste und Leitungsverluste zu minimieren [31], zu den Entwicklungszielen [1]. In Tab. 14.4 sind die Entwicklungsstadien der verschiedenen Themengebiete im Kontext von FACTS dargestellt.

Aus bibliografischen Analysen wird ein zunehmendes Interesse an FACTS über die letzten zwei Dekaden erkennbar [32]. Bei STATCOM und UPFC ist ein deutlicher Anstieg von Publikationen zwischen 1995 und 2007 zu verzeichnen, während bei SVC und TCSC eine geringere Zunahme zu beobachten ist. Der Großteil der wissenschaftlichen Arbeiten adressiert STATCOM und SVC (siehe dazu Abb. 14.6 und 14.7).

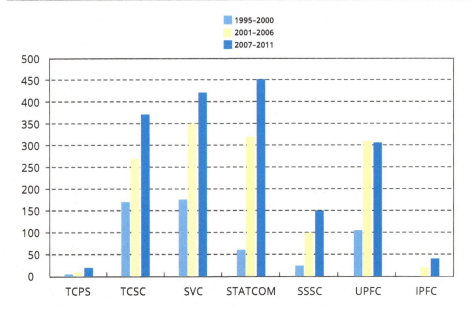

Abb. 14.6 Statistik für Publikationen im Zusammenhang mit Anwendungen von FACTS in unterschiedlichen Studien zu Energieversorgungssystemen. (Quellen: eigene Darstellung nach [32]; mit freundlicher Genehmigung von © Fraunhofer ISI Karlsruhe, All Rights Reserved)

Abb. 14.7 Verteilung der Publikationen zwischen 1995 und 2011 auf unterschiedliche FACTS Devices. (Quellen: eigene Darstellung nach [32]; mit freundlicher Genehmigung von © Fraunhofer ISI Karlsruhe, All Rights Reserved)

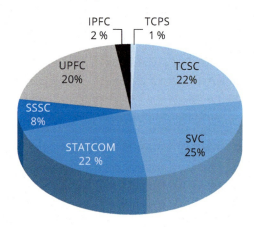

14.2.1.3 Technische Kenndaten

Eine Übersicht zu den unterschiedlichen Bauformen der FACTS ist in Tab. 14.5 und 14.6, gegliedert nach Anwendungsbereichen und im Vergleich zu einer Lösung basierend auf konventionellen Betriebsmitteln, dargestellt.

Tab. 14.5 Statische Anwendungsfälle von FACTS auf Basis von [33]. (Abkürzungen siehe Abschn. 14.5)

Sachverhalt	Problem	Intervention	Konventionelle Lösung	FACTS-Typ
Spannungs-bandgrenzen	Niedriges Spannungsniveau bei starkem Leistungsbezug	(Kapazitive-)Blindleistungsbereitstellung	Parallel bzw. in Reihe geschaltete Kondensatoren	SVC, TCSC, STATCOM, FSC
	Hohes Spannungsniveau bei niedrigem Leistungsbezug	Blindleistungsbereitstellung reduzieren	Schalten von EHV-Leitung und/oder Parallelkondensator	SVC, TCSC, STATCOM, FSC
		Blindleistungskompensation	Schalten von Parallelkondensator, Drosselspule	SVC, STATCOM
	Netzzusammenbruch durch hohes Spannungsniveau	Blindleistungskompensation	Hinzufügen von Drosselspulen	SVC, STATCOM
		Schutzeinrichtungen	Zuschaltung eines Ableiters	SVC
	Netzzusammenbruch durch niedriges Spannungsniveau	Blindleistungsbereitstellung	Schalten von Parallel-, Reihenkondensator bzw. Drosselspule	SVC, STATCOM, FSC
		Verhinderung von Überlastung	Reihendrosselspule, PAR	TCPAR, TCSC
	Niedriges Spannungsniveau bei thermischer Überlastung	Reduktion der Blindleistungsbereitstellung, Reduktion der Überlastung	Kombination von zwei oder mehreren Geräten	TCSC, UPFC, STATCOM, SVC, FSC
Thermische Belastungsgrenzen	Leitungs- bzw. Transformatorüberlast	Reduktion der Überlastung	Leitungszubau bzw. Transformatortausch	TCSC, UPFC, TCPAR
			Änderung der Impedanz (Kondensator/Drosselspule)	SVC, TCSC
	Abschaltung einer parallelen Leitung	Begrenzung der Leitungsbelastung	Reihenkondensator, Reihendrosselspule	UPFC, TCSC
Ringflüsse	Belastungen paralleler Leitungen	Anpassung der Serienreaktanz	Reihenkondensator, Reihendrosselspule	UPFC, TCSC, FSC
		Anpassung des Phasenwinkels	PAR	TCPAR, UPFC
	Nachgelagerte Fehlerbehandlung	Reorganisation des Netzes bzw. Einführung von Maßnahmen zur Strombegrenzung	PAR, Reihenkondensator, Reihendrosselspule	TCSC, UPFC, SVC, TCPAR, FSC
	Leistungsflussumkehr	Anpassung des Phasenwinkels	PAR	TCPAR, UPFC

Tab. 14.5 *Fortsetzung*

Sachverhalt	Problem	Intervention	Konventionelle Lösung	FACTS-Typ
Schwellenwert des Kurzschlussstroms	Überhöhter Trennschalterfehlerstrom	Begrenzung des Fehlerstroms	Reihendrosselspule, neuer Leistungsschalter	SCCL, UPFC, TCSC, FSC
		Austauchs des Leistungsschalters	neuer Leistungsschalters	–
		Reorganisation des Netztes	Splitten des Netzknoten	–
Subsynchrone Resonanzen	Potenzielle Schäden an Generator/Turbine	Abschwächung von Oszillationen	Reihenkompensation	NHG, TCSC, FSC

14.2.2 Zukünftige Anforderungen und Randbedingungen

14.2.2.1 Gesellschaft

Bei der hier diskutierten FACTS-Technologie handelt es sich um Anlagen, die durch Nachrüstung in die bestehenden Netze integriert werden. Der Flächenverbrauch ist vergleichbar mit dem von Transformatorstationen und daher im Verhältnis zu anderen Projekten im Bereich der Energiesystementwicklung wie Kraftwerksbau oder Netzausbau gering. Somit sind diesbezüglich keine Akzeptanzprobleme zu erwarten. Hingegen kann diese Technologie helfen, als integraler Bestandteil eines modernen, intelligenten Stromsystems ein positives Bild einer Zukunft mit erneubaren Energien zu gestalten. FACTS könnten als Antwort auf den steigenden Flexibilitätsbedarf, entstehend durch vermehrt volatile, erneuerbare Erzeugung, kommuniziert werden.

14.2.2.2 Kostenentwicklung

Die Technologie ist auch im Vergleich zu konventionellen Kompensationseinheiten mit hohen Kosten verbunden, wobei mit einer verstärkten Diffusion der Technologie eine starke Kostendegression erwartet wird [1]. Tabelle 14.7 zeigt heutige Preise für FACTS-Technologien im Vergleich.

14.2.2.3 Politik und Regulierung

Für Errichtung und Betrieb von Energieanlagen und die damit verbunden eingesetzten Betriebsmittel gelten grundsätzlich hinsichtlich der Sicherheit und Zuverlässigkeit die Bestimmungen des Energiewirtschaftsgesetzes (EnWG) in Verbindung mit entsprechenden Verordnungen und dem technischen Regelwerk des Verbandes der Elektrotechnik Elektronik Informationstechnik.

FACTS können für die Anbindung von Multi-MW-Windturbinen oder großen Windparks an das Hoch- bzw. Höchstspannungsnetz eingesetzt werden. Sowohl die technischen Richtlinien für den Netzanschluss (BDEW 2008, VDN 2004 und 2007) zur Sicherung der

Tab. 14.6 Dynamische Anwendungsfälle von FACTS auf Basis von [33]

Sachverhalt	Systemtyp	Intervention	Konventionelle Lösung	FACTS Typ
Transiente Stabilität	A, B, D	Erhöhung des Synchronisationsdrehmoments	High-response exciter, Reihenkompensator	TCSC, TSSC, UPFC
	A, D	Absorption kinetischer Energie	Bremswiderstand, schnelle Ventilsteuerung (Turbine)	TCBR, SMES, BESS
	B, C, D	Dynamische Leistungsflusssteuerung	HVDC	TCPAR, UPFC, TCSC, FSC
Dämpfungen	A	Dämpfung von 1 Hz Oszillationen	Erregung, Power system stabilizer (PSS)	SVC, TCSC, STATCOM
	B, D	Dämpfung der Niederfrequenzen	Power system stabilizer (PSS)	SVC, TCPAR, UPFC, NGH, TCSC, STATCOM
Kontingenz Spannungssteuerung	A, B, D	Dynamische Spannungsstützung	–	SVC, STATCOM, UPFC
		Dynamische Leistungsflusssteuerung	–	SVC, UPFC, TCPAR
		Dynamische Spannungsstützung und Leistungsflusssteuerung	–	SVC, UPFC, TCSC
	A, B, C, D	Einfluss von Unvorhersehbarkeiten reduzieren	Parallele Leitungen	SVC, TCSC, STATCOM, UPFC
Spannungsstabilität	B, C, D	Blindleistungsbereitstellung	Parallelkondensator, Drosselspule	SVC, STATCOM, UPFC
		Aktive Netzsteuerung	LTC, Wiedereinschaltung, HVDC Steuerung	UPFC, TCSC, STATCOM, FSC
		Einspeisungsregelung	High-response exciter	–
		Lastregelung	Lastabwurf, Lastverlagerung (Demand-Side Mangement)	–

Erläuterung: *A* Ferngesteuerte Erzeugung/Strahlenförmige Netze (z. B. Namibia), *B* miteinander verbundene Gebiete (z. B. Brasilien), *C* Stark vermaschte Netze (z. B. Westeuropa), *D* Schwach vermaschte Netze (z. B. Queensland, Australien) (Abkürzungen siehe Abschn. 14.5)

Tab. 14.7 Kostendaten von FACTS und konventionelle Kompensationseinheiten im Vergleich [34]

FACTS-Typ	Geschätzte Kosten in US \$/kVar (Kosten pro bereitstellbarer Blindleistung)
Capacitor (Series)	20
Capacitor (Shunt)	8
SVC	40 (controlled)
TCSC	40 (controlled)
STATCOM	50
UPFC (Series)	50 (Power)
UPFC (Shunt)	50 (controlled)

Systemstabilität als auch die Förderung im Rahmen des Systemdienstleistungsbonus im EEG befördern den vermehrten Einsatz von FACTS.

14.2.2.4 Marktrelevanz

Veränderungen in den Anforderungen an die heutigen Energienetze durch stärker volatile und dezentrale Erzeugung führen zu einem Anstieg der Bedeutung von lastflusssteuernden Elementen. Hinzu kommt ein höherer Flexibilitätsbedarf durch neue Marktkonzepte. Daher ist in Zukunft ein hohes Marktpotenzial für FACTS zu erwarten. Eine große Bedeutung haben steuerbare Elemente wie FACTS auch im Kontext von neuartigen Netzsteuerkonzepten, die z. B. auf Prinzipien der Selbstorganisation beruhen [1]. Mit der Entwicklung hin zu stärker dezentralen Netzen ist zu erwarten, dass insbesondere auch ein Markt für FACDS entsteht.

Für den globalen Markt von FACTS wird ein „gesundes" Wachstum erwartet [35]. Abbildung 14.8 zeigt eine Prognose für die Entwicklung des Marktvolumens im Bereich Hochspannung für Europa [38]. Der Bereich Hochspannung subsummiert dabei die folgenden Technologien: FACTS, HGÜ und Netzmonitoringsysteme. Die mittlere jährliche Wachstumsrate CAGR (*compound annual growth rate*) beträgt 17,8 %. Für das Jahr 2018 wird ein Marktvolumen von 475,4 Mio. US-Dollar prognostiziert [38]. Ein Vergleich mit der Verbreitung neuer Technologien im Energiesektor zeigt ähnliche Wachstumsraten im Bereich 10–30 % pro Jahr [36]. Dabei trägt der Markt für FACTS alleine zum Wachstumspfad im Bereich Hochspannung einen Anteil von 4–5 % des durchschnittlichen jährlichen Wachstums bei [37].

Der Bedarf an Systemdienstleistungen hängt u. a. von der vorhandenen Netzstruktur (z. B. Vermaschungsgrad im Verhältnis zur Erzeugungsdichte bezüglich transienter Stabilität) ab. Veränderungen der Erzeugungsstruktur hinsichtlich der geografischen Verteilung und auch ein Anstieg des Anteils nicht-rotierender Massen im Kraftwerkspark können den Bedarf an Systemdienstleistungen und Möglichkeiten zu flexibleren Netzfahrweisen verstärken. Im EU-Raum können sich regional unterschiedliche Einsatzfälle für FACTS ergeben, wobei Analysen die transiente Stabilität im UCTE-Netzverbund aufgrund der hohen Vermaschung als weniger problematisch eingestuft haben.

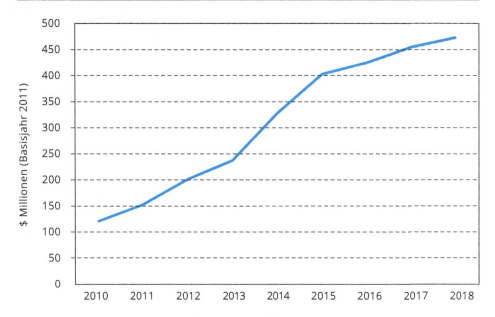

Abb. 14.8 Marktvolumen der Hochspannungsschaltelemente im Bereich Smart Grid in Europa für den Zeitraum 2010 bis 2018. (Quellen: eigene Darstellungen nach [38]; mit freundlicher Genehmigung von © Fraunhofer ISI Karlsruhe, All Rights Reserved)

Die wichtigsten Player in dem Markt sind ABB Ltd. (Schweiz), American Superconductor Corporation (USA), AREVA T&D SA (Frankreich), Eaton Corporation (USA), GE Energy (USA), Mitsubishi Electric Power Products, Inc. (USA), S&C Electric Company (USA), Siemens Power Transmission and Distribution Group (Deutschland), Trench Group (USA), VA Tech T&D (Österreich) und Square D (USA) 2 [35].

14.2.2.5 Mögliche Wechselwirkungen mit anderen Technologien

Zur temporären Überbrückung von Engpässen in Übertragungsnetzen steht eine Reihe von Technologien zur Verfügung. Dabei geht es um Maßnahmen zur Erhöhung der Übertragungskapazität vorhandener Leitungen ohne einen wirklichen Netzausbau vorzunehmen. Zu den Möglichkeiten gehören neben der Verwendung von FACTS u. a. der Einsatz von Hochtemperaturleiterseilen, der Einsatz von Supraleitertechnologien und das Freileitungsmonitoring. Das Einsatzpotenzial für FACTS hängt von der parallelen Entwicklung in diesen Bereichen ab. FACTS bieten darüber hinaus weitere Funktionen, die im Hinblick auf heutige Anforderungen an die Stromnetze von großer Wichtigkeit sind [39]. Somit ergibt sich eine weitere mögliche Wechselwirkung aus einem steigenden Bedarf der entsprechenden Funktionalitäten mit der Veränderung der Erzeugungsstruktur durch die erneuerbaren, stochastischen Stromerzeuger.

Hybride AC/DC-Netzstrukturen können durch den kombinierten Einsatz von HGÜ-Technologien und FACTS profitieren, sodass Entscheidungen für Hybridnetze auch einen technologischen *Push* für FACTS-Konzepte bedeuten können.

14.2.2.6 Game Changer

Weitere Verzögerungen beim Ausbau der Übertragungsnetze können dazu führen, dass sich Engpässe weiter verschärfen und sich damit der Bedarf an Technologien zur optimalen Nutzung der bestehenden Netze und größerer Flexibilität erhöht. Damit könnte Technologien wie FACTS eine noch wichtigere Bedeutung zu kommen.

Der Stromhandel über Grenzen und damit lange Distanzen wie auch die Konzeption und der Bau eines paneuropäischen Super Grids basierend auf HGÜ-Technologie könnte ebenfalls für FACTS-Technologien einen *Push* bedeuten.

In der Technologie-Roadmap des SET-Plans (*strategic energy technology plan*), einer Förderstrategie für kohlenstoffemissionsarme Energietechnologien zur Erreichung der 20-20-20-Ziele der europäischen Kommission, werden Smart Grids als eine von sieben Kerntechnologien für die zukünftige Entwicklung des europäischen Energiesektors aufgeführt. Bei der Förderung von F&E-Initiativen als auch Demonstrationsvorhaben wird explizit auf eine Verbesserung der Übertragungs- und Verteilnetze, bezogen auf Kapazität und IKT Infrastruktur hingewiesen. Bei den Übertragungsnetz-Technologien werden FACTS, HGÜ und neue Leiterarten aufgeführt.

14.2.3 Technologieentwicklung

14.2.3.1 Entwicklungsziele

Das wichtigste identifizierte Entwicklungsziel ist die Implementierung von Betriebs- und Regelstrategien für FACTS-Betriebsmittel. Dazu müssen zunächst Strategien für die Integration von FACTS in das Stromnetz entwickelt werden. Um die Integration von FACTS-Betriebsmitteln in bestehenden Netzen allerdings besser analysieren und bewerten zu können, ist die Entwicklung praxisnaher Simulationsmodelle und Berechnungsverfahren zur stationären und transienten Untersuchung erforderlich. Einhergehend damit werden Potenziale auch im Forschungsbereich der Herstellungsprozesse, vor allem hinsichtlich einer gesteigerten Modularisierung und einer kostengünstigen Produktion leistungselektronischer Komponenten abgeleitet. Die angestiegene Erfordernis nach variablen Lastausgleichsmaßnahmen treibt die F&E-Initiativen voran, die Kosten zu reduzieren und die Eigenschaften und Verlässlichkeit von FACTS zu verbessern. In Deutschland erscheint zurzeit nur der Einsatz von Schrägreglern und die Bereitstellung von Blindleistung über Shunt-FACTS-Elemente zur Leistungsflussregelung sinnvoll. Schrägregler verursachen ausschließlich eine Umverteilung von Leistungsflüssen und erhöhen die Netzverluste [29]. Blindleistungskompensatoren dienen der Spannungsstützung und können so gebaut werden, dass sie die gleiche Spannungsregelcharakteristik wie konventionelle Kraftwerke aufweisen, die es zunehmend weniger geben wird [29].

14.2.3.2 F&E-Bedarf und kritische Entwicklungshemmnisse

Zur Erforschung der gesamtsystemischen Wirkungen und Potenziale von FACTS werden praxisnahe Modelle für die Simulation benötigt. Dabei ist auch die Konzeption und Implementierung von Regelungs- und Betriebsstrategien von Bedeutung.

Da Forschung und Entwicklung zum Einsatz von FACTS in Verteilernetzen (FACDS) kostenintensive praktische Untersuchungen und umfassende gesamtsystemische Analysen erfordern, wird das wirtschaftliche Risiko dieser Systeme als eher hoch eingestuft. Als hauptsächliches Hindernis der Kommerzialisierung von FACDS kann ebenfalls die Notwendigkeit der gesamtsystemischen Analyse gesehen werden, weil es an dezidierten theoretischen und praktischen Untersuchungen mangelt und daher umfassende Kenntnisse über die Auswirkung der vermehrten Einbindung von FACTS in Verteilernetze fehlen [1].

Die dazu notwendige Reduzierung der wirtschaftlichen Risiken kann aus heutiger Sicht nur durch eine entsprechende Modularisierung und Kostensenkung der Systeme voran getrieben werden. Die Eckpfeiler einer solchen Entwicklung stellen materialwissenschaftliche Fortschritte, weiter verbesserte Herstellungsprozesse und die Entwicklung neuer leistungselektronischer Betriebsmittel dar [1].

Roadmap – Flexible Drehstromübertragungstechnik (FACTS)

Beschreibung

Flexible Drehstromübertragungstechnik-Systeme (FACTS) werden als Steuerungs- und Kompensationssysteme in Übertragungsnetzen eingesetzt. FACTS ermöglichen durch Einbindung in ein übergeordnetes Regelkonzept eine gezielte Steuerung von Leistungs- bzw. Stromflüssen in Echtzeit. Im Vergleich zur Verwendung von Stelltransformatoren und statischen Kompensationsmitteln bieten FACTS-Technologien eine deutlich höhere Flexibilität der Netzsteuerung und erlauben den Netzbetrieb nahe der Belastungsgrenzen, was bei Nachrüstung in bestehenden Netzen einer Erhöhung der Übertragungskapazitäten entsprechen kann. Gleichzeitig werden FACTS zur Verbesserung der Netzstabilität und Versorgungsqualität eingesetzt, indem z. B. Netzschwankungen gedämpft werden können. FACTS können zur Steuerung der wesentlichen Systemgrößen im Stromnetz eingesetzt werden und bilden daher eine eigene Klasse von Betriebsmitteln, die in Konzepten wie Active oder Smart Grids von großer Bedeutung sind. In diesem Kontext sind Konzepte wie autarke Systeme, Ad-hoc-Netzwerkbildung, selbstheilende und -organisierende Netzabschnitte zu nennen.

Entwicklungsziele

- Strategien zur Integration von FACTS in die bestehenden Netze
- Konzeption und Implementierung von Regelungs- und Betriebsstrategien
- Praxisnahe Simulationsmodelle und Berechnungsverfahren zur stationären und transienten Untersuchung
- Entwicklung von Modularisierungskonzepten
- Optimierung der Herstellungsprozesse
- Entwicklung neuartiger leistungselektronischer Bauelemente
- Entwicklung neuer Verschaltungsformen und Kombinationsmöglichkeiten der einzelnen Bauelemente

Technologie-Entwicklung

Entwicklungspfad (basierend auf dem europäischen Forschungsprojekt REALISEGRID)

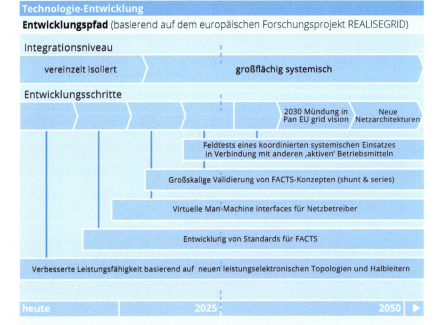

Roadmap – Flexible
Drehstromübertragungstechnik (FACTS)

F&E-Bedarf

Materialwissenschaftliche Erkenntnisse und verbesserte Herstellungsprozesse ▶

Praxisnahe Modelle für die Simulation und die Implementierung von Regelungs- und ▶
Betriebsstrategien

Entwicklung neuer leistungselektronischer Betriebsmittel ▶

heute		5 bis 10 Jahre	▶

Gesellschaft

· Im Allgemeinen keine Akzeptanzprobleme zu erwarten

· Hingegen Potenzial für positive Konnotation als „intelligente Antwort" auf volatile, stoch-
  astische Erzeugung (Flexibilitätsbedarf)

Politik & Regulierung

· Energiewirtschaftgesetz, Verordnungen, VDE-Technikregeln

· Technische Richtlinien für den Netzanschluss (BDEW 2008, VDN 2004 und 2007) zur
  Sicherung der Systemstabilität als auch die Förderung im Rahmen des Systemdienstleistungsbonus im EEG wirken positiv auf den Einsatz von FACTS

Kostenentwicklung

· Erwartung: Starke Kostendegression mit verstärkter Diffusion der Technologie

Marktrelevanz

· „Gesundes" Wachstum im weltweiten Markt der FACTS-Technologien

· Gewinnbringender Einsatz in Flächenländern mit hohem Transportbedarf über weite
  Strecken

· Wichtige Rolle bei der Integration von Offshore-Windenergie

Wechselwirkungen / Game Changer

Game Changer

· Hybride AC/DC-Strukturen

· Neuartige Netzsteuerkonzepte (Selbstorganisation etc.)

· Super Grids

14.3   Hybride AC/DC-Netzstrukturen

14.3.1   Technologiebeschreibung

14.3.1.1   Funktionale Beschreibung

Die kombinierte Anwendung von Wechselstrom- und Gleichstromnetzelementen über alle Spannungsebenen hinweg wird unter dem Begriff hybride AC/DC-Netzstrukturen zusammengefasst. Die Wechselstromtechnik dominiert heute aufgrund der historischen Entwicklung in der elektrischen Energieversorgung. Die Hochspannungsgleichstromtechnik wird sowohl durch technologischen Fortschritt, verbesserte Wirtschaftlichkeit und veränderte Anforderungen an die Stromnetze, wie die Übertragung von Strom über sehr große Distanzen, als auch durch den steigenden Bedarf an Unterseekabeln und eine gesellschaftliche Forderung nach möglichst „unsichtbaren" Stromnetzen, resultierend in einem vermehrten Einsatz von Erdkabeln in der Zukunft, stärker in den Fokus gerückt.

Bezeichnet mit dem Begriff der Hochspannungs-Gleichstrom-Übertragung (HGÜ; *high voltage direct current* – HVDC) umfassen die Systeme sowohl sogenannte Punkt-zu-Punkt-Verbindungen (*point-to-point*) als auch Verbindungen mit Zwischenabgriffen (Multi-Terminal-HGÜ). Die Stärke der HGÜ-Technologie gegenüber der konventionellen Drehstrom-Hochspannungsleitung ist die verlustarme Übertragung elektrischer Energie über große Entfernungen (einige 100 km, aber auch über 1000 km). Hochspannungs-Gleichstromkabel können Spannungen von bis zu 1 MV und Leistungen von mehreren 1000 MW übertragen. Weltweit sind heute ca. 120.000 MW an Übertragungskapazität in HGÜ-Leitungen installiert [40]. Außerdem wird die HGÜ-Technik auch für die Anbindung von Offshore-Windparks an das Drehstromnetz sowie für die Verstärkung und Stabilisierung bestehender Drehstromnetze eingesetzt. Ebenfalls sind Gleichstromnetze auf Mittel- und Niederspannungsebene (*medium voltage direct current* – MVDC – und *low voltage direct current* – LVDC) technologisch denkbar, wobei diese Formen nur in einzelnen industriellen Anwendungen ausreichend erforscht und getestet sind [1]. Hybride AC/DC-Strukturen und reine DC-Netze bieten bezüglich der Spannungsqualität, der Blindleistungskompensation und der Netzintegration volatiler Strommengen aus erneuerbaren Energiequellen Vorteile gegenüber den konventionellen, reinen AC-Netzen [1]. Ein Schema eines hybriden AC/DC-Netzes ist in Abb. 14.9 dargestellt.

Hochspannungs-Gleichstrom-Übertragung

HGÜ-Technologien haben den Zweck der Übertragung elektrischer Energie mittels Hochspannungs-Gleichstrom sowohl in Erd- und Seekabeln als auch in Freileitungen. Der prinzipielle Aufbau eines klassischen, monopolaren *point-to-point*-HGÜ-Systems, welches in der Regel eher in kabelgebundenen Übertragungsstrecken eingesetzt wird, ist in Abb. 14.10 dargestellt. An den Einspeisepunkten wird der Drehstrom gleichgerichtet, übertragen und an den Ausspeisepunkten wieder in Drehstrom umgewandelt. Umrichterstationen fungieren als Kupplungen zwischen den Drehstromnetzen und der HGÜ-Leitung und sorgen für die notwendige Konversion in Gleichstrom. Die Rückleitung erfolgt bei

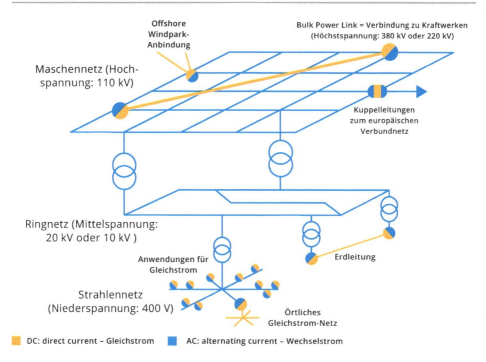

Abb. 14.9 Mögliche Struktur eines hybriden AC/DC-Netzes. (Quelle: eigene Darstellungen nach [47]; mit freundlicher Genehmigung von © Fraunhofer ISI Karlsruhe, All Rights Reserved)

monopolaren Systemen, z. B. Kabel über die Erde, bei bipolaren Systemen, z. B. in Freileitungen, über einen zweiten Leiter entgegengesetzter Polarität [1, 42, 43].

Man unterscheidet aufgrund unterschiedlicher technischer Eigenschaften prinzipiell zwei Arten von Stromrichtertechniken:

- LCC-HGÜ: netzgeführte Line-Commutated-Converter-HGÜ,
- VSC-HGÜ selbstgeführte Voltage-Source-Converter-HGÜ.

LCC-HGÜ mit Freileitungen wird beispielsweise für die Übertragung sehr hoher elektrischer Leistungen bis zu 7200 MW bei Spannungen von 800 kV eingesetzt [44]. Für LCC-HGÜ-Technologie ist eine Zeitverzögerung bei der Umkehr der Richtung des Leistungsflusses charakteristisch. Dabei ist Blindleistung aus dem Stromnetz für den Betrieb der Umrichterstationen erforderlich.

Zu den neueren Entwicklungen zählen die VSC-HGÜ-Systeme, welche durch den Einsatz von Halbleiterbauelementen, abschaltbare IGBTs (*insulated-gate-bipolar-transistore*) neben ihrer Transportfunktion gleichzeitig die flexible Bereitstellung von Wirk- und Blindleistung ermöglichen und somit weitreichende Netzsystemdienstleistungen (individuelle Steuerung des Leistungsflusses) erlauben [1, 45]. Sie wurden bisher als *point-to-point*-Verbindungen eingesetzt, aber erste Systeme mit multiplen Ein- und Ausspeise-

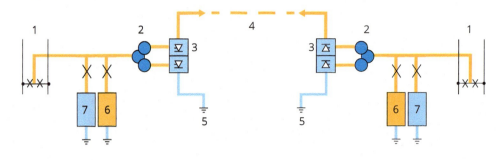

1 Anschluß am Drehstromnetz   3 Thyristor-Ventil-Brücke   5 Elektrode   7 Kondensatorbatterie

2 Umrichtertransformator   4 HGÜ-Leitung   6 Wechselspannungsfilter

Abb. 14.10 Schematischer Aufbau einer HGÜ-Anlage (eine HGÜ-Anlage setzt sich aus drei Komponenten in der Anordnung – Stromrichterstation, Freileitungs- oder Kabelverbindung, Stromrichterstation – zusammen). (Quelle: eigene Darstellungen nach [94]; mit freundlicher Genehmigung von © Fraunhofer ISI Karlsruhe, All Rights Reserved)

punkten sind aktuell in der Demonstrationsphase. Neuere Entwicklungen bei den Umrichtertransformatoren stellen die Brückenumrichter (2- und 3-Level-Topologien) und der Modular Multilevel Converter (MCC) oder allgemeiner Multi-Terminal-HGÜ-System dar [45]. Multi-Terminal-HGÜ-Systeme erfordern einen komplexeren Aufbau und aufwändige Steuersysteme, da sie Zwischenabgriffe über zwischengeschaltete Stromrichterstationen ermöglichen. Dazu wird außerdem eine Kommunikationsinfrastruktur zwischen den einzelnen Stromrichterstationen benötigt [1].

Die kombinierte Nutzung von Hochspannungsdrehstromübertragung und Hochspannungsgleichstromübertragung auf einer Freileitung stellt eine weitere Form der Hybridübertragung dar. Der Vorteil hierbei ist, dass auf bestehende Masten zurück gegriffen werden kann. HGÜ-Kabelsysteme als Erdkabel eingesetzt, bieten gegenüber AC-Kabeln den Vorteil einer geringeren Trassenbreite bei gleicher Übertragungsleistung. Ebenfalls entfällt bei HGÜ-Kabelsystemen die Blindleistungskompensation durch Anlagen in regelmäßigen Abständen.

HGÜ-Technologien werden häufig im Kontext paneuropäischer Netzszenarien genannt. Sogenannte *Overlay*-Netze oder auch *Super Grids* bilden eine weitere, oberhalb der heutigen Übertragungsnetze liegende Spannungsebene und ermöglichen einen Energietransport über den gesamten Kontinent. Ein Beispiel dafür war das Prestigeprojekt „*Desertec*", in welchem das ehrgeizige Ziel umgesetzt werden sollte, bis 2050 mit Solarenergie den Strombedarf in der MENA-Region (*Middle East & North Africa*) und zusätzlich über Mittelmeerkabel 15 % des europäischen Strombedarfs zu decken [46, 47]. Allerdings sind für den Aufbau und den Betrieb vermaschter HGÜ-Strukturen eine Reihe konzeptioneller, technischer und finanzieller Hürden zu überwinden [48, 49]. Im Oktober 2014 wurde das Ende des Projektes Desertec II in der ursprünglichen Konstellation verkündet. Gründe waren, dass der Ausbau der erneuerbaren Energien in Europa schneller erfolgte als ursprünglich geplant war. Europa benötigt keinen Stromimport in der ursprünglich geplanten Größenordnung mehr, sondern lediglich eine effiziente Verteilung des innerhalb der EU erzeugten Stroms. Es hatten bereits 47 von 50 Shareholdern wegen zu geringen ökonomischen Potenzials das Projekt verlassen. Die technischen und wirtschaftlichen Erkenntnisse aus Desertec fließen allerdings in weitere Großprojekte mit Solarstrom aus Wüsten (Gobi, Atacama, Mongolei), welche aktuell einen Aufschwung erleben und von der Desertec-Foundation weiter fort geführt werden, ein [50].

14.3.1.2 Status quo und Entwicklungsziele

Die Hauptanwendungsgebiete der Hochspannungs-Gleichstrom-Übertragung sind heute die Langstreckenübertragung großer Leistungen, u. a. bei Seekabelverbindungen und die Kopplung nicht phasengleicher Wechselstromnetze. Sie werden für Offshore-Windparks oder länder- und kontinentübergreifend verlegt. Nach dem derzeitigen Stand der Technik ist die Übertragung von Leistungen von 3 GW über mehrere 100 km installiert. Erste Projekte mit bis zu 6 GW befinden sich in der Planungsphase. Bei Trassenlängen ab 400 km werden die Vorteile der HGÜ-Technik zunehmend sichtbar [1], bei Entfernungen über 700 km und Übertragungsleistungen ab 1 GW ist die HGÜ-Technologie in der Regel die ökonomisch günstigste Alternative [51].

Weltweit in über 90 Projekten im Einsatz stellt die LCC-HGÜ eine langjährig erprobte Technik dar, die sowohl in Freileitungen als auch als See- und/oder Landkabel auf etwa 50.000 km mit Spannungsebenen von bis zu ± 800 kV eingesetzt wird [52]. In Deutschland wird LCC-HGÜ nicht eingesetzt.

Durch technologische Fortschritte bei Stromrichtern und Halbleiterbauelementen werden auch die VSC-HGÜ oder Multi-Terminal-HGÜ zunehmend leistungsfähiger. So sind derzeit Multi-Terminal-HGÜ-Leitungen mit Übertragungsleistungen von 2000 MW bei ± 450 kV möglich. Die VSC-HGÜ-Technik ermöglicht eine Übertragung von maximal 300 MW bei ± 350 kV und einer Länge von 950 km als Freileitungs- wie auch als See- und Landkabel [53]. In Flächenländern wie China und Indien konzentriert sich die Entwicklung im Moment auf die Realisierung höherer Spannungen von über ± 800 kV, die sog. *Ultra-high-voltage-direct-current*(UHVDC)-Technologie, mit angestrebten Übertragungsleistungen von 6400 MW über Distanzen von mehr als 500 km [1]. In Deutschland wird die VSC-Technik als Seekabel oder Landkabel bei Offshore-Windpark-Anbindungen verwendet. Im Netzentwicklungsplan 2012 wird nur die selbstgeführte VSC-HGÜ wegen der besseren Systemeigenschaften erwähnt.

Aktuell stehen nur für VSC-HGÜ kunststoffisolierte Kabel für Gleichstromübertragung bei Nennspannungen bis 320 kV zur Verfügung, die wegen der hohen Anforderungen an die Isolation schwer zu entwickeln waren. Noch in der Entwicklung befinden sich kunststoffisolierte Kabel für höhere Nennspannungen. Alternativ können derzeit masseimprägnierte Kabel bei LCC-HGÜ eingesetzt werden.

Die klassische *Point-to-point*-HGÜ-Technik wird seit über 50 Jahren in der Praxis angewandt. Sie wird heute in Freileitungen bei einer Spannung von ± 600 kV mit ei-

Tab. 14.8 Entwicklungsstadium der Technologien im Bereich hybride AC/DC-Netzstrukturen [1]

	Kommerziell	Demonstration	F&E	Ideenfindung
Point-to-Point HGÜ	X			
Multi-Terminal HGÜ	X			
VSC HGÜ	X			
UHVDC HGÜ		X		
AC/DC-Hybridnetze		X		
DC Netze			X	
DC Mittel- und Niederspannungs-netze				X

ner Übertragungsleistung von bis zu 3150 MW und in Kabeln bei ± 500 kV mit bis zu 1000 MW betrieben. Leitungen mehrerer hundert Kilometer Länge sind hier üblich. Die Stromrichterstationen sind im Vergleich zu Drehstromtransformatoren sehr teuer, technologisch aufwändig und in der Regel im Gegensatz zu Freileitungen nicht mit großen Kapazitätsreserven ausgelegt (vergleiche Abschn. 14.1.1.3).

International gibt es zahlreiche Anstrengungen, HGÜ-Systeme in die bestehenden Drehstromnetze zu integrieren, d. h. die Entwicklung geht in Richtung hybrider AC/DC-Netze. Allerdings sind diese Anstrengungen aufgrund der Dominanz und dem voraussichtlich weiteren Ausbau der Wechselstromtechnologien in den heutigen elektrischen Netzen mit großen wirtschaftlichen Risiken verbunden. Außerdem sind die komplexen Auswirkungen einer verstärkten Durchdringung der AC-Netzstrukturen mit Gleichstromtechnologien aus heutiger Sicht weitestgehend unklar. Daher gibt es einen großen Bedarf für Analysemethoden zur gesamtsystemischen Analyse großer hybrider Netzstrukturen [1].

Der Aufbau sogenannter auf Gleichstromtechnologie basierender *Overlay*-Netze (auch als *Super Grid* bezeichnet) ist derzeit noch nicht möglich [49] und erfordert die Überwindung technischer Hürden und die Entwicklung in Teilen auch völlig neuer Steuerungs- und Schutzkonzepte [48, 49]. Bei erwogenen und bisher nicht realisierten Projekten wie Desertec [54, 55] oder dem Europäischen Supergrid [56] wird bei einer 5000 km langen HGÜ-Leitung mit 800 kV von Leitungsverlusten von ca. 14 % ausgegangen [57]. Dies entspricht ca. 2,8 % relativen Leitungsverlusten auf 1000 km.

Ein wichtiger Schritt ist mit der Einführung eines HGÜ-Schalters durch die Firma ABB gelungen, auch wenn dieser noch nicht kommerziell erhältlich ist und Tests in realen Strukturen noch bevorstehen [40, 48]. Ein Leistungsschalter dieser Art ermöglicht die Isolation von fehlerhaften Bereichen und ist für den Aufbau eines sicheren *Overlay*-Netzes unerlässlich (siehe Tab. 14.8).

14.3.1.3 Technische Kenndaten

Im Folgenden werden nur Systeme mit einer wirtschaftlichen und technischen Relevanz für Deutschland betrachtet. Eine Auflistung technischer Kenndaten unterschied-

Tab. 14.9 Technischen Kenndaten unterschiedlicher HGÜ-Konzepte im Vergleich

	Point-to-Point HGÜ-Freileitung			Point-to-Point HGÜ-Kabel			Multi-Terminal HGÜ			VSC-HGÜ		
	Heute	2025	2050	Heute	2025	2050	Heute	2025	2050	Heute	2025	2050
Betriebs-spannung [kV]	± 600	± 800		± 500	± 800		± 450			± 150	± 300	
Übertra-gungsleis-tung [MW]	3150	> 6400		1000	> 2000		2000			350	1100	
Verluste [%/1000 km]	3	< 2,5		3,3	< 2,5							
Länge [km]		> 500			> 500							

licher HGÜ-Konzepte liefert Tab. 14.9. Im Wesentlichen geht mit der Anhebung der Betriebsspannung eine Steigerung der Übertragungskapazitäten einher, während die Übertragungsverluste sinken. Allerdings steigt mit höheren Spannungen und den damit verbundenen elektrischen Feldstärken der Isolationsaufwand der Anlagen.

14.3.2 Zukünftige Anforderungen und Randbedingungen

14.3.2.1 Gesellschaft

Der Ausbau des deutschen Übertragungsnetzes im Kontext der Energiewende steht vor einer Reihe von Schwierigkeiten, die aktuell und ggf. auch zukünftig zu Verzögerungen führen können. Dies manifestiert sich unter anderem am Beispiel der thüringischen Strombrücke [58] von Lauchstädt (Sachsen-Anhalt) nach Redwitz (Bayern), die für den Transport von Strom aus Windenergie im Norden zu den Verbraucherzentren im Süden geplant ist. Dazu gehören neben den komplexen Genehmigungsverfahren [59] auch Widerstände in der Gesellschaft [60]. Basierend auf unterschiedlichen Motivationslagen werden diese häufig etwas vereinfacht unter dem Begriff NIMBY (*not in my backyard* – nicht in meinem Hinterhof) zusammengefasst [61]. Ein daraus erwachsendes mögliches Favorisieren einer vollständig „unsichtbaren" Energieversorgung kann den verstärkten Einsatz von Erdkabeltechnologien bedeuten [1, 62]. Daraus könnte hinsichtlich der Akzeptanz in der Gesellschaft eine positive Besetzung von HGÜ-Technologien entstehen, wenn diese leistungsfähige und sichere Versorgungssysteme ermöglichen. Gleichzeitig ist in den letzten Jahren in der deutschen Gesellschaft die HGÜ-Technologie durch die Vorhaben des Netzausbaus im Kontext der Energiewende sichtbarer geworden. Einerseits entsteht dabei in der öffentlichen Wahrnehmung eine Verbindung von nachhaltiger auf erneuerbaren Energien aufbauender Stromversorgung und der HGÜ-Technik als moderne und für die Versorgungssicherheit unerlässliche Technologie. Andererseits sind die neu zu errichtenden Stromtrassen mit großen Umweltauswirkungen und als „augenscheinlicher

Tab. 14.10 Kostendaten einer Wechselstrom-Energieübertragung im Vergleich zu einer Gleich-strom-Energieübertragung bezogen auf eine Übertragungskapazität von 5000 MW

	HVAC		HVDC	
Betriebsspannung (kV)	760	1160	600	800
Freileitungsverluste (%/1000 km)	8	6	3	2,5
Seekabelverluste (%/100 km)	60	50	0,33	0,25
Terminalverluste (%/Station)	0,2	0,2	0,7	0,6
Freileitungskosten (Mio. Euro/1000 km)	400–750	1000	400–450	250–300
Seekabelkosten (Mio. Euro/1000 km)	3200	5900	2500	1800
Terminalkosten (Mio. Euro/Station)	80	80	250–350	250–350

Ausdruck" eines großtechnischen Systems (deutlich im häufig verwendeten Begriff der „Stromautobahnen") mit dem Potenzial der gesellschaftlichen Polarisierung verbunden.

14.3.2.2 Kostenentwicklung

Bei der HGÜ-Technologie treten nur Ohmsche Leitungsverluste auf, die Blindleistungs-verluste fallen weg, was ein Kostenvorteil gegenüber anderen Technologien darstellt, da sich die Gesamtkosten um die Verlustkosten reduzieren. Allerdings müssen bei der HGÜ-Technologie zusätzlich die Kosten für die Umrichterstationen berücksichtigt werden, so-dass erst ab einer bestimmten Übertragungsdistanz, die abhängig von der konkreten Über-tragungsaufgabe und der verwendeten Umrichtertechnologie ist, die HGÜ-Technologie auch ökonomische Vorteile bietet [44]. Die Gesamtkosten für den Betrieb einer Energie-übertragungsstrecke ergeben sich aus der Summe von Investitionsbedarf für Leitungen und die notwendigen Terminals. Zudem sind Leitungsverluste einzurechnen. Während für eine DC-Übertragungsstrecke die spezifischen Kosten der Leitungen niedriger liegen, sind die Kosten für die Terminals höher. Für die Betriebs- und Wartungskosten von VSC-Umrichtern werden Werte von 0,5 % in Bezug auf die Vollkosten angegeben [63]. Auf-grund der Trassenkonfiguration sind bezüglich der Betriebs- und Wartungskosten keine Unterschiede zu einer Drehstromfreileitungstrasse zu erwarten [64].

Ein Vergleich der Vollkosten zwischen AC- und DC-Technologien in Abhängigkeit ei-ner Streckenlänge ist in Abb. 14.11 dargestellt. Für den Investitionsbedarf in Abhängigkeit der Streckenlänge existiert ein *Break-Even*-Punkt, welcher die Leitungslänge markiert, ab der die DC-Technologie im Vergleich zur AC-Technologie wirtschaftlich günstiger wird. Im Fall von unterirdischen HGÜ-Kabeln ist die *Break-Even*-Distanz deutlich kleiner als bei Überlandleitungen. Leitungsverluste liegen bei DC im Vergleich zu AC niedriger, wäh-rend Verluste an den Terminals durch die notwendigen Konversionen im Hybridnetz im Fall von DC höher anzusetzen sind. Spezifische Werte über Kosten und Verluste sind in Tab. 14.10 dargestellt.

Durch Skalen- und Lerneffekte werden bei HGÜ-Technologie Kostenreduktionen an-tizipiert. Für die Netz-Anbindung über eine Distanz von 50 km eines Offshore-Windparks mit einer installierten Leistung von 1000 MW erwarten Peeters et al. im Zeitraum von

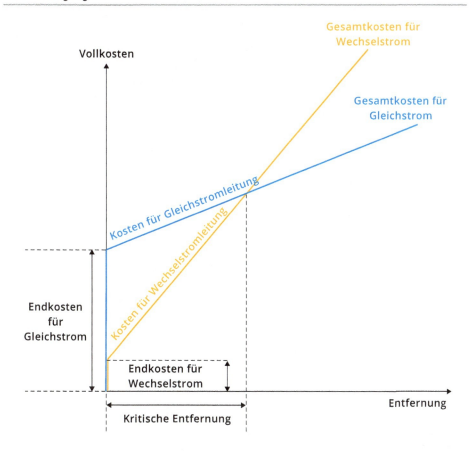

Abb. 14.11 Typische Kosten für eine Überlandleitung basierend auf AC- und DC-Technologie. (Quelle: eigene Darstellungen nach [65]; mit freundlicher Genehmigung von © Fraunhofer ISI Karlsruhe, All Rights Reserved)

15 Jahren zwischen dem Jahr 2000 und 2015 eine Kostenreduktion von 25 % [66]. Bei Junginger und Faaij wird basierend auf Lernkurvenansätzen eine Fortschritts-Rate (*progress ratio*) von 68 % bei Unterseekabeltechnologie und 71 % bei Konverterstationen ermittelt [67]. Das entspricht einer Kostenreduktion von 32 bzw. 29 % bei Verdoppelung der kumulierten Produktion.

14.3.2.3 Politik und Regulierung

Das Netzausbaubeschleunigungsgesetz (NABEG) soll einen rechtssicheren, transparenten, effizienten und umweltverträglichen Ausbau der Übertragungsnetze in Deutschland ermöglichen und Verzögerungen vermeiden. Damit wirkt sich das Gesetz positiv auf die Bedingungen aus, unter denen weitere HGÜ-Projekte in Deutschland realisiert werden können.

Im Rahmen der Entwicklung des ENTSO-E (von *European Network of Transmission System Operators for Electricity*: Verband Europäischer Übertragungsnetzbetreiber) Network Codes entsteht der *Network Code on HVDC Connections* [68]. Die Network Codes umfassen zahlreiche Regelungen für die Stromnetze. Dazu gehören die Bereiche Netzbetrieb, Netzanschluss, Engpassmanagement und Regelenergie. Der Network Code für HGÜ wurde zum April 2014 fertiggestellt und wird in verbindliches EU-Recht überführt. Der Network Code für „High Voltage Direct Current Connections", d. h. HGÜs, definiert einheitliche Anforderungen an Gleichstromübertragungsleitungen zwischen verschiedenen Netzabschnitten sowie für den Anschluss von Erzeugern, wie z. B. Offshore Windparks. Ziel dieses Network Codes ist es, den Beitrag der Gleichstromtechnologie zur Systemstabilität zu sichern und den Wettbewerb zwischen verschiedenen Herstellern durch einheitliche Regeln und Anforderungen zu fördern [69].

Im Detail definieren die Network Codes die Anforderungen an die Netzbetreiber in Bezug auf die relevanten Systemparameter für einen sicheren Anlagenbetrieb. Diese beinhalten:

- Frequenz- und Spannungsparameter (HVDC Artikel 7 und 16),
- Anforderungen an Blindleistung (HVDC Artikel 18),
- Lastfrequenzsteuerfragen (HVDC Artikel 11 und 14),
- Kurzschlussstrom (HVDC Artikel 17),
- Anforderungen an Schutzeinrichtungen und Einstellungen (HVDC Kap. 2, Abschnitt 5),
- Fault-ride-through (FRT)-Fähigkeit (HVDC Kap. 2, Abschnitt 3).

Die Ausarbeitung der Network Codes unter Beteiligung der Netzbetreiber führt zu einer Harmonisierung der europäischen Übertragungsnetze und zum Ausgleich regionaler Unterschiede.

14.3.2.4 Marktrelevanz

Heute sind weltweit ca. 120.000 MW an Übertragungskapazität in Form von HGÜ-Systemen installiert. Die Firma Siemens [70] geht von einem globalen Marktvolumen im Bereich der Energieübertragung von 5–9 Mrd. Euro pro Jahr bis 2017 aus. Gleichzeitig wird eine Verdopplung des Marktvolumens für HGÜ-Systeme bis 2017 von derzeit 3 Mrd. Euro pro Jahr erwartet. Innerhalb dieser Dekade wird mit einer Installation von 250.000 GW zusätzlicher HGÜ-Übertragungskapazität gerechnet. Der Markt wird von wenigen Unternehmen dominiert: Siemens, Alstom, Nexans und ABB. Die Anzahl der bereits installierten und sich in Planung befindenden HGÜ-Anlagen unterteilt nach Interkonnektoren, dezentralisierte HGÜ und DC-verknüpfte PPMs[2] für Europa bis 2035 ist in

---

[2] Einheit oder Ensemble von Einheiten zur Stromerzeugung, die entweder nicht synchron oder durch Leistungselektronik mit dem Netzwerk verbunden sind und zusätzlich einen einzigen Verknüpfungspunkt zu einem Übertragungsnetz, Verteilnetz oder HGÜ-System haben.

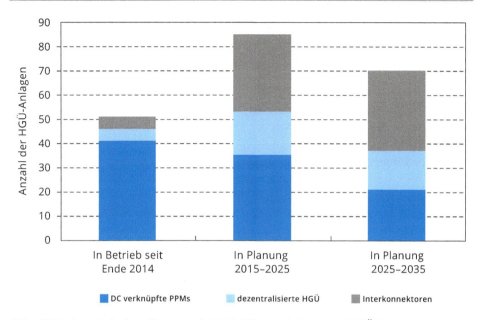

Abb. 14.12 Anzahl der installierten und sich in Planung befindenden HGÜ-Systeme für Europa (ENTSO-E-Mitgliedsstaaten). (Quelle: eigene Darstellung nach [71]; mit freundlicher Genehmigung von © Fraunhofer ISI Karlsruhe, All Rights Reserved)

Abb. 14.12 gezeigt. Nur in wenigen Ländern der EU existieren oder befinden sich alle drei Kategorien der HGÜ-Anwendungen in Planung.

14.3.2.5 Mögliche Wechselwirkungen mit anderen Technologien

Die HGÜ-Technologie steht mit der etablierten AC-Technologie in einem technologischen und wirtschaftlichen Wettbewerb, sodass der weitere Ausbau der Wechselstromnetze unter Nutzung von Wechselstromtechnologien das Potenzial für die HGÜ-Technologie senken kann [1]. Ein steigender Anteil von Offshore Windenergie erhöht den Bedarf an HGÜ-Übertragungstechnologie. Eine stärkere Marktdurchdringung der Supraleitungstechnologie könnte das Potenzial der HGÜ-Technik senken.

14.3.2.6 Game Changer

Die Konstruktion eines paneuropäischen *Super Grid*, in dem die aktuellen Stromverteilungsprobleme gelöst werden, kann zu einem starken *push* für die Gleichspannungsübertragungstechnologien führen [72].

Projekte mit dem Ziel der Schaffung großskaliger Erzeugungseinheiten von Strom z. B. in der MENA-Region wie Desertec [54] oder dem „North Sea Wind Energy Super Ring" [73] haben den Bedarf an großräumigem Transport von erheblichen Leistungen und Energiemengen demonstriert.

14.3.3   Technologieentwicklung

14.3.3.1   Entwicklungsziele

Eines der wichtigsten Entwicklungsziele stellt die Entwicklung eines Konzepts für den Transitionsprozess zu hybriden AC/DC-Netzstrukturen basierend auf gesamtsystemischen Analysen mit entsprechendem Monitoring- und Diagnosebedarf dar. Des Weiteren sind die Steigerung der Leistungsfähigkeit der DC-Netztechnik (z. B. Steigerung der Spannung) durch neuartige multifunktionale Werkstoffe und Isoliersysteme und die Verbesserung der Schaltungs- und Schutztechnik (DC-Schalter) zu den primären Entwicklungszielen zu zählen, weil diese die Grundlage für eine erfolgreiche Realisierung zukünftiger AC/DC- oder reiner DC-Netze unterschiedlicher Spannungsebenen darstellen. Gleichspannungsleitungen mit mehr als zwei Stationen oder Gleichspannungsnetze bleiben vermutlich Nischenanwendungen, außer innerhalb mancher Industriewerke. In der Theorie sind solche Anlagen realisierbar, bisher sind jedoch praktisch nur wenige wie die SACOI (HGÜ Italien-Korsika-Sardinien) ausgeführt worden, weil hierfür ein hoher Aufwand nötig ist und sich auch leicht die Übertragungseigenschaften verschlechtern können.

In Deutschland befanden sich VSC-Freileitungssysteme unter Einsatz der MMC-Technologie 2013 in der Projektierungsphase und werden voraussichtlich im Jahr 2018 in den Testbetrieb gehen (Netzentwicklungsplan 2013, Korridor A, südlicher Abschnitt „Ultranet") [74].

14.3.3.2   F&E-Bedarf und kritische Entwicklungshemmnisse

Hinsichtlich des komplexen Zusammenspiels ausgedehnter DC- und AC-Systeme gibt es noch sehr geringe praktische Erfahrung. Deshalb ist die Entwicklung von gesamtsystemischen Analysemethoden zur Bewertung der Integrationsmöglichkeiten der Gleichstromtechnologien und des Betriebs von hybriden AC/DC-Energieversorgungsnetzen notwendig. Zudem ist die Integration von größeren vernetzten DC-Strukturen z. B. aus Mangel an kommerziell verfügbarer Schaltungstechnik noch nicht möglich. Ein entsprechender Leistungsschalter ist zwar von ABB bereits vorgestellt worden, allerdings stehen Tests in realen Netzstrukturen noch aus. Darüber hinaus ist die Einbindung des Schalters in übergeordnete Schutzkonzepte zu realisieren.

Zusätzlich sind einige Kernfragen bezüglich der Planung, der Umsetzung und des Betriebs reiner Gleichstromnetze größerer Ausdehnung und Leistung speziell im Hinblick auf die Interaktion mit dem Gesamtsystem der Netze ungeklärt. Dazu gehört die Frage nach möglichen Transitionsprozessen ausgehend von der heutigen Systemarchitektur zu einer AC/DC-Hybridstruktur. Daneben wird die Verbesserung der HGÜ-Systeme, insbesondere im Hinblick auf eine weitere Erhöhung der Betriebsspannungen und der Leistungskapazität sowie eine fortschreitende Integration leistungselektronischer Komponenten kontinuierlich voran getrieben [1]. Allerdings werden die wirtschaftlichen Risiken für die DC-Technologie als hoch eingeschätzt [1], da ein wirtschaftlicher Wettbewerb mit der heutigen AC-Technologie besteht.

Roadmap – Hybride AC/DC-Strukturen

Beschreibung

Die kombinierte Anwendung von Wechselstrom- und Gleichstromnetzelementen über alle Spannungsebenen hinweg wird unter dem Begriff Hybride AC/DC-Netzstrukturen zusammengefasst. Durch technologische Fortschritte, verbesserte Wirtschaftlichkeit und veränderte Anforderungen an die Stromnetze, wie die Übertragung von Energie über sehr große Distanzen, steigender Bedarf an Unterseekabeln sowie ein Drängen der Gesellschaften auf möglichst „unsichtbare" Stromnetze, resultierend in zukünftig vermehrt eingesetzten Erdkabeln, rückt die Hochspannungs-Gleichstrom-Übertragung (HGÜ) weiter in den Fokus. Hybride AC/DC-Strukturen und reine DC-Netze bieten bezüglich der Spannungsqualität, der Blindleistungskompensation und der Netzintegration erneuerbarer Energieeinspeisung Vorteile gegenüber AC-Netzen.

Entwicklungsziele

- Integration von HGÜ in bestehende Strukturen
- Aufbau vernetzter HGÜ-Strukturen
- Gesamtsystemische Analysemethoden
- Konzepte für Transitionsprozesse zu hybriden AC/DC-Netzstrukturen
- Steigerung der Leistungsfähigkeit von DC-Netztechnik, z. B. Steigerung der Spannung (Ultrahochspannungssysteme – UHVDC)
- Verbesserte Schaltungs- und Schutztechnik (DC-Schalter)

Technologie-Entwicklung

Kommerzialisierung

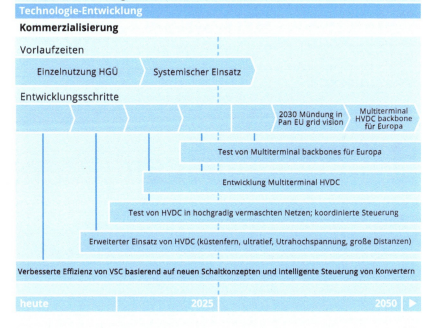

Vorlaufzeiten

| Einzelnutzung HGÜ | Systemischer Einsatz |

Entwicklungsschritte

2030 Mündung in Pan EU grid vision · Multiterminal HVDC backbone für Europa

Test von Multiterminal backbones für Europa

Entwicklung Multiterminal HVDC

Test von HVDC in hochgradig vermaschten Netzen; koordinierte Steuerung

Erweiterter Einsatz von HVDC (küstenfern, ultratief, Utrahochspannung, große Distanzen)

Verbesserte Effizienz von VSC basierend auf neuen Schaltkonzepten und intelligente Steuerung von Konvertern

| heute | 2025 | 2050 ▶ |

Roadmap – Hybride AC/DC-Strukturen

F&E-Bedarf

Gesamtsystemische Analysewerkzeuge ▶

Steigerung der Betriebsspannung ▶

Transitionsstrategien ausgehend von bestehenden Strukturen ▶

heute	5 bis 10 Jahre ▶

Gesellschaft

• Favorisierung einer „unsichtbaren" Versorgung → Kabeltechnologien

• Potenzial zur Polarisierung

• Grundsätzlich hinsichtlich der Technologie Gleichstromhochspannung gegenüber AC keine speziellen anderen Akzeptanzprobleme zu erwarten

Politik & Regulierung

• Netzausbaubeschleunigungsgesetz (NABEG)

• ENTSO-E: Network Code on HVDC Connections

Kostenentwicklung

• Progress Ratio ca. 30 %, das heißt bei einer Verdopplung der kumulierten Produktionsmenge sinken die Kosten um 30 %

Marktrelevanz

• Weltweit ca. 120.000 MW an Übertragungskapazität in Form von HGÜ-Systemen installiert

• Verdopplung des Marktvolumens für HGÜ-Systeme bis 2017 von derzeit 3 Milliarden Euro pro Jahr

• Innerhalb dieser Dekade Installationen von 250.000 GW zusätzlicher HGÜ-Übertragungskapazität

Wechselwirkungen / Game Changer

Game Changer

• Konkurrenz mit AC-Technologieentwicklung

• Offshore-Windenergie (Anbindung)

• Supraleitung

• Großskalige Erzeugungsanlagen (z. B. Desertec, North Sea Wind Energy Super Ring)

• Paneuropäisches Super Grid

14.4 Exkurs: Supraleiter

Unter dem Begriff Supraleiter werden Materialien subsummiert, deren elektrischer Wirk-
widerstand bei Unterschreitung der sogenannten Sprungtemperatur T_c gegen null geht
und die somit eine nahezu verlustfreie Übertragung elektrischen Stroms ermöglichen. Bei
den meisten Supraleitern ist T_c niedriger als 130 K, entsprechend $-140\,°C$. Die Strom-
tragfähigkeit von supraleitenden Materialien ist mit 200–300 A/mm² deutlich höher als
bei herkömmlichen Leitermaterialien wie Kupfer (1–5 A/mm²), wobei geringere Verluste auftreten. Als eine Sonderlösung für die Stromübertragung über Erdkabel in Verteil-
und Übertragungsnetzen befinden sich Supraleiter aktuell noch in der Erforschung oder in
Feldtests.

Supraleiter werden anhand ihrer T_c in Hochtemperatur- (HTSL, $T_c > 23\,K$ bzw.
$-250\,°C$) und Niedertemperatursupraleiter (NTSL, $T_c < 23\,K$) unterteilt. Für die Verwendung von NTSL ist eine aufwändigere Kühlung mit z. B. flüssigem Helium erforderlich.
HTSL sind auch in Temperaturbereichen über 77 K (entspricht $-196\,°C$) supraleitend
und können mit flüssigem Stickstoff gekühlt werden, was deutlich kostengünstiger als
flüssiges Helium ist. Die Verwendung von Kühlmitteln mit höheren Kondensationstem-
peraturen führt zu großen Energieeinsparungen im Betrieb des Supraleiters und auch zu
einer z. T. starken technischen Vereinfachung der Kühlinfrastruktur. Daher sind HTSL
techno-ökonomisch von höherer Relevanz, denn mit dem reduzierten Kühlaufwand für
den Betrieb geht eine signifikante Kostenreduktion einher. Übergeordnetes Ziel ist daher
die Entwicklung von Supraleitern mit Sprungtemperaturen im Bereich von Trockeneis
(flüssig im Temperaturbereich von -57 bis $31\,°C$) oder Umgebungstemperatur.

Supraleiter der sog. zweiten Generation auf Basis von YBCO-(Yttrium-Barium-Kup-
fer-Oxid: $YBa_2Cu_3O_7$, $T_c = 92\,K$ bzw. $-181\,°C$) [75] und BSCCO-(Bismut-Strontium-
Kalzium-Kupferoxid: $Bi_2Sr_2Ca_2Cu_3O_{10}$, $T_c = 110\,K$ bzw. $-163\,°C$)Keramiken [75] versprechen eine deutliche Kostenreduktion und könnten zukünftig der Technologie im Bereich Energieübertragung zum Durchbruch verhelfen. Die Sprödigkeit des keramischen
Materials erschwert den technischen Einsatz. Durch das Befüllen von Silberröhren mit
dem keramischen Werkstoff, die zu flexiblen Bändern ausgewalzt werden können, steht
ein biegsames und damit praktisch einsetzbares Leitermaterial zur Verfügung [76]. Im
Jahr 2008 wurden Eisen-Piniktide als eine neue Klasse von Supraleitern entdeckt [77].
Eisen-Piniktide bestehen aus Arsen und Eisen in Kombination mit Lanthan, Phosphor und
Sauerstoff und weisen vielversprechende technische Eigenschaften auf.

Supraleitende Materialien werden im Bereich der Energieübertragung in HTSL-Kabeln
sowohl innerhalb lokaler Energieversorgungssysteme mit sehr hoher Lastdichte (*short distance*) als auch zur Übertragung über weite Strecken (*long distance*) verwendet. Darüber
hinaus werden HTSL zum Bau sogenannter Strombegrenzer eingesetzt. Diese dienen als
Betriebsmittel zur Kurzschlussstrombegrenzung in elektrischen Verteilnetzen. Die Funktion der Strombegrenzung ist mit herkömmlichen Bauteilen nicht zu realisieren, sodass
Supraleitern hier eine besondere Bedeutung zukommt [1]. Potenzial für den Einsatz von
Supraleitern wird in einer Reihe unterschiedlicher Anwendungen gesehen. Dazu gehören

neben der Energieübertragung und der Strombegrenzung, annähernd verlustfreie Elektromotoren, Generatoren (z. B. bei Windkraftanlagen; [78, 79]) und auch Transformatoren
(z. B. in Lokomotiven).

14.4.1 HTSL-Strombegrenzer

HTSL-Strombegrenzer nutzen den physikalischen Effekt aus, dass supraleitende Materialien bei Überschreiten einer kritischen Magnetfeld- oder Stromstärke oder aber einer kritischen Temperatur instantan resistiv werden. Damit wird der Strom ca. 100-mal schneller,
im Vergleich zu einem Leistungsschalter mit einer Ansprechzeit von ca. 100 ms, auf ein
niedrigeres Maß begrenzt [80]. Fehlerströme können Werte von 40.000–60.000 A anneh-
men.

Derzeit ist der HTSL-Strombegrenzer das einzige zur Verfügung stehende Betriebsmittel zur Kurzschlussstrombegrenzung. Klassischer Weise wird die Dimensionierung
aller Netzbetriebsmittel wie Transformatoren oder Leistungsschalter auf einen möglichen
Kurzschlussstrom notwendig, sodass die Technologie der Strombegrenzer große Einsparungen ermöglichen kann. Im störungsfreien Betrieb ist die Beeinflussung des Netzes
aufgrund der niedrigen Impedanz des Bauteils zu vernachlässigen.

Zu den möglichen Einsatzgebieten zählen die Netzkupplung zwischen benachbarten
Ringnetzen oder die Begrenzung von Kurzschlussströmen in Netzbereichen mit hoher
dezentraler Energieeinspeisung [78].

HTSL-Strombegrenzer sind bereits heutzutage kommerziell verfügbar. So sind beispielsweise Strombegrenzer auf Supraleiterbasis der Firma Nexans (US Patent [81]) auf
12 kV-Netzebene in Großbritannien im Einsatz [78, 82]. Eine weitere Anlage arbeitet
zur Absicherung eines Kraftwerks von Vattenfall [88]. Aufgrund eines großen Entwicklungspotenzials und der fehlenden technischen Substituierbarkeit verfügen HTSL-Strombegrenzer über eine gute wirtschaftliche Perspektive. Dazu trägt bei, dass sich durch die
verstärkte Energieeinspeisung aus dezentralen Stromquellen und die damit einhergehende zunehmende Umstrukturierung der elektrischen Verteilungsnetze ein breites Anwendungsfeld ergibt. Infolgedessen sind größere Einheiten für höhere Spannungsebenen und
höhere Leistungen derzeit in der Entwicklung bzw. in der Demonstrationsphase [78].

14.4.2 HTSL-Kabel

Short-distance-HTSL-Kabel sind derzeit weltweit in mehreren Pilotprojekten in der
Erprobung [78, 83]. Der Fokus liegt hierbei hauptsächlich auf der Beseitigung von Netz-
engpässen, zum Beispiel in Ballungszentren. Des Weiteren bieten *short-distance*-HTSL-
Kabel die Möglichkeit einer erhöhten Übertragungskapazität durch Leitungstausch in Ver-
sorgungsinfrastukturen, in denen ein weiterer Leitungszubau nicht möglich ist. Der größte
Entwicklungsbedarf, aber auch das größte Potenzial, wird bei der Erhöhung der Betriebs-

temperaturen und dem damit verbunden niedrigeren Kühlaufwand von HTSL-Kabeln durch die Entwicklung von neuen supraleitenden Materialien mit höheren Sprungtemperaturen gesehen [78]. Außerdem wird kontinuierlich an neuen Kabelarchitekturen mit dem Ziel der Materialersparnis, einer Steigerung der Robustheit sowie einer verbesserten Handhabung bei der Installation geforscht [84, 85].

Long-distance-HTSL-Kabel mit mehreren Kilometern Länge sind derzeit noch nicht im Einsatz [78]. Im AmpaCity Projekt, eine in ein Hochspannungsnetz integrierte Mittelspannungs-Lösung zur Versorgung des Zentrums von Essen, wird ein 1 km langes HTSL-Kabel der Firma Nexans von RWE getestet. Dieses HTSL-Kabel ist dafür ausgelegt die fünffache Strommenge im Vergleich zu einem konventionellen Kabel nahezu verlustfrei zu übertragen [84, 86]. In Höchstspannungsnetzen kommen Supraleiter aufgrund isolationstechnischer Herausforderungen aktuell nicht zum Einsatz.

14.4.3 Politik und Regulierung

HTSL-Technologien finden hauptsächlich in Erdkabeln Verwendung. Das EnWG sieht für den Bau neuer Hochspannungsleitungen mit einer Nennspannung von $\leq 110\,\text{kV}$ die Erdkabeltechnologie vor, wenn die Gesamtkosten den Faktor 2,75 gegenüber der vergleichbaren Freileitungsvariante nicht überscheiten. Ebenfalls dürfen keine naturschutzfachlichen Belange dagegen sprechen. Ausnahmen sind durch die zuständige Behörde möglich.

Für den Ersatz von Kabeln in Hochspannungsfreileitungsnetzen durch Erdkabel gibt die VDE-Anwendungsregel E VDE-AR-N 4202, die sich derzeit im Entwurfsstadium befindet, Hinweise zu den Randbedingungen. Danach erfordert schon ein geringer Zuwachs von Kabeltechnologien eine veränderte Netzfahrweise.

14.4.4 Marktrelevanz

Die Rentabilität der HTSL-Kabel ist trotz erhöhter Kosten durch die deutlich geringeren Übertragungsverluste grundsätzlich gegeben. Aktuell ist die Anwendung auf kurze Strecken mit hohen Leistungsflüssen begrenzt. Grundsätzlich sind Längen bis 30 km technisch realisierbar, jedoch bestehen derzeit aus Kostengründen keine Planungen für den Einsatz in Übertragungsnetzen [78].

Demgegenüber haben HTSL in Strombegrenzern aufgrund ihres technischen Alleinstellungsmerkmals für die zukünftige Umstrukturierung der Netzinfrastruktur und des steigenden Anteils dezentraler, volatiler Stromerzeugung eine hohe Marktrelevanz. Sie bieten u. a. die Möglichkeit, Kosteneinsparungen in der Netzkopplung, erleichterte Integration von erneuerbaren Energien in die Stromversorgung und bei der Auslegung anderer Netzbetriebsmittel auf Kurzschlussströme zu realisieren. Ein Einsatz der Technologie findet z. B. im Rahmen eines Pilotprojektes seit 2009 in einem Braunkohlekraftwerk von Vattenfall [87], in einem Mittelspannungsnetz in England statt [88] und wird im „Tres

Amigas"-Projekt in den USA [89] erprobt. In Deutschland hat sich der Industrieverband Supraleiter – iv supra [90] gegründet. Mitglied ist u. a. auch Nexans Superconductors GmbH.

Hinsichtlich der Kosten wird bei HTSL-Leitungsbändern, u. a. bedingt durch verbesserte Produktionsprozesse infolge erhöhter Nachfrage, eine Degression von derzeit ~ 150 Euro/kAm auf unter 20 Euro/kAm erwartet. Ab einem Preis von 10 Euro/kAm kann mit einer breiten Anwendung von HTSL-Kabeln gerechnet werden [78]. Durch Verwendung von YBCO-Keramiken wird mittelfristig eine weitere Kostenreduktion auf ungefähr 4 Euro/kAm erwartet [91]. Die aufwändige Produktion gehört im Gegensatz zu den Materialkosten mit 60–80 % zu den wesentlichen Kostenfaktoren [78, 92].

Fortschritte in der Kühltechnik treiben die Entwicklung dieser Kabeltechnologie voran. Inkrementelle Fortschritte in den Materialwissenschaften bei der Entdeckung von HTSL-Kabeln mit höheren Sprungtemperaturen sorgen für Einsparungen bei der Kühlung der Systeme und führen dadurch zu Verbesserungen der Betriebsbedingungen. Eine weitere Erhöhung der Sprungtemperatur zu beispielsweise $-80\,°C$ erlaubt die Verwendung anderer Kühlmittel wie Trockeneis und führt dadurch zu einer signifikanten Reduktion des Aufwands und der Kosten für die Kühlung.

Für das Marktvolumen von Betriebsmitteln unter Einsatz von Hochtemperatursupraleitern für die USA wird ungefähr eine Verdopplung im Abstand von zwei Jahren von 2011 bis 2020 prognostiziert, bevor eine Sättigung eintritt [93]. Ein ähnlicher Trend kann auch für Europa erwartet werden.

14.4.5 F&E-Bedarf und kritische Entwicklungshemmnisse

Die primären technischen und wirtschaftlichen Risiken bei HTSL-Kabeln liegen im hohen Wartungsaufwand der Kühltechnik und in den im Fehlerfall in Verbindung mit der aufwändigen Technik resultierenden langen Ausfallzeiten. Fehlende Langzeit- und Betriebserfahrung mit der Supraleittechnik sind die primären Entwicklungshemmnisse. Speziell bei HTSL-Strombegrenzern hemmt die Unsicherheit bezüglich der mittel- und langfristigen Zuverlässigkeit der Betriebsmittel die Durchsetzung der Technologie am Markt. Darüber hinaus ist die Isolationsfähigkeit des Kühlmittels bei der Anwendung von HTSL-Strombegrenzern auf höheren Spannungsebenen eine große technische Herausforderung.

Es besteht ein deutlicher Bedarf in der Entwicklung möglichst wartungsarmer (bzw. -freier) Kühlsysteme sowie der materialwissenschaftlichen Erforschung und Erprobung neuer supraleitender Materialien mit höheren Betriebstemperaturen mit einem daraus resultierenden verringertem Kühlaufwand. Neuentwicklungen wie die sog. Pulse-Cooler, die ohne bewegliche Teile auskommen, wären eine Möglichkeit, die Wartungsintervalle zu vergrößern [78].

Zusätzlich bedarf es der Entwicklung von Simulationsmodellen bzw. der Anpassung bestehender Netzplanungs- und Simulationswerkzeuge zur Einbindung von supraleitenden Betriebsmitteln in die bestehende Netzinfrastruktur [78].

14.5 Abkürzungen

AC	Alternating current, Wechselstrom
ACCC	Aluminium Conductor composite Core
ACCR	Aluminium Conductor Composite Reinforced
ACSR	Aluminium Conductor Steel Reinforced
ACSS	Aluminium Conductor Steel Supported
BImSchV	Bundes-Immissionsschutzverordnung
BSCCO	Bismut-Strontium-Kalzium-Kupferoxid
CSC	Convertible Static Compensator
DC	Direct current, Gleichstrom
DENA	Deutsche Energie-Agentur
DPFC	Dynamic Power Flow Controller
EEG	Erneuerbare-Energien-Gesetz
EHS	Electromagnetic Hypersensitivity
ENTSO-E	European Network of Transmission System Operators for Electricity: Verband Europäischer Übertragungsnetzbetreiber
EnWG	Energiewirtschaftsgesetz
FACDS	Flexible AC Distribution Systems, Flexible AC Distribution Systems
FACTS	Flexible AC Transmission Systems
FLM	Freileitungsmonitoring
FSC	Fixed Series Compensator
FRT	Fault-ride-through
GTACSR	Gap-Type Aluminium COnductor Steel Reinforced
GTO	Gate Turn-off Thyristor
HT	Hochtemperatur
HTLS	High-Temperatur-Low-Sag
HTSL	Hochtemperatursupraleiter
HGÜ	Hochspannungs-Gleichstrom-Übertragung
IGBT	Insulated Gate Bipolar Transistor
IPFC	Interline Power Flow Controller
LCC-HGÜ	Line-Commutated-Converter-HGÜ
LTC	Transformer-Load Tap Changer
LVDC	Low Voltage Direct Current
MCC	Modular Multilevel Converter
MENA	Middle East & North Africa
MVDC	Medium Voltage Direct Current
NIMBY	Not In My Backyard
NABEG	Netzausbaubeschleunigungsgesetz
NTSL	Niedertemperatursupraleiter
PAR	Phase Angle Regulator
PST	Phase Shifting Transformer

SCCL	Super-Conducting Magnetic Energy Storage
SET-Plan	Strategic energy technology plan
SSSC	Static Synchronous Series Compensator
SSR	Subsynchrone Resonanzen
STATCOM	Static Synchronous Compensators
SVC	Static Var Compensator
TAL	Hochtemperaturfestes Aluminium
TCR	Thyristor Controlled Reactor
TCSC	Thyristor Controlled Series Capacitor
TPSC	Thyristor Protected Series Capacitor
TSC	Thyristor Switched Capacitor
TSSC	Thyristor Switched Series Capacitor
UPFC	Unified Power Flow Controller
YBCO	Yttrium-Barium-Kupfer-Oxid
VSC	Voltage-Source-Converter-HGÜ

Literatur

1. Fraunhofer ISI (Hrsg.) (2010) Energietechnologien 2050 – Schwerpunkte für Forschung und Entwicklung. Technologienbericht. Fraunhofer Verlag, Stuttgart

2. Lange M, Focken U (2008) Studie zur Abschätzung der Netzkapazität in Mittel-deutschland in Wetterlagen mit hoher Windenergieeinspeisung. www.erneuerbareenergien. de/files/pdfs/allgemein/application/pdf/studie_netzkapazitaet_windeinspeisung.pdf, zugegriffen am 18.06.2014

3. Schmale M (2012) Witterungsabhängige Belastbarkeit von Freileitungen. Stuttgarter Hoch-spannungssysmposium 2012, www.uni-stuttgart.de/ieh/symposium/05_Michael_Schmale_ Praesentation.pdf, zugegriffen am 18.06.2014

4. Vennegeerts H et al. (2007) Bewertung der Optimierungspotenziale zur Integration der Stromer-zeugung aus Windenergie in das Übertragungsnetz. Wissenschaftliche Studie im Auftrag des BMU

5. CIGRE Working Group 12 (2000) Description of state of the art methods to determine thermal rating of lines in real-time and their application in optimising power flow. CIGRE Session 22, Paper No. 304

6. Puffer R et al (2012) Area-wide dynamic line ratings based on weather measurements. Beitrag B2-106, CIGRE 2012

7. Forum Netztechnik/Netzbetrieb im VDE (2013) Einsatz von Hochtemperaturleitern.

8. CTC Global (2012) IEC Spec Sheets

9. 3M (2013) Erhöhung der Übertragungskapazität – Hochleistung für zukunftssichere Netze. AC-CR Produktbroschüre

10. Utility Products (Hrsg.), Ulrich C (2012) New Tool Helps Improve Efficiency. Reliability and Capacity of the Grid. PennWell Verlag, Tulsa, OK, USA, 01.06.2012, http://www. utilityproducts.com/articles/print/volume-16/issue-06/product-focus/wire-cable-fiber-optics/

new-tool-helps-improve-efficiency-reliability-and-capacity-of-the-grid.html, zugegriffen am 10.04.2013

11. Nexans Deutschland GmbH (2009) Monitoring von Freileitungen steigert Netzsicherheit und nutzbare Kapazitäten. Pressemitteilung, Hannover, 20.04.2009, http://www.nexans. de/eservice/Germany-de_DE/navigatepub_148777_-20938/Monitoring_von_Freileitungen_ steigert_Netzsicherhe.html, zugegriffen am 10.04.2013

12. E.ON Netz GmbH (2013) Netzmonitoring – Verfahrensstand. Bayreuth, http://www.eon-netzausbau.de/pages/eon-netzausbau/Projekte/Breklum-Flensburg/Verfahrensstand/index.htm, zugegriffen am 10.04.2013

13. TenneT TSO GmbH (Hrsg.), Schmale M (2012) Witterungsabhängiger Freileitungsbetrieb bei der TenneT TSO GmbH. Präsentation, Aachen, http://www.fge.rwth-aachen.de/fileadmin/ Uploads/PDF/FGE_Kolloquium_2012/Witterungsabh%C3%A4ngiger_Freileitungsbetrieb_ Dr._Schmale.pdf, zugegriffen am 10.04.2013

14. TenneT TSO B.V. (2013) Freileitungsmonitoring – Optimale Kapazitätsauslastung von Freileitungen bei TenneT TSO. http://www.tennettso.de/site/binaries/content/assets/press/information/ de/100552_ten_husum_freileitung_du.pdf, zugegriffen am 25.07.2014

15. Cigré Working Group B2.11 (2005) Results of the Questionnaire Concerning High Temperature Conductor Fittings.

16. Jarass L, Obermair GM (2007) Notwendigkeit der geplanten 380 kV-Verbindung Raum Halle – Raum Schweinfurt. Wiesbaden, 21.10.2007

17. Puffer R (2010) Netzoptimierung durch witterungsabhängigen Freileitungsbetrieb und Hochtemperaturleiter. RWTH Aachen

18. Jarass L, Obermair GM (2012) Welchen Netzumbau erfordert die Energiewende? Unter Berücksichtigung des Netzentwicklungsplans Strom 2012

19. Leperich U, Guss H, Weiler K et al. (2011) Ausbau elektrischer Netze mit Kabel oder Freileitung unter besonderer Berücksichtigung der Einspeisung Erneuerbarer Energien. Eine Studie im Auftrag des Bundesministeriums für Umwelt, Naturschutz und Reaktorsicherheit. http://renewables-grid.eu/uploads/media/Netzausbau_Studie_IZES.pdf, zugegriffen am 16.05.2014

20. Deutsche Energie-Agentur GmbH (dena) (2010) DENA-Netzstudie II: Integration erneuerbarer Energien in die deutsche Stromversorgung im Zeitraum 2015–2020 mit Ausblick auf 2025. Deutsche Energie-Agentur GmbH, Berlin, http://www.dena.de/fileadmin/user_ upload/Publikationen/Erneuerbare/Dokumente/Endbericht_dena-Netzstudie_II.PDF, zugegriffen am 21.02.2015

21. Schmid A (2014) Netzbetreiber zögern bei neuer Leiterseiltechnik. http://www.vdi-nachrichten.com/Technik-Wirtschaft/Netzbetreiber-zoegern-neuer-Leiterseiltechnik, zugegriffen am 16.05.2014

22. RWE (2013) Beitrag zur Energiewende. http://www.energiewende-heute.de/mein-beitrag.html, zugegriffen am 03.03.2015

23. Ensslin C, Burges K, Boemer J (2008) Markteinführungsperspektiven innovativer Technologien zur Unterstützung der Einbindung von RES-E. Abschlussbericht. www.erneuerbare-energien.de/files/pdfs/allgemein/application/pdf/ee_bericht_markteinfuehrung.pdf, zugegriffen am 16.05.2014

24. Schwaab A (2012) Elektroenergiesysteme. Springer Verlag, Berlin – Heidelberg, 3. Auflage

25. Ensslin C, Burges K, Boemer J (2008) Markteinführungsperspektiven innovativer Technologien zur Unterstützung der Einbindung von RES-E. Abschlussbericht. www.erneuerbare-

energien.de/files/pdfs/allgemein/application/pdf/ee_bericht_markteinfuehrung.pdf, zugegriffen am 16.05.2014

26. Glanzmann G (2005) FACTS Flexible Alternating Current Transmission Systems. Working Paper, EEH – Power Systems Laboratory, ETH Zürich. https://www.eeh.ee.ethz.ch/uploads/tx_ethpublications/Glanzmann_FACTS_internal.pdf, zugegriffen am 15.05.2014

27. Erb T (1999) Untersuchung des Verhaltens des Unified Power Flow Controllers im Normalbertrieb und bei Netzstörungen. Dissertation, ETH Zürich

28. Zhang XP, Rehtanz C, Pal B (2012) Flexible AC Transmission Systems: Modelling and Control. Springer Verlag, Berlin – Heidelberg, 2. Auflage

29. Peters W, Weingarten E (Hrsg.) (2014) Umweltbelange und raumbezogene Erfordernisse bei der Planung des Ausbaus des Höchstspannungs-Übertragungsnetzes. Band I: Gesamtdokumentation. Umweltbundesamt, Dessau-Roßlau

30. Uzunovic E, Fardanesh B, Hopkins L, Shperling B, Zelingher S, Schuff A (2001) NYPA Convertible Static Compensator (CSC) Application. Phase I (2001) STATCOM, New York Power Authority, White Plains, NY

31. Acharya N, Sody-Yome A, Mithulananthan N (2005) Facts about flexible AC Transmission systems (FACTS) controllers. Practical installations and benefits, In: Australasian Universities Power Engineering Conference (AUPEC), Australia, 25–28 September 2005, pp. 533–538

32. Eslami M, Shareef H, Mohamed A, Khajehzadeh M (2012) A Survey on Flexible AC Transmission Systems (FACTS). Przeglad Elektrotechniczny (Electrical Review), 88(1A), 1–11

33. Habur K, O'Leary D (2008) FACTS – For Cost Effective and Reliable Transmission of Electrical Energy

34. Achary N, Sode-Yome A, Mithulananthan N (2010) Facts about Flexible AC Transmission Systems (FACTS) Controllers: Practical Installations and Benefits. http://www.docstoc.com/docs/28063831/Facts-about-Flexible-AC-Transmission-Systems-%28FACTS%29-Controllers---PDF, zugegriffen am 19.02.2015

35. BizAcumen (2012) Flexible AC Transmission Equipment – A Global Market Perspective. http://www.prnewswire.com/news-releases/flexible-ac-transmission-equipment---a-global-market-perspective-83256947.html, zugegriffen am 19.02.2015

36. Lund P (2006) Market penetration rates of new technologies. Energy Policy 34, S. 3317–3326, doi:10.1016/j.enpol.2005.07.002, zugegriffen am 19.02.2015

37. Rajeev MS (2012) Market Insights: FACTS. Frost & Sullivan. http://www.frost.com/sublib/display-market-insight.do?searchQuery=STATCOM+&id=25189071&bdata=aHR0cDovL3d3dy5mcm9zdC5jb20vc3JjaaC9jcm9zcy1jb21tdW5pdHktc2VhcmNoLmRvP3BhZ2VTaXplPTEyNlYXJjaaFR5cGU9YWRyyJnF1ZXJ5VGV4dD1TVEFUQ09NKyZ4PTAmeT0wQH5AU2VhcmNoIFJlc3VsdHNAfkAxNDIxNzY5MTM1Njky, zugegriffen am 19.02.2015

38. Nath S (2012) Analysis of the European Semiconductors Market for Smart Grids. Demand for Efficiencies and Power Give Rise to a Growing Opportunity for Semiconductors. Frost Sullivan: 4I33–26

39. Hingorani NG (2007) FACTS technology-state of the art, current challenges and the future prospects. In: IEEE Power Engineering Society General Meeting (Vol. 2)

40. ABB (2012) Pressemitteilung: ABB löst 100 Jahre altes Rätsel der Elektrotechnik. http://www.abb.ch/cawp/seitp202/67330255d3f1c48bc1257aaf00391563.aspx, zugegriffen am 19.02.2015

41. Vaessen P (2012) Building a DC electric power grid – fact or fiction? N.V. DNV KEMA (Hrsg.), Arnhem, Niederlande, http://smartgridsherpa.com/blog/building-a-dc-electric-power-grid-%E2%80%93-fact-or-fiction, zugegriffen am 05.04.2013

42. Heuck K, Dettmann KD, Schulz D (2010) Elektrische Energieversorgung. Vieweg + Teubner Verlag, Wiesbaden, 4. Auflage

43. Gräbel B (o. J.) Transport der elektrischen Energie: HGÜ = Hochspannungs Gleichstrom Übertragung. Niedersächsisches Landesinstitut für schulische Qualitätsentwicklung, http://nibis.ni.schule.de/~bfseta/e-learning/energietechnik/hochspannung-hochstrom/hgue.html, zugegriffen am 05.04.2013

44. Deutsche Energie-Agentur GmbH (dena) (Hrsg.) (2014) Das deutsche Höchstspannungsnetz: Technologien und Rahmenbedingungen. Deutsche Energie-Agentur GmbH, Berlin.

45. ABB (2013) HVDC Light – It's time to connect. http://www05.abb.com/global/scot/scot221.nsf/veritydisplay/2742b98db321b5bfc1257b26003e7835/$file/Pow0038%20R7%20LR.pdf, zugegriffen am 19.02.1015

46. Kost C et al. (2011) Fruitful symbiosis:Why an export bundled with wind energy is the most feasible option for North African concentrated solar power. Energy Policy 39: 7136–7145

47. Zickfeld F et al. (2012) Desert Power 2050: Perspectives on a Sustainable Power System for EUMENA. Dii GmbH www.dii-eumena.com

48. Ergun H, Beerten J, Van Hertem D. (2012) Building a new overlay grid for Europe. In: Power and Energy Society General Meeting, 2012 IEEE (pp. 1–8). IEEE

49. Ahmed N, Norrga S, Nee HP, Haider A, Van Hertem D, Zhang L, Harnefors L (2012) HVDC SuperGrids with modular multilevel converters – The power transmission backbone of the future. In: Systems, Signals and Devices (SSD), 2012 9th International Multi-Conference on (pp. 1–7). IEEE

50. Desertec (o. J.) FAQ Technology: Questions and concerns. http://www.desertec.org/concept/questions-answers/, zugegriffen am 19.02.2015

51. Ecofys (Hrsg.) (2012) Abschätzung der Kosten für die Integration großer Mengen an Photovoltaik in die Niederspannungsnetze und Bewertung von Optimierungspotenzialen. www.solarwirtschaft.de/fileadmin/media/pdf/Ecofys_Netzintegration_lang.pdf, zugegriffen am 18.06.2014

52. ABB (2013) HVDC Classic – Reference list – Thyristor valve projects and upgrades. http://www08.abb.com/global/scot/scot221.nsf/veritydisplay/bc9dd8d715d10ec4c1257d790049f09f/$file/POW0013.pdf, zugegriffen am 18.02.2015

53. Magg TG et al. (2012) Caprivi Link HVDC Interconnector: Comparison between energized system testing and real-time simulator testing. CIGRE Working Group

54. Desertec Foundation (o. J.) http://www.desertec.org/de/konzept/literatur/, zugegriffen am 18.02.2015

55. Calzadilla A, Wiebelt M, Blomke J, Klepper G. (2014) Desert Power 2050: Regional and sectoral impacts of renewable electricity production in Europe, the Middle East and North Africa. Working Paper, Kiel Institute for the World Economy, https://www.ifw-members.ifw-kiel.de/publications/desert-power-2050-regional-and-sectoral-impacts-of-renewable-electricity-production-in-europe-the-middle-east-and-north-africa/KWP%201891.pdf, zugegriffen am 18.02.2015

56. ENTSO-E (o. J.) Network Codes for Electricity. https://www.entsoe.eu/Pages/default.aspx, zu-gegriffen am 18.02.2015

57. Quaschning V (2011) Regenerative Energiesysteme. Technologie – Berechnung – Simulation. S. 162

58. Bundesnetzagentur (2014) Vorhaben Netzausbau Lauchstädt – Redwitz. http://www.netzausbau.de/DE/Vorhaben/EnLAG-Vorhaben/EnLAG-04/EnLAG-04-node.html, zugegriffen am 18.02.2015

59. Schweinfurth R (2014) Thüringer Strombrücke fehlt. Kommentar in der Bayrischen Staats-zeitung (11.07.2014) http://www.genios.de/presse-archiv/artikel/BSTZ/20140711/thueringer-strombruecke-fehlt/A57557924.html, zugegriffen am 18.02.2015

60. Deutsche Umwelthilfe (Hrsg.) (2013) Plan 2.0 Politikempfehlungen zum Um- und Ausbau der Stromnetze. http://www.duh.de/uploads/media/PLAN_N_2-0_Gesamtansicht.pdf, zugegrif-fen am 18.02.2015

61. Devine-Wright P (Ed.) (2012) Renewable Energy and the Public: from NIMBY to Participation. Routledge

62. Devine-Wright P, Devine-Wright H, Sherry-Brennan F (2010) Visible technologies, invisible organizations: an empirical study of public beliefs about electricity supply networks. Energy Policy, 38, 4127–4134

63. Eeckhout B et al. (2010) Economic comparison of VSC HVDC and HVAC as transmission system for a 300 MW offshore wind farm. European Transactions on Electrical Power, Vol. 20, No. 5, pp. 661–71

64. Hofmann L et al. (2012) Ökologische Auswirkungen von 380-kV-Erdleitungen und HGÜ-Erdleitungen. Studie im Auftrag des BMU. http://d-nb.info/1020733411/34, zugegriffen am 18.02.2015

65. ABB (2013) HVDC transmission for lower investment costs. http://www.abb.de/industries/db0003db004333/678bb83d3421169dc1257481004a4284.aspx, zugegriffen am 15.05. 2013

66. Peeters ANM (2002) Cost analysis of the electrical infrastructure that is required for offshore wind energy. An experience curve based survey. Universität Utrecht

67. Junginger M, Faaij A (2003) Cost reduction prospects for the offshore wind energy sector. In 2003 European Wind Energy Conference & Exhibition, pp. 16–19

68. Breuer W, Povh D, Retzmann D, Teltsch E (2006) Trends for future HVDC Applicati-ons. Siemens, http://www.ptd.siemens.de/HVDC_Trends_CEPSI0611_V1a.pdf, zugegriffen am 15.05.2013

69. Deutsche Energie-Agentur GmbH (dena) (o. J.) Übersicht der geplanten Network Codes. http://www.effiziente-energiesysteme.de/themen/stromnetze/entso-e-netzwerkcodes.html, zugegriffen am 20.02.2015

70. Siemens (2012) Fact Sheet, High-Voltage direct current transmission (HVDC): http://www.siemens.com/press/pool/de/events/2012/energy/2012-07-wismar/factsheet-hvdc-e.pdf, zugegriffen am 15.05.2013

71. ENTSO-E (2014) Network Code for HVDC Connections and DC-connected Power Park Modules. https://www.entsoe.eu/Documents/Network%20codes%20documents/NC %20HVDC/140430-NC%20HVDC%20Frequently%20Asked%20Questions.pdf, zugegriffen am 20.02.2015

72. von Hirschhausen C (2010) Developing a „Super Grid": Conceptual Issues. Selected Examples, and a Case Study for the EEA-MENA Region by 2050. Desertec

73. OMA (2009) ZEEKRACHT, NETHERLANDS, THE NORTH SEA 2008. A masterplan for a renewable energy infrastructure in the North Sea. http://www.oma.eu/projects/2008/zeekracht/, zugegriffen am 20.02.2015

74. Feix O (50Hertz Transmission GmbH), Obermann R (Amprion GmbH), Strecker M (TenneT TSO GmbH), Brötel A (TransnetBW GmbH) (2013) Netzentwicklungsplan Strom 2013. 2. Entwurf der Übertragungsnetzbetreiber. http://www.netzentwicklungsplan.de/_NEP_file_transfer/NEP_2013_2_Entwurf_Teil_1_Kap_1_bis_9.pdf, zugegriffen am 20.02.2015

75. Schwaigerer F, Sailer B, Glaser J, Meyer HJ (2002) Strom eiskalt serviert: Supraleitfähigkeit. In: Chemie in unserer Zeit. 36, 2002, S. 108–124, http://dx.doi.org/10.1002/1521-3781(200204)36: 2<108::AID-CIUZ108>3.0.CO;2-Y, zugegriffen am 20.02.2015

76. Pawlak A (2014) Supraleitung ins Stadtzentrum. Physik-Journal Bd. 13 (2014) Heft 6 Seite 6

77. Max-Planck-Institut für Chemische Physik fester Stoffe (Hrsg.) (2011) Von der Alchimie zur Quantendynamik: Auf der Spur von Supraleitung, Magnetismus und struktureller Instabilität in den Eisenpniktiden. Zusammenfassung. http://www.mpg.de/1361280/Eisenpniktid-Supraleitung, zugegriffen am 20.05.2014

78. VDI nachrichten (2012) Supraleitung: Kostenhalbierung bis 2017. http://www.vdi-nachrichten. com/Technik-Wirtschaft/Supraleitung-Kostenhalbierung-2017, zugegriffen am 20.05.2014

79. iwr (2013) Forscher wollen 10 MW Offshore Turbine bauen. http://www.iwr.de/news.php? id=22739, zugegriffen am 20.05.2014

80. Darmann F, Lombaerde R, Moriconi F, Nelson A (2011) Design, Test and Demonstration of Saturable Reactor High-Temperature Superconductor Fault Current Limiters. Zenergy Power, Incorporated

81. Isfort D, Wolf A (2010) U.S. Patent No. 7,800,871. Washington, DC: U.S. Patent and Trademark Office

82. Dommerque R, Krämer S, Hobl A, Böhm R, Bludau M, Bock J, Elschner S (2010) First commercial medium voltage superconducting fault-current limiters: production, test and installation. Superconductor Science and Technology, 23(3), 034020

83. Nexans Deutschland GmbH (2013) Typprüfung des neu entwickelten Supraleiterkabels für Projekt „AmpaCity" erfolgreich abgeschlossen, Pressemitteilung, Hannover/Essen, http://www. nexans.de/Germany/2013/1103_Ampacity_Produktionsbeginn_final_1.pdf, zugegriffen am 04.04.2013

84. Bruzek CE et al. (2012) New HTS 2G Round Wires. IEEE Transactions on Applied Superconductivity, Vol. 22, No. 3, Juni 2012

85. Lehner TF (2011) Development of 2G HTS Wire for Demanding Electric Power Applications. SuperPower Inc. (Hrsg.), Santiago de Compostela, Spanien, http://www.superpower-inc.com/system/files/2011_0620+ENERMAT+Spain_TL+Web.pdf, zugegriffen am 02.04.2013

86. RWE (o. J.) AMPACITY. Ein Leuchtturmprojekt für den effizienten Stromtransport. http://www. rwe.com/web/cms/mediablob/de/1892498/data/1301026/3/rwe-deutschland-ag/energiewende/intelligente-netze/ampacity/Projektbroschuere.pdf, zugegriffen am 20.02.2015

87. Vattenfall (2011) Vattenfall und Nexans testen weltweit modernsten Strombegrenzer in Boxberg. http://corporate.vattenfall.de/newsroom/pressemeldungen/pressemeldungen-import/vattenfall-und-nexans-testen-weltweit-modernsten-strombegrenzer-in-boxberg/, zugegriffen am 20.02.2015

88. Nexans (2009) Weltpremiere: Supraleitender Strombegrenzer schützt Eigenversorgung in einem Kraftwerk. http://www.nexans.de/eservice/Germany-de_DE/navigatepub_148777_-23240/Weltpremiere_Supraleitender_Strombegrenzer_schutzt.html, zugegriffen am 10.05. 2013

89. TESAMIGAS (o. J.) Homepage. http://www.tresamigasllc.com/, zugegriffen am 20.02.2015

90. ivSupra (o. J.) Homepage. http://www.ivsupra.de/, zugegriffen am 20.02.2015

91. Chen M, Donzel L, Lakner M, Paul W (2004) High temperature superconductors for power applications. Journal of the European Ceramic Society, Vol. 24, 2004, 1815–1822

92. Working Group SC D1.15 (2006) Development and Application Trend of Superconducting Materials and Electrical Insulation Techniques for HTS Power Equipment.

93. Mulholland J, Sheahen TP, McConnell BEN (2001) Analysis of future prices and markets for high temperature superconductors. US Dept. of Energy

94. Gräbel B (2013) Hochspannungs-Gleichstrom-Übertragung. Niedersächsisches Landesinstitut für schulische Qualitätsentwicklung. http://nibis.ni.schule.de/~bfseta/e-learning/energietechnik/hochspannung-hochstrom/hgue.html, zugegriffen am 05.04.2013

Elektrische Verteilungsnetze im Wandel

Martin Braun, Erika Kämpf und Markus Kraiczy

15.1 Einführung

Der Weg zu einem nachhaltigen, regenerativen Energieversorgungssystem bedeutet auch und gerade für die Verteilungsnetze einen tiefgreifenden strukturellen Wandlungsprozess. In Abb. 15.1 ist der Aufbau des elektrischen Versorgungssystems mit den einzelnen Netzebenen (NE) und der Anfang 2014 installierten Erzeugungsleistung der erneuerbaren Energien (EE) je Netzebene für Deutschland dargestellt. Im Übertragungsnetz (Höchstspannung) sind vor allem konventionelle Großkraftwerke und einige große Windparks installiert. Im deutschen Verteilungsnetz (Hochspannung, Mittelspannung, Niederspannung) sind gegenwärtig etwa 97 % [1] der Gesamtleistung der EE-Anlagen installiert, insbesondere im Nieder- und Mittelspannungsnetz. Eine Anzahl von inzwischen über 1,5 Mio. EE-Anlagen, insbesondere Photovoltaik und Windenergie, befindet sich in einer Netzinfrastruktur mit einem derzeit noch sehr geringen Grad an Netzüberwachung und Netzautomatisierung.

Es soll im Folgenden zur Komplettierung des vorliegenden Buchs, ein kurzer Einblick in den Wandel im Bereich der elektrischen Verteilungsnetze gegeben werden. Einige Aspekte werden gezielt herausgegriffen, um beispielhaft die anstehenden Entwicklungen aufzuzeigen.

Martin Braun ✉ · Erika Kämpf
Fraunhofer-Institut für Windenergie und Energiesystemtechnik IWES, Kassel, Deutschland
Universität Kassel, Kassel, Deutschland
url: http://www.iwes.fraunhofer.de,http://www.uni-kassel.de

Markus Kraiczy
Fraunhofer-Institut für Windenergie und Energiesystemtechnik IWES, Kassel, Deutschland
url: http://www.iwes.fraunhofer.de

© Springer Fachmedien Wiesbaden 2015

M. Wietschel et al. (Hrsg.), *Energietechnologien der Zukunft*,
DOI 10.1007/978-3-658-07129-5_15

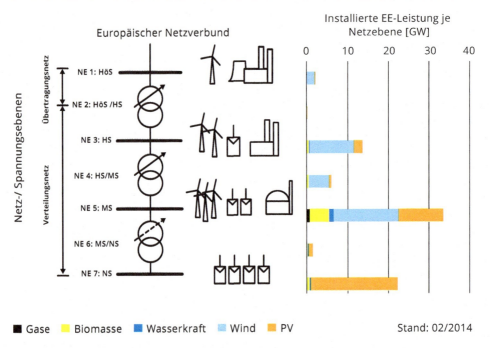

Abb. 15.1 Installierte Leistung der erneuerbaren Energien je Netzebene (*NE*). (Datenquelle: [1]; mit freundlicher Genehmigung von © Fraunhofer IWES 2015, All Rights Reserved)

Herausforderungen: Funktionale Sicht

Gemäß Energiewirtschaftsgesetz (EnWG) haben Netzbetreiber die Aufgabe, das Netz zuverlässig und kosteneffizient zu betreiben, sowie Netz und Netzzugänge diskriminierungsfrei bereitzustellen. Hierzu ist das Netz entsprechend zu betreiben, instand zu halten und ggf. zu erweitern. Weitere Pflichten sind im sogenannten Distribution Code des Verbandes der Netzbetreiber aufgeführt [2].

Wesentlicher Treiber des inzwischen eingetretenen Wandels in der Energieversorgung ist der Zubau der erneuerbaren Energien und damit verbunden eine zunehmende dezentrale und volatile Stromerzeugung. Der Zubau war bis in die Jahre 2009 bis 2012 durch exponentielles Wachstum der installierten PV-Leistung geprägt. Inzwischen sind die politisch vorgegebenen Zubau-Pfade der erneuerbaren Energien an einem linearen Wachstum orientiert.

Weitere begleitende Treiber der Veränderung sind in Abb. 15.2 links aufgeführt. Hierbei handelt es sich gleichermaßen um Treiber der Veränderung wie um Lösungsbausteine. Parallel zum Zubau dezentraler Erzeugungsanlagen (DEA) wird das Netz verändert durch die Verfügbarkeit und zunehmende Marktfähigkeit neuer Technologien, z. B. zur Energiewandlung und Speicherung. Zu den neuen Betriebsmitteln gehören z. B. regelbare Ortsnetztransformatoren, Flexible AC Distribution Systems (FACDS) und supraleitende Betriebsmittel. Elektrofahrzeuge können sowohl unter neue abnehmerseitige Technolo-

Abb. 15.2 Funktionale Darstellung: Treiber der Veränderung in Verteilungsnetzen. (Mit freundlicher Genehmigung von © Fraunhofer IWES 2015, All Rights Reserved)

gien als auch unter dezentrale Erzeugung/Speicherung subsumiert werden. Unter IKT-Entwicklung wird hier die Preisreduktion und Verbesserung der Eigenschaften für das Verteilungsnetz relevanter Informations- und Kommunikationstechnologie (IKT) im Zuge der fortschreitenden Digitalisierung zusammengefasst.

Die Veränderungen haben bereits jetzt – und perspektivisch zunehmend – eine erhebliche Erweiterung des Aufgabenbereiches von Verteilungsnetzbetreibern zur Folge: Es gilt nicht nur, die Netzaufnahmekapazität möglichst kostengünstig für DEA zu erhöhen. Zudem müssen neuere Technologien auf Netzkunden-Seite (z. B. Elektrofahrzeuge und Wärmepumpen) integriert werden können. Der Veränderung der Erzeugungsstruktur muss auch durch die Bereitstellung von Systemdienstleistungen Rechnung getragen werden, s. hierzu auch [3]. Dazu gehört bspw. die Bereitstellung von Systemdienstleistungen (SDL) durch dezentrale Kundenanlagen, aber auch vom unterlagerten zum vorgelagerten Netzbetreiber. SDL dienen einerseits der Aufrechterhaltung der Versorgungssicherheit und sind andererseits mit Potenzialen zu einer Kostensenkung für das Energieversorgungssystem verbunden. Im normalen Netzbetrieb ist den dezentralen Anlagen ein ungehinderter Zugang zu den Märkten zu gewährleisten, s. hierzu [2] und [4–6]. Gleichzeitig muss die Rückwirkung der Markteinbindung auf den Netzbetrieb operativ und planerisch gehandhabt werden. Hierzu gehört bspw. die Ausgestaltung des Lademanagements von Elektrofahrzeugen [7] und allgemein von Mess- und Steuersystemen [8].

Netz und Markt

Die Bundesnetzagentur unterscheidet zwischen den Begriffen „Smart Grid" und „Smart Market", wobei im Wesentlichen Netzkapazitätsfragen dem Smart Grid und „Fragen im Zusammenhang mit Energiemengen" dem Smart Market zugeordnet werden. Für Themen, die beide Felder betreffen, gilt es entsprechend hybride Lösungsansätze zu finden [9]. Zur Abgrenzung und Interaktion von Netz und Markt wird in [9] und [10] ein Ampelkonzept vorgeschlagen, mit der Marktphase („grün"), der Phase intelligentes Zusammenwirken von Netz und Markt („gelb") und der Netzphase („rot"). Die detaillierte Ausgestaltung des Ampelmodells mit der Definition der Schnittstellen, der Schwellwerte der einzelnen Phasen sowie der Rechte und Pflichten der einzelnen Akteure wie Netzbetreiber, Messstellenbetreiber und weiterer Marktteilnehmer ist derzeit in Diskussion (siehe [4] und [9]). Grundsätzlich kann festgehalten werden, dass derzeit auf Grund der Netzausbauverpflichtung die grüne Ampelphase überwiegt, und damit ein Energiehandel und zugehöriger Energieaustausch uneingeschränkt funktionieren sollten. Bereits heute sind für die gelbe und rote Ampelphase im EnWG § 13 Regeln für Übertragungsnetzbetreiber geschaffen. Für Verteilungsnetzbetreiber, die hier eine zunehmende Systemverantwortung tragen, ist die Weiterentwicklung der derzeit bestehenden Ansätze zur Regelung von Ampelphasen (EEG § 14) zu prüfen. Durch die gelbe Ampelphase gibt es Chancen für eine Kostensenkung: Es steht zu erwarten, dass Engpässe im Netz auch durch Zugriff auf effiziente Flexibilitätsmärkte gelöst werden können. Deren Existenz wiederum würde es ermöglichen, die Netzkapazität mit weniger Reserven auszulegen.

Herausforderungen: Organisatorische Sicht und Kern-Entwicklungsstränge
Abbildung 15.3 ergänzt die bisherige funktionale Betrachtung um die organisatorische Dimension: Die konkrete Arbeit an den Herausforderungen lässt sich einteilen in die Bereiche (Online-)Netzführung, operative Netzplanung und strategische Netzplanung. Mit

Abb. 15.3 Organisatorische Betrachtung: Von den Veränderungen betroffene Einheiten. (Mit freundlicher Genehmigung von © Fraunhofer IWES 2015, All Rights Reserved)

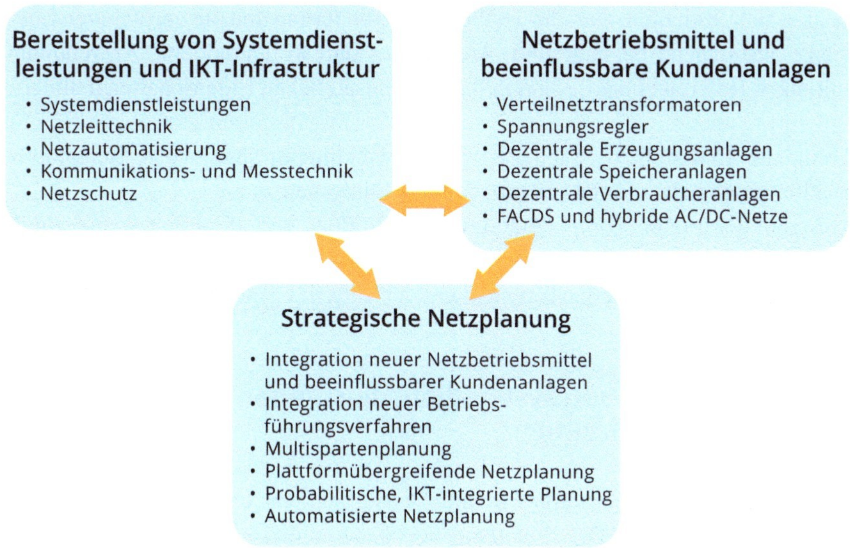

Abb. 15.4 Auswahl relevanter Themenfelder und Kern-Entwicklungsstränge im elektrischen Verteilungsnetz. (Mit freundlicher Genehmigung von © Fraunhofer IWES 2015, All Rights Reserved)

Blick auf die uneinheitliche Verwendung dieser Begriffe in Literatur und Praxis zeigt Abb. 15.3 die angenommene Begriffshierarchie mit Beispielen der jeweils relevanten Aufgaben.

In der Praxis der Energieversorgungsunternehmen werden heute bestimmte netzplanerische und netzbetriebliche Tätigkeiten auch mit „Asset Management" bezeichnet, s. hierzu [11]. Zu ergänzen ist diese rein netzbetreiberorientierte Darstellung noch um die Forschung, die sowohl bei Netzbetreibern selbst – häufig im Rahmen der strategischen Netzplanung – als auch im Rahmen von Forschungsprojekten mit weiteren Partnern stattfindet.

Überblick über die Forschungslandschaft im Bereich elektrische Verteilungsnetze

Eine detaillierte Analyse des Standes der europäischen Smart Grid Forschung findet sich in [12]. VDE-Studien zu relevanten Entwicklungstendenzen im Bereich der Verteilungsnetze und der neuen Rollendefinitionen sind verfügbar [13–24]. Weitere Studien zu den zu erwartenden Veränderungen wurden im Auftrag der DENA [25, 26] und des VKU durchgeführt [27]. Zahlreiche Roadmaps wurden entwickelt, z. B. BDEW-Roadmap [10], Acatec-Future-Energy-Grid-Roadmap [28], EEGI-Roadmap [3], Roadmap der Europäischen Technologie Plattform, („Strategic Research Agenda 2035") [29], IEA Roadmap Smart Grids [30]. Detaillierte Analysen und Roadmaps einzelner verteilungsnetzrelevanter Technologien finden sich bspw. in [31–39].

Es lässt sich festhalten, dass die Treiber der Veränderung und die verfügbaren Lösungs-bausteine ausreichend bekannt sind. Architektur- und Rollenmodelle, Anwendungsfall-Definitionen, Referenzmodelle sind in ihren grundsätzlichen Eigenschaften definiert [40–43].

Abbildung 15.4 stellt beispielhaft Kern-Entwicklungsstränge – d. h. Bereiche hohen Innovationspotenzials – für das elektrische Verteilungsnetz dar.

Aufgrund der großen Komplexität des Themenfeldes Verteilungsnetze spiegeln die im Folgenden ausgewählten Themenfelder und Kern-Entwicklungsstränge nur einen Aus-schnitt aus der technologischen Entwicklung der Verteilungsnetze wider.

15.2 Bereitstellung von Systemdienstleistungen und IKT-Infrastruktur

Die nachfolgende Auflistung zeigt wesentliche Systemdienstleistungen und eine Auswahl zugehöriger Maßnahmen. Die Einteilung der Systemdienstleistungen erfolgt in Anleh-nung an [2] und [26].

- Frequenzhaltung: z. B. Momentanreserve, Regelleistung (Primärregelung, Sekundärre-gelung, Minutenreserve), zu- und abschaltbare Lasten, frequenzabhängiger Lastabwurf
- Spannungshaltung: z. B. Spannungs-/Blindleistungsregelung, spannungsbedingter Re-dispatch
- Versorgungswiederaufbau: z. B. Schwarzstartfähigkeit, Schwarzstartunterstützung
- Betriebsführung: z. B. Engpassmanagement, Einspeisemanagement, Leistungsflussop-timierung, Netzanalyse und Monitoring, Verbesserung der Spannungsqualität

Der Grad der Einbindung des VNB in die Erbringung dieser Systemdienstleistungen variiert von Forschungs-Stadium (z. B. Momentanreserve) bis Stand der Technik (z. B. Einspeisemanagement, Netzanalyse und Monitoring). Weitere Details sind auch zu finden in [26] und [44].

Systemdienstleistungen aus dem Verteilungsnetz für das Übertragungsnetz
Wie einleitend skizziert, bewirken die hohen installierten Leistungen dezentraler Einspei-ser in den Verteilungsnetzen, dass sich zu bestimmten Zeiten der Wirkleistungsbedarf allein durch die in den Verteilungsnetzen installierten Erzeugungsanlagen decken lässt. Für einen sicheren und stabilen Netzbetrieb werden jedoch auch Systemdienstleistungen benötigt: Es ist Aufgabe des ÜNB, den SDL-Bedarf im Übertragungsnetz zu definieren, und diesen – je nach Ampelphase und Art der Systemdienstleistung – entweder selbst bereitzustellen oder direkt bei den vertraglich verpflichteten Marktteilnehmern und/oder über VNB abzurufen. Hierbei ist die Umsetzung der jeweils sichersten und kostengüns-tigsten Lösung zu bevorzugen.

Um dies zu ermöglichen, ist einerseits die Kopplung der ÜNB- und VNB Leitstellen zu verbessern. Andererseits bedarf es auch im Verteilungsnetz selbst einer umfassenden Erweiterung der IKT-Infrastruktur. Erbringung von Systemdienstleistungen im Bereich Sekundär- und Tertiär-Regelung ist nur kommunikationsbasiert möglich. Hierbei ist mit Blick auf die Manipulationsgefahr zwischen den Extremen einer VNB-eigenen IKT-Infrastruktur auf der einen Seite, und einer IKT-Infrastruktur basierend auf dem öffentlichen Internet auf der anderen Seite zu unterscheiden. Eine vom Internet getrennte, eigene IKT-Infrastruktur hat den Vorteil der verbesserten IKT-Sicherheit, s. hierzu auch [14].

Die regulatorischen Rahmenbedingungen für die SDL-Bereitstellung aus dem Verteilungsnetz zur Unterstützung des Übertragungsnetzbetreibers muss umfassend definiert werden. Dazu gehört die Ausgestaltung der Schnittstellen und Prozesse, aber auch das Verständnis der resultierenden Wechselwirkungen für das Gesamtsystem.

Auch das gesamtwirtschaftliche Kosten-Nutzen-Verhältnis von Systemdienstleistungen aus dem Verteilungsnetz an das Übertragungsnetz wird derzeit noch erforscht.

Systemdienstleistungen im Verteilungsnetz
Darüber hinaus steigt durch die zunehmend dezentrale Erzeugung auch der Bedarf an Systemdienstleistungen im Verteilungsnetzbetrieb selbst. So können z. B. Maßnahmen der Spannungshaltung [48, 49] oder der Betriebsführung [50, 51] helfen, kostenintensive Netzausbaumaßnahmen im Verteilungsnetz zu vermeiden bzw. zu mindern. Ein weiterer Trend in der Energieversorgung ist der steigende Anteil stromrichtergekoppelter Erzeugungsanlagen. Während Synchrongeneratoren alleine schon durch ihre Schwungmasse und ihr Frequenz-Drehzahl-Verhalten das Netz stabilisieren, können Stromrichter noch flexibler geregelt werden [45]. Der netzstützende Betrieb der Stromrichtersysteme setzt jedoch geeignete Vorgaben in den Netzanschlussrichtlinien voraus [26, 45]. Dies betrifft zum Beispiel Eigenschaften zur Bereitstellung von Kurzschlussleistung und Momentanreserve. Es steht zu erwarten, dass neben den Erzeugungsanlagen und Netzbetriebsmitteln zukünftig zunehmend auch Speicher- und Verbraucheranlagen Systemdienstleistungen erbringen. Grundsätzlich können alle Systemdienstleistungen auch durch dezentrale Anlagen bereitgestellt werden [46, 47]. Die Aspekte Kosteneffizienz, Wartbarkeit/Komplexität und IKT-Sicherheit sind hierbei jeweils im Einzelnen zu prüfen.

Zur Reduktion der Netzausbaukosten im Verteilungsnetz sollte die Wirk- und Blindleistungsregelung der DEA und die zugehörigen Netzanschlussbedingungen weiterentwickelt werden. Ansätze sind zum Beispiel die Q(U)- und P(U)-Regelung [48, 49] sowie das Kapazitätsmanagement mit PV- und Windenergie-Anlagen [50, 51]. Hierbei ist zu beachten, dass aus der Vielzahl der Möglichkeiten die kostengünstigste und ausreichend sichere Variante zu wählen ist. Dies kann auch ein klassischer Netzausbau sein.

Durch die Verfügbarkeit von Erzeugungsleistung aus dezentralen Anlagen im Verteilungsnetz kommt dem VNB auch im Falle eines Versorgungswiederaufbaus eine zukünftig neue Rolle zu.

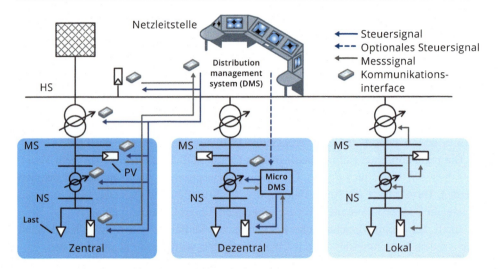

Abb. 15.5 Entscheidungsebenen bei der Netzautomatisierung im Verteilungsnetz. (In Anlehnung an [57]; mit freundlicher Genehmigung von © Fraunhofer IWES 2015, All Rights Reserved)

IKT-Infrastruktur

Systemdienstleistungen innerhalb des Verteilungsnetzes, insbesondere aber auch die Bereitstellung von Systemdienstleistungen für das Übertragungsnetz, erfordern eine Weiterentwicklung der aktuellen IKT-Infrastruktur.

Grundsätzliche Entscheidungsebenen, auf denen eine Netzautomatisierung im Verteilungsnetz erfolgen kann, sind in Abb. 15.5 dargestellt. Die Aufgaben der Netzautomatisierung in der Netzbetriebsführung erfolgen je nach Anforderung an die Geschwindigkeit, Optimierungsgrad, Wirtschaftlichkeit und Ausfallsicherheit der Regelung zentral, dezentral und/oder lokal. Eine geeignete Kombination der Entscheidungsebenen für eine optimierte Automatisierungsarchitektur ist aktuell Aufgabe von Forschungs- und Entwicklungsarbeiten (z. B. [53]). Diskutiert wird auch der zellulare, selbst-organisierende Ansatz. Bei diesem soll ein Großteil der Systemdienstleistung und Flexibilitäten für den Markt in vielen kleineren Bilanzkreisen organisiert werden (z. B. [52, 56]). Eine weitergehende Ausprägung stellt hier der Micro-Grid-Ansatz (z. B. [54, 55]) dar, bei dem Verteilungsnetzabschnitte sich zumindest zeitweise autark versorgen können. Der Nachweis der gesamtwirtschaftlichen Effizienz dieser Ansätze in sehr zuverlässigen europäischen Verbundnetzen steht noch aus.

Energieinformationsnetze/Smart Grids

Eine zentrale Herausforderung stellt derzeit noch die die Zusammenführung der Energieversorgungsnetze mit Telekommunikationsnetzen dar (s. [14, 28, 40, 42, 58]). Die Aufgabenverteilung und Schnittstellen der einzelnen Akteure wie Verteilungsnetz-, Übertragungsnetz-, Anlagen- und Messstellenbetreiber sowie weitere Marktakteure sind klar zu definieren. In diesem Zusammenhang sind auch die Anforderungen an die Quantität und Qualität der Kommunikations- und Messtechnik für die Anwendungen in Smart Grid

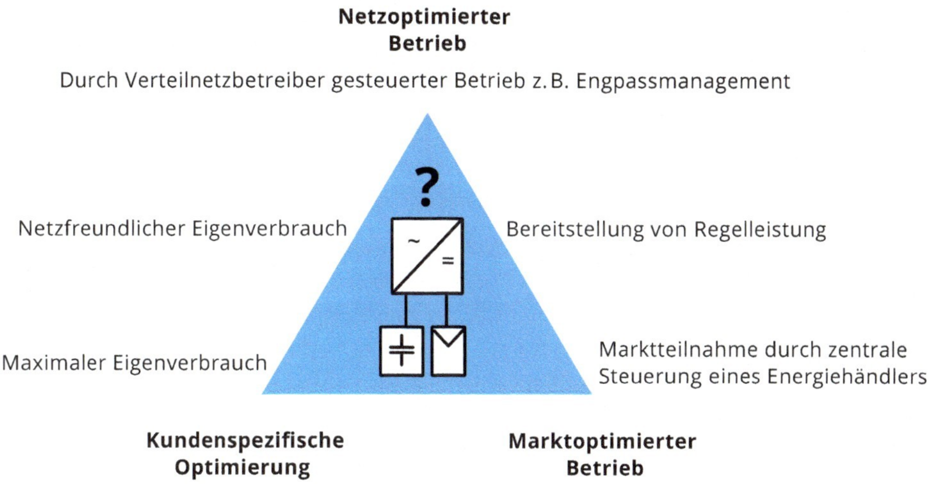

Abb. 15.6 Magisches Dreieck: Anwendungsoptionen der Flexibilitäten einer Kundenanlage am Beispiel eines dezentralen PV-Speichersystems. (Mit freundlicher Genehmigung von © Fraunhofer IWES 2015, All Rights Reserved)

und Smart Market zu klären. Dabei spielen zukünftig Interoperabilität und die einfache Umsetzbarkeit durch Plug&Play-Fähigkeiten eine wichtige Rolle. Bei der IKT-Infrastruktur im Verteilungsnetzbetrieb sollte ein ausreichend hoher Sicherheitsstandard verwendet werden, sodass insbesondere auch bei dem Thema Cyber-Security ein erheblicher F&E-Bedarf erwartet wird. Des Weiteren müssen für den Netzbetrieb geeignete IKT-Ausfallroutinen entwickelt werden, welche einen sicheren Netzbetrieb bzw. im Notfall auch eine sichere Abschaltung und Zuschaltung von Netzabschnitten bei IKT-Ausfall ermöglichen (s. hierzu auch [59, 60]).

15.3 Netzbetriebsmittel und beeinflussbare Kundenanlagen

Netzbetriebsmittel und beeinflussbare Kundenanlagen sind Komponenten im Verteilungsnetz, welche zur Optimierung und Flexibilisierung im Netzbetrieb eingesetzt werden können. Die systemische Entwicklung (vgl. auch Ampelkonzept) hin zu einem koordinierten Einsatz dieser Flexibilität in der Liegenschaft des Kunden, für den Netzbetrieb und im Energiehandel für die Systembilanz wurde bereits thematisiert. Die verschiedenen Zielsetzungen beim Einsatz der Flexibilitäten einer Kundenanlage sind in Abb. 15.6 in Form eines magischen Dreiecks für ein PV-Speichersystem aufgeführt.

Die nachfolgende Auswahl von Netzbetriebsmitteln und beeinflussbaren Kundenanlagen wird im Folgenden adressiert:

Netzbetriebsmittel	Beeinflussbare Kundenanlagen
+ Verteilungsnetztransformatoren	+ Erzeugungsanlagen
+ Spannungsregler	+ Verbraucheranlagen
+ Speicheranlagen	+ Speicheranlagen
+ Flexible AC Distribution System	
+ Hybride AC/DC-Netze	

Weitere Technologien, die im Kap. 14 behandelt werden, sind teilweise mit Zeitverzug auch im Verteilnetz zu erwarten.

Auf Seiten der Netzanschlussnehmer werden zum Beispiel Elektrofahrzeuge nicht gesondert aufgeführt. Diese stellen aus Netzsicht entweder Verbraucher- oder Einspeiser dar, wobei der Netzanschlusspunkt zeitlich variieren kann.

Verteilungsnetztransformatoren und Spannungsregler

Bereits heute werden in Niederspannungsnetzen mit hoher dezentraler Erzeugungsleistung zunehmend regelbare Ortsnetztransformatoren eingesetzt. In ländlichen Verteilungsnetzen mit langen Netzausläufern und heterogener Last- bzw. Erzeugungsstruktur können zudem Spannungsregler verstärkt Anwendungen finden. Die Verteilungsnetztransformatoren werden bei innovativen Betriebsführungsverfahren (u. a. Weitbereichsspannungsregelung, z. B. [62–64]) und leistungsflussabhängige Transformatorregelung (z. B. [61]) berücksichtigt. Zukünftig sollten die Verteilungsnetztransformatoren, Spannungsregler und die Regelung weiterer Netzbetriebsmittel und beeinflussbarer Kundenanlagen planerisch und operativ koordiniert werden. Dadurch kann die Ausnutzung des Spannungsbandes und der Betriebsmittelbelastung weiter verbessert und ein stabiler Betrieb gewährleistet werden (z. B. [62–67]).

Beeinflussbare Kundenanlagen: Dezentrale Erzeugungsanlagen, Speicheranlagen und Verbraucheranlagen

Dezentrale Erzeugungsanlagen können dem Netzbetrieb zusätzliche Systemdienstleistungen zur Verfügung stellen. Bei der Spannungshaltung können die DEA weiterführende Funktionen zur Spannungsregelung gewährleisten, wie z. B. eine spannungsabhängige Wirk- und Blindleistungsregelung (Q(U)-P(U)-Regelung) am Netzanschlusspunkt, was in NS-Netzen eine Alternative zur Spannungsregelung mit regelbaren Ortsnetztransformatoren darstellen kann [48]. Des Weiteren kann bei der Spannungshaltung der zusätzliche Blindleistungsbedarf im Übertragungs- und Verteilungsnetz zunehmend auch durch DEA im Verteilungsnetz bereitgestellt werden (z. B. [26, 68–71]). Im Rahmen der Frequenzhaltung sollten zunehmend Regelleistungen durch beeinflussbare Kundenanlagen zur Verfügung gestellt werden (z. B. [72, 73]). Mit einer stärkeren Einbindung der DEA in den Strommarkt durch Direktvermarktung oder Fahrplanlieferung von EEG-Anlagen (z. B. [72, 74]) werden zusätzliche Flexibilitäten dem Strommarkt zur Verfügung gestellt. In diesem magischen Dreieck der Flexibilitätsnutzung reiht sich auch der Verteilungsnetzbetrieb ein. Dabei ist insbesondere ein Beitrag im Netzkapazitätsmanagement hervorzuheben, z. B. durch begrenztes Abregeln von EE-Anlagen auch im Normalbetrieb [51]. Bei dem Versorgungswiederaufbau können DEA durch eine koordinierte Inbetriebnahme nach Netzausfall eine Schwarzstartunterstützung leisten. Hierbei ist auch eine Weiterentwicklung hin zu definierten Zuständen der DEA beim Versorgungswiederaufbau erforderlich.

Bei DEA und insbesondere bei dezentralen Speicheranlagen kann eine multifunktionale Bereitstellung von Systemdienstleistungen und Marktprodukten umgesetzt werden. Dies bedeutet, dass die dezentrale Erzeugungs- oder Speicheranlage mehrere Funktionen für den Verteilungsnetzbetreiber, Privatnetzbetreiber, Übertragungsnetzbetreiber und Stromhändler bereitstellen kann. Dadurch kann die Ausnutzung und die Wirtschaftlichkeit der Anlagen verbessert werden. Hierbei können Zielkonflikte auftreten, für welche im Einzelnen noch Lösungen unter Berücksichtigung des Ampelmodells zu entwickeln sind. Ein multifunktionaler Betrieb von Speicheranlagen wird zum Beispiel in [75] und [76] gezeigt.

Bei den Verbraucheranlagen können, insofern die rechtlichen Rahmenbedingungen gegeben sind, erfasste Messdaten intelligenter Stromzähler in die Netzplanung und in die Netzbetriebsführung eingebunden und zur Ausweitung der Messwerterfassung im Verteilungsnetz eingesetzt werden (z. B. [77]). Ein flächendeckender Einsatz von intelligenten Zählern nur aus Netzsicht ist allerdings derzeit nicht zu erwarten [9]. Gewerbe- und Industrieanlagen können durch Last- und Erzeugungsmanagement sowie Blindleistungskompensatoren zahlreiche Systemdienstleistungen liefern. Dazu gehören u. a.: Redispatch für Engpassmanagement bei regionalen Netzüberlastungen, Reduktion Spitzenbelastungen im Gesamtsystem und Regelenergiebereitstellung zur Frequenzhaltung [78].

Eine bessere Einbindung von dezentralen Erzeugungs-, Speicher- und Verbraucheranlagen kann zukünftig durch aggregierte Betriebsführungskonzepte ermöglicht werden. Dazu gehören z. B. virtuelle Kraftwerke oder dezentrale Energiemanagementsysteme (z. B. [72, 74, 79]). Dadurch können eine Vielzahl von Systemdienstleistungen und Marktprodukte mit höheren Leistungsvolumina bereitgestellt werden.

Leistungselektronische Netzbetriebsmittel und hybride AC/DC-Netze
Leistungselektronik ist auch bei Netzbetriebsmitteln für das Verteilungsnetz eine zukünftig interessante Option zur Verbesserung der Regelungsmöglichkeiten. Dazu gehören bspw. Static Synchronous Compensators (STATCOM), Leistungsregler (UPFC – Unified Power Flow Controller) und leistungselektronische Transformatoren (SST – Solid State Transformer). Des Weiteren ist langfristig ein zunehmender Aufbau hybrider AC/DC-Netzstrukturen im Verteilungsnetz in Diskussion. Der Aufbau von DC-Netzstrukturen kann eine Vielzahl der Wandlungsprozesse im Netz vermeiden, wodurch Anlagenkosten und Wandlungsverluste reduziert werden können [80, 81]. Der SST kann in hybriden AC/DC-Netzen ein zentrales Bauelement darstellen [82]. Diese Netzbetriebsmittel sind Gegenstand von Forschungs- und Entwicklungsarbeiten.

15.4   Strategische Netzplanung

Die strategische Netzplanung entscheidet über Aus- bzw. Rückbau und Erneuerung des Energieversorgungsnetzes. Derzeit sind die Freiheitsgrade der Netzplanung aufgrund der bestehenden Netzausbauverpflichtung stark beschnitten. Im Rahmen vom Forschungsvorhaben kann losgelöst von diesen Rahmenbedingungen das theoretisch mögliche Potenzial zur Senkung von Netzausbaukosten ermittelt werden.

Grundlegende Fragestellungen, wie die nach dem richtigen Umfang des Einsatzes von IKT-Infrastruktur, sind derzeit noch nicht abschließend beantwortet: Die Lebensdauern von Kabeln und Transformatoren überschreiten die Lebensdauern von Komponenten der IKT-Infrastruktur üblicherweise um ein Vielfaches. Hinzu kommt, dass real erreichte Betriebsmittel-Lebensdauern von Kabeln und Transformatoren, die in Kosten-Nutzen Studien üblicherweise angesetzten Abschreibungsdauern nicht selten um Jahrzehnte übersteigen. Dies kann zu Fehlbewertungen im Rahmen von Kosten-Nutzen-Vergleichen führen. Eine nicht zu unterschätzende Herausforderung besteht auch darin, die Lebenszykluskosten von IKT- und Automatisierungssystemen überhaupt geeignet zu erfassen. Zu beachten ist auch der Mehrfachnutzen, der aus der IKT-Infrastruktur gezogen wird: Sie ist i. d. R. im konkreten Fall nicht nur zur Erhöhung der Netzaufnahmefähigkeit geeignet, sondern auch zur Bereitstellung von Systemdienstleistungen und zur Ermöglichung verbesserter Einbindung von Marktteilnehmern.

Damit kommt umfassend angelegten Untersuchungen in der Begleitung der Energiewende besondere Bedeutung zu. Im Folgenden werden die Einflussfaktoren des Netzplanungsprozesses anhand von Abb. 15.7 kurz skizziert. Dies erfolgt hier aus Sicht der Forschung, d. h. nicht alle der dargestellten prinzipiell vorhandenen Freiheitsgrade können aktuell von den Netzbetreibern auch tatsächlich ausgeschöpft werden.

Den Rahmen netzplanerischer Entscheidungen bilden ökonomische, regulatorische und qualitative Vorgaben. Gesetzliche Vorgaben befinden sich u. a. im Energiewirtschaftsgesetz EnWG. Zu den Qualitätskriterien gehören bspw. Vorgaben bzgl. Spannungsqualität (DIN EN 50160). Die Netzplanung greift auf Planungsgrundsätze zurück und berücksichtigt relevante Teilbereiche der Netzbetriebsführung.

Das Fundament für netzplanerische Entscheidungen sind Szenarien-Simulationen. Diese bilden für die Zukunft erwartete oder denkbare Situationen ab. Für die Erstellung der Szenarien wird auf Prognosen, bzw. Prognosemodelle zurückgegriffen, ebenso wie auf archivierte Mess-/Zählwerte und die Netztopologie. Eingang in die Netzberechnung finden auch Schwell- und Grenzwerte. Schwellwerte werden vom Netzbetreiber festgelegt – i. d. R. restriktiver als die extern vorgegebenen Grenzen der Betriebsmittelauslastung und Qualitätsanforderungen. Im Rahmen von Netzsimulationen, wie z. B. der Leistungsfluss- oder Kurzschlussrechnung, lässt sich die Einhaltung von Schwellwerten prüfen.

Werden diese Schwellwerte überschritten, und kann die Netzbetriebsführung diese Überschreitung nicht beheben, so übernimmt die Netzplanung die Lösung des Problems. Als Freiheitsgrade stehen ihr hierbei typischerweise die Netzbetriebsmittel zur Verfügung.

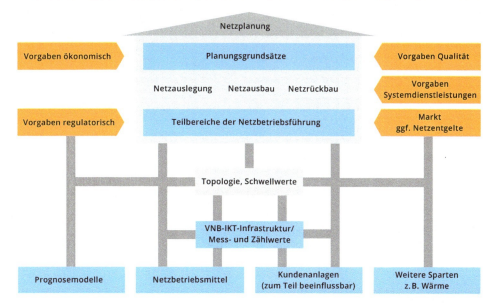

Abb. 15.7 Prinzipdarstellung Netzplanung. (Mit freundlicher Genehmigung von © Fraunhofer IWES 2015, All Rights Reserved)

Sehen der Rechtsrahmen oder der vertragliche Rahmen grundsätzlich die Beeinfluss-barkeit von Kundenanlagen vor, so kommt die Entscheidung über die Art der Beeinfluss-barkeit als weiterer Freiheitsgrad hinzu. Die Beeinflussung kann bereits heute einzeln oder aggregiert – z. B. im Rahmen von Sammelbefehlen bei Funkrundsteuerung – erfolgen. Zu-künftig wird eine zunehmende Einbindung von Schnittstellen zum Markt erwartet sowie eine umfangreichere Beeinflussbarkeit von Kundenanlagen.

In Abb. 15.7 sind die im Folgenden diskutierten Kern-Entwicklungsstränge der Netz-planung bereits hellblau gefärbt. Die Ursachen für erwartete Entwicklungen in diesen Bereichen werden nunmehr anhand von Abb. 15.8 näher analysiert. Entwicklungen bei der *Integration neuer Netzbetriebsmittel* lassen sich nach den netzplanerischen Freiheits-graden Einbauort, Typ und Eigenschaften, Dimensionierung und Beeinflussbarkeit unter-teilen. Unter Beeinflussbarkeit wird hierbei die Steuer-/Regelbarkeit verstanden.

Die *Integration neuer Netzbetriebsverfahren* ist deshalb von Bedeutung, weil mit ih-rer Hilfe die stromnetzrelevante Wirk- und Blindleistung sowie die Spannung beeinflusst werden kann, und damit auch die Erreichung der planungsrelevanten Schwellwerte z. B. für Spannung und Auslastung.

Auch Anreize/Vorgaben für netzgerechtes Verhalten von *beeinflussbaren Kundenanla-gen* oder deren Dimensionierung können netzplanungsrelevant werden. Es besteht zudem eine Wechselwirkung zwischen dem integrierten *Multisparten-Ansatz* [17], welcher auch die Möglichkeiten z. B. von Gas und Wärme zur Beeinflussung des Leistungs-Zeit-Profils am Netzanschlusspunkt verwendet, und den neuen Netzbetriebsverfahren, welche einen

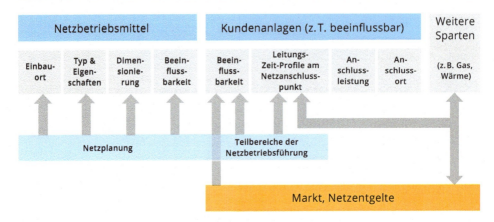

Abb. 15.8 Bereiche der Wechselwirkung von Netzplanung, Netzbetriebsführung und Markt. (Mit freundlicher Genehmigung von © Fraunhofer IWES 2015, All Rights Reserved)

derartigen Multisparten-Ansatz unterstützen. Dieser Multisparten-Ansatz wird insbesondere dann treibend, wenn der Speicherbedarf in einem zukünftigen System mit sehr hohen volatilen EE-Anteilen relevant wird.

Aufgrund der regulatorischen Rahmenbedingungen erfolgt derzeit keinerlei Beeinflussung der Wahl des Anschlussortes von dezentralen Einspeisern, die hier den Kundenanlagen zugezählt werden, obgleich Anreize in diesem Zusammenhang erhebliche Auswirkung auf die Netzausbaukosten erwarten lassen.

Die *probabilistische* Netzplanung (z. B. [83, 84]) ist u. a. nützlich, um aus stark veränderlichen Einspeise-, Verbrauchs- und Marktdaten bzw. weiteren Unsicherheiten, bewertungsorientiert die für die Netzplanung relevanten Größen zu bestimmen. Mit ihr kann szenarienbasiert die Unsicherheit über zukünftige Ereignisse rechnerisch handhabbar gemacht werden. Dies ist z. B. im Zusammenhang mit Zuverlässigkeitsvergleichen bei der Bewertung des Einsatzes neuer Betriebsmittel und Betriebsverfahren von Interesse.

Die Auswirkungen einer zunehmend auf IKT basierenden Netzauslegung und Netzbetriebsführung lassen sich mittels geeigneter Abbildung der IKT-Infrastruktur im Rahmen der Netzberechnung besser planen („IKT-integriert"). Dies ist besonders vorteilhaft im Rahmen dynamischer Simulationen und von Netzausfallberechnungen. In der Literatur wird dieser Trend im Rahmen von Forschungsvorhaben der Netzplanung auch als „cyber-physical simulation" bezeichnet [85]. Die *stabilitätsgeprüfte Netzplanung* reflektiert den steigenden Bedarf nach Prüfung und ggf. Aktualisierung von Reglerparametern unter Berücksichtigung der Wechselwirkungen zwischen Reglern von Netzbetriebsmitteln und Kundenanlagen.

Um zukünftig Systemdienstleistungen aus dem Verteilungsnetz an das Übertragungsnetz erbringen zu können und kostenoptimiert Netzausbau zu reduzieren, ist eine spannungsebenenübergreifende Netzplanung erforderlich. Ebenso birgt die *Intensivierung der Abstimmung zwischen Netzbetreibern* in diesem Zusammenhang Effizienzpotenziale

(„*netzbetreiberübergreifende* Netzplanung"), die im Rahmen von Forschungsvorhaben näher quantifiziert werden könnten. Die Umsetzung der aufgeführten Prinzipien und Ziele erfordert eine *anlagen- und prozessorientierte* Netzplanung wie sie etwa im „Asset Management" verwirklicht wird [11].

Eine plattformübergreifende Netzplanung sorgt für einen nahtlosen Datenverbund zwischen unterschiedlichen betrieblichen Datenhaltungssystemen. Zu diesen gehören u. a.:

- GIS-Daten,
- Daten aus Energiedatenmanagement-Systemen,
- Daten aus Asset-Management-Systemen und kommerzieller Datenverarbeitung (z. B. SAP),
- Daten aus dem Leitsystem & Archiv, sowie dem Netzbetrieb,
- Zählerdaten.

Die plattformübergreifende Netzplanung setzt eine hohe Datenkonsistenz und eine eindeutige Nomenklatur in den Datenhaltungssystemen voraus. Flankiert und unterstützt werden diese Trends von der *Standardisierung* und der ständig verbesserten *Hochleistungs-Datenanalyse und -Datensynthese*.

Alle identifizierten Kern-Entwicklungsstränge können letztlich aufgrund der resultierenden zusätzlichen Komplexität und des Rechenaufwandes in die teilautomatisierte Netzplanung münden. Dies ist in Abb. 15.9 skizziert. Hierbei wird die Netzplanung unterstützt durch ein Expertensystem, welches auch die jeweils gültigen Planungsgrundsätze im Rahmen von teilautomatisierten Netzberechnungen möglicher Netzausbauszenarien anwendet.

Für ein Beispiel einer frühen Untersuchung eines Expertensystems für Netzplanung in Verteilungsnetzen sei auf [86] verwiesen. Anhand der Ergebnisse der teilautomatisierten Netzplanung können die *Planungsgrundsätze* weiterentwickelt werden. Auf diese Weise reduziert sich der Bereich, in dem die Anwendung der teilautomatisierten Netzplanung erforderlich ist, da bestimmte Anwendungsfragen aufgrund der Eingeschränktheit des Lösungsraumes mittels einfacher Faustregeln zufriedenstellend gelöst werden können. Vom gegenwärtigen Standpunkt aus, scheint es jedoch so, dass aufgrund perspektivisch erheblich steigender Planungskomplexität und gestiegener Leistungsfähigkeit der Informationstechnologie auch langfristig beträchtliches Anwendungspotenzial für die teilautomatisierte Netzplanung verbleibt.

15.5 Zusammenfassung

Insgesamt sind die Potenziale der Einbindung von Kundenanlagen und neuer Netzbetriebsmittel zur Bereitstellung von Systemdienstleistungen in der Netzbetriebsführung enorm. Dadurch können durch strategische Netzplanung beim Netzausbau signifikante

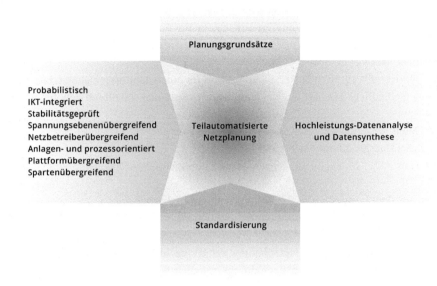

Probabilistisch
IKT-integriert
Stabilitätsgeprüft
Spannungsebenenübergreifend
Netzbetreiberübergreifend
Anlagen- und prozessorientiert
Plattformübergreifend
Spartenübergreifend

Abb. 15.9 Integration der Kern-Entwicklungsstränge in eine teilautomatisierte Netzplanung. (Mit freundlicher Genehmigung von © Fraunhofer IWES 2015, All Rights Reserved)

Kosten eingespart werden. Die zunehmende Systemverantwortung der Verteilungsnetzbetreiber lässt sich damit auch im Netzbetrieb zur Sicherstellung einer hohen Effizienz, Versorgungszuverlässigkeit, Sicherheit und Qualität umsetzen. Die Entwicklungen werden dabei zukünftig stark von Veränderungen regulatorischer Rahmenbedingungen abhängen, die geeignet ausgestaltet werden müssen.

15.6 Abkürzungen

EE	Erneuerbare Energien
DEA	Dezentrale Erzeugungsanlage
PV	Photovoltaik
IKT	Informations- und Kommunikationstechnologie
EEG	Erneuerbare-Energien-Gesetz
EnWG	Energiewirtschaftsgesetz
SDL	Systemdienstleistungen
VDE	Verband der Elektrotechnik Elektronik Informationstechnik e. V.
BDEW	Bundesverband der Energie- und Wasserwirtschaft e. V.
dena	Deutsche Energie-Agentur GmbH
VKU	Verband kommunaler Unternehmen e. V.
VNB	Verteilungsnetzbetreiber

ÜNB   Übertragungsnetzbetreiber
FACDS   Flexible AC Distribution System
STATCOM Static Synchronous Compensator
SST   Solid State Transformer
UPFC   Unified Power Flow Controller

Literatur

1. Deutsche Gesellschaft für Sonnenenergie e. V. (2014) Die Karte der Erneuerbaren Energien. Berlin, http://www.energymap.info/, zugegriffen am 05.01.2015

2. Verband der Netzbetreiber VDN e. V. beim VDEW (2007) Distribution Code 2007. Regeln für den Zugang zu Verteilnetzen. Berlin, https://www.bdew.de/internet.nsf/id/A2A0475F2FAE8F44C12578300047C92F/$file/DistributionCode2007.pdf, zugegriffen am 02.02.2015

3. Grid+: Supporting the Development of the European Electricity Grids Initiative (EEGI), D6.1 (2013) Research and Innovation Roadmap 2013-2022. http://www.gridplus.eu/Documents/20130228_EEGI%20Roadmap%202013-2022_to%20print.pdf, zugegriffen am 02.02.2015

4. Bundesverband der Energie- und Wasserwirtschaft e. V. (BDEW) (2012) Diskussionspapier – Smart Grids: Das Zusammenwirken von Netz und Markt. http://www.bdew.de/internet.nsf/id/D722998361EA9775C12579EA004A202F/$file/157-2_120326_BDEW-Diskussionspapier_Smart%20Grids.pdf, zugegriffen am 02.02.2015

5. ETG Task Force RegioFlex (2014) Regionale Flexibilitätsmärkte. Hrsg. VDE, Frankfurt am Main

6. ETG-Fachbereich V3 Energiewirtschaft (2013) Marktintegration erneuerbarer Energien. Hrsg. VDE, Frankfurt am Main

7. Dauer D, Gottwalt S, Schweinfort W, Walker G (2014) Lademanagement für Elektrofahrzeuge am Beispiel der Netzampel. VDE Kongress Smart Cities

8. Benoit P, Fey S, Rohbogner G et al (2014) Mess- und Steuersysteme zur technischen Umsetzung neuer energiewirtschaftlicher Anwendungen dezentraler Erzeuger und Verbraucher. VDE Kongress Smart Cities

9. Bundesnetzagentur (2011) „Smart Grid" und „Smart Market" Eckpunktepapier der Bundesnetzagentur zu den Aspekten des sich verändernden Energieversorgungssystem. http://www.bundesnetzagentur.de/SharedDocs/Downloads/DE/Sachgebiete/Energie/Unternehmen_Institutionen/NetzzugangUndMesswesen/SmartGridEckpunktepapier/SmartGridPapierpdf.pdf;jsessionid=FC14C78FAA4DDE0F14EB042FF25122DB?__blob=publicationFile&v=2, zugegriffen am 02.02.2015

10. Bundesverband der Energie- und Wasserwirtschaft e. V. (BDEW) (2013) BDEW-Roadmap – Realistische Schritte zur Umsetzung von Smart Grids in Deutschland. Berlin, http://www.e-energy.de/documents/BDEW-Roadmap_Smart_Grids.pdf, zugegriffen am 02.02.2015

11. Balzer G, Schorn C (2011) Asset Management für Infrastrukturanlagen – Energie und Wasser. Springer-Verlag Berlin Heidelberg

12. Brunner H, de Nigris M, Gallo AD et al. (2012) Mapping & Gap Analysis of current European Smart Grid Projects. Report by the EEGI Member States Initiati-

ve. Smart Grids ERA-Net, http://www.smartgrids.eu/documents/EEGI/EEGI_Member_States_ Initiative_-_Final_Report.pdf, zugegriffen am 02.02.2015

13. ETG Task Force Smart Metering (2010) Smart Energy 2020 – Vom Smart Metering zum Smart Grid. Hrsg. VDE, Frankfurt am Main

14. ITG (2010) Energieinformationsnetze und -systeme. Hrsg. VDE, Frankfurt am Main

15. VDE-ETG (2012) Energiespeicher für die Energiewende. Gesamttext Hrsg. Energietechnische Gesellschaft im VDE (ETG), Frankfurt am Main

16. VDE-ETG (2010) Elektrofahrzeuge. Gesamttext Hrsg. Energietechnische Gesellschaft im VDE (ETG), Frankfurt am Main

17. ETG-Task Force Spartenintegration Strom/Gas/Wasser (2006) Effizienzsteigerung durch Spartenintegration – Strom, Gas, Wasser – Potentiale, Voraussetzungen, Umsetzungsbeispiele. Hrsg. Energietechnische Gesellschaft im VDE, Frankfurt am Main

18. ETG-Task Force Versorgungsqualität (2006) Versorgungsqualität im deutschen Stromversorgungssystem. Hrsg. Energietechnische Gesellschaft im VDE, Frankfurt am Main

19. ETG-Task Force Demand Side Management (2012) Demand Side Integration. Gesamttext Hrsg. Energietechnische Gesellschaft im VDE (ETG), Frankfurt am Main

20. VDE-ETG (2012) Energiehorizonte 2020. Frankfurt am Main

21. ETG Task Force Flexibilisierung des Kraftwerksparks (2012) Erneuerbare Energie braucht flexible Kraftwerke – Szenarien bis 2020. Hrsg. Energietechnische Gesellschaft im VDE (ETG), Frankfurt am Main

22. ETG-Task Force Dezentrale Energieversorgung 2020 (2007) VDE-Studie Dezentrale Energieversorgung 2020. Gesamttext Hrsg. Energietechnische Gesellschaft im VDE (ETG), Frankfurt am Main

23. VDE (2011) Politische Handlungsfelder im Hinblick auf die Weiterentwicklung der Elektrizitätsversorgung in Deutschland und Europa. Frankfurt am Main

24. ETG-Task Force Aktive Energienetze (2013) Aktive Energienetze im Kontext der Energiewende. Hrsg. VDE, Frankfurt am Main

25. Deutsche Energie-Agentur GmbH (dena) (2012) dena-Verteilnetzstudie: Ausbau- und Innovationsbedarf der Stromverteilnetze in Deutschland bis 2030. Deutsche Energie-Agentur GmbH, Berlin, http://www.dena.de/projekte/energiesysteme/verteilnetzstudie.html, zugegriffen am 02.02.2015

26. Deutsche Energie-Agentur GmbH (dena) (2014) dena-Studie Systemdienstleistungen 2030 – Sicherheit und Zuverlässigkeit einer Stromversorgung mit hohem Anteil erneuerbarer Energien. http://www.dena.de/projekte/energiesysteme/dena-studie-systemdienstleistungen-2030.html, zugegriffen am 02.02.2015

27. DNV KEMA (2012) Anpassungs- und Investitionserfordernisse der Informations- und Kommunikationstechnologie zur Entwicklung eines Dezentralen Energiesystems. KEMA Consulting GmbH, Bonn, http://www.e-energy.de/images/2012.05_VKU_Kurzstudie_V1.0__final.pdf, zugegriffen am 02.02.2015

28. Appelrath HJ, Kagermann H, Mayer C (2012) Future Energy Grid – Migrationspfade ins Internet der Energie. acatech – Deutsche Akademie der Technikwissenschaften, München, http://www.acatech.de/fileadmin/user_upload/Baumstruktur_nach_Website/Acatech/root/de/ Material_fuer_Sonderseiten/E-Energy/acatech_STUDIE_Future-Energy-Grid_WEB.pdf, zugegriffen am 02.02.2015

29. European Technology Platform Smart Grids (2012) Smart Grids SRA 2035, Strategic Research Agenda for Europe's Electricity Networks of the Future. www.smartgrids.eu/documents/sra2035.pdf, zugegriffen am 02.02.2015

30. IEA (2011) Technology Roadmap Smart Grids. Paris

31. IEA (2014) Technology Roadmap Energy Storage. Paris

32. IEA (2013) Technology Roadmap Wind Energy. Paris

33. IEA (2014) Technology Roadmap Solar Photovoltaic Energy. Paris

34. European Commission (2008) HyWays the European Hydrogen Roadmap. Brussels

35. Pape C et al. (2014) Roadmap Speicher. Studie im Auftrag des Bundesministerium für Wirtschaft und Energie, Hrsg. Fraunhofer IWES Kassel, IAEW Aachen, Stiftung Umweltenergierecht Würzburg, http://www.iaew.rwth-aachen.de/fileadmin/uploads/pdf/neuigkeiten/2014_Roadmap_Speicher_Langfassung.pdf, zugegriffen am 02.02.2015

36. Sterner M, Stadler I (2014) Energiespeicher – Bedarf, Technologien, Integration. Springer-Verlag, Berlin/Heidelberg

37. Geth F, Kathan J, Sigrist L, Verboven P (2014) Energy Storage Innovation in Europe. A mapping exercise, Grid + Deliverable D1.3: Map and Analysis of European Storage Projects. http://www.gridplus.eu/Documents/Deliverables/GRID+_D1.3_r0.pdf, zugegriffen am 02.02.2015

38. European Wind Energy Technology Platform (2014) Strategic Research Agenda/Market Deployment Strategy (SRA/MDS).

39. Kezunovic M, Xie L, Grijalva S (2013) The Role of Big Data in Improving Power System Operation and Protection. IEEE IREP Symposium

40. CEN-CENELEC-ETSI (2012) Smart Grid Coordination Group: Smart Grid Reference Architecture. http://ec.europa.eu/energy/gas_electricity/smartgrids/doc/xpert_group1_reference_architecture.pdf, zugegriffen am 02.02.2015

41. Microsoft Worldwide Power & Utilities Group (2013) Smart Energy Reference Architecture. Version 2.0, http://www.microsoft.com/enterprise/industry/manufacturing-and-resources/power-and-utilities/reference-architecture/performance-oriented-infrastructure.aspx#fbid=cDoVfcWgsfv, zugegriffen am 02.02.2015

42. Trefke J, Dänekas C (2013) Standardization in Smart Grids: Introduction to IT-Related Methodologies, Architectures and Standards. Springer

43. National Institute of Standards and Technology (NIST) (2014) NIST Framework and Roadmap for Smart Grid Interoperability Standards. Release 3.0, http://www.nist.gov/public_affairs/releases/upload/smartgrid_interoperability_final.pdf, zugegriffen am 02.02.2015

44. Deutsche Energie-Agentur GmbH (dena) (2014) Roadmap dena-Studie Systemdienstleistungen 2030. http://www.dcna.de/fileadmin/user_upload/Presse/Meldungen/2014/140728_Roadmap_SDL2030.pdf, zugegriffen am 22.02.2015

45. Degner T, Geibel D, Hennig T, Stock S, Strauß P (2014) Bewertungsmethoden der Netzstabilität bei einem großen Anteil stromrichtergekoppelter Erzeuger. Tagung Zukünftige Stromnetze für Erneuerbare Energien, Berlin

46. Braun M (2007) Technological Control Capabilities of DER to Provide Future Ancillary Services. International Journal of Distributed Energy Resources

47. Braun M (2008) Provision of Ancillary Services by Distributed Generators. Dissertation an der Universität Kassel, Fachbereich Elektrotechnik/Informatik

48. Stetz T (2013) Autonomous Voltage Control Strategies in Distribution Grids with Photovoltaic Systems – Technical and Economical Assessment. Dissertation an der Universität Kassel

49. Stetz T, Töbermann JC, Kraiczy M, von Appen J et al. (2014) Zusatznutzen von Photovoltaik-Wechselrichtern mit kombinierter Q(U)/P(U)-Regelung in der Niederspannung. 29. Symposium Photovoltaische Solarenergie, Bad Staffelstein

50. Merkel M (2014) 5 %-Ansatz – Netzintegration am Scheideweg zwischen Intelligenten Netzen und Kupferplatte. 29. Symposium Photovoltaische Solarenergie, Bad Staffelstein, http://experts. top50-solar.de/?qa=blob&qa_blobid=13142254539666147086, zugegriffen am 02.02.2015

51. Büchner J, Katzfey J, Moser A, Schuster H, Dierkes S, v Leeuwen T, Verheggen L, Uslar M, v Amelsvoort M (2014) Moderne Verteilernetze für Deutschland. Studie im Auftrag des Bundesministeriums für Wirtschaft und Energie (BMWi), http://www.bmwi.de/DE/Mediathek/ publikationen,did=654018.html, zugegriffen am 02.02.2015

52. Kießling A (2012) E-Energy-Projekt: Modellstadt Mannheim. Kasseler Symposium 2012, http:// www.energiesystemtechnik.iwes.fraunhofer.de/content/dam/iwes-neu/energiesystemtechnik/ de/Dokumente/Tagungsbaender/2012_KSES_TB_www.pdf, zugegriffen am 02.02.2015

53. Projekt Grid4EU (2015) Innovation for Energy Networks: Projekt-Homepage – Demonstrator Reken. http://www.grid4eu.eu/project-demonstrators/demonstrators/demo-1.aspx, zugegriffen am 02.02.2015

54. Projekt More Microgrids (2015) Projekt-Homepage, http://www.microgrids.eu/index.php? page=overview, zugegriffen am 02.02.2015

55. Pilotprojekt Cell Controller (2015) Projekt-Homepage, http://energinet.dk/EN/FORSKNING/ Energinet-dks-forskning-og-udvikling/Celleprojektet-intelligent-mobilisering-af-distribueret-elprodukion/Sider/Celleprojektet-fremtidens-intelligente-elsystem.aspx, zugegriffen am 02.02.2015

56. Projekt Dream – Innovating Electricity in Europe (2015) Projekt-Homepage, http://www.dream-smartgrid.eu/, zugegriffen am 02.02.2015

57. von Appen J, Braun M, Stetz T et al. (2013) Time in the Sun – The Challenge of High PV Penetration in the German Electric Grid. IEEE Power& Energy Magazine, 2013, No. 2 March/April S. 55–64

58. Projekt DISCERN – Distributed Intelligence for Cost-effective and Reliable Solutions (2015) Projekt-Homepage, http://www.discern.eu/, zugegriffen am 02.02.2015

59. Kaempf E, Ringelstein J, Braun M (2012) Design of Appropriate ICT Infrastructures for Smart Grids. 2012 IEEE General Meeting, pp. 1–6

60. Kaempf E, Bauer M, Schwinn R, Braun M (2012) ICT Infrastructure Design. Considering ICT Contingencies and Reserve Requirements on Transmission Level, IEEE ISGT Europe 2012, pp. 1–7

61. Bock C (2012) Automatische Spannungsregelung in Mittelspannungsnetzen mit hoher Einspeiseleistung. E.ON Bayern AG, Regensburg, https://www.bayernwerk.de/cps/rde/xbcr/ bayernwerk/Artikel_Automatische_Spannungsregelung_in_Mittelspannungsnetzen_mit_ hoher_Einspeiseleistung.pdf, zugegriffen am 02.02.2015

62. Benz T, Borchard T, Slubinski A (2011) Weitbereichsspannungsregelung in Verteilnetzen. ew Fachjournal Jg.110 (2011) Heft 17–18

63. Brunner H, Lugmaier A, Bletterie B, Fechner H, Bründlinger R (2010) DG-DemoNetz – Konzept. Bundesministerium für Verkehr, Innovation und Technologie, Wien, http:// www.energiesystemederzukunft.at/edz_pdf/1012_dg_demonetz_konzept.pdf, zugegriffen am 02.02.2015

64. Projekt DG Demonetz Validierung (2015) Projekt-Homepage, http://www.ait.ac.at/departments/energy/research-areas/energy-infrastructure/smart-grids/dg-demonetz-validierung/, zugegriffen am 02.02.2015

65. Projekt iNES – intelligentes Verteilnetzmanagement-System (2015) Projekt-Homepage, http://www.evt.uni-wuppertal.de/forschung/forschungsgruppe-intelligente-netze-und-systeme/ines-intelligentes-verteilnetzmanagement-system.html, zugegriffen am 02.02.2015

66. Projekt HiPerDNO – High Performance Computing Technologies for Smart Distribution Network Operation (2015) Projekt-Homepage, http://www.hiperdno.eu/, zugegriffen am 02.02.2015

67. Kraiczy M, Braun M, Wirth G, Stetz T, Brantl J, Schmidt S (2013) Unintended Interferences of Local Voltage Control Strategies of HV/MV Transformer and Distributed Generators. 28. European PV Solar Energy Conference and Exhibition, Paris

68. Projekt Twenties – Transmitting Wind (2015) Projekt-Homepage, http://www.twenties-project.eu/node/4, zugegriffen am 02.02.2015

69. Barth H, Braun M, Hansen LH et al. (2013) Technical and Economical Assessment of Reactive Power Provision from Distribution Generators. IEEE Powertech Conference, Grenoble

70. Kämpf E, Braun M, Schweer A, Becker W, Halbauer R, Berger F (2014) Reactive Power Provision by Distribution System Operators. CIGRE Session, Paris

71. Kämpf E, Abele H, Stepanescu S, Braun M (2014) Reactive Power Provision by Distribution System Operators – Optimizing Use of Available Flexibility. IEEE ISGT Europe Conference, Istanbul

72. Projekt Kombikraftwerk 2 – Das regenerative Kombikraftwerk (2015) Projekt-Homepage, http://www.kombikraftwerk.de/, zugegriffen am 02.02.2015

73. Projekt Regelenergie durch Windkraftanlagen (2015) Projekt-Homepage, http://www.energiesystemtechnik.iwes.fraunhofer.de/de/projekte/suche/2014/regelenergie-durch-windkraftanlagen.html, zugegriffen am 02.02.2015

74. Projekt RegModHarz (2015) Projekt-Homepage, http://www.regmodharz.de/, zugegriffen am 02.02.2015

75. Fraunhofer IWES (2015) Projekt Multi-PV Multifunktionale Photovoltaik-Stromrichter – Optimierung von Industrienetzen und öffentlichen Netzen. http://www.energiesystemtechnik.iwes.fraunhofer.de/en/projekte/search/2009/multi-pv0.html, zugegriffen am 02.02.2015

76. Büdenbender K, Braun M, Stetz T, Strauß P (2011) Multifunctional PV Systems Offering Additional Functionalities and Improving Grid Integration. International Journal of Distributed Energy Resources, 7, 2, 2011.

77. Abart A, Stifter M, Bletterie B et al (2011) Augen im Netz: Neue Wege der Analyse elektrischer Niederspannungsnetze. e&i Elektro- & Informationstechnik, Springer-Verlag, Wien

78. Klobasa M, von Roon S, Buber T, Gruber A (2013) Lastmanagement als Beitrag zur Deckung des Spitzenlastbedarfs in Süddeutschland. Berlin, http://www.agora-energiewende.de/themen/effizienz-lastmanagement/detailansicht/article/endbericht-zum-lastmanagement-erschienen/, zugegriffen am 02.02.2015

79. Open Gateway Energy Management Alliance (OGEMA) (2015) Homepage, http://www.ogema.org/, zugegriffen am 02.02.2015

80. De Doncker RW (2014) Power Electronic Technologies for flexible DC distribution Grids. IPEC Conference, Hiroshima

81. Projekt Hybrid AC/DC Microgrids (2015) A Bridge to Future Energy Distribution Systems. RWTH Aachen, https://www.acs.eonerc.rwth-aachen.de/cms/E-ON-ERC-ACS/Forschung/Abgeschlossene-Projekte/~euwe/HYBRID-AC-DC-MICROGRIDS-A-BRIDGE-TO-FUT/lidx/1/, zugegriffen am 02.02.2015

82. Kolar J, Ortiz GI (2015) Solid State Transformer Concepts in Traction and Smart Grid Applications. ETH Zürich, https://www.pes.ee.ethz.ch/uploads/tx_ethpublications/__ECCE_Europe_SST_Tutorial_FINAL_as_corrected___extended_after_ECCE_12_130912.pdf, zugegriffen am 02.02.2015

83. Schwippe J, Nüssler A, Rehtanz C, Bettzüge MO (2011) Netzausbauplanung unter Berücksichtigung probabilistischer Einflussgrößen. Zeitschrift für Energiewirtschaft (2011) Nr. 35, S. 125–138

84. Rehtanz C (2008) Smarte Ideen für zukünftige Stromnetze. In: Renn J, Schlögl R, Zenner HP (Hrsg., 2008) Herausforderung Energie. Ausgewählte Vorträge der 126. Versammlung der Gesellschaft Deutscher Naturforscher und Ärzte e. V., http://www.edition-open-access.de/proceedings/1/toc.html, zugegriffen am 02.02.2015

85. Ilic MD, Xie L, Khan UA, Moura MMF (2008) Modeling future cyber-physical energy systems. IEEE Power and Energy Society General Meeting

86. Pluy J (1997) Wissensbasierte Netzplanung. e&i Elektrotechnik und Informationstechnik, 1997, Heft 6, S. 292–297

Mikro-Kraftwärmekopplungsanlagen (Mikro-KWK)

Ulf Birnbaum, Richard Bongartz und Philipp Klever

16.1 Technologiebeschreibung

Im Zusammenhang mit Vorstellungen und Planungen zur Dezentralisierung der Energie- bzw. der Stromerzeugung, wird über die vermehrte Einbindung der Sektoren „private Haushalte" und „Kleinverbraucher" in die allgemeine Strom- und auch Nahwärmeversorgung nachgedacht. Dabei geht es um Kraftwärmekopplungsanlagen, die in Wohn- sowie gewerblichen Gebäuden installiert werden und nicht nur zur hausinternen, sondern auch zur allgemeinen Versorgung beitragen können.

Da die gekoppelte Strom- und Wärmeerzeugung im Vergleich zur getrennten Erzeugung effizienter ist, soll sie entsprechend europäischer und nationaler Richtlinien gefördert und ausgebaut werden. In Deutschland soll der Anteil von KWK-Strom an der gesamten Stromerzeugung von aktuell etwa 15 % bis 2020 auf dann 25 % ansteigen [1]. Unter Berücksichtigung der bisherigen Gegebenheiten lässt sich der resultierende zusätzliche Bedarf an KWK-Leistung mit mehr als $10\,GW_{el}$ beziffern. Der Zubau soll im gesamten Leistungsbereich erfolgen, der sich von wenigen kW_{el} bis zu einigen $100\,MW_{el}$ erstreckt.

Dieses Kapitel befasst sich mit sehr kleinen, sogenannten Mikro-KWK-Anlagen, für deren Leistungsbereich bislang keine allgemeingültige Definition existiert. Nach ASUE [2] und DENA [3] werden Systeme mit elektrischen Leistungen bis $10\,kW_{el}$ als solche klassifiziert. Der potenzielle Markt für diese Anlagen, deren Installation im Endenergiesektor „private Haushalte" zwecks Effizienzsteigerung, Verbrauchsreduktion und Emissionsminderung seitens der öffentlichen Hand und auch von Energieversorgungsunternehmen gefördert und bezuschusst wird, ist relativ groß.

Der Bestand an Wohngebäuden umfasst in Deutschland etwa 18 Mio. Einheiten, darunter rund 11,5 Mio. Ein- sowie 3,6 Mio. Zweifamilienhäuser. Die Gebäude sind mehr-

Ulf Birnbaum ✉ · Richard Bongartz · Philipp Klever
Forschungszentrum Jülich GmbH, Jülich, Deutschland
url: http://www.fz-juelich.de

© Springer Fachmedien Wiesbaden 2015
M. Wietschel et al. (Hrsg.), *Energietechnologien der Zukunft*,
DOI 10.1007/978-3-658-07129-5_16

heitlich mit Zentralheizungen ausgestattet, von denen 63 % mit Erdgas betrieben werden. Altersbedingt werden jährlich zwischen 600.000 und 700.000 Heizungssysteme/-kessel durch neue ersetzt [4].

Im Endenergieverbrauchssektor „private Haushalte" werden Energieträger im Wesentlichen für die Erzeugung von Raumwärme, Warmwasser und Prozesswärme genutzt. Im Jahr 2011 waren dies knapp 2000 PJ bzw. 23 % des gesamten Endenergieträgerverbrauchs [5]. In Bezug auf die Wärmebereitstellung ist Erdgas mit einem Anteil von 37 % der wichtigste Endenergieträger, Heizöl folgt mit einem Anteil von 25 % auf dem zweiten Platz. Dies ist ein Indiz dafür, dass ein wesentlicher Anteil der Gebäude an das bestehende Erdgasnetz angeschlossen ist, sodass bei der Installation von gasbefeuerten KWK-Systemen keine Kosten für eine Gasnetzanbindung anfallen. Die Stromnachfrage der Haushalte für Warmwasserbereitung und den Betrieb von Haushalts-, Informations- sowie Kommunikationsgeräten lag 2011 wie in 2010 bei rund 470 PJ [5].

Speziell für den Einsatz in Ein- und Zweifamilienhäusern werden seit einigen Jahren sehr kleine Kraftwärmekopplungsanlagen (auch „Strom erzeugende Heizungen" genannt) entwickelt, mit einer elektrischen Leistung von jeweils 1 bis 2 kW bei einer thermischen Leistung von bis zu 7 kW. Da die zentrale Aufgabe der Heizungsanlage die Bereitstellung von Wärme ist, wozu in der Regel in heutigen Wohneinheiten eine Leistung von $7\,kW_{th}$ nicht ausreicht, werden die KWK-Anlagen mit einem Spitzenkessel kombiniert, um die Wärmelast zu decken, die nicht von dem KWK-System oder dem Warmwasserspeicher übernommen werden kann. Die KWK-Anlagen werden leistungsmäßig so ausgelegt, dass ein möglichst hoher Jahresvolllaststundenbetrieb bei optimalem Wirkungsgrad erreicht wird. Zwar können zahlreiche neue Entwicklungen auch in Teillast betrieben werden, was in der Regel jedoch zu Wirkungsgradverlusten führt [6]. Mit der elektrischen Leistung soll die hausinterne Grundlast gedeckt werden, die in zahlreichen Ein- und Zweifamilienhäusern in der Größenordnung von 100 bis $250\,W_{el}$ liegt.

Nachfolgend werden KWK-Techniken auf der Basis des Verbrennungsmotors, des Stirling-Motors, der Brennstoffzelle sowie der Mikrogasturbine analysiert. Diese Technologien gelten als die erfolgversprechendsten.

16.1.1 Funktionale Beschreibung

16.1.1.1 Verbrennungsmotor: Funktionsweise, Entwicklungsstadium und Markt

Herzstück einer verbrennungsmotorischen KWK-Anlage ist ein Diesel- oder Ottomotor, der einen Generator antreibt (Abb. 16.1). Der nutzbare Teil der im Verbrennungsprozess entstehenden Wärme wird dem Abgas, dem Motorkühlwasser, dem Motoröl oder ggf. der Ladeluft entzogen und auf einem Temperaturniveau von in der Regel < 85 °C (maximal 100 °C) einer weiteren Verwendung zugeführt.

Für den industriellen Einsatz werden Aggregate mit elektrischen Leistungen von einigen $10\,MW_{el}$ angeboten. Durch Zusammenschalten mehrerer Anlagen (sog. Kaskadenbe-

Abb. 16.1 Prozessschaltbild einer Motor-KWK-Anlage mit Dampferzeuger. (Quelle: Bild in Anlehnung an [7] erstellt; mit freundlicher Genehmigung von © Forschungszentrum Jülich, IEK-STE, All Rights Reserved)

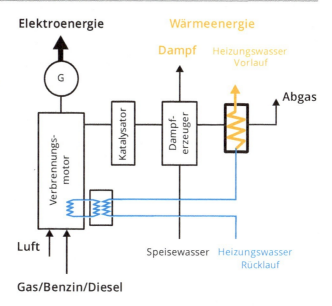

trieb) werden weit größere Gesamtleistungen erreicht. Die elektrische Leistung motorischer Anlagen für den Einsatz in Wohngebäuden beträgt nur wenige Kilowatt.

Bei Motor-KWK-Anlagen in der Klasse bis $10\,kW_{el}$, werden thermische Nutzungsgrade von etwa 63 % und elektrische Wirkungsgrade von bis zu 32 % erreicht, woraus ein Gesamtnutzungsgrad von etwa 95 % resultiert [8]. Die Stromkennzahl (Verhältnis von Strom- zu Wärmeerzeugung) liegt im Bereich von 0,35 und 0,5. Als Standzeiten werden von Herstellern rund 80.000 Betriebsstunden angegeben, mit der Einschränkung, dass sie von der Anzahl der Stopp- bzw. Kaltstartvorgänge und der Einhaltung der Wartungsintervalle beeinflusst werden kann. Großen Einfluss hat auch die Qualität (Reinheit) des zum Einsatz kommenden Brennstoffs (Erdgas, Biogas, Deponiegas, Heizöl, Biodiesel oder Rapsöl). Der Lastzustand kann inzwischen bei fast allen Motor-KWK-Modellen leistungsmodulierend, also flexibel, realisiert werden.

16.1.1.2   Stirling-Motor: Funktionsweise, Entwicklungsstadium und Markt

Der Stirling-Motor ist eine Wärmekraftmaschine mit externer Verbrennung. Das im geschlossenen System (Motor) befindliche Arbeitsgas wird wechselweise erwärmt und abgekühlt, sodass der Innendruck ansteigt bzw. wieder abfällt und dabei den sogenannten Arbeitskolben in Bewegung setzt. Um den Arbeitsablauf zu beschleunigen, wird mit dem sogenannten Verdrängungskolben für ein zügiges Verschieben des Arbeitsgases vom warmen in den gekühlten Bereich des Motors gesorgt, vgl. Abb. 16.2. Die durch Temperaturänderungen erzeugte Volumenänderungsarbeit wird von einem Schwungrad, mit dem die Kolben über Pleuelstangen verbunden sind, auf einen Generator zwecks Stromerzeugung übertragen.

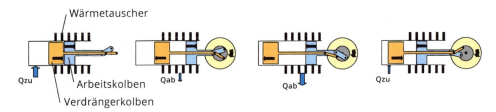

Abb. 16.2 Prinzipskizze Stirling-Motor. (Quelle: Bild in Anlehnung an [9] erstellt; mit freundlicher Genehmigung von © Forschungszentrum Jülich, IEK-STE, All Rights Reserved)

Als Wärmequelle kann neben fossilen Brennstoffen, Biomasse und anderen regenerativen Energieträgern auch Abwärme aus Industrieprozessen genutzt werden. Der Stirling ist also nicht an einen bestimmten Brennstoff gebunden, mithin sehr brennstoffflexibel, wobei die typischen Temperatur- und Druckverhältnisse hohe Anforderungen an die Motorwerkstoffe stellen. Es gilt als besonderer Vorteil, dass der Motor und die bewegten Teile nicht mit Verbrennungsabgasen oder unverbranntem Brennstoff in Kontakt kommen, weil sie dadurch keinem erhöhten Verschleiß unterliegen und somit als wartungsarm gelten.

Die Hersteller geben den elektrischen Wirkungsgrad von Stirling-Anlagen mit 7 bis 14 % an, sodass bei guten thermischen Nutzungsgraden der Gesamtnutzungsgrad auf deutlich über 90 % ansteigt [10].

16.1.1.3 Brennstoffzelle: Funktionsweise, Entwicklungsstadium und Markt

In Brennstoffzellen erfolgt die Stromerzeugung durch elektrochemische Reaktionen innerhalb der Membran-Elektroden-Einheit (MEA = Membrane-Electrode-Assembly), dem Herzstück der Brennstoffzelle. Entsprechend typischer Betriebstemperaturen wird zwischen Nieder-, Mittel- und Hochtemperaturtypen unterschieden (Tab. 16.1). Anhand der in Feldtests und Demonstrationen stehenden Brennstoffzellentypen zeichnet es sich ab, dass für den Einsatz als Mikro-KWK-Anlage im Sektor „private Haushalte" international wie national zunächst nur Polymerelektrolyt-Membran-Brennstoffzellen (engl.: Polymer Electrolyte Membrane Fuel Cell, PEFC bzw. PEMFC) und Festoxid-Brennstoffzellen (engl.: Solid Oxide Fuel Cell, SOFC) in Betracht kommen. Die PEFC wird als Niedertemperatur-Brennstoffzelle bezeichnet, wobei eine Variante mit Betriebstemperaturen von maximal 100 °C und eine weitere bei Temperaturen bis 200 °C (HT-PEFC) betrieben werden kann. Der zum Betrieb erforderliche Wasserstoff wird durch den im Gerät vorgeschalteten Reformer aus dem Erdgas erzeugt. Zur Klasse der Hochtemperatur-Brennstoffzellen gehören die SOFC mit Betriebstemperaturen bis 1000 °C und die Schmelzkarbonatbrennstoffzelle (engl.: Molton Carbonate Fuel Cell, MCFC), die aber wegen ihrer Leistungsgröße ($> 200\,kW_{el}$) nicht für die Anwendung im Sektor Haushalt vorgesehen ist.

Die in einer Brennstoffzelle entstehende Wärme wird durch Wärmetauscher abgeführt und entweder zur Raumheizung und Warmwasserbereitung oder zur brennstoffzelleninternen Wasserstoffreformierung genutzt.

Tab. 16.1 Brennstoffzellentypen und Charakteristika

	Betriebstemperatur [°C]	Brennstoff	Elektrolyte
PEFC	40–90	H_2	Polymer
HT-PEFC	120–190	H_2	Polybenzimidazol/Phosphorsäure
MCFC	650	$CH_4/H_2/CO$	Kalium/Lithiumkarbonat
SOFC	600–1000	$CH_4/H_2/CO$	Festoxid

Die elektrische und thermische Leistung der für den Einsatz in Gebäuden der „privaten Haushalte" in Deutschland bzw. Mitteleuropa von Baxi Innotech [11], Hexis [12] oder Sunfire/Vaillant [13] konzipierten Anlagen liegt im Bereich von $1\,kW_{el}$ bzw. $1{,}8\,kW_{th}$. Es werden aber auch noch kleinere Brennstoffzellensysteme erprobt, eine PEFC ($0{,}7\,kW_{el}$ / $1\,kW_{th}$) von Viessmann in Kooperation mit Panasonic [14] sowie eine SOFC ($0{,}7\,kW_{el}$ / $0{,}7\,kW_{th}$) von Bosch Thermotechnik zusammen mit Aisin Seiki [15].

Das Unternehmen Elcore GmbH testet ein HT-PEFC-System mit einer Leistung von $0{,}3\,kW_{el}$ / $0{,}6\,kW_{th}$, das in 2014 auf den Markt gekommen ist [16]. Seit 2013 wird die BlueGen genannte SOFC ($1{,}5\,kW_{el}$ / $0{,}6\,kW_{th}$) des australischen Unternehmens Ceramic Fuel Cell Limited in Deutschland und Europa vertrieben. An der Kombination der SOFC mit einem Spitzenkessel wird gearbeitet, um den Wärmebedarf eines Einfamilienhauses decken zu können [17].

16.1.1.4 Mikrogasturbine: Funktionsweise, Entwicklungsstadium und Markt

Die Mikrogasturbine ist wie der Stirling-Motor eine Wärmekraftmaschine mit externer Verbrennung. In einem Verdichter wird Luft auf etwa 4 bar komprimiert, anschließend in einem Rekuperator vorgewärmt, in die Brennkammer eingeleitet und mit dem Verbrennungsabgas anschließend in der Gasturbine entspannt ([19]; Abb. 16.3). Üblicherweise werden Mikro-Gasturbinen als Einwellenmaschine ausgeführt (Drehzahlbereich 70.000 bis 100.000 U/min). Der elektrische Wirkungsgrad liegt im Bereich von 25–33 %, und fällt im Teillastbetrieb nur geringfügig ab, da die Leistungsregelung über die Drehzahl erfolgt. Der Gesamtnutzungsgrad hängt von der Anlagenkonzeption ab, soll aber Werte von bis zu 85 % erreichen [18].

Nach allgemeinem Verständnis werden Gasturbinen im Leistungsbereich von $30\,kW_{el}$ bis etwa $250\,kW_{el}$ als Mikro-Gasturbinen klassifiziert. Ihre Wärmeleistung reicht von rd. $70\,kW_{th}$ bis über $300\,kW_{th}$. Für eine Anwendung als KWK Anlage im Sektor „private Haushalte" sind sie nicht vorgesehen.

Für den Einsatz in Objekten mit einem jährlichen Wärmebedarf zwischen 25.000 und 120.000 kWh entwickelt das niederländische Unternehmen Micro Turbine Technology BV (MTT BV) die Gasturbinen-Mikro-KWK-Anlage EnerTwin, die eine Nettoleistung von $3\,kW_{el}$ und $14{,}4\,kW_{th}$ erzeugen kann. Der elektrische Wirkungsgrad bei Nennleistung wird mit 15 % und der Gesamtwirkungsgrad mit 85 % angegeben. Besonders hervorgehoben wird die Möglichkeit des Schnellstarts innerhalb von knapp zwei Minuten. Laut MTT besteht die Option, die Turbinenleistung modulierend bis auf 50 % zu reduzieren,

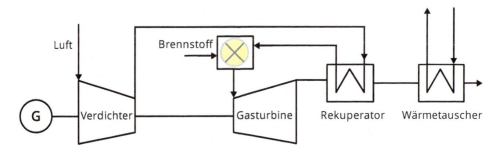

Abb. 16.3 Funktionsschema Gasturbinenprozess. (Quelle: Bild in Anlehnung an [19] erstellt; mit freundlicher Genehmigung von © Forschungszentrum Jülich, IEK-STE, All Rights Reserved)

was jedoch mit einer gravierenden Effizienzeinbuße verbunden ist. Der elektrische Wirkungsgrad fällt in diesem Fall von 15 auf 10 % [18].

16.1.2 Status quo und Entwicklungsziele

Verbrennungsmotor: Der Entwicklungsstand motorisch betriebener kleiner KWK Systeme kann als sehr weit fortgeschritten bezeichnet werden.

Laut den Angaben des Unternehmens SenerTec Kraft-Wärme-Energiesysteme GmbH wurden in Deutschland bislang etwa 30.000 des „Dachs" genannten Einzylinder-Verbrennungsmotor-KWK-Systems bei Endnutzern installiert [10]. Mit einer Leistung von ca. 5 kW$_{el}$ und 14 kW$_{th}$ ist der Dachs für den Einsatz in Wohnhäusern mit einem erhöhten Wärmebedarf, in kleinen Gewerbebetrieben und auch in Hotels gedacht. Das System gilt als ausgereift und eine Miniaturisierung der Motor-KWK-Anlage scheint nicht geplant, da die Stirling-Ausführung des Dachs mit einer elektrischen Leistung von 1 kW$_{el}$ diesen Bereich abdecken soll.

Die Vaillant Group vertreibt ebenfalls seit einigen Jahren kleine, motorbetriebene KWK Anlagen, das ecoPOWER 3.0 (1,5–3 kW$_{el}$ und 4,7–8 kW$_{th}$, geeignet ab einem Objektwärmebedarf von 25.000 kWh/a) und das ecoPOWER 4.7 (1,5–4,7 kW$_{el}$ und 4,7–12,5 kW$_{th}$, geeignet ab einem Objektwärmebedarf von 45.000 kWh/a). Im Jahr 2011 wurde das ecoPOWER 1.0 ins Lieferprogramm aufgenommen. In ihm ist ein Motor von Honda verbaut. Diese Anlage leistet 1 kW$_{el}$ sowie 2,5 kW$_{th}$ und ist für einen Wärmebedarf von 15.000 kWh/a gedacht, wie er in Einfamilienhäusern neuerer Bauart entsteht [20].

Neben diesen beiden Anbietern gibt es noch zahlreiche weitere Unternehmen, die sowohl kleine als auch leistungsstärkere Anlagen anbieten, wie zum Beispiel das Unternehmen Lichtblick SE aus Hamburg, das ein auf einem VW-Motor basierendes KWK-System (19 kW$_{el}$ / 36 kW$_{th}$) mit der Vision vertreibt, alle Anlagen zu einem virtuellen Kraftwerk zusammenzufassen und zentral zu steuern [21].

Auf Stirling-Motoren aufbauende Mikro-KWK-Systeme kamen vor wenigen Jahren auf den Markt. Das Portfolio der zur BDR Thermea-Gruppe gehörenden Unternehmen Baxi, Brötje, De Dietrich und Senertec umfasst Stirling-KWK-Anlagen im Leistungsbereich von $1\,kW_{el}$ und $3\,kW_{th}$ [22]. Viessmann und Vaillant verfügen über ein ähnliches Produktspektrum. SenerTec konnte nach eigenen Angaben [10] bislang rund 500 Dachs-Stirlingsysteme in privaten Haushalten installieren.

Das spanisch-neuseeländische Joint Venture Efficient Home Energy, das ein auf der Whispergen-Technologie basierendes Stirling-KWK-System auf dem europäischen Markt vertreiben sollte, hat seine Aktivitäten wieder eingestellt. Die Paradigma GmbH, einer der Marktführer im Bereich thermische Solaranlagen, hat aus nicht näher bekannten Gründen von der Markteinführung seiner ModuWatt genannten Stirling-KWK-Wandtherme abgesehen [23], obwohl sie bereits in der Liste der förderberechtigten Anlagen für das Mini-KWK-Impulsprogramm aufgenommen war [24].

Brennstoffzellen werden wegen ihrer guten, von der Leistungsgröße unabhängigen elektrischen Wirkungsgrade als effiziente, vielseitig einsetzbare Energieumwandlungstechniken gesehen. Nur in Ausnahmefällen konnten bislang die von konkurrierenden Techniken vorgegebenen Standards und von den Nutzern gestellten Anforderungen in Bezug auf Standzeit, Zuverlässigkeit, Wirtschaftlichkeit etc. erfüllt werden, weshalb sie nach wie vor in Test- sowie Demonstrationsprogrammen erprobt und weiterentwickelt werden. Das Bundesministerium für Verkehr, Bau und Stadtentwicklung unterstützt beispielsweise den Praxistest CALLUX, der seit 2008 läuft und mit der Installation von insgesamt bis zu 600 Brennstoffzellensystemen bis 2015/2016 abgeschlossen werden soll [25].

Auf europäischer Ebene ist 2012 mit „ene.field" ein vergleichbares Förder- und Markteinführungsprogramm aufgelegt worden. In zwölf beteiligten europäischen Ländern sollen innerhalb der nächsten fünf Jahre bis zu 1000 Brennstoffzellen KWK-Anlagen installiert werden [26]. Weltweiter Vorreiter in der Markteinführung von Brennstoffzellen-Hausenergieversorgungssystemen ist Japan. Im Zuge des Programm „ENE-FARM" wurden inzwischen etwa 100.000 Brennstoffzellenanlagen ($\sim 1\,kW_{el}$) installiert, zu $80\,\%$ PEMFC- und zu $20\,\%$ SOFC-Systeme [27].

Die Mikrogasturbine als Technik für den Einsatz in Wohngebäuden oder kleinen Gewerbe- und Dienstleistungsbetrieben befindet sich in einer sehr frühen Entwicklungs- und Testphase. Das niederländische Unternehmen Micro Turbine Technology hat auf der Turboladertechnik aufbauend eine kleine Gasturbine (EnerTwin) entwickelt ($3\,kW_{el} / 14{,}4\,kW_{th}$), die in Feldtests ihre Einsatzfähigkeit unter Beweis stellen soll [18]. An der Realisierung sind außerdem die Unternehmen Leuven Air Bearings aus Belgien [28] sowie B&B-Agema aus Aachen [29] beteiligt.

In Kooperation mit dem Deutschen Zentrum für Luft- und Raumfahrt (DLR) soll eine Optimierung des Brenners zu deutlich reduzierten NOx und anderen Emissionen führen. Darüber hinaus beabsichtigt das DLR, die Mikrogasturbine mit einer Hochtemperaturbrennstoffzelle zu einem Hybridkraftwerk zu kombinieren, das eine Leistung von etwa

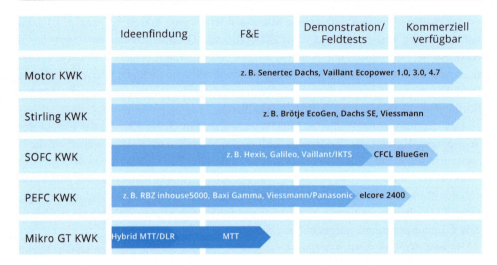

Abb. 16.4 Entwicklungsstadium der verschiedenen KWK-Konzepte (Status quo). (Mit freundlicher Genehmigung von © Forschungszentrum Jülich, IEK-STE, All Rights Reserved)

$30\,kW_{el}$ und rund $12–14\,kW_{th}$ erreichen soll. Der elektrische Wirkungsgrad dieser relativ kleinen Hybridanlage soll 60 % erreichen [30].

Abbildung 16.4 gibt anhand einiger Anlagenbeispiele einen Überblick über den aktuellen Stand der Marktverfügbarkeit bzw. der Entwicklung von Mikro-KWK-Techniklinien.

Motor- und Stirling-Mikro-KWK-Anlagen sind teilweise bereits seit längerem auch für private Hausbesitzer zu erwerben. Die Anzahl der verkauften Anlagen zeigt, dass sie im Markt auf Akzeptanz und Interesse gestoßen sind. Für Brennstoffzellensysteme gilt das nur eingeschränkt. Nur das BlueGen-Gerät von CFCL konnte 2013 von Privatpersonen erworben werden. Die Auslieferung des Elcore 2400 wird laut Firmenangaben 2014 beginnen [16].

16.1.3 Technische Kenndaten

Als besondere Vorteile der dezentralen Kraft-Wärme-Kopplung gelten die hohe Brennstoffausnutzung (= Gesamtnutzungsgrad), die Fähigkeit gesicherte Leistung flexibel bereitstellen zu können und durch verbrauchsnahe Erzeugung zur Verminderung der Übertragungsverluste beizutragen. Förderungswürdig und einspeisevergütungsberechtigt sind dem Gesetz nach KWK-Anlagen, die Gesamtnutzungsgrade von mindestens 85 % erreichen [31]. Die Wirkungs- bzw. Nutzungsgradangaben in Tab. 16.2 zeigen, dass alle zuvor beispielhaft angesprochenen Anlagen diese Anforderungen erfüllen.

Eine weitere Förderungsvoraussetzung ist das Vorhandensein eines Wärmespeichers mit einem Energiegehalt von mindestens 1,6 kWh pro installierter kW_{th}, jedoch mindes-

Tab. 16.2 Technische Kenndaten kommerziell verfügbarer KWK-Typen

	Motor KWK		Stirling KWK		Brennstoffzellen KWK				Mikro-Gasturbine frühe Demophase	
					PEFC[1]		SOFC[1]			
	Heute	2025	Heute	2025	Heute	2025	Heute	2025	Heute	2025
Elektr. Wirkungsgrad [%]	27–30	27–30	Bis 14	Bis 14	34–37	34–37	34–60[2]	34–60[2]	14,4	–
Therm. Nutzungsgrad [%]	61–72	62–72	Bis 80	Bis 80	~60	~60	60–25[2]	60–25[2]	72	–
Techn. Lebensdauer [h]	60.000	60.000	–	–	60.000	–	35.000	–	?	–
Wartungsintervall [h]	1x pro Jahr	1x pro Jahr	1x pro Jahr	1x pro Jahr	–	–	~10.000	–	?	–
„Kalt"-Startzeit [min]	~3–5	–	15–30	–	<60	–	Stunden	–	<2	–
Leistungsbereich [kW$_{el}$/kW$_{th}$]	1–5 kW$_{el}$/2–12 kW$_{th}$	1–5 kW$_{el}$/2–12 kW$_{th}$	1 kW$_{el}$/5 kW$_{th}$	1 kW$_{el}$/5 kW$_{th}$	0,3–1 kW$_{el}$/0,6–2 kW$_{th}$		0,7–1 kW$_{el}$/0,6–2 kW$_{th}$		3 kW$_{el}$/20 kW$_{th}$	–

[1]Stackdegradation 0.5–1 %/1000 h, [2]BlueGen CFCL

tens 6,9 kWh (entspricht im Falle eines Pufferspeichers 70 l Wasser pro installierte kW_{th}, jedoch mindestens 300 l; bei KWK-Anlagen mit mehr als 29 kW_{th} ist ein Wärmespeicher mit einem Energiegehalt von 46,5 kWh bzw. 1600 l ausreichend). Darüber hinaus wird ein gültiger Wartungsvertrag verlangt, sowie die Einhaltung der nationalen und europäischen Anforderungen in Bezug auf Luftreinhaltung, Primärenergieeinsparung etc. [32]

Die Angaben zu den Lebensdauern können für Brennstoffzellensysteme noch nicht als gegeben angesehen werden, da die Anlagen in privater Verantwortlichkeit bislang noch nicht entsprechende Betriebsstunden nachweisen können.

Die Wartungsintervalle bei Motor-Anlagen ergeben sich aus den turnusmäßigen Ölwechseln, die eigentlich bei den Stirling-Motoren nicht erforderlich sind. Trotzdem wird auch bei ihnen von einer jährlichen Wartung ausgegangen.

Die Start-/Stoppzeiten für Brennstoffzellenanlagen sind relativ lang, an Verkürzungen wird gearbeitet. Die Reaktionszeiten von Motor-KWK-Anlagen können jedoch möglicherweise nicht erreicht werden, weil bei den Brennstoffzellen zunächst das gesamte System mit Brenngasaufbereitung, Wasserkreislauf (bei der PEFC) etc. auf die erforderliche Betriebstemperatur gebracht werden muss. Miniaturisierung und auch Gewichtsreduktion können zu einer Verbesserung der Werte beitragen.

16.2 Zukünftige Anforderungen und Randbedingungen

16.2.1 Gesellschaft

Bislang gibt es keine Anzeichen dafür, dass Mikro-KWK-Techniken auf gesellschaftliche Akzeptanzprobleme stoßen. Ihre Nutzung wird als Beitrag zum Klimaschutz und zur Effizienzsteigerung (wegen gleichzeitiger Strom- und Wärmeerzeugung sowie kurzer Wege zwischen Erzeugungs- und Nachfrageort) verstanden.

Für den Einsatz in Gebäuden geeignete Mikro-KWK-Anlagen sind relativ neu und wenig bekannt. Um ihren Bekanntheitsgrad zu steigern, sind intensive öffentlichkeitswirksame Aktionen erforderlich. Dazu gehört auch die Schulung der Installateure, deren Zuverlässigkeit und Kompetenz für die Verbreitung einer neuen Technik äußerst wichtig ist.

16.2.2 Kostenentwicklung

Die in Tab. 16.3 ausgewiesenen Preisangaben können nur als erste Orientierung über die Höhe der Kosten einer Installation angesehen werden, da es zahlreiche Programme und zeitlich begrenzte Aktionen seitens der Hersteller, der Gasversorger und Handwerker gibt, die neben den staatlichen Zuschüssen (Bund und auch Land) den vom Endkunden zu zahlenden Geldbetrag beeinflussen. Entscheidend sind auch der auf die Belange des Betreibers abgestimmte Umfang des Systems, einschließlich Regel- und Steuertechnik,

Tab. 16.3 Zusammenstellung von Angaben zu Kosten von Mikro-KWK-Systemen

| | Otto-Motor | Stirling-Motor | Brennstoffzellen KWK | |
			PEFC	SOFC
Leistungsbereich [kW$_{el}$/kW$_{th}$]	1–5/2–12	1/5	0,3–1/0,6–2	0,7–1/0,6–2
Aktuelle Preise[1] [Euro/System]	~ 22.000 Dachs Senertec ~ 23.000 Ecopower 1.0[2] Vaillant	~ 24.500 Dachs SE Senertec ~ 15.000 Vitotwin-300 W Viessmann	Avisiert für 2014: ~ 9000 Elcore 2400	~ 29.750 BlueGen[3]
Zielpreise bis 2025 [Euro]	k. A.	k. A.	k. A.	~ 15.000 BlueGen
Wartungskosten pro Jahr [Euro]	400 bis 1000 bei Vollwartungsvertrag	~ 400	k. A.	Angaben von Sanevo[4] 2012: 440 €/a bei 3 a Vollwartung, 1152 €/a bei 10 a Vollwartung

[1] zusätzliche Kosten können für Montage, Zusatzkomponenten, Elektroanschlüsse etc. entstehen, [2] der Preis für das Einzelgerät Ecopower 1.0 liegt bei ~7000 Euro$_{netto}$, [3] CFCL-Preisinfo Nov. 2012, [4] im Zuge der finanziellen Schwierigkeiten von EHE hat Sanevo seinen Vertrieb eingestellt

Integration von Solarthermiemodulen oder einer Speicher-Zusatzheizung sowie der Aufwand der Einbindung in das bestehende Heizungssystem und auch der Aufwand für die Demontage und Entsorgung der Altanlage.

Nach Erfahrungsberichten von Nutzern gibt es auch in Bezug auf Wartungskosten und Umfang der entsprechenden Arbeiten sowie ihrer Häufigkeit keine einheitliche Festlegung [33]. Sicher scheint aber zu sein, dass der Aufwand bei ihnen höher ist als bei konventionellen Hausheizungssystemen.

16.2.3   Politik und Regulierung

Nach den Absichten der Bundesregierung soll die Kraft-Wärme-Kopplung (KWK) einen deutlichen Beitrag zur Erreichung der im Energiekonzept formulierten Ziele leisten. Durch verbrauchernahe Standorte und gute Regelbarkeit soll sie außerdem dazu beitragen, durch volatile Erzeugung bedingte Schwankungen der Stromverfügbarkeit auszugleichen [1].

Der KWK-Anteil bei der Stromerzeugung soll von heute etwa 15 % bis 2020 auf 25 % gesteigert werden, wozu die Ausweitung des Förderrahmens des in 2012 novellierten KWK-Gesetzes beitragen soll [34]. Danach können z. B. Investitionszuschüsse zu KWK-Anlagen, zum Ausbau von Kälte- und Wärmenetzen sowie Vergütungszuschläge

Tab. 16.4 Zwischen Juli 2012 und November 2012 installierte KWK-Anlagen [38]

Leistungsklassen	Anzahl und Leistungen der Anlagen
$\leq 50\,\mathrm{kW_{el}}$	935 Anlagen mit insg. $11\,\mathrm{MW_{el}}$
> 50 bis $\leq 250\,\mathrm{kW_{el}}$	75 Anlagen mit insg. $11\,\mathrm{MW_{el}}$
$> 250\,\mathrm{kW_{el}}$ bis $\leq 2\,\mathrm{MW_{el}}$	50 Anlagen mit insg. $40\,\mathrm{MW_{el}}$
$> 2\,\mathrm{MW_{el}}$	6 Anlagen mit insg. $54\,\mathrm{MW_{el}}$

für KWK-Strom gewährt werden. Ergänzt wird das Programm durch eine Förderung von Mini-KWK-Anlagen (bis $20\,\mathrm{kW_{el}}$). Die Höhe des Investitionszuschuss richtet sich nach der Anlagenleistung [32].

Die Ausweitung der KWK-Nutzung wurde auch mit der EU Richtlinie 2004/8/EG [35] sowie der Verordnung (EG) Nr. 219/2009 (Abs. 7.6) [36] gefordert. Die Energieeffizienzrichtlinie 2012/27/EU [37] (ersetzt Richtlinie 2004/8/EG) soll ebenfalls zur Aufwertung des KWK-Prinzips und zur effizienten Energieträgernutzung beitragen.

Inwieweit das Ziel erreicht wird, ist noch unsicher. Verfügbare Angaben über den Zubau von KWK-Anlagen im zweiten Halbjahr 2012 lassen Zweifel aufkommen, ob die Entwicklung in ausreichender Geschwindigkeit voranschreitet. Zwischen dem 19. Juli und 20. November 2012 haben nach Angaben des Bundesamtes für Wirtschaft und Ausfuhrkontrolle (BAFA) in Deutschland insgesamt 1066 KWK-Anlagen mit insgesamt $116\,\mathrm{MW_{el}}$, den Betrieb aufgenommen [38]. Dabei handelt es sich um Anlagen, die eine Förderung nach dem KWKG in Anspruch genommen haben.

Die Zusammenstellung in Tab. 16.4 zeigt, dass das Gros der Anlagen, die im 2. Halbjahr 2012 neu installiert wurden, dem Leistungsbereich $\leq 50\,\mathrm{kW_{el}}$ zuzuordnen ist und eine Leistung von insgesamt $11\,\mathrm{MW_{el}}$ erreicht. Das entspricht 9,5 % der neu installierten Gesamtleistung. Der überwiegende Anteil der installierten Leistung, $54\,\mathrm{MW_{el}}$ bzw. 46 % der Gesamtleistung, wird von nur sechs KWK-Anlagen gestellt.

Die Tatsache, dass mit den $116\,\mathrm{MW_{el}}$ in der zweiten Jahreshälfte von 2012 nur knapp 1 % der in den nächsten acht Jahren entsprechend der Zielsetzung (25 %) zu installierenden KWK-Neubauleistung ans Netz gegangen ist, nährt Zweifel, ob das Ziel erreichbar ist, selbst bei maximaler Förderung der in diesem Zusammenhang diskutierten Mikro-KWK-Systeme.

16.2.4 Marktrelevanz

Die Kraft-Wärme-Kopplung gilt als effiziente Technik, die im Zusammenspiel mit ausreichend großen Wärmespeichern auch in der Lage sein könnte, fluktuierende Einspeisungen ins Stromnetz auszugleichen sowie Regelleistung und Systemdienstleistungen bereitzustellen. Damit sind eher KWK-Anlagen mit größeren Leistungen gemeint, wie sie von überregionalen bzw. regionalen Energieversorgern oder Unternehmen in den Sektoren Industrie, Gewerbe, Dienstleistungen (Krankenhäuser) und teilweise auch schon in Wohnsiedlungen oder Mehrfamilienhäusern mit hohem Wärmebedarf eingesetzt/betrieben werden, nicht aber die sehr kleinen, hier diskutierten Hausenergieversorgungssysteme.

Für die Bündelung einer Vielzahl von kleinen Anlagen jedweder Art wurde der Begriff „Virtuelles Kraftwerk" geprägt. Hinter dem Begriff steckt die Idee, durch Bündelung eine nennenswerte Stromerzeugungsleistung bereitstellen zu können und am Markt zu platzieren. Darüber hinaus ist es vorstellbar, durch Einbeziehung der Verbraucher effizient zu einer für den sicheren Netzbetrieb notwendigen Balance zwischen aktuellem Verbrauch und aktueller Erzeugung beizutragen. Voraussetzung für solche Konzepte ist die Zustimmung des Anlageneigentümers bzw. des Standorteigentümers zu einem Verzicht auf jegliche eigene Eingriffsmöglichkeiten in die Anlagensteuerung.

Solch eine Strategie verfolgt beispielsweise das Hamburger Unternehmen Lichtblick, das inzwischen mehr als hundert der zusammen mit Volkswagen entwickelten Motor-KWK-Systeme überwiegend in Norddeutschland installiert hat. Die Gesamtheit der Anlagen wird zentral bedarfsgerecht von Lichtblick gesteuert [21].

Inwieweit die geringen Stromerzeugungsleistungen der zuvor beschriebenen Mikro-KWK-Anlagen mit einer sicheren, kostengünstigen Informations- und Kommunikationstechnik koordiniert und in die Versorgung integriert werden können, ist noch nicht abschließend geklärt, trotz der einige Jahre zurückliegenden Versuche von Vaillant mit Brennstoffzellensystemen der ersten und zweiten Generation.

16.2.5   Mögliche Wechselwirkungen mit anderen Technologien

Zentrales Merkmal der KWK-Technik ist die gleichzeitige Strom- und Wärmeerzeugung bei relativ guter Brennstoffausnutzung unter der Voraussetzung, dass Elektro- und Wärmeenergie gleichzeitig genutzt werden. Die Wärmeenergie kann für eine begrenzte Zeit zwischengespeichert werden.

Gut beherrscht sind die Wirkungen privater Stromerzeugung bzw. Netzeinspeisung auf die Netzbetriebsmittel (z. B. Ortsnetztransformatoren), wie die Integration des PV-Stroms zeigt. Selbst wiederholtes Überschreiten der laut Norm zulässigen Spannungswerte kann von den Betriebsmitteln im Niederspannungsnetz verkraftet werden. Die Netzeinspeisung bedingt zusätzliche Sicherheitseinrichtungen zum Schutz des Betriebspersonals, das Störungen gegebenenfalls vor Ort beheben muss.

Nach Einschätzung des Gesetzgebers kann der Betrieb von Mikro-KWK-Anlagen direkte negative Auswirkungen auf die Wirtschaftlichkeit von Fernwärmenetzen haben, weshalb sie in einem Gebiet mit Anschluss- und Benutzungsgebot für Fernwärme nicht gefördert werden [32].

Bei den gegenwärtigen Vergleichen gekoppelter bzw. getrennter Erzeugung von Strom und Wärme wird die CO_2-Emissionsbilanz auf der Grundlage des spezifischen Emissionswertes des aktuellen Strommix berechnet. Der wird sich jedoch mit einem zunehmenden Anteil regenerativ erzeugten Stroms deutlich verringern, was auch Auswirkungen auf die Umweltbilanz der Erdgas nutzenden Mikro-KWK-Systeme haben kann.

16.2.6 Game Changer

Derzeit werden etwa 16.000 KWK-Anlagen in Wohngebäuden genutzt, überwiegend in Mehrfamilienhäusern [4]. Ihr Anteil im Markt für Heizungsanlagen liegt deutlich unter 1 %. Ein nennenswerter Zugang zu diesem sehr großen Markt ist somit noch nicht gegeben.

Einer der Gründe, die zu große Wärmeleistung bisher angebotener Anlagen, scheint durch die Entwicklung neuer Anlagen mit 2 bis 12 kW thermischer und 1 kW elektrischer Leistung ausgeräumt. Ein zweiter für potenzielle Nutzer wichtiger Aspekt, der hohe Anschaffungspreis, stellt nach wie vor ein zentrales Hemmnis dar, sodass sich trotz Investitionszuschüssen seitens der öffentlichen Hand oder Hersteller bzw. Gasversorger und trotz attraktiver Vergütungssätze auch für selbst genutzten Strom in vielen Anwendungsfällen keine Wirtschaftlichkeit darstellen lässt.

Am Beispiel der Versorgung eines Einfamilienwohnhauses wird die Problematik aufgezeigt (siehe Tab. 16.5). Die jährlichen Gesamtkosten einer KWK/Spitzenkessel Installation werden beispielhaft mit der eines Standardkessels verglichen. Als KWK-System wurde eine BlueGen-Brennstoffzellenanlage gewählt ($1,5 \, kW_{el} / 0,6 \, kW_{th}$), die von einer Gastherme unterstützt wird, um die Wärmebedarfsspitzen abzudecken. Im Vergleichsfall übernimmt eine Standardgastherme die Wärmeversorgung, die gesamte Stromnachfrage wird in diesem Fall aus dem Netz gedeckt.

Laut CFCL-Preisblatt von 2012 beträgt der Preis der Brennstoffzelle 29.750 Euro, der Einmalzuschuss beträgt 14.000 Euro [39]. Unter Berücksichtigung von zusätzlichen Installationskosten ergibt sich für die Brennstoffzellenanlage eine Investition in Höhe 17.000 Euro. Die Kosten der Standardanlage werden mit 5000 Euro berücksichtigt. Mit diesen Randbedingungen ergibt sich trotz der außerordentlich hohen Zuschüsse (14.000 €) für das KWK-System in der Jahresabrechnung kein wirtschaftlicher Vorteil gegenüber dem Vergleichsfall. Auch die Betrachtung über eine Nutzungsdauer von 20 Jahren ändert diese Einschätzung nicht.

Im Beispiel ergibt sich ein CO_2-Emissionsvorteil durch den hohen elektrischen Wirkungsgrad der Brennstoffzelle. Dieser Vorteil wird kleiner, sobald die allgemeine Stromerzeugung maßgeblich auf CO_2-neutrale regenerative Energiequellen wie Wasser, Wind, Photovoltaik und Biomasse umgestellt ist, wie es das Energiekonzept der Bundesregierung vorsieht.

Bei wirtschaftlichen Überlegungen spielt auch der Gaspreis eine wichtige Rolle. Das obige Beispiel zeigt, dass der Gaseinsatz deutlich ansteigt und sich die Brennstoffkosten bei einem Anstieg des Gaspreises zu einem wesentlichen Rechnungsposten entwickeln können, der durch Vergütungen nicht kompensiert wird.

Eine eventuelle Marktdurchdringung verhindern (negatives Game Changing) könnten Maßnahmen wie das dänische Energy Agreement vom 22. März 2012 [40], nach dem in wenigen Jahren auch der Bestand privater Wohnhäuser auf die Nutzung erneuerbarer Energiequellen umgestellt werden muss.

Tab. 16.5 Einfamilienhaus mit KWK-Spitzenkessel bzw. Standardgasheizung

Untersuchungsobjekt Einfamilienhaus Bj. 1990, ca. 180 m² Wohnfläche Betrachtungszeitraum: 1/2012–12/2012 Gasverbrauch 2012: 2336 m³ Stromverbrauch 2012: 5087 kWh		BluGen + Sp-Kessel	Standardanlage (Gaskessel) und Strombezug
Gasverbrauch	m³	3894	2336
Gaskosten	Euro	2964	1851
Stromeigenerzeugung	kWh	13.140	0
Stromeigennutzung	kWh	2628 (Grundlast 300 Watt)	0
Vergütung „selbst genutzter Strom"	Euro	134	0
Stromnetzeinspeisung	kWh	10.512	0
Einspeisevergütung	Euro	1060	0
Strombezug	kWh	2459	5087
Stromkosten	Euro	728	1467
Rückerstattung Erdgassteuer	Euro	121	0
Annuität für Investment	Euro	2092	615
Gesamtkosten im Jahr	Euro	**4469**	**3933**
Investment		Investment BlueGen 15.750 € Sp-Kessel 3000 € 1250 € zusätzliche Handwerksleistungen	Investment Standardanlage 5000 €

Stromgrundpreis 36,51 Euro/a, Stromarbeitspreis 0,2812 Euro/kWh
Gasgrundpreis 182,57 Euro/a, Gasarbeitspreis 0,067473 Euro/kWh Hu
Annuitätsrechnung: Laufzeit 10 a, Nominalsatz 4 %

Die von der EU geforderte [41] und der Bundesregierung angestrebte verstärkte Wärmedämmung auch bei Wohnhäusern im Bestand könnten die Marktchancen ebenfalls erheblich beeinflussen. Bei sinkendem Wärmebedarf gehen die Jahresnutzungsstunden von hausinternen Mikro-KWK-Anlagen deutlich zurück. Verschiedene Brennstoffzellenanlagenhersteller wie Baxi Innotech GmbH oder CFCL gehen jedoch von Jahresnutzungsstunden aus, die im Bereich von 5000 Stunden liegen.

16.3   Technologieentwicklung

16.3.1   Entwicklungsziele

Die Entwicklungsziele für Mikro-KWK-Systeme für Ein- und Zweifamilienhäuser werden von der Entwicklung des Wärmebedarfs in den Wohnhäusern mitbestimmt. Da die

hohe Effizienz von KWK-Anlagen in der Regel nur bei gleichzeitiger Nutzung der erzeugten Wärme und des erzeugten Stroms gewährleistet ist, werden immer kleinere Anlagen
entwickelt, um eine möglichst lange Jahresnutzungsdauer zu erreichen.

Beispielhaft sei auf die von der Vaillant-Gruppe angebotenen Gasmotor-KWK-Sys-
teme ecoPOWER 4.7, 3.0 und 1.0 hingewiesen. Erst das ecoPOWER 1.0 wird für den
Einsatz in Gebäuden mit einem Mindestwärmebedarf von 15.000 kWh/a empfohlen [42].

Eine fortschreitende Miniaturisierung ist auch bei der Entwicklung der Brennstoffzellensysteme erkennbar. Beispielhaft sei auf die Entwicklung der PEFC Gamma von Baxi
verwiesen, die im jetzigen Entwicklungsstadium nur noch eine thermische Leistung von
1,87 kW und eine elektrische Leistung von 1,0 kW hat. Die ersten Versionen um 2005
waren nicht nur im Volumen um etwa 40 % größer, sie hatten auch eine deutlich höhere
thermische Leistung von 3 kW und eine elektrische Leistung von 1,5 kW.

Neben technischen Verbesserungen und Weiterentwicklungen gilt es auch übergeordnete Ziele zu erreichen. Ein Stichwort ist Integration in ein Gesamtkonzept mit zentraler
Steuermöglichkeit, um zum Beispiel Systemdienstleistungen auf der unteren Netzebene
erbringen zu können. Ein anderes ist das Zusammenführen vieler kleiner Anlagen zu einem virtuellen Kraftwerk, um auch in höheren Netzebenen aktiv werden zu können.

16.3.2 F&E-Bedarf und kritische Entwicklungshemmnisse

Als kritisch mit Blick auf Vermarktungsaussichten muss bei Stirling-Anlagen der elektrische Wirkungsgrad von nur etwa 15 % angesehen werden. Inwieweit F&E-Arbeiten zu
einer Verbesserung der Anlageneffizienz oder Reduktion des Preises und damit zur Stärkung der Marktchancen beitragen können, kann ad hoc nicht beurteilt werden.

Die Erkenntnisse aus der Ergebnisauswertung der im Rahmen des Callux-Programms
betriebenen Brennstoffzellen-Systeme zeigen, dass nur 16 % der Funktionsfehler der Anlagen auf den Stack, also die Brennstoffzelle, zurückzuführen waren. Zu den Schwerpunkten der daraus resultierenden F&E-Notwendigkeiten zählen deshalb die Steigerung
der Systemzuverlässigkeit und die Entwicklung von Werkstoffen/Materialien, die zu einer
Reduzierung der Zelldegradation beitragen, die Wirkungsgradeinbußen verursacht. Eine
Verbesserung der Zuverlässigkeit ist insbesondere für die peripheren Komponenten erforderlich, die unter dem Begriff Balance-of-Plant zusammengefasst werden und die für 49 %
der Ausfälle/Fehler von Brennstoffzellensystemen verantwortlich waren [41]. In der Regel werden sie aus Kostengründen nicht speziell für Brennstoffzellenanlagen entwickelt,
sondern von branchennahen Zulieferern bezogen. Für die besonderen Anforderungen in
einem Brennstoffzellensystem sind sie jedoch nur bedingt geeignet. Das Unternehmen
CFCL entwickelt aus diesem Grund bestimmte Komponenten wie Wärmetauscher u. a.
inzwischen selbst, mit dem Ergebnis fast hundertprozentiger Zuverlässigkeit bei geringeren Kosten [6].

Ein weiteres zentrales F&E-Thema ist die Reduktion der Kosten der Gesamtanlage, was zum Beispiel japanischen Entwicklern durch Miniaturisierung und effektivere Fertigungsabläufe gelungen ist und noch fortgesetzt wird.

Im japanischen Programm „ENE.Farm" werden Brennstoffzellenanlagen inzwischen zu einem Preis von etwa 15.000 Euro angeboten [27]. Die Erforschung, Entwicklung und Markteinführung der Brennstoffzellenanlagen wurde hier außerdem deutlich intensiver und energischer gefördert, nicht nur mit einer wesentlich höheren öffentlichen Förderung, sondern auch mit der Verpflichtung der Unternehmen zu intensiver Zusammenarbeit, unter der Androhung, andernfalls von Fördermitteln ausgeschlossen zu werden. Bis Herbst 2014 wurden in Japan rd. 100.000 Brennstoffzellen-Anlagen installiert, in Deutschland waren es nur knapp 500 Anlagen.

Roadmap – Mikro-Kraft-Wärme-Kopplung

Beschreibung

- KWK-Techniken im Leistungsbereich bis 10 kWel für den Einsatz in den Endenergiesektoren „Haushalte" sowie „Gewerbe, Handel, Dienstleistung" (GHD)
  - Systeme auf der Basis kleiner Verbrennungsmotoren, geeignet für Brenngase oder flüssige Brennstoffe; kommerziell verfügbar
  - Systeme mit Stirlingmotor, angetrieben durch externe Wärmequelle, kommerziell verfügbar
  - Anlagen auf der Basis eines Dampfexpansionsmotors, kommerziell verfügbar
  - Brennstoffzellensysteme (PEFC und SOFC); Markteintrittsphase
  - Mikro-Gasturbine für den Einsatz in Wohnsiedlungen und im Sektor GHD; frühe Feldtestphase

Entwicklungsziele

- Motorkonzepte: Wesentliche Effizienzsteigerungen werden nicht mehr erwartet; Kostenreduktionen durch Miniaturisierung, Systemvereinfachung (Installations- und Wartungsaufwand) und Massenfertigung

- Brennstoffzellensysteme: Senkung der spez. Kosten durch Entwicklung und Verwendung langzeitstabiler (Degradation), preiswerter Materialien für Zellkomponenten, automatisierte Fertigung, Balance-of-Plant, Miniaturisierung (Volumen-/Gewichtsreduktion)

- Stirlinganlagen: deutliche Kostensenkung; Verbreiterung der Brennstoffpalette, Verbesserung der Zuverlässigkeit

- Mikro-Gasturbine: Langzeitstabilität und Zuverlässigkeitsnachweis; Hybridisierung durch Kombination mit Brennstoffzelle

Technologie-Entwicklung

Wirkungsgrade elektrisch (%)

Verbrennungsmotor

25–27	30	k.A.	▶

Stirlingmotor

10–16	k.A.	k.A.	▶

Brennstoffzellen

PEFC 32–34 / SOFC 30–60	PEFC 34–37/ SOFC 35–60	k.A.	▶

Mikro-Gasturbine

15	m-GT / BZ Hybrid 60	k.A.	▶

Leistungsspezifische Investitionen (€/kW$_{el}$)

Verbrennungsmotor

4400–7000	k.A.	k.A.	▶

Stirlingmotor

14.000–17.000	k.A.	k.A.	▶

Brennstoffzellen

BlueGen 19.000; Elcore 30.000	BlueGen 10.000	k.A.	▶

heute	2025	2050	▶

Roadmap – Mikro-Kraft-Wärme-Kopplung

F&E-Bedarf

materialseitig: BZ – Anode, Kathode, Membrane, Dichtungen, Katalysator, Balance-of-Plant ▶

materialseitig: Stirling – hochtemperaturfeste Werkstoffe ▶

materialseitig: mikro-GT – Hochleistungslegierungen ▶

verfahrenstechnisch: BZ – Gasaufbereitung, Prozessoptimierung (Wärmekreislauf), Miniaturisierung, Fertigungsverfahren ▶

verfahrenstechnisch: Motor – Gesamtsystemoptimierung, Gasreinigung wegen Biogaseinsatz, Abgasreinigung ▶

verfahrenstechnisch: mikro-GT – Brennkammeroptimierung zwecks Abgasreduktion ▶

heute	5 bis 10 Jahre ▶

Gesellschaft

• hohe Akzeptanz, da KWK das Etikett „umweltfreundlich" sowie „effizient" trägt und als wichtiger Teil des zukünftigen dezentralen Versorgungssystems angesehen wird

Politik & Regulierung

• *Treiber*:
 – EU-Energieeffizienzrichtlinie 2012/27/EU
 – Energiekonzept der Bundesregierung – KWK-Strom 25 % der Stromerzeugung in 2020
 – KWK Gesetz 2012: Ausbau und Förderung

• *Hemmnisse*:
 – Verschärfte Gebäudedämmvorschriften = sinkender Raumwärmebedarf

Kostenentwicklung

• Für Privatpersonen unattraktive, hohe Preise

• Kostenreduktion erforderlich und möglich, durch Miniaturisierung (Gewichts- / Material-reduktion) und Massenfertigung (Beispiel: Japan)

Marktrelevanz

• Trotz Alleinstellungsmerkmal (KWK) bislang keine Bedeutung

• Sinkender Wärmebedarf hemmt Marktdurchdringung

• Über Geschäftsmodelle zur Marktrelevanz

Wechselwirkungen / Game Changer

Wechselwirkungen

• mit Nah- / Fernwärmenetzen

• mit anderen Erzeugungskombinationen

Game Changer

• Wegfall bevorzugter Einspeisung von KWK-Strom

• Kostendegression nicht realisierbar

• Verschärfung des Gebäudedämmstandards

16.4 Abkürzungen

ASUE   Arbeitsgemeinschaft für sparsamen und umweltfreundlichen Energiever-
            brauch e. V.
BAFA   Bundesamt für Wirtschaft und Ausfuhrkontrolle
CALLUX   Praxistest Brennstoffzelle fürs Eigenheim (calor = Wärme, lux = Licht)
CFCL   Ceramic Fuel Cell Limited
DENA   Deutsche Energie-Agentur
DLR   Deutsches Zentrum für Luft- und Raumfahrt
ENE.Farm   Japanisches Brennstoffzelleneinführungsprogramm
ENE-Field   Europäisches Brennstoffzelleneinführungsprogramm
EU   Europäische Union
F&E   Forschung und Entwicklung
HT-PEFC   Hochtemperatur Polymer Elektrolyte Membran Brennstoffzelle
KWK   Kraft-Wärme-Kopplung
MEA   Membrane-Electrode-Assembly
MTT   Micro Turbine Technology BV
NRW   Nordrhein-Westfalen
PEFC   Polymer Elektrolyte Membran Brennstoffzelle
PEMFC   Polymer Elektrolyte Membran Brennstoffzelle
PV   Photovoltaik
SOFC   Fest Oxid Brennstoffzelle
TA-Luft   Technische Anleitung zur Reinhaltung der Luft

Literatur

1. Die Bundesregierung (2013) Energiekonzept, Energie sparen durch Kraft-Wärme-Kopplung.
2. ASUE (2001) Mikro-KWK-Motoren, Turbinen und Brennstoffzellen. Erhältlich bei http://www.
   asue.de
3. DEA (2014) BHKW-Größenklassen
4. Shell/BDH (2013) Klimaschutz im Wohnungssektor – wie heizen wir morgen? Fakten, Trends
   und Perspektiven für Heiztechniken bis 2030. Shell BDH Hauswärme-Studie, Shell Deutschland
   Oil GmbH & BDH Bundesindustrieverband Deutschland
5. BMWi (2013) Zahlen und Fakten Energiedaten. Februar 2013
6. IEA (2013) IEA Implementing Agreement Advanced Fuel Cells. Annex 25, International Energy
   Agency (IEA), Meeting April 2013
7. BHKW (2013) Prinzip einer Kraft-Wärme-Kopplung. Erhältlich bei www.bhkw-infozentrum.
   de
8. Arndt U, Kraus D, v. Roon S, Mauch W (2007) Innovative KWK-Systeme zur Hausenergiever-
   sorgung. Forschungsstelle für Energiewirtschaft e. V. (FfE)

9. energiesparen-im-haushalt.de (2014) Blockheizkraftwerke mit Stirling-Motor. http://www. energiesparen-im-haushalt.de/energie/bauen-und-modernisieren/hausbau-regenerative-energie/energiebewusst-bauen-wohnen/selbst-strom-erzeugen/blockheizkraftwerk-privat/blockheizkraftwerk-funktion/blockheizkraftwerk-Stirling-Motor.html, zugegriffen am 15.09.2014

10. SenerTec (2013) Persönliche Mitteilungen von Herrn Mark, Firma SenerTec, 29.04.2013

11. Baxi Innotech (2103) Hocheffizient Die Brennstoffzelle. www.baxi-innotech.de/fileadmin/user_upload/Downloads/GAMMA_PREMIO_Broschuere_D.pdf, zugegriffen am 15.05.2013

12. HEXIS (2013) Galileo Intelligente Wärme Sauberer Strom. http://www.hexis.com/sites/default/files/media/publikationen/121207_hexis_broschuere_web.pdf, zugegriffen am 15.05.2013

13. Vaillant (2013) Das Vaillant-Brennstoffzellen-Heizgerät für das Einfamilienhaus, Initiative Brennstoffzelle. http://www.ibz-info.de/content/modelle_vaillant, zugegriffen am 15.05.2013

14. Viessmann (2013) Mikro-KWK-Systeme auf Basis von Niedertemperatur- und Hochtemperatur-Brennstoffzellen. http://www.viessmann.de/content/dam/internet-global/pressetexte/Fachpresse-2013/12/FP_Brennstoffzellensysteme.pdf, zugegriffen am 15.05.2013

15. Bosch (2013) Bosch stellt stromerzeugende Heizung basierend auf Brennstoffzellentechnologie vor. www.bosch-presse.de/presseforum/details.htm?txtID=6180&tk_id=190, zugegriffen am 15.05.2013

16. Elcore (2013) Elcore 2400 – die kompakteste und effizienteste Brennstoffzelle für Ihr Einfamilienhaus. http://www.elcore.com/produkt/technische-daten.html, zugegriffen am 16.05.2013

17. BlueGen (2013) BlueGen. Die Zukunft der Stromerzeugung für Unternehmen und Haushalte. http://www.ceramicfuelcells.de/fileadmin/Dokumente/Produktdokumente/BlueGen_Brochure_D.pdf, zugegriffen am 16.05.2013

18. OWI (2013) Funktionsprinzip der KWK Mikro-Gasturbine. Oel-Waerme-Institut Aachen, http://www.owi-aachen.de

19. EnerTwin (2013) EnerTwin: CHP system with a micro turbine. www.enertwin.com

20. Vaillant (2013) Ein Blockheizkraftwerk (BHKW) erzeugt gleichzeitig Strom und Wärme. www.vaillant.de/ecopower, zugegriffen am 19.05.2013

21. ZHKW (2013) Das LichtBlick-ZuhauseKraftwerk: intelligente Energie, die sich rechnet. http://www.lichtblick.de/pdf/zhkw/info/zhkw_technische_daten.pdf, zugegriffen am 19.05.2013

22. BDR Thermea (2013) BDR Thermea brands. http://www.bdrthermea.com/brands, zugegriffen am 19.05.2013

23. BHKW-Infothek (2013) Paradigma: ModuWatt. http://www.bhkw-infothek.de/bhkw-anbieter-und-hersteller/nano-bhkw-ubersicht/paradigma-moduwatt, zugegriffen am 19.05.2013

24. BAFA (2013) Mini-KWK-Anlagen: Liste der förderfähigen KWK-Anlagen bis einschließlich 20 kWel. http://www.bafa.de/bafa/de/energie/kraft_waerme_kopplung/mini_kwk_anlagen/publikationen/liste_foerderfaehigen_mini_kwk_anlagen.pdf, zugegriffen am 19.05.2013

25. Callux (2013) Callux, Praxistest Brennstoffzelle fürs Eigenheim. http://www.callux.net/

26. Enefield (2013) Ene.field, Fuel Cells x Combined Heat and Power. http://enefield.eu/

27. ENE-Farm (2013) Japan ENE-Farm 2013: Status and Subsidies. Report at the Spring meeting of Annex 25, IEA Implementing Agreement Advanced Fuel Cells, Berlin

28. LAB (2013) Micro and Precision Engineering Research Group – Microturbine for electric power generation. www.leuvenairbearings.com

29. B&B-AGEMA (2013) Gesellschaft für energietechnische Maschinen und Anlagen Aachen GmbH. www.bub-agema.de/index.php?whereami=0&lang=en, zugegriffen am 19.05.2013

30. DLR (2013) DLR forscht mit niederländischer Firma MTT an Mikrogasturbine für Privathaushalte. http://www.dlr.de/dlr/desktopdefault.aspx/tabid-10081/151_read-6562//year-all/#gallery/9166, zugegriffen am 19.05.2013

31. BAFA (2013) Kraft-Wärme-Kopplung, Bundesamt für Wirtschaft und Ausfuhrkontrolle. www.bafa.de/bafa/de/energie/kraft_waerme_kopplung/index.html, zugegriffen am 19.05.2013

32. BMU (2013) Richtlinien zur Förderung von KWK-Anlagen bis 20 kWel. http://www.bmu.de/bmu/parlamentarische-vorgaenge/detailansicht/artikel/richtlinien-zur-foerderung-von-kwk-anlagen-bis-20-kwsubelsub, zugegriffen am 19.05.2013

33. BHKW-Infothek (2013) Die BHKW Infothek, Kosten eines BHKW. http://www.bhkw-infothek.de/bhkw-informationen/wirtschaftlichkeit-foerderung/kosten-eines-bhkw, zugegriffen am 04.06.2013

34. Kraft-Wärme-Kopplungsgesetz (2013) Gesetz für die Erhaltung, die Modernisierung und den Ausbau der Kraft-Wärme-Kopplung (Kraft-Wärme-Kopplungsgesetz). Zuletzt geändert durch Art. 1 G v. 12.7.2012, www.gesetze-im-internet.de/bundesrecht/kwkg_2002/gesamt.pdf, zugegriffen am 03.06.2013

35. EU (2013) Richtlinie 2004/8/EG des Europäischen Parlamentes und des Rates vom 11. Februar 2004 über die Förderung einer am Nutzwärmebedarf orientierten Kraft-Wärme-Kopplung im Energiebinnenmarkt und zur Änderung der Richtlinie 92/42/EWG. http://eur-lex.europa.eu/LexUriServ/LexUriServ.do?uri=OJ:L:2004:052:0050:0050:DE:PDF, zugegriffen am 03.06.2013

36. EU (2013) Verordnung (EG) Nr. 219/2009 des Europäischen Parlamentes und des Rates vom 11. März 2009. http://eur-lex.europa.eu/LexUriServ/LexUriServ.do?uri=OJ:L:2009:087:0109:0109:DE:PDF, zugegriffen am 03.06.2013

37. EU (2013) Richtlinie 2012/27/EU des Europäischen Parlamentes und des Rates vom 25. Oktober 2012 zur Energieeffizienz. http://eur-lex.europa.eu/LexUriServ/LexUriServ.do?uri=OJ:L:2012:315:0001:0056:DE:PDF, zugegriffen am 03.06.2013

38. Bundestag (2013) Zubau der Kraft-Wärme-Kopplung im Jahr 2013. Deutscher Bundestag Drucksache 17/11775, 17. Wahlperiode, 30.11.2012, Drucksache 17/11479, http://dip21.bundestag.de/dip21/btd/17/117/1711775.pdf, zugegriffen am 15.05.2013

39. BZI-Heinsberg (2013) Brennstoffzellen-Initiative Heinsberg, Beispielrechnung. http://www.brennstoffzelle-heinsberg.de

40. ENS (2012) DK Energy Agreement, March 22 2012. http://www.ens.dk/da-DK/Politik/Dansk-klima-og-energi-politik/politiskeaftaler/Sider/Marts2012Aftalefor2012-2020.aspx, zugegriffen am 15.05.2013

41. EU (2013) Richtlinie 2010/31/EU des des Europäischen Parlamentes und des Rates vom 19. Mai 2010 über die Gesamtenergieeffizienz von Gebäuden. http://www.enev-online.de/epbd/epbd_2010_100618_verkuendung_eu_amtsblatt_deutsch.pdf, zugegriffen am 05.06.2013

42. Vaillant (2013) mikro-BHKW ecoPOWER 1.0, Vaillant. http://www.vaillant.de/Produkte/Kraft-Waerme-Kopplung/Blockheizkraftwerke/produkt_vaillant/mikro-KWK-System_ecoPOWER_1.0.html, zugegriffen am 05.06.2013

Raumlufttechnik und Klimakältesysteme

Ali Aydemir und Jan Steinbach

17.1 Technologiebeschreibung

Raumlufttechnische (RLT) Anlagen werden zur Konditionierung der Luftqualität in Gebäuden eingesetzt und lassen sich zunächst anhand der zur erfüllenden thermischen Luftbehandlungsfunktionen in Lüftungs-, Teilklima- und Klimaanlagen unterteilen (Abb. 17.1). Klimaanlagen stellen den vollen Funktionsumfang durch Heizen, Kühlen sowie Be- und Entfeuchten der Raumluft bereit, während Lüftungsanlagen mit Wärmerückgewinnung nur eine Luftbehandlungsfunktion (Heizen) erfüllen. Die Aufbereitung der Außenluft erfolgt entweder zentral mit Verteilung der Zuluft über Luftkanäle im Gebäude oder dezentral direkt in den zu konditionierenden Räumen. Des Weiteren können die Systeme anhand des Mediums zur Einbringung der Kühl- und Wärmeenergie unterschieden werden. Bei *Nur-Luft-Systemen* erfolgt eine zentrale Aufbereitung ausschließlich über die zugeführte Frischluft. Darunter fallen zentrale Lüftungsanlagen sowie Klimaanlagen, mit denen Kühllasten durch Einbringung kalter Luft gedeckt werden. *Luft-Wasser-Systeme* verfügen neben einer RLT-Anlage über einen zusätzlichen Kaltwasserkreislauf zur Abfuhr der Kühllast. Zur Einbringung der zentral konditionierten Außenluft werden dabei Induktionsanlagen und Gebläsekonvektoren eingesetzt. Bei *Nur-Wasser-Systemen* wird die Raumkühlung über die Bauteilaktivierung, welche die thermische Gebäudemasse nutzt, oder Flächenkühlsysteme wie Kühldecken erreicht. Ein Luftaustausch findet nicht statt oder wird durch eine separate Lüftungsanlage realisiert. Dezentrale *Luft-Kältemittel-Systeme* umfassen Raumklimageräte, bei denen die Kältemaschine ganz oder teilweise im zu klimatisierenden Raum aufgestellt ist. Bei Kompaktgeräten sind wie bei zentralen Klimakältesysteme alle Teile der Kältemaschine in einem Gerät verbaut, während Split-

Ali Aydemir ⊠ · Jan Steinbach
Fraunhofer-Institut für System- und Innovationsforschung ISI, Karlsruhe, Deutschland
url: http://www.isi.fraunhofer.de

© Springer Fachmedien Wiesbaden 2015
M. Wietschel et al. (Hrsg.), *Energietechnologien der Zukunft*,
DOI 10.1007/978-3-658-07129-5_17

369

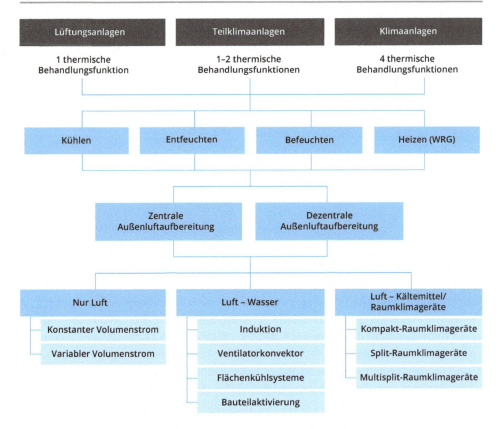

Abb. 17.1 Klassifizierung raumlufttechnischer Anlagen. (Quelle: eigene Darstellung basierend auf [1]; mit freundlicher Genehmigung von © Fraunhofer ISI Karlsruhe, All Rights Reserved)

anlagen über eine Innen- und eine Außeneinheit verfügen. Bei Multisplitanlagen versorgt eine Außeneinheit mehrere Inneneinheiten.

Als Kältemaschinen für eine aktive Raumkühlung werden im Wesentlichen elektrische Kompressionsmaschinen eingesetzt. Eine geringere Verbreitung haben thermisch angetriebene Absorptionskältemaschinen. In den folgenden Abschnitten wird auf die Technologien zur Kälteerzeugung sowie auf die mechanische Lüftung mit Wärmerückgewinnung eingegangen.

17.1.1 Funktionale Beschreibung

17.1.1.1 Kompressionskältemaschine

Eine Kompressionskältemaschine besteht in der einfachsten Ausführung aus Verdampfer, Verdichter, Kondensator und einem Expansionsventil zur Reduzierung des Druckes.

Zwischen dem Verdampfer und dem Kondensator strömt ein Kältemittel. Im Verdampfer nimmt das Kältemittel Umgebungswärme bei niedrigem Druck auf, verdampft und produziert dadurch Kälte. Nach einer Druckerhöhung im Verdichter gibt das Kältemittel die aufgenommene Wärme im Kondensator wieder ab, bevor es in der Entspannungseinrichtung wieder auf ein niedriges Druckniveau entspannt wird. Der energetische Aufwand zum Betrieb einer Kompressionskältemaschine ergibt sich daher hauptsächlich aus der Leistung, die dem Verdichter für den Druckhub zugeführt werden muss.

Die Verdichter in Kompressionskältemaschinen werden mit Elektromotoren angetrieben, was zu einem hohen Strombedarf dieser Anlagen führt. Die Effizienz strombetriebener Kompressionskältemaschinen wird mit der Leistungszahl (EER)[1] angegeben, welche das Verhältnis aus erzeugter Kälteleistung zum eingesetzten Strom darstellt. Da dieser Wert jedoch stationär bestimmt wird, ist für eine energetische und ökonomische Bewertung der *Seasonal Energy Efficiency Ratio (SEER)* der geeignete Kennwert.

17.1.1.2 Sorptions-Kältemaschine (thermische Kältemaschinen)

Ad- und Absorptionskältemaschinen werden vor allem zur Kühlung von großen Gebäuden eingesetzt. Hier werden Kältemittel in einem Trägermedium gelöst (Absorption) bzw. an ein festes Trägermedium angelagert (Adsorption). Die Entmischung bzw. Ablösung des Kältemittels – um den Kreislauf zu schließen – erfolgt mittels thermischer Energie. Daher ist der Strombedarf im Vergleich zu Kompressionsmaschinen vergleichsweise gering, und es können unterschiedlicher Wärmquellen als Antriebswärme eingesetzt werden. Gängige Varianten sind gasbetriebene Absorptionskältemaschine sowie die Nutzung von Abwärme und Wärme aus dezentralen KWK-Anlagen oder Fernwärme. Auch die Nutzung von erneuerbaren Energien über solarthermische Anlagen (solare Kühlung) ist möglich.

Für die Bewertung der Effizienz einer thermisch angetriebenen Kältemaschine sind zwei Kennzahlen relevant. Zum einen die thermische Leistungszahl (COP_{th})[2] – der Quotient aus erzeugter Kälte zu eingesetzter Wärme – zum anderen die elektrische Leistungszahl (COP_{el}), welche das Verhältnis zum eingesetzten Strom angibt. Der Bedarf an elektrischer Leistung wird durch das Rückkühlsystem (Pumpe und Ventilator) dominiert. Ist der Bedarf an elektrischer Leistungsaufnahme im Verhältnis zur thermischen Leistungsaufnahme vernachlässigbar klein, so wird üblicherweise nur die thermische Leistungszahl (COP_{th}) angegeben.

17.1.1.3 Raumlufttechnische Anlagen mit Wärmerückgewinnung

Lüftungsanlagen sorgen für den notwendigen Luftwechsel in neuen oder energetisch sanierten Gebäuden, die aufgrund von hohen Energiestandards weitestgehend luftdicht ausgeführt sind. Lüftungsanlagen mit Wärmerückgewinnung nutzen die Wärme in der Abluft und reduzieren damit den Heizbedarf im Gebäude. Dazu wird die zugeführte Frischluft vor der Verteilung in die einzelnen Räume über einen Wärmetauscher geleitet und vor-

---

[1] Energy Efficiency Ratio.
[2] Coefficient of Performance.

gewärmt. Im Sommer kann die Frischluftzufuhr durch Einsatz eines Erdwärmetauschers gekühlt werden. Bei einem Wirkungsgrad des Wärmetauschers von mindestens 80 % können die Lüftungswärmeverluste halbiert werden. Der Kreislauf wird geschlossen, indem die Abluft abgesaugt und über den Wärmetauscher geleitet wird.

17.1.2 Status quo und Entwicklungsziele

Kompressionskältemaschinen sind eine etablierte Technologie. Demnach sind aktuelle Forschungs- und Entwicklungsvorhaben bei den Herstellern der Komponenten und Systemanbietern anzusiedeln (bspw. Verbesserung der Laufradgeometrie bei Turboverdichtern zur Steigerung des Wirkungsgrades, Einsatz von Scroll-Verdichtern etc.). Ein wichtiger Entwicklungstrend in der Klimabranche ist die Umstellung der Kältemittel. Bisher werden fast ausschließlich fluorierte Kohlenwasserstoffe (F-Gase) eingesetzt, die aufgrund ihres hohen Treibhauspotenzials stark in der Kritik stehen. Als Alternative wird daher vermehrt Kohlendioxid (R-744) als Kältemittel eingesetzt. Dieses erfordert allerdings die Auslegung des Kühlkreislaufs der Kältemaschinen auf höhere Drücke, weswegen derzeit eine entsprechend Technologieentwicklung stattfindet [2].

Bei thermischen Kältemaschinen liegt der Fokus auf der Entwicklung kleiner Leistungsbereiche, um die Anlagen wirtschaftlicher und serienreif zu machen [2]. Auch eine verstärkte Nutzung von Fernwärme in Kombination mit dezentralen Absorptionskältemaschine und der daraus resultierenden besseren Auslastung der Fernwärmenetze könnte ein Treiber für diese Technologie sein.

Mit dem Erneuerbaren-Energien-Wärmegesetz (EEWärmeG) wird seit 2009 eine Nutzungspflicht für erneuerbare Energien in allen Neubauten vorgeschrieben. Diese lässt sich jedoch ersatzweise durch die Nutzung von Abwärme durch Einbau einer RLT-Anlagen mit Wärmerückgewinnung erfüllen, wenn mindestens 50 % des Wärme- und Kälteenergiebedarfs damit gedeckt werden und der Wärmerückgewinnungsgrad mindestens 70 % beträgt. Mechanische Lüftungsanlagen werden jedoch auch standardmäßig in Niedrigenergie- und Passivhäusern eingebaut, da die Dichtheit der Gebäudehülle dies erforderlich macht. Der Entwicklungsstand der Kühlkonzepte ist in Tab. 17.1 dargestellt.

Tab. 17.1 Entwicklungsstand der Kühlkonzepte

	Kommerziell	Demonstration	F&E	Ideenfindung
Kompressions-Kälteanlage	X			
Sorptions-Kälteanlage	X			
RLT-Anlagen mit WRG	X			

17.1.3 Technische Kenndaten

Der Wirkungsgrad von Kompressionskälteanlagen ist immer im Kontext der konkreten Auslegung zu betrachten. Dabei handelt es sich in der Regel um gewerbliche Anwendungen mit Kapazitäten größer 10 kW. Der Wirkungsgrad variiert demnach stark in Abhängigkeit von der gewählten Verdichtertechnologie (Turboverdichter, Scroll-Verdichter etc.), der Auslegung des Rückkühlsystems und der Systemgröße (Rohrleitungsdesign). Die Jahresarbeitszahl der Gesamtinstallation beträgt durchschnittliche 2,5 für luftgekühlte und 3,5 für wassergekühlte Systeme [2]. Tabelle 17.2 gibt einen Überblick über technische Kenndaten von gängigen Sorptions-Anlagen im Kältebetrieb an. Die thermischen Leistungszahlen variieren in Abhängigkeit von der Leistung und den eingesetzten Sorbienten.

17.2 Zukünftige Anforderungen und Randbedingungen

17.2.1 Gesellschaft

Kompressionskältemaschine stehen wegen ihrem hohen Strombedarf in der Kritik, während Sorptions-Kältemaschinen aufgrund der hohen Investitionen oftmals keine Alternative darstellen. Es gilt daher zunächst Kühllasten zu vermeiden, indem durch einen intelligenten Gebäudeentwurf, der natürliche Kältequellen nutzt, eine hohe energetische Qualität der Gebäudehülle angestrebt wird. In diesem Zusammenhang stellen die Bauteilaktivierung und Flächenkühlsysteme innovative Konzepte der passiven oder „stillen" Kühlung dar. Nutzerseitig bestehen insbesondere bei dezentralen Klimageräten im Wohngebäudebereich Akzeptanzprobleme aufgrund der Geräuschbelastung.

17.2.2 Kostenentwicklung

Ein Überblick der spezifischen Investitionen für Raumklimageräte in Abhängigkeit der Leistungszahl wird in Tab. 17.3 gegeben.

Tab. 17.2 Technische Kenndaten von Sorptions-Kälteanlagen im großtechnischen Bereich (> 7,5 kW) [3]

	Adsorption		Absorption		
	Wasser/ Kieselgel	Wasser/ Zeolith	Wasser/Lithium-bromid, einstufig	Wasser/Lithium-bromid, zweistufig	Ammoniak/ Wasser
Wärmequelle [°C]	60–90	45–95	75–110	135–200	65–180
Kapazität [kW]	7,5–500	9–430	10,5–20.000	174–6000	14–700
COPth (kühlen)	0,5–0,7	0,5–0,6	0,6–0,7	0,9–1,3	0,5–0,7

Tab. 17.3 Wirtschaftliche Kenndaten dezentraler Klimakältesysteme für Anwendungsbereiche < 7,5 kW [2, 3]

	El. Leistungszahl, Norm (gemessen)	Investitionen [EUR/kW]
Split- und Monoblockgeräte	2	30
	3	380
	4	730

Tab. 17.4 Wirtschaftliche Kenndaten von Kühlsystemen für Anwendungsbereiche > 7,5 kW. (In der Regel gewerblicher Bereich [2])

	Bereich [kW]	Investitionen (ca.) [EUR/kW]
Kompressions-Kälteanlage	10–1000	290
	1001–2000	220
	2001–6000	200
	6001–10.000	190
Einstufige AKM	7,5–20	2400
	21–100	1300
	101–500	600
	501–1000	400
	1001–1500	300
Zweistufige AKM	400–1000	230
	1001–2000	150
	2001–3000	120
	3001–5000	110

Tabelle 17.4 stellt wirtschaftliche Eckdaten von zentralen Klimakältesystemen dar, die insbesondere im gewerblichen und industriellen Bereich zum Einsatz kommen. Die jährlichen Wartungs- und Instandhaltungskosten können mit 1 % der Investitionssumme angesetzt werden [2].

17.2.3 Politik und Regulierung

Die in Klimakältesystemen verwendeten Kältemittel müssen ordnungsrechtliche Vorgaben einhalten, die dem Schutz der Umwelt und der Sicherheit dienen (ChemOzon-SchichtV, ChemKlimaschutzV, usw.). Mit der EU-Verordnung über fluorierte Treibhausgase (F-Gas-V) wird der Einsatz von Kältemittel mit einem hohen Treibhausgasfaktor zukünftig eingeschränkt. Die Verordnung betrifft sowohl bestehende als auch neue Anlagen, wobei unterschiedliche Grenzwerte gelten, und Verbote schrittweise ab dem Jahr 2020 und ab 2025 eingeführt werden. Die EU-Öko-Design-Richtlinie stellt seit dem Jahr 2013 Vorgaben an die Mindesteffizienz, die Leistungsaufnahmen sowie die Schallemissionen von elektrisch betriebenen Raumklimageräte bis 12 KW Nennleistung.

Darüber hinaus werden die Hersteller seit dem Jahr 2013 durch die EU-Energielabel-Verordnung zu einer Energieklassenkennzeichnung (A+++ bis D) der Geräte verpflichtet.

Die Vermeidung von Kühllasten und damit auch einer aktiven Raumklimatisierung durch Kältemaschinen ist aus Effizienzgründen erstrebenswert und drückt sich regulatorisch auch in der Energieeinsparverordnung mit der Anforderung an den sommerlichen Wärmeschutz aus [4]. Mechanische Lüftungsanlagen mit WRG stellen hingegen eine effiziente Technologie dar, um Abwärme zu nutzen. Im Rahmen der KfW-Programme „Energieeffizientes Bauen" und „Energieeffizientes Sanieren" werden diese Technologien sowohl in Neubauten als auch in Bestandsgebäuden gefördert. Wie bereits beschrieben, gilt die Technologie als Erfüllungsoption des EEWärmeG, sofern bestimmte Effizienzkriterien eingehalten werden (vgl. Abschn. 17.1.2). Mit der letzten Novelle der EnEV im Jahr 2013 werden die Anforderungen an die Neubauten ab dem Jahr 2016 noch einmal verschärft, sodass der Einsatz mechanischer Lüftungsanlagen in Neubauten wahrscheinlicher wird. Spätestens mit der Einführung des sogenannten Niedrigstenergiegebäudestandards, welcher durch die Gebäuderichtlinie der Europäischen Union ab dem Jahr 2021 für alle Neubauten gefordert wird, wird der Einbau mechanischer Lüftungsanlagen in allen neuen Gebäuden erforderlich werden.

17.2.4   Marktrelevanz

Klimakältesysteme
Nach der AG Energiebilanzen (AGEB) betrug im Jahr 2011 der Endenergiebedarf für Klimakälte im Gebäudebereich in Deutschland rund 8,7 TWh, was einem Anteil am gesamten Endenergiebedarf (ohne Verkehrssektor) von 0,56 % entspricht [5]. Der weitaus größte Anteil entfällt dabei auf die strombasierte Kälteerzeugung mit rund 8 TWh, weitere 0,7 TWh entfallen auf gasbefeuerte thermische Kältemaschinen. Die von der AGEB ausgewiesenen Zahlen beinhalten jedoch nur die Sektoren GHD und Industrie – für den Haushaltsbereich liegen keine Zahlen vor.

Bestands- und Absatzzahlen von Raumklimageräten bis 12 kW, die auch den Haushaltsbereich mit einschließen, werden jedoch in einer von Umweltbundesamt veröffentlichten Studie aufgezeigt [6]. Abbildung 17.2 zeigt die darin ermittelten Bestandszahlen sowie die Prognose bis zum Jahr 2030 – gegliedert nach verschiedenen Technologien und Einsatzgebieten. Im Haushaltsbereich (Wohnen) kommen demnach überwiegend bewegliche Geräte (Monoblockgeräte) zum Einsatz. Im Jahr 2010 wird der Bestand mit rund 624.000 Anlagen beziffert. Reversible Splitgeräte, die sowohl heizen als auch kühlen, kommen überwiegend in Büro- und Einzelhandelsgebäuden vor. Die Gesamtleistung der erfassten Raumklimageräte bis 12 kW wird für das Jahr 2010 mit 9,6 GW beziffert.

Lüftungsanlagen
Getrieben durch gestiegene Effizienzanforderungen an Gebäude wächst der Markt für mechanische Lüftungsanlagen in Deutschland. Abbildung 17.3 zeigt die Entwicklung zen-

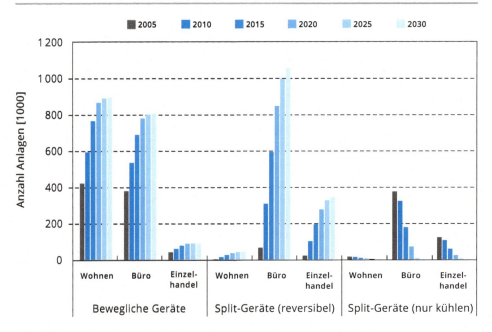

Abb. 17.2 Bestandsdaten und Prognose Raumklimageräte bis 12 kW. (Quelle: eigene Darstellung basierend auf [6]; mit freundlicher Genehmigung von © Fraunhofer ISI Karlsruhe, All Rights Reserved)

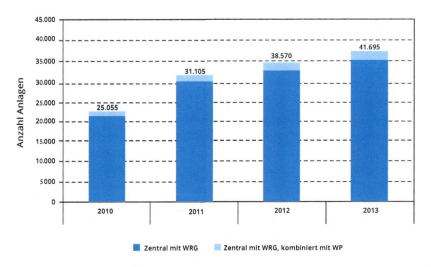

Abb. 17.3 Marktentwicklung zentraler Lüftungssysteme mit WRG in Wohngebäuden. (Quelle: eigene Darstellung basierend auf [7]; mit freundlicher Genehmigung von © Fraunhofer ISI Karlsruhe, All Rights Reserved)

traler Wohnungslüftungsgeräte mit WRG. Nachdem der Markt im Jahr 2011 um 40 % gewachsen ist, verzeichnet er in den Jahren 2012 und 2013 ein jährliches Wachstum von rund 9 % [7]. Zentrale Wohnungslüftungssysteme werden überwiegend im Neubau eingesetzt, weswegen der Absatz auch mit der Bautätigkeit korreliert. So ist der starke Wachstum im Jahr 2011 insbesondere auf den Anstieg bei den Baufertigstellungen zurückzuführen. Neben den dargestellten zentralen Wohnungslüftungsgeräten werden dezentrale Anlagen – mit und ohne WRG – vorwiegend bei der Renovierung von Wohngebäuden eingesetzt. Eine Studie von *Interconnection Consult* ermittelt für das Jahr 2012 den Anteil dezentraler Anlagen mit WRG am Gesamtmarkt kontrollierter Wohnungslüftungsgeräte mit 31,2 %, sowie einen Anteil von 45,6 % für dezentrale Abluftanlagen [8]. Demnach lässt sich der Gesamtabsatz kontrollierter Wohnungslüftungsgeräte für das Jahr 2012 mit rund 166.000 Anlagen beziffern. Hinzu kommen rund 43.000 Lüftungsanlagen im Nichtwohngebäudebereich – Industrie und Gewerbe [9].

17.2.5 Mögliche Wechselwirkungen mit anderen Technologien und Technologiefeldern

Wechselwirkungen ergeben sich insbesondere mit gebäudeseitigen Effizienzmaßnahmen, welche sich einerseits positiv auf die Entwicklung von Lüftungsanlagen auswirken, den Bedarf an Klimatisierungssysteme jedoch verringern (vgl. Abschn. 17.2.1). Während mechanische Lüftungsanlagen in gedämmten Gebäuden verstärkt zum Einsatz kommen, um den notwendigen Luftwechsel zu garantieren und Schimmelpilzbildung vorzubeugen, werden Kühllasten und damit der Bedarf an aktiver Raumkühlung durch bauliche Maßnahmen bzw. passive Kühlung reduziert.

17.2.6 Game Changer

Die Novellierung der Energieeinsparverordnung im Jahr 2009 hat den Markt für mechanische Lüftungsanlagen geschaffen [8]. Mit der letzten Novelle im Jahr 2013 und der Anforderung an den Nachweis eines sommerlichen Wärmeschutzes verstärkt sich die Notwendigkeit zur Installation mechanischer Lüftungsanlagen in Neubauten. Im Bereich der Bestandsgebäude aber auch im Neubau wird die Zunahme von Niedrigenergie- und Passivhäuser insbesondere durch die Förderprogramme der KfW getrieben. Insofern würde sich eine Kürzung oder Aussetzung der Finanzmittel für die KfW Programme negativ auswirken. Des Weiteren ist der Markt im Bereich des Neubaus von der Entwicklung der Baukonjunktur abhängig.

17.3   Technologieentwicklung

17.3.1   Entwicklungsziele

Entwicklungsziele im Hinblick auf die Anlagen sind heterogen und liegen intern bei den Komponentenherstellern. Konkrete Ziele sind zurzeit nicht bekannt.

17.3.2   F&E-Bedarf und kritische Entwicklungshemmnisse

Sorptions-Kältemaschinen und Sorptions-Wärmepumpen sind technologisch identisch, bzw. oft handelt es sich um identische Anlagen, die reversibel betrieben werden können. Die Forschungs- und Entwicklungsaktivitäten im Bereich der Komponenten decken sich daher und es wird auf die Technologiebeschreibung der Wärmepumpen verwiesen.

Da viele Klimaanlagen typischerweise tagsüber laufen, tragen sie, wenn es sich um Kompressionsanlagen handelt, erheblich zur Stromlastspitze im Sommer bei. Optionen zur Lastverlagerung sind daher von hoher Relevanz. Dies ist beispielsweise mit Eisspeichern oder solarunterstützter Raumklimatisierung zu realisieren. Da die Eisspeicher-Technologie am Markt verfügbar ist, geht es an dieser Stelle hauptsächlich darum, mögliche Lastverschiebungspotenziale abzuleiten und ökonomisch zu bewerten [10]. Hier besteht noch systemischer Forschungsbedarf, da diese Konzepte noch in der Ideenfindung sind.

Roadmap – Raumlufttechnik und Klimakältesysteme

Beschreibung

Lüftungsanlagen	Teilklimaanlagen	Klimaanlagen	Nur Luft: • Konstanter Volumenstrom • Variabler Volumenstrom	Luft–Wasser: • Induktion • Ventilatorkonvektor • Flächenkühlsyteme • Bautellaktivierung
1 thermische Behandlungsfunktion	1-2 thermische Behandlungsfunktionen	4 thermische Behandlungsfunktionen	Luft–Kältemittel– Raumklimageräte: • Kompakt • Split	
	Kühlen | Entfeuchten | Befeuchten | Heizen (WRG)		• Multisplit	

Entwicklungsziele

- Komponentenebene
  - Einsatz drehzahlgeregelter Elektromotoren
  - Einsatz bedarfsangepasster Wärmetauscher
  - Einsatz natürlicher Kältemittel

- Systemebene:
  - Einsatz von reversiblen Anlagen (heizen und kühlen) im Gebäudesektor
  - Einsatz von Kältespeichern (Eisspeicher etc.) im Gebäude- und industriellen Sektor

Technologie-Entwicklung

Bestandsentwicklung von Raumklimageräten
(≤12 kW in Deutschland nach Sektor, gerundet, Prognose gemäß UBA)
Wohnen ~[Stk.]

624 000	940 000	–

Büro ~[Stk.]

1 174 000	1 825 000	–

Einzelhandel ~[Stk.]

267 000	422 000	–

Absatz, Bestand und Ø Leistung von Raumklimageräten
(≤12 kW in Deutschland, gerundet, Prognose gemäß UBA)
Absatz ~[Stk.]

181 000	222 000	–

Bestand ~[Stk.]

2 100 000	3 200 000	–

Ø Leistung ~[Stk.]

4,7	4,7	–

COPth, kühlen, heizen [–] und (Temperaturbereich Wärmequelle [°C]) für Sorptions-Kälteanlagen, Systeme größer 7,5 kW bis 20 MW
Absorption

0,5–0,7 1,3–1,6 (45–95)	–	–

Absorption, einstellig

0,5–0,7 1,4–1,6 (65–180)	–	–

Absorption, zweistellig

0,9–1,3 1,8–2,2 (135–200)	–	–

heute	2020	2030 ▶

Roadmap – Raumlufttechnik und Klimakältesysteme

F&E-Bedarf

systemisch: Machbarkeitsuntersuchung zum Einsatz von Kältespeichern für unter-   ▶
schiedliche Anwendungsbereiche

technisch: Aufbau von Testständen für hocheffiziente reversible Wärmepumpen   ▶
(heizen und kühlen)

heute	5 bis 10 Jahre ▶

Gesellschaft

- Kein Akzeptanzrisiko
- Kundenwahl hängt im Wohnbereich von wirtschaftlichen Kalkülen, Regularien und Komfortansprüchen ab.

Politik & Regulierung

- Für elektrisch betriebene Raumklimageräte bis 12 kW gelten:
  - Öko-Design Richtlinie für Mindesteffizienz und Schallemissionen
  - EU-Energielabel-Verordnung, Energieklassenkennzeichnung (A+++ bis D)
- WRG-Anlagen werden im Rahmen der KfW-Programme „Energieeffizientes Bauen" und „Energieeffizientes Sanieren" gefördert.

Kostenentwicklung

- Economy of Scale-Potenziale für Raumklimageräte sind vermutlich schon ausgeschöpft, da der Markt schon lange existiert.

Marktrelevanz

- Gebäudesektor (Klimaanlagen ≤ 12 kW):
- Steigende Absatzprognose bis 2025
- Kapazitätsprognose 2025: 15 GW installierte elektrische Leistung für Raumklimageräte
- Sektorale Unterschiede bei Prognose zur Absatzsteigerung (Steigerung von 2010 auf 2025):
  - Wohnen ca. 11 %
  - Büro ca. 26 %
  - Einzelhandel ca. 28 %
- Gebäudesektor (gewerblich):
  - Zunahme an sorptiven Konzepten zu erwarten (z. B. Supermarkt: KWK und Sorptionskälte etc.)
- Haushalte: Pilotstatus
- Marktrelevanz abhängig von Kostenentwicklung im Vergleich zu anderen Flexibilitätspotenzialen (beispielsweise Speicher) und Flexibilitätsbedarf generell

Wechselwirkungen / Game Changer

Game Changer

- Aussetzen der KfW-Programme „Energieeffizientes Bauen" und „Energieeffizientes Sanieren" würde die prognostizierte Marktzunahme von WRG-Systemen unter Umständen reduzieren.

17.4 Abkürzungen

COP   Coefficient of performance
EER   Energy efficiency ratio
EEWärmeG Erneuerbare-Energien-Wärmegesetz
EnEV   Energieeinsparungsverordnung
JAZ   Jahresarbeitszahl
KWK   Kraft-Wärme-Kopplung
RLT   Raumlufttechnik
SEER   Seasonal energy efficiency ratio
WRG   Wärmerückgewinnung

Literatur

1. Deutsches Institut für Normung e. V. (2011) DIN V 18599-7: Energetische Bewertung von Gebäuden – Berechnung des Nutz-, End- und Primärenergiebedarfs für Heizung, Kühlung, Lüftung, Trinkwarmwasser und Beleuchtung – Teil 7: Endenergiebedarf von Raumlufttechnik- und Klimakältesystemen für den Nichtwohnungsbau. Beuth Verlag, Berlin

2. Dengler J, Kost C, Henning H-M, Schnabel L, Jochem E, Toro F; Reitze F; Steinbach J (2011) Erarbeitung einer integrierten Wärme- und Kältestrategie. Arbeitspaket 1 – Bestandsaufnahme und Strukturierung des Wärme- und Kältebereichs. Forschungsbericht im Auftrag des Bundesministeriums für Umwelt, Naturschutz und Reaktorsicherheit 2011

3. European Technology Platform on Renewable Heating and Cooling (2013) Strategic Research Priorities for Renewable Heating & Cooling Cross-Cutting Technology. RHC-Platform (Hrsg.), Brüssel

4. Juris GmbH (2013) Verordnung über energiesparenden Wärmeschutz und energiesparende Anlagentechnik bei Gebäuden (Energieeinsparverordnung – EnEV). Ausfertigungsdatum 24.07.2007. Vollzitat: „Energieeinsparverordnung vom 24. Juli 2007 (BGBl. I S. 1519), die zuletzt durch Artikel 1 der Verordnung vom 18. November 2013 (BGBl. I S. 3951) geändert worden ist"

5. Ziesing H-J, Rohde C, Eichhammer W, Kleeberger H, Tzscheutschler P, Geiger B, Frondel M, Ritter N (2013) Anwendungsbilanzen für die Endenergiesektoren in Deutschland in den Jahren 2010 und 2011. AGEB, Berlin

6. Barthel C, Franke M, Müller P, Dittmar C (2010) Analyse der Vorstudien für Wohnungslüftung und Klimageräte. Im Auftrag des Umweltbundesamtes. Wuppertal Institut für Klima, Umwelt, Energie GmbH, Europäisches Testzentrum für Wohnungslüftungsgeräte e. V., Dessau-Roßlau

7. Fachverband Gebäude-Klima e. V. (FGK) (2015) Kontrollierte Wohnungslüftung: Wachstum 2013 ungebremst. http://www.fgk.de/index.php/presse, zugegriffen am 20.01.2015

8. tab Das Fachmedium der TGA-Branche (2013) Exklusiver Online-Beitrag: Der Markt für kontrollierte Wohnraumlüftung. Studienergebnisse für die Märkte in Deutschland, Österreich und Schweiz. http://www.tab.de/artikel/tab_Der_Markt_fuer_kontrollierte_Wohnraumlueftungen_1632787.html, zugegriffen am 20.01.2015

9. tab Das Fachmedium der TGA-Branche (2013) Marktdaten für Lüftungsgeräte. Studie zu
    Deutschland, Österreich, Tschechien und Slowakei. http://www.tab.de/news/tab_Marktdaten_
    fuer_Lueftungsgeraete_1771136.html, zugegriffen am 20.01.2015

10. Deforest N, Wei F, Lai J, Marnay C, Mendes G (2013) Thermal energy storage for electricity
    peak-demand mitigation: a solution in developing and developed world alike. In: ECEEE Sum-
    mer Study Proceedings 2013

Wärmepumpen

Ali Aydemir

18.1 Technologiebeschreibung

Die Wärmepumpe wendet in einem Kreisprozess technische Arbeit auf, um der Umgebung thermische Energie zu entziehen. Diese Energie wird dann durch Verdichtung eines verdampften Kältemittels auf ein höheres Temperaturniveau gebracht und Heizzwecken zugeführt. Dabei sind die verfügbaren Wärmequellen Grund- und Oberflächenwasser, Außenluft, Erdreich und die Umwelt (Kombination aus Außenluft, Sonnenstrahlung, Regen und Wasserdampf). Ein Wärmepumpensystem zur Endenergiebereitstellung besteht aus den drei Systemelementen:

- der Wärmequellenanlage, die den Entzug der Energie aus der Wärmequelle bewerkstelligt,
- der Wärmepumpe[1], welche als zentrales Element bestehend aus Verdampfer, Verdichter, Kondensator und Drossel die Erhöhung des Temperaturniveaus technisch realisiert, und
- der Wärmesenkeanlage, welche die durch die Wärmepumpe auf ein höheres Temperaturniveau gebrachte Wärme einspeist oder verwendet.

Die Wärmepumpen-Systeme lassen sich nach dem Arbeitsprinzip unterteilen in Kompressions-, Vuilleumier- und Sorptions-Wärmepumpen. Im Folgenden wird auf die Funktionsweise und die wesentlichen technischen Eigenschaften der einzelnen Konzepte eingegangen. Zudem wird jedes Konzept in eines von vier Entwicklungsstadien eingeordnet und – sofern vorhanden – die bestehende Marktgröße evaluiert.

---

[1] Als Kältemittel werden im Gebäudebereich üblicherweise R410a und R134a verwendet.

Ali Aydemir ✉
Fraunhofer-Institut für System- und Innovationsforschung ISI, Karlsruhe, Deutschland
url: http://www.isi.fraunhofer.de

© Springer Fachmedien Wiesbaden 2015
M. Wietschel et al. (Hrsg.), *Energietechnologien der Zukunft*,
DOI 10.1007/978-3-658-07129-5_18

18.1.1 Funktionale Beschreibung

18.1.1.1 Kompressionswärmepumpen

Unter den Wärmepumpensystemen haben elektrisch betriebene Kompressionswärmepumpen derzeit die größte Verbreitung erreicht und verfügen über den am weitesten entwickelten technischen Standard. Diese Wärmepumpensysteme können auch mit Erdgas oder Dieselkraftstoff betrieben werden. Dabei treibt ein Verbrennungsmotor den Verdichter anstatt eines elektrischen Motors. Ein Teil der Abwärme des Verbrennungsprozesses kann genutzt werden, indem Abwärme aus dem Abgas über einen Wärmetauscher wiedergewonnen wird. Deshalb arbeiten Gas-Kompressionswärmepumpen aus primärenergetischer Sicht effizienter als elektrisch betriebene Kompressionswärmepumpen. Elektrisch betriebene Kompressionswärmepumpen kommen vorwiegend im Wohnungssektor zum Einsatz und werden üblicherweise nach genutzter Wärmequelle klassifiziert. Folgende drei Wärmepumpen-Technologien sind gängig:

- Sole/Wasser-Wärmepumpe (S/W-WP): Als Wärmequelle wird Erdwärme genutzt. Der Wärmeentzug erfolgt über unterhalb der Erde verlegte Kollektoren oder über vertikal verlegte Erdwärmesonden. Das Wärmeträgermedium ist ein Gemisch aus Frostschutzmittel (Sole) und Wasser.
- Wasser/Wasser-Wärmepumpe (W/W-WP): Als Wärmequelle wird Grundwasser verwendet, das mit einer Pumpe zur Wärmepumpe und nach Wärmeabgabe wieder in den Boden befördert wird.
- Luft/Wasser-Wärmepumpe (L/W-WP): Als Wärmequelle wird Außenluft genutzt. Die Wärmepumpe kann dabei im Freien oder im Gebäude aufgestellt werden. Bei Innenaufstellung wird die Außenluft über gut gedämmte Luftkanäle zur Wärmepumpe hin befördert. Bei Außenaufstellung wird die draußen erwärmte Luft über im Boden verlegte gedämmte Rohre zum Gebäude befördert.
- Luft/Luft-Wärmepumpe (L/L-WP): Als Wärmequelle wird ebenfalls Außenluft genutzt. Im Unterschied zur L/W-Wärmepumpe erfolgt die Wärmeverteilung im zu beheizenden Gebäude nicht über einen Wasserkreislauf, sondern über Luft als Wärmeträger. Zudem kommen L/L-WP vorzugsweise in Gebäuden mit Lüftungsanlagen mit Wärmerückgewinnung zum Einsatz. Dort wird die Abwärme der Abluft zur Effizienzsteigerung des gesamten Lüftungssystems genutzt.

Zur stationären Bewertung einer elektrisch angetriebenen Wärmepumpe kann das Verhältnis aus Leistungsaufnahme zur abgegebenen Wärmeleistung herangezogen werden (Coefficient of Performance (COP)). Bei elektrisch betriebenen Kompressionswärmepumpen wird demnach die elektrische Leistungsaufnahme ins Verhältnis zur abgegebenen Wärmeleistung gesetzt. Zur saisonalen Bewertung wird dann üblicherweise die Jahresarbeitszahl verwendet, die für ein Jahr die aufgewendete elektrische Energie ins Verhältnis zur abgegebenen Wärmeleistung setzt. Zur Prognose der Jahresarbeitszahl auf Basis gemessener Leistungszahlen können unterschiedliche Normen herangezogen werden. In Deutschland ist die VDI 4650 Blatt 1 ein gängiges Beispiel [1]. Dort kann die Jahresarbeitszahl entsprechend zwei Systemgrenzen ermittelt werden (Wärmepumpe und Wärmepumpenanlage). Die dort ermittelte, prognostizierte Jahresarbeitszahl für die installierte Wärmepumpe und die Gesamt-Jahresarbeitszahl der Wärmepumpenanlage wird neben anderen Faktoren in Deutschland zum Nachweis der Förderfähigkeit entsprechend BAFA herangezogen. Abschließend ist anzumerken, dass die Systemgrenzen und die Berechnungsmethodik zur Prognose je nach Norm unterschiedlich sind.

18.1.1.2 Vuilleumier-Wärmepumpen

Die Vuilleumier-Wärmepumpe, benannt nach dem französischen Ingenieur Rudolph Vuilleumier, wird wie eine Absorptionswärmepumpe mit Erdgas betrieben und nutzt als Antrieb einen regenerativen Gas-Kreisprozess mit Helium als Arbeitsmedium. Bei diesem Prozess können zwei Wärmequellen mit unterschiedlichen Temperaturniveaus benutzt werden. Eine Kommerzialisierung dieser Technologie für Heizzwecke ist noch nicht abzusehen.

18.1.1.3 Sorptions-Wärmepumpen

Sorptions-Wärmepumpen lassen sich in Absorptions- und Adsorptionswärmepumpen unterteilen. Absorptionswärmepumpen werden in der Regel mit Erdgas betrieben und nutzen den physikalischen Effekt der Mischungsenthalpie zweier Flüssigkeiten bzw. Gase. Sie verfügt über einen Lösungsmittelkreis und einen Kältemittelkreis. Das Kältemittel wird im Lösungsmittel wiederholt gelöst bzw. ausgetrieben. Im Gegensatz zur Absorptionswärmepumpe basiert die Adsorptionswärmepumpe auf Feststoffen wie beispielsweise Aktivkohle, Silicagel oder Zeolith. Die Adsorptionswärmepumpe arbeitet ebenfalls in einem Kreisprozess, der allerdings periodisch abläuft und ein Vakuumsystem erfordert. Der apparative Aufwand ist allerdings aufgrund der Vakuumtechnik bei dieser Wärmepumpen-Bauart recht groß. Ad- und Absorptionswärmepumpen sind bereits kommerziell verfügbar. Für die Bewertung der Effizienz einer thermisch angetriebenen Sorptions-Wärmepumpe wird üblicherweise die thermische Leistungszahl (COP thermisch) angegeben. Sie ist das Verhältnis aus erzeugter Nutzwärme zur eingesetzten Wärme.

18.1.2 Status quo und Entwicklungsziele

Insgesamt gehören die elektrisch angetriebenen Kompressionswärmepumpen heute zu den in der Heizungstechnik ausgereiften und umweltschonenden Heizsystemen. Mit einem Bestand von ca. 390.000 Wärmepumpen und einem Marktanteil von 8,3 % am Gesamtmarkt für Wärmeerzeuger im Jahr 2010 ist die Technologie im deutschen Heizungsmarkt etabliert [2]. Der Absatz wird nicht mehr nur noch durch den Neubau-, sondern auch durch den Renovierungsbereich angetrieben. Der anteilige Absatz von elektrisch angetriebenen Wärmepumpen zu Renovierungszwecken (inklusive Brauchwasser-WP) lag von 2005 bis 2009 beständig über 70 %. Unter den Technologien sind Sole/Wasser- und Luft/Wasser-

Tab. 18.1 Entwicklungsstand der Wärmepumpenkonzepte

	Kommerziell	Demonstration	F&E	Ideenfindung
Kompressionswärmepumpe	X			
Vuilleumier-Wärmepumpe				X
Sorptions-Wärmepumpe	X			

Wärmepumpen mit Marktanteilen von 47 bzw. 46 % die am Markt dominanten Technologien (bez. auf 2010). Dabei hat die Luft/Wasser-Technologie ihren Marktanteil von 27 % im Jahr 2005 kontinuierlich ausgebaut. Der geringere Platzbedarf durch die entfallende Bohrung im Gegensatz zu in der Regel geothermisch gespeisten Sole/Wasser-Wärmepumpen führt dazu, dass diese Technologie bevorzugt im Renovierungsbereich angewandt wird [1, 2].

Thermisch angetriebene Sorptions-Wärmepumpen sind kommerziell verfügbar und vor allem im Gewerbebereich anzutreffen. Treibender Faktor hierbei ist die Anwendung von integrierten Konzepten, die es ermöglichen, kombinierte Lösungen für Heiz-, Warmwasser- und Kühlanwendungen zu installieren. Darüber hinaus lässt sich über Kopplung mit anderen energietechnischen Anlagen (bspw. KWK) und/oder Prozessen die Energiebilanz des Gebäudes durch Nutzung von Abwärme verbessern [3]. Des Weiteren sind thermisch angetriebene Sorptions-Wärmepumpen bereits in ab- und adsorptiver Ausführung für den Haushaltsbereich kommerziell verfügbar. Bei den realisierten Konzepten ist der Anteil der genutzten Umgebungswärme niedriger als bei elektrisch angetriebenen Wärmepumpen, jedoch kann der Primärenergieeinsatz auf vergleichbarem Niveau liegen. Der Bestand thermisch angetriebener Sorptions-Wärmepumpen für den Haushaltsbereich ist im Verhältnis zu den elektrisch angetriebenen Wärmepumpen vernachlässigbar klein. Chancen der Technologie werden vor allem im Renovierungsbereich als Nachfolgetechnologie für den Brennwertkessel gesehen [1, 4]. Tabelle 18.1 zeigt den Entwicklungsstand der Wärmepumpenkonzepte.

Elektrisch angetriebene Kompressionswärmepumpen für den Wohnungssektor befinden sich in der Wachstumsphase. Dementsprechend konzentrieren sich Forschung- und Entwicklungsziele hauptsächlich darauf, bestehende Prozesse und Komponenten zu verbessern. Schwerpunktmäßig lassen sich die Vorhaben in die Schlüsselbereiche Kühlmittel-, Prozess- und Steuerungsforschung aufteilen. Ziel der Kühlmittelforschung ist es, bis 2020 umweltverträglichere, nahezu klimaneutrale Kältemittel zu entwickeln bzw. anzuwenden (bspw. auf Basis von Kohlenwasserstoffen, CO_2, Ammoniak und Wasser). Bei der Prozessforschung werden neue Konzepte für Wärmetauscher (bspw. Mikrowärmetauscher auf Aluminiumbasis) entwickelt und getestet, um die energetische Ausbeute zu erhöhen. Zur Reduktion des Strombedarfs wird daran gearbeitet, die Zirkulationsmenge des Schmieröls zu reduzieren, drehzahlvariable Elektromotoren und neue Regelungskonzepte einzusetzen. Um die Nutzung elektrisch angetriebener Kompressionswärmepumpen in gewerblich genutzten Gebäuden stärker zu etablieren, werden Konzepte weiterentwickelt, bei denen Kühlen und Heizen simultan erfolgen [3].

Tab. 18.2 Technische Kenndaten von elektrisch angetriebenen Kompressionswärmepumpen im Vergleich [2]

	Sole/Wasser		Wasser/Wasser		Luft/Wasser	
	Heute	Bis 2025	Heute	Bis 2025	Heute	Bis 2025
Durchschnittliche JAZ [−]	4,4		4,4		3,3	
JAZ Neubau [−]	3,4	4,0	3,2	4,1	2,9	3,5
JAZ Renovierung [−]	3,1	3,7	2,9	3,8	2,7	3,0
Heizleistung [kW]	10,0	9,0	14,0	13,0	12	11,0

Thermisch angetriebene Sorptions-Wärmepumpen für den Wohnungssektor befinden sich in der Einführungsphase. Die Geschwindigkeit möglicher Weiterentwicklungen hängt maßgeblich davon ab, ob die Technologie als Nachfolgetechnologie des Brennwertkessels akzeptiert wird. Auch bei thermisch angetriebenen Sorptions-Wärmepumpen lassen sich die F&E-Vorhaben in die Schlüsselbereiche Kühlmittel-, Prozess- und Steuerungsforschung aufteilen. Bei Komponenten, die in beiden Konzepten vorkommen (Wärmetauscher, Kühlmittel und Steuerung) ergeben sich Schnittmengen in der Forschungsaktivität mit gleichen Zielsetzungen. Zudem wird zusätzlich daran gearbeitet neue Sorbienten zu entwickeln, die im Hinblick auf unterschiedliche klimatische Bedingungen getestet werden. Reversible Anlagen, die sequenziell kühlen und heizen, werden wahrscheinlich ab 2020 kommerziell verfügbar sein [3].

18.1.3 Technische Kenndaten

Ein Überblick über die technischen Kenndaten der im Hausbereich gängigen Wärmepumpenkonzepte wird in Tab. 18.2 gegeben. Die Werte beziehen sich dabei auf den Bestandsdurchschnitt elektrisch angetriebener Kompressionswärmepumpen in Leistungsklassen, die üblicherweise in Ein- bis Zweifamilienhäusern eingebaut werden. Die angegebenen Werte stützen sich auf Erhebungen der deutschen Wärmepumpenverbände (BDH und BDW) sowie auf zwei durch das Fraunhofer ISE großangelegte Feldtests für den Neu- und Altbau [5].

L/L-WP kommen in Gebäuden mit Lüftungsanlagen mit Wärmerückgewinnung zum Einsatz. In der Regel werden diese nur bei Gebäuden mit einem Wärmebedarf von unter 10 W/m^2 (Niedrigenergie- und Passivhäuser) eingesetzt. Dort sind L/L-WP der Wärmerückgewinnung nachgelagert. Sie entziehen der Abluft des Lüftungssystems Energie und führen diese der Zuluft zu. Infolgedessen steigt die Effizienz des gesamten Lüftungssystems. Eine JAZ über 3 wird gegenwärtig nur durch Einbindung zusätzlicher Wärmequellen (bspw. Erdkollektoren zur Luftvorwärmung) erreicht. L/L-WP eignen sich für den geringen Wärmebedarf von Niedrigenergie- und Passivhäusern, da dort in der Regel eine Lüftungsanlage vorgesehen wird [6].

Tab. 18.3 Technische Kenndaten von Sorptions-Wärmepumpen im großtechnischen Bereich (> 7,5 kW, in der Regel gewerblich) [3]

	Adsorption		Absorption		
	Wasser/ Kieselgel	Wasser/ Zeolith	Wasser/Lithium-bromid, einstufig	Wasser/Lithium-bromid, zweistufig	Ammoniak/ Wasser
Wärmequelle [°C]	60–90	45–95	75–110	135–200	65–180
Kapazität [kW]	7,5–500	9–430	10,5–20.000	174–6000	14–700
COPth (Heizen)	1,4–1,6	1,3–1,5	1,4–1,6	1,8–2,2	1,4–1,6

Für Sorptions-Wärmepumpen im Hausbereich gibt es noch keine Feldversuche, bei denen Jahresheizzahlen in größerem Umfang im realen Betrieb gemessen und ausgewertet wurden. Fachleute gehen von einer Jahresheizzahl von 1,3 aus [4, 5]. Technische Kenndaten für Sorptions-Wärmepumpen im großtechnischen Bereich (in der Regel gewerblich) sind in Tab. 18.3 dargestellt.

Grundlegend gilt für elektrisch betriebene Kompressionswärmepumpen, dass die Effizienz (bzw. der COP) mit geringeren Temperaturdifferenzen zwischen Wärmequelle und Wärmesenke zunimmt. Bei der Auslegung und Planung von elektrisch betriebenen Kompressionswärmepumpen ist es daher sinnvoll, auch energieeinsparende bzw. wärmedämmende Maßnahmen für Gebäudehüllen mit zu berücksichtigen. Unter Umständen kann so die prognostizierte Anschlussleistung und der daraus resultierende Stromverbrauch gesenkt werden. Infolgedessen können energieeinsparende Maßnahmen wirtschaftlich sein. Letztlich ist es daher sinnvoll, bei der Planung und Auslegung von Wärmepumpen energieeinsparende Maßnahmen zusätzlich auf ihre Wirtschaftlichkeit zu prüfen. Weitere Verbesserungsvorschläge für Auslegung, Installation und Betrieb der Pumpen sind im Feldtest-Bericht des Fraunhofer ISE angegeben [5]. Eine Kernaussage ist, „dass Energieeinsparpotenziale, vor allem hinsichtlich der Gebäudehülle", so gut wie möglich realisiert werden sollen. Der geringere Heizwärmebedarf wirkt sich durch den geringeren Leistungsbedarf der Wärmepumpe tendenziell positiv auf die Wirtschaftlichkeit aus. Weiterhin sind Heizkörper mit niedrigen Vorlauftemperaturen zu empfehlen, da der COP von Wärmepumpen mit fallenden Vorlauftemperaturen steigt. Diese Maßnahmen können in Neubauten als auch Bestandsgebäuden umgesetzt werden. Abschließend ist ersichtlich, dass beim Einsatz von Wärmepumpen in der konkreten Anwendung die systemische Abstimmung über unterschiedliche Gewerke hinweg (Gebäudeisolierung, Heizsystem, Warmwasseraufbereitung) sichergestellt werden muss [7].

18.2 Zukünftige Anforderungen und Randbedingungen

18.2.1 Gesellschaft

Elektrisch betriebene Wärmepumpen für den Gebäudebereich unterliegen keinen Akzeptanzproblemen in der Bevölkerung. Ihr Erfolg hängt maßgeblich von wirtschaftlichen Kalkülen ab. Wärmepumpen für den Industriebereich hingegen haben Akzeptanzprobleme, die nicht nur wirtschaftlichen Kalkülen (bspw. Versorgungssicherheit) unterliegen. Diese Hemmnisse werden in Abschn. 18.3.2 ausführlicher diskutiert.

18.2.2 Kostenentwicklung

Ein Überblick über notwendige Investitionen für die im Hausbereich gängigen Wärmepumpenkonzepte mit einer Leistung bis 15 kW ist in Tab. 18.4 gegeben. Bei den Kosten handelt es sich um mittlere Nettoinvestitionen der durch die BAFA geförderten Wärmepumpenanlagen. Die Zahlen entstammen der Förderstatistik des BAFA. Bei Beantragung einer Förderung gibt der Antragsteller die Investitionen der Wärmepumpeninstallation an. Der Anteil des Gerätepreises bezieht sich auf durchschnittliche Netto-Gerätepreise für eine Wärmepumpe mit einer Heizleistung von max. 15 kW (Stand April 2009). Die Zahlen wurden durch das GZB in Bochum veröffentlicht [8]. Die leistungsspezifischen Investitionen beinhalten Gerätekosten, Kosten für die Wärmequellenerschließung sowie Kosten für zusätzliches Material und Montage. Betriebskosten werden nicht angegeben, da diese stark vom Erwerbszeitpunkt und den jeweils abgeschlossenen Stromlieferverträgen für die jeweilige Wärmepumpe abhängen.

Tabelle 18.5 zeigt Kostenprognosen der TU Wien für L/W-WP und S/W-WP, die im Rahmen eines Projektes zur langfristigen Prognose der Systeme zur Wärmebereitstellung und Raumklimatisierung im österreichischen Gebäudebestand im Jahr 2050 verwendet wurden. Dabei handelt es sich um Werte, die Tendenzen abbilden und für Modellierungszwecke herangezogen werden. Daher ist von einer gewissen Unschärfe auszugehen.

Tab. 18.4 Wirtschaftliche Kenndaten von Wärmepumpen für den Hausbereich im Vergleich (Leistung bis 15 kW) [8]

	Sole/Wasser		Wasser/Wasser		Luft/Wasser	
Anwendungsgebiet	Neubau	Renovierung	Neubau	Renovierung	Neubau	Renovierung
Investitionen ~ [€/Installation]	17.600	19.600	17.200	15.900	14.500	15.300
Anteil Gerätepreis ~ ca. [%]	45–60		50–60		75–90	

Tab. 18.5 Spezifische Kostenprognosen für elektrische Wärmepumpensysteme (Quelle: [9], Zahlen gerundet)

	[Euro/kW]	2010	2020	2050
L/W-WP	< 25 kW	1470	1340	1280
	25–100 kW	960	910	840
	> 100 kW	870	820	760
S/W-WP	< 25 kW	1740	1640	1510
	25–100 kW	1140	1070	980
	> 100 kW	1030	980	890

18.2.3 Politik und Regulierung

Wärmepumpen unterliegen als umweltfreundliche Technologie keinen nennenswerten regulatorischen Hemmnissen. Nach EEWärmeG muss bei Neubauten ein Teil des Wärmeenergiebedarfs durch erneuerbare Energien gedeckt werden. Diese Anforderung kann mit Wärmepumpen gedeckt werden, wenn die COP-Effizienzkriterien eingehalten werden. Zudem fördert das Marktanreizprogramm (MAP) der Bundesregierung effiziente Wärmepumpen in Bestandsgebäuden. Damit eine Wärmepumpe durch das MAP gefördert wird, muss ein Hersteller Effizienzkriterien nachweisen. Der Maßstab für effiziente Wärmepumpen wird nach der europäischen EE-Richtlinie anhand des durchschnittlichen Primärenergiefaktors definiert. Zurzeit müssen mindestens folgende Jahresarbeitszahlen nachgewiesen werden:

- 3,8 bei Sole/Wasser- und Wasser/Wasser-Wärmepumpen in Wohngebäuden,
- 4,0 bei Sole/Wasser- und Wasser/Wasser-Wärmepumpen in Nichtwohngebäuden,
- 3,5 bei Luft/Wasser-Wärmepumpen,
- 1,3 bei gasbetriebenen Wärmepumpen [10].

18.2.4 Marktrelevanz

Elektrisch angetriebene Kompressionswärmepumpen für den Wohnungssektor befinden sich in der Wachstumsphase. Das Kundeninteresse nimmt zu und es werden jährlich größere Stückzahlen abgesetzt [8]. Thermisch angetriebene Sorptions-Wärmepumpen für den Wohnungssektor befinden sich in der Einführungsphase. Das zukünftige Marktwachstum hängt maßgeblich davon ab, ob die Technologie als Nachfolgetechnologie des Brennwertkessels akzeptiert wird (bei Kunden als auch Heizungstechnikern). Insgesamt sind im Wohnungssektor bis 2025 keine grundlegend neuen Konzepte zu erwarten. Die F&E-Vorhaben zielen im Kern darauf ab, bestehende Technologien umweltverträglicher und effizienter zu machen. Schon heute stellen Wärmepumpen laut Bundesverband Wärmepumpe e. V. (BWP) eine umweltfreundliche Technologie dar, um den CO_2-Ausstoss zu senken. Um jährlich 1 kg CO_2 einzusparen, müssen in der Anlagentechnik 1,60 Euro aufgewendet werden [1]. In einer Studie der Prognos AG wird in einem konservativen Szenario davon ausgegangen, dass sich der jährliche Absatz von 61.200 Wärmepumpen in 2010 kontinuierlich auf ca. 100.000 Wärmepumpen in 2025 erhöht (inkl. Gas-Wärmepumpen) [2]. Demzufolge würde der Feldbestand bis auf ca. 1.274.000 Einheiten steigen (davon würden lediglich ca. 85.000 Einheiten auf Gas-Wärmepumpen entfallen). Dieser Bestand entspräche einer installierten elektrischen Leistung in Höhe von 14,3 GW.

18.2.5 Mögliche Wechselwirkungen mit anderen Technologien

Der weitere Markterfolg von Wärmepumpen hängt zusätzlich von der Entwicklung der Mikro-KWK-Technologie ab. Studien über den konkreten Einfluss der Mikro-KWK-Technologie auf die Wettbewerbssituation der Wärmepumpen sind nicht bekannt.

18.2.6 Game Changer

Entsprechend der europäischen Erneuerbare-Energien-Richtlinie (2009/28/EG) müssen die europäischen Mitgliedstaaten bis zum 31. Dezember 2014 sicherstellen, dass in neuen Gebäuden und in bestehenden Gebäuden, an denen größere Renovierungsarbeiten vorgenommen werden, ein Mindestmaß an Energie aus erneuerbaren Quellen genutzt wird. Der entsprechende Paragraph ist im Folgenden aufgeführt:

> (4) Bis spätestens zum 31. Dezember 2014 schreiben die Mitgliedstaaten in ihren Bauvorschriften und Regelwerken oder auf andere Weise mit vergleichbarem Ergebnis, sofern angemessen, vor, dass in neuen Gebäuden und in bestehenden Gebäuden, an denen größere Renovierungsarbeiten vorgenommen werden, ein Mindestmaß an Energie aus erneuerbaren Quellen genutzt wird (RL 2009/28/EG, § 13(4)).

In Deutschland wird dies für Neubauten bereits im EEWärmeG umgesetzt. Die Umsetzung der Erneuerbare-Energien-Richtlinie (2009/28/EG) für Bestandgebäude ist auf Ebene der nationalen Gesetzgebung in Deutschland noch nicht durchgeführt worden. Eine Ausweitung der Regelung des EEWärmeG für Neubauten auf bestehende Gebäude, an denen größere Renovierungsarbeiten vorgenommen werden, würde sich wahrscheinlich positiv auf den Absatz erneuerbarer Heizungstechnologien auswirken, da neue Absatzpotenziale per Gesetz geschaffen werden.

Zudem schreibt das EEWärmeG vor, dass bis zum Jahr 2020 mindestens 14 % des Wärme- und Kälteenergiebedarfs von Gebäuden durch erneuerbare Energien gedeckt werden. Um die Technologien zur Erreichung dieses Zieles zu fördern wurden Anreizsysteme geschaffen (bspw. das MAP für Wärmepumpen). Eine Abkehr von den Zielen im EEWärmeG würde das MAP gefährden. Eine Aussetzung des MAP für Wärmepumpen würde sich negativ auf die Wachstumsentwicklung des Marktes in der BRD auswirken.

Im industriellen Sektor ist die Anwendung der Wärmpumpe durch die zurzeit erreichbaren Liefertemperaturen beschränkt. Die Entwicklung wirtschaftlicher hochtemperaturbeständiger Kühlmittel würde daher positiv auf die Nutzung von Wärmepumpen im Industriebereich wirken.

18.3 Technologieentwicklung

18.3.1 Entwicklungsziele

Für elektrisch angetriebene Kompressionswärmepumpen lassen sich die Entwicklungsziele in Anlehnung an Abschn. 18.1.2 wie folgt aufschlüsseln:

- Kühlmittelforschung: Es sollen umweltverträglichere, nahezu klimaneutrale Kühlmittel bis 2020 entwickelt werden.
- Kühlmittelforschung: Es sollen hochtemperaturbeständige Kühlmittel bzw. Heizmedien mit Liefertemperaturen bis zu 160 °C entwickelt werden. Ziel ist es, den Anwendungsbereich der industriellen Kompressionswärmepumpe im Hinblick auf Prozesswärmeanwendungen zu erweitern.
- Komponentenforschung: Es sollen neue Konzepte für Wärmetauscher (bspw. Mikrowärmetauscher auf Aluminiumbasis) entwickelt und getestet werden. Ziel ist es, die energetische Ausbeute (und somit den COP) zu erhöhen.
- Komponentenforschung: Es sollen drehzahlvariable Elektromotoren (mit neuen Regelungskonzepten) eingesetzt werden, um den elektrischen Leistungsbedarf im Teillastbetrieb zu reduzieren und dementsprechend die JAZ zu erhöhen.

18.3.2 F&E-Bedarf und kritische Entwicklungshemmnisse

Die Entwicklungsziele zur Anhebung des COP elektrisch betriebener Kompressionswärmepumpen wurden im vorherigen Abschnitt beschrieben. Zur Erreichung dieser Entwicklungsziele ist es notwendig, Wärmepumpensysteme mit den dort beschriebenen Optimierungsmaßnahmen auszustatten und im Teststand durch Variation der Umgebungsbedingungen auf Tauglichkeit zu testen. Konkret müssen also Teststände für hocheffiziente Wärmepumpen (Einsatz drehzahlvariabler Elektromotoren, Mikrowärmetauscher auf Aluminiumbasis etc.) aufgebaut werden.

Elektrisch angetriebene Wärmepumpen werden zunehmend als Instrument zum Lastmanagement in Nieder- und Mittelspannungsnetzen im Rahmen von intelligenten Netzen diskutiert. Dabei kann die Wärmepumpe zur Glättung von Residuallasten genutzt werden, indem sie stromgeführt betrieben wird und durch Anpassung der Wärmepumpenleistung wahlweise als Stromspeicher oder als fiktiver Stromerzeuger (Netzentlastung) wirkt. Zur Ansteuerung der Wärmepumpen sind bidirektionale Kommunikationseinrichtungen notwendig, die auf etablierten und einheitlichen technischen Standards basieren. Zur Optimierung des Einsatzes von Wärmepumpen im Strommarkt müssen vorausschauende Regelungsstrategien entwickelt werden, die u. a. Unsicherheiten von Strompreis- und Temperaturentwicklung mit einbeziehen. Seitens der Industrie besteht hier Forschungsbedarf [2].

Im Industriesektor ist die Anhebung der wirtschaftlich erreichbaren Liefertemperaturen von zentraler Bedeutung, um die Nutzung von Wärmepumpen zur Erzeugung von Prozesswärme weiter auszubauen. Zudem sind relativ hohe Temperaturen der Wärmequelle erforderlich, um akzeptable Leistungszahlen zu erreichen, da die Leistungszahl mit zunehmender Temperaturspreizung zwischen Wärmequelle und -senke abnimmt. Für elektrisch betriebene Wärmepumpen sollte der Temperaturhub 50 °C nicht überschreiten, um minimale Leistungszahlen von 3 zu garantieren. Heutige industriell genutzte Wärmepumpen erreichen Austrittstemperaturen bis zu 80 °C. Damit decken sie aktuell den Temperaturbereich von 14 % der in Deutschland industriell genutzten Prozesswärmeanwendungen ab. Durch die Entwicklung von hochtemperaturbeständigen Kühlmitteln können in naher Zukunft Austrittstemperaturen zwischen 140 und 160 °C erreicht werden. Die Abdeckung der Temperaturlevel für industrielle Prozessanwendungen in Deutschland würde infolgedessen auf 32 % ansteigen. Die Potenziale liegen hier schwerpunktmäßig in der Nahrungsmittel- und Chemieindustrie, wo Verdampfungs-, Trocknungs-, Wasch- und Pasteurisierungsprozesse bedient werden können. Bei Trocknungsprozessen in der Nahrungsmittelindustrie ist die Nutzung von Wärmepumpen und Rekuperation bereits technisch etabliert. Nichtsdestotrotz stößt die Verbreitung von Wärmepumpen in industriellen Prozessen auf strukturelle Hemmnisse. Industrielle Anlagen sind heterogen und daher müssen Wärmepumpen auch anlagenspezifisch ausgeführt werden. Diesbezüglich ist bei der Planung von industriellen Anlagen technisches Wissen über industriell genutzte Wärmepumpen notwendig, das bis dato nicht in ausreichendem Maß verbreitet ist. Desweiteren sind die Investitionen für Konkurrenztechnologien (Öl- oder Gasboiler) niedriger und potenzielle Kunden haben noch nicht ausreichend Vertrauen in die Zuverlässigkeit der angebotenen Technologien. Zudem sind bestehende Anlagen messtechnisch oft noch nicht so ausgeführt, dass Wärmequellen und -senken in zuverlässigem Maß identifiziert werden können. Seitens der Industrie besteht Bedarf in der systemtechnischen Hemmnisforschung. Hochtemperaturbeständige Kühlmittel werden zurzeit entwickelt und sollen bis 2020 verfügbar sein [3, 12].

Roadmap – Wärmepumpen

Beschreibung

- Kompressions-Wärmepumpen (kommerziell verfügbar):
  - S/W-WP: Wärmequelle: Erdreich, Heizmedium: Wasser
  - L/W-WP: Wärmequelle: Umgebungsluft, Heizmedium: Wasser
  - W/W-WP: Wärmequelle: Grundwasser, Heizmedium: Wasser
  - L/L-WP: Wärmequelle: Umgebungsluft, Heizmedium: Luft
- Sorptions-Wärmepumpen (kommerziell verfügbar):
  - SoWP (Hausbereich): Wärmequelle: Gas, Heizmedium: Wasser,
  - SoWP (gewerblicher Sektor): Wärmequelle: diverse (Abwärme, Gas etc.), Heizmedien: diverse (Wasser etc.), oft kombinierte Kühl- und Heizanwendungen

Entwicklungsziele

- Komponentenebene:
  - Einsatz drehzahlgeregelter Elektromotoren
  - Einsatz bedarfsangepasster Wärmetauscher
  - Einsatz natürlicher Kältemittel
  - Einsatz von Kältemitteln mit höheren Liefertemperaturen (bei großtechnischen Kompressionswärmepumpen)
- Systemebene:
  - Einsatz von stromgeführten Regelungskonzepten zum Einsatz der WP im Lastmanagement
  - Einsatz von standarisierten Kommunikationsstandards zur Ansteuerung von WP im Lastmanagement

Technologie-Entwicklung

Ø Jahresarbeitszahl (JAZ) [–]

S/W-WP

| 3,1–3,4 | 3,7–4,0 | – |

L/W-WP

| 2,7–2,9 | 3,0–3,5 | – |

W/W-WP

| 2,9–3,2 | 3,8–4,1 | – |

Absatzprognose, gerundet (neben WP-Typ mittlere Nettoinvestitionskosten [k€/Installation], Hausbereich bis 15 kW, heute)

S/W-W (18–20)

| 28.000 | 32.000 | – |

L/W-W (15)

| 29.000 | 53.000 | – |

W/W-WP (16–17)

| 4000 | 3000 | – |

Kostenprognose [€/kW] für Systeme < 25 kW, gerundet

S/W-WP

| 1700 | 1600 | 1500 |

L/W-WP

| 1500 | 1400 | 1300 |

| heute | 2025 | 2050 ▶ |

Roadmap – Wärmepumpen

F&E-Bedarf

Systemisch: Entwicklung von standarisierten Kommunikationsstandards zur Ansteuerung von WP im Lastmanagement ▶

Systemisch: Entwicklung von intelligenten stromgeführten Regelungskonzepten für Wärmepumpen ▶

Technisch: Aufbau von Testständen für hocheffiziente Wärmepumpen (Einsatz optimierter Wärmetauscher etc.) ▶

Technisch: Entwicklung von Kältemitteln mit höheren Liefertemperaturen (140 – 160 °C) ▶

| heute | 5 bis 10 Jahre | ▶ |

Gesellschaft

- Kein Akzeptanzrisiko ➔ Kundenwahl hängt von wirtschaftlichen Kalkülen und gesetzlichen Rahmenbedingungen ab.
  - MAP und EEWärmeG als Treiber
  - Beeinflussung durch Installateure (Wirtschaftlichkeitsempfehlung)

Politik & Regulierung

- Keine strukturellen Hemmnisse, sondern Treiber:
  - Neubauten: EEWärmeG
  - Bestandsgebäude: MAP (fördert Einsatz von WP in Bestandsgebäuden)

Kostenentwicklung

- Investitionen und Betriebskosten fallen durch effizientere Gebäudehüllen (kleinere Leistungsklassen, Passivhaus ~ 4kWel).

- Economy of Scale-Potenziale sind vermutlich noch bei keiner Technologie voll ausgeschöpft

Marktrelevanz

- Absatz steigend, Kapazitätsprognose 2025: 14,3 GW

- Wachstumsphase:
  - S/W-WP: ca. 46 % MA am WP-Markt
  - L/W-WP: ca. 47 % MA am WP-Markt

- Sättigung/Stagnation
  - W/W-WP: < 5 % MA am WP-Markt

- Markteinführung/Entwicklung offen:
  - SoWP: < 1 % MA am WP-Markt
  - L/L-WP: < 1 % MA am WP-Markt

- Die Wirtschaftlichkeit von WP im Hausbereich ist systemisch zu betrachten (efficiency first).

- SoWP ➔ im Gewerbebereich sind Potenziale für die systemische Anwendung (Mikro-KWK und SoWP).

Wechselwirkungen / Game Changer

Game Changer

- Abkehr von Zielen im EEWärmeG würde das Wachstum gefährden.

- Ausweitung des EEWärmeG auf Bestandgebäude erhöht den WP-Absatz eventuell (Umsetzung der Erneuerbare-Energien-Richtlinie 2009/28/EG)

18.4 Abkürzungen

BAFA	Bundesamt für Wirtschaft und Ausfuhrkontrolle
BWB	Bundesverband Wärmepumpe e. V.
COP	engl. Coefficient of Performance
EE	Erneuerbare Energien
EED	engl. Energy Efficiency Directive
EER	engl. Energy Efficiency Ratio
EEWärmeG	Erneuerbare-Energien-Wärmegesetz
GZB	GeothermieZentrum Bochum
JAZ	Jahresarbeitszahl
KWK	Kraft-Wärme-Kopplung
L/L-WP	Luft/Luft-Wärmepumpe
L/W-WP	Luft/Wasser-Wärmepumpe
S/W-WP	Sole/Wasser-Wärmepumpe
W/W-WP	Wasser/Wasser-Wärmepumpe
WP	Wärmepumpe

Literatur

1. Bundesverband Wärmepumpe (BWP) e. V. (2011) BWP-Branchenstudie 2011 – Szenarien und politische Handlungsempfehlungen.

2. Prognos AG, Ecofys AG (2011) Potenziale der Wärmepumpe zum Lastmanagement im Strommarkt und zur Netzintegration erneuerbarer Energien. Bundesministerium für Wirtschaft und Technologie, Berlin

3. European Technology Platform on Renewable Heating and Cooling (2012) Strategic Research Priorities for Renewable Heating & Cooling Cross-Cutting Technology. Secretariat of the RHC-Platform, Brüssel

4. Initiative Gaswärmepumpe (2009) Aktuelles aus der Energiezukunft: Sachstandsbericht der IG-WP. IGWP, Leipzig

5. Fraunhofer-Institut für solare Energiesysteme (2011) Wärmepumpen Effizienz – Messtechnische Untersuchung von Wärmepumpenanlagen zur Analyse und Bewertung der Effizienz im realen Betrieb. Fraunhofer ISE, Freiburg

6. Auer F, Schote H (2008) Zweijähriger Feldtest Elektro-Wärmepumpen am Oberrhein: Nicht jede Wärmepumpe trägt zum Klimaschutz bei. Jahresergebnisse einer Felduntersuchung. http://www.agenda-energie-lahr.de/WP_FeldtestPhase1.html, zugegriffen am 31.10.2014

7. Gupta R, Gregg M, Cherian R (2013) Tackling the performance gap between design intent and actual outcomes of new low/zero carbon housing. In: ECEEE Summer Study Proceedings 2013.

8. Geothermiezentrum Bochum (2010) Analyse des deutschen Wärmepumpenmarktes. GZB Bochum

9. TU Wien et al. (2010) ENERGIE DER ZUKUNFT – Forschungsprojekt Nr. 814008. Heizen 2050: Systeme zur Wärmebereitstellung und Raumklimatisierung im österreichischen Gebäudebestand: Technologische Anforderungen bis zum Jahr 2050.

10. Bundesamt für Wirtschaft und Ausfuhrkontrolle (BAFA) (2013). Förderung von effizienten Wärmepumpen (Stand 06.2013). BAFA, Eschborn

11. Bundesministerium für Wirtschaft und Technologie (2013). Beitrag zur europäischen Energiepolitik (Auszug 21.06.2013).

12. Wolf S, Lambauer J et al. (2012) und andere. Industrial heat pumps in Germany: Potentials, technological development and market barriers. In: ECEEE Summer Study Proceedings 2012.

Stromeffizienz in den Sektoren Industrie, GHD und Haushalte

19

Tobias Fleiter

19.1 Technologiebeschreibung

19.1.1 Funktionale Beschreibung

Im Vergleich mit der Stromerzeugung und der Energiebereitstellung im Allgemeinen ist die (End-)Energieverwendung und damit verbunden das gesamte Feld der (End-)Energieeffizienz sehr viel heterogener. Die Anzahl und Vielfalt der eingesetzten Technologien ist entsprechend den vielfältigen Anwendungszwecken sehr hoch und führt nicht nur zu einer starken Zersplitterung des Themenfeldes, sondern stellt eine große Herausforderung für analytische Untersuchungen in diesem Bereich dar[1]. Entsprechend wird das Themenfeld Energieeffizienz zum einen über einzelne Technologiefelder abgedeckt (siehe Kap. 17 Raumklimatisierung und Kap. 18 Wärmepumpen) und zum anderen mit diesem eher breit ausgerichteten Kapitel vervollständigt. Entsprechend wird in diesem Kapitel eher ein Überblick über ein sehr breites Technologiefeld gegeben und weniger einzelne Technologien diskutiert. Dabei wird ein Schwerpunkt auf die Untersuchung des zukünftigen Strombedarfs gelegt. Hierzu werden Ergebnisse aktueller Szenariorechnungen mit dem Energiebedarfsmodell FORECAST[2] ausgewertet. Es wird der Strombedarf in den Endverbrauchssektoren Haushalte, Gewerbe, Handel und Dienstleistungen (GHD) sowie Industrie untersucht. Alleine die Verwendung von Strom für Raumwärme und Warm-

---

[1] Um die Vielfalt zu illustrieren, können folgende Beispiele für Effizienztechniken genannt werden: effiziente Kühlschränke, effiziente Stahlwalzverfahren, LEDs in Supermärkten, effiziente Straßenbeleuchtung, optimierte Steuerung von elektrischen Antrieben etc.

[2] Siehe http://www.forecast-model.eu.

Tobias Fleiter ✉
Fraunhofer-Institut für System- und Innovationsforschung ISI, Karlsruhe, Deutschland
url: http://www.isi.fraunhofer.de

© Springer Fachmedien Wiesbaden 2015
M. Wietschel et al. (Hrsg.), *Energietechnologien der Zukunft*,
DOI 10.1007/978-3-658-07129-5_19

wasser ist nicht Gegenstand dieses Kapitels, da sie eine hohe Interaktion mit anderen Brennstoffen aufweist und nicht isoliert bewertet werden kann.

19.1.2 Status quo und Entwicklungsziele

Der Status quo sowie die Entwicklungsziele werden anhand aktueller Szenariorechnungen abgeleitet. Hierzu werden drei Szenarien berechnet:

- Ein „Frozen-Efficiency-Szenario" zeigt zunächst, welche Technologien bzw. (Energie-)Verwendungszwecke derzeit (2010) und in Zukunft (2025 und 2050) eine hohe Bedeutung am Strombedarf haben werden. Es beruht auf der Annahme, dass der spezifische Energiebedarf der einzelnen Technologien (z. B. GJ/Tonne Stahl, kWh pro Waschgang) konstant bleibt.
- In einem zweiten Szenario wird angenommen, dass sämtliche wirtschaftliche Effizienztechniken realisiert werden. Aufgrund verschiedenster Hemmnisse werden diese Potenziale typischerweise in der Realität nicht ausgeschöpft. Die real erwartete Entwicklung liegt demnach zwischen dem Frozen-Efficiency-Szenario und diesem Szenario.
- Das dritte Szenario geht einen Schritt weiter und unterstellt, dass sämtliche technisch mögliche Effizienztechniken umgesetzt werden und orientiert sich an bester verfügbarer Technik (BVT). Bezüglich der Diffusion der Technologien wird dennoch angenommen, dass die bestehenden Reinvestitionszyklen respektiert werden und kein vorzeitiger Austausch von Anlagen und Geräten stattfindet.

Für eine umfassendere Beschreibung der verwendeten Modelle und Szenarioannahmen siehe [10].

Im Folgenden werden die Ergebnisse der Szenariorechnungen für die vier untersuchten Technologiecluster dargestellt und diskutiert. Der Stromverbrauch der Industrie wird dazu in zwei Cluster eingeteilt werden, die sich allerdings teilweise überlappen. Dies sind zum einen energieintensive Prozesse wie die Aluminiumelektrolyse, das Zementmahlen oder die Herstellung von Sekundärstahl und zum anderen Querschnittstechniken vor allem elektrisch angetriebene Techniken wie Pumpen, Kompressoren oder Ventilatoren.

Industrielle Prozesstechniken
Abbildung 19.1 zeigt den jährlichen Strombedarf und die Einsparpotenziale der zehn Industrieprozesse mit dem höchsten Strombedarf in Deutschland. Bei einem industriellen Stromverbrauch von 227 TWh im Jahr 2010 wird zunächst ersichtlich, dass die einzelnen Prozesse mit maximal 12 TWh deutlich niedriger liegen. Selbst die zehn Prozesse mit dem höchsten Strombedarf machen in Summe „lediglich" 54 TWh und damit etwa 24 % des industriellen Strombedarfs aus. Somit zeigt die Abbildung zwar die wichtigsten Pro-

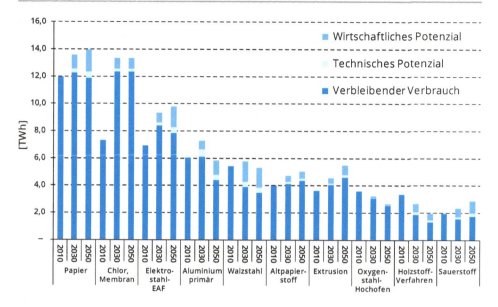

Abb. 19.1 Stromverbrauch und Einsparpotenziale in industriellen Prozesstechniken. Die Gesamthöhe jedes Balkens gibt den Strombedarf im jeweiligen Jahr bei der Energieeffizienz des Jahres 2010 an ("frozen efficiency"). Die heller dargestellten Bereiche des Balkens geben Einsparpotenziale an. (Mit freundlicher Genehmigung von © T. Fleiter, All Rights Reserved)

zesse, jedoch umfassen diese nicht den Großteil des Strombedarfs. Dieser verteilt sich auf vielfältigste Prozesse und Anwendungen.

Entsprechend der Szenariorechnungen sind zwar bis 2030 und auch 2050 noch weitere Einsparpotenziale vorhanden, ihr Umfang ist jedoch begrenzt – besonders vor dem Hintergrund, dass die Szenarien über BVT hinaus gehen und bereits wichtige *„emerging technologies"* berücksichtigen, deren Markteinführung und Verbreitung noch hohen Unsicherheiten unterworfen ist. Damit spiegeln die Szenarien zwei Merkmale der energieintensiven Industrie wieder:

- Die Lebensdauer des Kapitals bzw. des Anlagenbestandes ist sehr lang und beträgt üblicherweise mehrere Jahrzehnte. Entsprechend lange brauchen neue Verfahren, um durch den Anlagenbestand zu diffundieren.
- Diese Branchen weisen relativ hohe Energiekostenanteile von über 10 % und in Einzelfällen von über 30 % (Erzeugung von Primäraluminium) an den Gesamtkosten auf. Dieser Kostendruck hat in der Vergangenheit dazu geführt, dass wirtschaftliche Maßnahmen zur Verbesserung der Energieeffizienz häufig bereits umfassender umgesetzt wurden als in den weniger energieintensiven Branchen.

Industrielle Querschnittstechniken

In den Szenariorechnungen werden sechs industrielle Querschnittstechniken unterschieden, von denen fünf unter die elektrischen Antriebe fallen (siehe Abb. 19.2). Mit etwa 169 TWh machen die Querschnittstechniken ungefähr 75 % des industriellen Strombedarfs aus und stellen damit eine wichtige Zielgröße für die Steigerung der Energieeffizienz dar. Einzelne Anwendungen mit hoher Bedeutung sind Pumpensysteme, Ventilatoren und Druckluft. Verglichen mit den industriellen Prozesstechniken weisen alle Querschnittstechniken höhere Einsparpotenziale auf, was vorwiegend darauf zurückzuführen ist, dass diese Anwendungen häufig innerhalb des Unternehmens vernachlässigt werden und selbst sehr wirtschaftliche Einsparmaßnahmen nicht umgesetzt werden. Einsparpotenziale durch die Umsetzung von BVT sind in Pumpen, Ventilatoren und Druckluftsystemen in der Größenordnung von 30 % vorhanden [14]. In der Modellierung gibt es auch unter den Querschnittstechniken einen relativ großen Bereich „übrige Motorsysteme", der verschiedene und vielfältige Anwendungen elektrischer Antriebe umfasst (z. B. Fließbänder, Walzen, Aufzüge, Stanzen und besonders andere Werkzeugmaschinen). Aufgrund der geringen Datenverfügbarkeit und der hohen Vielfalt an unterschiedlichen Anwendungen wurde dieser Bereich bisher nicht weiter unterteilt. Jedoch auch hier lassen sich alleine durch den Einsatz von effizienteren Motoren, die bedarfsabhängige Steuerung mittels Frequenzumrichter und weitere Systemoptimierung hohe Einsparpotenziale erzielen. Für alle betrachteten Anwendungen enthalten die Ein-

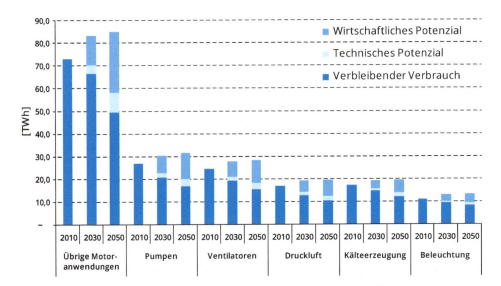

Abb. 19.2 Stromverbrauch und Einsparpotenziale in industriellen Querschnittstechniken. Die Gesamthöhe jedes Balkens gibt den Strombedarf im jeweiligen Jahr berechnet mit der Energieeffizienz des Jahres 2010 an („frozen efficiency"). Die heller dargestellten Bereiche des Balkens geben Einsparpotenziale an. (Mit freundlicher Genehmigung von © T. Fleiter, All Rights Reserved)

sparpotenziale nur wenige Technologien mit F&E-Bedarf und sind größtenteils über BVT realisierbar. Dies ist ein deutlicher Gegensatz zu den industriellen Prozesstechniken, wie sie weiter oben diskutiert wurden.

Gewerbe, Handel und Dienstleistung (GHD)

Ähnlich dem Industriesektor ist auch der Strombedarf im Sektor GHD durch eine hohe Heterogenität und Vielfalt an Anwendungen gekennzeichnet. Nichtsdestotrotz können einzelne Anwendungen mit besonders hohem Strombedarf identifiziert werden (siehe Abb. 19.3). Hier ist zunächst die (Innenraum-)Beleuchtung mit über 35 TWh zu nennen. Über hocheffiziente LED und OLEDs sowie Verbrauchssteuerung sind die erzielbaren technischen Einsparpotenziale langfristig sehr hoch, wobei jedoch die Unsicherheit bestehen bleibt, bis zu welchem Grad diese umgesetzt werden. Kühlung wird vorwiegend in Supermärkten und dem Nahrungsmittelgewerbe eingesetzt und stellt mit etwa 16 TWh die zweitgrößte einzelne Anwendung dar. Das größte (relative) Wachstum der Stromnachfrage ist in den Bereichen IKT (Bürogeräte sowie Server) und Lüftung und Klimatisierung zu verzeichnen, sodass sich auch hier eine hohe Notwendigkeit zur Steigerung der Energieeffizienz ergibt.

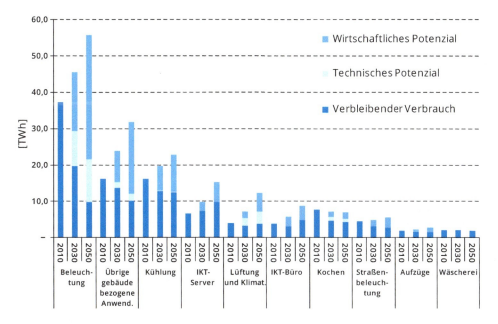

Abb. 19.3 Stromverbrauch und Einsparpotenziale im Sektor Gewerbe, Handel und Dienstleistungen (GHD) ohne Anwendungen im Bereich Raumwärme. Die Gesamthöhe jedes Balkens gibt den Strombedarf im jeweiligen Jahr berechnet mit der Energieeffizienz des Jahres 2010 an („frozen efficiency"). Die heller dargestellten Bereiche des Balkens geben Einsparpotenziale an. (Mit freundlicher Genehmigung von © T. Fleiter, All Rights Reserved)

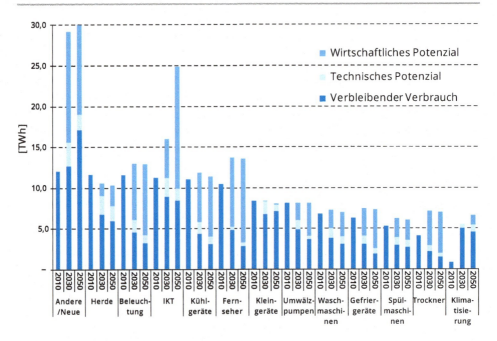

Abb. 19.4 Stromverbrauch und Einsparpotenziale im Sektor Haushalte ohne Anwendungen zur Warmwasser- und Raumwärmebereitstellung. Die Gesamthöhe jedes Balkens gibt den Strombedarf im jeweiligen Jahr berechnet mit der Energieeffizienz des Jahres 2010 an („frozen efficiency"). Die heller dargestellten Bereiche des Balkens geben Einsparpotenziale an. (Mit freundlicher Genehmigung von © T. Fleiter, All Rights Reserved)

Haushalte

Abbildung 19.4 zeigt, dass sich der Stromverbrauch im Sektor Haushalte relativ gleichmäßig auf verschiedenste Anwendungen verteilt (Anwendungen im Bereich Warmwasser und Raumwärme wurden nicht berücksichtigt). Über 10 TWh/a entfallen jeweils auf Herde, Beleuchtung, IKT und Kühlgeräte. In diesen Bereichen ist auch das Einsparpotenzial bis 2030 und 2050 noch erheblich. Wachstum ist hauptsächlich bei der Klimatisierung und dem Aggregat der „anderen und neuen Anwendungen" zu verzeichnen – auch bei Ausschöpfung der Einsparpotenziale. Letztere enthalten sowohl alle Kleingeräte, die nicht explizit modelliert wurden, als auch alle zukünftig neuen Stromanwendungen.

Zusammenfassung

In Summe über die vier Technologiecluster ergeben sich die Einsparpotenziale entsprechend Abb. 19.5. Das relativ niedrige Einsparpotenzial im Bereich der industriellen Prozesstechniken sticht hier deutlich heraus. Dieses ist auf kontinuierliche kostengetriebene Effizienzverbesserungen in der Vergangenheit bei gleichzeitig abnehmenden verbleibenden Potenzialen zurück zu führen. Ansonsten zeigen alle Bereiche hohe Einsparpotenziale und weisen damit auf eine hohe Bedeutung von Energieeffizienztechniken hin.

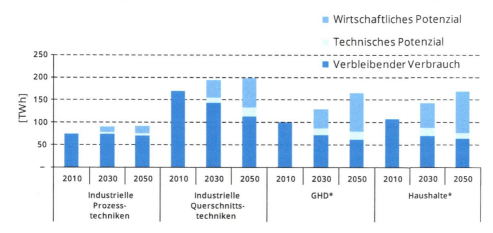

Abb. 19.5 Stromverbrauch und Einsparpotenziale in den vier Technologieclustern im Vergleich. Die Gesamthöhe jedes Balkens gibt den Strombedarf im jeweiligen Jahr berechnet mit der Energieeffizienz des Jahres 2010 an („frozen efficiency"). Der *grüne* und *rote* Teil des Balkens geben Einsparpotenziale an. (Mit freundlicher Genehmigung von © T. Fleiter, All Rights Reserved)

19.2 Zukünftige Anforderungen und Randbedingungen

19.2.1 Gesellschaft

Energieeffizienz im Allgemeinen wird gesellschaftlich positiv wahrgenommen und von verschiedensten Akteuren als sinnvoll erachtet. Gerade im Rahmen des Klimaschutzes ist ein breiter Konsens vorhanden, dass Energieeffizienzmaßnahmen zu den wirtschaftlichsten Maßnahmen zur CO_2-Vermeidung gehören und kurz- bis mittelfristig hohe Priorität haben sollten [7].

Jedoch können einzelne regulatorische Initiativen durchaus auf schlechte Akzeptanz bei einzelnen Akteuren stoßen. Dies war zuletzt der Fall bei dem vieldiskutierten „Glühbirnenverbot", welches auf die EU-Ökodesign Richtlinie (2009/125/EG) zurück geht und intensiv in der Öffentlichkeit hinterfragt wurde. Ähnliches hat sich bei der Diskussion um eine mögliche Einsparverpflichtung im Rahmen der im Oktober 2012 beschlossenen EU-Energieeffizienzrichtlinie (2012/27/EG) gezeigt, die im Jahr 2012 intensiv von allen Akteursgruppen diskutiert und hinterfragt wurde.

19.2.2 Kostenentwicklung

Es kann hier nicht auf die Kosten aller einzelnen relevanten Technologien eingegangen werden, jedoch zeigt sich folgendes Muster bei den meisten Effizienztechnologien.

Bei reinen Effizienztechniken haben (energieintensive) Unternehmen sehr hohe Erwartungen an die Wirtschaftlichkeit bzw. die Amortisationszeit, die in den meisten Fällen als Maß der Wirtschaftlichkeit genommen wird. Häufig werden maximal Effizienztechnologien mit zwei bis drei Jahren Amortisationszeit umgesetzt. Für längere Amortisationszeiten ist es notwendig, dass die Maßnahmen sogenannten nicht-energetischen Nutzen (*„non-energy benefits"*) aufweisen oder einen strategischen Wert für das Unternehmen haben (z. B. unabhängiger von Energiepreisschwankungen zu sein) [3]. Ein möglicher nicht-energetischer Nutzen kann sein, dass die Produktionskapazität erhöht wird, die lokalen Emissionen gemindert oder die Fertigungslinie gekürzt wird.

Besonders bei Haushalten, aber auch bei weniger energieintensiven Unternehmen (aus Industrie und GHD), zeigt sich hingegen, dass auch sehr wirtschaftliche Maßnahmen häufig nicht umgesetzt werden – besonders im Bereich gering investiver Maßnahmen. Verschiedenste Hemmnisse (Informationsmangel, *„split incentives"*[3], Transaktionskosten, Risikowahrnehmung und weitere, siehe z. B. [15]) sind hierfür verantwortlich, aber auch generell eine niedrige Bedeutung von Energiekosten. Diese liegen bei vielen Unternehmen unter 3 % der Produktionskosten. Entsprechend zeigen Haushalte und wenig energieintensive Unternehmen eine relativ niedrige Sensitivität bezüglich der Energiepreise.

Gerade aus gesellschaftlicher Perspektive ist Klimaschutz durch Energieeffizienz daher eine der günstigsten Vermeidungsoptionen, die bei vielen Effizienzmaßnahmen sogar wirtschaftlich umgesetzt werden kann.

19.2.3 Politik und Regulierung

Zur Steigerung der Energieeffizienz und Überwindung von bestehenden Hemmnissen wurde in Deutschland eine Vielzahl an politischen Instrumenten eingeführt. Für eine aktuelle Übersicht aller derzeitigen und für die nahe Zukunft diskutierten Instrumente wird an [10] verwiesen. Viele der in Deutschland umgesetzten Maßnahmen und Instrumente haben ihren Ursprung in der EU-Gesetzgebung. Hier sollen zwei bedeutende Richtlinien erwähnt werden:

- Die im Oktober 2012 beschlossene EU-Energieeffizienzrichtlinie (2012/27/EG), welche Einsparziele bis zum Jahr 2020 festlegt und von den Mitgliedstaaten eine Reihe an Effizienzmaßnahmen (u. a. öffentliche Beschaffung, Verpflichtungssysteme, Energieaudits, intelligente Stromzähler) verlangt. Diese Richtlinie muss nun innerhalb der kommenden zwei Jahre in deutsches Recht umgesetzt werden. Die Ausgestaltung kann großen Einfluss auf den Markt für Energiedienstleistungen in Deutschland haben.
- Bereits in deutsches Recht umgesetzt ist die EU-Ökodesign Richtlinie (2009/125/EG) in Form des Energiebetriebene-Produkte-Gesetzes (EBPG). Die Richtlinie setzt den

---

[3] Geteilte und unterschiedliche Anreize einzelner Akteure (z. B. Mieter/Vermieter oder einzelne organisatorische Einheiten in Unternehmen).

Rahmen für die Einführung von Mindeststandards zum Energiebedarf von energiebe-zogenen Produkten. Das bekannteste Beispiel für umgesetzte Effizienzstandards ist die Verordnung zu Lampen mit gebündeltem Licht (Verordnung (EU) Nr. 1194/2012), wel-che als „Verbot von Glühbirnen" in der Öffentlichkeit bekannt geworden ist. Weitere Standards wurden unter anderem bereits für Elektromotoren, Wasch- und Geschirrspül-maschinen, Ventilatoren und Pumpen erlassen. In den kommenden Jahren ist damit zu rechnen, dass für eine Reihe weiterer Produkte Mindeststandards festgelegt werden.

Zu einem weiteren wichtigen Treiber für Energieeffizienz hat sich die EEG-Umlage entwickelt, indem sie Effizienzmaßnahmen im Haushaltssektor wirtschaftlicher macht. Die Ausnahmeregelungen für Unternehmen bezüglich der EEG-Umlage (*Besondere Aus-gleichsregelung*) und Energiebesteuerung (*Spitzenausgleich*) führen hingegen dazu, dass die Wirtschaftlichkeit von Effizienzmaßnahmen für Unternehmen sinkt bzw. auf einem künstlich niedrigen Niveau gehalten wird [11].

19.2.4 Marktrelevanz

Der globale Markt für Energieeffizienz wird auf ungefähr 450 Mrd. Euro geschätzt und stellt damit den größten einzelnen Posten im Bereich der Umwelttechnologien dar [13]. In den kommenden Jahren wird ein starkes Wachstum in diesem Segment erwartet. Jedoch ist dieser Markt gleichzeitig sehr fragmentiert, sodass F&E-Aktivitäten häufig auf einzelne Branchen, Prozesse oder Geräte konzentriert sind.

Auch gemessen am Energiebedarf ist die Bedeutung von Effizienztechnologien in den kommenden 20–40 Jahren sehr groß – abhängig von der Entwicklung der Rahmenbe-dingungen. Die Wirkung zielt nicht nur auf das absolute Niveau der Stromnachfrage ab, sondern beeinflusst auch die Form der (stündlich aufgelösten) Lastkurve und hat damit über diese beiden Bereiche einen starken Einfluss auf die Angebotsseite des Strommark-tes.

Der Markt für Energiedienstleistungen ist zwar im europäischen Vergleich in Deutsch-land bereits sehr weit entwickelt und weist eine relativ hohe Anzahl an Energiedienst-leistungsunternehmen auf [1, 9, 12], er zeigt jedoch noch weitere Potenziale gemessen an den vielen nicht umgesetzten wirtschaftlichen Effizienzmaßnahmen in allen Bereichen der Energienachfrage.

19.2.5 Mögliche Wechselwirkungen mit anderen Technologien

Wechselwirkungen zwischen verschiedenen Effizienztechniken sind in hohem Maße vor-handen, können hier aber nicht im Detail diskutiert werden. Es soll nur auf die Rolle sogenannter „*enabling technologies*" hingewiesen werden. Dies können Leistungselektronik, Nanotechnologie oder biologische Verfahren sein, die in vielen Produktionsprozessen zur Effizienzsteigerung eingesetzt werden könnten.

19.2.6 Game Changer

Effizienztechnologie-übergreifende *Game Changer* ergeben sich vorwiegend aus den folgenden drei Bereichen.

Energiepreise sind in der Vergangenheit gestiegen und es wird von den meisten Akteuren davon ausgegangen, dass diese langfristig weiter steigen werden. Dadurch wird sich die Wirtschaftlichkeit vieler Effizienztechniken verbessern und eine Vielzahl an Techniken, die derzeit noch Amortisationszeiten zwischen fünf bis zehn Jahren aufweisen, wird attraktiv für viele Unternehmen werden. Auf der anderen Seite könnten fallende Energiepreise den Markt für Effizienztechnologien und -Dienstleistungen einbrechen lassen. Entsprechend wirken sich auch die Energiesteuern und die EEG-Umlage aus. Besonders die energieintensive Industrie, aber auch viele weniger energieintensive Unternehmen, genießen hier derzeit Vergünstigungen.

Der zweite Bereich umfasst sämtliche regulatorische Initiativen der EU als auch der Bundesregierung. Hier wurde im letzten Jahr die EU-Energieeffizienzrichtlinie am stärksten diskutiert und in diesem Zusammenhang mögliche Energieeinsparverpflichtungen für Energieversorger. Ziel der Richtlinie war es, den Markt für Energiedienstleistungen weiter zu unterstützen. Die endgültige Ausgestaltung der Richtlinie lässt nun relativ viele Alternativen zu, sodass sie nicht als großer *Game Changer* angesehen wird. Offen ist lediglich, wie ambitioniert die Richtlinie in deutsches Recht umgesetzt wird. Hier können sich durchaus neue Dynamiken entwickeln.

Auch sogenannte „*enabling technologies*" oder Querschnittstechniken/-themen wie *Smart Meter* oder Geschäftsmodelle für *Contracting* und ähnliche Energiedienstleistungen können den Markt für Effizienztechnologien schnell verändern und sind einer hohen Unsicherheit unterworfen, da sie eng mit politischer Regulierung verbunden sind (siehe z. B. die Anforderungen bezüglich intelligenter Stromzähler in der EU-Energieeffizienzrichtlinie).

19.3 Technologieentwicklung

19.3.1 Entwicklungsziele

Im Industriesektor ist besonders im Bereich der industriellen Prozesstechniken in der energieintensiven Industrie ein hoher F&E-Bedarf zu verzeichnen. Hierbei sind besonders „radikale" Prozessinnovationen notwendig, da die inkrementellen Verbesserungen – soweit wirtschaftlich – in der Vergangenheit schon weitegehend ausgeschöpft wurden. Alleine mit inkrementellen Verbesserungen der bestehenden Produktionsverfahren wird auch langfristig kaum eine Effizienzverbesserung von mehr als 10 % im Vergleich zum aktuellen Anlagenbestand erreichbar sein (vgl. [6]). Die Szenarioanalyse zeigt, dass wichtige Prozesse die Herstellung von Papier, Chlor, Elektrostahl, Primäraluminium und Walzstahl sind.

Im Bereich der industriellen Querschnittstechniken zeigt sich ein größtenteils anderes Bild. Durch den sehr hohen Anteil am industriellen Stromverbrauch sind die Einsparpotenziale sehr hoch, aber gleichzeitig werden viele derzeit verfügbare und wirtschaftliche Techniken nicht umgesetzt. Somit birgt alleine die Verwendung von BVT noch große Einsparpotenziale. Entsprechend kommt der Einführung von BVT eine wichtigere Rolle zu als der F&E – zumindest mittelfristig bis 2025.

Im GHD-Sektor ist bei den meisten Unternehmen der Anteil der Stromkosten an den Gesamtkosten sehr niedrig, was dazu führt, dass viele eigentlich wirtschaftliche Einsparpotenziale nicht realisiert wurden. Bezüglich der Verwendungszwecke zeigt die Szenarioanalyse sehr große (wirtschaftliche) Potenziale im Bereich der Beleuchtung, aber auch der Kühlung sowie Lüftung und Klimatisierung.

Im Gegensatz zu den anderen Sektoren ist die Umsetzung von Effizienzpotenzialen im Haushaltssektor vorwiegend mit dem Austausch von einzelnen Geräten sowie deren Nutzung verbunden. Entsprechend steht hier für F&E weniger die Systemoptimierung im Vordergrund, als die Entwicklung hocheffizienter Geräte sowie die Unterstützung der Verbraucher bei der Steuerung ihrer Geräte durch verbesserte Informationen z. B. über *Smart Meter*.

19.3.2 F&E-Bedarf und kritische Entwicklungshemmnisse

Im Folgenden wird für die einzelnen Energiebedarfscluster der F&E-Bedarf bedeutender Technologien diskutiert und je Cluster allgemeinere Rückschlüsse bezüglich des F&E-Bedarfs gezogen.

Industrielle Prozesstechnik

- Papierherstellung: Der Stromverbrauch in der Papierherstellung (vom Faserstoff zu veredelten Papier) entfällt – je nach Papiersorte – zum Großteil auf Querschnittstechniken wie Pumpen und Presswalzen oder Mahlwerke (*Refiner*). F&E-Aktivitäten sollten weniger eine Verbesserung bestehender Prozesse zum Ziel haben, als radikal neue Verfahren ermöglichen [6]. Ein Beispiel stellt die chemische Fasermodifikation dar, in welcher die Fasern über chemische Prozesse in den gewünschten Zustand gebracht werden, wodurch hoher Stromverbrauch bei der Nachmahlung im *Refiner* entfällt. Diese Technik ist allerdings noch weit von der Marktreife entfernt und es wurde erst im Rahmen kleiner Pilotanlagen umgesetzt [4]. Insgesamt konzentrieren sich die F&E-Aktivitäten zur Steigerung der Energieeffizienz eher auf die Einsparung von Wärme, welche in großen Mengen für die Trocknung der Papierbahn benötigt wird [5].

- Chlorelektrolyse: Für den sehr stromintensiven Prozess der Chlorherstellung stehen drei alternative Verfahren zur Verfügung: Membran-, Amalgam- und Diaphragmaverfahren. Das Amalgamverfahren wird bis 2020 durch EU-Vorschriften verboten sein, und neue Anlagen werden ausschließlich das Membranverfahren nutzen, welches mit etwa 2,5 bis 3 MWh/t Chlor das energieeffizienteste verfügbare Verfahren ist. Während die Potenziale zur Verbesserung des Membranverfahrens eher niedrig sind, könnten in Zukunft weitere Einsparpotenziale durch die sog. Sauerstoffverzehrkathode ermöglicht werden. Das Einsparpotenzial beläuft sich auf bis zu 30 % bzw. 0,8 MWh/t hergestelltem Chlor [6]. Bisher wurde erst eine Demonstrationsanlage mit einer jährlichen Produktionskapazität von etwa 20 kt errichtet. Wenn sich keine großen technischen Hürden auftun, könnte sich diese Technik langfristig im gesamten Anlagenbestand verbreiten – umso schneller bei steigenden Strompreisen.
- Elektrostahl (Elektrolichtbogenofen): In diesem besonders stromintensiven Verfahren wird Stahlschrott durch den Einsatz von Elektrizität geschmolzen, um dann zu neuen Stahlprodukten weiterverarbeitet zu werden. Wenngleich das Verfahren besonders stromintensiv ist (500–600 kWh/t Stahl), so benötigt es weniger Energie als die Gewinnung von Stahl aus Eisenerzen. Die weitere Verbreitung des Verfahrens ist direkt an die Verfügbarkeit von Stahlschrott gebunden. Eine vielversprechende Möglichkeit den Strombedarf weiter zu senken, ist die Nutzung der Abwärme zur Vorwärmung des Stahlschrottes. Wenngleich diese Möglichkeit schon teilweise genutzt wird, so bleibt sie aufgrund verschiedenster Entwicklungshemmnisse noch unter ihren Potenzialen. Hierunter fallen die Aufheizzeiten, Kunststoffbeimengungen sowie giftige Komponenten im Abgas [6]. Diese Hemmnisse stellen Anknüpfungspunkte für F&E-Aktivitäten dar.
- Primäraluminium: Der energie- und stromintensivste Prozessschritt ist die Schmelzflusselektrolyse, in welcher aus Aluminiumoxid reines Aluminium hergestellt wird. Seit den 1970er-Jahren wird an effizienteren Verfahren, wie den inerten Anoden, den benetzbaren Kathoden oder dem carbothermischen Prozess geforscht, jedoch sind die verschiedensten technischen Entwicklungshürden noch nicht überwunden. Die Verfahren hätten das Potenzial, den derzeitigen Strombedarf von etwa 14 MWh/t Aluminium um 10 bis 20 % zu senken [6].
- Walzstahl: Beim konventionellen Brammengießen wird erhebliche Energie für das Erwärmen sowie Strom für das Walzen benötigt, um die Brammen in ihre Endform zu bringen. Es befinden sich neue Gießverfahren in der Entwicklung und Demonstration, bei welchen der Stahl möglichst nah am gewünschten Endprodukt gegossen wird. Hierunter fallen z. B. das Dünnbrammengießen (50 bis 150 mm Dicke), das Bandgießen (2 bis 3 mm Dicke) und einige weitere Verfahren. Diese sogenannten endabmessungsnahen Gießverfahren können durch die Prozessverkürzung den Stromverbrauch von 80–100 kWh/t Stahl auf etwa 30 bis 60 kWh/t Stahl reduzieren [6]. Bisher lässt sich das Verfahren aber nicht für alle Stahlprodukte anwenden und es werden noch Einbußen bei der Produktqualität befürchtet.

Insgesamt zeigt sich bei den meisten Effizienztechniken in diesem Bereich ein ähnliches Muster, welches die Effizienzpotenziale und den F&E-Bedarf beeinflusst:

- Lange Lebensdauer des Kapitalbestandes von häufig 20 bis 40 Jahren führt zu langen Reinvestitionszyklen und einer langsamen Verbreitung neuer Verfahren.
- Gesättigte Märkte mit geringem Wachstumspotenzial in Europa.
- Hoher Energiekostenanteil, daher bereits in der Vergangenheit starker Fokus auf Energieeffizienz.
- Fokus auf Produktionskosten und -kapazität sowie hohe Risikoaversität.
- Sehr lange Entwicklungszeiten bei neuen Prozessen (häufig schon seit 30–40 Jahren ohne Markterfolg) und hohe Hemmnisse bei der Markteinführung aufgrund von Risikoaversität.
- Prozesse und ihre Lösungen sind individuell und entsprechend wird von der Forschung eine starke Spezialisierung verlangt.
- Die Technologieanbieter beschränken sich häufig auf wenige Unternehmen und weisen oligopolistische Strukturen auf.

Industrielle Querschnittstechniken

- Elektromotoren: Diese machen etwa 60–70 % des industriellen Stromverbrauchs in Deutschland aus. Energiekennzeichnung und Mindeststandards werden seit 2012 über die EU-Ökodesign Richtlinie verlangt. F&E-Aktivitäten konzentrieren sich auf hocheffiziente Motoren und betreffen z. B. die Verwendung von Permanentmagneten oder Hochtemperatursupraleitung. Die Einsparpotenziale sind jedoch – besonders bei großen Motoren – begrenzt, da effiziente auf dem Markt verfügbare Motoren schon eine recht hohen Wirkungsgrad aufweisen [16].
- Frequenzumrichter: Diese erlauben eine bedarfsabhängige Steuerung von elektrischen Antrieben und haben besonders bei Pumpen und Ventilatoren hohe Einsparpotenziale. Wenngleich Frequenzumrichter schon seit langem auf dem Markt verfügbar sind, weisen sie noch weitere Potenziale auf. F&E-Aktivitäten sollten sich darauf konzentrieren, integrierte und kompakte Systeme zu entwickeln und die Herstellungskosten für die Leistungselektronik zu senken, z. B. durch höhere Standardisierung [16].
- Elektrische Antriebsysteme: Besonders hohe Einsparpotenziale sind bei allen Querschnittstechniken vorhanden, wenn eine systemische Optimierung vorgenommen wird. Diese verlangt jedoch, die jeweiligen Fertigungslinien zu untersuchen und erlaubt kaum standardisierte Lösungen. Entsprechend ist auch der F&E-Bedarf eher individuell von den jeweiligen Branchen abhängig [16].

Allgemein zeigt sich bei den Querschnittstechniken mittelfristig ein sehr großes Effizienzpotenzial alleine durch die Verbreitung von BVT. F&E sollte sich daher eher auf langfristige Ziele konzentrieren oder umsetzungsorientiert die Verbreitung von BVT unterstützen.

Gewerbe, Handel und Dienstleistung (GHD)

- Beleuchtung: F&E ist in zwei Bereichen erforderlich. Zum einen bei der Entwicklung und Verbesserung hocheffizienter Leuchtmittel (Verbesserung von Lichtausbeute, Lichtqualität und Senkung der Kosten von LEDs und OLEDs) und zum anderen im Bereich der Steuerung mit Hilfe von Helligkeit und Bewegungssensoren. Wenngleich für letzteres schon technische Möglichkeiten und Konzepte vorliegen, so muss für eine weite Verbreitung die Nutzerfreundlichkeit und die Umsetzbarkeit weiter verbessert werden.

- Kühlung: Im GHD-Sektor entfällt der Großteil der Kühlung auf Kühlregale in Supermärkten. Für diesen Bereich bietet sich eine bisher nur in Demonstrationsmärkten umgesetzte Integration von Gebäudewärme und Kälteanlage an, in welcher die Abwärme der Kälteanlage für die Gebäudewärme genutzt wird. Dieses eigentlich vielversprechende Konzept scheitert häufig an der Tatsache, dass Supermärkte meistens gemietet werden und die Gebäudeeigentümer die entstehenden Abhängigkeiten ablehnen. Die Entwicklung von neuen Geschäftsmodellen könnte hier neue Potenziale erschließen. F&E-Bedarf bezüglich der Kältemaschinen ist dem Kap. 17 zu entnehmen.

- Server: In vielen Rechenzentren ist etwa die Hälfte des Strombedarfs auf die Kühlung zurück zu führen [2]. Neue integrierte Konzepte und die Nutzung freier Kühlung weisen hier sehr hohe Einsparpotenziale auf, haben allerdings eher weniger F&E-Bedarf, da sie bereits am Markt verfügbar sind. Bezüglich des Stromverbrauchs der Server liegen große Potenziale in der Virtualisierung von physischen Servern.

- Klimatisierung: siehe Kap. 17.

Haushalte

- Hocheffiziente Haushaltsgeräte: Die steigenden Anforderungen zum Mindeststrombedarf der Elektrogeräte sowie die Energiekennzeichnungen treiben Hersteller an, neue effizientere Geräte zu entwickeln. Darunter fallen z. B. die Zeolith-Geschirrspülmaschine oder der Wärmepumpentrockner. Die Marktanteile dieser hocheffizienten Geräte sind jedoch aufgrund des deutlichen Aufpreises noch niedrig. F&E sollte vorwiegend bei einer Reduktion der Kosten dieser Geräte ansetzen.

- Smart Meter hätten geräteübergreifend das Potenzial, den Stromverbrauch der Haushalte zu senken sowie zu verlagern. Aktuell durchgeführte Feldtests zeigen Einsparungen von 4 bis 5 % gemessen am Stromverbrauch der Haushalte [8]. Wenngleich Smart Meter bereits eingesetzt werden, so gibt es weiteren F&E-Bedarf vorwiegend im Bereich der Entwicklung von standardisierten Geräten, die zu möglichst niedrigen Kosten bereitgestellt werden könnten.

Roadmap – Energieeffizienz in den Sektoren Industrie, GHD und Haushalte

Beschreibung

- Breites Themenfeld, welches die Steigerung der Energieeffizienz beim Stromverbrauch der folgenden Technologiecluster umfasst: industrielle Querschnittstechniken, industrielle Prozesstechniken, Gewerbe, Handel und Dienstleistung (GHD), Haushalte
- Große Vielfalt an Effizienztechnologien in diesen Bereichen erlaubt keinen technologiespezifischen Ansatz

Entwicklungsziele (Einsparpotenziale und verbleibender Stromverbrauch je Technologiecluster)

Technologie-Entwicklung

Industrielle Prozesstechniken

Inkrementelle Verbesserungen bestehender Prozesse weitgehend erschöpft ➜ F&E-Schwerpunkte langfristig auf neuen Verfahren und Prozessen (radikale Prozessinnovationen)

Industrielle Querschnittstechniken

Noch sehr hohe Potenziale durch Verwendung von BVT vorhanden (aufgrund verschiedenster Hemmnisse); einzelne Komponenten (z. B. haben Elektromotoren nur noch wenig Spielraum für Effizienzverbesserungen ➜ Schwerpunkt auf Systemoptimierung

GHD

Geringe Bedeutung von Energiekosten/hohe Hemmnisse ➜ hohes Potenzial besonders bei Beleuchtung, Kühlung, Server, Klimatisierung

Haushalte

Einsparpotenzial vorwiegend über hocheffiziente Geräte und Verhaltensänderungen z. B. über Smart Meter realisierbar

F&E-Bedarf

Industrielle Prozesstechniken

Papier: Hocheffizientes Mahlen, radikale Prozessinnovationen, z. B. chemische Fasermodifikation (Pilotanlagen) ▶

Chlorelektrolyse: Radikale Prozessinnovationen, z. B. Sauerstoffverzehrkathoden (Markteinführung) ▶

Walzstahl: Radikale Prozessinnovationen, z. B. endabmessungsnahes Gießen (Markteinführung, Demonstration) ▶

Primäraluminium: Radikale Prozessinnovationen, z. B. inerte Anoden, carbothermischer Prozess (Pilotanlagen) ▶

Roadmap – Energieeffizienz in den Sektoren Industrie, GHD und Haushalte

Industrielle Querschnittstechniken

Elektromotoren: Permanentmagnetmotoren, Hochtemperatursupraleitung (HTSL-) Motoren ▶

Frequenzumrichter: Kostensenkung der Leistungselektronik, Integration von Umrichtern in Antriebe (z. B. Kompressor) ▶

Elektrische Antriebe: Systemische Optimierung ▶

GHD

Beleuchtung: Verbesserung Lichtausbeute und -qualität, Kosten von LEDs und OLEDs in Kombination mit Steuerung und Sensorik ▶

Kühlung: Stärkere Integration von Kälteanlage und Gebäudeheizung um Abwärmepotenziale zu nutzen ▶

Rechenzentren: Virtualisierung und Optimierung der Klimatisierung ▶

Haushalte

Hocheffiziente Haushaltsgeräte (Kryolith-Spülmaschine; Wärmepumpentrockner), Smart Meter-Standardisierung ▶

Gesellschaft

• Insgesamt positive Wahrnehmung bei den gesellschaftlichen Akteuren.

• Ausnahmen sind einzelne Politikinitiativen betreffend Unternehmen (z. B. Einsparverpflichtungen der EU-Effizienzrichtlinie) und Privathaushalte (z. B. „Glühbirnenverbot" durch EU-Ökodesign-Richtlinie)

Politik & Regulierung

• *Treiber:*
  – EU-Ökodesign Richtlinie (2009/125/EG)
  – EU-Energieeffizienz Richtlinie (2012/27/EG)
  – EEG-Umlage

• *Hemmnis:*
  – Niedrige EUA-Preise im EU-Emissionshandel
  – Ausnahmeregelungen für Unternehmen bei EEG-Umlage und Energiesteuer

Kostenentwicklung

• KostensenkungsPotenzial von WEAs Onshore: bis 2030 ca. 10 %

• KostensenkungsPotenzial von WEAs Offshore: bis 2030 ca. 25 %

Marktrelevanz

• In der Summe sehr großer Markt, jedoch sehr fragmentiert ➜ F&E verteilt sich auf viele einzelne Technologiebereiche

• Einsparpotenziale und potenzielle Auswirkungen auf den Strommarkt sehr groß – nicht nur auf das Niveau, sondern auch auf die Form der Lastkurve

• Markt für Energiedienstleistungen mit weiterem Potenzial, wenngleich in Deutschland im europäischen Vergleich schon relativ gut entwickelt

Wechselwirkungen / Game Changer

Game Changer

• Änderungen bei Energiepreisen und -steuern

• Umsetzung der EU-Energieeffizienz-Richtlinie in Deutsches Recht (+/~)

• Querschnittstechniken/-themen, wie Smart Meter und Energiedienstleistungen

19.4 Abkürzungen

GHD   Gewerbe, Handel und Dienstleistung
BVT   Beste verfügbare Technik
IKT   Informations- und Kommunikationstechnik
LED   Light-emitting diode
OLED Organic light-emitting diode
EEG   Erneuerbare-Energien Gesetz
F&E   Forschung und Entwicklung
KWK   Kraft-Wärme-Kopplung

Literatur

1. Bertoldi P, Rezessy S, Vine E (2006) Energy service companies in European countries: Current status and a strategy to foster their development. Energy Policy, 34 (14), S. 1818–1832
2. BITKOM (2010) Energieeffizienz im Rechenzentrum: Ein Leitfaden zur Planung, zur Modernisierung und zum Betrieb von Rechenzentren. Berlin: BITKOM Bundesverband Informationswirtschaft, Telekommunikation und neue Medien e. V.
3. Cooremans C (2011) Make it strategic! Financial investment logic is not enough. Energy Efficiency, S. 1–20
4. Erhard K, Arndt T, Miletzky F (2010) Einsparung von Prozessenergie und Steuerung von Papiereigenschaften durch gezielte chemische Fasermodifizierung. European Journal of Wood and Wood Products, 68 (3), S. 271–280
5. Fleiter T, Fehrenbach D, Worrell E, Eichhammer W (2012) Energy efficiency in the German pulp and paper industry – A model-based assessment of saving potentials. Energy, 40 (1), S. 84–99
6. Fleiter T, Schlomann B, Eichhammer W (Hrsg.) (2013) Energieverbrauch und CO_2-Emissionen industrieller Prozesstechniken – Einsparpotenziale, Hemmnisse und Instrumente. Fraunhofer Verlag, Stuttgart
7. IPCC (2014) Climate Change 2014: Mitigation of Climate Change. Contribution of Working Group III to the Fifth Assessment Report of the Intergovernmental Panel on Climate Change. Cambridge, United Kingdom and New York, NY, USA: Cambridge University Press
8. Klobasa M, Schleich J, Gölz S (2012) Welche Einspareffekte lassen sich durch Smart Metering erzielen – Ergebnisse eines Feldversuchs. 12. Symposium Energieinnovation an der TU Graz am 15.–17. Februar 2012
9. Marino A, Bertoldi P, Rezessy S, Boza-Kiss B (2011) A snapshot of the European energy service market in 2010 and policy recommendations to foster a further market development. Energy Policy, 39 (10), S. 6190–6198
10. Öko-Institut, Forschungszentrum Jülich, DIW, Fraunhofer ISI, Ziesing HJ (2013) Politikszenarien für den Klimaschutz VI – Treibhausgas-Emissionsszenarien bis zum Jahr 2030. Umweltbundesamt, Dessau
11. Plötz P, Rohde C, Fleiter T, Friedrichsen N, Hirzel S, Kersting J et al. (2014) Rationelle Energieverwendung. BWK – Das Energie-Fachmagazin (4), S. 124–130

12. Prognos, TU München Lehrstuhl für Energiewirtschaft und Anwendungstechnik, Fraunhofer ISI (2011) Datenbasis zur Bewertung von Energieeffizienzmaßnahmen 2008. Berlin, Karlsruhe, München

13. Roland Berger (2007) Umweltpolitische Innovations- und Wachstumsmärkte aus Sicht der Unternehmen. Umweltbundesamt, Dessau

14. Schmid C, Brakhage A, Radgen P, Layer G, Arndt U, Carter J et al. (2003) Möglichkeiten, Potenziale, Hemnisse und Instrumente zur Senkung des Energieverbrauchs branchenübergreifender Techniken in den Bereichen Industrie und Kleinverbrauch. Fraunhofer-Institut für Systemtechnik und Innovationsforschung, Karlsruhe; Forschungsstelle für Energiewirtschaft e. V., München

15. Sorrell S, O'Malley E, Schleich J, Scott S (2004) The economics of energy efficiency. Elgar, Cheltenham

16. Wietschel M, Arens M, Dötsch C, Herkel S, Krewitt W, Markewitz P et al. (Hrsg.) (2010) Energietechnologien 2050 – Schwerpunkte für Forschung und Entwicklung – Technologiebericht. Fraunhofer Verlag, Stuttgart

Verbrauchssteuerung

20

Nele Friedrichsen

Die politischen Ziele zur Erhöhung des Anteils der erneuerbaren Stromerzeugung am Energiemix sowie die Abkehr von der Kernenergie und fossiler Stromerzeugung haben einen Transformationsprozess des Stromversorgungssystems eingeleitet. Die Schwankungen von dezentraler Stromerzeugung aus erneuerbaren Energiequellen und der im Tagesverlauf variierende Strombedarf erfordern ein flexibles System. Neben flexiblen Kraftwerken und Speichern kann eine intelligente Verbrauchssteuerung dazu beitragen, die benötigte Flexibilität bereitzustellen.

20.1 Technologiebeschreibung

Verbrauchssteuerung ist definiert als eine kurzfristige und planbare Veränderung der Verbraucherlast. Der Fokus liegt dabei auf einer Last*verlagerung*, also der zeitlichen Verschiebung des Verbrauchs. Von der *International Energy Agency* (IEA: Internationale Energie Agentur) wurden für verbrauchsseitige Flexibilität die Begriffe „demand response" und „demand side bidding" [1, 2] eingeführt. „Demand side bidding" bezieht sich auf Anpassungsmaßnahmen der Konsumenten, um ihren Verbrauch (kurzfristig) aufgrund finanzieller Anreize zu flexibilisieren. „Demand response" wird als Oberbegriff für Maßnahmen des „demand side bidding", also der verbraucherseitigen Flexibilisierung verwendet. „Demand side management" dagegen wird dort als Begriff für Maßnahmen zur langfristigen Änderung der Verbräuche, insbesondere der Steigerung der Energieeffizienz verwendet. Das Thema Lastreduktion wird im Kap. 19 behandelt.

Durch *demand response* kann die Spitzenlast reduziert und die Auslastung der Betriebsmittel erhöht werden. Neben der Verschiebung von Last aus Spitzenlastperioden in

Nele Friedrichsen ✉
Fraunhofer-Institut für System- und Innovationsforschung ISI, Karlsruhe, Deutschland
url: http://www.isi.fraunhofer.de

© Springer Fachmedien Wiesbaden 2015
M. Wietschel et al. (Hrsg.), *Energietechnologien der Zukunft*,
DOI 10.1007/978-3-658-07129-5_20

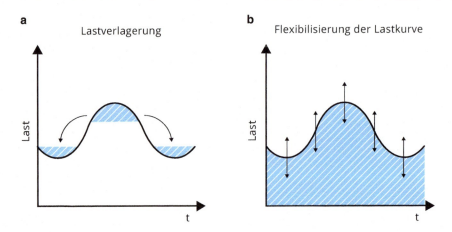

Abb. 20.1 Lastverlagerung aus Spitzenlast- in Off-Peak-Perioden (**a**) und Flexibilisierung der Nachfragekurve im Zeitablauf (**b**). (Quelle: eigene Darstellung basierend auf [2]; mit freundlicher Genehmigung von © Fraunhofer ISI Karlsruhe, All Rights Reserved)

Off-Peak-Zeiten (Abb. 20.1a) ermöglicht eine Flexibilisierung der Nachfrage (Abb. 20.1b) die Anpassung an variierende Einspeiseprofile und Beiträge zur Ausregelung von Schwankungen oder auch die Maximierung des Eigenverbrauchs.

Die Lastverschiebung stellt einen virtuellen Speicher dar: In bestimmten Zeiten kann die Last gegenüber dem Referenzfall erhöht werden (= Speicherladung), um dann zu einem späteren Zeitpunkt den Strombezug vermindern zu können (= Speicherentladung). Somit kann Lastmanagement dazu beitragen, die Residuallastkurve zu glätten oder regional einen Beitrag zu den Systemdienstleistungen und zu einem kosteneffizienten Systembetrieb leisten.

Die aktive Einbindung der Nachfrageseite wird häufig in einem Zug mit dem Begriff „Smart Grid" oder „intelligentes Stromnetz" genannt. Dabei wird *„Smart Grid"* als Vernetzung aller Bestandteile des Energieversorgungssystems (Netze, Erzeugung, Speicher und Verbraucher) mittels moderner Informations- und Kommunikationstechnik verstanden. Teil dieser Vision sind zudem intelligente Zähler, die in ein Kommunikationsnetz eingebunden sind sowie *„Smart Home"*-Konzepte.[1] Intelligente Zähler ermöglichen die Abrechnung des Verbrauchs auf Basis dynamischer Tarife und können – je nach Ausgestaltung – auch eine Steuerung von Kunden ermöglichen und somit neuen Dienstleistungen im Bereich Lastverlagerung insbesondere im Haushaltsbereich Vorschub leisten.

Die Veränderung der Lastkurve kann entweder durch indirekte Steuerung in Form von Preissignalen oder durch eine (vertraglich vereinbarte) direkte Regelung durch den

---

[1] Smart Home umfasst verschiedenen Konzepte zur intelligenten Vernetzung und Automatisierung im Wohnbereich, darunter fällt z. B. die Vernetzung und informationstechnische Anbindung von Haushaltsgeräten und Haustechnik, sodass z. B. per Smartphone die Heizung geregelt oder die Temperatur im Kühlschrank geprüft werden kann.

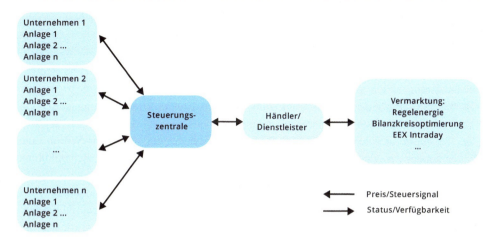

Abb. 20.2 Konzept Demand-Response-Aggregation. (Quelle: eigene Darstellung nach [3]; mit freundlicher Genehmigung von © Fraunhofer ISI Karlsruhe, All Rights Reserved)

Energieversorger, Dienstleister oder Netzbetreiber erfolgen. Eine Abschaltdauer von fünf Minuten ist ausreichend, um in einen Nachfragesteuerungsverbund mit anderen Anlagen eingebunden werden zu können [3]. Während Industriebetriebe durch singulär höhere Kapazitäten selbst direkt z. B. am Regelenergiemarkt aktiv werden können, ist bei gewerblichen Lasten und Haushalten in der Regel ein Pooling von Anlagen nötig. Diese gebündelte Flexibilität wird dann über einen Dienstleister, z. B. einen Curtailment-Service-Provider oder Demand-Response-Aggregator, vermarktet (siehe Abb. 20.2).

Der steuernde Akteur, d. h. bei direkter Steuerung der Energieversorger, Dienstleister oder Netzbetreiber, benötigt eine Steuerungs- und Kommunikationsinfrastruktur über die – zu vertraglich vereinbarten Rahmenbedingungen – auf eingebundene Anlagen steuernd zugegriffen werden kann. Dabei wird in der Regel eine bidirektionale Datenverbindung zwischen dem zentralen Steuerungsrechner des Dienstleisters und den Unternehmen bzw. Anlagen benötigt. Diese überträgt einerseits Informationen der Anlage an den Dienstleister, in denen übermittelt wird, welches Potenzial zur Verlagerung verfügbar ist. Umgekehrt werden Steuerungssignale an die Unternehmen oder Anlagen übertragen, um eine Abschaltung oder Wiedereinschaltung auszulösen [3]. Im Unternehmen werden die Signale an die interne Prozessleittechnik übergeben, bei Haushalten gegebenenfalls an das heimische Energiemanagement, intelligente Haushaltsgeräte oder einen intelligenten Zähler.

Die Datenübertragung kann kabelgebunden oder drahtlos realisiert werden. Dafür können verschiedene Technologien wie DSL und Powerline (kabelgebunden) oder UMTS/GSM (drahtlos) eingesetzt werden. Für die Bewertung der Eignung einer Technologie ist insbesondere die Störsicherheit der Datenübertragung von zentraler Bedeutung [3]. Falls eine unidirektionale Datenübertragung per Satellit oder Funkrundsteuerung genutzt wird, sollte anderweitig gesichert werden, ob die angesteuerte Anlage läuft und wie viel Leistung abschaltbar ist [3].

Besonders geeignet für eine Laststeuerung sind Verbraucher, bei denen „über einen Energie- oder Produktspeicher eine Entkopplung zwischen Stromverbrauch und Energiedienstleistung erzielt werden kann" [4]. In diesem Fall kann die Beeinträchtigung der (Produktions-)Prozesse in den Betrieben aus Gewerbe, Handel, Dienstleistung (GHD) und Industrie bzw. eine Komforteinschränkung im Haushaltsbereich sehr gering gehalten werden. Beispiele für solche Anwendungen sind insbesondere die elektrische Wärme- und Kälteerzeugung bei denen abhängig von der thermischen Trägheit der beheizten/gekühlten Medien oder dem Volumen angekoppelter Speicher der Betrieb der Anlagen i. d. R. problemlos für einige Zeit unterbrochen werden kann. Teilweise können auch andere Prozesse kurzzeitig stillgelegt werden, wie z. B. die Aluminiumelektrolyse, Zementmühlen oder einige Lüftungsanlagen oder Last verlagern, indem der Start verschoben wird, wie beispielsweise bei der Elektrostahlerzeugung, die als Batchprozess läuft [4].

Generell sind elektrische Lasten in vier Gruppen hinsichtlich ihrer Eignung für „Demand Response" unterteilbar [3]:

- Nicht schaltbar: „Geräte, auf deren Ergebnis der Anwender wartet oder deren Betrieb er benötigt". Darunter fallen beispielsweise Beleuchtung und Lüftungsanlagen, die dem Gesundheitsschutz dienen.
- Organisatorisch schaltbar: „Geräte, welche im laufenden Betrieb nicht schaltbar sind (z. B. Werkzeugmaschinen), deren Start durch organisatorische Maßnahmen aber verschoben werden kann".
- Manuell schaltbar: Verbraucher, bei denen ein Verantwortlicher entscheiden muss, ob eine Abschaltung oder Anlaufsperre zum gegebenen „Zeitpunkt möglich und wirtschaftlich ist".
- Automatisiert schaltbar: Verbraucher, die „im Hintergrund laufen und durch die thermische Trägheit des versorgten Objektes für einen gewissen Zeitraum abgeschaltet werden können". Dies sind häufig Querschnittstechnologien (Wärme- und Kälteerzeugung sowie Lüftungsanlagen).

20.1.1 Funktionale Beschreibung

20.1.1.1 Verbrauchssteuerung in der Industrie

Der durchschnittliche statistische Strombedarf pro Kunde in Deutschland liegt mit 759 MWh/Kunde in der Industrie deutlich höher als in anderen Kundengruppen (6,4 MWh/Kunde) [6].[2] Auch die individuell schaltbaren Leistungen sind in der Industrie in der Regel höher als im gewerblichen Bereich und in Haushalten. Dadurch ist der industrielle

---

[2] Dabei werden Zahlen des BDEW zu „Kenndaten Strom" für die Kundenzahlen und Stromverbräuche auf Basis der AG Energiebilanzen zugrunde gelegt. Die verwendeten Zahlen sind: 320.000 Industriekunden; industrieller Stromverbrach 243 TWh [2010] und 44,5 Mio. sonstige Kun-

Bereich prinzipiell attraktiv für Lastverlagerungen, und zwar insbesondere die stromintensive Industrie, die einen hohen Anteil am Stromverbrauch der gesamten Industrie hat [6].[3] Das theoretische Lastverlagerungspotenzial in der Industrie wird in verschiedenen Studien auf 0,4–0,5 GW (negativ) und 4,4–6,5 GW (positiv) geschätzt [6]. Die mögliche Dauer der Lastverlagerung wird mit 12–18 Stunden angegeben.

Das industrielle Lastverlagerungspotenzial ist relativ gut erschlossen und wird zum Teil bereits als positive Minutenreserve vermarktet. Abschaltungen sind jedoch unter Umständen mit sehr hohen Kosten verbunden [6]. Im Folgenden werden ausgewählte Technologien vorgestellt, für die in bestehenden Studien die Flexibilitätspotenziale untersucht wurden.[4] Dabei ist zwischen theoretischen Potenzialen zu unterscheiden, die keine Angabe darüber enthalten, in welchem Umfang die Potenziale unter den technischen Randbedingungen realisierbar sind, und technisch nutzbaren Potenzialen. Das theoretische Potenzial vernachlässigt z. B. die zeitliche Verfügbarkeit und die Block-Charakterisik des Verschiebepotenzials. Das technische Potenzial bezieht diese Aspekte mit ein. In der Industrie entspricht das technische Potenzial weitgehend dem theoretischen [7] und wird daher in der textlichen Darstellung nicht weiter differenziert.

Aufbereitung von Druckluft
Bei der Druckluftbereitstellung in industriellen Anlagen können insbesondere in Verbindung mit Druckluftnetzen relevante Leistungsverschiebepotenziale über mehrere Stunden erreicht werden. Diese liegen bei 1 bis 10 MW abhängig von der Dimensionierung der Hochdruckkompressoren sowie dem Speichervolumen zur Druckluftregelung [5]. Die Zeitkonstante der Regelung liegt bei maximal 5 MW/Minute [7].

Flexibilisierung von KWK-Anlagen aus der Dampferzeugung in der Industrie
KWK-Anlagen zur Dampferzeugung können ohne Beeinträchtigung der Dampfbereitstellung die Stromerzeugung in der Gegendruckturbine senken, sofern eine Überströmstation vorhanden ist. Die Anlagen sind in der Regel mindestens einfach oder sogar doppelt besichert, sodass Dampferzeuger als Reservekapazität bereitstehen. Dampfdruckgeregelte Anlagen, die über Puffermöglichkeiten verfügen, müssen nicht streng dampfgeführt betrieben werden, sondern können (in Grenzen) stromorientiert betrieben werden [7]. Zudem können die Reservekapazitäten bei den Kondensationsturbinen bei Anlagen mit einer Dampfdruckregelung prinzipiell kurzfristig zur zusätzlichen Stromerzeugung aktiviert werden [7]. Bereits jetzt nimmt ein Teil dieser Anlagen am Minutenreservemarkt für positive Regelenergie teil [7].

---

den, d. h. Haushalte, Kleinbetriebe, Landwirtschaft, GHD, öffentliche Einrichtungen und Verkehr bei einem Stromverbrauch von 243 TWh [6].
[3] Die Papierherstellung, chemische Industrie, Aluminium- und Stahlindustrie verbrauchten beispielsweise mehr als 40 % des Stromverbrauchs des produzierenden Gewerbes im Jahr 2012 [21].
[4] Für die Industrie wurden die Potenziale auf Basis heutiger Prozesse und Technologien abgeleitet. Die Analysen in [6] und [8] basieren i. d. R. auf Daten des Jahres 2010.

Über eine flexible Fahrweise der KWK-Anlagen zur Dampferzeugung könnten 585 MW Leistung kurzfristig angefahren werden. Die Regelungsgeschwindigkeit beträgt 0,5 bis 14 MW/Minute. Die Reservekapazitäten stellen ein zusätzliches Potenzial von 1170 MW dar [7].

Aluminiumelektrolyse

Die Schmelzflusselektrolyse von Aluminium hat in Deutschland einen jährlichen Strombedarf von 5,6 TWh bei einer installierten Leistung von 1 GW [7]. Eine Lastreduktion durch Teillastbetrieb ist über Spannungsstufenschalter möglich. Dadurch lassen sich die Spannung, die an jeder Elektrolysezelle anliegt und die aufgenommene Leistung reduzieren. An einigen Standorten ist auch eine kurzzeitige Lastüberhöhung (< 4 h) möglich. Die komplette Last kann i. d. R. für 1–4 h abgeworfen werden. Wichtig ist dabei, dass die Temperatur des Elektrolysebades nicht unter eine kritische Temperatur von 930 °C sinkt. Ansonsten wird ein erneutes Verflüssigen der Schmelze unmöglich, da mit der Temperatur auch die Leitfähigkeit sinkt und das Elektrolysebad als Isolator wirkt [7].

Das positive Lastmanagementpotenzial durch Teillastbetrieb in der Aluminiumelektrolyse liegt bei 148 MW. Bei einem kompletten Lastabwurf wird das Potenzial auf 637 MW bzw. bei Vollauslastung auf bis zu 1 GW geschätzt [5]. Das negative Potenzial durch eine kurzzeitige Überlastung liegt bei 30 bis 50 MW [5].

Während ein Lastabwurf in Sekunden möglich ist, kann eine Lastüberhöhung oder Reduktion auf Teillast innerhalb von 15 Minuten realisiert werden. Das Wiederanfahren nach einem Lastabwurf dauert bis zu einer halben Stunde [7].

Holzschleifer und Papiermaschinen in der Papierindustrie

Die Bandlast der Holzschleifer in Deutschland wird bei einer Auslastung von 78 % mit 208 MW angegeben [7]. Da Holzschleifer feinstufig in Teillast gefahren werden können, sind sie gut für ein Lastmanagement geeignet. Zudem besteht die Möglichkeit, Holzschliff in Silos zwischen zu speichern. Die Speicherkapazität in Deutschland entspricht dabei etwa 1,3 GWh [7]. Das positive Regelungspotenzial der Holzschleifer liegt bei ca. 200 MW und kann mit einer Zeitkonstante von 5 Minuten realisiert werden. Produktspeicher sind auf Branchenebene für ein Äquivalent von 1,3 GWh vorhanden [5].

Papiermaschinen dagegen können nur blockweise geschaltet werden und zeichnen sich durch eine im Tagesverlauf konstante Abnahme aus. Das Anfahren (bis zu 3 h) und Herunterfahren (bis zu 2 h) der Anlagen ist zeitaufwändig. Um die Schaltungen zu ermöglichen, sind zudem lange Vorankündigungszeiten erforderlich. Daher sind Papiermaschinen weniger für eine Verbrauchssteuerung geeignet [7]. Betrachtet man die Speichermöglichkeiten für Produkte, entspricht die Speicherkapazität der Papierrollenlager 7,9 GWh [5]. Da große Anlagen für die Herstellung von Standardprodukten mit hohen Auslastungen betrieben werden, ist eine Lasterhöhung nur eingeschränkt möglich und Produktionseinbußen im Zusammenhang mit einer Lastreduktion könnten nur schwer nachgeholt werden. Das theoretische Potenzial einer Abschaltung von ca. 1,7 GW [5] ist daher nur schwer nutzbar.

Elektrostahlerzeugung

Die Elektrostahlerzeugung findet diskontinuierlich im Batchverfahren statt. Sobald die Masse im Schmelzbad nach ca. fünf bis zehn Minuten flüssig ist, kann der Prozess nicht mehr unterbrochen werden. Das Steuerungspotenzial liegt in einem um ein bis mehrere Stunden verschobenen Start. Da die Öfen in der Produktionspause abkühlen, steigt durch die Verschiebung der spezifische Energieverbrauch. Die Höhe des Potenzials zur Lastverlagerung in Deutschland wird auf 741 MW geschätzt [5].

Abwasseraufbereitung

In der Abwasseraufbereitung werden Blockheizkraftwerke (BHKW) eingesetzt, um die anfallenden Faulgase zu verwerten und dadurch den Stromeigenbedarf zu decken. Diese Anlagen verfügen über ein Flexibilitätspotenzial indem sie ihre Stromproduktion reduzieren oder das BHKW abschalten und den Fremdstrombezug erhöhen. Je nach Füllstand des Gasspeichers könnten die Anlagen für bis zu sechs Stunden abgeschaltet werden. Über die Gasspeicher könnten so 1,2 GWh$_{el}$ verlagert werden. Insgesamt wäre eine Lasterhöhung von 200 MW realisierbar [5]. Die Reduzierung der Einspeiseleistung des BHKW ließe sich innerhalb weniger Sekunden realisieren. Das Hochfahren dauert etwa 5 Minuten [5]. Die Vorankündigungszeit für die Steuerung liegt bei unter 15 Minuten [7].

Zementmühlen

Zementmühlen in der Zementherstellung nutzen bereits derzeit die Strompreisdifferenz zwischen Peak und Off-Peak. Teilweise werden auch vergünstigte Netzentgelte aufgrund atypischen Abnahmeverhaltens in Anspruch genommen. Die Produktion findet weitgehend werktags nachts sowie am Wochenende statt und die Produktion wird in Zementsilos gespeichert. Diese Silos haben eine Speicherreichweite von zwei bis fünf Tagen. Rechnet man diese Speicherkapazität in ein Verlagerungspotenzial des Stromverbrauchs in der Produktion um, entspräche dies auf Branchenebene etwa 29 GWh [5]. Das Regelungspotenzial einer Lastverringerung während der Produktionszeiten (d. h. werktags, nachts und am Wochenende) liegt bei 313 MW [5]. Die Fahrweise der Mühlen ist prinzipiell flexibel. Eine Anpassung in Abhängigkeit von einer sich verändernden Strompreisgestaltung und den Netzentgelten ist wahrscheinlich und wird mit der Produktion nachts und am Wochenende bereits derzeit realisiert.

Die Vorankündigungszeit für eine Änderung im Betrieb beträgt 30 Minuten. Zur Regelung werden einzelne Mühlen abgestellt. Das Herunterfahren dauert ca. 15 Minuten. Eine Drehzahlregelung ist nicht möglich [7]. Nach einem kurzzeitigen Stillstand von ein bis zwei Stunden kann die Produktion problemlos innerhalb von ca. 30 Minuten wieder aufgenommen werden. Wenn die Mühlen jedoch abgekühlt sind, besteht die Gefahr qualitativ minderwertigen Zement herzustellen, der dann erneut bearbeitet werden muss [7]. Längere Stillstände bergen daher das Risiko einer Effizienzverschlechterung. Es dauert bis zu zwei Stunden, bis wieder ein qualitativ hochwertiges Produkt erzeugt werden kann. Für die Maschinen birgt die Abschaltung allerdings keine Gefahr.

Tab. 20.1 Theoretische Gesamtpotenziale zur Lastverschiebung in Gewerbe, Handel, Dienstleistung [7, Abb. 5-3]

	2010		2020		2030	
GW	Sommer	Winter	Sommer	Winter	Sommer	Winter
Gesamt (VDE)	7	10	7,5	13	6,5	12

20.1.1.2 Verbrauchssteuerung in Gewerbe, Handel, Dienstleistung

Thermische Heizungs- und Kühlungssysteme spielen eine zentrale Rolle für verbraucherseitige Flexibilität im gewerblichen Bereich. Im Handel sind dies Kühlanlagen, während bei büroähnlichen Gebäuden die elektrische Raumheizung ein Flexibilitätspotenzial darstellt. Im Gastgewerbe können potenziell Kühlanlagen und Anlagen zur Prozesswärmebereitung (Warmwasser) gesteuert werden. Im produzierenden Gewerbe können – analog zu den für die Industrie beschriebenen Anwendungen – teilweise Produktionsprozesse verschoben oder in Teillast gefahren werden und auch hier stellt die Raumwärme ein weiteres Potenzial dar. Ein Großteil (etwa zwei Drittel) des DSI-Potenzials im GHD-Sektor liegt in den Bereichen Büros/Textilbetrieb, Handel sowie Gastgewerbe (siehe Abb. 20.3).

Für die Zukunft wird eine Zunahme an elektrischen Wärmesystemen (insbesondere Wärmepumpen) und ein steigender Bedarf an Klimatisierung erwartet, wodurch die erwarteten theoretischen Potenziale zur Verbrauchssteuerung steigen [7]. Gleichzeitig wird aber eine Effizienzsteigerung angenommen [7]. Dadurch sinken die theoretischen Potenziale im Jahr 2030 leicht gegenüber den Potenzialen im Jahr 2020 (siehe Tab. 20.1).

Detailuntersuchungen für einzelne Branchen haben für Wasserwerke ein Lastmanagement Potenzial von 62 MW (Lastverringerung) und 58 MW (Lasterhöhung) ermittelt. Im Bereich Kühlhäuser wird ein Potenzial von 60 MW (Lastverringerung) und 49 MW (Lasterhöhung) geschätzt [9]. Dies erscheint im Vergleich zu Analysen in [10] gering, wo das Flexibilitätspotenzial von Kühlgeräten im gewerblichen Bereich auf 1,1 GW (Lastverringerung) respektive 2,8 GW (Lasterhöhung) geschätzt wird. Die Verlagerungsdauern werden mit 50 Minuten [10] und bis zu sechs Stunden [11] angegeben.

Lüftungsanlagen
Auch Zu- und Abluftgebläse von Lüftungsanlagen können ein Flexibilitätspotenzial darstellen, da zur Sicherung der Luftqualität nicht immer eine kontinuierliche Lufterneuerung notwendig ist. Eine Ausnahme bilden Systeme zur Ablüftung von Schadstoffen, die ständig laufen müssen.

Für eine flexible Steuerung muss die Luftqualität überwacht werden. Zur Lastveränderung kann entweder das Gebläse komplett ausgeschaltet oder der Volumenstrom z. B. über eine Drehzahlregelung angepasst werden, wodurch sich die aufgenommene Leistung verringern würde [7]. Die Luftqualität determiniert in welchem Maße eine Verschiebung des Lüftungsenergiebedarfs möglich ist. Sie stellt somit den virtuellen Speicherfüllstand dar.

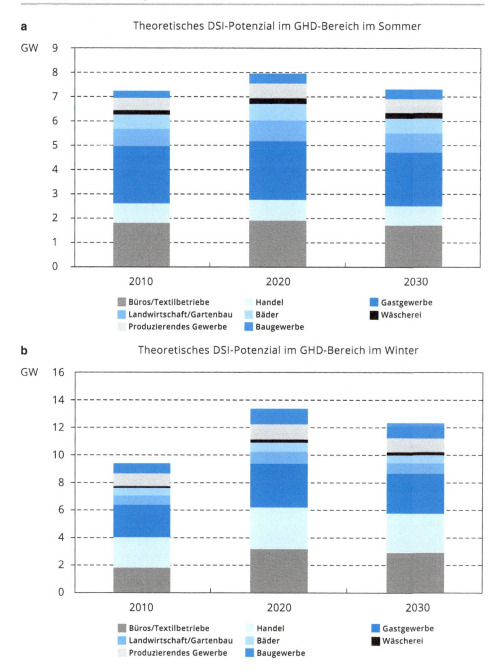

Abb. 20.3 Theoretisches DSI-Potenzial im Bereich Gewerbe, Handel, Dienstleistungen für Deutschland im Sommer (**a**) und Winter (**b**). (Quellen: eigene Darstellungen nach [7, Abb. 5-3] und [8, S. 99]; mit freundlicher Genehmigung von © Fraunhofer ISI Karlsruhe, All Rights Reserved)

Tab. 20.2 Theoretische Gesamtpotenziale zur Lastverschiebung im Haushaltsbereich nach [7, Abb. 5-2]

	2010		2020		2030	
GW	Sommer	Winter	Sommer	Winter	Sommer	Winter
Gesamt (VDE)	11	13	16,6	17,4	18	20

Der Bestand an Raumluftkonditionierungsanlagen für Verkaufs- und Büroräume lag 2010 bei etwa 1,4 Mio. Geräten [9]. Projektionen gehen von einer Zunahme auf etwa 2,3 Mio. Geräte, also einer Steigerung um mehr als 60 % bis 2030 aus [9].

Das Lastmanagementpotenzial von Lüftungssystemen wird auf etwa 2–6 GW geschätzt, wobei die Potenziale aufgrund des typischen Lastverlaufs tagsüber höher sind [10].

20.1.1.3 Verbrauchssteuerung in Haushalten

Die in Tab. 20.2 angegebenen theoretischen Potenziale wurden auf Basis einer Bottom-Up-Modellierung ermittelt und in einer Studie des VDE [7] veröffentlicht. Dabei wird von einer Gesamtzahl von 40,3 Mio. Haushalten in Deutschland mit einem durchschnittlichen jährlichen Gesamtstromverbrauch von 3241 kWh ausgegangen [7]. Für 2020 und 2030 wird dieselbe Anzahl angesetzt. Dahinter steht die Annahme, dass der erwartete Bevölkerungsrückgang durch eine Zunahme an Ein- und Zweipersonenhaushalten kompensiert wird [7].

Die ermittelten Potenziale zur Verbrauchssteuerung im Haushaltsbereich werden durch thermische Prozesse dominiert. Dies sind im Jahr 2010 hauptsächlich Nachtspeicherheizungen. Dadurch schwankt das Potenzial stark saisonal bzw. in Abhängigkeit von der Außentemperatur. Bis 2030 wird eine starke Zunahme des Potenzials im Bereich Raumklimatisierung erwartet, sodass die Potenziale im Sommer deutlich steigen [7]. Allgemein führt die erwartete Zunahme von Einpersonenhaushalten und die damit verbundene Steigerung der Gerätezahlen sowie die Zunahme von Wärmepumpen trotz Effizienzsteigerungen zu einer Zunahme des absoluten Lastverschiebungspotenzials [7].

Für Haushaltskunden sind die Kosten für Kommunikations- und Steuertechnik ein zentrales Hindernis [1]. Mit der zunehmenden Verbreitung und Kostendegression von IKT steigt die Wirtschaftlichkeit (siehe Abb. 20.4a, b)

Elektrische Speicherheizungen

Speicherheizungen haben einen Kern, der aus einem Material mit einer hohen Wärmekapazität besteht und der elektrisch aufgeheizt wird. In der Regel wird Magnesit eingesetzt. Der Speicherkern ist umgeben von einer Wärmeisolierung. Die Wärmeabgabe wird durch gezielte Luftzufuhr und erzwungene Konvektion gesteuert.

Die thermische Speicherung ermöglicht eine zeitliche Entkopplung des Strombedarfs zu Heizzwecken vom Zeitpunkt des Wärmebedarfs. Das positive Lastmanagementpotenzial existierender Speicherheizungen wird auf 2 bis 14 GW geschätzt [10] und ist aufgrund

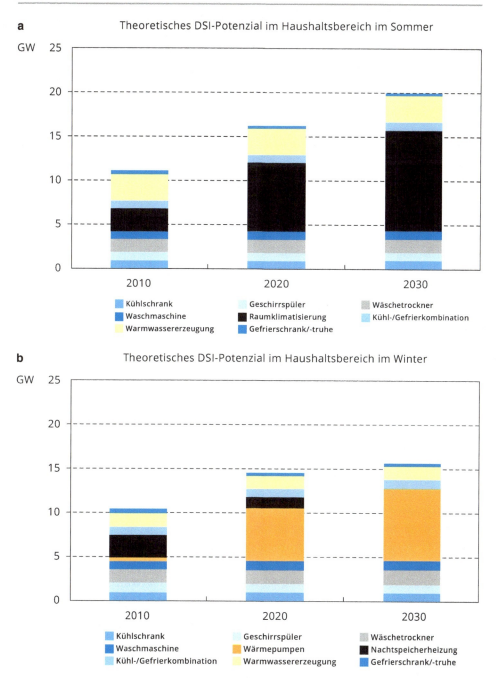

Abb. 20.4 Theoretisches DSI-Potenzial im Bereich Haushalt für Deutschland im Sommer (**a**) und Winter (**b**). (Quellen: eigene Darstellung nach [7, Abb. 5-1] und [8, S. 98]; mit freundlicher Genehmigung von © Fraunhofer ISI Karlsruhe, All Rights Reserved)

des hohen Anteils von Wärmeanwendungen stark von der Außentemperatur abhängig [10].

Zusätzliche Potenziale sind im Bereich elektrischer Warmwasserbereitung in Kombination mit Warmwasserspeichern vorhanden. Für den Bereich der elektrisch beheizten Gebäude liegen diese bei etwa 750 MW [1, 13]. Eine Verlagerung des Strombedarfs für die Warmwasserbereitung ist möglich, sofern der Warmwasserbedarf aus dem Speicher gedeckt werden kann und somit der Zeitpunkt des Leistungsbezugs von der Warmwassernachfrage entkoppelt werden kann. Die Verlagerungsdauer hängt somit vom Warmwasserverbrauch und von der Speichergröße ab. In [1] werden die Potenziale für Standspeicher und Durchlaufspeicher und in Abhängigkeit der Verlagerungsdauer betrachtet. Während kurzzeitig 750 MW positive Regelenergie angeboten werden können, sinkt das Potenzial nach einer Stunde auf etwa 300 MW und nach 1,5 Stunden auf etwa 100 MW [1, Abb. 3.6].

Klimatisierung und Wärmepumpen

Im Haushaltsbereich ist „Demand Response" insbesondere im Bereich Klimatisierung ohne Komforteinschränkung möglich. In Nordamerika, wo der Klimatisierungsbedarf höher ist, wurden bereits zahlreiche Modellversuche durchgeführt [14]. Es ist anzunehmen, dass die Ergebnisse zum Teil auf Wärmepumpen übertragbar sind, da diese ähnliche technische Eigenschaften wie Klimaanlagen haben. Im Zuge der Dekarbonisierung der Energieversorgung wird die Anzahl Wärmepumpen voraussichtlich zunehmen. In Deutschland waren im Jahr 2010 ca. 390.000 Wärmepumpen installiert. Für 2020 (2030) rechnet der Bundesverband Wärmepumpe mit einem Zuwachs auf 1.160.000 bis 1.480.000 (2.000.000 bis 3.525.000) [15]. Bei Klimatisierungsanlagen liegt der Bestand im Haushaltsbereich 2010 bei etwa 620.000 Geräten. Für das Jahr 2030 wird ein Zuwachs auf fast ein 1 Mio. Geräte prognostiziert [12].

Der Zeitpunkt des Strombezugs kann über Wärmespeicher von der Bereitstellung der Wärme bzw. analog der Kälte bei Klimatisierung entkoppelt werden. Zudem fungiert die Gebäudemasse als Wärmespeicher. Das Potenzial zur Lastverschiebung ist damit neben den Außentemperaturen, von der Gebäudedämmung und der Speichergröße abhängig. Details zu Wärmepumpen werden in Kap. 18 genannt. Während die Verlagerungspotenziale mittels Wärmepumpen für 2010 gering und eher lokal als relevant betrachtet werden [7], wird das theoretische Potenzial in der Raumklimatisierung bereits für 2010 auf etwa 2,5 GW geschätzt [7]. Für 2030 wird das technisch nutzbare Potenzial zur Lastverlagerung von Wärmepumpen auf 0,4 GW positiv und 2,2 GW negativ geschätzt [16]. Dabei wird angenommen, dass 50 % des theoretischen Potenzials genutzt werden.

Bereits derzeit werden Wärmepumpen teilweise im Rahmen spezieller Verträge geschaltet. Laut [7] findet dabei bis zu dreimal eine Unterbrechung von bis zu zwei Stunden statt. Mit der Installation von Wärmespeichern oder Phasenwechselmaterialen ließen sich die Zeitkonstanten deutlich erhöhen [7].

Kühlgeräte

Kühl- und Gefriergeräte haben zwar eine vergleichsweise geringe Leistungsaufnahme. Die thermische Trägheit ermöglicht jedoch eine Lastverlagerung ohne oder mit nur sehr geringen Komforteinbußen für den Nutzer. In [7] wird das Verschiebepotenzial von Kühlgeräten auf Basis einer Bottom-up-Modellierung abgeschätzt. Das aggregierte Lastverschiebepotenzial wird so auf bis zu 3 GW geschätzt [7]. Dabei wird von 48,3 Mio. Kühlschränken und 39,4 Mio. Kühl-Gefrierkombinationen sowie 23,4 Mio. Gefrierschränken und 21,7 Mio. Gefriertruhen ausgegangen [7].

Eine detaillierte Analyse der Verlagerungspotenziale von Kühlschränken und Gefriergeräten findet sich in [10]. Die Potenziale werden ebenfalls auf etwa 3 GW positiv geschätzt und eine Verlagerungsdauer von bis zu etwa 250 Minuten (Gefrierschränke) respektive 500 Minuten (Kühlschränke) angegeben. Das negative Potenzial liegt bei etwa 7,7 GW bei 100 bis 200 Minuten [10]. In der Smart-A-Studie [17] wird die Zeitkonstante zur Lastverlagerung bei Kühlgeräten dagegen mit in der Regel bis zu 15 Minuten angegeben.

Intelligente Haushaltsgeräte

Im Haushaltsbereich können intelligente Haushaltsgeräte wie Wasch- und Spülmaschine oder Trockner für ein Lastmanagement eingesetzt werden. Die Flexibilität besteht hier neben einer Unterbrechung des Prozesses, vor allem in einem verschobenen Start des Programms. Das Potenzial für Wasch- und Geschirrspülmaschinen sowie Trockner beträgt etwa 3 GW [7]. Die Aufteilung auf die einzelnen Technologien ist Abb. 20.4 zu entnehmen. Die zukünftigen Potenziale hängen von der Entwicklung der Geräteeffizienz, den Gerätzahlen und den Auswechselraten ab.

- Waschmaschinen und Trockner: Die zeitliche Lastverschiebung durch einen verschobenen Start von Waschmaschine oder Trockner wird mit 3–6 Stunden angegeben [17]. Eine Unterbrechung im laufenden Betrieb wird mit ca. 15 (Waschmaschine) bis 30 (Trockner) Minuten für möglich gehalten [17]. Es ist zu beachten, dass das Verschiebepotenzial nachts und am Wochenende eingeschränkt sein kann, da das Waschen in dieser Zeit in Mehrfamilienhäusern teilweise untersagt ist [7]. Es gibt auch Geräte, die extra leise laufen, sodass die Geräte auch nachts betrieben werden könnten [7]. Die Gerätezahl wird für 2010 auf 37,7 Mio. Waschmaschinen (Ausstattungsgrad 93,5 %) und 16 Mio. Wäschetrockner (Ausstattungsgrad 39,9 %) geschätzt [7]. Im Gegensatz zu Kühlgeräten muss der Nutzer selber eingreifen bzw. sein Verhalten anpassen [17]. Kombinierte Wasch-Trockner mit hoher Energieeffizienz könnten die Flexibilität erhöhen und den negativen Einfluss auf den Verbrauchernutzen reduzieren [17].
- Geschirrspülmaschinen: Der Bestand an Geschirrspülmaschinen wird mit 26,5 Mio. Geräten angegeben (Ausstattungsgrad 65,7 %). Neuere Maschinen laufen in der Regel sehr leise und sind daher auch für den Nachtbetrieb geeignet [7].

Informations- und Kommunikationsanwendungen (IKT)

Der Stromverbrauch privater Haushalte für Informations- und Kommunikationsanwendungen wird voraussichtlich in Zukunft steigen. Diese Anwendungen sind in der Regel für ein Lastmanagement im Sinne einer zeitlichen Verschiebung nicht geeignet. Der Trend ist vor allem für Lastmanagement im Sinne einer Verbrauchsreduktion relevant und wird im Kap. 19 behandelt.

20.1.2   Status quo und Entwicklungsziele

In der Industrie wird Verbrauchssteuerung zur Optimierung des Strombezugs hinsichtlich der Preisspreizung zwischen Peak und Off-Peak sowie der Netzentgelte eingesetzt. Bereits in der Vergangenheit konnten Netzbetreiber zudem bilaterale Verträge über abschaltbare Lasten schließen. Den Autoren sind jedoch keine Daten zur Verbreitung dieser Flexibilitätsoption bekannt. Die Flexibilität in der Zementindustrie, Aluminiumelektrolyse, Papierindustrie und Chlorelektrolyse wird von den Unternehmen bereits im Markt für positive Minutenreserve angeboten. Abgesehen von den Anwendungen, in denen die Stromkosten ein dominierender Faktor sind und hohe Leistungen geschaltet werden, ist noch keine kommerzielle Verbrauchssteuerung in der Industrie üblich.

Bisher gibt es nur wenige kommerzielle Dienstleister für Demand Response in Deutschland. Entelios ist seit 2010 eine der ersten Firmen in diesem Bereich in Europa und bietet Kunden in Industrie, Gewerbe und Kommunen das Management von dezentralen Verbrauchern, Speichern und Erzeugern elektrischer Energie als Dienstleisung an.[5] In den USA ist das Konzept solcher „demand reponse aggregators" weiter verbreitet.

In Deutschland wurden im Rahmen der E-Energy Projekte[6] zahlreiche Feldtests zur flexiblen Einbindung der Nachfrageseite in die Energieversorgung durchgeführt. Eine Vielzahl der Maßnahmen befindet sich im F&E-Stadium bzw. in der Demonstrationsphase (siehe Tab. 20.3).

---

[5] Daneben unterstützen sie Energieversorger, Netzbetreiber und Energiedienstleister durch Technologie und Dienstleistung dabei, ihren Geschäftskunden innovative Energiedienstleistungen wie Demand Response oder virtuelle Kraftwerke anzubieten.

[6] „E-Energy – IKT-basiertes Energiesystem der Zukunft" war ein Förderprogramm des Bundeswirtschaftsministeriums zusammen mit dem Bundesumweltministerium. Es wurden sechs Modellregionen gefördert, in denen Schlüsseltechnologien und Geschäftsmodelle für ein „Internet der Energie" getestet wurden. Die Projekte liefen von 2008–2013. Weitere Informationen finden sich auf http://www.e-energy.de/.

Tab. 20.3 Entwicklungsstadium von Verbrauchssteuerung in den Sektoren Industrie, GHD, Haushalten (Status quo)

	Kommerziell	Demonstration	F&E	Ideenfindung
Industrie, i. d. R. stromintensive (betriebliches Energiemanagement, teils aktiv im Regelenergiemarkt)	X			
GHD (z. B. Kühlhäuser)		X		
GHD (z. B. Gastgewerbe)			X	
Haushalte (Funkrundsteuerung Nachtspeicherheizungen u. Wärmepumpen)	X			
Haushalte (intelligente Haushaltsgeräte)			X	

20.1.3   Technische Kenndaten

Die Verfügbarkeit von Lastmanagementpotenzialen ist abhängig von den tageszeitlichen und saisonalen Schwankungen des Lastverlaufs. Im Haushaltsbereich wird das Potenzial durch Wärmepumpen und Nachtspeicherheizungen dominiert und weist damit eine starke Abhängigkeit von der Außentemperatur auf (siehe Tab. 20.4).

In der Industrie ist der Lastverlauf abhängig von den Produktionsprozessen. Die Verfügbarkeit von Lastmanagementpotenzialen ist stark von den Prozessen und der Unterbrechbarkeit abhängig. Tabelle 20.4 gibt einen Überblick über die theoretischen Potenziale, technisch realisierbaren Potenziale sowie weitere Charakteristika der steuerbaren Lasten in den Sektoren auf Basis verschiedener Studien.

20.2   Zukünftige Anforderungen und Randbedingungen

20.2.1   Gesellschaft

Eine Nachfragesteuerung in der Industrie ist in der Regel mit Effekten für den Produktionsablauf und/oder die Produktion verbunden. Durch Eingriffe in Produktionsabläufe, die über die Zeit hinweg optimiert wurden, können somit negative Effekte in nachgelagerten Prozessen auftreten. Um dieses Risiko zu minimieren, ist im Vorfeld eine sorgfältige Planung notwendig. Falls die Verbrauchssteuerung Freiheiten zur Zeiteinteilung der einzelnen Arbeitsschritte einschränkt oder eingeschliffene Zeitpläne geändert werden, kann es zudem zu Akzeptanzproblemen bei den Mitarbeitern kommen [3]. Weitere Bedenken bestehen hinsichtlich eines „Kontrollverlustes" und ungewollten Ab- oder Anschaltens [3]. Die Kosten für die Verbrauchssteuerung wie beispielsweise zusätzliche Personalkosten, höherer Energieverbrauch durch Effizienzeinbußen, Kosten für die Prozessabsicherung, Produktionsreduktion oder Qualitätseinbußen müssen ausgeglichen werden.

Tab. 20.4 Kenndaten der Potenziale zur Verbrauchssteuerung in den Sektoren Industrie, GHD und Haushalte im Vergleich

		Industrie			GHD			Haushalte		
		Heute	2020	2030	Heute	2020	2030	Heute	2020	2030
Theoretisches Potenzial (GW) [7]	Sommer	4,5	4,5	4,5	7	7,5	6,5	11	16,6	20
	Winter	4,5			10	13	12	13	17,4	18
Technisch nutzbares Potenzial (GW) [6, 7]	Allgem.	4,5			1,4	1,7	1,8	2,6	3,8	6
	Positiv	–		4,5–6,5	–	–	1,8–3	–	–	4–9
	Negativ	–	–	0,4–0,5	–	–	<5	–	–	8–35*
Verschiebbare Energie [7]		Keine Hochrechnung auf Jahresebene angegeben, Bezug hier „Speichergröße" 0,8 GWh [18], 77 GWh [7], 1350 GWh [3]			5 TWh/a	5,6 TWh/a	9,7 TWh/a	8 TWh/a	12,4 TWh/a	32,3 TWh/a
Verlagerungsdauer		1–4 h [7] 12–18 h [6] Durchschnitt 30 min. [3]			2–4 h [9] 1–24 h [6]			1–24 h [6]		
Häufigkeit		50–100 Aktivierungen pro Jahr [19]								
Zeitkonstante		Typisch: 30–120 min. Vorankündigung bis 1 h, teils >8 h– 1 Tag [19]								

* Davon Nachtspeicherheizung etwa 25 GW, nur im Winter abrufbar.

Generelle ist die Akzeptanz von Verbrauchssteuerungsmaßnahmen höher, wenn die Komforteinbußen für den Nutzer gering sind. Dies ist insbesondere bei Prozessen mit thermischer Speicherfähigkeit der Fall [3]. Verbraucher im Haushaltsbereich äußern jedoch Bedenken in Bezug auf eine Steuerung von Kühl- und Gefrierschränken aufgrund von Sicherheitsbedenken und der Gefahr einer Qualitätsminderung. Im Rahmen des Smart-A-Projektes wurden Verbraucher in Österreich, Deutschland, Italien, Slowenien und Großbritannien zu „intelligenten Geräten", u. a. der Akzeptanz der Geräte und möglichen Verhaltensänderungen [18] befragt. Immerhin mehr als drei Viertel der befragten Verbraucher würden einen um drei Stunden verschobenen Start von Waschmaschine, Trockner oder Geschirrspüler akzeptieren. Bedenken bestehen allerdings hinsichtlich der möglichen Lärmbelästigung bei einem Betrieb in der Nacht, bezüglich des längeren Lagerns der feuchten Wäsche bevor sie entladen werden kann und des unbeaufsichtigten Betriebs der Geräte [14].

Die Realisierung von Verbrauchssteuerung in Haushalten über dynamische Tarife kann in Deutschland problematisch sein, da die Preisspreizung zwischen Peak und Off-Peak relativ gering ist. Der monetäre Anreiz zur Verbrauchsverlagerung ist somit gering. Programme können aber auch bei geringen finanziellen Anreizen effektiv sein, wenn die Konsumenten gut darüber informiert sind, wie sie von den dynamischen Tarifen profitieren können [13]. Einschränkend wirkt allerdings, dass Verbraucher ihre Gewohnheiten nur schwer ändern [17]. Potenziale, die Verhaltensänderungen voraussetzen, sind daher voraussichtlich schwerer zu heben, als solche, die durch Automatisierung aktiviert werden können.

Ein zentraler Faktor für den Erfolg der bisherigen Pilotprogramme ist laut [13] der Kundennutzen des Programms, da dieser die Handlungsmotivation für den Verbraucher darstellt [17]. Technik hat eine wichtige begleitende Funktion zur Unterstützung des Kundenverhaltens. So können intelligente Zähler dazu beitragen, das Konsumentenverhalten in Relation zum Markt zu steuern, indem sie angepasste Preise oder Feedbacksignale übertragen oder die Heimautomatisierung ermöglichen [13]. Eine zu hohe Tarifvielfalt kann Verbraucher jedoch verwirren [14]. Ob eine Verbrauchsverlagerung allein mit nicht-monetären Signalen möglich ist, lässt sich aus den bisherigen Pilotprogrammen nicht klar ableiten [14].

Einen erhöhten Nutzen vorausgesetzt, sind Kunden sogar bereit, Zusatzkosten zu akzeptieren. In [17] wurden diese auf etwa 25 Euro geschätzt. Die Sicherstellung von Datenschutz und Datensicherheit wird vorausgesetzt [17].

Bei der Umsetzung von Demand Response müssen die vertraglichen Beziehungen zwischen den Akteuren berücksichtigt werden [3]. Eine Nachfragesteuerung hat Rückwirkungen auf den Stromlieferanten und den Netzbetreiber. Diese Akteure sollten daher bei der Umsetzung von Demand Response durch einen Dienstleister informiert und eingebunden, eventuelle Nachteile sollten ausgeglichen werden [3].

20.2.2 Kostenentwicklung

Die Kosten zur Nutzung von verbrauchsseitiger Flexibilität lassen sich in Anfangsinvestition und Aktivierungskosten unterteilen [20]. Die Anfangsinvestition umfasst die Steuerungs- und Kommunikationstechnik, die Analyse der Potenziale und die Entwicklung einer Einsatzstrategie. Die Kosten sind in der Regel vom Stromkunden zu tragen, nur teilweise gibt es Anreize und Unterstützung durch Dienstleister oder öffentliche Förderung [20]. Zu den Aktivierungskosten zählen Komforteinschränkungen, eine Veränderung der Arbeitsabläufe verbunden mit zusätzlichen Personalkosten, zusätzlicher Wartungsaufwand sowie eine Beeinflussung der Auslastung und der Produktionsmengen [20]. Auf Seiten eines Dienstleisters entstehen u. U. weitere Kosten: Schulung der Verbraucher, Verwaltung, Werbung, Messung, Datenübertragung sowie Vergütungszahlungen an Verbraucher [7]. Aus diesen Kosten kann ein monetärer Schwellwert ermittelt werden, über dem die Vergütungen liegen müssen, um Verbraucher zur Teilnahme an Demand Response zu motivieren [7]. Um diesen Schwellwert im Einzelfall zu ermitteln, sind Detailanalysen notwendig.

In Industrieunternehmen mit kontinuierlicher Produktion ist eine Verbrauchssteuerung nur bei vorhandenen Überkapazitäten möglich. Ein Aufbau von zusätzlicher Kapazität ist eher unrealistisch, in der Regel mit hohen Investitionen verbunden und nicht pauschal bewertbar. In einer Studie des VDE [7] wird aufgezeigt, dass bei der Chlorelektrolyse eine Kapazitätserweiterung denkbar wäre. Die Kosten dafür werden auf 700 bis 1000 Euro/kW ohne Kosten für Anpassungen von Nebenanlagen geschätzt [7]. Die Kosten für die Anpassung der Nebenanlagen belaufen sich auf zusätzlich 1000 Euro/kW [7].

Ohne vorhandene Überkapazitäten ist in Bereichen, in denen die Produktion ausgelastet ist, die Nutzung des Potenzials zur Leistungsreduktion mit einem Produktionsrückgang verbunden und daher sehr teuer, da die Vergütung für die Lastreduktion die entgangenen Kosten durch den Produktionsausfall kompensieren muss. In [20] werden die Aktivierungskosten für Lastmanagement in der Industrie (Aluminiumelektrolyse, Chlorelektrolyse, Elektrostahlerzeugung) je Abruf abhängig von der aktivierten Menge auf zwischen knapp 50 und 500 Euro/MWh geschätzt.

Für die Informations- und Steuerungstechnik wurden in [9] Kostenabschätzungen für einzelne Anwendungsbereiche im Gewerbe vorgenommen. Im Detail wurden die Bereiche Kühlhäuser, Gartenbau, Recyclingbetriebe und Wasserwerke untersucht. Die Anfangsinvestitionen wurden je nach Anwendungsbereich auf 7000 bis 12.000 Euro pro Anlage geschätzt. Die Anbindung ist dabei für Kühlhäuser am kostengünstigsten und für Recyclingbetriebe am aufwändigsten [9]. Bei einer weiteren Verbreitung, d. h. einer Umrüstung vieler Anlagen innerhalb einer Branche und einer Entwicklung von standardisierten Schnittstellen, wird eine Kostendegression von über 50 % erwartet [9].

Da Anlagen in der Industrie und im Gewerbe höhere schaltbare Leistungen aufweisen als Haushaltsgeräte und teilweise bereits über eine kommunikationstechnische Vernetzung verfügen, ist der Erschließungsaufwand hier in der Regel deutlich niedriger als bei der Einbindung von intelligenten Haushaltsgeräten [4].

20.2.3 Politik und Regulierung

Demand-Response-Potenziale können durch preisliche Anreize oder administrativ zur Sicherung der Netzstabilität aktiviert werden. In liberalisierten Märkten sollten auch Netzengpässe in den Marktpreisen reflektiert werden, sodass regulatorische Lösungen nur im Ausnahmefall, bei Marktversagen, notwendig sind [9]. Da zur marktlichen Entwicklung von Demand Response relativ hohe Preisdifferenzen notwendig sind, kann es sinnvoll sein, die Technologien in der Entwicklungsphase zu fördern, da die Entwicklung Zeit braucht. Über eine Förderung kann die Markteinführung beschleunigt werden. So kann Demand Response dazu beitragen, die Herausforderungen der Integration der erneuerbaren Energien zu lösen, bevor Zuverlässigkeitsprobleme auftauchen und Netzengpässe so gravierend sind, dass hohe Preisdifferenzen auftauchen [7].

Bereits jetzt ist Lastmanagement ein Thema sowohl auf nationaler als auch europäischer Ebene. In Deutschland wird mit der Abschaltverordnung (Verordnung zu abschaltbaren Lasten/AbLastV) von Dezember 2012 seit kurzem die Nutzung von abschaltbaren Lasten in der Industrie gefördert. Das Minimalgebot liegt jedoch bei 50 MW. Da typische abschaltbare Lasten in der Industrie einige hundert kW bis mehrere MW betragen [19] erscheint dies relativ hoch. Der Zuschnitt der Lastmanagementprogramme auf die Unternehmen stellt einen wichtigen Faktor für die Inanspruchnahme dar, da hierdurch festgelegt wird, welche Potenziale zu welchen Kosten aktiviert werden können [19].

Auf europäischer Ebene wird in der Energieeffizienzrichtlinie (2012/27/EU) die stärkere Einbindung der Nachfrageseite in den effizienten Betrieb des Stromversorgungssystems gefordert, „wozu auch eine von nationalen Gegebenheiten abhängige Laststeuerung zählt" (Artikel 15 (4)). Die Mitgliedsstaaten sollen sicherzustellen, dass Anreize in den Netzentgelten, die sich nachteilig auf die Energieeffizienz und die Teilnahme an der Laststeuerung (Demand Response) auswirken könnten, beseitigt werden.

Ein regulatorisches Hemmnis für Lastmanagement wird in der Rollenverteilung der Marktteilnehmer gesehen, da diese die Etablierung von Aggregatoren im Markt erschwert [19]. Durch die Entflechtungsvorschriften (§§ 6–10 EnWG) werden die Rollen der Marktakteure getrennt und eine Steuerung von Lasten zur Optimierung des Gesamtsystems verhindert. Aggregatoren haben zusätzlichen Aufwand, da sie mit allen Teilnehmern separate Vereinbarungen schließen müssen [19].

Ein weiteres Hemmnis kann in der Struktur der Netzentgelte (Leistungspreise und Arbeitspreise, StromNEV § 17) liegen. In der Industrie ist der Betrieb teilweise auf die Minimierung der Lastspitze optimiert, um die gezahlten Entgelte für die Leistungsbereitstellung zu reduzieren. Führt eine Verbrauchssteuerung dazu, dass die Lastspitze sich erhöht, steigen unter gegebenen Rahmenbedingungen die Strombezugskosten (für Netznutzung/Lastspitze). Zudem sinken die Nutzungsstunden, wenn von der Bandlast abgewichen wird. Dies ist möglicherweise nachteilig in Bezug auf Reduktionen der Netzentgelte nach StromNEV § 19 Abs. 2 Satz 2. Bei einem Strombezug von mehr als 10 GWh/a und mehr als 7000 Benutzungsstunden pro Jahr ist ein gestaffelt reduziertes individuelles Netzentgelt von minimal bis zu 20 % (> 7000 h), 15 % (> 7500 h) oder 10 % (> 8000 h/a)

möglich. Die Bundesnetzagentur hat Kriterien zur Ermittlung der entsprechenden individuellen Netzentgelte veröffentlicht.

In Zukunft könnte Verbrauchssteuerung der Black-Out-Prävention dienen, z. B. indem
große Verbraucher gezielt vom Netz genommen werden. Da ein geplanter Lastabwurf
deutlich geringere Auswirkungen auf die Produktion hat, als eine Zwangsabschaltung, ist
es wichtig hier definierte Rahmenbedingungen zu schaffen [7].

20.2.4 Marktrelevanz

Teile des Potenzials aus teillastfähigen Prozessen der Industrie werden bereits heutzutage
als positive Minutenreserve angeboten. Die Anzahl der Unternehmen, die diese Option
wahrnehmen ist jedoch gering [19]. Dem Leistungsanbieter wird im Regelenergiemarkt
bereits für die Leistungsvorhaltung eine Vergütung (Leistungspreis) gewährt, unabhängig
vom realen Abruf. Für den Abruf wird zusätzlich ein Arbeitspreis gezahlt. Bei hohen
Arbeitspreisen sind die Abrufzahlen niedrig, sodass der Produktionsausfall relativ gering
ist [7]. Betriebsintern wird eine Verbrauchssteuerung insbesondere in energieintensiven
Betrieben bereits zur Minimierung von Lastspitzen (Netzentgelte) und Strombezugskosten
(Ausnutzung von Off-Peak-Preisen) eingesetzt.

Im gewerblichen Bereich werden die Potenziale bisher kaum aktiv vermarktet. Praxis-
erfahrungen haben gezeigt, dass aufgrund geringerer Leistungsgrößen je Anlage in der
Regel ein Pooling notwendig ist, um die Mindestgröße für eine vollwertige Teilnahme am
Strommarkt (EEX, Minutenreserve) zu erreichen. Mittelfristig wird erwartet, dass gepool-
te Anlagen im dreistelligen MW-Bereich marktfähig sind [9].

Im Haushaltsbereich in Deutschland gibt es bisher lediglich Pilotprojekte. Wärmepumpen und Nachtspeicherheizungen werden über spezielle Verträge bereits heute schon
gesteuert. Die Nutzer erhalten dafür ein vergünstigtes Netzentgelt oder einen speziellen
Tarif von ihrem Netzbetreiber oder Versorger.

Mit der Abschaltverordnung (AbLastV) aus dem Dezember 2012 soll die Nutzung
flexibler Lasten zur Stabilisierung der Netze und damit zur Sicherung der stabilen Versorgung gefördert werden. Die Übertragungsnetzbetreiber schreiben gemäß der AbLastV
monatlich jeweils 1500 MW sofort abschaltbarer Lasten (SOL) und schnell abschaltbarer
Lasten (SNL) aus. Für die Bereitstellung des Abschaltpotenzials erhalten Unternehmen eine Bereitschaftsvergütung von 30.000 Euro/MW und Jahr. Die tatsächliche Abschaltung
wird separat vergütet. Die Preise liegen bei etwa 100 bis 400 Euro/MWh [22]. Für die
Teilnahme an der Ausschreibung müssen die Unternehmen eine Präqualifikation durch-
laufen. Die Mindestgebotsgröße beträgt 50 MW schaltbare Last (maximal 200 MW) [23].
Diese können entweder durch ein einzelnes Unternehmen oder einen Pool erbracht werden. Da typische Leistungen für Lastmanagement pro Unternehmen bei einigen 100 kW
bis zu einigen MW liegen und nur wenige Unternehmen über zehn MW anbieten könnten
[19], könnte Dienstleistern, die verteilte Lastmanagementpotenziale aggregieren hier eine
wichtige Rolle zukommen.

20.2.5 Mögliche Wechselwirkungen mit anderen Technologien

Grundsätzlich gilt für nachfrageseitige Flexibilität durch Verbrauchssteuerung als „virtu-eller" Speicherung wie für alle Energiespeichertechnologien, dass der Bedarf an Flexibi-lität im Energiesystems stark davon abhängt, welche Ziele in Bezug auf den Ausbau und die Integration der erneuerbaren Stromerzeugung erreicht werden sollen und wie sich die Verteil- und Übertragungsnetze weiterentwickeln.

Verbrauchssteuerung konkurriert zudem mit anderen Flexibilitätsoptionen zur Integra-tion erneuerbarer Energien. Die Entwicklung ist abhängig davon, wie sich die anderen Optionen – z. B. Flexibilität durch konventionelle Kraftwerke oder Speicher – entwickeln. Zudem besteht Konkurrenz zwischen den verschiedenen Optionen zur Nachfragesteue-rung in den einzelnen Sektoren.

Verbrauchssteuerung kann zu Effizienzeinbußen führen, wenn dadurch Prozesse in Teillast laufen oder die Wärmeverluste aufgrund von Produktionspausen steigen. Um-gekehrt kann eine Steigerung der Effizienz die verfügbaren Potenziale verringern. Aus Systemperspektive kann Lastmanagement wiederum eine Maßnahme sein, um die Ef-fizienz zu erhöhen, z. B. um eine bessere Auslastung der Kraftwerke zu erreichen und Nachfrage nach selten benötigter Spitzenkapazität sowohl erzeugungs- als auch netzseitig zu verringern.

Im Haushaltsbereich sind die Potenziale stark von der Entwicklung des Bestandes an Wärmepumpen und Nachtspeicherheizungen abhängig.

20.2.6 Game Changer

Für die Realisierung von Demand Response muss die Vergütung der angebotenen Flexi-bilität ausreichend sein, um sowohl die einmaligen Anfangsinvestitionen als auch die lau-fenden Aktivierungskosten zu decken. Die Entwicklung von Preisspreizungen am Strom-markt, in Regelenergiemärkten oder anderweitige Kompensationen wie beispielsweise in der Abschaltverordnung oder über Kapazitätsmechanismen spielen daher eine zentrale Rolle für die Erschließung der Flexibilität.

In Märkten spiegeln die Preise den Bedarf wider. Schwankende Preise sind ein Signal für einen Bedarf an Flexibilität und Speichern. Der Ausbau der erneuerbaren Energien ist ein zentraler Treiber für diesen (noch zunehmenden) Bedarf. Eine Abkehr von den Zielen zur Steigerung des Anteils erneuerbarer Energien an der Stromerzeugung hätte wahrscheinlich einen sinkenden Bedarf an Flexibilität zur Folge.

Eine mögliche Einführung von Kapazitätsmechanismen kann sich je nach Ausgestal-tung positiv oder negativ für die Bereitstellung von nachfrageseitiger Flexibilität auswir-ken. Bei einem Fokus auf Kraftwerkskapazität, wie es derzeit vielfach diskutiert wird, wäre aber eine negative Wirkung zu erwarten.

20.3 Technologieentwicklung

20.3.1 Entwicklungsziele

In der Industrie werden Produktionsstörungen und Auswirkungen auf die Produktqualität von Unternehmen als zentrale Hemmnisse für Lastmanagementmaßnahmen genannt [19]. Zudem wird eine Beeinträchtigung der Arbeitsabläufe befürchtet [19]. Ziel der weiteren Entwicklung sollte sein, diese Hemmnisse abzubauen und aufzuzeigen, wie Lastmanagement in verschiedenen Bereichen technisch umgesetzt werden kann und welche Auswirkungen sich für Betriebe ergeben [19].

Eine zentrale Komponente für die Erschließung weiterer Demand-Response-Potenziale ist die Verfügbarkeit kostengünstiger, standardisierter IKT-Lösungen zur Lastregelung. Dies gilt insbesondere für Haushalte und den gewerblichen Bereich, da hier die individuellen Leistungen im Vergleich zur Industrie gering sind. Ein F&E-Ziel sollte daher die Kostensenkung der IKT-Anbindung für die Steuerung sein.

Für die Einbindung der Haushalte ist eine zentrale Frage, wie die Teilnahme an Demand-Response-Programmen maximiert werden kann [13]. In Deutschland gibt es bisher keine dynamische Tarifgestaltung. Im Haushaltsbereich erfolgt die Abrechnung über Standardlastprofile. Dies bedeutet, dass sich die Beeinflussung des Lastprofils in der Bilanzierung nicht widerspiegelt. Auch von Industrieunternehmen werden unzureichende finanzielle Anreize als Grund genannt, nicht am Lastmanagement teilzunehmen [19]. Ziel für die weitere Entwicklung ist daher neben der Kostensenkung die Verbesserung der Anreizsituation. Dies gilt neben Haushalten auch für Industrie und GHD sowie Aggregatoren, die eine wichtige Rolle bei der Erschließung der Potenziale spielen. Ziel ist die Ausgestaltung von geeigneten Rahmenbedingungen und Anreizsystemen zur effizienten Einbindung von Flexibilität auf der Nachfrageseite in das Stromversorgungssystem.

20.3.2 F&E-Bedarf und kritische Entwicklungshemmnisse

Um die Kosten für die IKT-Anbindung und -Steuerung zu senken, besteht Bedarf an der Entwicklung von standardisierten Lösungen, Standardisierung der Schnittstellen und Protokolle sowie der Ausschöpfung von Kostenreduktionspotenzialen durch Skaleneffekte [20].

Es besteht weiterhin Forschungsbedarf hinsichtlich der Ausgestaltung der Rahmenbedingungen und Anreize. Die Preisdifferenzen am Strommarkt sind häufig nicht ausreichend, um eine Verbrauchssteuerung zu motivieren. Die Stromnetzentgeltverordnung wirkt sich teilweise sogar negativ auf das Lastmanagement aus, sofern Unternehmen bei einer Steigerung der Spitzenlast höhere Entgelte zahlen müssen. Über die Abschaltverordnung wurde ein Anreizmechanismus für die Bereitstellung von Flexibilität in der Industrie geschaffen. Es bleibt abzuwarten, wie effektiv diese Anreize sind, zusätzlich zu den bereits genutzten Verlagerungspotenzialen neue Flexibilität zu heben und inwiefern trotz der Mindestgebotsgröße von 50 MW auch individuell kleinere Potenziale in gepoolter Form erschlossen werden können. Mögliche weitere Ansatzpunkte sind die Tarifgestaltung für Endkunden und die Netzentgeltsystematik. Um die Erschließung der Potenziale mit Hilfe von Dienstleistern, die einzelne Flexibilitätspotenziale bündeln, zu fördern, besteht Klärungsbedarf hinsichtlich der Rolle und Verantwortlichkeit von entsprechenden „Aggregatoren".

Forschung, Entwicklung und Demonstration in Bezug auf die (technische) Erschließung und Erweiterung von Flexibilität können die Informationssituation verbessern und als Grundlage für die Verbesserung von Lastmanagementprogrammen dienen. Dies würde dazu beitragen, dass die Potenziale der Industrie besser erschlossen werden können.

Roadmap – Verbrauchssteuerung

Beschreibung

- Kurzfristige und planbare Veränderung der Verbraucherlast/Flexibilisierung der Nachfrage
- Fokus: Lastverlagerung (Verbrauchsreduktion im Technologiefeld Effizienz thematisiert)
  → Anpassung an variierende Einspeiseprofile
  → Beitrag zur Ausregelung von Schwankungen (virtuelle Speicherung)
- Glättung der Residuallastkurve
- Regionaler Beitrag zu Systemdienstleistungen und kosteneffizientem Betrieb

Entwicklungsziele

- Nutzbarmachung/ Erschließung von Flexibilitätspotenzialen
- Technisch: welche Auswirkungen gibt es, wie kann Flexibilität erweitert werden
- Ökonomisch/ regulatorisch: Welche Anreize sind notwendig um Potenziale zu erschließen (Kompensation von Flexibilität à la AbLaV, dynamische Tarife, nicht-monetäre Anreize für Verbraucher u. a.)?
- Geschäftsmodelle
- Klare Rollenverteilung/regulatorische Rahmenbedingungen

Technologie-Entwicklung

Theoretische Potenziale (GW) [VDE]

heute	2020	2030	
Industrie			
4,5	4,5	4,5	▶
GHD			
7–10	6,5–12	6,5–12	▶
Haushalte			
11–13	16,6–17,4	20–18	▶

Realisierbare Potenziale (GW) [VDE]

heute	2020	2030	
Industrie			
100	50	50	▶
GHD			
75–80	85	90	▶
Haushalte			
46–53	53–55	67	▶

Investitionen für Anbindung (€) (GHD)

heute	2020	2030	
GHD			
7000–12.000		3500–6000*	▶

Aktivierungskosten (€/kW)

heute	2020	2030	
Industrie			
4			▶

heute	2020	2030	

* Schätzung auf Basis von 50 % Kostensenkung durch Standardisierung und hohe Stückzahlen

Roadmap – Verbrauchssteuerung

F&E-Bedarf

IKT-Anbindung: Kostensenkung durch Standardisierung ▶

Untersuchung und Schaffung von Anreizen zur Förderung von Lastmanagement: Ansatzpunkte: Tarife, Netzentgelte ▶

Regulatorische Rahmenbedingungen: Rolle für Aggregatoren klären ▶

Verfahrenstechnisch: Auswirkungen und Möglichkeiten von Laststeuerung insbesondere in der Industrie und GHD demonstrieren ▶

heute	5 bis 10 Jahre	▶

Gesellschaft

- Kundennutzen zentral für Umsetzung in Haushalt

- Akzeptanzrisiken
  - Bedenken zur Steuerung von Haushaltsgeräten: Lärmbelästigung (nachts), Lagerung nasser Wäsche, Verderben von Lebensmitteln (Haushalt). Steuerung NSH/WP bereits üblich
  - Eingriff in Prozesse (Industrie)
  - Vergütung muss zusätzliche Kosten einspielen (insbesondere in GHD/Industrie)
  - Anreize aufgrund geringer Preisdifferenz gering

Politik & Regulierung

- *Hemmnis*:
  - § 6 – 10 EnWG (Entflechtung)
  - Neu: AbLaV zur Förderung von Lastflexibilität
  - Ambivalent: Netzentgelte, Leistungspreise (§17 StromNEV) und Reduktionen nach §19 StromNEV fördern Vergleichmäßigung, aber individuelle Netzentgelte belohnen atypische Netznutzung
  - Stärkung Anreize für Lastmanagement in Niederspannungsnetz durch geplantes Verordnungspaket Intelligente Netze

Kostenentwicklung

- Anfangsinvestitionen IKT in GHD: 7 000 – 12.000 €

- Kostensenkungspotenziale bei der IKT-Anbindung durch Standardisierung und weitere Verbreitung erwartet (bis 50 %)

- Aktivierungskosten (Industrie) ca. 4 €/kW

Marktrelevanz

- Internes Energiemanagement zur Optimierung von Lastspitzen und Energiebezug in Industrie

- Industrie teils in Minutenreservemarkt aktiv

- Möglicherweise Stärkung über AbLaV

- Potenziale in GHD kaum aktiv vermarktet

- GHD: Pooling (Mindestgröße) erforderlich, dann mittelfristig marktfähig

- Haushalte: Pilotstatus

- Marktrelevanz abhängig von Kostenentwicklung im Vergleich zu anderen Flexibilitätspotenzialen (beispielsweise Speicher) und Flexibilitätsbedarf generell

Wechselwirkungen / Game Changer

Game Changer

- 100% EE-Ziel erhöht Flexibilitätsbedarf massiv

- Kapazitätsmarkt mit Kraftwerksfokus verschlechtert Vermarktungsoptionen für nachfrageseitige Flexibilität (umgekehrt positive Wirkung möglich, wenn Nachfrageseite gut eingebunden)

20.4 Abkürzungen

AbLastV Verordnung zu abschaltbaren Lasten
BHKW   Blockheizkraftwerk
CSP   Curtailment Service Provider
DSI   Demand Side Integration
EEX   European Energy Exchange
EnWG   Energiewirtschaftsgesetz
GHD   Gewerbe, Handel, Dienstleistung
IKT   Informations- und Kommunikationstechnologie
IT   Informationstechnologie
KWK   Kraft-Wärme-Kopplung
NEV   Netzentgeltverordnung
SNL   Schnell abschaltbare Lasten (nach AbLastV)
SOL   Sofort abschaltbare Lasten (nach AbLastV)
VDE   Verband der Elektrotechnik Elektronik Informationstechnik e. V.

Literatur

1. Stadler I (2005) Demand Response – Nichtelektrische Speicher für Elektrizitätsversorgungssysteme mit hohem Anteil erneuerbarer Energien. Habilitation, Universität Kassel
2. Kreith F, Goswami DY (2007) Energy Management and Conservation Handbook
3. von Roon S, Gobmaier T (2010) Demand Response in der Industrie – Status und Potenziale in Deutschland. FFE
4. Neubarth J, Henle M (2012) Demand Response – Intelligentes Lastmanagement für den deutschen Regelleistungsmarkt. Konferenzbeitrag: VDE-Kongress 2012 – Intelligente Energieversorgung der Zukunft 05.11.2012–06.11.2012, Stuttgart
5. Hartkopf T, von Scheven A, Prelle M (2012) Lastmanagementpotenziale der stromintensiven Industrie zur Maximierung des Anteils regenerativer Energien im bezogenen Strommix. Fachgebiet Elektrische Energieversorgung unter Einsatz Erneuerbarer Energien, Forschungsgruppe Regenerative Energien, Technische Universität Darmstadt
6. Bundesumweltministerium (2013) Plattform Erneuerbare Energien AG Interaktion – Anhang: Potentiale und Hemmnisse der Flexibilitätsoptionen. Stand: 15.10.2012. BMU, Berlin http://www.bmu.de/fileadmin/Daten_BMU/Bilder_Unterseiten/Themen/Klima_Energie/Erneuerbare_Energien/Plattform_Erneuerbare_Energien/121015_UEbersicht_P, zugegriffen am 17.05.2013
7. VDE (2012) Ein notwendiger Baustein der Energiewende: Demand Side Integration – Lastverschiebungspotenziale in Deutschland. ETG-Task Force Demand Side Management
8. Stötzer M (2012) Demand Side Integration in elektrischen Verteilnetzen – Potenzialanalyse und Bewertung. Dissertation, Otto-von Guericke-Universität, Magdeburg
9. Focken U, Bümmerstede J, Klobasa M (2011) Kurz- bis Mittelfristig realisierbare Marktpotenziale für die Anwendung von Demand Response im gewerblichen Sektor

10. Stadler I (2008) Power grid balancing of energy systems with high renewable energy penetration by demand response. Utilities Policy (16) 2008, S. 90–98

11. Agentur für Erneuerbare Energien e. V. (2012) Renews Spezial Ausgabe 58/Juni 2012 Hintergrundinformation der Agentur für Erneuerbare Energien „Smart Grids" für die Stromversorgung der Zukunft. Optimale Verknüpfung von Stromerzeugern, -speichern und -verbrauchern

12. Barthel C et al. (2010) Analyse der Vorstudien für Wohnungslüftung und Klimageräte Veröffentlichung im Rahmen des Projektes „Materialeffizienz und Ressourcenschonung" (MaRess) – Arbeitspaket 14

13. Stromback J, Dromacque C, Yassin MH (2011) The potential of smart meter enabled programs to increase energy and systems efficiency: a mass pilot comparison. Short name: Empower Demand. VaasaETT

14. Frontier Economics & Sustainability First (2012) Demand Side Response in the domestic sector – a literature review of major trials

15. BWP (2013) Branchenstudie 2011 – Szenarien und politische Handlungsempfehlungen. http://www.waermepumpe.de/fileadmin/grafik/pdf/Flyer-Broschueren/BRanchenprognose2011_Bildschirmversion.pdf, zugegriffen am 17.05.2013

16. Prognos & Ecofys (2011) Potenziale der Wärmepumpe zum Lastmanagement im Strom und zur Netzintegration erneuerbarer Energien

17. Timpe C (2009) Smart Domestic Appliances Supporting the System Integration of Renewable Energy. Bericht der Ergebnisse aus dem Projekt „Smart Domestic Appliances in Sustainable Energy Systems (Smart-A)"

18. dena (Deutsche Energieagentur) (2010) dena-Netzstudie II – Integration erneuerbarer Energien in die deutsche Stromversorgung im Zeitraum 2015–2020 mit Ausblick auf 2025

19. Agora Energiewende (2013) Lastmanagement als Beitrag zur Deckung des Spitzenlastbedarfs in Süddeutschland. Zusammenfassung der Zwischenergebnisse einer Studie von Fraunhofer ISI und der Forschungsgesellschaft für Energiewirtschaft

20. Klobasa M (2007) Dynamische Simulation eines Lastmanagements und Integration von Windenergie in ein Elektrizitätsnetz auf Landesebene unter regelungstechnischen und Kostengesichtspunkten. Dissertation, ETH Zürich

21. DESTATIS (2010) Erhebung über die Energieverwendung. Deutsches Statistisches Bundesamt

22. next-kraftwerke.de (2014) Firmenwebsite von Next Kraftwerke. Betreiber von virtuellen Kraftweken in Deutschland und Stromhändler für Erneuerbare Energien am Spotmarkt. http://www.next-kraftwerke.de, zugegriffen am 04.08.2014

23. regelleistung.net (2014) Internetplattform zur Ausschreibung von Regelleistung der deutschen Übertragungsnetzbetreiber. https://www.regelleistung.net, zugegriffen am 04.08.2014

Elektromobilität

21

Wilfried Hennings und Jochen Linssen

21.1 Technologiebeschreibung

Elektromobilität im weiten Sinn umfasst alle Fortbewegungsmittel, die mit einem Elektromotor angetrieben werden. Im Folgenden wird der Begriff „Elektrofahrzeug" (Electric Vehicle, EV) auf Straßenfahrzeuge und weiter auf PKW und Kleintransporter fokussiert, die (nicht nur, aber auch) Antriebsenergie aus dem Stromversorgungsnetz beziehen können. Diese Definition schließt Hybrid- und Brennstoffzellenfahrzeuge ohne Netz-Ladeoption aus. Nachfolgend sind zunächst die drei gängigen Antriebsschemata beschrieben. Diese Klassifizierung der Antriebsschemata ist inzwischen etabliert und konform mit der Klassifizierung durch die „Nationale Plattform Elektromobilität" [1].

21.1.1 Funktionale Beschreibung

21.1.1.1 Fahrzeugtypen
Ein batterieelektrisches Fahrzeug (Battery Electric Vehicle, BEV) wird durch einen oder mehrere Elektromotoren angetrieben. Die elektrische Energie wird beim Fahren aus der Traktionsbatterie entnommen. Diese wird bei Bedarf aus dem Stromversorgungsnetz geladen.

Ein batterieelektrisches Fahrzeug mit Reichweitenverlängerung (Range Extended Electric Vehicle, REEV) unterscheidet sich vom batterieelektrischen Fahrzeug (BEV) darin, dass die Traktionsbatterie während der Fahrt über einen Energiewandler aus einem nicht-elektrischen Energiespeicher aufgeladen werden kann (Abb. 21.1a, b). Beim REEV kann der Stromerzeuger ein Verbrennungsmotor mit angeschlossenem Generator sein. Diese

Wilfried Hennings ✉ · Jochen Linssen
Forschungszentrum Jülich GmbH, Jülich, Deutschland
url: http://www.fz-juelich.de

© Springer Fachmedien Wiesbaden 2015
M. Wietschel et al. (Hrsg.), *Energietechnologien der Zukunft*,
DOI 10.1007/978-3-658-07129-5_21

Verschaltung der Wandleraggregate wird als serieller Hybrid-Antrieb bezeichnet. Langfristig kann der Stromerzeuger auch aus einer Brennstoffzelle mit Kraftstoff-Reformierung oder mit reinem Wasserstoff als Kraftstoff bestehen (Brennstoffzellenfahrzeug, Fuel Cell Electric Vehicle, FCEV).

Beim Parallelhybrid-Antrieb kann das Fahrzeug sowohl mittels Elektromotor als auch mittels einer Verbrennungskraftmaschine (VKM) mechanisch angetrieben werden. Eine Nachladung der Traktionsbatterie erfolgt ausschließlich durch Rekuperation oder der VKM-Generator-Einheit. Rekuperation bezeichnet die Rückgewinnung der Energie beim Bremsen, wobei der elektrische Antriebsmotor als Generator arbeitet. Als weitere Stufe kann beim Plug-In-Hybrid-Fahrzeug (PHEV) die Traktionsbatterie zusätzlich aus dem Stromversorgungsnetz nachgeladen werden. Während das PHEV sowohl durch den Elektromotor als auch durch den Verbrennungsmotor oder durch beide gleichzeitig angetrieben werden kann, wird das REEV ausschließlich durch den Elektromotor angetrieben. Der Unterschied zwischen dem REEV-Antriebskonzept und dem PHEV-Konzept wird in Abb. 21.1a, b verdeutlicht.

21.1.1.2 Batterietechnologien

Ein Überblick über Batterietechnologien wird im Kapitel „Elektrochemische Speicher" gegeben. Die Anwendung in Fahrzeugen stellt jedoch andere Anforderungen an die Batterien als stationäre Anwendungen. Insbesondere werden in Fahrzeugen geringes Gewicht und geringes Bauvolumen pro gespeicherte Energie gefordert. Die Sicherheitsanforderungen sind hoch, da neben Überladungs- und Kurzschlussfestigkeit auch Erschütterungen, hohe Beschleunigungen und mechanische Durchdringung (z. B. bei Unfällen) beherrscht werden müssen. Eine ausreichend hohe Zyklen- und kalendarische Lebensdauer muss für alle Betriebsbedingungen und alle Ladestrategien erreicht werden. Für die Traktionsbatterie wird derzeit bei allen Elektrofahrzeugen wegen des pro Kapazität geringsten Gewichts und Volumens die Lithium-Ionen-Technik bevorzugt. Für zukünftige Fahrzeugkonzepte könnten weiterentwickelte Lithium-Ionen-Batterien wie Lithium-Eisen-Phosphat ($LiFePO_4$) in Frage kommen. Eine deutliche Erhöhung der Reichweiten wird langfristig durch den Einsatz neuer Batteriekonzepte wie Lithium-Schwefel-Batterien angestrebt. Aus Nutzersicht ist eine Schnellladefähigkeit der Batterie ideal, bei der zum Laden nicht mehr Zeit benötigt wird als derzeit beim Tanken von Mineralöl (etwa fünf Minuten). Für eine Reichweite von 100 km wäre hierzu ein Anschluss mit einer Leistung von 200 kW erforderlich, um die Batterie innerhalb von fünf Minuten auf 80 % ihrer Kapazität aufzuladen. Mit heutiger Batterietechnologie sind Ladezeiten von 80 % in etwa 20 Minuten, d. h. mit etwa 43 kW, realisierbar, für höhere Ladeleistungen existieren bereits Batterie-Prototypen. Die Beschränkung bei der Schnellladung auf 80 % der Kapazität liegt darin begründet, dass bei höheren Ladezuständen der Ladestrom reduziert werden muss, um die Batterie nicht zu beschädigen.

Im Hinblick auf die Altfahrzeug-Verordnung ist ein Recycling der Batterien notwendig, derzeit sind jedoch weltweit erst wenige Recyclinganlagen für Fahrzeugbatterien als

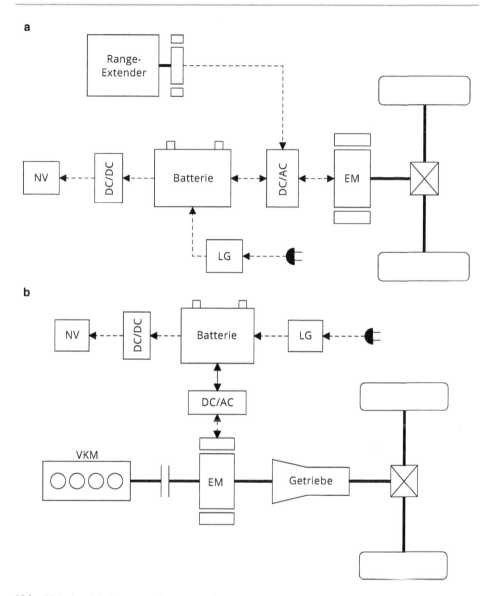

Abb. 21.1 Antriebskonzept eines batterieelektrischen Fahrzeugs mit Reichweitenverlängerer (REEV) (**a**) und Plug-In-Hybrid-Fahrzeugs (PHEV) (**b**). *DC/AC* Leistungselektronik zur Leistungs-/Drehzahlregelung des Antriebsmotors, *DC/DC* Gleichstrom-Spannungswandler, *EM* Elektromotor, *LG* Ladegerät, *NV* Nebenverbraucher, *VKM* Verbrennungskraftmaschine. ([2]; mit freundlicher Genehmigung von © Forschungszentrum Jülich, IEK-STE, All Rights Reserved)

Pilotprojekte in Betrieb. Für die großtechnische Realisierung des Recycling ist weitere Forschung und Entwicklung erforderlich.

Trotz bereits deutlich gesunkener Kosten der Traktionsbatterien [3] müssen diese noch weiter gesenkt werden, damit Elektrofahrzeuge mit bisherigen PKW mit Verbrennungsmotor auch bei nicht optimaler Nutzung konkurrieren können.

21.1.1.3 Lademöglichkeiten

Bei den Ladeanschlüssen ist zwischen dem Anschluss am eigenen Stellplatz oder Garage und öffentlichen Ladestationen zu unterscheiden (vgl. Tab. 21.1). Beim Anschluss am eigenen Stellplatz ist in der Basisvariante kein separates Zähl- und Abrechnungssystem erforderlich und eine kostengünstige Installation möglich. Bei einigen heute erhältlichen EV genügt bereits die standardmäßig in Hausinstallationen verbaute Schutzkontakt-Steckdose (Schuko-Stecker). Mittelfristig ist zu erwarten, dass eine Wallbox installiert wird. Die Wallbox ist ein spezieller Anschluss zum Laden von Elektrofahrzeugen, der dem Fahrzeug die zulässige Ladeleistung signalisiert. Demgegenüber erfordern öffentliche Ladestationen einen eigenen Anschlusspunkt, ein robustes, Vandalismus erschwerendes Gehäuse, einen Schutz vor unberechtigter Benutzung und ein Zähl- und Abrechnungssystem. Die Investitionen sind daher für solche Ladestationen höher.

Die Begriffsdefinitionen der Ladestationen und Ladebetriebsarten sind noch nicht einheitlich. Während im Bericht der Nationalen Plattform Elektromobilität [1] im Wesentlichen zwischen den Standorten unterschieden wird (Tab. 21.1), unterscheidet die Norm DIN-EN 61851-1 [4] zwischen den Betriebsarten, die auch die maximale Ladeleistung bestimmen (Tab. 21.2). In informellen Diskussionen werden auch die Begriffe „Home Charging", „Fast Charging" und „Ladesäule" verwendet. Diese lassen sich etwa wie in Tab. 21.3 definieren.

Tab. 21.1 Standorte von Ladeanschlüssen [1]

Typ	Beschreibung	Ladebetriebsart nach Tab. 21.2
Einfache Steckdose	Gesicherte „Schuko"-Steckdose	1
Wallbox mode 3*	Ladepunkt höhere Ströme (simple) bzw. intelligente Netzeinbindung (smart) in rein privaten oder Gemeinschaftsgaragen	2, 3
Firmengelände mode 3*	Parkplätze auf dem Firmengelände für Firmenflotten oder Mitarbeiterfahrzeuge	2, 3
Halböffentlich mode 3*	Ladepunkte auf öffentlich zugänglichen Flächen im Privatbesitz wie z. B. Supermarktparkplätzen oder Parkhäusern	2, 3
Öffentlich mode 3*	Im öffentlichen Raum befindliche Ladepunkte, zum Beispiel für Laternenparker oder an zentralen Stellen	2, 3
DC-Schnellladung	Schnellladepunkte DC bis 60 kW (ggf. bis 100 kW)	4

* Mit Kommunikation zwischen Infrastruktur und Fahrzeug [1].

Tab. 21.2 Ladebetriebsarten nach [4]

Ladebetriebsarten nach [4]	
LBA 1	1~ bis 3~ 230 V 16 A ohne Pilotfunktion*
LBA 2	1~ bis 3~ 230 V bis 32 A mit Pilotfunktion
LBA 3	bis 3~ 290 V 250 A mit spezieller EVSE (Wallbox, Ladesäule)
	EVSE: EV Supply Equipment, EV Stromversorgungseinrichtung
LBA 4	1 = bis 600 V 400 A mit externem Ladegerät

* Die Pilotfunktion sorgt dafür, dass beim Trennen der Steckverbindung zwischen Netz und Fahrzeug der Strom nicht durch die Steckkontakte, sondern durch einen Leistungsschalter unterbrochen wird. Ansonsten könnten bei höheren Ladeströmen gefährliche Lichtbogen an den Steckkontakten auftreten. Hierzu sind in den Steckern zusätzliche Pilot-Kontakte eingebaut, die beim Ziehen des Steckers vor den Hauptkontakten getrennt werden.

Tab. 21.3 Ladeleistungen für verschiedenen Ladearten

Ladeart	Netzaspekte	Fahrzeugaspekte	Kostenaspekte
Home Charging bis 9,9 kW	Geht bei fast allen Hausanschlüssen	Verträglich mit allen Akkutypen; ausreichend für die meisten Nutzer	Anschluss preiswert herstellbar (2013: 500 €, 2020: 440 € [5]), geringer technischer Aufwand
Fast Charging bis 22 kW	Geht bei modernen Hausanschlüssen	Verträglich mit allen Akkutypen	Etwas höherer technischer Aufwand und Kosten (2013: 1100 €, 2020: 920 € [5])
Öffentliche Ladesäule	Je nach Anschlussleistung (9,9 oder 22 kW)	Verträglich mit allen Akkutypen	Höherer technischer Aufwand und Kosten (für Aufstellung, vandalismusgeschützte Verkleidung, Technik für Abrechnung: 2013: 11.500 €, 2020: 9400 € [5])
Ultrafast Charging 50 bis 200 kW	Erfordert u. U. eigenen Mittelspannungsanschluss	Maximalziel der EV Nutzer: 80 %-Ladung in fünf Minuten, erfordert aber Hochleistungsakku mit aktiver Kühlung und wird selten benötigt	Sehr hoher technischer Aufwand und Kosten (2012: ≥ 40.000 €, 2020: ≥ 25.000 € [5]), schweres Ladekabel

Laut einem Szenario von Frost & Sullivan kann der Europamarkt für Ladeinfrastrukturen für Elektrofahrzeuge auf über 3,1 Mio. installierte Ladestationen in 2019 anwachsen [6]. Schwerpunktländer des Ausbaus sind Frankreich, Deutschland, Norwegen und Großbritannien. Das Laden nach LBA 2 wird voraussichtlich einen Marktanteil von mehr als 64 % abdecken, wovon Homecharging einen Anteil von über 80 % abdeckt. LBA 3 wird an öffentlichen Orten üblich sein und LBA 4 nur an strategisch wichtigen Standorten genutzt werden.

21.1.1.4 Wechselwirkungen mit dem Stromversorgungssystem

Die Auswirkungen auf das Stromversorgungssystem hängen wesentlich davon ab, wie die Fahrzeuge genutzt und wann sie an das Stromversorgungsnetz angeschlossen werden. Dies sind Entscheidungen der Nutzer, auf die der Stromversorger keinen unmittelbaren Einfluss hat. Das Anschließen des Fahrzeugs an einen Ladeanschluss stellt für den Nutzer eine Unbequemlichkeit dar. Es wird damit vorrangig nur stattfinden, wenn der Nutzer dies als notwendig ansieht. Die meisten der privaten PKW-Nutzer (92 %) fahren am Tag weniger als 120 km, was innerhalb der Reichweite der meisten BEV liegt [7; 8, Bericht D1.4]. Viele (75 %) der Nutzer fahren sogar weniger als 50 km, was mit einem rein elektrischen Fahren mit REEV [7] realisierbar ist. Für sie genügt die Ladung der Fahrzeuge im Zeitraum zwischen Rückkehr von der letzten Fahrt des Tages und Start zur ersten Fahrt des nächsten Tages [8, Bericht D1.4]. Ein zusätzliches Laden über Tag kann den Anteil elektrisch gefahrener Strecken nur unwesentlich erhöhen [2] und kann in eine Zeit höherer Netzlast fallen [9, Bericht WP5 D5.1], was zu vermeiden ist. Damit kann weitgehend auf kostspielige öffentliche Ladesäulen verzichtet werden.

Szenario-Analysen [2, 10] zeigen, dass der zusätzliche Strombedarf der von der Bundesregierung für 2030 angestrebten 6 Mio. privaten Elektro-PKW in Deutschland keinen Ausbau der Stromerzeugungskapazitäten und keinen Ausbau des Übertragungsnetzes erfordert.

Auf Verteilnetzebene könnte es jedoch lokal zu Spannungsbandverletzungen (hier: Absinken der Netzspannung unter das zulässige Minimum) kommen, wenn viele Elektro-PKW direkt nach Rückkehr von der letzten Fahrt des Tages mit dem Laden beginnen, da zu dieser Zeit die Netzlast ohnehin hoch ist [2; 8, Bericht D2.4; 9, Bericht WP5 D5.1]. Auch eine unzulässig hohe Spannungsasymmetrie kann bei höherer EV-Durchdringung (das ist der Anteil von EV an den zugelassenen Fahrzeugen) auftreten, wenn ein großer Teil der EV einphasig und zufällig an der gleichen Phase des Drehstromsystems angeschlossen ist [2; 9, Bericht WP5 D5.3]. Die Belastbarkeit der Verteilnetzbezirke ist sehr unterschiedlich: Einzelne Verteilnetzbezirke müssten bereits ohne EV verstärkt werden, während am anderen Ende der Variationsbreite Verteilnetzbezirke stehen, die ohne weitere Maßnahmen bis zu 100 % der heute zugelassenen PKW als EVs integrieren könnten [9, Bericht WP5 D5.1]. Die Planung des Ausbaus der Verteilnetze erfordert die Berücksichtigung zeitlich und örtlich variabler EV-Lasten, sodass der Netzplanung eine größere Zahl verschiedener Belastungsfälle zu Grunde gelegt werden muss als ohne EV [8, Bericht D2.4].

Hingegen verursachen die von EV-Ladegeräten erzeugten Oberwellen, die durch den nicht sinusförmigen Ladestrom verursacht werden, auch bei hohem Anteil von EV keine Grenzwertverletzungen, solange die Bedingungen in IEC 61000-3-12 für Geräte der Klasse A eingehalten werden, wie in der auch für EV geltenden Vorschrift [11] gefordert wird [2].

21.1.1.5 Elektrofahrzeuge als steuerbare Verbraucher

Die meisten Fahrzeuge kehren zwischen 16 und 19 Uhr von der letzten Fahrt an ihren Standort zurück [7]. Der Beginn der Ladung ist verschiebbar bis zu dem Zeitpunkt, an dem die Ladung beginnen muss, um sie rechtzeitig vor der ersten Fahrt des nächsten Tages beenden zu können.

Die Problematik, dass sich das Angebot erneuerbarer Energien (EE) wie Wind und Sonne zeitlich nicht mit dem Strombedarf deckt, erfordert einen großen Bedarf an Stromspeichern oder anderen Flexibilitätsoptionen wie Demand Side Management oder Netzausbau. Dieser kann aber durch EV nur in geringem Umfang gedeckt werden. Erstens steht nicht die volle Kapazität der Traktionsbatterie zum Ausgleich der Schwankungen der EE-Einspeisung zur Verfügung, denn eine Reserve für Fahrzwecke muss jederzeit gewährleistet sein. Zweitens ist zu vermuten, dass viele EV nur zwischen Rückkehr von der letzten Fahrt des Tages und Beginn der ersten Fahrt des nächsten Tages ans Netz angeschlossen sind, und nicht zu Zeiten hohen Angebots an Photovoltaikstrom. Drittens reicht die Kapazität der Traktionsbatterie nur für die Fahrten eines Tags, maximal weniger Tage, und kann daher keine mehrwöchigen Windflauten überbrücken. Viertens kann eine gleichzeitige Ladung der EV zu Zeiten hohen Windstromangebots die Belastbarkeit der Verteilnetze übersteigen. Bei der Steuerung der Ladevorgänge muss, wie im vorigen Abschn. 21.1.1.4 gezeigt, der Lastzustand des lokalen Verteilnetzes Vorrang vor der systemweiten Leistungsbilanz wie der Integration von Windstrom haben. Eine auf die Leistungsbilanz beschränkte Betrachtung wie in [8, Bericht D3.2 part II] zur Steuerung der Ladung durch den Energiemarkt oder [8, Bericht D3.2 part III] zur Erbringung von Regelleistung durch EV greift zu kurz (vgl. [12, Bericht D4.2]).

In [12, Bericht D4.2] werden Kriterien genannt, die bei der Festlegung der Ladestrategie berücksichtigt werden müssen:

- Einfluss der Ladestrategie auf die Lebensdauer der Traktionsbatterie,
- Investitionen der Ladeinfrastruktur,
- Investitionen für den Netzausbau,
- Einfluss auf den Netzbetrieb und dessen Kosten,
- Belastbarkeit der Netze,
- Verfügbare Technik für Ladeanschlüsse und -stationen,
- räumlich-zeitliche Verteilung der EV,
- unidirektionaler (nur Laden) oder bidirektionaler Leistungsfluss (Vehicle-to-Grid) sowie
- Erhöhung des Anteils erneuerbarer Energien.

Eine Steuerung der Ladevorgänge ist technisch machbar. Für die Übertragung der Steuersignale sind verschiedene technische Lösungen wie die klassische Rundsteuertechnik, die Powerline-Communication (PLC), der Telekommunikationsanschluss am Fahrzeugstandort oder eine Mobilfunk-Verbindung denkbar. Es müssen nur geringe Datenmengen übertragen werden, daher sind die Anforderungen an die Bandbreite bzw. Datenübertragungsrate gering. Je nachdem, wie zeitgenau der Ein- und Ausschaltvorgang gesteuert werden soll, müssen aber die Zuverlässigkeit der Datenverbindung hoch und die Latenzzeit gering sein. Außerdem muss die Ladesteuerung über einen Fallback-Algorithmus verfügen, der auch bei Ausfall der Datenverbindung eine Aufladung ermöglicht.

Ein Vorschlag für das Datenaustauschprotokoll zwischen Fahrzeug und externem Ladegerät ist in [13] beschrieben. Außerdem wird die Kommunikation zwischen Fahrzeug und Stromversorgungseinrichtung (EVSE), insbesondere die Verschlüsselung, in [14] geregelt. Von letzterer Norm ist allerdings erst Teil 1 veröffentlicht, in dem lediglich Anwendungsszenarien beschrieben werden. Die weiteren Teile sind noch in der Entwicklung. Bei der Kommunikation zwischen Ladestation und übergeordneter Steuerung hat sich noch kein Standard durchgesetzt. Jede Region verwendet derzeit ihr eigenes proprietäres Protokoll [12, Bericht D4.2]. In den Niederlanden wurde daher im Projekt e-laad das Open Charge Point Protocol (OCPP) entwickelt und eingesetzt [http://www.e-laad.nl], das inzwischen auch in anderen Regionen verwendet wird [http://www.ocppforum.net/] und als Standard geeignet sein könnte.

21.1.1.6 Netz-Rückspeisung

In verschiedenen Projekten wird auch eine mögliche Netz-Rückspeisung untersucht. In NET-ELAN [2] wurde als Beispiel eine Netzrückspeisung in der Zeit der Höchstlast am frühen Abend in den Wintermonaten angenommen, wodurch sowohl alle Netzebenen als auch der Kraftwerkspark entlastet werden. Die Aufladung kann im Zeitraum schwacher Last in den Nachtstunden erfolgen. Die Nutzung der Fahrzeugbatterie für eine solche extreme Netzrückspeisung würde aber den Energieumsatz der Batterie deutlich erhöhen und damit ihre Lebensdauer signifikant verringern. Für den Fahrzeugeigentümer müsste die Netzrückspeisung daher finanziell spürbar honoriert werden.

21.1.2 Status quo und Entwicklungsziele

In Deutschland wurden im Rahmen des Konjunkturpakets II acht Modellregionen zur Elektromobilität mit 130 Mio. Euro gefördert. In den einzelnen Modellregionen wurden dabei verschiedene Schwerpunkte gesetzt – vom gewerblichen Güterverkehr über Elektrobusse oder Personenwagen bis hin zu Elektrorollern oder elektrisch unterstützten Fahrrädern (Pedelecs). Zugleich wurden kommunale und regionale Mobilitätskonzepte unter Einbeziehung der Elektromobilität getestet.

Basierend auf der Recherche der abgeschlossenen und im Jahr 2013 laufenden Demonstrationsvorhaben insbesondere der Projekte „Schaufenster-Elektromobilität" auf den Demonstrationsvorhaben und marktverfügbarer Fahrzeuge und Ladanschlüsse und Netzintegrationskonzepte zeigt sich, dass die meisten technischen Komponenten der Elektromobilität kommerziell verfügbar sind. Forschungs- und Entwicklungsbedarf besteht hauptsächlich bei der Batterie in Hinsicht auf höhere Energiedichte, geringere Kosten und Schnellladefähigkeit sowie in der Standardisierung und dem Zusammenspiel der Akteure

Tab. 21.4 Technisches Entwicklungsstadium der Elemente von Elektromobilität

	Kommerziell	Demonstration	F&E	Ideenfindung
Elektrofahrzeuge	BEV, REEV, PHEV		Neue Batterie-technologien; Fähigkeit für superschnelles Laden ($\geq 50\,kW$)	
Ladeanschlüsse	Wallbox, Ladesäule, Ab-rechnungssystem		Abrechnung der Gleichstrom-La-dung; Induktives Laden	
Elektrofahrzeuge als gesteuerte Verbraucher am Netz	Telekommuni-kationstechnik, Steuerungstechnik	Standards für Da-tenschnittstellen; Steuerkriterien und -Algorithmen	Einigung auf einen europaweiten Standard für die Datenschnittstel-len; Verteilung der Aufgaben, Verant-wortlichkeiten und Geschäftsfelder unter den beteilig-ten Akteuren	

(Automobilhersteller, Stromnetzbetreiber und Betreiber von Ladestationen). Tabelle 21.4 zeigt das technische Entwicklungsstadium der Elemente von Elektromobilität.

21.1.3 Trendentwicklung der Elektrofahrzeuge

Die in Tab. 21.5 aufgelisteten Kenndaten basieren auf folgenden Annahmen:

Die mittlere Jahresfahrleistung der konventionellen Fahrzeuge, REEV und PHEV wur-de mit 15.100 km/a, für BEV mit 11.300 km/a abgeschätzt. Diese wurden berechnet aus den Angaben in [7] und [15] unter der Annahme, dass die EV statistisch in gleichem Maße genutzt werden wie die derzeitigen PKW mit VKM, wobei BEV nur für Fahrten unter 120 km pro Tag eingesetzt werden. Im Gegensatz dazu gehen [16] davon aus, dass nur PKW mit einer Jahresfahrleistung zwischen 12.500 und 20.000 km durch EV ersetzt werden. Sie kommen entsprechend auf einen höheren jährlichen Strombedarf: 3 TWh für 1 Mio. EV in 2020 gegenüber 1,8 TWh in [2], 17 TWh für 6 Mio. EV in 2030 gegenüber 11 TWh in [2].

Mit Durchschnittswerten zu arbeiten, ist jedoch zu hinterfragen, da die täglichen und jährlichen Fahrleistungen zwischen den einzelnen Nutzern sehr stark schwanken. Wie in [17] gezeigt wurde, brauchen Elektrofahrzeuge höhere jährliche Fahrleistungen, damit sich der höhere Anschaffungspreis durch geringere Kraftstoffkosten und Wartungskosten wieder amortisiert. Dies trifft auf eine durchaus relevante Anzahl an Fahrzeugnutzern,

Tab. 21.5 Technische Kenndaten von Elektro-PKW am Beispiel der Kompaktklasse nach [2]

	Plug-In Hybrid EV (compact car)			Range Extended EV (compact car)			Battery EV (compact car)		
	2015	2025	2030	2015	2025	2030	2015	2025	2030
Spezif. Verbrauch elektr. Fahren (EFZ[1]/Artemis[2]) [kWh/100 km]	17,1/20,6	15,1/18,1	14,3/17,0	17,6/20,5	15,7/18,1	14,8/17,0	15,6/20,4	13,6/17,9	12,9/17,0
Spezif. Verbrauch VKM[3]-Fahren (EFZ/Artemis) [l/100 km]	4,5/5,6	4,0/4,9	3,7/4,6	4,6/6,0	3,9/5,0	3,6/4,6	–	–	–
Reichweite rein elektrisch im EFZ [km]	30	30	>30	50	50	>50	120	120	170
Mittlere Tagesfahrleistung pro EV Mo–Fr [km]	45			45			33	33	37
Davon elektrisch [km]	22			29			33	33	37
Tägl. Strombedarf pro 1 Mio. EV [GWh]	4,5	4,1	3,9	5,4	5,0	4,7	6,1	5,6	5,8
Ladeleistung pro 1 Mio. EV (alle gleichzeitg) [GW]	3,3	3,3	10	3,3	3,3	10	3,3	3,3	10
Ladeleistung pro 1 Mio. EV (ungesteuert) [GW]	<0,7	<0,7	<0,9	<0,7	<0,7	<0,9	0,7	0,7	0,9
Ladeleistung pro 1 Mio. EV (gesteuert nachts) [GW]	<0,5	<0,5	<0,5	<0,5	<0,5	<0,5	0,5	0,5	0,5
Batteriekapazität pro 1 Mio. EV [GWh]	5,1	4,5	4,5	8,8	7,8	7,8	18,7	16,3	21,2
Technische Lebensdauer	Bis 2030: Batterie 8,5 bis 13 Jahre, restliches Fahrzeug länger 2050 neue (derzeit unbekannte) Batterietechnologie: noch unbekannt								

[1] EFZ (früher NEFZ) = („Neuer") Europäischer Fahrzyklus (seit 01.01.1996 angewendet zur Ermittlung von Kraftstoffverbrauch und Emissionen gemäß RL 70/220/EWG), [2] Artemis = im europäischen Artemis-Projekt entwickelter Fahrzyklus, [3] VKM = Verbrennungskraftmaschine, Verbrennungsmotor

u. a. bei den gewerblichen Flotten, auch zu. Auch der höhere ökologische Rucksack in der Herstellung der Elektrofahrzeuge gegenüber konventionellen Fahrzeugen erfordert höhere Fahrleistung und den Einsatz von regenerativem Fahrstrom.

Für die folgenden Rechnungen wird angenommen, dass die EV nur nach Rückkehr von der letzten Fahrt des Tages am Standort (eigene Garage oder Stellplatz) geladen werden. Als Ladeanschlussleistung wird bis zum Jahr 2025 3,3 kW pro Fahrzeug (230 V 16 A einphasig, Leistungsfaktor 0,9) angenommen. Ab dem Jahr 2030 wird damit gerechnet, dass eine Ladeleistung von 10 kW pro Fahrzeug zur Verfügung steht (230 V 16 A dreiphasig).

Als Batterietyp ist bis 2030 die Lithium-Ionen-Technik angenommen. Danach könnte ein innovativer, heute noch nicht absehbarer Batterietyp zum Einsatz kommen – der Bericht [18] setzt sich ausführlich mit den potenziellen Entwicklungen im Fahrzeugbatteriebereich auseinander. Die im Folgenden gemachten technischen Angaben gelten nur für die derzeit bekannte Lithium-Ionen-Technik.

Für die technische Entwicklung wird erwartet, dass bei der Batterie die Kosten und das Gewicht pro Energie sinken. Zudem soll der spezifische Verbrauch der Fahrzeuge durch Verringerung der Fahrwiderstände sinken. In [2] wird davon ausgegangen, dass die Effizienzgewinne bis 2025 für eine Verringerung der Batteriekapazität genutzt werden. Ab 2025 werden Effizienzgewinne für eine Erhöhung der Reichweite eingesetzt.

Die unter diesen Bedingungen in [2] ermittelten Energieverbräuche von Elektrofahrzeugen (Tab. 21.5) liegen im Rahmen der aus anderen Quellen bekannten. Interessant ist, dass auch bei ungesteuertem Laden mit Ladebeginn unmittelbar nach Rückkehr des Fahrzeugs von der letzten Fahrt des Tages mit 3,3 kW nur etwa 20 % der Fahrzeuge gleichzeitig geladen werden. Damit verursachen 1 Mio. EV bei ungesteuertem Laden nur eine Netzlast von weniger als 0,7 GW. Mit 10 kW laden sogar nur 10 % der Fahrzeuge gleichzeitig, woraus sich eine Netzlast von weniger als 0,5 GW ergibt.

21.2 Zukünftige Anforderungen und Randbedingungen

21.2.1 Gesellschaft

Bisher sind weder in Deutschland noch in der Europäischen Union generelle Akzeptanzprobleme aufgetreten. Das Thema „Elektromobilität" ist überwiegend positiv besetzt. Positiv wirkt sich das Image als innovative und umweltfreundliche Technologie aus.

Kontrovers diskutiert wird die Einstufung von Elektrofahrzeugen bzw. des rein elektrischen Fahrens von Hybridfahrzeugen nach Vorschrift UNECE R101 [19] ohne CO_2-Emissionen. Diese Vorschrift betrifft REEV, PHEV und HEV. Die OPTUM-Studie [20] hat sich detailliert mit diesem Thema befasst und stellt fest, dass die CO_2-Emissionen des elektrischen Fahrens unter Einbezug der Emissionen der Stromproduktion sowohl höher als auch niedriger ausfallen können als die Emissionen des Fahrens mit Verbrennungsmotor, je nachdem, welche Primärenergieträger bei der Stromerzeugung zum Einsatz kommen.

Kontrovers diskutiert wird außerdem die Reservierung von Stellflächen an Ladesäulen. Wenn Strecken zurückgelegt werden sollen, die die Reichweite übersteigen, sind reservierte Ladesäulen für BEV unverzichtbar. Jedoch fühlen sich Anwohner und Nutzer konventioneller Fahrzeuge durch die Reservierung von Lade-Stellplätzen benachteiligt.

Von der generellen Akzeptanz zu unterscheiden ist die persönliche Bereitschaft, ein EV zu kaufen oder zu nutzen. Die Kaufbereitschaft hängt entscheidend – aber nicht ausschließlich – vom Anschaffungspreis ab, der gegen die herkömmlichen Fahrzeuge konkurrieren muss. Die Nutzungsbereitschaft orientiert sich an der Fahrleistung, wobei im Wesentlichen die begrenzte Reichweite entscheidend ist. Mit Blick auf die Reichweitenlimitierung hätten PHEV und REEV größere Chancen gegenüber dem reinen BEV.

Gewerbliche Flotten haben einen Marktanteil von 30 % bei den Neuzulassungen in Deutschland und hier ist ein großes Marktpotenzial zu sehen [17]. Neben den privaten Nutzern sollten deshalb die gewerblichen Nutzer besonders beachtet werden.

21.2.2   Kostenentwicklung von Elektrofahrzeugen

Elektrofahrzeuge (electric vehicles, EV) haben bei gleichen Fahrleistungen höhere Anschaffungskosten als vergleichbare Fahrzeuge mit Verbrennungsmotor (Verbrennungskraftmaschine, VKM). Nach dem Bericht [1] (Stand 2011) wiegen die gegenüber VKM-Fahrzeugen geringeren Betriebskosten pro Fahrstrecke den höheren Anschaffungspreis bei der prognostizierten Preisentwicklung bis 2020 bei vielen Nutzern nicht auf. Nach neueren Untersuchungen wird die Wirtschaftlichkeit früher bzw. für einen größeren Anteil der Nutzer erreicht. Interessant sind Elektrofahrzeuge für Nutzer mit relativ hoher jährlicher Fahrleistung (kleine private PKW 20.000 bis 25.000 km pro Jahr, mittlere private PKW 18.000 bis 35.000 km pro Jahr, große private PKW 15.000 bis 40.000 km pro Jahr, Flottenfahrzeuge um 20.000 km pro Jahr) und hohen elektrischen Fahranteilen, wie sie teilweise bei Vollzeitpendlern oder bei bestimmten gewerblichen Flotten vorkommen. Dennoch wird nach diesen Ergebnissen für den größeren Teil der Nutzer ein Elektrofahrzeug auch im Jahr 2020 mehr Gesamtkosten verursachen als ein Fahrzeug mit Verbrennungsmotor [17]. Die Ergebnisse sind aber sehr sensitiv gegenüber der prognostizierten Entwicklung der Fahrzeug- und Energiekosten [21].

Den größten Kostenanteil beim BEV verursacht die Traktionsbatterie. In 2011 wurde geschätzt, dass die Batteriekosten bis 2030 sinken, dann aber die Lern- und Skaleneffekte der Li-Ionen-Batterie im Wesentlichen ausgeschöpft sind. Tabelle 21.6 zeigt die prognostizierte Batteriekostenentwicklung auf der Basis verschiedener Literaturquellen [2]. Die Batteriekosten sind jedoch schneller gesunken als prognostiziert: Bereits Mitte 2013 wurden spezifische Batteriepreise von 200 Euro/kWh genannt [22]. Eine mögliche Ursache für diesen Preisverfall könnte der Aufbau weiterer Produktionsstätten für Lithium-Ionen-Zellen sein, der von der gestiegenen Nachfrage auch aus dem Fahrzeugsektor getrieben wurde. Die Preise sinken daher durch den steigenden Konkurrenzdruck und Skaleneffekte bei der Fertigung. Auch die Reichweiten der aktuell angebotenen Modelle ist höher. Sie

Tab. 21.6 Prognostizierte Kostenentwicklung von Traktionsbatterien, Stand 2011 [2]

	Ist	Prognose		
	2010	2015	2020	2030
Spezifische Batteriekosten [€$_{2010}$/kWh]	850	450	325	250
Eingebaute Batteriekapazität (BEV Kompaktklasse) [kWh]	24,6	22,4	20,9	26,5[1)]
Kosten der eingebauten Batterie (BEV Kompaktklasse) [€$_{2010}$]	21.000	10.000	6800	6600[1)]

[1)] Erhöhung der Reichweite von 120 auf 170 km.

reicht von ca. 150 km (BMW i3, Citroën C-Zero, Mitsubishi i-MiEV, Peugeot iOn, Smart Fortwo ED, VW E-up!) über ca. 200 km (Renault ZOE, Nissan Leaf) bis hin zu 370 oder 480 km (Tesla Model S).

Der Kraftwerkspark und das Übertragungsnetz können den zusätzlichen Strombedarf für bis zu 6 Mio. Elektro-PKW ohne zusätzlichen Ausbau liefern, insbesondere wenn das Laden nicht zur Spitzenlastzeit stattfindet. Dagegen könnte in einigen Verteilnetzbezirken bereits eine EV-Durchdringung von etwas mehr als 10 % (Anteil EV an den im Netzbezirk stationierten PKW) bei ungesteuertem Laden zu Spannungsbandverletzungen führen. Eine höhere Durchdringung erfordert entweder eine Verstärkung des Verteilnetzes mit entsprechenden Kosten oder die Steuerung des Ladens, welches ebenfalls mit zusätzlichen Kosten verbunden ist. Bei gesteuertem Laden während der nächtlichen Schwachlastzeit, wobei eine geringe Gleichzeitigkeit der Ladeleistung gewährleistet werden muss, ist eine EV-Durchdringung von bis zu 50 % möglich. Dieser Anteil übertrifft die von der Bundesregierung angestrebten Zahlen von 1 Mio. EV in 2020 und 6 Mio. in 2030 deutlich.

Der Aufbau einer öffentlichen Infrastruktur ist kostenintensiv. Die Kosten für die Aufstellung einer öffentlichen Ladesäule werden auf 4700 bis 9000 Euro geschätzt [1]. Wer diese Kosten tragen soll, ist noch nicht entschieden. Die Refinanzierung dieser Infrastruktur alleine aus dem Verkaufserlös des Ladestroms ist derzeit nicht gegeben. Diskutiert wird auch das Maß, in dem die öffentliche Ladeinfrastruktur ausgebaut werden muss. In Deutschland wird das überwiegende Laden zu Hause und am Arbeitsplatz stattfinden und für die Abdeckung der überwiegenden Fahranteile ist dies auch ausreichend.

21.2.3 Politik und Regulierung

Am 19.08.2009 hat das Bundeskabinett den „Nationalen Entwicklungsplan Elektromobilität" [23] beschlossen [24]. Ziele des Entwicklungsplanes sind die Abhängigkeit vom Öl zu reduzieren, die Emissionen zu minimieren und die Fahrzeuge besser in ein multimodales Verkehrssystem zu integrieren. Hierzu soll Deutschland zum Leitmarkt und Leitanbieter von Elektromobilität werden und die Führungsrolle von Wissenschaft sowie der Automobil- und Zulieferindustrie behaupten.

Um diese Ziele zu erreichen, hat die Bundesregierung Gelder zur Förderung von Forschungsprojekten zur Verfügung gestellt. „Mit dem Konjunkturpaket II stellt die Bundesregierung bis Ende 2011 500 Mio. Euro für die Forschung und Entwicklung im Bereich Elektromobilität bereit. Bis zum Ende der Legislaturperiode werden weitere 1 Mrd. Euro für F&E-Maßnahmen in der Elektromobilität zur Verfügung gestellt" [25].

Zur Förderung der Elektromobilität werden Parkplätze an Ladesäulen für EV reserviert und weitere Anreizmaßnahmen wie beispielsweise eine Anpassung von Zufahrtsverboten, Freigabe von Busfahrspuren und Schaffung von Sonderfahrspuren für EV angedacht [25]. Der Bundesverkehrsminister hat Zusatzschilder für die Reservierung von Parkflächen für Ladevorgänge veröffentlicht [26]. Der Bundesrat hat am 24. September 2010 einen *Vorschlag* zur Ergänzung des Straßenverkehrsgesetzes (§ 6 Abs. 1 Nr. 14) beschlossen (BR-Drucksache 489/10). Allerdings ist das StVG noch nicht entsprechend geändert worden, daher dürfen laut einer Entscheidung des Verwaltungsgerichts Gelsenkirchen dort auch andere Fahrzeuge parken und Abschleppkosten nach Benutzung der reservierten Stellflächen durch andere Fahrzeuge müssen nicht bezahlt werden [27]. Demgegenüber hat das OLG Hamm eine solche Parkflächen-Reservierung als für die Verkehrsteilnehmer verbindlich erklärt und die verhängte Geldbuße dem Missachter der Reservierung auferlegt [28]. Am 24.09.2014 hat das Bundeskabinett das „Elektromobilitätsgesetz" verabschiedet, das die gesetzliche Grundlage für solche und andere Sonderregelungen für Elektrofahrzeuge schafft. Das Gesetz ist im Frühjahr 2015 in Kraft getreten und ist bis zum 30.06.2030 befristet [29]. Details werden in Rechtsverordnungen festgelegt.

Reine Elektrofahrzeuge aller Fahrzeugklassen mit Erstzulassung vom 18.05.2011 bis 31.12.2015 werden ab 2013 für zehn Jahre von der Kfz-Steuer befreit. Bis dato wurde nur eine Befreiung der KZF-Steuer von fünf Jahren gewährleistet. Ab dem Jahr 2016 wird die Steuerbefreiung wieder auf fünf Jahre gesetzt. Diese Änderungen des Kraftfahrzeugsteuergesetzes setzen einen Teil des „Regierungsprogramms Elektromobilität" um. Weiterhin trat im Mai 2013 ein Gesetz in Kraft, welches den Nachteil des derzeit höheren Listenpreises von Elektro-, Elektrohybrid- und Brennstoffzellenfahrzeugen gegenüber Autos mit Verbrennungsmotor bei der Dienstwagenbesteuerung ausgleicht (Einkommensteuergesetz). Die Batteriekosten werden bei dem Preis für die Anrechnung des geldwerten Vorteils der Dienstwagennutzung nicht berücksichtigt sondern nur der Fahrzeugpreis ohne Batterie für die Berechnung zu Grunde gelegt.

Die meisten westeuropäischen Länder sowie Estland fördern ebenfalls die Elektromobilität. Einen Überblick über die Förderung der Elektromobilität in Europa im Jahr 2011 nach [30] gibt Tab. 21.7. Im internationalen Vergleich fördern viele Länder den Absatz von Elektrofahrzeugen deutlich höher als Deutschland (z. B. Norwegen, die Niederlande oder die USA).

Vom Europäischen Parlament wurde eine weitere Verschärfung der CO_2-Grenzwerte der Neufahrzeugflotten beschlossen [31]. Bis zur Periode 2020 bis 2022 sollen die durchschnittlichen CO_2-Emissionen der Neufahrzeugflotten eines Unternehmens von 130 auf 95 g pro Kilometer sinken. Für die Einführung von Elektrofahrzeugen wurde eine Bonusregelung vorgesehen. Diese werden mit 0 g/km in der Bilanz berücksichtigt und doppelt

Tab. 21.7 Förderung der Elektromobilität in Europa, nach [30]

Land	F&E-Förderung	Kaufanreize (Stand 2011)
A	Ja	Befreiung von der Neuwagen- und Versicherungssteuer; teilweise zusätzlich regionale Kaufanreize
B		30%ige Reduzierung der Zulassungssteuer
CH		Keine bekannt
D	Ja	(Geplant) Befreiung von der KFZ-Steuer
DK		Befreiung von der Luxussteuer (180 %) und Umsatzsteuer
E	Ja	20 % des Kaufpreises, max. 6000 Euro
EST		5000 Euro Kaufprämie
F	Ja	5000 Euro und Befreiung von der Zulassungssteuer
N		Erlaubnis zur Benutzung der Busspuren, Befreiung von der Citymaut, Befreiung von (hoher) Steuer auf KFZ-Kauf
NL		Steuererleichterungen, Befreiung von der PKW-Maut
P		5000 Euro für die ersten 5000 Käufer
S	Ja	Befreiung von der KFZ-Steuer

angerechnet. Diese Bonusregelung wird jedoch bis zum Jahr 2023 zurückgefahren [32]. Der Ministerrat hat dieser Regelung jedoch noch nicht zugestimmt [31].

21.2.4 Marktrelevanz

Das Potenzial des Stromverbrauchs der Elektromobilität in Deutschland kann mit Hilfe einer Szenario-Rechnung abgeschätzt werden (Tab. 21.8). Basis sind die Endenergieverbräuche in den verschiedenen Verkehrssektoren aus [33]. Über das Verhältnis des Kraftstoffverbrauchs pro Fahrstrecke [33] zum Stromverbrauch pro Fahrstrecke eines entsprechenden EV wurden die Kraftstoffverbräuche in die Stromverbräuche umgerechnet, die bei vollständiger Elektrifizierung der Verkehrssektoren benötigt würden. Der Umrechnungsfaktor ist nur für private PKW belastbar. Die anderen Sektoren sind nur geschätzt und aus diesem Grund mit größeren Unsicherheiten verbunden. Das Elektrifizierungspotenzial im Schienenverkehr ist mit einem Stromverbrauch von 16 TWh bereits weitgehend ausgeschöpft. Der private PKW-Verkehr und der Straßengüterverkehr weisen mit 94 TWh und 100 TWh das höchste Elektrifizierungspotenzial auf.

Die Szenario-Rechnung schlüsselt das Elektrifizierungspotenzial im Straßenverkehr weiter auf (vgl. Tab. 21.9). Bei den PKW liegt das Elektrifizierungspotenzial hauptsächlich im Bereich mittlerer (täglicher und jährlicher) Fahrleistungen. Bei den LKW ist zwischen schweren LKW und leichten LKW bis 4 t zu unterscheiden. Schwere LKW mit hohen Fahrleistungen sind mit heutigen Batterien und rein batterieelektrischem Antrieb kaum technisch zu realisieren. Typische Verteiler-LKW bis 4 t z. B. im Stadtverkehr mit

Tab. 21.8 Elektrifizierungspotenzial in den Verkehrssektoren. (Nach Daten aus [33])

Verkehrssektor	Stromverbrauch des Sektors im Jahr 2010 [TWh]	Fiktiver Strombedarf in 2010 bei 100 % Elektrifizierung [TWh]	Fiktiver Strombedarf in 2010 pro 1 Mio. private BEV [TWh]
Schienenverkehr	16	17	
Binnenschifffahrt[1]	0	1	
Straßenverkehr Personen	0	126	
… davon private PKW		94	2
Straßenverkehr Güter	0	100	
Zum Vergleich: Gesamtstromverbrauch in Deutschland [34]	604		

[1] Ohne cold ironing (Landstromversorgung von Schiffen während des Aufenthalts im Hafen) zur Verringerung der Luftverschmutzung in Häfen; in europäischen Häfen ist in der seit 01.01.2010 gültigen Richtlinie 2005/33/EG ein maximaler Schwefelgehalt (0,1 %) oder die Nutzung eines am Hafen verfügbaren Landstromversorgungssystems vorgeschrieben.

Tab. 21.9 Elektrifizierungspotenzial im Straßenverkehr. (Nach Daten aus [33] und [35])

	Status quo			Elektrifizierungspotenzial		
	Bestand in D 2011 [Mio. Fz.]	Jahresfahrleistung pro Fz im Mittel [Tsd. km]	Jahresfahrleistung in D [Mrd. km]	Anteil Fahrzeuge (geschätzt)	Anzahl Fahrzeuge [Mio. Fz.]	Jahresfahrleistung in D [Mrd. km]
PKW	42	12	600	25 %	10	150
Busse und Obusse	0,076	43	3,3	25 %	0,02	0,46
LKW	2,4	32	77			
Davon bis 4 t	2,2	19	42	25 %	0,55	13

mittleren Jahresfahrleistungen in ähnlicher Höhe wie PKW versprechen dahingegen ein hohes Maß an Elektrifizierungspotenzial.

Tabelle 21.10 zeigt die erwartete Produktion von Elektrofahrzeugen für die sechs größten Automobilproduktionsländer. Laut der Studie [36] wird von einer EV-Produktion von rund 1,3 Mio. Einheiten im Jahr 2015 ausgegangen.

Der Absatz von EV im Jahr 2011 lag in den Ländern Japan, USA und Frankreich zwischen 0,2 bis 0,4 % bezogen auf die neuverkaufen Pkw in den jeweiligen Ländern (Abb. 21.2a, b). In Deutschland wurden 2012 knapp 3000 EV zugelassen. Im Vergleich zu 2011 stellt dies einen deutliche relative Steigerung dar. Mit einem Anteil von 0,1 % an den Neuzulassungen ist die Marktdurchdringung sehr gering. Länder mit hohen monetären Kaufanreizen wie beispielsweise Frankreich, China oder Japan liegen beim Absatz von Elektrofahrzeugen deutlich vorne. In Deutschland gibt es über eine Kaufprämie weiterhin unterschiedliche Meinungen [37].

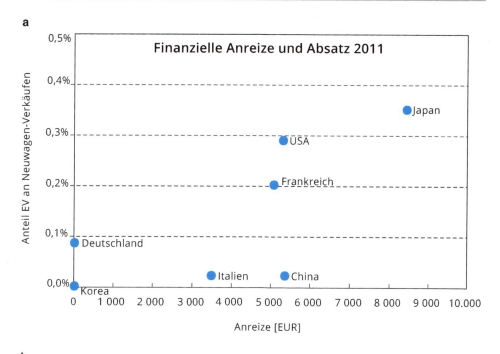

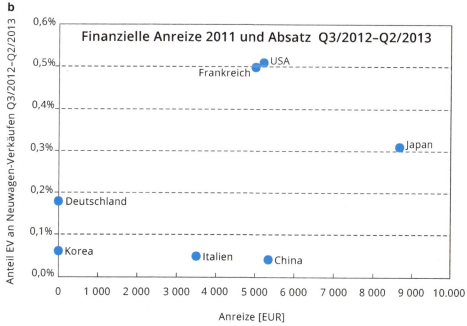

Abb. 21.2 Bisheriger Absatz von Elektrofahrzeugen im internationalen Vergleich. ([36, 38]; mit freundlicher Genehmigung von © Forschungszentrum Jülich, IEK-STE, All Rights Reserved)

Tab. 21.10 Erwartete Produktion von Elektrofahrzeugen im Jahr 2015 im internationalen Vergleich [36]

Land	EV/PHEV Produktionsvolumen	Top-3-Modelle
Japan	490.000	Nissan Leaf, Toyota Prius III PHEV, Mitsubishi iMIEV
USA	330.000	Chevrolet Volt (PHEV), Ford Focus EV, Fisker Karma (PHEV)
Deutschland	170.000	BMW i3, VW e-up!, Smart ForTwo ED 3rd Generation
VR China	150.000	Chana Benben Mini EV, Geely, Nano Lynx/Panda, BYD E6
Frankreich	140.000	Renault ZOE Z.E., Renault Twizy Technic, Renault Fluence Z.E.
Korea	20.000	Hyundai BlueOn, Kia Ray

Hinweis: Keine wesentliche EV/PHEV-Produktion in Italien erwartet.

21.2.5 Mögliche Wechselwirkungen mit anderen Technologien

Ein gesteuertes Laden in Abhängigkeit vom Belastungszustand des Verteilnetzes ist nur mit Smart Grid-Technik realisierbar.

Eine deutliche Erhöhung von Leistungs- und Energiedichten bei niedrigen Kosten für neue Batterietechniken wie zum Beispiel für die Lithium-Schwefel-Batterie würde einen deutlichen Schub in Richtung Kostenparität für BEV als auch PHEV/REEV bedeuten.

Eine verschärfte Umweltgesetzgebung für Fahrzeuge und die Umsetzung ambitionierter CO_2-Flottengrenzwerte lassen die Kosten der konventionellen Antriebe mit VKM steigen. Wann und ob dadurch ein Preisvorteil der EV erreicht wird, kann derzeit nicht abgeschätzt werden. Stark steigende Preise von Mineralöl-Produkten für den Verkehrsbereich können ebenfalls die Kostenparität der Total Cost of Ownership (TCO, gesamte Nutzungskosten des Fahrzeuges) zugunsten der Elektrofahrzeuge verschieben.

Der deutliche Ausbau der Stromerzeugung aus erneuerbaren Energien (EE) bringt systembedingt eine Überproduktion von Strom in bestimmten Zeitbereichen mit sich. Die Möglichkeit eines steuerbaren Stromverbrauchs wird daher in der Zukunft wichtiger. EV haben das Potenzial zur gesteuerten Lastverschiebung und könnten damit einen Beitrag zur Integration des EE-Stroms leisten.

Der Wechsel zur Elektromobilität ist die Chance, die Primärträgerbasis des Verkehrs auf eine breite Basis zu heben. Der Verkehrsbereich profitiert automatisch von dem Trend zur erneuerbaren Stromerzeugung und erweitert das EE-Potenzial des Straßen-Personenverkehrs deutlich.

Der Wechsel zu neuen Kraftstoffstrategien wie Wasserstoff auf Basis regenerativer Energien, Biokraftstoffe der zweiten Generation oder erneuerbarem Erdgas kann das Marktpotenzial der Elektromobilität beeinflussen. Laut der BMU-Leitstudie 2011 [10] wird im Referenz-Szenario A trotz einer deutlichen Steigerung des Effizienzpotenzials der konventionellen VKM-Fahrzeuge (bis zu 50 % Steigerung des kilometerspezifischen Energieeinsatzes von 2010 nach 2050) den EV ein hohes Marktpotenzial von knapp

50 % Bestandsanteil im Jahr 2050 zugewiesen. Der Einsatz von Wasserstoff-Fahrzeugen erreicht einen deutlich kleineren Fahrleistungsanteil im Referenzszenario. Der Einsatz von fossilem und erneuerbarem Erdgas kommt über Nischenanwendungen nicht hinaus. Die Biokraftstoffe werden vorwiegend auf die Bereiche Straßengüter-Fernverkehr und Flugzeuge konzentriert.

21.2.6 Game Changer

Wesentliche Grundlage der Aussagen über Energieverbrauch der EV in [2] ist die Annahme, dass die Fahrzeuge in gleicher Weise genutzt werden wie die privaten PKW in der Erhebung „Mobilität in Deutschland 2008" [7]. Wenn die Fahrzeugnutzer ihre Nutzungsgewohnheiten ändern, oder wenn hauptsächlich ein anderes Verkehrssegment z. B. der städtische Güterverkehr elektrifiziert wird, dann ergibt sich ein anderer Energiebedarf. Gewerblicher Verkehr bietet sich bevorzugt für eine Elektrifizierung an, wenn täglich feste Routen gefahren werden, deren Länge nie wesentlich überschritten wird, und damit die Batteriekapazität täglich weitgehend ausgenutzt werden kann, was für die Wirtschaftlichkeit von EV optimal ist. Beispielsweise erproben einige Nahverkehrsunternehmen den Einsatz von BEV-Bussen [39] und die Deutsche Post schafft eigens für sie zugeschnittene EV an [40]. Auch eine Entwicklung weg vom Privatbesitz von Kraftfahrzeugen beispielsweise hin zum Car Sharing würde die Nutzungsmuster ändern. Der Ausbau eines Car-Sharing-Systems kann die Elektrifizierung des Pkw-Bereichs durch neue Finanzierungsmodelle befördern.

Das Potenzial für EV würde mit einer stark steigenden Urbanisierung und einem Trend zum öffentlichen Verkehr als auch Verkehrsvermeidung schrumpfen. Das gilt in analoger Weise natürlich auch für konventionelle Antriebe.

21.3 Technologieentwicklung

21.3.1 Entwicklungsziele

Eine erfolgreiche Markteinführung und Penetration der Elektromobilität erfordert das Erreichen von Entwicklungszielen in den Bereichen Fahrzeug- und Batterietechnik, Ladetechnik, Verteilnetze und Konzeption der Akteure und Geschäftsmodelle. Die wichtigsten Entwicklungsziele sind hierbei die Kostenparität zu konventionellen VKM-Fahrzeugen durch Verringerung der Batteriekosten bei gleicher Kapazität. Weiterhin ist eine Steigerung der Reichweite durch Erhöhung der Kapazität der Batterie bei gleichem Volumen, Gewicht und Kosten sowie die Möglichkeit des sehr schnellen Ladens wichtig. Als weitere Ziele sind der Aufbau einer europaweit kompatiblen Steuerung des Ladens nach den Kriterien Netzbelastung sowie der Einbezug von Prognosen der zukünftigen Entwicklung des EV-Bestands und seiner örtlichen und zeitlichen Verteilung in die Netzausbauplanung zu nennen.

21.3.2 F&E-Bedarf und kritische Entwicklungshemmnisse

Kritisch für die Elektromobilität sind die hohen Kosten der Batterie und deren mäßige Lebensdauer sowie der Kundenwunsch nach hoher, allerdings im Alltagsbetrieb meist nicht benötigter, Reichweite. Daher besteht F&E-Bedarf in der Weitereinwicklung der Traktionsbatterien, einer besseren Prognosen des EV-Bestands und der räumlichen Verteilung, Nutzungsverhalten der Anwender, Wechselwirkungen mit den Netzebenen sowie der konzeptionelle Infrastrukturausbau.

Die Traktionsbatterie ist zentraler und teuerster Bestandteil eines Elektrofahrzeuges. Der Forschungsbedarf ist vor allem bei der Senkung der Kosten, Erhöhung der Energiedichte, Schnellladefähigkeit und Recyclingfähigkeit zu sehen. Während bei der Kostensenkung bereits erheblich Fortschritte erzielt wurden, sind Recyclingverfahren noch bis zur industriellen Anwendungen weiter zu entwickeln.

Die Prognose des zukünftigen Bestands an privaten und gewerblichen (ÖPNV, Liefer-/Paket-Dienste) Elektrofahrzeugen ist für den Ausbau des Verteilnetzes zu berücksichtigen. Hier fehlt es noch an Erfahrungswerten, wie sich EV ausbreiten werden und ob es Hot-Spots des EV-Fahrzeugbesitzes geben wird.

Die Analyse des Verhaltens von privaten und gewerblichen Nutzern hinsichtlich der Fahrzeugnutzung und der Zeiten, in denen die Fahrzeuge ans Netz angeschlossen werden ist derzeit wesentlicher Schwerpunkt der im April 2012 ausgewählten Schaufenster-Projekte. In groß angelegten regionalen Demonstrations- und Pilotvorhaben werden die Zweckmäßigkeit, Nutzerakzeptanz und Umweltwirkung durch Feldtests in verschiedenen Umgebungen und für verschiedene Nutzungszwecke (privat, Flotte, gewerblich etc.) überprüft.

Da die Ladung der Elektrofahrzeuge zukünftig bei der Verteilnetzauslegung eine Berücksichtigung erfahren muss, ist das EV für örtlich und zeitlich variable Verbraucher in zukünftigen Planungen zu berücksichtigen. Hier besteht noch eine deutliche Wissens- als auch Planungslücke, die es zu schließen gilt.

Weiteres derzeitiges Hemmnis ist die noch nicht finalisierte und komplett harmonisierte Einigung auf einen europaweit kompatiblen Standard für Ladeanschlüsse hinsichtlich Datenaustauschprotokoll (Datenformate) und Art und Umfang der auszutauschenden Daten (Dateninhalte) sowie dem Bezahlsystem. Ein Konsolidierungsprozess der bestehen Systemvielfalt ist dringend erforderlich. Ein erster Schritt wurde gemacht durch die Einigung des Europaparlaments, der EU-Kommission und des Ministerrats der EU-Staaten auf einen einheitlichen Ladestecker (IEC 62196 Typ2). Die entsprechenden Normen müssen nun noch verabschiedet werden (Stand 2013).

Die Steuerung der Ladevorgänge hat ein Potenzial zur Netzentlastung, zur Nutzung von zukünftig nicht nutzbaren Stromüberschüssen als auch unter gewissen Voraussetzungen zur Erbringung von Netzdienstleistungen. Eng verbunden damit ist die Entwicklung von Kriterien (Wind- und Photovoltaikangebot, Lebensdauerverbrauch der Batterie, Belastung des Verteilnetzes) und Algorithmen für die Steuerung der Ladung. F&E-Arbeiten müssen zum Erfolg der Ladungssteuerung deutlich weiterentwickelt werden

Als weiterer wichtiger Entwicklungsbaustein ist ein Konzept zwischen den Akteuren zu entwickeln und zu realisieren. Dieses soll allen Fahrzeugen ermöglichen, europaweit alle Ladestationen zu nutzen. Gleichzeitig soll es den Betreibern der Ladestationen ermöglichen, den Ladevorgang unter Berücksichtigung der Netzlast, der Batterieschonung und des Angebots an EE-Strom zu steuern. Beispiele für solche Konzepte wurden im EU-Projekt [41, Berichte D5.1 und D5.3] bereits erarbeitet. Eine verbreitete Umsetzung steht derzeit noch aus.

Roadmap – Elektromobilität

Beschreibung

- Fahrzeuge mit elektrifiziertem Antriebsstrang (EV)
  - BEV: rein batterieelektrische Fahrzeuge; kommerziell verfügbar
  - PHEV: paralleler Antriebstrang aus batterieelektrischem und verbrennungsmotorischem Antrieb; kommerziell verfügbar
  - REEV: batterieelektrischer Antrieb mit Reichweitenverlängerung (Verbrennungsmotor kommerziell verfügbar, Brennstoffzelle)
- Traktionsbatterie auf Basis der Lithium-Ionen-Technologie; kommerziell verfügbar; zukünftig Lithium-Ionen-Batterien zweiter Generation
- Home, Public, Fast und Ultrafast Charging mit verschiedenen Leistungen sowie Kommunikations-, Steuerungs- und Rückspeiseoptionen

Entwicklungsziele

- Kostenparität zu konventionellen (VKM) Fahrzeugen durch Verringerung der Batteriekosten
- Erhöhung der Reichweite durch Erhöhung der Kapazität der Batterie bei gleichem Volumen, Gewicht und Kosten
- Erhöhung der Reichweite durch Ultrafast Charging
- Aufbau einer europaweit kompatiblen Steuerung des Ladens nach den Kriterien Netzbelastung, Batterielebensdauer und Verfügbarkeit von Strom aus erneuerbaren Energien
- Einbezug von Prognosen zum EV-Bestand und seiner örtlichen / zeitlichen Verteilung in die Netzausbauplanung

Technologie-Entwicklung

Anzahl EV (Mio.)

1	6	15	▶

Batteriekosten (€/kWh)

500 – 1 000	200 – 500	< 200	▶

Ladeleistung (GW)

0,7	4,2	8	▶

jährlicher Strombedarf (TWh)

2,6	12,8	31,8	▶

Ladesteuerung

keine	vereinzelt	flächendeckend Smart Grid	▶
heute	**2030**	**2050**	▶

F&E-Bedarf

Fahrzeugseitig: Fahrwiderstandsminimierung, Produktverbesserung, Prognose der Fahrzeugnutzung (Energiebedarf)	▶
Batterieseitig: Senkung der Kosten, Schnellladefähigkeit, Vorhersage des Alterungsverhaltens, Recyclingfähigkeit	▶
Ladetechnik: Einigung auf europaweiten Standard für Verbindung Fahrzeug und Ladestation; induktives Laden noch im F&E-Stadium	▶
Verteilnetze: Kenntnis und Prognose der räumlichen und zeitlichen Verteilung des Ladeleistungsbedarfs und des Belastungszustands des Netzes; Kriterien für die Netzausbauplanung	▶
Konzeption: Ladesteuerungskriterien und -algorithmen, Zusammenwirken der Akteure, Contracting-Modelle	▶
heute	**5 bis 10 Jahre** ▶

Roadmap – Elektromobilität

Gesellschaft

- Elektromobilität positiv besetzt und wird mit Umweltfreundlichkeit assoziiert
- Einstufung mit Null CO_2-Emission kontrovers
- Reservierung von E-Parkplätzen kontrovers
- Dilemma: gewünschte Reichweite versus tatsächlich benötigte Reichweite, Alternative/ Potenzial → REEV/PHEV

Politik & Regulierung

- D: Elektromobilität als Bestandteil des Energie-Konzeptes festgeschrieben; Forschungs- förderung zur Forcierung der Markteinführung
- Andere EU-Länder: monetäre und nicht monetäre Anreizsysteme
- EU: CO_2-Flottenemissionen von Neuwagen: BEV als Null-Emissions-Fahrzeug bilanziert und Bonus-Regelung bis 2023

Kostenentwicklung

- Derzeit/mittelfristig kein TCO-Vorteil (niedrige Betriebskosten versus hohe Anschaffungs- kosten)
- Größtes Potenzial zur Kostensenkung bei Traktionsbatterie: 2010 bis 2030: −75 %
- TCO-Bilanz von EV-Flotten- / Gewerbefahrzeugen vorteilhafter und damit eher wirtschaft- lich
- Aufbau einer europaweit kompatiblen Steuerung des Ladens nach den Kriterien Netzbe- lastung, Batterielebensdauer und Verfügbarkeit von Strom aus erneuerbaren Energien
- Einbezug von Prognosen zum EV-Bestand und seiner örtlichen/zeitlichen Verteilung in die Netzausbauplanung

Marktrelevanz

- Derzeitiger Markanteil EV gering; weltweit deutlich steigendes Absatzpotenzial prognostiziert
- Selbst bei hohen Durchdringungen eher mäßiger zusätzlicher Stromabsatz (pro 1 Mio. PKW ca. 2 bis 3 TWh) und geringe Auswirkungen auf Stromerzeugung und Netze zu erwarten

Wechselwirkungen / Game Changer

- Entwicklung/ Technologiesprung Batterie
- Kostenrelation von Strom zu Kraftstoff
- Stark steigende Anforderungen an die Abgasreinigung von VKM-Fahrzeugen
- Einrichtung von Null-Emissionszonen
- Wechsel zu neuen Kraftstoffstrategien: Wasserstoff, Biokraftstoffe der zweiten Genera- tion, Erdgas

21.4 Abkürzungen

Artemis   Artemis-Fahrzyklus

BEV   Battery Electric Vehicle ($\rightarrow$ EV), Batteriefahrzeug: Die zum Fahren benötigte Energie wird ausschließlich einer aus dem Netz aufladbaren Batterie entnommen

CCS   Carbon Capture and Storage, Abscheidung von CO_2 aus dem Abgas von Kraftwerken und Langzeit-Speicherung des abgeschiedenen CO_2

CDM   Charge Depleting Mode, die Batterie wird durch elektrisches Fahren entladen, bis ein festgelegter SOC erreicht wird

CSM   Charge Sustaining Mode, SOC-neutraler Betrieb, in dem der Ladezustand um den festgelegten Grenzwert schwankt

EFZ   Europäischer Fahrzyklus

EV   Electric Vehicle, Elektrofahrzeug, in dieser Studie PKW mit elektrischem Antrieb

FCEV   F&El Cell Electric Vehicle, Elektrofahrzeug mit Brennstoffzelle, die den Strom für den Fahrantrieb und/oder zum Aufladen der Traktionsbatterie liefert

HEV   Hybrid Electric Vehicle ($\rightarrow$ EV), Hybridfahrzeug, das ohne oder mit elektrischem Antrieb die volle Fahrleistung hat und dessen Traktionsbatterie nur durch Rekuperation und vom Verbrennungsmotor aufgeladen werden kann

KFZ   Kraftfahrzeug, maschinell angetriebenes, nicht an Schienen gebundenes Landfahrzeug

LKW   Lastkraftwagen

MiD 2008   statistische Erhebung „Mobilität in Deutschland 2008"

MIV   motorisierter Individualverkehr

NFZ   Nutzfahrzeug

PHEV   Plug-In Hybrid Electric Vehicle ($\rightarrow$ EV), Hybridfahrzeug, das auch bei rein elektrischem Antrieb die volle Fahrleistung hat und dessen Traktionsbatterie nicht nur durch Rekuperation und vom Verbrennungsmotor, sondern auch aus dem Netz aufgeladen werden kann

PKW   Personenkraftwagen

REEV   Range Extended Electric Vehicle ($\rightarrow$ EV), Batteriefahrzeug mit Reichweitenverlängerung durch einen Verbrennungsmotor, der die Traktionsbatterie wieder aufladen kann

SOC   State Of Charge, Ladezustand der Batterie zwischen 100 % (voll) und 0 % (leer)

SOH   State Of Health, Abnutzungszustand der Batterie zwischen 100 % (Neuzustand) und 0 % (Ende der Nutzbarkeit, erreicht z. B. wenn die nutzbare Kapazität unter einen Grenzwert abgesunken ist oder der Innenwiderstand einen Grenzwert übersteigt)

TCO   Total Costs of Ownership, Kosten von Kapitalgütern über den kompletten Lebenszeitraum

V2G   Vehicle-to-Grid, Netzdienstleistungen von Elektrofahrzeugen

VKM   Verbrennungskraftmaschine, Verbrennungsmotor (engl.: internal combustion engine ICE)

Literatur

1. NPE (2011) Zweiter Bericht der Nationalen Plattform Elektromobilität. Gemeinsame Geschäftsstelle Elektromobilität der Bundesregierung (GGEMO), Berlin

2. Linssen J et al. (2012) Netzintegration von Fahrzeugen mit elektrifizierten Antriebssystemen in bestehende und zukünftige Energieversorgungsstrukturen. Advances in Systems Analyses 1. Reihe Energie und Umwelt. Forschungszentrum Jülich GmbH

3. Goppelt G, Sauer DU (2014) Die Kosten von Traktionsbatterien sind deutlich gesunken. Springer für Professionals, Automobil- und Motorentechnik, 05.12.2013. http://www.springerprofessional.de/dirk-uwe-sauer-die-kosten-von-traktionsbatterien-sind-deutlich-gesunken/4851218.html, zugegriffen am 02.06.2014

4. DKE Deutsche Kommission Elektrotechnik Elektronik Informationstechnik im DIN und VDE (2012) IEC 61851-1, Elektrische Ausrüstung von Elektro-Straßenfahrzeugen – Konduktive Ladesysteme für Elektrofahrzeuge – Teil 1: Allgemeine Anforderungen. Europäische und deutsche Norm DIN-EN 61851-1 (VDE0122-1)

5. Plötz P, Gnann T, Kühn A, Wietschel M (2013) Markthochlaufszenarien für Elektrofahrzeuge. Studie im Auftrag der Acatech und der Nationalen Plattform Elektromobilität. Langfassung. Fraunhofer ISI, Karlsruhe

6. Frost & Sullivan (2013) European Electric Vehicle Charging Infrastructure Market Becoming Increasingly Self Sustaining, says Frost & Sullivan. 28.05.2013, http://www.frost.com/prod/servlet/press-release.pag?docid=278890260, zugegriffen am 28.05.2014

7. infas Institut für angewandte Sozialwissenschaft GmbH und Deutsches Zentrum für Luft- und Raumfahrt e. V. (DLR) (2008) MiD 2008. Mobilität in Deutschland 2008. Bonn und Berlin

8. Public Power Corporation S.A. (2011) EU Project „MERGE" – Preparing Europe's Grid for Electric Vehicles. Jan. 2010–Dez. 2011. Athen

9. RWE Deutschland AG (2011) G4V – Grid for Vehicles. EU Project Jan. 2010–Juni 2011, http://www.g4v.eu/, zugegriffen am 12.11.2014

10. Nitsch J (2012) Langfristszenarien und Strategien für den Ausbau der erneuerbaren Energien in Deutschland bei Berücksichtigung der Entwicklung in Europa und global. Schlussbericht BMU–FKZ 03MAP146

11. Europäische Union (2011) ECE-R 10, Regelung Nr. 10 der Wirtschaftskommission der Vereinten Nationen für Europa (UN/ECE) – Einheitliche Bedingungen für die Genehmigung der Fahrzeuge hinsichtlich der elektromagnetischen Verträglichkeit. Stand 28.10.2011

12. Siemens AG (2014) EU Green eMotion project. April 2011–März 2015. http://www.greenemotion-project.eu/

13. VDE (2008) DIN CLC/TS 50457-2, Konduktive Ladung von Elektrofahrzeugen – Teil 2: Kommunikationsprotokoll zwischen externem Ladegerät und Elektrofahrzeug (VDE-0122-2-4, Vornorm)

14. ISO (2013) ISO 15118, Road vehicles – Vehicle to grid communication interface – Part 1: General information and use-case definition (published); Part 2: Network and application protocol requirements (under dev.); Part 3: Physical and data link layer requirements (under dev.)

15. Wermuth M, Wirth R, Neef C et al. (2003) KiD 2002 – Kontinuierliche Befragung des Wirtschaftsverkehrs in unterschiedlichen Siedlungsräumen. Technische Universität Braunschweig, Institut für Verkehr und Stadtbauwesen, Braunschweig

16. Metz M, Doetsch C (2012) Electric vehicles as flexible loads – A simulation approach using empirical mobility data. Energy, Bd. 48, Nr. 1, pp. 369–374

17. Plötz P, Gnann T, Kühn A, Wietschel M (2013) Markthochlaufszenarien für Elektrofahrzeuge. Studie im Auftrag der Acatech und der Nationalen Plattform Elektromobilität. Langfassung. Fraunhofer ISI, Karlsruhe

18. Thielmann A, Sauer A, Isenmann R, Wietschel M (2012) Technologie-Roadmap Energiespeicher für die Elektromobilität 2030. Fraunhofer-Institut für System- und Innovationsforschung ISI, Karlsruhe, 2012

19. UNECE (2007) R101, Regelung Nr. 101 der Wirtschaftskommission der Vereinten Nationen für Europa (UN/ECE) – Einheitliche Bedingungen für die Genehmigung der Personenkraftwagen, die nur mit einem Verbrennungsmotor oder mit Hybrid-Elektro-Antrieb betrieben werden …, 19.06.2007

20. Zimmer W, Götz K (2011) OPTUM: Optimierung der Umweltentlastungspotenziale von Elektrofahrzeugen – Integrierte Betrachtung von Fahrzeugnutzung und Energiewirtschaft. Gemeinsamer Abschlussbericht. Öko-Institut e. V. und ISOE Institut für sozial-ökologische Forschung

21. Nationale Plattform Elektromobilität (NPE) (2013) Elektromobilität in Deutschland. Ergebnisse aus einer Studie zu Szenarien der Marktentwicklung. September 2013, https://www.vda.de/en/downloads/1185/, zugegriffen am 18.06.2014

22. Wirtschaftswoche (2013) Dramatischer Preisverfall: E-Auto-Batterien: Daimler und Evonik suchen Partner für Li-Tec. 15.06.2013, http://www.wiwo.de/unternehmen/auto/dramatischer-preisverfall-e-auto-batterien-daimler-und-evonik-suchen-partner-F&Er-li-tec/8350860.html, zugegriffen am 12.11.2014

23. Die Bundesregierung (2009) Nationaler Entwicklungsplan Elektromobilität der Bundesregierung. August 2009. http://www.bmbf.de/pubRD/nationaler_entwicklungsplan_elektromobilitaet.pdf, zugegriffen am 13.11.2014

24. Bundesministerium für Wirtschaft und Energie (2009) Bundeskabinett: Deutschland soll zum Leitmarkt für Elektromobilität werden. 19.08.2009. http://www.bmwi.de/DE/Presse/pressemitteilungen,did=309868.html, zugegriffen am 13.11.2014

25. Die Bundesregierung (2011) Regierungsprogramm Elektromobilität. 18.05.2011. http://www.bmwi.de/DE/Presse/pressemitteilungen,did=390610.html, zugegriffen am 13.11.2014

26. Bundesministerium für Verkehr, Bau und Stadtentwicklung (BMVBS) 2011 Zusatzzeichen zur Vorhaltung von Parkflächen für Elektrofahrzeuge. Verkehrsblatt, Bd. 2011, Nr. 5

27. AutoBild (2013) Umstrittene Gesetzeslücke. An Elektro-Ladesäulen können auch Autos mit Verbrennungsmotor parken. AutoBild, 08.03.2013. http://www.autobild.de/artikel/urteil-e-ladesaeulen-als-parkplaetze-3899968.html, zugegriffen am 13.11.2014

28. OLG Hamm, Beschluss vom 27.05.2014 – 5 RBs 13/14. http://openjur.de/u/693918.html, zugegriffen am 28.11.2014

29. Bundesministerium für Umwelt, Naturschutz, Bau und Reaktorsicherheit (BMUB) (2014) Kabinett verabschiedet Elektromobilitätsgesetz. Gemeinsame Pressemitteilung mit dem Bundesministerium für Verkehr und digitale Infrastruktur. Berlin, 24.09.2014, http://www.bmub.bund.de/presse/pressemitteilungen/pm/artikel/kabinett-verabschiedet-elektromobilitaetsgesetz/, zugegriffen am 28.11.2014

30. Bundesverband Elektromobilität e. V. (2011) Förderungen im europäischen Vergleich. Neue Mobilität, Heft 2, Jan. 2011, S. 88–89, http://www.bem-ev.de/neue-mobilitat/neue-mobilitat-02/, zugegriffen am 28.11.2014

31. EU Parlament (2014) CO_2-Emissionen von Neuwagen sollen bis 2020 auf 95 g/km CO_2 sinken. 25.02.2014. http://www.europarl.europa.eu/news/de/news-room/content/20140222STO36702/html/CO2-Emissionen-von-Neuwagen-sollen-bis-2020-auf-95-gkm-CO2-sinken, zugegriffen am 07.05.2014

32. EU Parlament (2013) EU MEPs strike 95 g/km deal with Irish Presidency for car CO2 emissions. Pressemitteilung ENVI Environment 25-06-2013. 25.06.2013. http://www.europarl.europa.eu/news/de/news-room/content/20130624IPR14328/html/MEPs-strike-95gkm-deal-with-Irish-Presidency-for-car-CO2-emissions, zugegriffen am 07.05.2014

33. Radke S (2011) Verkehr in Zahlen 2011/2012. DVV Media Group, Hamburg

34. AG Energiebilanzen (2011) Energieverbrauch in Deutschland im Jahr 2010. Arbeitsgemeinschaft Energiebilanzen http://www.ag-energiebilanzen.de/index.php?article_id=20&archiv=13&year=2011, zugegriffen am 28.11.2014

35. BASt et al. (2012) Gemeinsamer Forschungsbericht zur Sicherheit von Kleintransportern. Verband der Automobilindustrie e. V. (VDA), Berlin

36. Bernhart W, Schlick T, Olschewski I, Thoennes M (2012) Quartalsindex Elektromobilität. Mai 2012. http://www.rolandberger.de/media/pdf/Roland_Berger_E_Mobility_Index_D_20120614.pdf, zugegriffen am 28.05.2014

37. Mortsiefer H (2014) Bundesregierung schließt Kaufprämien für E-Autos nicht aus. Der Tagesspiegel, 22.05.2014, http://www.tagesspiegel.de/wirtschaft/miese-absatzzahlen-bundesregierung-schliesst-kaufpraemien-F&Er-e-autos-nicht-aus/9934890.html, zugegriffen am 28.05.2014

38. Bernhart W, Schlick T, Olschewski I, Thoennes M, Garrelfs J (2013) Index Elektromobilität Q3/2013. http://www.rolandberger.de/media/pdf/Roland_Berger_E_Mobility_Index_Q3_D_20130905.pdf, zugegriffen am 28.05.2014

39. Sorge NV (2012) Busse aus China: Elektroschock für Daimler und Co. Spiegel Online, 26.06.2012. http://www.spiegel.de/wirtschaft/unternehmen/batteriebusse-aus-china-haengen-deutsche-bushersteller-ab-a-840795.html, zugegriffen 13.11.2014

40. Deutsche Post DHL (2013) Deutsche Post DHL macht Bonn zur Musterstadt für CO_2-freie Zustellfahrzeuge. http://www.dp-dhl.com/de/presse/pressemitteilungen/2013/co2_freie_zustellung_bonn.html, zugegriffen am 13.11.2014

41. Nokia Siemens Networks (2013) EU Project FINSENY Future Internet for Smart Energy. Mai 2011–April 2013. http://www.fi-ppp-finseny.eu/, zugegriffen am 13.11.2014

Sachverzeichnis

A

AC-Netze
  Kostendaten, 304
Algenzucht, 95
Aluminiumelektrolyse, 422
Auftriebsprinzip, 104

B

Batterieelektrisches Fahrzeug (Battery Electric
    Vehicle, BEV), 447, 455, 459, 462
Batterieelektrisches Fahrzeug mit
    Reichweitenverlängerung (Range
    Extended Electric Vehicle, REEV), 447,
    455
Batterien
  Entsorgung, 182
Betriebsführung, 328
Betriebsmittel, 324
Biomasse, 8
Biomasseeinsatz, 49
Blasensäulenreaktor, 231, 233
Blei-Säure-Batterie, 158, 159, 168, 183, 200
  Kostendaten, 183
  Schwermetalle, 198
Blei-Säure-Hochenergie-Batterie, 174
Blockheizkraftwerk, 423
Braunkohlekraftwerk
  Staubfeuerung, 36
Braunkohle-Staubfeuerung, 39, 41
Brennstoffflexibilität, 49
Brennstoffzelle, 168, 350, 353, 355, 357, 448
  Balance-of-Plant, 362
  Festoxid-Brennstoffzelle, 350
  Hochtemperatur-Brennstoffzelle, 350
  Lebensdauer, 356
  Membran-Elektroden-Einheit (MEA), 350
  Miniaturisierung, 356, 362
  Niedertemperatur-Brennstoffzelle (PEFC),
    350
  Polymerelektrolyt-Membran-
    Brennstoffzelle, 350
  Preis, 360
  Schmelzkarbonatbrennstoffzelle, 350
  Typen und Charakteristika, 350
  Wirkungsgrad, 360
  Zelldegradation, 362
Bundesnetzagentur, 43

C

Carbon Capture and Storage (CCS), 8, 77, 81,
    83, 93
Carbon Capture and Utilization (CCU), 93
CO_2-Abscheidung, 8, 37, 77
  Akzeptanz, 82
  Effizienzsteigerungspotenzial, 81
  Flexibilität, 79
  Kosten, 82
  Lastflexibilität, 86
  Nachrüstung, 81
  Oxyfuel, 77, 78
  Post-Combustion, 77
  Pre-Combustion, 77, 78
  technische Kenndaten, 81
CO_2-Nutzung, 93
  Akzeptanz, 97
  Algenzucht, 95
  CO_2-Fixierungszeit, 93
  CO_2-Verwertungsoptionen, 96
  Dream Reaction, 94
  Harnstoff, 93
  Kosten, 97
  Lösungsansätze, 94

© Springer Fachmedien Wiesbaden 2015
M. Wietschel et al. (Hrsg.), *Energietechnologien der Zukunft*,
DOI 10.1007/978-3-658-07129-5

Methanol, 93
organisch-chemische Verwendung von
    CO_2, 93
physikalische Nutzung, 94
Polymere, 94
Polyole, 94
Potenzial, 95
CO_2-Speicherung, 8, 77
CO_2-Zertifikatspreis, 43
Coal Bed Methane, 19
Coefficient of Performance (COP), 384, 385
Compressed Air Energy Storage, 215

D
Dampferzeugungsprozess, 35
Dampfspeicher, 69
Dampf-Wirbelschichttrocknung, 40
DC-Netze
    Kostendaten, 304
Demand Response, 417, 419
Demand Side Management, 417
Depth of Discharge, 174
Desertec, 300, 302
Dream Reaction, 94
Druckkohlenstaubfeuerung, 34, 39
Druckluft, 254, 421
Druckluftspeicher, 215
    adiabate Druckluftspeicher, 216, 219, 221,
        223
    Akzeptanz, 220
    diabate Druckluftspeicher, 218, 219, 221
    Entwicklungsstadium, 218
    isotherme Druckluftspeicher, 217–219,
        221, 223
    Kostendaten, 220
    Prozessschaltbild adiabat, 216
    Prozessschaltbild diabat, 216
    Prozessschaltbild isotherm, 217
    technische Kenndaten, 219
    ungekühlt adiabat, 216
    Wärmespeicher, 216
Druckwirbelschichtfeuerung, 34, 39

E
Effizienztechnologie, 408
Elektrische Antriebsysteme, 411
    Energieeffizienz, 411
Elektrochemische Speicher, 157
    Akzeptanz, 181

Elektrofahrzeug, 6
    Akzeptanz, 458
    Batterie, 448
    Batterieelektrisches Fahrzeug (Battery
        Electric Vehicle, BEV), 447
    Batterieelektrisches Fahrzeug mit
        Reichweitenverlängerung (Range
        Extended Electric Vehicle, REEV),
        447
    Brennstoffzelle, 448
    CO_2-Emissionen, 457
    CO_2-Flottengrenzwert, 464
    CO_2-Grenzwert, 460
    Datenübertragung, 454
    Förderung, 460
    Kaufanreize, 461
    Kosten, 458
    Kosten Traktionsbatterie, 458
    Ladeanschlüsse, 450
    Ladebetriebsarten, 450
    Ladeleistung, 448, 450
    Ladevorgang, 453
    Lastverschiebung, 464
    Marktdurchdringung, 462
    Netzdienstleistung, 467
    Netzrückspeisung, 454
    Parallelhybrid, 448
    Produktion, 462
    Smart Grid, 464
    Stromverbrauch, 461
    technische Kenndaten, 455
    Traktionsbatterie, 169, 447
    Verteilnetz, 324, 325, 332, 452
    Wirtschaftlichkeit, 455, 458
Elektrolyse
    Alkalische Elektrolyse (AEL), 234, 245,
        246, 250, 252, 253
    Hochtemperaturelektrolyse (HTEL), 245,
        246, 248, 250
    Protonen-Austausch-Membran-Elektrolyse
        (PEMEL), 245–247, 250, 252
Elektrolyseur, 245, 249, 254
    Investition, 254
Elektrolyseverfahren
    Entwicklungsstadium, 250
    technische Kenndaten, 251
    Vergleich, 245
Elektrolysezelle
    Aufbau alkalische, 246

Aufbau Hochtemperatur, 248
Aufbau PEM, 247
Elektromobilität, 10, 170, 447
    Akzeptanz, 457
    Antriebskonzepte, 449
    elektrochemische Speicher, 448
    Förderung, 460
    Modellregionen, 454
    Wasserstoff, 464
Elektromotoren, 411
Elektrostahl, 410
Endenergiebedarf, 22
Energiearmut, 6
Energiebedarf
    Energiebedarfsentwicklung, 13
    Treiber, 14
Energieeffizienz, 9, 347, 399
    Akzeptanz, 405
    Amortisation, 406, 408
    Beleuchtung, 403, 412
    Elektromotoren, 411
    Frequenzumrichter, 411
    Haushaltsgeräte, 412
    Hemmnisse, 406
    Kühlung, 412
    Server, 412
    Smart Meter, 412
Energieforschung
    Ausgaben, 5
    Energieforschungsprogramme, 3
Energieinformationsnetz, 330
Energiekonzept, 25
Energiemanagementsystem, 333
Energiemix, 6, 8
Energiepreise, 17
Energiesystem
    Transformation, 5, 7
Energieszenarien, 7, 13, 21, 24, 25, 28
Energieübertragung
    long distance, 311
    short distance, 311
Energieversorgung, 428
Energiewelt, 13
Energiewirtschaftsgesetz (EnWG), 188, 221,
    235, 256, 290, 313, 324, 334
Energy Roadmap 2050, 21
ENTSO-E Network Codes, 306
Erdgas, 16, 216, 385, 464

flüssiges Erdgas (liquefied natural gas
    LNG), 20, 67
Fracking, 20
Nachfrageentwicklung, 17
reale Preisentwicklung, 20
unkonventionelles Erdgas, 18, 21, 64
Erdgasnetz
    Wasserstofftoleranz, 235
Erneuerbare Energien
    installierte Leistung je Netzebene, 324
Erneuerbare Energietechnologien, 103
Erneuerbare-Energien-Gesetz (EEG)
    besondere Ausgleichsregelung, 407
    Spitzenausgleich, 407
Erzeugungsanlage
    dezentral (DEA), 324
EU-Energieeffizienzrichtlinie, 405, 408
EU-Grünbuch, 21
EU-Ökodesign Richtlinie, 405
EU-Roadmap 2050, 22
External Fired Combined Cycle, 35

F
Festbettreaktor, 230, 233
Flexible AC Distribution Systems (FACDS),
    287, 324
Flexible Drehstromübertragungssysteme
    (Flexible AC Transmission Systems,
    FACTS), 283–286, 288
    Akzeptanz, 290
    Anbindung von Windparks, 290
    Anwendung, 288
    Bauformen, 288
    Convertible Static Compensator (CSC),
    285
    Dynamic Power Flow Controller (DPFC),
    285
    Entwicklungsstadien, 287
    Fixed Series Compensator (FSC), 284
    Interline Power Flow Controller (IPFC),
    285
    Kosten, 290
    Static Synchronous Compensators
    (STATCOM), 284
    Static Synchronous Series Compensator
    (SSSC), 285
    Statischer Blindleistungskompensator
    (Static Var Compensator, SVC), 284
    Thyristor Controlled Reactor (TCR), 283

Thyristor Controlled Series Capacitor
        (TCSC), 284
Thyristor Protected Series Capacitor
        (TPSC), 285
Thyristor Switched Capacitor (TSC), 283
Thyristor Switched Series Capacitor
        (TSSC), 285
Unified Power Flow Controller (UPFC),
        285
Verteilnetze, 287
Forschungsförderung, 190
Fossile Energieträger, 8
Fracking, 20
Freileitungsmonitoring (FLM), 267, 268, 272,
        275
    Akzeptanz, 274
    Betriebsführung, 268
    Betriebskonzept, 268
    Betriebskosten, 275
    Dynamic Rating, 269, 270, 272, 277
    Temporary Loading, 268, 272, 277
    Wartungskosten, 275
Frequenzhaltung, 328
Frequenzumrichter, 402, 411
Fresnel-Linsen-Konzentratormodul, 126
Frischdampfparameter, 35, 39, 50
Frischdampfzustand, 35

G
Gas
    Energieträger, 16
Gasbedarf, 19
Gaskraftwerk, 57
    Anfahrzeit, 63
    An- und Abfahrvorgänge, 69
    Bruttostromerzeugung, 57
    Dampfspeicher, 69
    Effizienzsteigerung, 70
    Flexibilitätseigenschaft, 65
    Heißwasserspeicher, 69
    installierte Kapazität, 57
    Kosten, 64
    Lastgradient, 63
    Marktrelevanz, 65
    Mindestlast, 68
    Minimallast, 63
    technische Kenndaten, 63
    Turbineneintrittstemperatur, 58
    Versorgungsaufgabe, 62

    Wärmespeicher, 70
    Wirkungsgrad, 63
Gasnachfrage, 16
Gasressourcen, 19, 20
Gasturbine (GT), 62–64
    Aeroderivative Gasturbinen (AD), 63
    Effizienzpotenziale, 62
    Entwicklungsstadium
        Gasturbinenkonzepte, 61
    Funktionsschema, 352
    Gasturbinenkonzepte, 58, 59
    Gasturbinentechnologie, 40
    Kühlkonzepte, 61
    Mikrogasturbine, 351, 353
    Repowering, 68
    Retrofit, 60
    Solobetrieb, 68
    stationär, 58
    Topping, 60, 68
    Vor- und Nachteile, 59
    Wirkungsgrad, 60, 62
Gas- und Dampfprozesse (GuD), 59, 60, 62–64,
        234, 253, 255
    Stromgestehungskosten, 237
    Wirkungsgrad, 62
Gas- und Dampfturbinenprozess
    Stromgestehungskosten, 238
Gewerbe, Handel und Dienstleistungen (GHD)
    Stromverbrauch und Einsparpotenziale,
        403

H
Haftungsumlage, 113
Haushalte
    Stromverbrauch und Haushalte, 404
Heißwasserspeicher, 69
Hetero-junction with Intrinsic Thin-layer
        (HIT)-Solarzellen, 133
Hochspannungs-Gleichstrom-Übertragung
        (HGÜ), 147, 298
    Akzeptanz, 303
    Aufbau einer HGÜ-Anlage, 298
    Entwicklungsstadien, 302
    Kosten, 304
    LCC-HGÜ, 299, 301
    Multi-Terminal-HGÜ, 298
    point-to-point-Verbindung, 298, 301
    SACOI, 308
    Schalter, 302

technische Kenndaten, 303
VSC-HGÜ, 299, 301
Hochtemperaturbatterie, 165
Hochtemperatursupraleiter (HTSL), 311, 312
Hochtemperatur-Leiterseil (HT-Leiterseil),
    267, 272–274, 276
    Akzeptanz, 274
    Aluminium Conductor Composite Core
        (ACCC), 270
    Aluminium Conductor Composite
        Reinforced (ACCR), 270
    Aluminium Conductor Steel Reinforced
        (ACSR), 269
    Aluminium Conductor Steel Supported
        (ACSS), 270
    Gap Type Aluminium Conductor Steel
        Reinforced (GTACSR), 270
    Hochtemperaturbeständige
        Aluminiumlegierung (TAL), 269
    HTLS-Leiter (High-Temperatur-Low-Sag),
        269
    Kosten, 274
    technische Kenndaten, 273
    Thermal Resistant Alumium Alloy
        Conductor Invar Reinforced
        (TACIR), 270
    Thermal Resistant Alumium Alloy
        Conductor Steel Reinforced
        (TACSR), 270
    Wirtschaftlichkeit, 278
Humid Air Turbine Prozess (HAT), 58
Hybride AC/DC-Netzstruktur, 294, 298
Hybridkraftwerk, 353

I
IKT
    IKT-Infrastruktur, 328–330, 334, 336
Industrie
    Energieeffizienz, 401
Industrielle Prozesstechniken, 409
    Stromverbrauch und Einsparpotenziale,
        401
Industrielle Querschnittstechniken, 402, 411
Integrated Gasification Combined Cycle
    (IGCC), 36, 42, 79
Integrated Solar Combined Cycle System
    (ISCCS), 140
Isothermal Compressed Air Energy Storage,
    217

K
Kalkwäsche, 36
Kältemaschine
    Kompressionskältemaschine, 370
    thermische Kältemaschine, 371
Kathodenmaterial, 160
Kernenergie, 8, 23
Kleinwindenergieanlage, 107
Klimaanlage, 369, 378, 428
Klimaerwärmung, 14
    Szenarien, 14
Klimakälte
    Endenergiebedarf, 375
Klimakältesysteme
    wirtschaftliche Kenndaten, 373
Kohle
    Energieträger, 15
    Kohlebedarf, 15
    Nachfrageentwicklung, 15
Kohlekombikraftwerk, 36
Kohlekraft
    Regel- und Blindleistung, 40
Kohlekraftwerk, 24, 33, 47
    700°C-Kraftwerk, 42
    Akzeptanz, 41
    Anfahrzeit, 41
    An- und Abfahrvorgänge, 41, 47
    binäre Arbeitsmittel, 35
    Bruttostromerzeugung, 33
    Effizienzsteigerung, 38, 39
    Entwicklungsstadien, 38
    Frequenzstützung, 40
    Klassifizierung, 34, 37
    Kosten, 42
    Lebensdauer, 41
    Minimallast, 41
    Quecksilberemissionen, 51
    Stromerzeugung, 33
    technische Kenndaten, 40
    Teillast, 41
    Versorgungsaufgabe, 40
    Wirkungsgrad, 39
Kohlepreis, 18
Kohlequalität, 38
Kohleverbrennung, 34
Kohlevergasung, 34, 36
Kombikraftwerke, 37
Kompressionskältemaschine
    Akzeptanz, 373

Kompressionswärmepumpe, 384, 386
  technische Kenndaten, 387
Konzentratorsysteme, 140
Konzentrierende Photovoltaik, Concentrating
    Photovoltaic (CPV), 128
Konzentrierende Solarsysteme, 140
Kraftwärmekopplungsanlagen (KWK), 347,
    352, 355, 357, 371, 421
  Akzeptanz, 356
  Entwicklungssatadium, 354
  Flexibilisierung, 421
  Installationen, 358
  Kosten, 356
  KWK-Gesetz, 357
  KWK-Strom, 347
  Mikro-Kraftwärmekopplungsanlagen
      (Mikro-KWK), 347, 350
  Prozessschaltbild Motor-KWK, 349
  Stromkennzahl, 349
  technische Kenndaten, 354
  technische und ökonomische Kennzahlen,
      360
  Teillast, 348
  Zubau, 358
Kraftwerk
  Blockgröße, 47
  Entwicklung der Jahresvolllaststunden, 27
  Kraftwerkseinsatz, 27
  Kraftwerksleistung, 23
  Lebensdauer, 169, 174, 179
  Nachrüstung, 79
  Szenarien Kraftwerksleistung, 26
  Versorgungsaufgabe, 51, 65
Kristalline Siliziumsolarzellen, 124, 125
Kühlgeräte, 429
Kühlkonzepte
  Entwicklungsstand, 372
Kühlsysteme
  wirtschaftliche Kenndaten, 374

L
Laständerung, 40
Lastgradient, 41, 46, 48, 66
Lastmanagement, 418
Lastrampe, 44, 66
Lastverlagerung, 418
Lastverschiebung, 418, 424
Linear-Fresnel-Kollektor, 143
Linear-Fresnel-Kraftwerk, 141, 143, 146, 148

Linear-Fresnel-System, 140
Liquefied Natural Gas, 20
Lithiumeisenphosphat, 162
Lithium-Ionen-Batterie, 158, 160, 170, 175,
    183, 200
  Anodenmaterial, 201
  Elektromobilität, 197
  Kathodenmaterial, 201
  Kostendaten, 183
  Lithiumeisenphosphat, 201
Lithium-Ionen-Polymer-Batterie, 160
Lithium-Ionen-Zellen, 161
  Pouchzellen, 162
  prismatische Zellen, 162
Lithium-Luft-Batterie, 158, 163–165, 171, 176,
    184, 203
Lithium-Schwefel/-Luft-Batterien
  Kostendaten, 185
Lithium-Schwefel-Batterie, 163, 171, 176, 202
Luft/Luft-Wärmepumpe (L/L-WP), 384
Luft/Wasser-Wärmepumpe (L/W-WP), 384
Lüftung und Klimatisierung, 369, 371, 375,
    412, 424, 428
Lüftungsanlagen mit Wärmerückgewinnung,
    369, 371, 384
Luftzerlegung, 78

M
Meeresenergie, 24
Mehrblockanlage, 48
Metall-Luft-Batterien, 158
Methan, 229
Methanhydrate, 19
Methanisierung, 233
  biologische Methanisierung, 231
  katalytische Methanisierung, 230
Methanisierungsverfahren
  Entwicklungsstadium, 232
Mikro-Windenergieanlage, 107
Mindestlast, 47
Minutenreserve, 189
Mittlere jährliche Wachstumsrate CAGR
    (Compound annual growth rate), 292
Momentanreserve, 189
Multisparten-Ansatz, 335

N
Nabenhöhe, 105, 110
Nachreaktionsfeuerung, 47

Nachtspeicherheizung, 431

Natrium-Hochtemperatur-Batterie, 165, 172, 177, 185, 204

Natrium-Nickelchlorid-Batterie, 172

Natrium-Schwefel-Batterie, 166, 172, 177, 257
Kostendaten, 185

NC-RfG (Network Code on Requirements for Grid Connection Applicable to all Generators), 43, 51, 65

Netzanbindung
Netzanschlussbedingungen, 65, 329

Netzausbau, 28, 275, 278
Akzeptanz, 303
Netzausbauplanung, 25, 466

Netzausbaubeschleunigungsgesetz (NABEG), 305

Netzautomatisierung, 323, 330
Entscheidungsebene, 330

Netzbetrieb
(n-1)-sicherer Netzbetrieb, 275

Netzbetriebsmittel, 312, 331, 333, 337, 359

Netzentwicklungsplan (NEP), 25

Netzführung, 326

Netzplanung
operative Netzplanung, 326
plattformübergreifende Netzplanung, 337
probabilistische Netzplanung, 336
spannungsebenenübergreifende Netzplanung, 336
stabilitätsgeprüfte Netzplanung, 336
strategische Netzplanung, 326, 334, 337
teilautomatisiert, 338

Nickelmetallhydrid-Batterie, 158

Nickel-Cadmium-Batterie, 158

Niedertemperatursupraleiter (NTSL), 311

NIMBY (not in my backyard, nicht in meinem Hinterhof), 303

O

Öl
Energieträger, 16
Ölpreis, 18

Organische Solarzellen, 134

Otto-Motor, 357

Overlay-Netz, 300, 302

Oxyfuel, 77, 80–82, 85
Prozessschaltbild, 78

P

Papierherstellung, 409

Parabolrinne, 140

Parabolrinnen-Kollektor, 142

Parabolrinnen-Kraftwerk, 141, 143, 146, 148

Photosynthese, 96

Photovoltaik (PV), 6, 123
Akzeptanz, 128
Dünnschichttechnologie, 124
Einspeisetarifsystem, 130
energetische Amortisation, 127
Flächenverbrauch, 128
Fresnel-Linsen-Konzentratormodul, 126
konzentrierende Photovoltaik, Concentrating Photovoltaic (CPV), 125
Kosten, 128
Siliziumsolarzelle, 124
Speicher, 131
Speichertechnologien, 132
Stromgestehungskosten, 129
Systemintegration, 132
technische Kenndaten, 127

Photovoltaischer Effekt, 124

Polygeneration, 87

Post-Combustion, 77, 79, 81, 82, 85
Prozessschaltbild, 78

Post-Lithium-Ionen-Batteriesysteme, 158

Power-to-Gas, 94, 229
Akzeptanz, 234
Einspeisung Gasnetz, 235
Investition, 235
Stromgestehungskosten, 238
Wirkungsgrad, 234

Power-to-Heat (PtH), 6

Power-to-Products (PtP), 6

Pre-Combustion, 37, 77, 78, 80–82, 86
Prozessschaltbild, 79

Primäraluminium, 410

Primärenergiebedarf, 15, 21

Primärenergieverbrauch
Szenarien, 23

Primärregelleistung, 189, 193

Pumpspeicher, 257

PV-Batteriesysteme, 169, 195, 331

PV-System, 123

PV-Zellen, 123

Q

Querschnittstechniken, 400

Stromverbrauch und Einsparpotenziale, 402

R

Raumklimageräte
   Bestand und Prognosen, 376
Raumklimatisierung
   Akzeptanz, 373
Raumlufttechnische (RLT) Anlagen, 369
   Klassifizierung, 370
Receiver, 139
   Rohrreceiver, 140
Redox-Flow-Batterie, 167, 168, 173, 179, 186, 205, 257
   Eigenschaften, 205
   Kostendaten, 186
Regelleistungsmarkt, 189
Reichweitenverlängerung, 447
Residuallast, 28
Roadmapping
   Methodik, 10
Rohöl
   Nachfrageentwicklung, 16
   reale Preisentwicklung, 18
Rotordurchmesser, 110

S

Sabatier-Prozess, 230
Salzkaverne, 248, 255
Schiefergas, 19
Schwachlichtverhalten, 127
Sekundärbatterie, 157
Sekundärregelenergieleistung, 66
Sekundärregelleistung, 189, 194
Selective-Catalytic-Reduction-Prozess, 36
SET-Plan (Strategic energy technology plan), 294
Shale Gas, 19
Silizium, 124
   monokristallin, 124
   polykristallin, 124
Siliziumsolarzelle, 124
Smart Grid, 197, 325, 327, 330, 418, 464
   Marktvolumen, 293
Smart Home, 418
Smart Market, 325
Smart Meter, 408, 412
Socio-economic Pull, 10
Solarthermisches Kraftwerk, 139

   Akzeptanz, 147
   Entwicklungsstadium, 142
   Konzentratorsysteme, 140
   Kosten, 147
   Linear-Fresnel-System, 140
   Parabolrinne, 140
   Receiver, 140
   Speicher, 140
   Stromgestehungskosten, 148
   technische Kenndaten, 145
   Wirkungsgrad, 146
Solarturm-Kraftwerk, 141, 143, 146, 148
Solid Electrolyte Interface (SEI), 201, 202
Sorptions-Kälteanlagen
   technische Kenndaten, 373
Sorptions-Wärmepumpe, 385, 386
   technische Kenndaten, 388
Spannungshaltung, 328
Spannungsregler, 332
Spannungsregulierung, 66
Speicher, 332
   Elektrizitätsspeicher, 51
   elektrochemische Speicher, 157
   Pumpspeicher, 9
   stationärer Batteriespeicher, 158
Speicherheizung, 426
   Nachtspeicherheizung, 426
Speichertechnologien, 9
Staubfeuerung, 34
Steam Injected Gas Turbine Prozess (STIG), 58
Steinkohle
   reale Preisentwicklung, 19
   Staubfeuerung, 39, 41
   Steinkohlepreis, 18
Steinkohlekraftwerk
   Frischdampfparameter, 35
   Staubfeuerung, 35
Stirling-Anlagen
   Wirkungsgrad, 362
Stirling-Motor, 349, 353, 357
   Prinzipskizze, 350
Strombedarfsentwicklung, 23, 25
Strombegrenzer, 311, 312
Stromerzeugung
   Entwicklung, 23
Stromkennzahl, 349
Stromnetz, 6, 9, 323
   Akzeptanz, 274
   Belastungsreserve, 268

Betriebskonzept, 269
Dynamisierung Übertragungskapazität, 267
Entwicklungsstadium
    Dynamisierungskonzepte, 271
Freileitungsmonitoring (FLM), 268, 272
Leiterseile, 269, 273
Stabilitätsgrenze, 269
Strombelastbarkeit, 267, 269
Übertragungsverluste, 272
Vermaschung, 269
Super Grid, 294, 300, 302
Supraleiter, 311
Zweite Generation, 311
Synthesegas, 36, 77, 78, 80, 229
Systemdienstleistung, 328

T
Technologie-Roadmap, 10
Technology Push, 10
Teillastbetrieb, 48
Thermal runaway, 176
Tiefengeothermie, 24
Tight gas, 18
Torrefizierung, 49
Traktionsbatterien, 458
Transformation, 6, 7

U
Übertragungsnetz, 9, 28, 267
Ausbau, 278
europäische Harmonisierung, 306
FLM, 270
Systemdienstleistung, 328
Umweltverträglichkeitsprüfung, 113
Unbundling, 221, 255

V
Vanadium-Luft-Batterie, 174, 205
Vanadium-Redox-Flow-Batterie, 179
Verbrauchssteuerung, 417, 426, 436
Abschaltverordnung, 436
Abwasseraufbereitung, 423
Aktivierungskosten, 434
Akzeptanz, 431
Aluminiumelektrolyse, 422
Datenübertragung, 419
Dienstleister, 419
dynamische Tarife, 433
Elektrostahlerzeugung, 423

Entwicklungsstadium, 430
Gewerbe, Handel, Dienstleistung, 424
Haushalte, 426
Haushaltsgeräte, 429
IKT, 430
Industrie, 420
Klimatisierung, 428
Kosten, 434
Kühlgeräte, 429
Lastverschiebungspotenzial Gewerbe,
    Handel, Dienstleistung, 424
Lastverschiebungspotenzial Haushalte, 426
Lüftungsanlagen, 424
Papierindustrie, 422
Potenziale im Vergleich, 431
Speicherheizung, 426
Steuerungs- und
    Kommunikationsinfrastruktur, 419
Zementmühlen, 423
Verbrennungsmotor, 348, 352
Verkehr
Elektrifizierungspotenzial, 461
Versorgungswiederaufbau, 328
Verteilnetze, 9
Ampelkonzept, 325
Betriebsmittel, 324
Systemdienstleistung, 329
Treiber der Veränderung, 325
Verteilungsnetztransformator, 332
Virtuelles Kraftwerk, 333, 359
Vorschaltgasturbine, 48, 68
Vuilleumier-Wärmepumpe, 385, 386

W
Walzstahl, 410
Wärmepumpe, 383
Akzeptanz, 389
Betriebskosten, 389
Entwicklungsstand, 386
Jahresarbeitszahl, 384, 390
Kostenprognosen, 389
Lastmanagement, 392
Luft/Luft-Wärmepumpe, 384
Luft/Wasser-Wärmepumpe, 384
Sole/Wasser-Wärmepumpe, 384
Systemelemente, 383
Technologien, 384
wirtschaftliche Kenndaten, 389
Wärmespeicher, 70, 428

Wartungskosten, 357
Wasser/Wasser-Wärmepumpe, 384
Wasserkraft, 8
Wasserstoff, 173, 229, 255, 350, 464
    Akzeptanz, 234
    Energiedichte, 254
    Kernkraft, 248
    Rückverstromung, 249
    Salzkaverne, 248, 252
Wasserstoffspeicher, 248, 250, 252, 255, 256
Wasserstoffspeicherkraftwerk, 245
    Akzeptanz, 254
Wasserstoffwirtschaft, 25
Widerstandsläufer, 104
Windenergie, 6, 111
Windenergieanlagen (WEA), 103, 108, 111
    Akzeptanz, 111
    Eigentümerstruktur, 114
    Entwicklungsstadium Offshore-Anlagen, 108
    Entwicklungsstadium Onshore-Anlagen, 108
    Fluktuation, 115
    Gewichtsgründung, 106
    Horizontalachse, 108
    Jacketgründung, 107
    Kleinwindenergieanlagen, 107
    Kosten, 112

Mikro-Windenergieanlagen, 107
Mini- und Mittelwindenergieanlagen, 107
Monopile, 106
Nabenhöhe, 110
Netzanbindung, 106, 112
Offshore-Anlagen, 105, 106, 111–113
Onshore-Anlagen, 105, 111, 112
Pitch-Regelung, 106
Regel- und Reserveenergie, 106
Rotordurchmesser, 110
Schwachwindanlagen, 110
schwimmende Fundamente, 117
Stall-Regelung, 106
Starkwindanlagen, 110
Stromgestehungskosten, 112
Systemdienstleistung, 108
Systemintegration, 116
Tripodgründung, 106
Übertragungsnetz, 114
Vertikalachse, 108
Vorranggebiet, 113
Wirbelschichtfeuerung, 34
Wirbelschichtreaktor, 230, 233
Wirtschaftswachstum, 14
World Energy Outlook, 21

Z
ZEBRA-Batterie, 172
Zink-Brom-RFB, 173

Printed by Printforce, the Netherlands